清清楚楚算钢筋　明明白白用软件

钢筋算法与实例详解

第 2 版 · 上册

张向荣　主编

中国建材工业出版社

图书在版编目（CIP）数据

清清楚楚算钢筋　明明白白用软件：钢筋算法与实例详解、钢筋软件操作与实例详解/张向荣主编.—第2版.—北京：中国建材工业出版社，2016.1

ISBN 978-7-5160-1147-8

Ⅰ.①清…　Ⅱ.①张…　Ⅲ.①钢筋混凝土结构-结构计算　Ⅳ.①TU375.01

中国版本图书馆CIP数据核字（2015）第039942号

清清楚楚算钢筋　明明白白用软件（第2版）

——钢筋算法与实例详解

——钢筋软件操作与实例详解

张向荣　主编

出版发行：中国建材工业出版社

地　　址：北京市海淀区三里河路1号

邮　　编：100044

经　　销：全国各地新华书店

印　　刷：北京雁林吉兆印刷有限公司

开　　本：787mm×1092mm　横1/16

印　　张：41.75

字　　数：1032千字

版　　次：2016年1月第2版

印　　次：2016年1月第1次

定　　价：118.00元（全二册）

本社网址：www.jccbs.com.cn　　微信公众号：zgjcgycbs

本书如出现印装质量问题，由我社网络直销部负责调换。联系电话：(010)88386906

内 容 简 介

本书分为《清清楚楚算钢筋　明明白白用软件：钢筋算法与实例详解》（第2版·上册）简称“算法”、《清清楚楚算钢筋　明明白白用软件：钢筋软件操作与实例详解》（第2版·下册）简称“软件操作”，并附一份工程实例图。

“算法”以一份包含基本钢筋构件的完整工程——1号写字楼图纸为主线，以大量通俗易懂的图片和表格，详细讲解了该工程所用钢筋的计算原理、计算公式和答案（平板式筏形基础、框架柱、剪力墙、梁、板、楼梯、二次结构）。

“软件操作”以该工程为主线、计算效率为原则，细致分析了软件操作顺序，详细讲解了该工程所涉及钢筋构件的软件操作步骤和调整方法，并给出了软件计算过程和答案，同时用软件计算答案和手工计算答案作比较，使读者在体验式学习中了解软件、验证软件，以便更好地完成钢筋抽样工作。

编委会名单

主　　编： 张向荣

副 主 编： 张向军

编写人员： 员　峰　张　欣　张　璐
张慧琴　韩伟峰　薛亚高
赵春婵　畅　强

第2版前言

《清清楚楚算钢筋 明明白白用软件：钢筋算法与实例详解、钢筋软件操作与实例详解》（全2册）是2010年出版的图书，至今已多次重印，2015年被京东列为建筑类书籍重点推荐书目之一。现在许多读者给中国建材工业出版社打电话持续购买这套书，但因为软件版本已经落后，钢筋规范也不适应目前需要，所以为了适应当前建筑工程造价的需要，笔者对本书进行了修改。

这次修改本书的重点主要是更改软件的内容，将本书以前用的广联达钢筋软件GGJ V10.0 778版本，改为广联达最新钢筋软件GGJ 2013（版本12.6.1.2158）编写；其次是因为图集升级变化，所以修改和补充了图片和内容。

这次修改本书的工作量比较大，笔者特别邀请在专业和软件方面都有很深造诣的一位专家帮助修改，他是在房地产公司和施工单位用软件做过上百个工程的张向军先生。我们两人分工是这样的：笔者重点修改图片部分，张向军先生修改软件部分。然后我们两人一起对每个章节进行认真编辑，在整体统编的基础上，又让笔者的学生张欣、张慧琴、韩晓敏、畅强、韩伟峰，员峰作了校对工作，在此表示感谢。

通过修改后本书具有以下三个特点：(1) 通过工程构件算量来详细解析最新规范，构件包括“墙、梁、板、柱、楼梯及二次结构。(2) 使用最新的钢筋抽样软件，客户可以根据书内容同步操作。(3) 手工与软件、原理与实践相结合，让我们更快速自如地算出图纸钢筋量。

由于我们水平有限，书中难免还会有错误和问题，希望读者通过微信（QQ：800014859）提出来，我们会认真听取意见并加以改正，在下次重印时修正完善。

张向荣

2015.10.10

前　言

一、本书的写作目的

自从工程量清单实施以后，钢筋对工程造价的影响越来越大，钢筋由过去按混凝土含量粗略估算到现在的一根一根准确计算，工作量比过去大大增加，钢筋计算往往占到整个预算工作的50%以上。于是人们纷纷购买钢筋软件，希望软件能代替手工，解决计算速度的问题。但是很多人购买软件后不敢用软件做工程，恐怕做错了承担不起责任；有些人即使敢下手做，把工程中的墙、梁、板、柱等钢筋构件都画进软件，做出的工程仍然是提心吊胆，心里没底。这其中最根本的原因就是不知道这个软件计算得准不准。

其实要解决"准"的问题，首先要拿出一套"准"的答案，"准"的答案主要来自于手工计算结果，手工计算结果又来自于对平法规则和钢筋规范的深刻理解，在培训中我发现很多客户对钢筋的算法一知半解，其中很多人凭经验计算钢筋，这当然就做不出准确答案来。

笔者认为，首先要解决客户对钢筋算法的统一认识。

为了解决这个问题，笔者从2004年开始专门从事算量软件的培训工作，主要招收一些有意从事算量和抽筋工作的造价人员，所有来的学员都从零开始扫盲，从手工算量和钢筋抽样最基本的原理讲起，在钢筋培训中笔者曾经尝试过多种方法，想尽办法让学员明白钢筋的计算原理，但是这些东西理论性太强，讲起来繁杂而枯燥，学员越听越糊涂，笔者曾经把很多明白人给讲糊涂了。

经过多次实践，笔者终于总结出一套行之有效的学习方法，不就是要解决"准"的问题吗？笔者首先设计一份图纸，让学员用手工根据计算原理先做出一套准确答案，然后用软件去对这个准确答案。如果对不上，要看看软件是怎么算的，把软件的计算公式和手工的计算公式进行比较，分析出对不上的原因，重新操作一次或多次软件就对上了。这样就把复杂的原理问题融入到有兴趣的对量中，通过这种体验式学习，学员不但掌握了钢筋的计算原理，而且在无意识中熟练了软件的操作方法。

这种培训虽然效果好，但是学习时间较长，一般要几个星期到几个月（根据个人的情况不同而不同），适合快毕业的大学生，因为他们能挤出较长的学习时间，对于整天忙碌的客户并不适合，因为客户没有这么长的时间来学习。

怎样把这种学习方式移植到客户呢？于是笔者想到了写书，把这种培训模式所用的教材编写成一本客户自学教材，使客户在零星的时间里一点一点自学，只要按照教材自学完了，可以达到同样的效果。

本书着重从原理角度解析广联达钢筋软件，力求使用户在明白原理的基础上放心地应用广联达钢筋软件。

二、本书的写作内容

本书包括三部分内容：第一部分是初级篇，以一份包含最基本钢筋构件的完整工程为主线，讲解钢筋构件最基本的计算原理，旨在解决初学者钢筋软件的入门问题；第二部分是中级篇，以一个含有变截面等复杂构件的完整工程为主线，讲解钢筋构件截面变化情况下的计算原理，旨在解决初学者面对较复杂工程的应变能力；第三部分是高级篇，通过典型案例剖析，讲解复杂构件的软件处理方法，旨在解决熟练用户用软件处理复杂工程的应变能力。

大家目前看到的是本书的第一部分——初级篇。第二、三部分正在紧张的写作之中，将来可能以其他书名的形式出现，详情请关注网站“巧算量.com”。

三、第一部分内容的写作框架

第一部分（初级篇）包括以下内容：

(1) 一份包含最基本钢筋构件的完整工程——1号写字楼图纸。(2) 详细讲解这个工程所接触到的无梁式满堂基础、框架柱、剪力墙、框架梁、现浇板、现浇楼梯、二次结构等钢筋构件的计算原理。(3) 每个构件讲解完后紧跟着用手工计算图纸中这类构件的所有钢筋，并给出详细的计算过程和标准答案。(4) 详细讲解了用软件计算这个工程的所有构件操作步骤和计算结果，并用手工答案和软件答案做对比。本书的写作框架如下图所示。

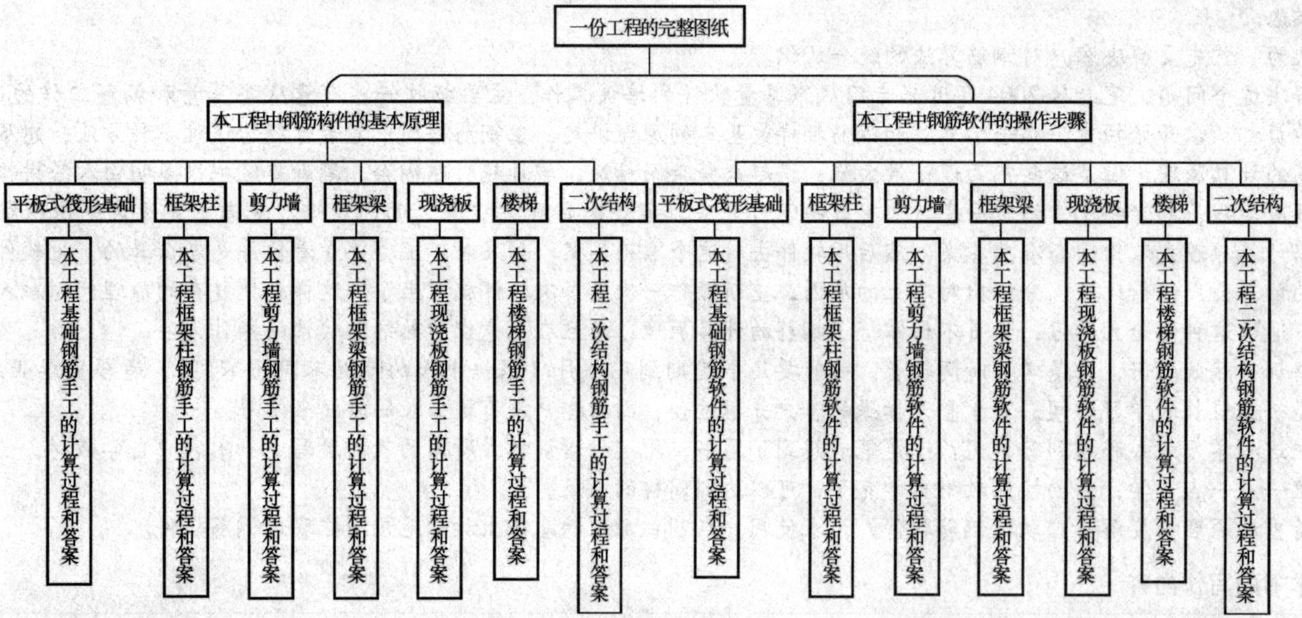

四、本书适合哪些人使用

1. 本书适合从事钢筋抽样工作的造价人员、工民建专业的大学生自学。

2. 本书可作为广联达钢筋软件的培训教材。

3. 本书也可供工民建专业的大学老师备课参考。

五、感谢

这套书从开始筹划到最后完稿，历时一年左右的时间，反反复复修改六稿，没有下面这些朋友的帮助，我是写不出来的，在这里表示真诚的感谢！

感谢我的爱人赵春婵女士为本书的总体规划提供了建设性的意见，感谢我的学员高璇女士、董宝红女士、霰飞海先生、韩伟锋先生、员锋先生为本套书手工部分计算做了大量的工作，感谢我的学员南珊珊女士、董瑞先生、张恒瑞先生为本套书软件部分计算做了大量的工作，感谢我的学员杨建东女士、石慧女士为本书的校对做了大量的工作，感谢我的孩子张旭和张舒为本套书的手工软件答案校对牺牲了玩耍的时间，感谢中国建材工业出版社的编辑朱文东先生和吕佳丽女士为本书早日出版牺牲了节假日的时间，感谢为本套书出力的所有的朋友。

广联达软件新版本升级后，软件部分又用新版本重新写了一遍，感谢我的几位学生李文会、吴红艳、山海曙、白鹭为此书的重写花了大量的心血。

六、重要说明

本书水平钢筋均按 10m 定尺长度计算搭接数量，垂直钢筋均按一层一个搭接计算搭接数量。

本书计算钢筋的长度时，均未考虑因钢筋施工时空间位置冲突而增减的钢筋长度，例如：梁钢筋伸入柱子外侧纵筋内侧弯折，梁钢筋弯折部分应与柱纵筋保持 25mm 的距离，这时候梁钢筋一头的水平长度应减去 $25+d$（d 为柱外侧纵筋直径），而本书并没有减。

本套书的很多算法是根据自己对规范和平法图集的理解以及自己的经验编写出来的，难免有些误解之处，欢迎大家在网上和我探讨，遇到问题请登陆网站“巧算量.com”。有些问题可能在网上统一回答。

本套书的数据量太大，虽然我们在编辑过程中已经校对多次，书中仍然可能有错误出现，希望大家谅解。

本套书在编辑时，用的是广联达钢筋软件 GGJ 2009 的 301 版本，您在应用广联达钢筋软件更高版本时，在操作步骤上或软件答案上可能有所变化，不过没有关系，您只要学会了本套书的原理和操作步骤，就掌握了广联达钢筋产品穴道，再高的版本您都会游刃有余。

张向荣

2009 年 11 月 25 日

目 录

（下册）

第一章　钢筋的计算原理和实例答案

第一节　平板式筏形基础

一、平板式筏形基础标注

现阶段图纸经常出现的平板式筏形基础（下称筏基）有两种标注方式：传统标注方式和平法标注方式。下面分别讲解。

(一) 传统标注方式

平板式筏基传统标注方式，如图 1.1.1 所示。

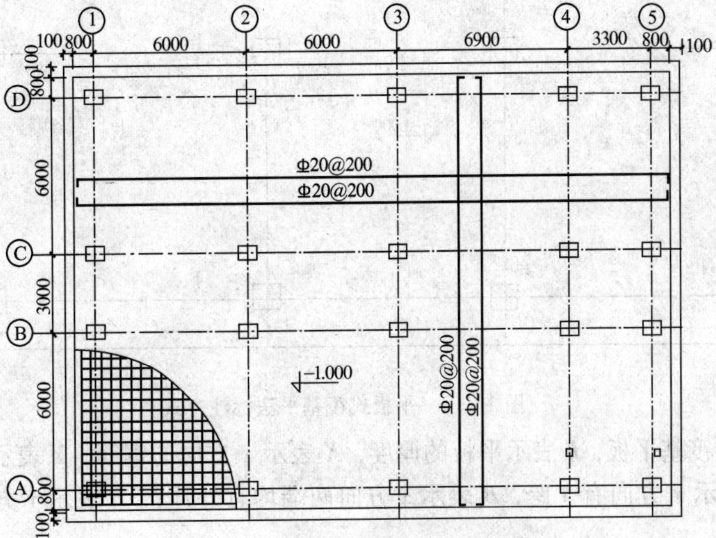

图 1.1.1　平板式筏基传统标注方式

（二）平法标注方式

平板式筏基平法标注方式，如图 1.1.2 所示。

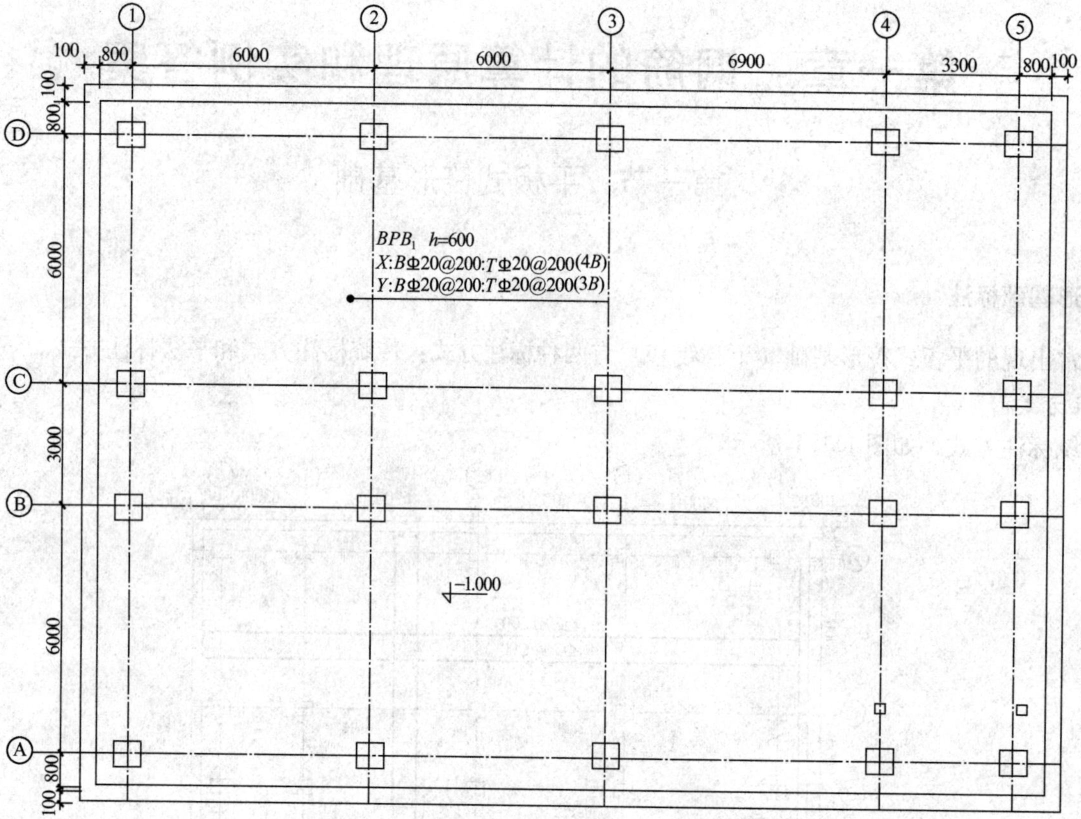

图 1.1.2　平板式筏基平法标注方式

解释：图中 BPB_1 表示平板式筏基平板，h 表示平板的厚度，X 表示 x 方向的钢筋，Y 表示 y 方向的钢筋，B 表示底部贯通纵筋，T 表示顶部贯通纵筋。$4B$ 表示 x 方向有 4 跨，B 表示 x 方向两端均有外伸；$3B$ 表示 y 方向有 3 跨，B 表示 y 方向两端均有外伸。

二、平板式筏形基础要计算的钢筋类型

平板式筏基要计算的钢筋类型，如图 1. 1. 3 所示。

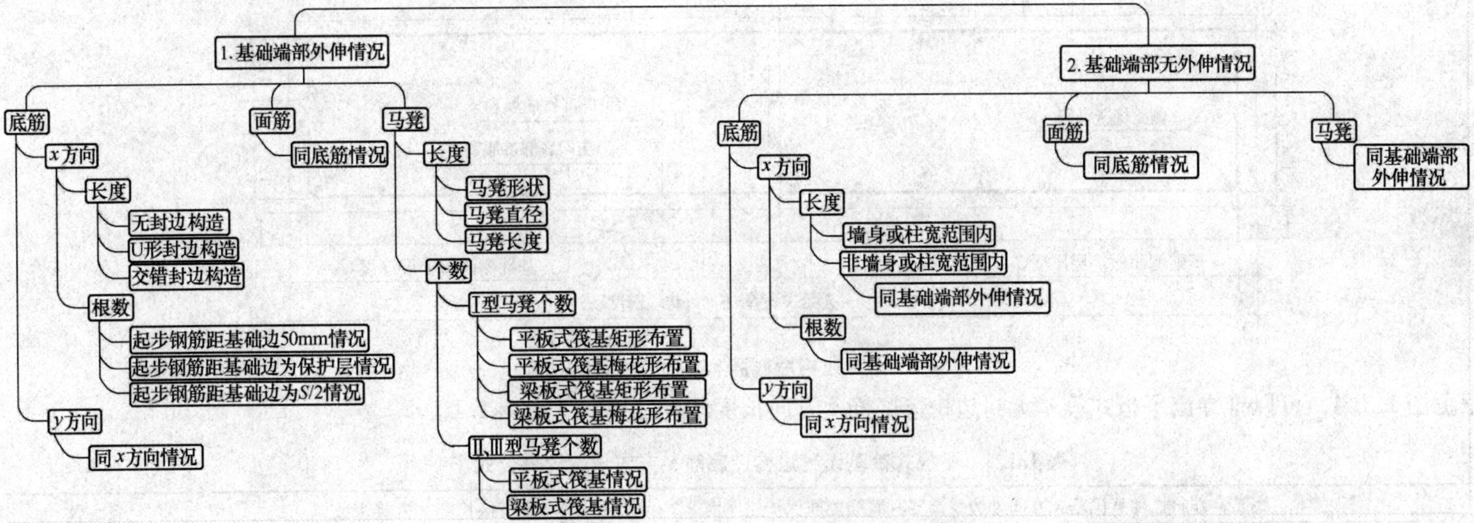

图 1. 1. 3　平板式筏基要计算的钢筋类型

三、平板式筏形基础钢筋的计算原理

（一）基础端部外伸情况

基础端部外伸情况包括底筋、面筋和马凳。下面分别讲解。

1. 底筋

底筋又分为 x 方向和 y 方向，下面分别介绍。

1）x 方向

（1）长度计算

长度计算分为：无封边构造、U 形封边构造和交错封边构造三种情况。下面分别介绍。

① 无封边构造

无封边构造底筋 x 方向长度，如图 1.1.4 所示。

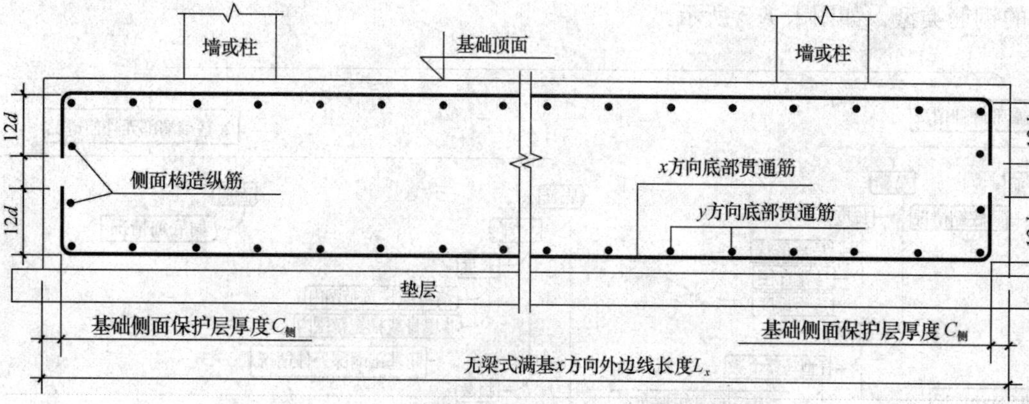

图 1.1.4　无封边构造底筋 x 方向长度计算图

根据图 1.1.4，可以推导出平板式筏基无封边构造底筋 x 方向长度计算公式，见表 1.1.1。

表 1.1.1　平板式筏基无封边构造底筋 x 方向长度计算公式

底筋	公式推导过程	底筋 x 方向长度 = 满基 x 方向外边线长度 − 底筋侧面保护层厚度 ×2 + 弯折长度 ×2 + 搭接长度 × 搭接个数								备　注
		满基 x 方向外边线长度	底筋侧面保护层厚度	弯折长度	ξ 为搭接长度修正系数，与纵向钢筋搭接接头面积的百分率(%)有关，取值如下				搭接个数	1. 焊接或机械连接情况下搭接长度按 0 计取 2. 如果底筋用的是光圆钢筋，底筋长度应该加两个弯钩 $6.25d\times2$
		L_x	$C_{侧}$	$12d$	纵向钢筋搭接接头面积的百分率(%)	≤25	50	100	钢筋计算总长(不含搭接)/定值长度(如 8m 一个搭接) = n	
					ξ	1.2	1.4	1.6	n	
					搭接长度(绑扎) = $\xi l_{aE}(l_a)$					
		底筋 x 方向长度 = $L_x-2C_{侧}+12d\times2+\xi l_{aE}(l_a)\times n$								
侧面构造纵筋	公式推导过程	x 方向侧面构造纵筋长度 = 满基 x 方向外边线长度 + 搭接长度 × 搭接个数 − 底筋侧面保护层厚度 ×2 + 弯钩长度 ×2								
		满基 x 方向外边线长度	底筋侧面保护层厚度	弯钩长度(只光圆钢筋有)						
		L_x	$C_{侧}$	$6.25d$						
		x 方向侧面构造纵筋长度 = $L_x+\xi l_{aE}(l_a)\times n-2C_{侧}+6.25d\times2$								

思考与练习 请用手工计算 1 号写字楼基础 x 方向的底筋长度（按定尺钢筋 10m 计算搭接）。

② U 形封边构造

U 形封边构造，如图 1.1.5 所示。

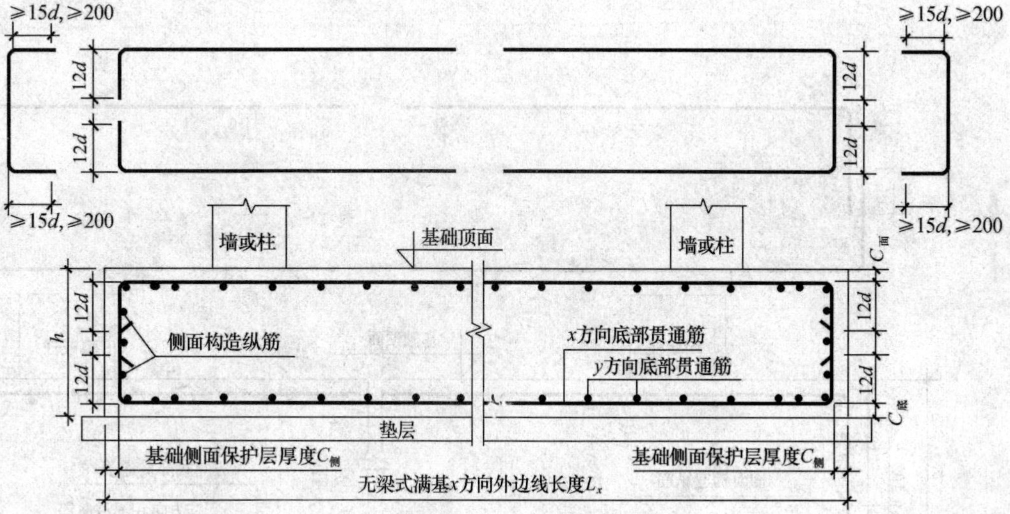

图 1.1.5 U 形封边构造底筋 x 方向长度计算图

根据图 1.1.5，可以推导出平板式筏基 U 形封边构造底筋 x 方向长度计算公式，见表 1.1.2。

表 1.1.2 平板式筏基 U 形封边构造底筋 x 方向长度计算公式

<table>
<tr><td>底筋</td><td colspan="5">底筋计算方法同无封边构造</td><td>备 注</td></tr>
<tr><td rowspan="4">U 形筋</td><td rowspan="4">公式推导过程</td><td colspan="4">U 形筋长度 = 基础厚度 − 面筋保护层厚度 − 底筋保护层厚度 + 弯折长度 ×2</td><td rowspan="5"></td></tr>
<tr><td>基础厚度</td><td>面筋保护层厚度</td><td>底筋保护层厚度</td><td>弯折长度</td></tr>
<tr><td>h</td><td>$C_{面}$</td><td>$C_{底}$</td><td>max(15d,200)</td></tr>
<tr><td colspan="4">U 形筋长度 = $h - C_{面} - C_{底}$ + max(15d,200) ×2</td></tr>
<tr><td colspan="6">侧面构造纵筋长度计算方法同无封边构造</td></tr>
</table>

思考与练习 请用手工计算 1 号写字楼基础 U 形封边筋的长度。

③交错封边构造

交错封边构造，如图 1.1.6 所示。

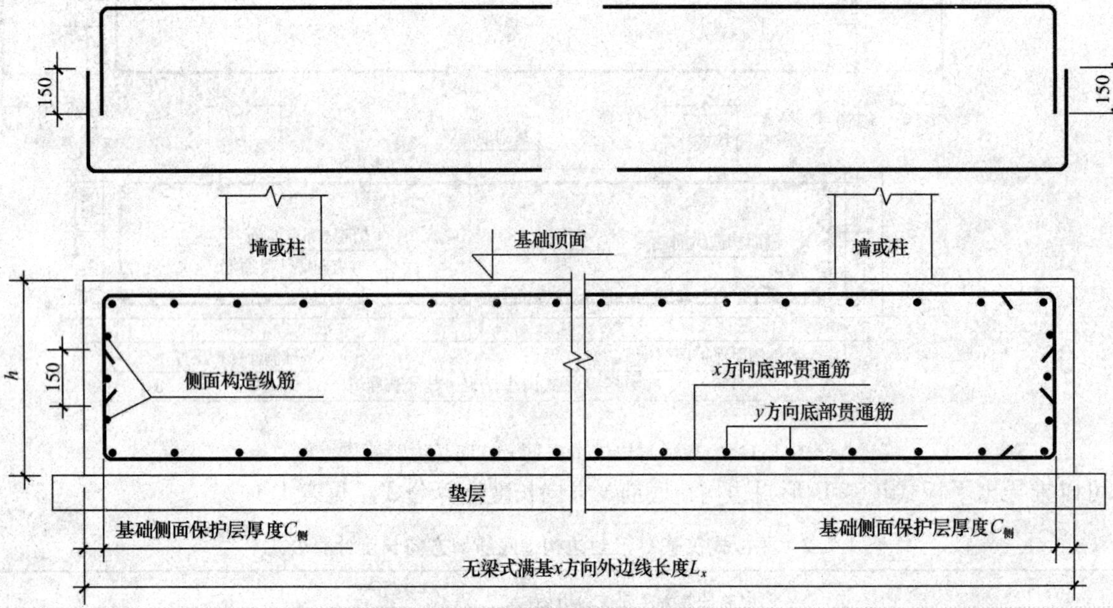

图 1.1.6 交错封边构造底筋 x 方向长度计算图

根据图 1.1.6，可以推导出平板式筏基交错封边构造底筋 x 方向长度计算公式，见表 1.1.3。

表 1.1.3　平板式筏基交错封边构造底筋 x 方向长度计算公式

	底筋 x 方向长度 = 满基 x 方向外边线长度 − 基础侧面保护层厚度 ×2 + 弯折长度 ×2 + 搭接长度 × 搭接个数								备　注
公式推导过程	满基 x 方向外边线长度	基础侧面保护层厚度	弯折长度	ξ 为搭接长度修正系数，与纵向钢筋搭接接头面积的百分率(%)有关，取值如下				搭接个数	焊接或机械连接情况下搭接长度按 0 计取
	L_x	$C_{侧}$	(基础厚度 − 底筋保护层厚度 − 面筋保护层厚度 − 150)/2 + 150	纵向钢筋搭接接头面积的百分率(%)	≤25	50	100	钢筋计算总长(不含搭接)/定值长度(如 8m 一个搭接) = n	
	L_x	$C_{侧}$	$(h - C_{底} - C_{面} - 150)/2 + 150$	ξ	1.2	1.4	1.6	n	
				搭接长度(绑扎) = $\xi l_{aE}(l_a)$					
	底筋 x 方向长度 $= L_x - 2C_{侧} + [(h - C_{底} - C_{面} - 150)/2 + 150] \times 2 + \xi l_{aE}(l_a) \times n$								
侧面构造纵筋长度计算方法同无封边构造									

思考与练习　请用手工计算 1 号写字楼基础交错封边构造 x 方向底筋的长度。

（2）根数计算

平板式筏基底筋的根数计算和底筋的起步距离有关，起步钢筋距离基础外边线不同时，底筋的根数计算也会不同，起步钢筋距基础外边线有三种情况，分别是起步钢筋距离基础边 50mm、距离基础边为一个保护层厚度和距离基础边为间距的一半（$S/2$）。下面分别讲解。

①起步筋距基础边 50mm

x 方向底筋起步筋距离基础边 50mm，如图 1.1.7 所示。

根据图 1.1.7，可以推导出平板式筏基底筋 x 方向根数计算公式，见表 1.1.4。

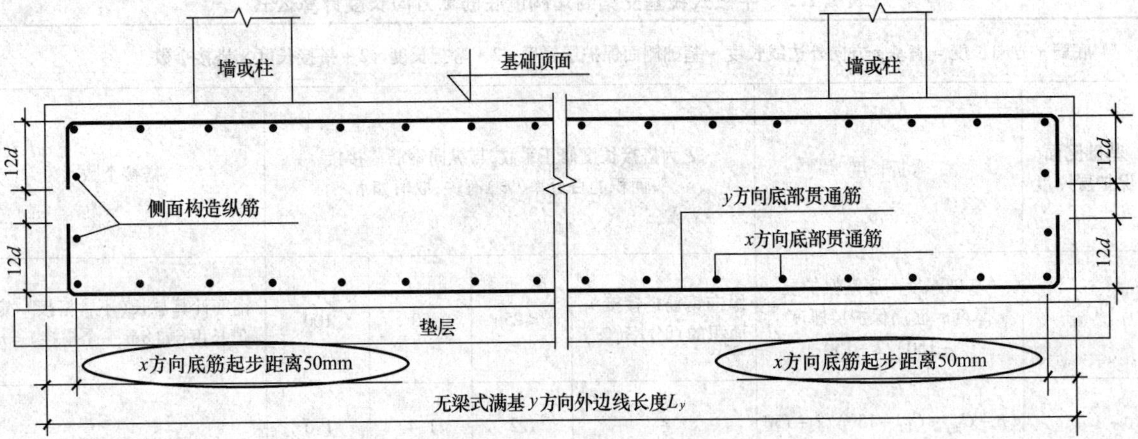

图 1.1.7 平板式筏基底筋 x 方向根数计算图

表 1.1.4 平板式筏基底筋 x 方向根数计算（起步筋距基础边 50mm）

底筋 x 方向根数	公式推导过程	x 方向根数 =（y 方向外边线长度 − 起步距离 ×2）/x 方向间距 +1		
		y 方向外边线长度	起步距离	x 方向间距
		L_y	50mm	S
		x 方向根数 = (L_y − 50 ×2)/S(取整) +1		
侧面构造纵筋根数	图纸数出，不用计算			

注： 凡是根数计算都应该取整，本套书关于"取整"有三种计算方式：

1. 向上取整。如：箍筋的根数算出来是 12.3，向上取整就是 13 根。
2. 向下取整。如：箍筋的根数算出来是 12.3，向下取整就是 12 根。
3. 四舍五入。如：箍筋的根数算出来是 12.3，四舍五入就是 12 根。

用户可以根据具体情况任取其一，后文中原理部分遇到"取整"均按此说明。本套书的计算部分大部分用的是"向上取整"，少部分用的是"向下取整"。

思考与练习 请用手工计算 1 号写字楼基础交错封边情况 x 方向底筋的根数（按照起步距离 50mm 计算）。

② 起步筋距基础边为一个保护层厚度

x 方向底筋起步距离为一个保护层厚度，如图 1.1.8 所示。

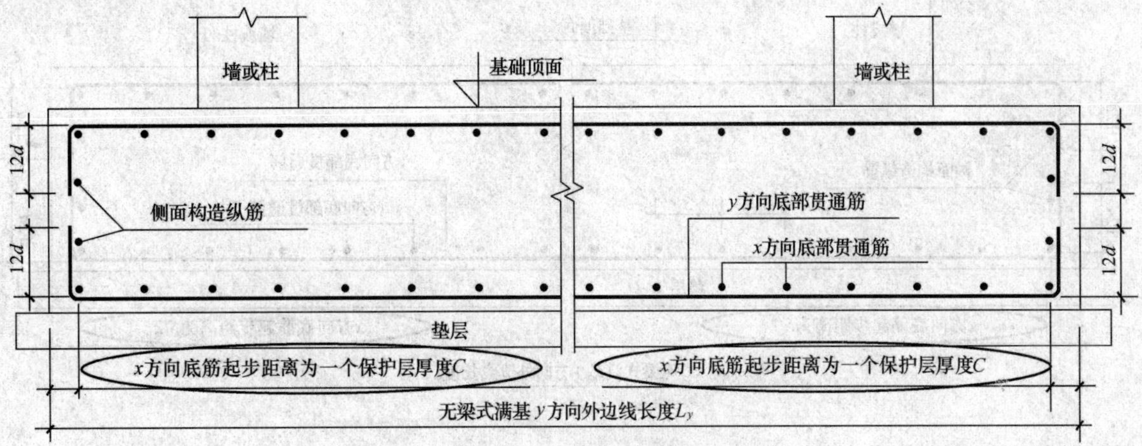

图 1.1.8　平板式筏基底筋 x 方向根数计算图

根据图 1.1.8，可以推导出平板式筏基底筋 x 方向根数计算公式，见表 1.1.5。

表 1.1.5　平板式筏基底筋 x 方向根数计算公式（起步筋距基础边为一个保护层厚度）

底筋 x 方向根数	公式推导过程	x 方向根数 =（y 方向外边线长度 − 起步距离 ×2）/x 方向间距 +1		
		y 方向外边线长度	起步距离	x 方向间距
		L_y	C	S
		x 方向根数 $=(L_y-2C)/S+1$		
侧面构造纵筋根数	图纸数出,不用计算			

③ 起步筋距基础边为间距的一半（$S/2$）

x 方向底筋起步距离为间距的一半（$S/2$），如图 1.1.9 所示。

根据图 1.1.9，可以推导出平板式筏基底筋 x 方向根数计算公式，见表 1.1.6。

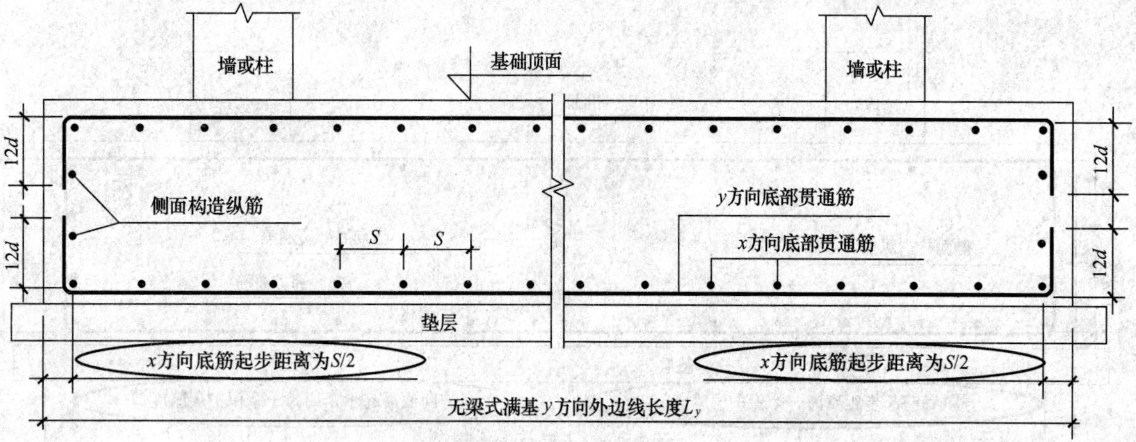

图 1.1.9 平板式筏基底筋 x 方向根数计算图

表 1.1.6 平板式筏基底筋 x 方向根数计算公式（起步筋距基础边为间距的一半 $S/2$）

<table>
<tr><td rowspan="4">底筋 x 方向根数</td><td rowspan="4">公式推导过程</td><td colspan="3">x 方向根数 =（y 方向外边线长度 − 起步距离 ×2）/x 方向间距 +1</td></tr>
<tr><td>y 方向外边线长度</td><td>起步距离</td><td>x 方向间距</td></tr>
<tr><td>L_y</td><td>$S/2$</td><td>S</td></tr>
<tr><td colspan="3">x 方向根数 = $(L_y - S)/S + 1$</td></tr>
<tr><td>侧面构造纵筋根数</td><td colspan="4">图纸数出，不用计算</td></tr>
</table>

2）y 方向

底筋 y 方向长度根数计算方法和 x 方向相同，这里不再赘述。

2. 面筋

面筋的计算方法和底筋一样，这里不再赘述。只是有些传统算法面筋的弯折长度为 $15d$，在公式里把弯折长度替换成 $15d$ 就可以了。

3. 马凳

1）马凳长度计算

（1）马凳的形状

常见的马凳形状有以下几种，如图 1.1.10 ~ 图 1.1.12 所示。

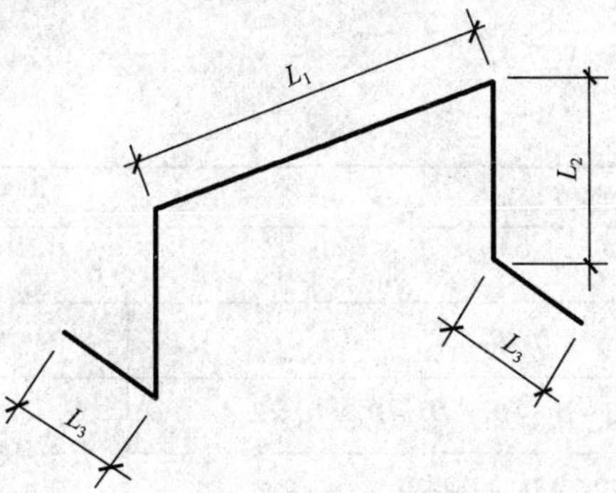

图 1.1.10　Ⅰ型马凳

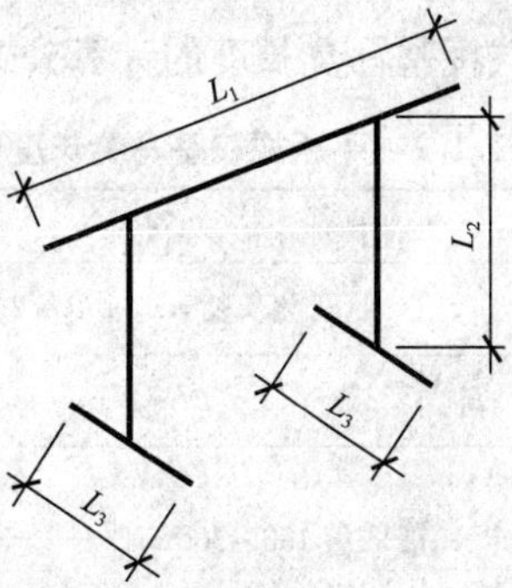

图 1.1.11　Ⅱ型马凳

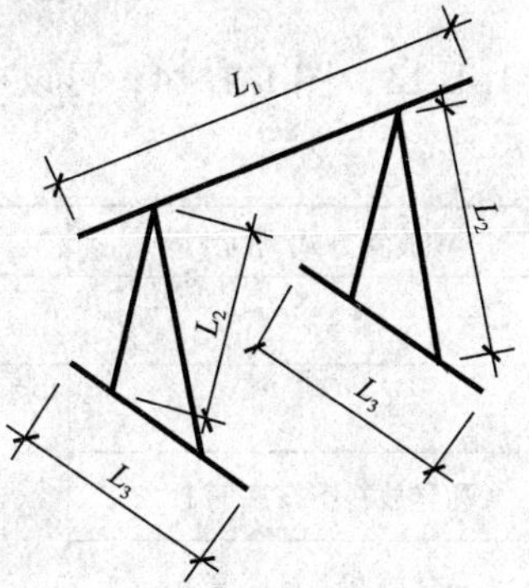

图 1.1.12　Ⅲ型马凳

（2）马凳直径的确定

马凳各段直径一般按Φ 12≤马凳直径≤面筋直径，取值。

（3）马凳长度计算

马凳各段长度往往根据工地实际情况进行确定，如图 1.1.13、图 1.1.14 所示。

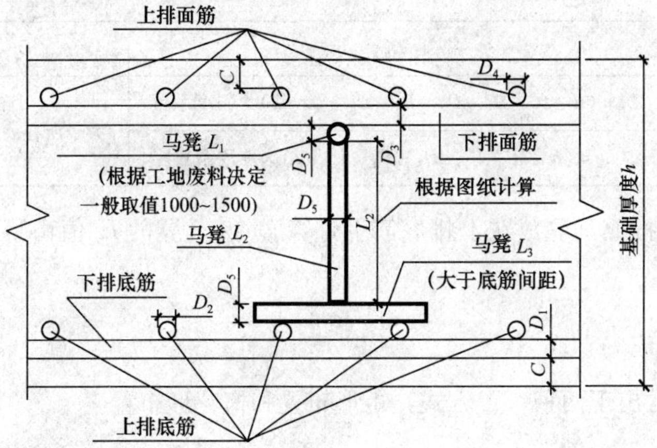

图 1.1.13　马凳长度计算图（马凳放在上排底筋上）

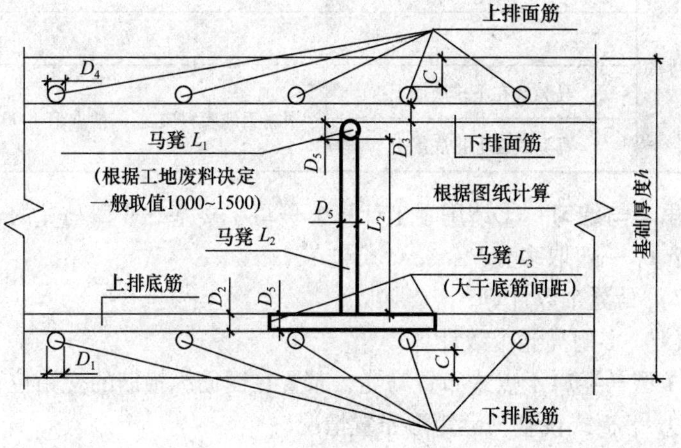

图 1.1.14　马凳长度计算图（马凳放在下排底筋上）

根据图 1.1.13、图 1.1.14，可以推导出平板式筏基马凳长度的计算公式，见表 1.1.7。

表 1.1.7 平板式筏基马凳长度计算公式

马凳型号	放置方式判断	马凳各段取值		
Ⅰ型马凳	马凳长度 $= L_1 + L_2 \times 2 + L_3 \times 2$			
		L_1	L_2	L_3
	马凳放在下排底筋上	根据工地废料决定，一般取值 100 ~ 300	$L_2 = h - 2C - D_1 - D_2 - D_3 - D_4 - D_5 \times 2$	大于所在底筋间距
	马凳放在上排底筋上		$L_2 = h - 2C - D_1 - D_3 - D_4 - D_5 \times 2$	
Ⅱ型马凳	马凳长度 $= L_1 + L_2 \times 2 + L_3 \times 2$			
		L_1	L_2	L_3
	马凳放在下排底筋上	根据工地废料决定，一般取值 1000 ~ 1500	$L_2 = h - 2C - D_1 - D_2 - D_3 - D_4 - D_5 \times 2$	大于所在底筋间距
	马凳放在上排底筋上		$L_2 = h - 2C - D_1 - D_3 - D_4 - D_5 \times 2$	
Ⅲ型马凳		马凳长度 $= L_1 + L_2 \times 4 + L_3 \times 2$		
		L_1	L_2	L_3
	马凳放在下排底筋上	根据工地废料决定，一般取值 1000 ~ 1500	$L_2 = (h - 2C - D_1 - D_2 - D_3 - D_4 - D_5 \times 2) \times$ 斜度系数	大于所在底筋间距
	马凳放在上排底筋上		$L_2 = (h - 2C - D_1 - D_3 - D_4 - D_5 \times 2) \times$ 斜度系数	

思考与练习 ①请用手工计算 1 号写字楼基础Ⅱ型马凳的 L_2 值（按照马凳放在上排底筋上计算）。②马凳的 L_3 值由哪些因素决定？L_1 一般取多少？

2）马凳个数计算

（1） Ⅰ型马凳个数计算

Ⅰ型马凳属于点式布置马凳，布置在面筋纵横筋的交错位置，经常出现两种布置方式：矩形布置和梅花形布置。

① 平板式筏基马凳矩形布置情况

平板式筏基Ⅰ型马凳矩形布置情况，如图 1.1.15 所示。

根据图 1.1.15，推导出平板式筏基Ⅰ型马凳矩形布置情况个数计算公式，见表 1.1.8。

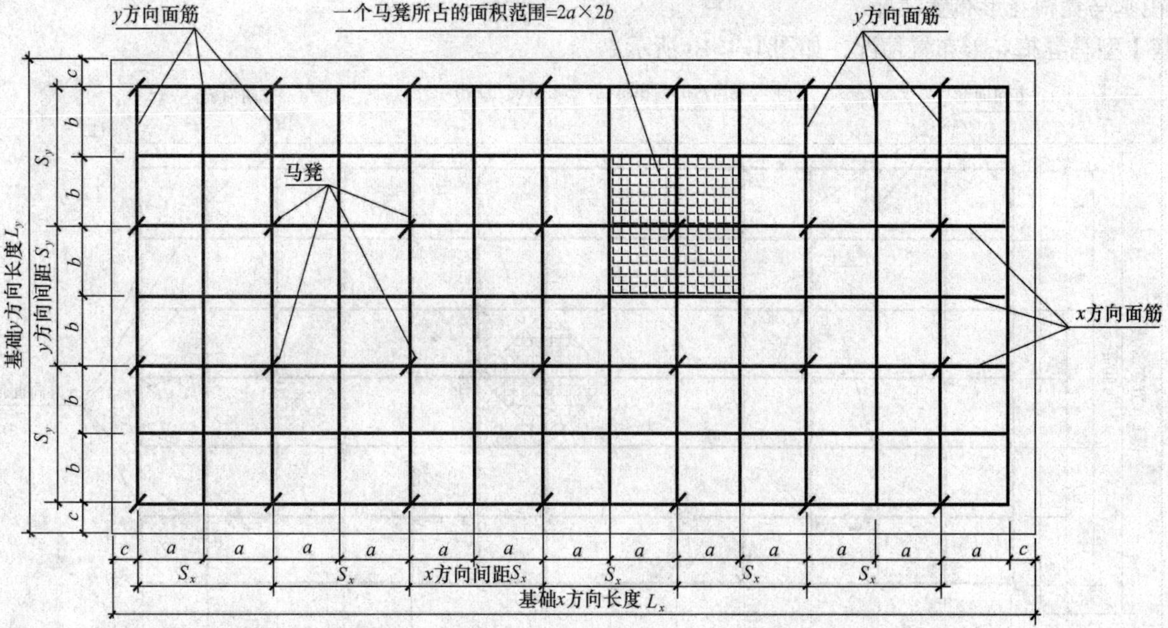

图 1.1.15　平板式筏基Ⅰ型马凳布置图（矩形布置）

表 1.1.8　平板式筏基Ⅰ型马凳矩形布置个数计算

马凳型号	近似算法:马凳个数=总面积/每个马凳的面积范围			
Ⅰ型马凳矩形布置	总面积=基础 x 方向长度×基础 y 方向长度		每个马凳的面积范围=马凳 x 方向间距×马凳 y 方向间距	
	基础 x 方向长度	基础 y 方向长度	马凳 x 方向间距	马凳 y 方向间距
	L_x	L_y	S_x(本例 $S_x=2a$)	S_y(本例 $S_y=2b$)
	马凳个数 $=L_x\times L_y/(S_x\times S_y)=L_x\times L_y/(2a\times 2b)$			
说　明	按理说马凳个数应该按下式计算更准确些:马凳个数=每排个数×排数。但是在实际工程中有以下几个原因造成计算起来比较麻烦,所以通常采用近似算法。 1. 即使是最简单的矩形基础马凳采用矩形布置也会遇到下面的问题:我们知道每排个数=(基础某方向长度-保护层厚度×2)/马凳间距+1(或不“+1”)。由于马凳的间距一般为面筋间距的 n 倍,如果面筋的总个数不是 n 的倍数,就很难判断“+1”或不“+1”,如图 1.1.15 中 y 方向“+1”就是正确的,x 方向“+1”就是错误的。梅花形布置就更难算了。 2. 排数计算也会遇到同样的问题。 3. 在实际工程中往往遇到的基础不是规整的矩形,而是异形,要分块分段计算,情况就更复杂一些			

② 平板式筏基马凳梅花形布置情况

平板式筏基Ⅰ型马凳梅花形布置情况，如图 1. 1. 16 所示。

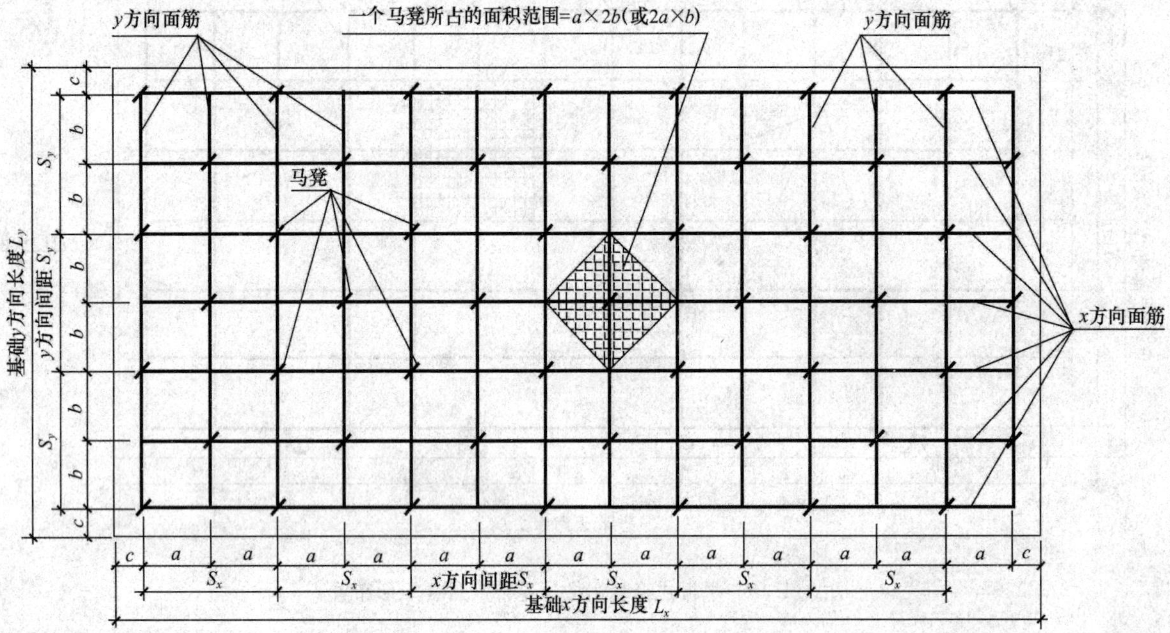

图 1. 1. 16　平板式筏基Ⅰ型马凳布置图（梅花形布置）

根据图 1. 1. 16，推导出平板式筏基Ⅰ型马凳梅花形布置个数计算公式，见表 1. 1. 9。

表 1. 1. 9　平板式筏基马凳梅花形布置个数计算

马凳型号	近似算法：马凳个数 = 总面积/每个马凳的面积范围			
Ⅰ型马凳梅花形布置	总面积 = 基础 x 方向长度 × 基础 y 方向长度		每个马凳的面积范围 = 马凳 x 方向间距 × 马凳 y 方向间距/2	
	基础 x 方向长度	基础 y 方向长度	马凳 x 方向间距	马凳 y 方向间距/2
	L_x	L_y	S_x	$S_y/2$
	马凳个数 = $L_x \times L_y/(S_x \times S_y/2)$			

思考与练习 请用手工计算1号写字楼基础Ⅰ型马凳梅花形布置马凳的个数。

③ 梁板式筏基矩形布置情况

梁板式筏基Ⅰ型马凳矩形布置情况，如图1.1.17所示。

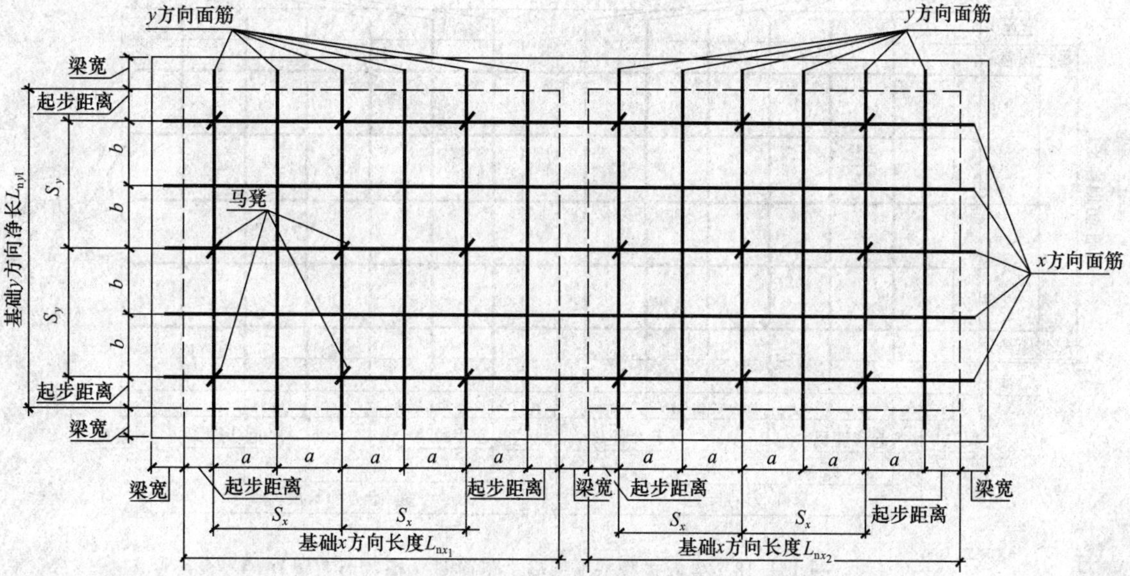

图1.1.17 梁板式筏基Ⅰ型马凳布置图（矩形布置）

根据图1.1.17，推导出梁板式筏基Ⅰ型马凳矩形布置情况个数计算，见表1.1.10。

表1.1.10 梁板式筏基Ⅰ型马凳矩形布置情况个数计算

马凳型号	马凳总个数=每块个数相加	
	近似算法：马凳每块个数=每块净面积（去掉梁所占的面积）/每个马凳的面积范围	
Ⅰ型马凳矩形布置	上图中左块净面积 $=L_{nx_1}\times L_{ny_1}/(S_x\times S_y)$（取整） $=L_{nx_1}\times L_{ny_1}/(2a\times 2b)=n_1$	上图中右块净面积 $=L_{nx_2}\times L_{ny_1}/(S_x\times S_y)$（取整） $=L_{nx_2}\times L_{ny_1}/(2a\times 2b)=n_2$
	马凳总个数 $=n_1+n_2$	

④ 梁板式筏基梅花形布置情况

梁板式筏基Ⅰ型马凳梅花形布置情况，如图 1.1.18 所示。

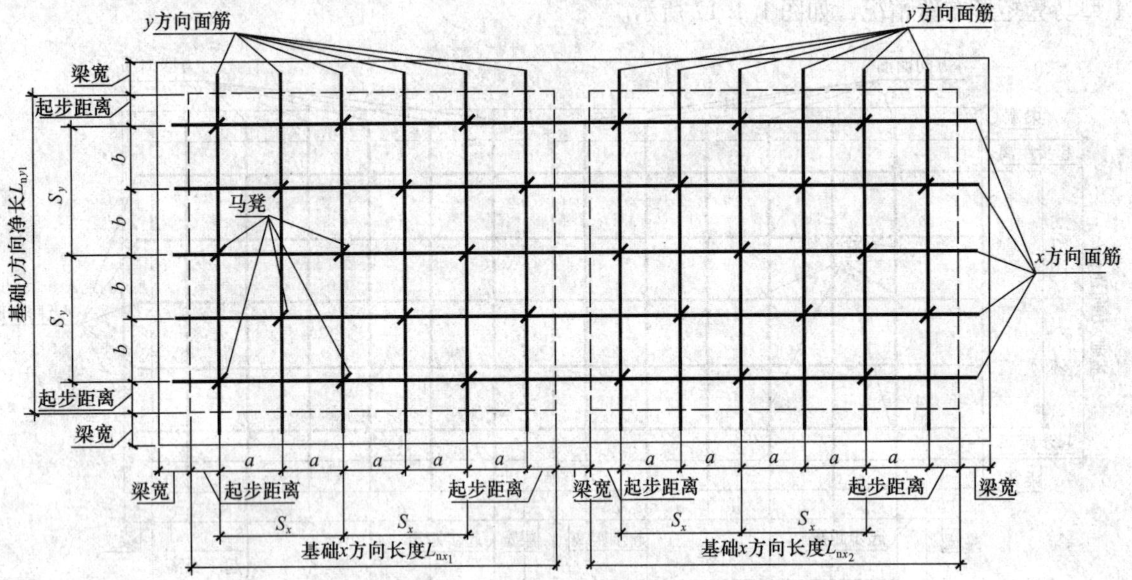

图 1.1.18　梁板式筏基Ⅰ型马凳布置图（梅花形布置）

根据图 1.1.18，推导出梁板式筏基Ⅰ型马凳梅花形布置情况个数计算，见表 1.1.11。

表 1.1.11　梁板式筏基Ⅰ型马凳梅花形布置情况个数计算

	马凳总个数=每块个数之和	
马凳型号	近似算法：马凳每块个数=每块净面积（去掉梁所占的面积）/每个马凳的面积范围	
Ⅰ型马凳梅花形布置	上图中左块净面积$=L_{nx_1}\times L_{ny_1}/(S_x\times S_y/2)$（取整）$=L_{nx_1}\times L_{ny_1}/(2a\times b)=n_1$	上图中右块净面积$=L_{nx_2}\times L_{ny_1}/(S_x\times S_y/2)$（取整）$=L_{nx_2}\times L_{ny_1}/(2a\times b)=n_2$
	马凳总个数$=n_1+n_2$	

（2）Ⅱ、Ⅲ型马凳个数计算

① 平板式筏基情况

平板式筏基Ⅱ、Ⅲ型马凳在实际施工中只取一个方向（x 方向或 y 方向）布置马凳，如图 1.1.19 所示。

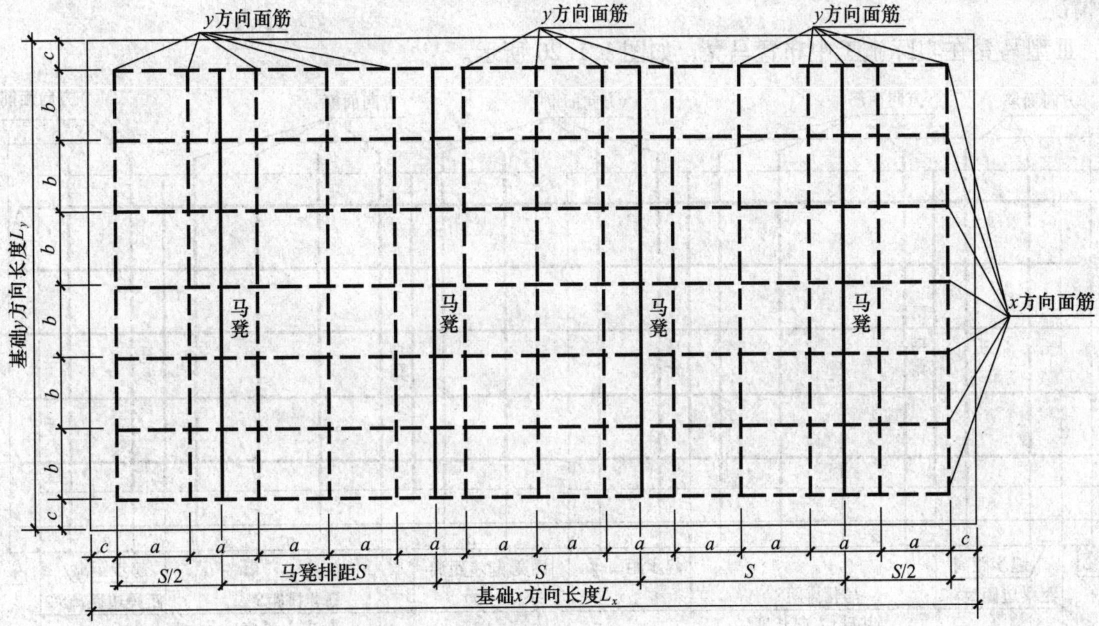

图 1.1.19　平板式筏基Ⅱ、Ⅲ型马凳布置图

根据图 1.1.19，推导出平板式筏基Ⅱ、Ⅲ型马凳个数计算，见表 1.1.12。

表 1.1.12　平板式筏基Ⅱ、Ⅲ型马凳个数计算

<table>
<tr><td colspan="5">马凳个数＝每排个数×排数</td></tr>
<tr><td colspan="3">每排个数＝（基础 y 方向长度－保护层厚度×2）/单个马凳长度</td><td colspan="2">排数＝（基础 x 方向长度－保护层厚度×2－马凳间距）/马凳间距＋1</td></tr>
<tr><td>基础 y 方向长度</td><td>保护层厚度</td><td>单个马凳长度</td><td>基础 x 方向长度</td><td>马凳间距</td></tr>
<tr><td>L_y</td><td>C</td><td>L_1</td><td>L_x</td><td>S</td></tr>
<tr><td colspan="3">y 方向每排个数＝$(L_y-2C)/L_1$（取整）＝n</td><td colspan="2">x 方向排数＝$(L_x-2C-S)/S+1$（取整）＝p</td></tr>
<tr><td colspan="5">马凳个数＝$n\cdot p$</td></tr>
</table>

思考与练习　请用手工计算 1 号写字楼基础Ⅱ型马凳的个数（按照马凳排距为 1000 计算）。

② 梁板式筏基情况

梁板式筏基Ⅱ、Ⅲ型马凳在实际施工中布置马凳，如图 1.1.20 所示。

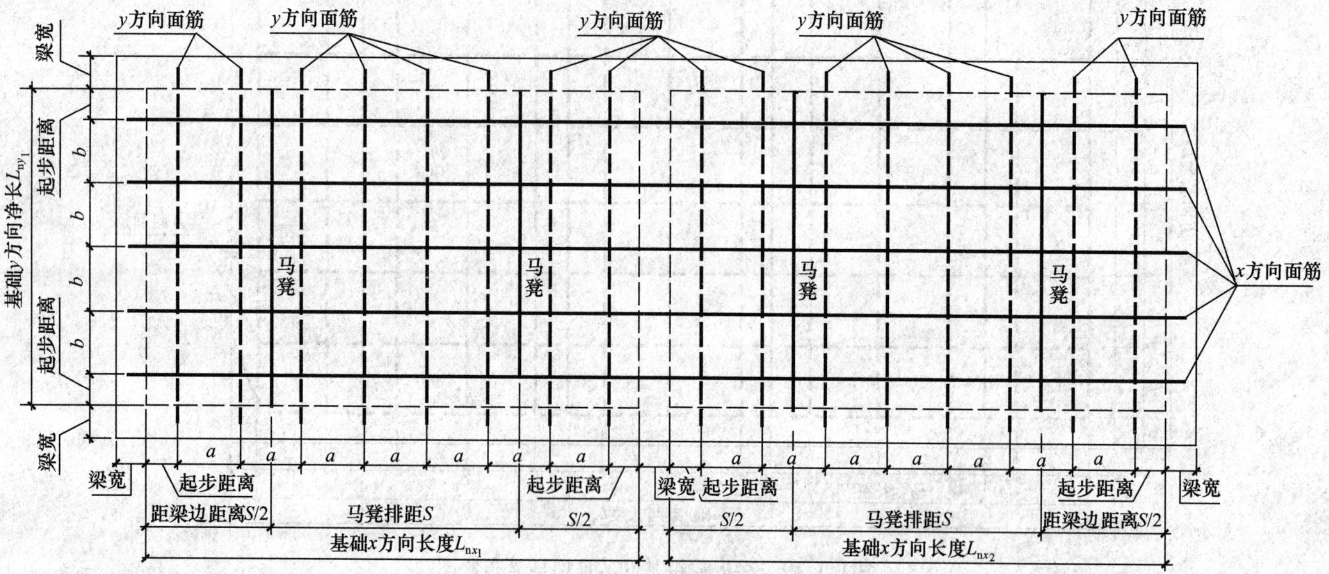

图 1.1.20　梁板式筏基Ⅱ、Ⅲ型马凳布置图

根据图 1.1.20，推导出梁板式筏基Ⅱ、Ⅲ型马凳个数计算，见表 1.1.13。

表 1.1.13　梁板式筏基Ⅱ、Ⅲ型马凳个数计算

<table>
<tr><td colspan="3">马凳总个数 = 左块个数 + 右块个数 = y 方向每排的个数 × x 方向左块马凳排数 + y 方向每排的个数 × x 方向右块马凳排数</td></tr>
<tr><td colspan="3">y 方向每排马凳个数 = 基础 y 方向净长/单个马凳长度 = L_{ny_1}/L_1（取整）= n</td></tr>
<tr><td colspan="2">上图左块个数 = y 方向每排马凳个数 × x 方向左块排数</td><td>上图左块个数 = y 方向每排马凳个数 × x 方向右块排数</td></tr>
<tr><td colspan="2">左块 x 方向排数 =（基础左块 x 方向净长 − 马凳间距）/马凳间距 + 1</td><td>右块 x 方向排数 =（基础右块 x 方向净长 − 马凳间距）/马凳间距 + 1</td></tr>
<tr><td>基础左块 x 方向净长</td><td>马凳间距</td><td>基础右块 x 方向净长</td></tr>
<tr><td>L_{nx_1}</td><td>S</td><td>L_{nx_2}</td></tr>
<tr><td colspan="2">左块 x 方向排数 = $(L_{nx_1} - S)/S + 1$（取整）= p_1</td><td>左块 x 方向排数 = $(L_{nx_2} - S)/S + 1$（取整）= p_2</td></tr>
<tr><td colspan="2">上图左块个数 = $n \times p_1$</td><td>上图右块个数 = $n \times p_2$</td></tr>
<tr><td colspan="3">马凳总根数 = 左块个数 + 右块个数 = $n \cdot p_1 + n \cdot p_2$</td></tr>
</table>

(二) 基础端部无外伸情况

1. 底筋

1) x 方向

(1) 长度计算

① 墙身或柱宽范围内

墙身或柱宽范围内 x 方向贯通纵筋构造，如图 1.1.21 所示。

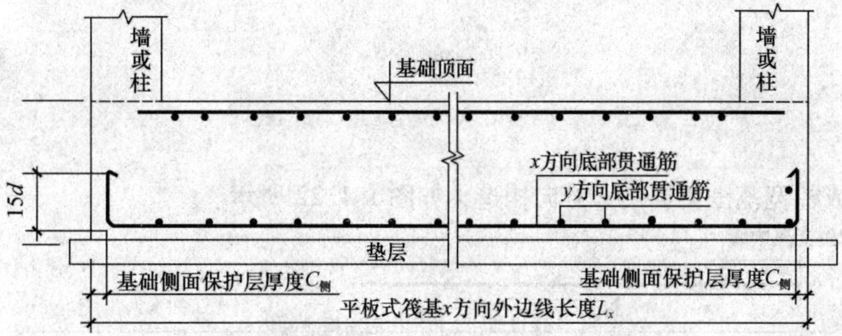

图 1.1.21 平板式筏基底筋 x 方向长度计算图（基础端部无外伸情况：墙身或柱宽范围内）

根据图 1.1.21，可以推导出平板式筏基底 x 方向长度计算公式，见表 1.1.14。

表 1.1.14 平板式筏基底筋 x 方向长度计算公式（基础端部无外伸情况：墙身或柱宽范围内）

<table>
<tr><td rowspan="6">x 方向底筋</td><td rowspan="6">公式推导过程</td><td colspan="8">底筋 x 方向长度 = 满基 x 方向外边线长度 − 底筋侧面保护层厚度 ×2 + 弯折长度 ×2 + 搭接长度 × 搭接个数</td><td>备 注</td></tr>
<tr><td>满基 x 方向外边线长度</td><td>底筋保护层厚度</td><td>弯折长度</td><td colspan="4">ξ 为搭接长度修正系数，与纵向钢筋搭接接头面积的百分率(%)有关，取值如下</td><td>搭接个数</td><td rowspan="5">焊接或机械连接情况下搭接长度按 0 计取</td></tr>
<tr><td rowspan="3">L_x</td><td rowspan="3">$C_{侧}$</td><td rowspan="3">$1.7l_{aE}(l_a)$</td><td>纵向钢筋搭接接头面积的百分率(%)</td><td>≤25</td><td>50</td><td>100</td><td>钢筋计算总长(不含搭接)/定值长度(如 8m 一个搭接) = n</td></tr>
<tr><td>ξ</td><td>1.2</td><td>1.4</td><td>1.6</td><td rowspan="2">n</td></tr>
<tr><td colspan="4">搭接长度(绑扎) = $\xi l_{aE}(l_a)$</td></tr>
<tr><td colspan="8">底筋 x 方向长度 = $L_x - 2C_{侧} + 15d \times 2 + \xi l_{aE}(l_a) \times n$</td></tr>
</table>

② 非墙身或柱宽范围内

非墙身或柱宽范围内 x 方向底筋长度的计算方法和基础端部外身情况相同。

(2) 根数计算

非墙身或柱宽范围内 x 方向纵筋根数计算方法和基础端部外伸情况相同。

2) y 方向

底筋 y 方向纵筋长度计算方法和 x 方向相同。

2. 面筋

1) x 方向

(1) 长度计算

① 墙身或柱宽范围内

基础端部无外伸情况，墙身或柱宽范围内面筋 x 方向构造，如图 1.1.22 所示。

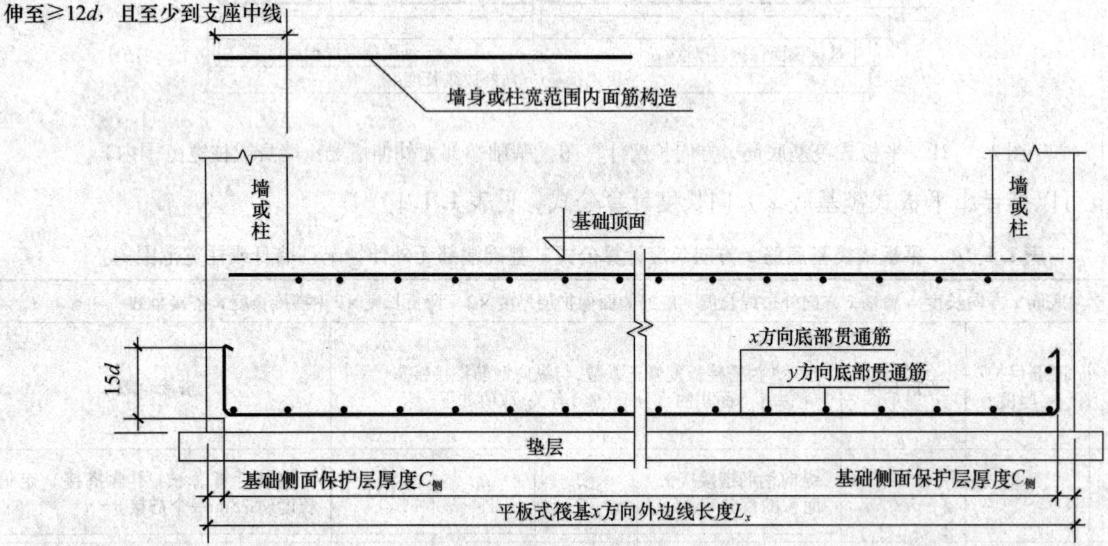

图 1.1.22 平板式筏基底筋 x 方向长度计算图（基础和墙柱平齐情况：墙身或柱宽范围内）

根据图 1.1.22，可以推导出平板式筏基面筋 x 方向长度计算公式，见表 1.1.15。

表 1.1.15　平板式筏基面筋 x 方向长度计算公式（基础端部无外伸情况：墙身或柱宽范围内）

x 方向面筋	公式推导过程	面筋 x 方向长度 = 满基 x 方向外边线长度 + max(12d, b/2) + 搭接长度 × 搭接个数								备　注
		满基 x 方向外边线长度	max(12d, b/2)		ξ 为搭接长度修正系数，与纵向钢筋搭接接头面积的百分率(%)有关，取值如下				搭接个数	焊接或机械连接情况下搭接长度按 0 计取
		L_x	12d	b/2	纵向钢筋搭接接头面积的百分率%	≤25	50	100	钢筋计算总长(不含搭接)/定值长度(如 8m 一个搭接) = n	
					ξ	1.2	1.4	1.6	n	
					搭接长度(绑扎) = $\xi l_{aE}(l_a)$					
		底筋 x 方向长度 = $L_x + max(12d, b/2) \times 2 + \xi l_{aE}(l_a) \times n$								

② 墙身或柱宽范围内

计算方法同基础端部外伸情况。

(2) 根数计算

计算方法同基础端部外伸情况。

2) y 方向

计算方法同 x 方向。

3. 马凳

马凳的计算方法同基础端部外伸情况。

四、1 号写字楼平板式筏形基础钢筋答案手工计算和软件计算对比

此处按无封边情况计算，1 号写字楼平板式筏形基础钢筋手工计算和软件计算答案，见表 1.1.16。

表 1.1.16　平板式筏形基础钢筋手工计算和软件计算答案

手工答案											软件答案			
位置	方向	名称	直径	级别	公式		长度(mm)	根(个)数	搭接	重量	长度(mm)	根(个)数	搭接	重量
筏基底部	x 方向	底筋	20	二级	长度计算公式	32800 − 40 × 2 + 12 × 20 × 2	33200	84	3	6888.336	33200	84	3	6888.336
					长度公式描述	x 方向筏基外皮长 − 基础保护层厚度 × 2 + 弯折长度 × 2								
					根数计算公式	[(800 + 6000 + 3000 + 6000 + 800) − 40 × 2]/200 + 1								
					根数公式描述	[(y 方向边线长) − 起步距离 × 2]/x 方向间距 + 1								

续表

手工答案											软件答案			
位置	方向	名称	直径	级别	公式		长度（mm）	根（个）数	搭接	重量	长度（mm）	根（个）数	搭接	重量
筏基底部	y 方向	底筋	20	二级	长度计算公式	16600 − 40 × 2 + 12 × 20 × 2	17000	165	1	6928.35	17000	165	1	6928.35
					长度公式描述	y 方向筏基外皮长 − 基础保护层厚度 × 2 + 弯折长度 × 2								
					根数计算公式	[（800 + 6000 + 6000 + 6900 + 3300 + 3000 + 6000 + 800）− 40 × 2]/200（向上取整）+ 1								
					根数公式描述	[（x 方向边线长）− 起始距离 × 2]/y 方向间距 + 1								
筏基顶部	x 方向	面筋	20	二级	长度计算公式	32800 − 40 × 2 + 12 × 20 × 2	33200	84	3	6888.336	33200	84	3	6888.336
					长度公式描述	x 方向筏基外皮长 − 基础保护层厚度 × 2 + 弯折长度 × 2								
					根数计算公式	[（800 + 6000 + 3000 + 6000 + 800）− 40 × 2]/200（向上取整）+ 1								
					根数公式描述	[（y 方向边线长）− 起步距离 × 2]/x 方向间距 + 1								
	y 方向	面筋	20	二级	长度计算公式	16600 − 40 × 2 + 12 × 20 × 2	17000	165	1	6928.35	17000	165	1	6928.35
					长度公式描述	y 方向筏基外皮长 − 基础保护层厚度 × 2 + 弯折长度 × 2								
					根数计算公式	[（800 + 6000 + 6000 + 6900 + 3300 + 3000 + 6000 + 800）− 40 × 2]/200（向上取整）+ 1								
					根数公式描述	[（x 方向边线长）− 起始距离 × 2]/y 方向间距 + 1								
筏基中部	平行纵向	Ⅱ型马凳	20	二级	长度计算公式	1000 + 2 × 420 + 2 × 300	2440	561		3381.035	2440	592		3567.866
					长度公式描述	$L_1 + 2 \times L_2 + 2 \times L_3$								
					个数计算公式	[（800 + 6000 + 3000 + 6000 + 800）− 40 × 2]/1000（向上取整）× {[（800 + 6000 + 6000 + 6900 + 3300 + 3000 + 6000 + 800）− 500 × 2]/1000 + 1（向上取整）}								
					个数公式描述	[（y 方向筏基外边长度）− 保护层厚度 × 2]/马凳的 L_1 长度 × {[（x 方向筏基外边长度）− 马凳起步距离 × 2]/马凳排距 + 1}								

第二节　框架柱

一、框架柱的标注

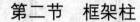

目前图纸流行两种标注方式：列表注写方式和截面注写方式。下面分别讲解。

（一）列表注写方式

用表格的方式将柱子的名称、起止标高、几何尺寸、配筋数值、箍筋类型等内容列出，并在图纸上注写出来，就是列表注写方式，如图 1.2.1 所示和见表 1.2.1。

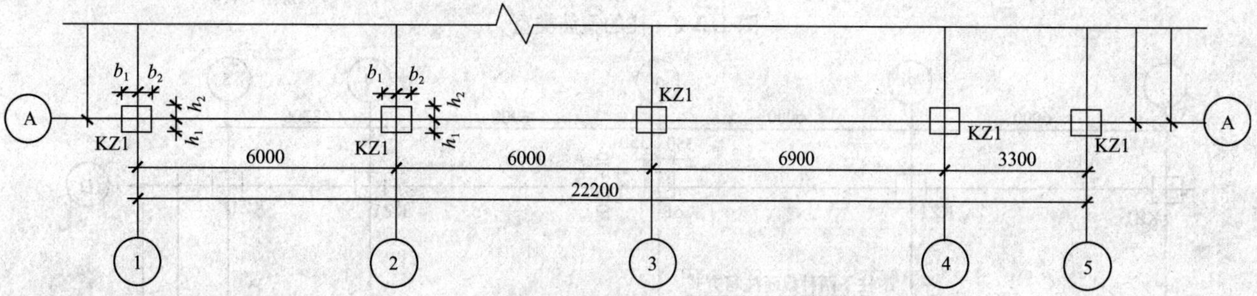

图 1.2.1　-1.00 ~ 10.75 柱平法施工图

表 1.2.1　柱的列表方式

柱号	标高	$b \cdot h$	b_1	b_2	h_1	h_2	全部纵筋	角筋	b 边一侧中部筋	h 边一侧中部筋	箍筋类型号	箍　筋	备　注
KZ1	-1.00 ~ 10.75	700 × 600	350	350	300	300	18 Φ 25	4 Φ 25	4 Φ 25	3 Φ 25	1(5 × 4)	Φ 10@100/200	箍筋类型如图 1.2.2 所示

柱的箍筋类型，如图 1.2.2 所示。

（二）截面注写方式

在同一编号的柱中选择一个截面放大到能看清的比例，直接注写柱的名称、起止标高、几何尺寸、配筋数值、箍筋类型等内容列出，就是截面注写方式，如图 1.2.3 所示。

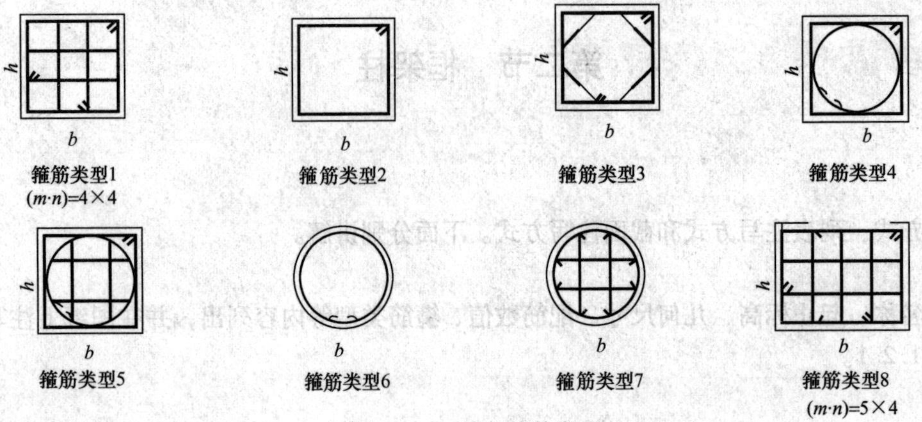

图 1.2.2　柱的箍筋类型

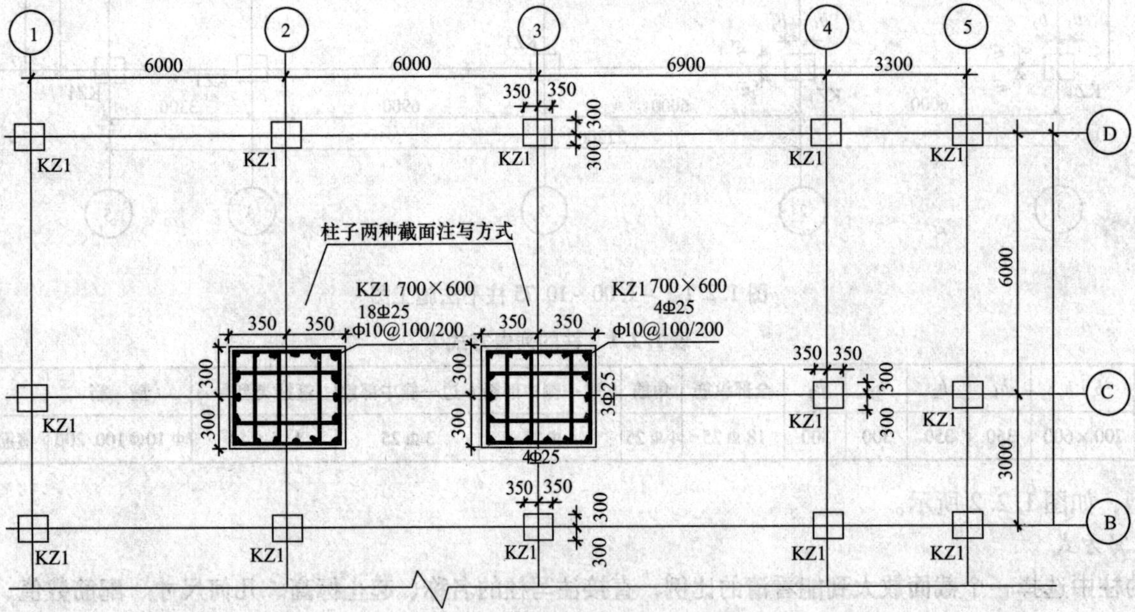

图 1.2.3　−1.00 ~ 10.75 柱平法施工图

思考与练习 ①柱子两种截面注写方式有什么不同？②箍筋 5×4 是什么意思？

二、框架柱要计算的钢筋

柱子要计算的钢筋类型，如图 1.2.4 所示。

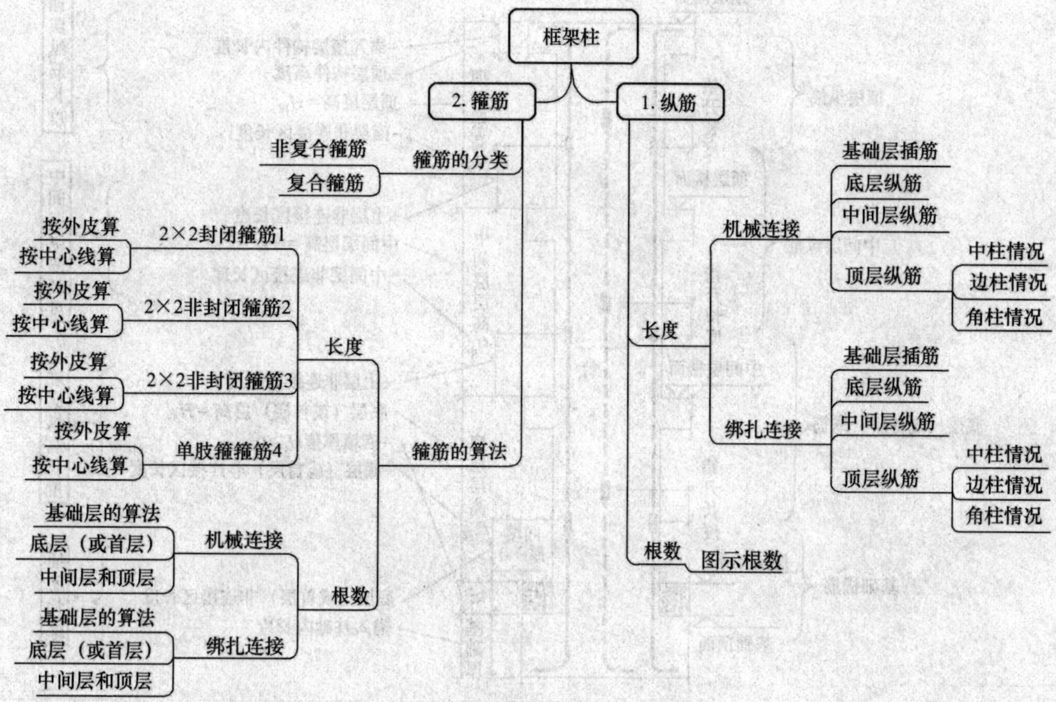

图 1.2.4　框架柱要计算的钢筋类型

三、框架柱钢筋的计算原理

（一）框架柱纵筋的计算

1. 长度计算

框架柱纵筋长度计算分机械连接和绑扎连接两种情况。下面分别介绍。

1）机械连接情况

框架柱纵筋长度机械连接情况，如图 1. 2. 5 所示。

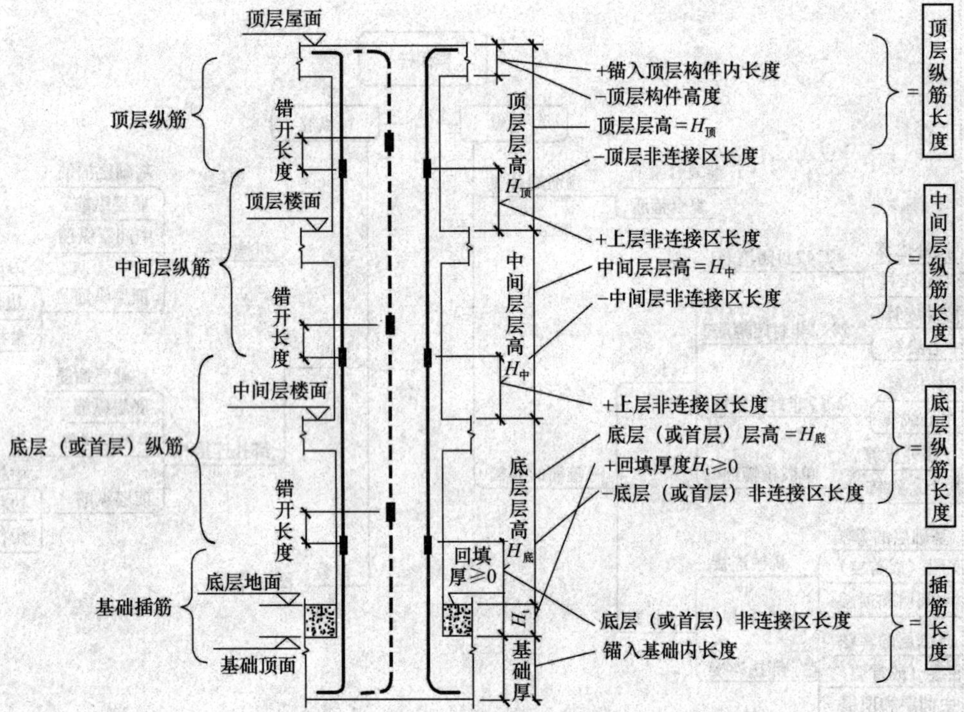

图 1. 2. 5　框架柱纵筋示意图（焊接或机械连接）

（1）根据图 1. 2. 5 可以推导出框架柱纵筋机械连接长度公式，见表 1. 2. 2。

（2）将规范要求的数据代入表 1. 2. 2 中

我们将规范要求的数据代入图 1. 2. 5，就形成框架柱纵筋长度计算图，如图 1. 2. 6 所示。

表 1.2.2 框架柱纵筋机械连接长度计算公式

纵筋连接情况	层 号	长度公式
机械连接	基础层	基础插筋长度 1 = 锚入基础内长度 + 底层（或首层）非连接区长度
		基础插筋长度 2 = 锚入基础内长度 + 底层（或首层）非连接区长度 + 错开长度
	底层（或首层）	底层（或首层）纵筋长度 1 = 底层（或首层）层高 + 回填厚度 − 底层（或首层）非连接区长度 + 上层非连接区长度
		底层（或首层）纵筋长度 2 = 底层（或首层）层高 + 回填厚度 − 底层（或首层）非连接区长度 − 错开长度 + 上层非连接区长度 + 错开长度
	中间层	中间层纵筋长度 1 = 中间层层高 − 中间层非连接区长度 + 上层非连接区长度
		中间层纵筋长度 2 = 中间层层高 − 中间层非连接区长度 − 错开长度 + 上层非连接区长度 + 错开长度
	顶 层	顶层纵筋长度 1 = 顶层层高 − 顶层非连接区长度 − 顶层构件高度 + 锚入顶层构件内长度
		顶层纵筋长度 2 = 顶层层高 − 顶层非连接区长度 − 错开长度 − 顶层构件高度 + 锚入顶层构件内长度

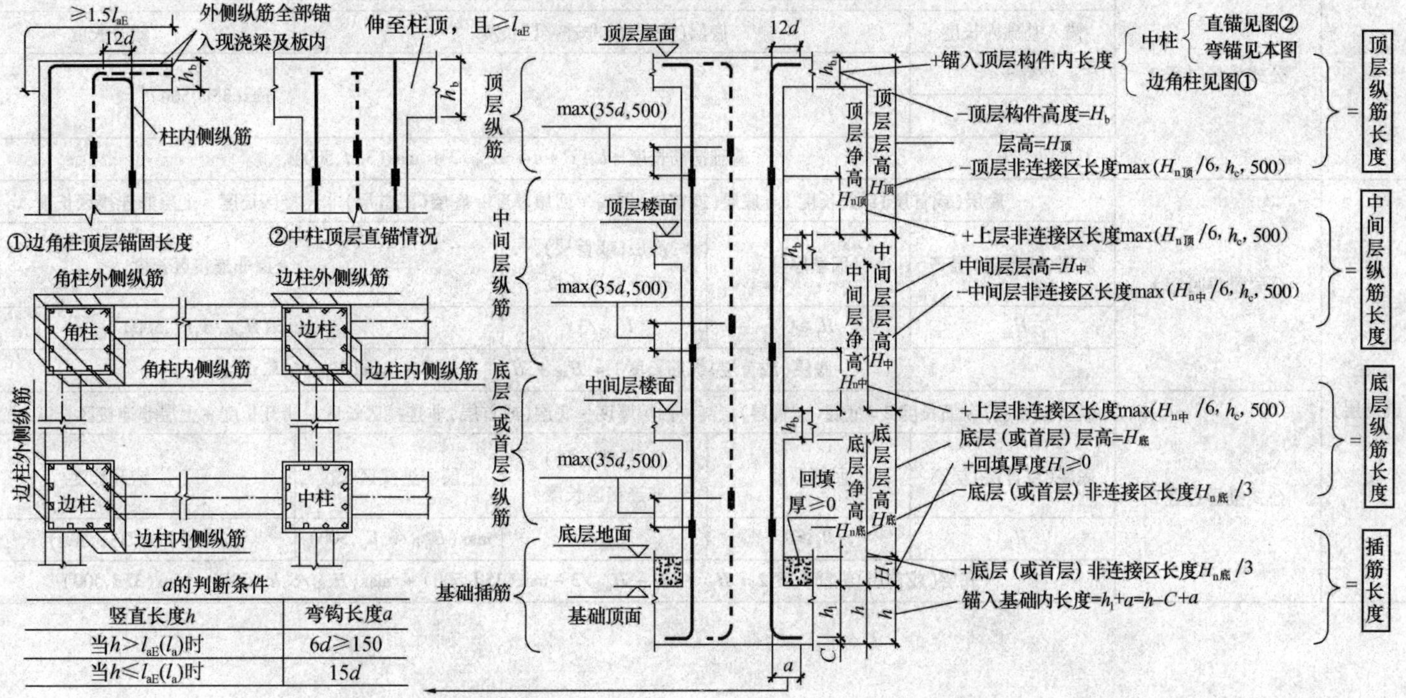

*a*的判断条件

竖直长度h	弯钩长度a
当$h>l_{aE}(l_a)$时	$6d≥150$
当$h≤l_{aE}(l_a)$时	$15d$

说明：图中 $H_{n底}$、$H_{n中}$、$H_{n顶}$分别表示底层、中间层、顶层的净高，h_c 表示柱子截面的大边尺寸。

图 1.2.6 框架柱纵筋长度计算图（焊接或机械连接）（代入规范要求的数据）

（3）根据图 1.2.6 以及表 1.2.2，我们可以推导出框架柱纵筋长度机械连接情况计算公式，见表 1.2.3。

表 1.2.3　框架柱纵筋长度机械连接情况计算公式（代入规范要求的数据）

<table>
<tr><td rowspan="18">框架柱纵筋机械连接情况长度计算公式</td><td rowspan="10">基础层</td><td rowspan="5">公式推导过程 1</td><td colspan="5">基础插筋长度 1 = 锚入基础内长度 + 底层（或首层）非连接区长度</td></tr>
<tr><td>锚入基础内长度</td><td colspan="4">底层（或首层）非连接区长度</td></tr>
<tr><td>h_1+a</td><td colspan="4" rowspan="2">$H_{n底}/3$</td></tr>
<tr><td>$h-C+a$</td></tr>
<tr><td colspan="5">基础插筋长度 = $h-C+a+H_{n底}/3$</td></tr>
<tr><td rowspan="5">公式推导过程 2</td><td colspan="5">基础插筋长度 2 = 锚入基础内长度 + 底层（或首层）非连接区长度 + 错开长度</td></tr>
<tr><td>锚入基础内长度</td><td colspan="3">底层（或首层）非连接区长度</td><td>错开长度</td></tr>
<tr><td>h_1+a</td><td colspan="3" rowspan="2">$H_{n底}/3$</td><td rowspan="2">$\max(35d,500)$</td></tr>
<tr><td>$h-C+a$</td></tr>
<tr><td colspan="5">基础插筋长度 = $h-C+a+H_{n底}/3+\max(35d,500)$</td></tr>
<tr><td rowspan="8">底层（或首层）</td><td rowspan="4">公式推导过程 1</td><td colspan="5">底层（或首层）纵筋长度 1 = 底层（或首层）层高 + 回填厚度 − 底层（或首层）非连接区长度 + 上层非连接区长度</td></tr>
<tr><td>底层（或首层）层高</td><td>回填厚度</td><td>底层（或首层）非连接区长度</td><td colspan="2">上层非连接区长度</td></tr>
<tr><td>$H_{底}$</td><td>$H_t \geq 0$</td><td>$H_{n底}/3$</td><td colspan="2">$\max(H_{n中}/6,h_c,500)$</td></tr>
<tr><td colspan="5">底层（或首层）纵筋长度 1 = $H_{底}+H_t-H_{n底}/3+\max(H_{n中}/6,h_c,500)$</td></tr>
<tr><td rowspan="4">公式推导过程 2</td><td colspan="5">底层（或首层）纵筋长度 2 = 底层（或首层）层高 + 回填厚度 − 底层（或首层）非连接区长度 − 错开长度 + 上层非连接区长度 + 错开长度</td></tr>
<tr><td>底层（或首层）层高</td><td>回填厚度</td><td>底层（或首层）非连接区长度</td><td>上层非连接区长度</td><td>错开长度</td></tr>
<tr><td>$H_{底}$</td><td>$H_t \geq 0$</td><td>$H_{n底}/3$</td><td>$\max(H_{n中}/6,h_c,500)$</td><td>$\max(35d,500)$</td></tr>
<tr><td colspan="5">底层（或首层）纵筋长度 2 = $H_{底}+H_t-H_{n底}/3-\max(35d,500)+\max(H_{n中}/6,h_c,500)+\max(35d,500)$</td></tr>
</table>

框架柱纵筋机械连接情况长度计算公式	中间层	公式推导过程1	中间层纵筋长度1 = 中间层层高 − 中间层非连接区长度 + 上层非连接区长度						
			中间层层高	中间层非连接区长度	上层非连接区长度				
			$H_{中}$	$\max(H_{n中}/6, h_c, 500)$	$\max(H_{n顶}/6, h_c, 500)$				
			中间层纵筋长度1 = $H_{中} - \max(H_{n中}/6, h_c, 500) + \max(H_{n顶}/6, h_c, 500)$						
		公式推导过程2	中间层纵筋长度2 = 中间层层高 − 中间层非连接区长度 − 错开长度 + 上层非连接区长度 + 错开长度						
			中间层层高	中间层非连接区长度	上层非连接区长度	错开长度			
			$H_{中}$	$\max(H_{n中}/6, h_c, 500)$	$\max(H_{n顶}/6, h_c, 500)$	$\max(35d, 500)$			
			中间层纵筋长度2 = $H_{中} - \max(H_{n中}/6, h_c, 500) - \max(35d, 500) + \max(H_{n顶}/6, h_c, 500) + \max(35d, 500)$						
	顶层	公式推导过程1	顶层纵筋长度1 = 顶层层高 − 顶层非连接区长度 − 顶层构件高度 + 锚入顶层构件内长度						
			顶层层高	顶层非连接区长度	顶层构件高度	锚入顶层构件内长度			
						中柱直锚	中柱弯锚	边角柱弯锚	
			$H_{顶}$	$\max(H_{n顶}/6, h_c, 500)$	h_b	l_{aE}	$h_b - C + 12d$	$1.5l_{aE}$	
		中柱直锚	顶层全部纵筋长度1 = $H_{顶} - \max(H_{n顶}/6, h_c, 500) - h_b + h_b - C$						
		中柱弯锚	顶层全部纵筋长度1 = $H_{顶} - \max(H_{n顶}/6, h_c, 500) - h_b + h_b - C + 12d$						
		边角柱内侧	顶层内侧纵筋长度1 = $H_{顶} - \max(H_{n顶}/6, h_c, 500) - h_b + h_b - C + 12d$						
		边角柱外侧	顶层外侧纵筋长度1 = $H_{顶} - \max(H_{n顶}/6, h_c, 500) - h_b + 1.5l_{aE}$（此公式属于外侧纵筋100%伸入顶层梁板内情况）						
		公式推导过程2	顶层纵筋长度2 = 顶层层高 − 顶层非连接区长度 − 错开长度 + 顶层构件高度 + 锚入顶层构件内长度						
			顶层层高	顶间层非连接区	错开长度	顶层构件高度	锚入顶层构件内长度		
							中柱直锚	中柱弯锚	边角柱弯锚
			$H_{顶}$	$\max(H_{n顶}/6, h_c, 500)$	$\max(35d, 500)$	h_b	l_{aE}	$h_b - C + 12d$	$1.5l_{aE}$
		中柱直锚	顶层全部纵筋长度2 = $H_{顶} - \max(H_{n顶}/6, h_c, 500) - \max(35d, 500) - h_b + h_b - C$						
		中柱弯锚	顶层全部纵筋长度2 = $H_{顶} - \max(H_{n顶}/6, h_c, 500) - \max(35d, 500) - h_b + h_b - C + 12d$						
		边角柱内侧	顶层内侧纵筋长度2 = $H_{顶} - \max(H_{n顶}/6, h_c, 500) - \max(35d, 500) - h_b + h_b - C + 12d$						
		边角柱外侧	顶层外侧纵筋长度2 = $H_{顶} - \max(H_{n顶}/6, h_c, 500) - \max(35d, 500) - h_b + 1.5l_{aE}$（此公式属于外侧纵筋100%伸入顶层梁板内情况）						

思考与练习 请用手工分别计算1号写字楼一根中柱、一根边柱、一根角柱机械连接情况下的纵筋长度。

2）绑扎连接情况

框架柱纵筋长度绑扎连接情况，如图 1.2.7 所示。

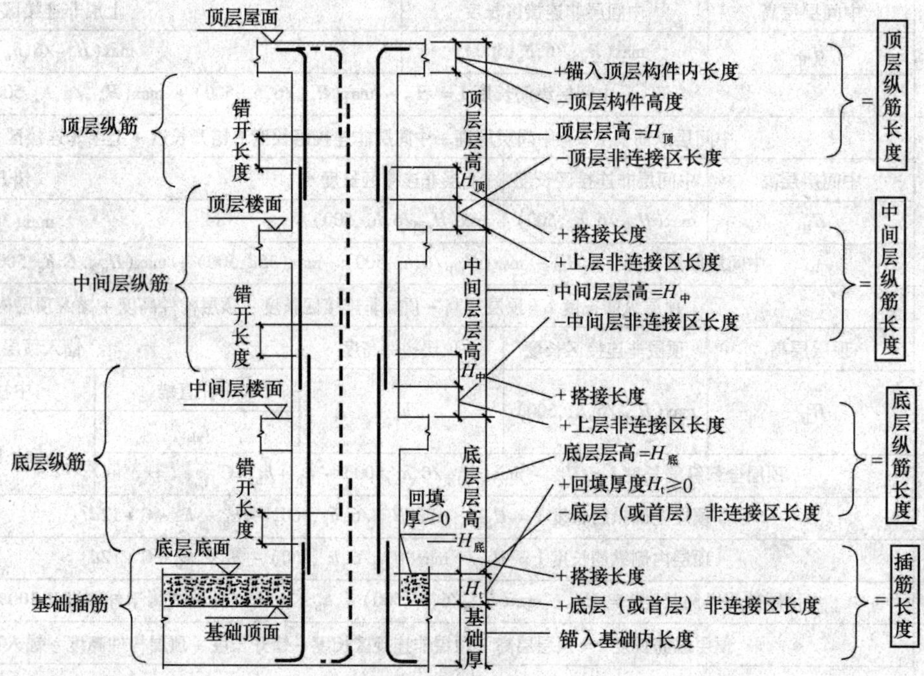

图 1.2.7　框架柱纵筋示意图（绑扎连接）

（1）根据图 1.2.7，可以推导出框架柱纵筋绑扎连接长度公式，见表 1.2.4。

表 1.2.4　框架柱纵筋绑扎连接长度计算公式

纵筋连接情况	层　号	长度公式
绑扎连接	基础层	基础插筋长度 1 = 锚入基础内长度 + 底层（或首层）非连接区长度 + 搭接长度
		基础插筋长度 2 = 锚入基础内长度 + 底层（或首层）非连接区长度 + 错开长度 + 搭接长度
	底层（或首层）	底层（或首层）纵筋长度 1 = 底层（或首层）层高 + 回填厚度 − 底层（或首层）非连接区长度 + 上层非连接区长度 + 搭接长度
		底层（或首层）纵筋长度 2 = 底层（或首层）层高 + 回填厚度 − 底层（或首层）非连接区长度 − 搭接长度 − 错开长度 + 上层非连接区长度 + 搭接长度 + 错开长度 + 搭接长度

纵筋连接情况	层 号	长度公式
绑扎连接	中间层	中间层纵筋长度 1 = 中间层层高 − 中间层非连接区长度 + 上层非连接区长度 + 搭接长度
		中间层纵筋长度 2 = 中间层层高 − 中间层非连接区长度 − 搭接长度 − 错开长度 + 上层非连接区长度 + 搭接长度 + 错开长度 + 搭接长度
	顶 层	顶层纵筋长度 1 = 顶层层高 − 顶层非连接区长度 − 顶层构件高度 + 锚入顶层构件内长度
		顶层纵筋长度 2 = 顶层层高 − 顶层非连接区长度 − 搭接长度 − 错开长度 − 顶层构件高度 + 锚入顶层构件内长度

（2）将规范要求的数据代入图 1.2.7，就形成框架柱纵筋长度计算图，如图 1.2.8 所示。

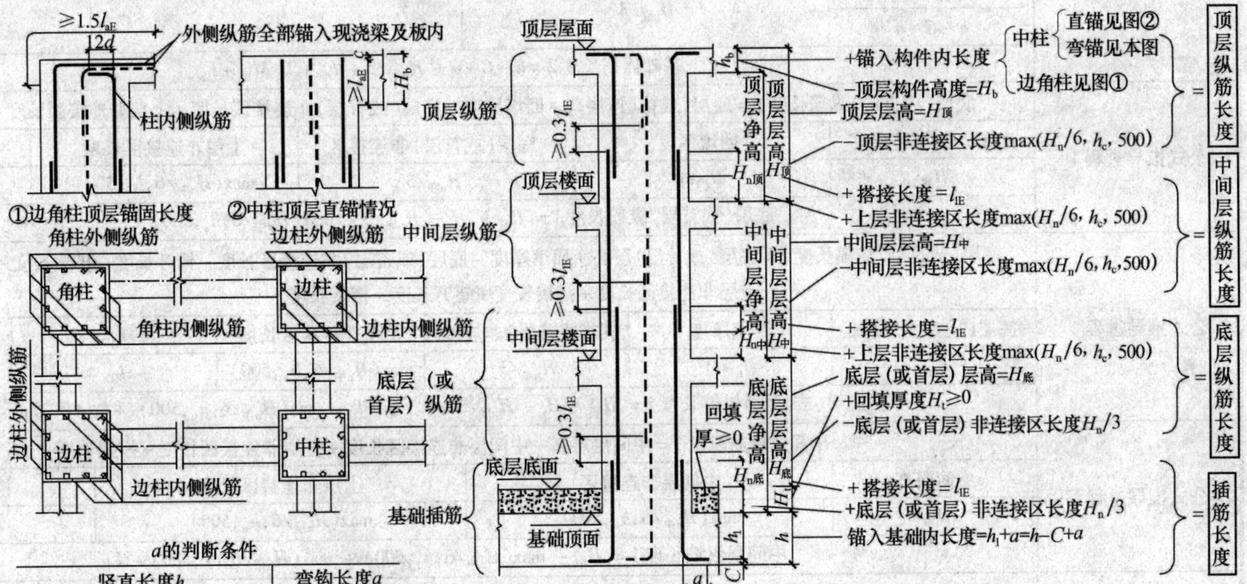

a的判断条件

竖直长度h	弯钩长度a
当$h>l_{aE}(l_a)$时	$6d\geq150$
当$h\leq l_{aE}(l_a)$时	$15d$

图 1.2.8　框架柱纵筋长度计算图（绑扎连接）（代入规范要求的数据）

（3）根据图 1.2.8 以及表 1.2.4，可以推导出框架柱纵筋绑扎连接计算公式，见表 1.2.5。

表 1.2.5　框架柱纵筋长度绑扎连接情况计算公式（代入规范要求的数据）

框架柱纵筋绑扎连接情况长度计算公式	基础层	公式推导过程1	基础插筋长度1＝锚入基础内长度＋底层（或首层）非连接区长度＋搭接长度					
			锚入基础内长度	底层（或首层）非连接区长度	搭接长度			
			h_1+a	$H_{n底}/3$	l_{lE}			
			$h-C+a$					
			基础插筋长度1＝$h-C+a+H_{n底}/3+l_{lE}$					
		公式推导过程2	基础插筋长度2＝锚入基础内长度＋底层（或首层）非连接区长度＋搭接长度＋错开长度＋搭接长度					
			锚入基础内长度	底层（或首层）非连接区长度	搭接长度（算法内基础）	错开长度		
			h_1+a	$H_{n底}/3$	l_{lE}	$\geqslant 0.3l_{lE}$		
			$h-C+a$					
			基础插筋长度2＝$h-C+a+H_{n底}/3+l_{lE}+0.3l_{lE}+l_{lE}$					
	底层（或首层）	公式推导过程1	底层（或首层）纵筋长度1＝底层（或首层）层高＋回填厚度－底层（或首层）非连接区长度＋上层非连接区长度＋搭接长度					
			底层（或首层）层高	回填厚度	底层（或首层）非连接区	上层非连接区长度	搭接长度	
			$H_{底}$	$H_t\geqslant 0$	$H_{n底}/3$	$\max(H_{n中}/6,h_c,500)$	l_{lE}	
			底层（或首层）纵筋长度1＝$H_{底}+H_t-H_{n底}/3+\max(H_{n中}/6,h_c,500)+l_{lE}$					
		公式推导过程2	底层（或首层）纵筋长度2＝底层（或首层）层高＋回填厚度－底层（或首层）非连接区长度－错开长度－搭接长度＋上层非连接区长度＋搭接长度＋错开长度＋搭接长度					
			底层（或首层）层高	回填厚度	底层（或首层）非连接区	上层非连接区长度	搭接长度	错开长度
			$H_{底}$	$H_t\geqslant 0$	$H_{n底}/3$	$\max(H_{n中}/6,h_c,500)$	l_{lE}	$\geqslant 0.3l_{lE}$
			底层（或首层）纵筋长度2＝$H_{底}+H_t-H_{n底}/3-0.3l_{lE}-l_{lE}+\max(H_{n中}/6,h_c,500)+l_{lE}+0.3l_{lE}$					
	中间层	公式推导过程1	中间层纵筋长度1＝中间层层高－中间层非连接区长度＋上层非连接区长度＋搭接长度					
			中间层高	中间层非连接区	上层非连接区长度	搭接长度		
			$H_{中}$	$\max(H_{n中}/6,h_c,500)$	$\max(H_{n顶}/6,h_c,500)$	l_{lE}		
			中间层纵筋长度1＝$H_{中}-\max(H_{n中}/6,h_c,500)+\max(H_{n顶}/6,h_c,500)+l_{lE}$					
		公式推导过程2	中间层纵筋长度2＝中间层层高－中间层非连接区长度－搭接长度－错开长度＋上层非连接区长度＋搭接长度＋错开长度＋搭接长度					
			中间层高	中间层非连接区	上层非连接区长度	搭接长度	错开长度	
			$H_{中}$	$\max(H_{n中}/6,h_c,500)$	$\max(H_{n中}/6,h_c,500)$	l_{lE}	$\geqslant 0.3l_{lE}$	
			中间层纵筋长度2＝$H_{中}-\max(H_{n中}/6,h_c,500)-0.3l_{lE}-l_{lE}+\max(H_{n顶}/6,h_c,500)+l_{lE}+0.3l_{lE}+l_{lE}$					

<table>
<tr><td rowspan="16">框架柱纵筋绑扎连接情况长度计算公式</td><td rowspan="16">顶层</td><td rowspan="4">公式推导过程1</td><td colspan="7">顶层纵筋长度1 = 顶层层高 − 顶层非连接区长度 − 顶层构件高度 + 锚入顶层构件内长度</td></tr>
<tr><td>顶层层高</td><td colspan="2">顶间层非连接区</td><td>顶层构件高度</td><td colspan="3">锚入顶层构件内长度</td></tr>
<tr><td rowspan="2">$H_{顶}$</td><td colspan="2" rowspan="2">$\max(H_{n顶}/6, h_c, 500)$</td><td rowspan="2">h_b</td><td>中柱直锚</td><td>中柱弯锚</td><td>边角柱弯锚</td></tr>
<tr><td>l_{aE}</td><td rowspan="2">$h_b - C + 12d$</td><td rowspan="4">$1.5l_{aE}$</td></tr>
<tr><td>中柱直锚</td><td colspan="5">顶层全部纵筋长度1 = $H_{顶} - \max(H_{n顶}/6, h_c, 500) - h_b + h_b - C$</td></tr>
<tr><td>中柱弯锚</td><td colspan="6">顶层全部纵筋长度1 = $H_{顶} - \max(H_{n顶}/6, h_c, 500) - h_b + h_b - C + 12d$</td></tr>
<tr><td>边角柱内侧</td><td colspan="6">顶层内侧纵筋长度1 = $H_{顶} - \max(H_{n顶}/6, h_c, 500) - h_b + h_b - C + 12d$</td></tr>
<tr><td>边角柱外侧</td><td colspan="7">顶层外侧纵筋长度1 = $H_{顶} - \max(H_{n顶}/6, h_c, 500) - h_b + 1.5l_{aE}$（此公式属于外侧纵筋100%伸入顶层梁板内情况）</td></tr>
<tr><td rowspan="4">公式推导过程2</td><td colspan="7">顶层纵筋长度2 = 顶层层高 − 顶层非连接区长度 − 搭接长度 − 错开长度 − 顶层构件高度 + 锚入顶层构件内长度</td></tr>
<tr><td>顶层层高</td><td>顶间层非连接区</td><td>错开长度</td><td>顶层构件高度</td><td colspan="3">锚入顶层构件内长度</td></tr>
<tr><td rowspan="2">$H_{顶}$</td><td rowspan="2">$\max(H_{n顶}/6, h_c, 500)$</td><td rowspan="2">$\geqslant 0.3l_{lE}$</td><td rowspan="2">h_b</td><td>中柱直锚</td><td>中柱弯锚</td><td>边角柱弯锚</td></tr>
<tr><td>伸至柱顶且$\geqslant l_{aE}$</td><td rowspan="2">$h_b - C + 12d$</td><td rowspan="4">$1.5l_{aE}$</td></tr>
<tr><td>中柱直锚</td><td colspan="5">顶层全部纵筋长度2 = $H_{顶} - \max(H_{n顶}/6, h_c, 500) - 0.3l_{lE} - h_b + h_b - C$</td></tr>
<tr><td>中柱弯锚</td><td colspan="6">顶层全部纵筋长度2 = $H_{顶} - \max(H_{n顶}/6, h_c, 500) - 0.3l_{lE} - h_b + h_b - C + 12d$</td></tr>
<tr><td>边角柱内侧</td><td colspan="6">顶层内侧纵筋长度2 = $H_{顶} - \max(H_{n顶}/6, h_c, 500) - 0.3l_{lE} - h_b + h_b - C + 12d$</td></tr>
<tr><td>边角柱外侧</td><td colspan="7">顶层外侧纵筋长度2 = $H_{顶} - \max(H_{n顶}/6, h_c, 500) - l_{lE} - 0.3l_{lE} - h_b + 1.5l_{aE}$（此公式属于外侧纵筋100%伸入顶层梁板内情况）</td></tr>
</table>

思考与练习 请用手工分别计算1号写字楼一根中柱、一根边柱、一根角柱绑扎连接情况下的纵筋长度。

2. 根数计算

框架柱纵筋根数从图纸中直接数出，不用计算。

(二) 框架柱箍筋的计算

1. 框架柱箍筋的分类

箍筋在框架柱里一般以非复合箍筋和复合箍筋两种形式出现。下面分别介绍。

(1) 非复合箍筋

非复合箍筋常见类型，如图1.2.9所示。

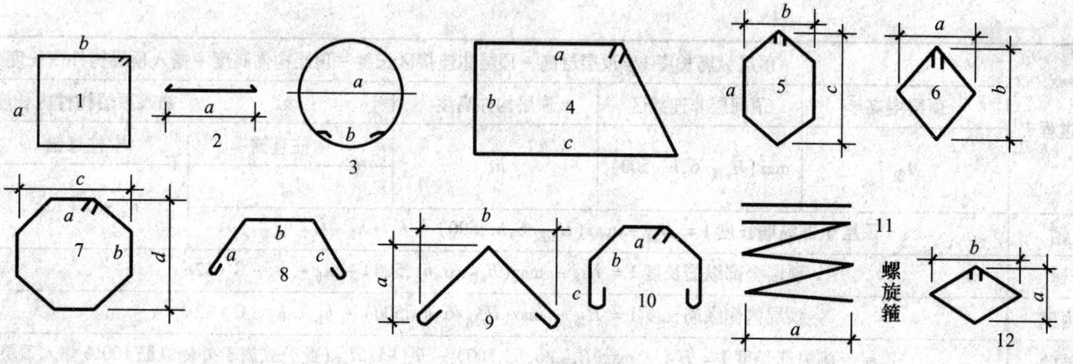

图 1.2.9　非复合箍筋类型图

(2) 复合箍筋

复合箍筋常见类型，如图 1.2.10 所示。

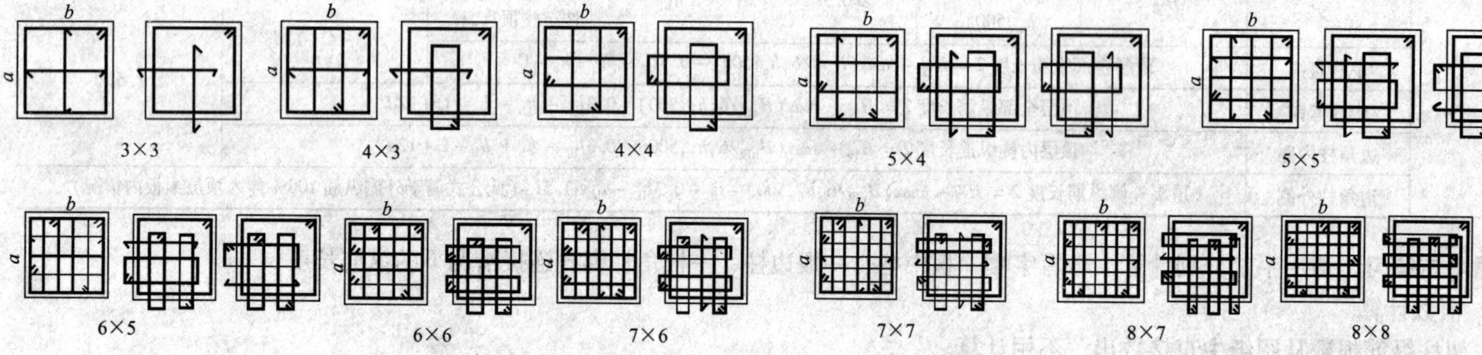

图 1.2.10　框架柱复合箍筋类型图

2. 箍筋的算法

1）长度算法

我们以框架柱复合箍筋 5×4 来讲解框架柱箍筋长度的算法。

(1) 图纸上一般看到框架柱的箍筋

图纸上一般看到框架柱的箍筋配置，如图 1.2.11、图 1.2.12 所示。

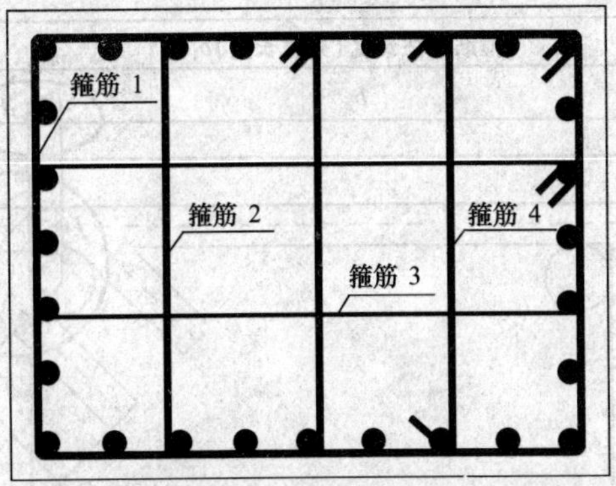

图 1.2.11　框架柱复合箍筋（5×4）示意图

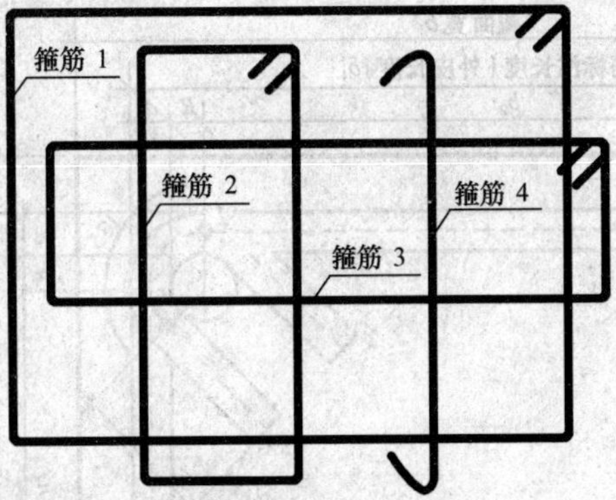

图 1.2.12　框架柱复合箍筋（5×4）组合方式

（2）外围封闭箍筋 1（2×2）长度算法

① 图纸上标注箍筋的长度

平法推广以后，现在的图纸已经很少标注箍筋的长度了，这里讲一下传统方式标注箍筋长度的方法，如图 1.2.13 所示。

这就遇到了一个问题，b_1 和 h_1 指的是箍筋的外皮？中心线？还是内皮呢？为了弄清这个问题，我们来研究箍筋的实际下料形状是怎样的？

② 箍筋实际下料示意图

我们把图 1.2.13 放大就形成了图 1.2.14 所示的图。

从图 1.2.14 中可以清楚地看出 b_1 和 h_1 标注的是箍筋外皮长度，但是预算时并不是按此图计算的，而是按图 1.2.15 所示计算的。

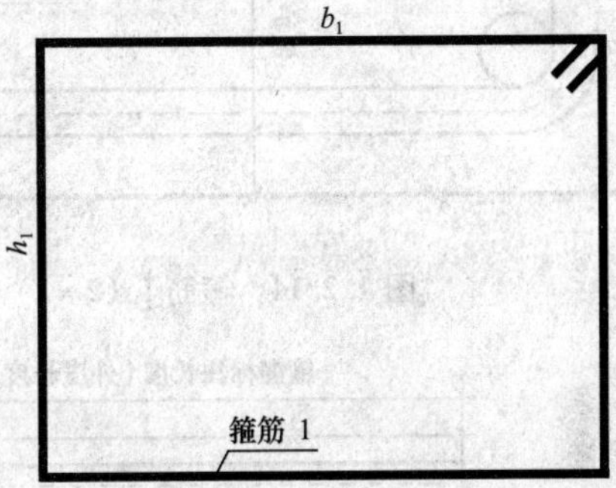

图 1.2.13　箍筋 1（2×2）的图纸标注方法

③ 箍筋预算长度的计算

预算时一般不考虑 90°的弯曲调整值，只考虑 135°弯曲调整值，2×2 箍预算长度计算，如图 1.2.15 所示。

从图 1.2.15 可以看出，135°角处图纸的标注长度是（$R+d$），而弯曲段的实际长度为弧长$\widehat{f_e}$，很显然，产生了标注长度和实际长度不符的情况，我们首先要计算出两者的差值。

④ 135°圆弧段和标注长度之间的差值计算（1.9d 是怎么算出来的?）

135°角弯曲前后示意如图 1.2.16、图 1.2.17 所示。

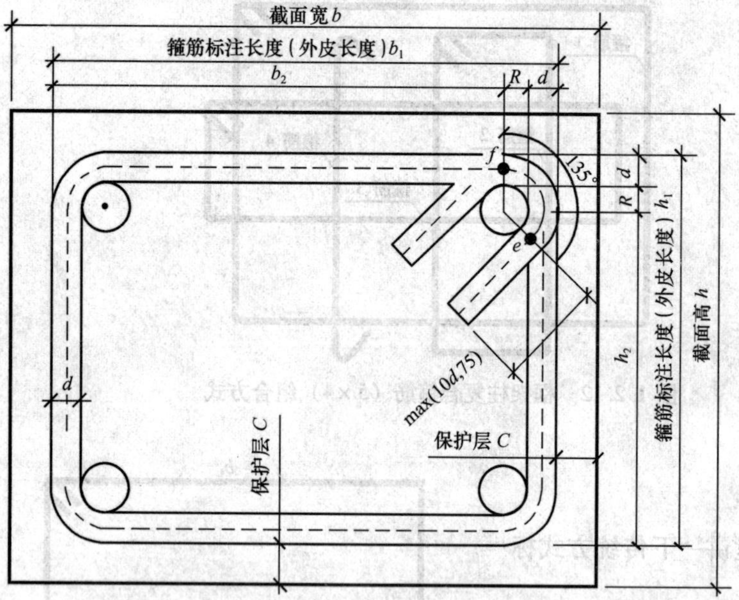

图 1.2.14　箍筋 1（2×2）下料示意图

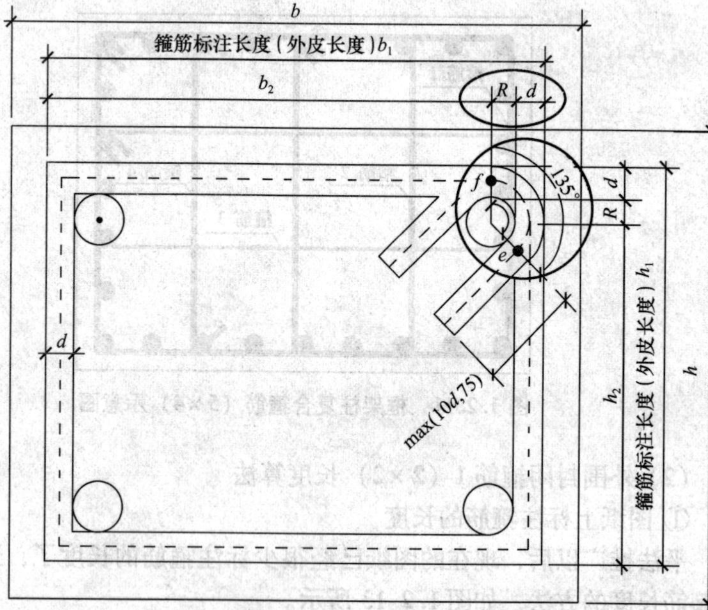

图 1.2.15　箍筋 1（2×2）预算长度计算图

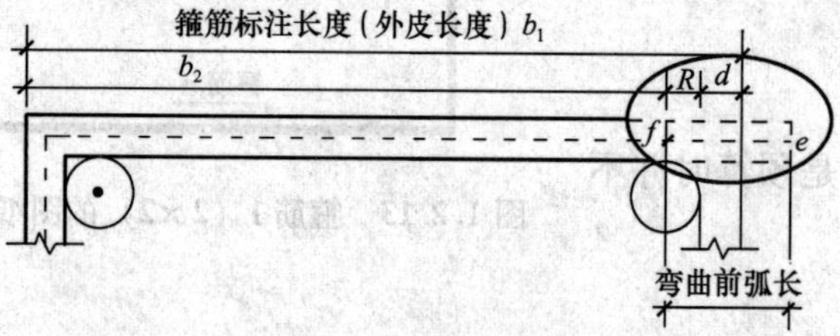

图 1.2.16　135°角弯曲前

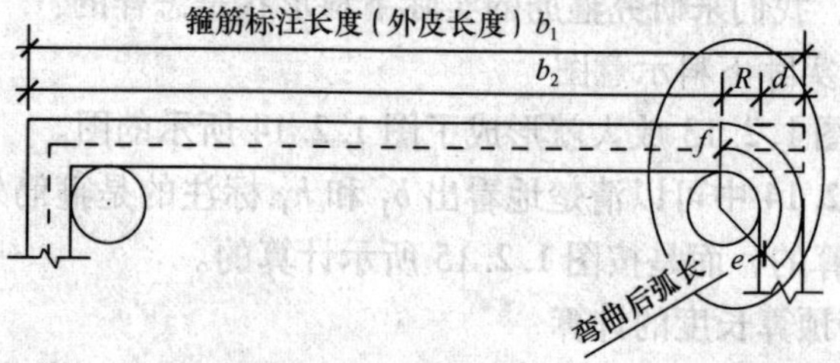

图 1.2.17　135°角弯曲后

从图 1.2.16、图 1.2.17 可以看出，弧长$\widehat{f_e}$弯曲前后是不变的。而此段标注长度（$R+d$）却不能反映其实际长度，其弧长与标注长度的差值计算如下：

$$\text{其差值} = \text{弧长}\widehat{f_e} - (R+d) = [(R+d/2) \times 2 \times \pi/360 \times 135] - (R+d)$$

常见一级钢弯曲半径取值为 $R=1.25d$，$\pi=3.14159$，将 R 和 π 取值代入上式，得：

$$差值=[(1.25d+d/2)\times2\times3.14159/360\times135]-(1.25d+d)=1.873d\approx1.9d$$

⑤ 按箍筋外皮推导 2×2 箍筋的预算长度

根据图 1.2.15、图 1.2.16、图 1.2.17，按箍筋外皮推导 2×2 箍筋预算长度如下：

2×2 箍筋按外皮的预算长度 $=(b_1+h_1)\times2+1.9d\times2+\max(10d, 75)\times2$，其中 $b_1=b-2c$，$h_1=h-2c$，将 b_1、h_1 代入上式，得：

2×2 箍筋按外皮的预算长度 $=(b-2c+h-2c)\times2+1.9d\times2+\max(10d, 75)\times2$

简化得：2×2 箍筋按外皮的预算长度 $=(b+h)\times2-8c+1.9d\times2+\max(10d, 75)\times2$

（式中 b 为框架梁的截面宽，h 为框架梁的截面高，c 为框架梁的保护层厚度，d 为箍筋直径）

思考与练习 ① 箍筋弯钩 1.9d 是什么意思？请推导 1.9d 的计算过程。② 请推导外围箍筋 1 的长度计算公式（按外皮推导）。

(3) 框架柱非外围箍筋 2(2×2) 的长度算法

按外皮计算：非外围箍筋（2×2）按图 1.2.18 进行计算。

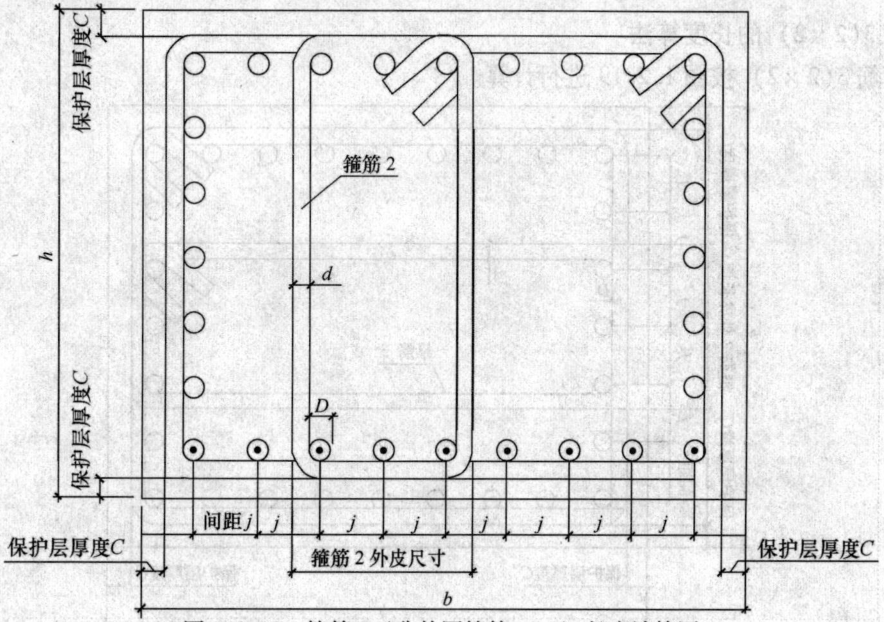

图 1.2.18 箍筋 2（非外围箍筋 2×2）长度计算图

非外围箍筋（2×2）的预算长度和封闭箍筋（2×2）的计算方法相同，仍然只考虑135°弯曲调整值，不考虑90°角的弯曲调整值，这里重点是要求计算出 b 边的箍筋外皮长度。

从图 1.2.14 可以推导出框架柱非外围箍筋 2(2×2) 外皮长度计算方法，见表 1.2.6。

表 1.2.6 框架柱非封闭箍筋 2(2×2) 外皮长度计算公式

<table>
<tr><td rowspan="7">公式推导过程</td><td colspan="7">非封闭箍筋 2(2×2) 外皮预算长度 =（截面 b 边相邻纵筋间距 j × 某箍筋所占 b 边间距数 + 纵筋直径 + 箍筋直径 ×2）×2 +（截面高 $h-2C+2d$）×2 + $1.9d\times2+\max(10d,75)\times2$</td></tr>
<tr><td colspan="3">截面 b 边相邻纵筋间距 j</td><td>某箍筋所占 b 边间距数</td><td>纵筋直径</td><td>箍筋直径</td><td>截面高</td></tr>
<tr><td colspan="3">（截面宽 - 两个保护层厚度 - 纵筋直径）/某截面边总间距数</td><td rowspan="4">x</td><td rowspan="4">D</td><td rowspan="4">d</td><td rowspan="4">h</td></tr>
<tr><td>截面宽</td><td>保护层厚度</td><td>b 截面边总间距数</td></tr>
<tr><td>b</td><td>C</td><td>b 截面边纵筋根数 $n-1$</td></tr>
<tr><td colspan="3">纵筋 b 截面边相邻间距 $j=(b-2C-D)/(n-1)$</td></tr>
<tr><td colspan="7">非外围箍筋 2(2×2) 外皮预算长度 = $[(b-2C-D)/(n-1)\times x+D]\times2+(h-2C)\times2+1.9d\times2+\max(10d,75)\times2$</td></tr>
<tr><td colspan="8">注：式中 b 为截面宽，C 为保护层厚度，D 为纵筋直径，n 为 b 截面边纵筋根数，x 为箍筋所占 b 边的间距数，d 为箍筋直径，h 为截面高，max 是最大值的意思</td></tr>
</table>

(4) 框架柱非外围箍筋 3(2×2) 的长度算法

按外皮计算：非外围箍筋 3(2×2) 按图 1.2.19 进行计算。

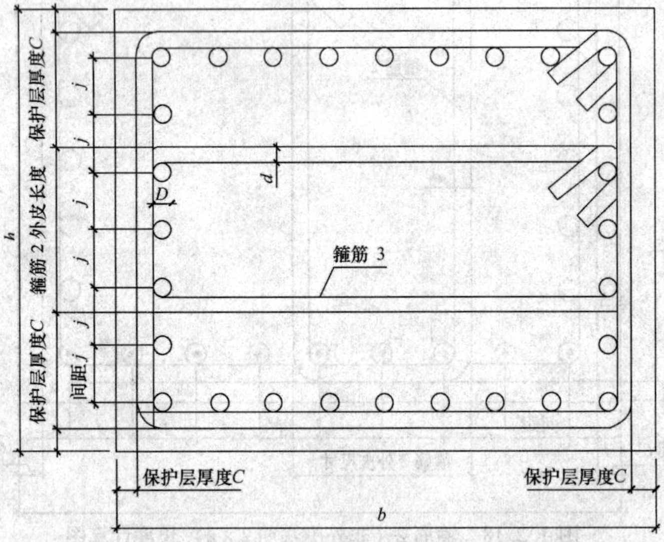

图 1.2.19 箍筋 3（非外围箍筋 2×2）长度计算图

箍筋 3 和箍筋 2 只是方向不同，算法是一样的，推导出箍筋 3 的计算公式，见表 1.2.7。

表 1.2.7　框架柱非封闭箍筋 3（2×2）外皮长度计算公式

<table>
<tr><td rowspan="7">公式推导过程</td><td colspan="7">非封闭箍筋 3(2×2)外皮预算长度 =（截面 h 边相临纵筋间距 × 某箍筋所占 h 边间距数 + 纵筋直径 + 箍筋直径 ×2）×2 +
（截面宽 $b-2C+2d$）×2 + 1.9d×2 + max(10d,75）×2</td></tr>
<tr><td colspan="3">截面 h 边相临纵筋间距 j</td><td>某箍筋所占 h 边间距数</td><td>纵筋直径</td><td>箍筋直径</td><td>截面宽</td></tr>
<tr><td colspan="3">（截面高 - 两个保护层厚度 - 纵筋直径）/某截面边总间距数</td><td rowspan="4">γ</td><td rowspan="4">D</td><td rowspan="4">d</td><td rowspan="4">b</td></tr>
<tr><td>截面高</td><td>保护层厚度</td><td>h 截面边总间距数</td></tr>
<tr><td>h</td><td>C</td><td>h 截面边纵筋根数 $n-1$</td></tr>
<tr><td colspan="3">纵筋 h 截面边相邻间距 $j=(h-2C-D)/(n-1)$</td></tr>
<tr><td colspan="7">非封闭箍筋 3(2×2) 外皮预算长度 = $[(h-2C-D)/(n-1)\times\gamma+D]\times 2+(b-2C)\times 2+1.9d\times 2+\max(10d,75)\times 2$</td></tr>
</table>

注：式中 b 为截面宽，C 为保护层厚度，D 为纵筋直径，n 为 h 截面边纵筋根数，γ 为箍筋所占 h 边的间距数，d 为箍筋直径，h 为截面高，max 是最大值的意思。

思考与练习　请推导箍筋 2 和箍筋 3 的计算公式（按外皮）。

（5）框架柱非外围箍筋 4（单肢箍）的长度算法

① 单肢箍只钩住纵筋

单肢箍只钩住纵筋情况如图 1.2.20 所示。

按单肢箍外皮计算

根据图 1.2.20 推导出单肢箍按外皮的预算长度如下：

单肢箍只钩住纵筋情况，外皮长度预算长度 $=h-2C+1.9d\times 2+\max(10d,75)\times 2$

② 单肢箍同时钩住纵筋和箍筋

单肢箍只钩住纵筋情况，如图 1.2.21 所示。

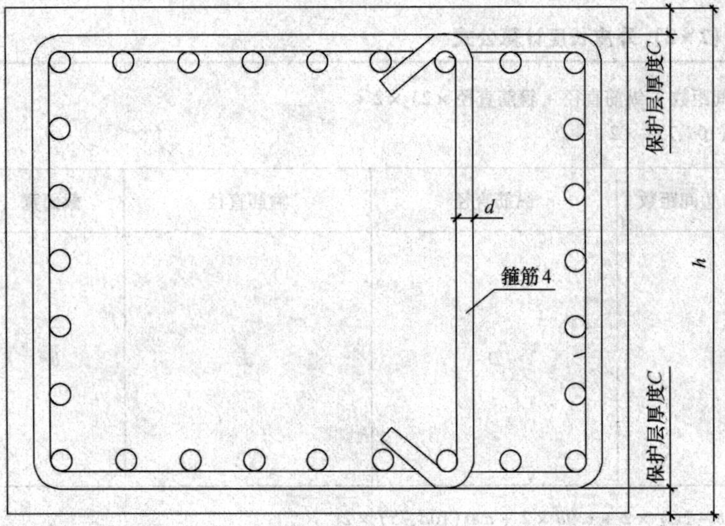

图 1.2.20　箍筋 4（单肢箍）长度计算图（只箍到纵筋上）

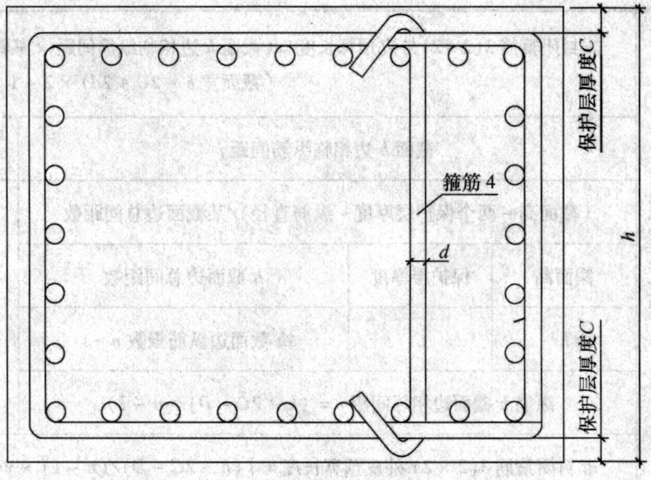

图 1.2.21　箍筋 4（单肢箍）长度计算图（同时钩住纵筋和箍筋）

按单肢箍外皮计算

根据图 1.2.21，推导出单肢箍按外皮的预算长度如下：

单肢箍同时钩住纵筋和箍筋情况，外皮预算长度 $= h - 2C + 2d + 1.9d \times 2 + \max(10d, 75) \times 2$

思考与练习　①请推导箍筋 4（单肢箍）各种情况长度的计算公式。②请用手工计算 1 号写字楼 KZ1 箍筋的各种长度。

2）根数算法

（1）焊接或机械连接情况

焊接或机械连接情况箍筋根数按图 1.2.22 计算。

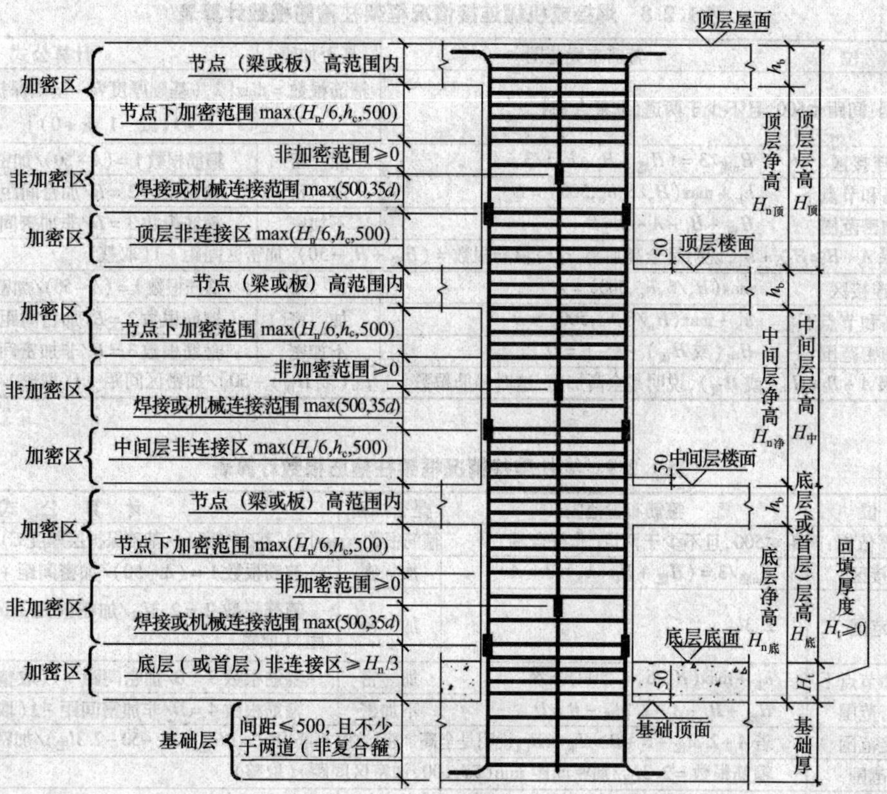

图 1.2.22 框架柱箍筋根数计算图（焊接或机械连接）

根据图 1.2.22，可以推导出焊接或机械连接箍筋根数计算公式，见表 1.2.8。

思考与练习 请用手工计算 1 号写字楼 KZ1 焊接连接情况箍筋的根数。

（2）绑扎连接情况

绑扎连接情况箍筋根数按图 1.2.23 计算。

根据图 1.2.23，可以推导出绑扎连接箍筋根数计算公式，见表 1.2.9。

表 1.2.8　焊接或机械连接情况框架柱箍筋根数计算表

层号	全高加密判断	部位	箍筋布置范围	是否加密	计算公式	根数合计
基础层	计算依据:间距≤500,且不少于两道(非复合箍)				箍筋根数 = max[2,(基础厚度 h − 基础保护层厚度 C)/500 +1(或 −1 或 +0)]	
底层(或首层)	非全高加密	非连接区	$H_{n\text{底}}/3=(H_{\text{底}}+H_t-h_b)/3=A$	加密	箍筋根数 1 = $(A-50)$/加密间距 +1(取整)	三者相加
		节点高和节点下	$h_b+\max(H_n/6,h_c,500)=B$	加密	箍筋根数 2 = B/加密间距 +1(取整)	
		非加密范围	$H_{\text{底}}+H_t-A-B=D$	不加密	箍筋根数 3 = D/非加密间距 −1(取整)	
	全高加密	如果 $A+B\geqslant H_{\text{底}}+H_t$,说明是全高加密,这时箍筋根数 = $(H_{\text{底}}+H_t-50)$/加密区间距 +1(取整)				
中间层 顶层	非全高加密	非连接区	$\max(H_n/6,h_c,500)=A$	加密	箍筋根数 1 = $(A-50)$/加密间距 +1(取整)	三者相加
		节点高和节点下	$h_b+\max(H_n/6,h_c,500)=B$	加密	箍筋根数 2 = B/加密间距 +1(取整)	
		非加密范围	$H_{\text{中}}$(或 $H_{\text{顶}}$)$-A-B=D$	不加密	箍筋根数 3 = D/非加密间距 −1(取整)	
	全高加密	如果 $A+B\geqslant H_{\text{中}}$(或 $H_{\text{顶}}$),说明是全高加密,这时箍筋根数 = [$H_{\text{中}}$(或 $H_{\text{顶}}$) −50]/加密区间距 +1(取整)				

表 1.2.9　绑扎连接情况框架柱箍筋根数计算表

层号	全高加密判断	部位	箍筋布置范围	是否加密	计算公式	根数合计
基础层		计算依据:间距≤500,且不少于两道(非符合箍)		箍筋根数 = max[2,(基础厚度 h − 基础保护层厚度 C)/500 +1(或 −1 或 +0)]		
底层(或首层)	非全高加密	非连接区	$H_{n\text{底}}/3=(H_{\text{底}}+H_t-h_b)/3=A$	加密	箍筋根数 1 = $(A-50)$/加密间距 +1(取整)	四者相加
		搭接范围	$2.3l_{lE}$	加密	箍筋根数 2 = $2.3l_{lE}$/加密间距 min($5d$,100,加密区间距)(取整)	
		节点高和节点下	$h_b+\max(H_n/6,h_c,500)=B$	加密	箍筋根数 3 = B/加密间距 +1(取整)	
		非加密范围	$H_{\text{底}}+H_t-A-2.3l_{lE}-B=D$	不加密	箍筋根数 4 = D/非加密间距 −1(取整)	
	全高加密	非搭接范围	若 $A+2.3l_{lE}+B+D\geqslant H_{\text{底}}+H_t$,说明是全高加密,这时箍筋根数 = $(H_{\text{底}}+H_t-50-2.3l_{lE})$/加密区间距 +1(取整)			两者相加
		搭接范围	箍筋根数 = $2.3l_{lE}$/加密间距 min($5d$,100,加密区间距)(取整)			
中间层 顶层	非全高加密	非连接区	$\max(H_n/6,h_c,500)=A$	加密	箍筋根数 1 = $(A-50)$/加密间距 +1(取整)	四者相加
		搭接范围	$2.3l_{lE}$	加密	箍筋根数 2 = $2.3l_{lE}$/加密间距 min($5d$,100,加密区间距)(取整)	
		节点高和节点下	$h_b+\max(H_n/6,h_c,500)=B$	加密	箍筋根数 3 = B/加密间距 +1(取整)	
		非加密范围	$H_{\text{中}}-A-2.3l_{lE}-B=D$	不加密	箍筋根数 4 = D/非加密间距 −1(取整)	
	全高加密	非搭接范围	若 $A+2.3l_{lE}+B+D\geqslant H_{\text{中}}$(或 $H_{\text{顶}}$),说明是全高加密,箍筋根数 = [$H_{\text{中}}$(或 $H_{\text{顶}}$) −50 − $2.3l_{lE}$]/加密区间距 +1(取整)			两者相加
		搭接范围	箍筋根数 = $2.3l_{lE}$/加密间距 min($5d$,100,加密区间距)(取整)			

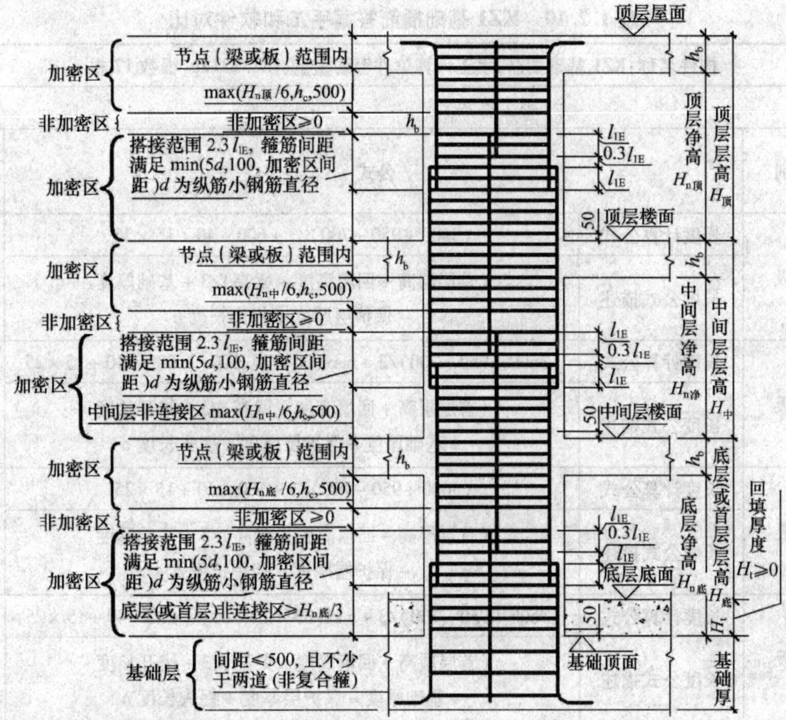

图 1.2.23　框架柱箍筋根数计算图（绑扎连接）

思考与练习　请用手工计算 1 号写字楼 KZ1 绑扎连接情况箍筋的根数。

四、1 号写字楼框架柱钢筋答案手工和软件对比

（一）KZ1

1. KZ1 基础插筋答案手工和软件对比

KZ1 基础插筋答案手工和软件对比，见表 1.2.10。

表 1.2.10　KZ1 基础插筋答案手工和软件对比

构件名称:KZ1 基础插筋,手工计算单件钢筋重量:187.331kg,根数 17 根											
手工答案									软件答案		
序号	筋号	直径	级别	公式		长度(mm)	根数	搭接	长度(mm)	根数	搭接
1	B 边中部插筋 1	25	二级	长度计算公式	(3600 + 950 − 700)/3 + 600 − 40 + 15 × 25	2218	4		2218	4	
				长度公式描述	(首层层高 + 回填高度 − 梁高)/3 + 基础厚度 − 保护层厚度 + 拐头长度 a						
2	B 边中部插筋 2	25	二级	长度计算公式	(3600 + 950 − 700)/3 + max(35 × 25,500) + 600 − 40 + 15 × 25	3093	4		3093	4	
				长度公式描述	(首层层高 + 回填高度 − 梁高)/3 + 错开长度 + 基础厚度 − 保护层厚度 + 拐头长度 a						
3	H 边中部插筋 1	25	二级	长度计算公式	(3600 + 950 − 700)/3 + 600 − 40 + 15 × 25	2218	3		2218	4	
				长度公式描述	(首层层高 + 回填高度 − 梁高)/3 + 基础厚度 − 保护层厚度 + 拐头长度 a						
4	H 边中部插筋 2	25	二级	长度计算公式	(3600 + 950 − 700)/3 + max(35 × 25,500) + 600 − 40 + 15 × 25	3093	3		3093	3	
				长度公式描述	(首层层高 + 回填高度 − 梁高)/3 + 错开长度 + 基础厚度 − 保护层厚度 + 拐头长度 a						
5	角部插筋 1	25	二级	长度计算公式	(3600 + 950 − 700)/3 + 600 − 40 + 15 × 25	2218	2		2218	2	
				长度公式描述	(首层层高 + 回填高度 − 梁高)/3 + 基础厚度 − 保护层厚度 + 拐头长度 a						
6	角部插筋 2	25	二级	长度计算公式	(3600 + 950 − 700)/3 + max(35 × 25,500) + 600 − 40 + 15 × 25	3093	2		3093	2	
				长度公式描述	(首层层高 + 回填高度 − 梁高)/3 + 错开长度 + 基础厚度 − 保护层厚度 + 拐头长度 a						
7	外围封闭箍筋	10	一级	长度计算公式	(700 + 600) × 2 − 8 × 20 + max(10 × 10,75) × 2 + 1.9 × 10 × 2	2678	2		2678	2	
				长度公式描述	(截面宽 + 截面高) × 2 − 8 × 保护层厚度 + 最大值(10d,75) × 2 + 1.9d × 2(d 为箍筋直径)						

2. KZ1 首层钢筋答案手工和软件对比

KZ1 首层钢筋答案手工和软件对比，见表 1. 2. 11。

表 1. 2. 11　KZ1 首层钢筋答案手工和软件对比

<table>
<tr><td colspan="12">构件名称:KZ1 首层钢筋,手工计算单件钢筋重量:452. 61kg,根数 17 根</td></tr>
<tr><td colspan="9">手工答案</td><td colspan="3">软件答案</td></tr>
<tr><td>序号</td><td>筋号</td><td>直径</td><td>级别</td><td colspan="2">公式</td><td>长度(mm)</td><td>根数</td><td>搭接</td><td>长度(mm)</td><td>根数</td><td>搭接</td></tr>
<tr><td rowspan="2">1</td><td rowspan="2">B 边纵筋 1</td><td rowspan="2">25</td><td rowspan="2">二级</td><td>长度计算公式</td><td>(3600 +950) - (3600 +950 - 700)/3
+ max[(3600 - 700)/6,700,500]</td><td rowspan="2">3967</td><td rowspan="2">4</td><td rowspan="2">1</td><td rowspan="2">3967</td><td rowspan="2">4</td><td rowspan="2">1</td></tr>
<tr><td>长度公式描述</td><td>(首层层高 + 回填高度) - (首层层高 + 回填高度 - 梁高)/3 +
最大值[(二层层高 - 梁高)/6,柱截面大边,500]</td></tr>
<tr><td rowspan="2">2</td><td rowspan="2">B 边纵筋 2</td><td rowspan="2">25</td><td rowspan="2">二级</td><td>长度计算公式</td><td>(3600 +950) - (3600 +950 - 700)/3 - max(35 ×25,500)
+ max[(3600 - 700)/6,700,500] + max(35 ×25,500)</td><td rowspan="2">3967</td><td rowspan="2">4</td><td rowspan="2">1</td><td rowspan="2">3967</td><td rowspan="2">4</td><td rowspan="2">1</td></tr>
<tr><td>长度公式描述</td><td>(首层层高 + 回填高度) - (首层层高 + 回填高度 - 梁高)/3 - 错开长度
+ 最大值[(二层层高 - 梁高)/6,柱截面大边,500] + 最大值(错开长度)</td></tr>
<tr><td rowspan="2">3</td><td rowspan="2">H 边纵筋 1</td><td rowspan="2">25</td><td rowspan="2">二级</td><td>长度计算公式</td><td>(3600 +950) - (3600 +950 - 700)/3 +
max[(3600 - 700)/6,700,500]</td><td rowspan="2">3967</td><td rowspan="2">3</td><td rowspan="2">1</td><td rowspan="2">3967</td><td rowspan="2">4</td><td rowspan="2">1</td></tr>
<tr><td>长度公式描述</td><td>(首层层高 + 回填高度) - (首层层高 + 回填高度 - 梁高)/3 +
最大值[(二层层高 - 梁高)/6,柱截面大边,500]</td></tr>
<tr><td rowspan="2">4</td><td rowspan="2">H 边纵筋 2</td><td rowspan="2">25</td><td rowspan="2">二级</td><td>长度计算公式</td><td>(3600 +950) - (3600 +950 - 700)/3 - max(35 ×25,500)
+ max[(3600 - 700)/6,700,500] + max(35 ×25,500)</td><td rowspan="2">3967</td><td rowspan="2">3</td><td rowspan="2">1</td><td rowspan="2">3967</td><td rowspan="2">3</td><td rowspan="2">1</td></tr>
<tr><td>长度公式描述</td><td>(首层层高 + 回填高度) - (首层层高 + 回填高度 - 梁高)/3 - 错开
长度 + 最大值[(二层层高 - 梁高)/6,柱截面大边,500] + 错开长度</td></tr>
<tr><td rowspan="2">5</td><td rowspan="2">角部纵筋 1</td><td rowspan="2">25</td><td rowspan="2">二级</td><td>长度计算公式</td><td>(3600 +950) - (3600 +950 - 700)/3 +
max[(3600 - 700)/6,700,500]</td><td rowspan="2">3967</td><td rowspan="2">2</td><td rowspan="2">1</td><td rowspan="2">3967</td><td rowspan="2">2</td><td rowspan="2">1</td></tr>
<tr><td>长度公式描述</td><td>(首层层高 + 回填高度) - (首层层高 + 回填高度 - 梁高)/3 +
最大值[(二层层高 - 梁高)/6,柱截面大边,500]</td></tr>
</table>

序号	筋号	直径	级别	手工答案					软件答案		
				公式		长度（mm）	根数	搭接	长度（mm）	根数	搭接
6	角部纵筋 2	25	二级	长度计算公式	(3600 +950) - (3600 +950 - 700)/3 - max(35 ×25,500) + max[(3600 - 700)/6,700,500] + max(35 ×25,500)	3967	2	1	3967	2	1
				长度公式描述	(首层层高 + 回填高度) - (首层层高 + 回填高度 - 梁高)/3 - 错开长度 + 最大值[(二层层高 - 梁高)/6,柱截面大边,500] + 最大值(错开长度)						
7	箍筋 1	10	一级	长度计算公式	(700 +600) ×2 -8 ×20 + max(10 ×10,75) ×2 +1.9 ×10 ×2	2678			2678		
				长度公式描述	(截面宽 + 截面高) ×2 - 8 × 保护层厚度 + 最大值(10d,75) ×2 +1.9d ×2(d 为箍筋直径)						
				根数计算公式	梁下加密长度 = max[首层净高(4500 - 700)/6, 柱截面大边 700,500] = 700 底部加密长度 = 首层净高(4500 - 700)/3 = 1284 非加密区长度 = 总高 4550 - 首层非连接区 1284 - 梁下 700 - 梁高 700 = 1866 (700 +700)/100 +1 + (1284 - 50)/100 +1 +1866/200 -1(每个式子向上取整)		38			38	
				根数公式描述	(梁高 + 梁下)/加密间距 +1 + (底部加密区度 - 起步距离)/加密间距 +1 + 非加密区长度/非加密间距 - 1						
8	箍筋 2	10	一级	长度计算公式	[(700 -2 ×20 -2 ×10 -25)/(6 -1) ×1 +25 +2 ×10] ×2 + (600 -2 ×20) ×2 + max(10 ×10,75) ×2 +1.9 ×10 ×2	1694			1694		
				长度公式描述	[(柱截面宽 - 2 × 保护层厚度 - 2 × 箍筋直径 - 柱纵筋直径)/(截面宽方向纵筋根数 - 1) × 箍筋 2 所占的纵筋间距数 + 纵筋直径 +2 × 箍筋直径] ×2 + (柱截面高 - 2 × 保护层厚度) ×2 + 最大值(10d,75) ×2 +1.9d ×2(d 为箍筋直径)						
				根数计算公式	(700 +700)/100 +1 + (1284 - 50)/100 +1 +1866/200 - 1(每个式子向上取整)		38			38	
				根数公式描述	(梁高 + 梁下)/加密间距 +1 + (底部加密区度 - 起步距离)/加密间距 +1 + 非加密区长度/非加密间距 - 1						

续表

手工答案									软件答案		
序号	筋号	直径	级别	公式		长度（mm）	根数	搭接	长度（mm）	根数	搭接
9	箍筋3（单肢筋）	10	一级	长度计算公式	(600－2×20)＋max(10×10,75)×2＋1.9×10×2	798			798		
				长度公式描述	(柱截面高－2×保护层厚度)＋最大值(10*d*,75)×2＋1.9*d*×2(*d*为箍筋直径)						
				根数计算公式	(700＋700)/100＋1＋(1284－50)/100＋1＋1866/200－1(每个式子向上取整)		38			38	
				根数公式描述	(梁高＋梁下)/加密间距＋1＋(底部加密区度－起步距离)/加密间距＋1＋非加密区长度/非加密间距－1						
10	箍筋4	10	一级	长度计算公式	[(600－2×20－2×10－25)/(5－1)×2＋25＋2×10]×2＋(700－2×20)×2＋max(10×10,75)×2＋1.9×10×2	2164			2164		
				长度公式描述	[(柱截面高－2×保护层厚度－2×箍筋直径－柱纵筋直径)/(截面高方向纵筋根数－1)×箍筋4所占的纵筋间距数＋纵筋直径＋2×箍筋直径]×2＋(柱截面宽－2×保护层厚度)×2＋最大值(10*d*,75)×2＋1.9*d*×2(*d*为箍筋直径)						
				根数计算公式	(700＋700)/100＋1＋(1284－50)/100＋1＋1866/200－1(每个式子向上取整)		38			38	
				根数公式描述	(梁高＋梁下)/加密间距＋1＋(底部加密区度－起步距离)/加密间距＋1＋非加密区长度/非加密间距－1						

3. KZ1二层钢筋答案手工和软件对比

KZ1二层钢筋答案手工和软件对比，见表1.2.12。

表 1.2.12 KZ1 二层钢筋答案手工和软件对比

构件名称:KZ1 二层钢筋,手工计算单件钢筋重量:389.767kg,根数 17 根											
手工答案									软件答案		
序号	筋号	直径	级别	公式		长度(mm)	根数	搭接	长度(mm)	根数	搭接
1	B 边纵筋 1	25	二级	长度计算公式	3600 - max[(3600 - 700)/6,700,500] + max[(3600 - 700)/6,700,500]	3600	4	1	3600	4	1
1	B 边纵筋 1	25	二级	长度公式描述	二层层高 - 最大值[(二层层高 - 梁高)/6,柱截面大边,500] + 最大值[(三层层高 - 梁高)/6,柱截面大边,500]	3600	4	1	3600	4	1
2	B 边纵筋 2	25	二级	长度计算公式	3600 - max[(3600 - 700)/6,700,500] - max(35 ×25,500) + max[(3600 - 700)/6,700,500] + max(35 ×25,500)	3600	4	1	3600	4	1
2	B 边纵筋 2	25	二级	长度公式描述	二层层高 - 最大值[(二层层高 - 梁高)/6,柱截面大边,500] - 错开长度 + 最大值[(三层层高 - 梁高)/6,柱截面大边,500] + 错开长度	3600	4	1	3600	4	1
3	H 边纵筋 1	25	二级	长度计算公式	3600 - max[(3600 - 700)/6,700,500] + max[(3600 - 700)/6,700,500]	3600	3	1	3600	4	1
3	H 边纵筋 1	25	二级	长度公式描述	二层层高 - 最大值[(二层层高 - 梁高)/6,柱截面大边,500] + 最大值[(三层层高 - 梁高)/6,柱截面大边,500]	3600	3	1	3600	4	1
4	H 边纵筋 2	25	二级	长度计算公式	3600 - max[(3600 - 700)/6,700,500] - max(35 ×25,500) + max[(3600 - 700)/6,700,500] + max(35 ×25,500)	3600	3	1	3600	3	1
4	H 边纵筋 2	25	二级	长度公式描述	二层层高 - 最大值[(二层层高 - 梁高)/6,柱截面大边,500] - 错开长度 + 最大值[(三层层高 - 梁高)/6,柱截面大边,500] + 错开长度	3600	3	1	3600	3	1
5	角部纵筋 1	25	二级	长度计算公式	3600 - max[(3600 - 700)/6,700,500] + max[(3600 - 700)/6,700,500]	3600	2	1	3600	2	1
5	角部纵筋 1	25	二级	长度公式描述	二层层高 - 最大值[(二层层高 - 梁高)/6,柱截面大边,500] + 最大值[(三层层高 - 梁高)/6,柱截面大边,500]	3600	2	1	3600	2	1
6	角部纵筋 2	25	二级	长度计算公式	3600 - max[(3600 - 700)/6,700,500] - max(35 ×25,500) + max[(3600 - 700)/6,700,500] + max(35 ×25,500)	3600	2	1	3600	2	1
6	角部纵筋 2	25	二级	长度公式描述	二层层高 - 最大值[(二层层高 - 梁高)/6,柱截面大边,500] - 错开长度 + 最大值[(三层层高 - 梁高)/6,柱截面大边,500] + 错开长度	3600	2	1	3600	2	1

续表

						手工答案			软件答案		
序号	筋号	直径	级别		公式	长度(mm)	根数	搭接	长度(mm)	根数	搭接
7	箍筋1	10	一级	长度计算公式	(700+600)×2-8×20+max(10×10,75)×2+1.9×10×2	2678			2678		
				长度公式描述	(截面宽+截面高)×2-8×保护层厚度+最大值(10d,75)×2+1.9d×2(d为箍筋直径)						
				根数计算公式	梁下加密长度=max[二层净高(3600-700)/6,柱截面大边700,500]=700 底部加密长度=max[二层净高(3600-700)/6,柱截面大边700,500]=700 非加密区长度=总高3600-二层非连接区700-梁下700-梁高700=1500 (700+700)/100+1+(700-50)/100+1+1500/200-1(每个式子向上取整)		30			30	
				根数公式描述	(梁高+梁下)/加密间距+1+(底部加密区度-50)/加密间距+1+非加密区长度/非加密间距-1						
8	箍筋2	10	一级	长度计算公式	[(700-2×20-2×10-25)/(6-1)×1+25+2×10]×2+(600-2×20)×2+max(10×10,75)×2+1.9×10×2	1694			1694		
				长度公式描述	[(柱截面宽-2×保护层厚度-2×箍筋直径-柱纵筋直径)/(截面宽方向纵筋根数-1)×箍筋2所占的纵筋间距数+纵筋直径+2×箍筋直径]×2+(柱截面高-2×保护层厚度)×2+最大值(10d,75)×2+1.9d×2(d为箍筋直径)						
				根数计算公式	(700+700)/100+1+(700-50)/100+1+1500/200-1(每个式子向上取整)		30			30	
				根数公式描述	(梁高+梁下)/加密间距+1+(底部加密区度-起步距离)/加密间距+1+非加密区长度/非加密间距-1						

续表

序号	筋号	直径	级别	手工答案 公式		手工答案 长度(mm)	手工答案 根数	手工答案 搭接	软件答案 长度(mm)	软件答案 根数	软件答案 搭接
9	箍筋3（单肢筋）	10	一级	长度计算公式	(600－2×20)＋max(10×10,75)×2＋1.9×10×2	798			798		
				长度公式描述	(柱截面高－2×保护层厚度)＋最大值(10d,75)×2＋1.9d×2(d为箍筋直径)						
				根数计算公式	(700＋700)/100＋1＋(700－50)/100＋1＋1500/200－1(每个式子向上取整)		30			30	
				根数公式描述	(梁高＋梁下)/加密间距＋1＋(底部加密区度－起步距离)/加密间距＋1＋非加密区长度/非加密间距－1						
10	箍筋4	10	一级	长度计算公式	[(600－2×20－2×10－25)/(5－1)×2＋25＋2×10]×2＋(700－2×20)×2＋max(10×10,75)×2＋1.9×10×2	2164			2164		
				长度公式描述	[(柱截面高－2×保护层厚度－2×箍筋直径－柱纵筋直径)/(截面高方向纵筋根数－1)×箍筋4所占的纵筋间距数＋纵筋直径＋2×箍筋直径]×2＋(柱截面宽－2×保护层厚度)×2＋最大值(10d,75)×2＋1.9d×2(d为箍筋直径)						
				根数计算公式	(700＋700)/100＋1＋(700－50)/100＋1＋1500/200－1(每个式子向上取整)		30			30	
				根数公式描述	(梁高＋梁下)/加密间距＋1＋(底部加密区度－起步距离)/加密间距＋1＋非加密区长度/非加密间距－1						

4. KZ1 三层中柱钢筋答案手工和软件对比

KZ1 中柱三层钢筋答案手工和软件对比，见表 1.2.13。

表 1.2.13　KZ1 中柱三层钢筋答案手工和软件对比

构件名称：KZ1（位置：顶层中柱），手工计算单件钢筋重量：330.343kg，根数 6 根											
手工答案									软件答案		
序号	筋号	直径	级别	公式		长度（mm）	根数	搭接	长度（mm）	根数	搭接
1	B 边纵筋 1	25	二级	长度计算公式	3600 - max[(3600 - 700)/6,700,500] - 700 + (700 - 20) + 12 × 25	3180	4	1	3180	4	1
				长度公式描述	三层层高 - 最大值[(三层层高 - 梁高)/6,柱截面大边,500] - 梁高 + (梁高 - 保护层厚度) + 中柱顶层弯折长度						
2	B 边纵筋 2	25	二级	长度计算公式	3600 - max[(3600 - 700)/6,700,500] - max(35 × 25,500) - 700 + (700 - 20) + 12 × 25	2305	4	1	2305	4	1
				长度公式描述	三层层高 - 最大值[(三层层高 - 梁高)/6,柱截面大边,500] - 错开长度 - 梁高 + (梁高 - 保护层厚度) + 中柱顶层弯折长度						
3	H 边纵筋 1	25	二级	长度计算公式	3600 - max[(3600 - 700)/6,700,500] - 700 + (700 - 20) + 12 × 25	3180	3	1	3180	4	1
				长度公式描述	三层层高 - 最大值[(三层层高 - 梁高)/6,柱截面大边,500] - 梁高 + (梁高 - 保护层厚度) + 中柱顶层弯折长度						
4	H 边纵筋 2	25	二级	长度计算公式	3600 - max[(3600 - 700)/6,700,500] - max(35 × 25,500) - 700 + (700 - 20) + 12 × 25	2305	3	1	2305	3	1
				长度公式描述	三层层高 - 最大值[(三层层高 - 梁高)/6,柱截面大边,500] - 错开长度 - 梁高 + (梁高 - 保护层厚度) + 中柱顶层弯折长度						
5	角部纵筋 1	25	二级	长度计算公式	3600 - max[(3600 - 700)/6,700,500] - 700 + (700 - 20) + 12 × 25	3180	2	1	3180	2	1
				长度公式描述	三层层高 - 最大值[(三层层高 - 梁高)/6,柱截面大边,500] - 梁高 + (梁高 - 保护层厚度) + 中柱顶层弯折长度						
6	角部纵筋 2	25	二级	长度计算公式	3600 - max[(3600 - 700)/6,700,500] - max(35 × 25,500) - 700 + (700 - 20) + 12 × 25	2305	2	1	2305	2	1
				长度公式描述	三层层高 - 最大值[(三层层高 - 梁高)/6,柱截面大边,500] - 错开长度 - 梁高 + (梁高 - 保护层厚度) + 中柱顶层弯折长度						

续表

手工答案									软件答案		
序号	筋号	直径	级别	公式		长度（mm）	根数	搭接	长度（mm）	根数	搭接
7	箍筋 1	10	一级	长度计算公式	(700+600)×2−8×20+max(10×10,75)×2+1.9×10×2	2678			2678		
				长度公式描述	（截面宽+截面高）×2−8×保护层厚度+最大值(10*d*,75)×2+1.9*d*×2（*d* 为箍筋直径）						
				根数计算公式	梁下加密长度=max[二层净高(3600−700)/6，柱截面大边 700,500]=700 底部加密长度= max[二层净高(3600−700)/6，柱截面大边 700,500]=700 非加密区长度=总高 3600−二层非连接区 700−梁下 700−梁高 700=1500 (700+700)/100+1+(700−50)/100+1+1500/200−1（每个式子向上取整）		30			30	
				根数公式描述	（梁高+梁下）/加密间距+1+（底部加密区度−50）/加密间距+1+非加密区长度/非加密间距−1						
8	箍筋 2	10	一级	长度计算公式	[(700−2×20−2×10−25)/(6−1)×1+25+2×10]×2+(600−2×20)×2+max(10×10,75)×2+1.9×10×2	1694			1694		
				长度公式描述	[（柱截面宽−2×保护层厚度−2×箍筋直径−柱纵筋直径）/（截面宽方向纵筋根数−1）×箍筋 2 所占的纵筋间距数+纵筋直径+2×箍筋直径]×2+（柱截面高−2×保护层厚度）×2+最大值(10*d*,75)×2+1.9*d*×2（*d* 为箍筋直径）						
				根数计算公式	(700+700)/100+1+(700−50)/100+1+1500/200−1（每个式子向上取整）		30			30	
				根数公式描述	（梁高+梁下）/加密间距+1+（底部加密区度−起步距离）/加密间距+1+非加密区长度/非加密间距−1						

续表

				手工答案					软件答案		
序号	筋号	直径	级别	公式		长度（mm）	根数	搭接	长度（mm）	根数	搭接
9	箍筋3（单肢筋）	10	一级	长度计算公式	（600－2×20）＋max（10×10，75）×2＋1.9×10×2	798			798		
				长度公式描述	（柱截面高－2×保护层厚度）＋最大值（10d，75）×2＋1.9d×2（d为箍筋直径）						
				根数计算公式	（700＋700）/100＋1＋（700－50）/100＋1＋1500/200－1（每个式子向上取整）		30			30	
				根数公式描述	（梁高＋梁下）/加密间距＋1＋（底部加密区度－起步距离）/加密间距＋1＋非加密区长度/非加密间距－1						
10	箍筋4	10	一级	长度计算公式	[（600－2×20－2×10－25）/（5－1）×2＋25＋2×10]×2＋（700－2×20）×2＋max（10×10，75）×2＋1.9×10×2	2164			2164		
				长度公式描述	[（柱截面高－2×保护层厚度－2×箍筋直径－柱纵筋直径）/（截面高方向纵筋根数－1）×箍筋4所占的纵筋间距数＋纵筋直径＋2×箍筋直径]×2＋（柱截面宽－2×保护层厚度）×2＋最大值（10d，75）×2＋1.9d×2（d为箍筋直径）						
				根数计算公式	（700＋700）/100＋1＋（700－50）/100＋1＋1500/200－1（每个式子向上取整）		30			30	
				根数公式描述	（梁高＋梁下）/加密间距＋1＋（底部加密区度－起步距离）/加密间距＋1＋非加密区长度/非加密间距－1						

5. KZ1－A、D轴线边柱位置三层钢筋答案手工和软件对比

KZ1－A、D轴线边柱位置三层钢筋答案手工和软件对比，见表1.2.14。

表 1.2.14　KZ1－A、D 轴线边柱位置三层钢筋答案手工和软件对比

构件名称:KZ1(位置:顶层 A、*D* 轴线边柱),手工计算单件钢筋重量:337.157kg,根数 6 根

手工答案									软件答案		
序号	筋号	直径	级别	公式		长度(mm)	根数	搭接	长度(mm)	根数	搭接
1	B 边内侧纵筋 1	25	二级	长度计算公式	3600－max[(3600－700)/6,700,500]－700＋(700－20)＋12×25	3180	2	1	3180	2	1
				长度公式描述	三层层高－最大值[(三层层高－梁高)/6,柱截面大边,500]－梁高＋(梁高－保护层厚度)＋中柱顶层弯折长度						
2	B 边内侧纵筋 2	25	二级	长度计算公式	3600－max[(3600－700)/6,700,500]－max(35×25,500)－700＋(700－20)＋12×25	2305	2	1	2305	2	1
				长度公式描述	三层层高－最大值[(三层层高－梁高)/6,柱截面大边,500]－错开长度－梁高＋(梁高－保护层厚度)＋中柱顶层弯折长度						
3	B 边外侧纵筋 3	25	二级	长度计算公式	3600－max[(3600－700)/6,700,500]－700＋1.5×34×25	3475	2	1	3475	2	1
				长度公式描述	三层层高－最大值[(三层层高－梁高)/6,柱截面大边,500]－梁高＋锚固长度						
4	B 边外侧纵筋 4	25	二级	长度计算公式	3600－max[(3600－700)/6,700,500]－max(35×25,500)－700＋1.5×34×25	2600	2	1	2600	2	1
				长度公式描述	三层层高－最大值[(三层层高－梁高)/6,柱截面大边,500]－错开长度－梁高＋锚固长度						
5	H 边纵筋 1	25	二级	长度计算公式	3600－max[(3600－700)/6,700,500]－700＋(700－20)＋12×25	3180	3	1	3180	3	1
				长度公式描述	三层层高－最大值[(三层层高－梁高)/6,柱截面大边,500]－梁高＋(梁高－保护层厚度)＋中柱顶层弯折长度						
6	H 边纵筋 2	25	二级	长度计算公式	3600－max[(3600－700)/6,700,500]－max(35×25,500)－700＋(700－20)＋12×25	2305	3	1	2305	3	1
				长度公式描述	三层层高－最大值[(三层层高－梁高)/6,柱截面大边,500]－错开长度－梁高＋(梁高－保护层厚度)＋中柱顶层弯折长度						

续表

手工答案									软件答案		
序号	筋号	直径	级别	公式		长度(mm)	根数	搭接	长度(mm)	根数	搭接
7	角部纵筋 1	25	二级	长度计算公式	3600 - max[(3600 - 700)/6,700,500] - 700 + (700 - 20) + 12 × 25	3180	1	1	3180	1	1
				长度公式描述	三层层高 - 最大值[(三层层高 - 梁高)/6,柱截面大边,500] - 梁高 + (梁高 - 保护层厚度) + 中柱顶层弯折长度						
8	角部纵筋 2	25	二级	长度计算公式	3600 - max[(3600 - 700)/6,700,500] - max(35 × 25,500) - 700 + (700 - 20) + 12 × 25	2305	1	1	2305	1	1
				长度公式描述	三层层高 - 最大值[(三层层高 - 梁高)/6,柱截面大边,500] - 错开长度 - 梁高 + (梁高 - 保护层厚度) + 中柱顶层弯折长度						
9	角部纵筋 3	25	二级	长度计算公式	3600 - max[(3600 - 700)/6,700,500] - 700 + 1.5 × 34 × 25	3475	1	1	3475	1	1
				长度公式描述	三层层高 - 最大值[(三层层高 - 梁高)/6,柱截面大边,500] - 梁高 + 锚固长度						
10	角部纵筋 4	25	二级	长度计算公式	3600 - max[(3600 - 700)/6,700,500] - max(35 × 25,500) - 700 + 1.5 × 34 × 25	2600	1	1	2600	1	1
				长度公式描述	三层层高 - 最大值[(三层层高 - 梁高)/6,柱截面大边,500] - 错开长度 - 梁高 + 锚固长度						
11	箍筋 1	10	一级	长度计算公式	(700 + 600) × 2 - 8 × 20 + max(10 × 10,75) × 2 + 1.9 × 10 × 2	2678			2678		
				长度公式描述	(截面宽 + 截面高) × 2 - 8 × 保护层厚度 + 最大值(10*d*,75) × 2 + 1.9*d* × 2(*d* 为箍筋直径)						
				根数计算公式	梁下加密长度 = max[二层净高(3600 - 700)/6,柱截面大边 700,500] = 700 底部加密长度 = max[二层净高(3600 - 700)/6,柱截面大边 700,500] = 700 非加密区长度 = 总高 3600 - 二层非连接区 700 - 梁下 700 - 梁高 700 = 1500 (700 + 700)/100 + 1 + (700 - 50)/100 + 1 + 1500/200 - 1(每个式子向上取整)		30			30	
				根数公式描述	(梁高 + 梁下)/加密间距 + 1 + (底部加密区长度 - 50)/加密间距 + 1 + 非加密区长度/非加密间距 - 1						

续表

手工答案									软件答案		
序号	筋号	直径	级别	公式		长度（mm）	根数	搭接	长度（mm）	根数	搭接
12	箍筋 2	10	一级	长度计算公式	[(700 - 2×20 - 2×10 - 25)/(6 - 1)×1 + 25 + 2×10]×2 + (600 - 2×20)×2 + max(10×10,75)×2 + 1.9×10×2	1694			1694		
				长度公式描述	[(柱截面宽 - 2×保护层厚度 - 2×箍筋直径 - 柱纵筋直径)/(截面宽方向纵筋根数 - 1)×箍筋 2 所占的纵筋间距数 + 纵筋直径 + 2×箍筋直径]×2 + (柱截面高 - 2×保护层厚度)×2 + 最大值(10*d*,75)×2 + 1.9*d*×2(*d* 为箍筋直径)						
				根数计算公式	(700 + 700)/100 + 1 + (700 - 50)/100 + 1 + 1500/200 - 1(每个式子向上取整)		30			30	
				根数公式描述	(梁高 + 梁下)/加密间距 + 1 + (底部加密区长度 - 起步距离)/加密间距 + 1 + 非加密区长度/非加密间距 - 1						
13	箍筋 3（单肢筋）	10	一级	长度计算公式	(600 - 2×20) + max(10×10,75)×2 + 1.9×10×2	798			798		
				长度公式描述	(柱截面高 - 2×保护层厚度) + 最大值(10*d*,75)×2 + 1.9*d*×2(*d* 为箍筋直径)						
				根数计算公式	(700 + 700)/100 + 1 + (700 - 50)/100 + 1 + 1500/200 - 1(每个式子向上取整)		30			30	
				根数公式描述	(梁高 + 梁下)/加密间距 + 1 + (底部加密区长度 - 起步距离)/加密间距 + 1 + 非加密区长度/非加密间距 - 1						
14	箍筋 4	10	一级	长度计算公式	[(600 - 2×20 - 2×10 - 25)/(5 - 1)×2 + 25 + 2×10]×2 + (700 - 2×20)×2 + max(10×10,75)×2 + 1.9×10×2	2164			2164		
				长度公式描述	[(柱截面高 - 2×保护层厚度 - 2×箍筋直径 - 柱纵筋直径)/(截面高方向纵筋根数 - 1)×箍筋 4 所占的纵筋间距数 + 纵筋直径 + 2×箍筋直径]×2 + (柱截面宽 - 2×保护层厚度)×2 + 最大值(10*d*,75)×2 + 1.9*d*×2(*d* 为箍筋直径)						
				根数计算公式	(700 + 700)/100 + 1 + (700 - 50)/100 + 1 + 1500/200 - 1(每个式子向上取整)		30			30	
				根数公式描述	(梁高 + 梁下)/加密间距 + 1 + (底部加密区长度 - 起步距离)/加密间距 + 1 + 非加密区长度/非加密间距 - 1						

6. KZ1－1、5轴线边柱位置三层钢筋答案手工和软件对比

KZ1－1、5轴线边柱位置三层钢筋答案手工和软件对比，见表1.2.15。

表1.2.15　KZ1－1、5轴线边柱位置三层钢筋答案手工和软件对比

<table>
<tr><td colspan="13">构件名称:KZ1(位置:顶层1、5轴线边柱),手工计算单件钢筋重量:336.021kg,根数3根</td></tr>
<tr><td colspan="10">手工答案</td><td colspan="3">软件答案</td></tr>
<tr><td>序号</td><td>筋号</td><td>直径</td><td>级别</td><td colspan="3">公式</td><td>长度(mm)</td><td>根数</td><td>搭接</td><td>长度(mm)</td><td>根数</td><td>搭接</td></tr>
<tr><td rowspan="2">1</td><td rowspan="2">B边纵筋1</td><td rowspan="2">25</td><td rowspan="2">二级</td><td>长度计算公式</td><td colspan="2">3600－max[(3600－700)/6,700,500]－700＋(700－20)＋12×25</td><td rowspan="2">3180</td><td rowspan="2">4</td><td rowspan="2">1</td><td rowspan="2">3180</td><td rowspan="2">4</td><td rowspan="2">1</td></tr>
<tr><td>长度公式描述</td><td colspan="2">三层层高－最大值[(三层层高－梁高)/6,柱截面大边,500]－梁高＋(梁高－保护层厚度)＋中柱顶层弯折长度</td></tr>
<tr><td rowspan="2">2</td><td rowspan="2">B边纵筋2</td><td rowspan="2">25</td><td rowspan="2">二级</td><td>长度计算公式</td><td colspan="2">3600－max[(3600－700)/6,700,500]－max(35×25,500)－700＋(700－20)＋12×25</td><td rowspan="2">2305</td><td rowspan="2">4</td><td rowspan="2">1</td><td rowspan="2">2305</td><td rowspan="2">4</td><td rowspan="2">1</td></tr>
<tr><td>长度公式描述</td><td colspan="2">三层层高－最大值[(三层层高－梁高)/6,柱截面大边,500]－错开长度－梁高＋(梁高－保护层厚度)＋中柱顶层弯折长度</td></tr>
<tr><td rowspan="2">3</td><td rowspan="2">H边内侧纵筋1</td><td rowspan="2">25</td><td rowspan="2">二级</td><td>长度计算公式</td><td colspan="2">3600－max[(3600－700)/6,700,500]－700＋(700－20)＋12×25</td><td rowspan="2">3180</td><td rowspan="2">1</td><td rowspan="2">1</td><td rowspan="2">3180</td><td rowspan="2">1</td><td rowspan="2">1</td></tr>
<tr><td>长度公式描述</td><td colspan="2">三层层高－最大值[(三层层高－梁高)/6,柱截面大边,500]－梁高＋(梁高－保护层厚度)＋中柱顶层弯折长度</td></tr>
<tr><td rowspan="2">4</td><td rowspan="2">H边内侧纵筋2</td><td rowspan="2">25</td><td rowspan="2">二级</td><td>长度计算公式</td><td colspan="2">3600－max[(3600－700)/6,700,500]－max(35×25,500)－700＋(700－20)＋12×25</td><td rowspan="2">2305</td><td rowspan="2">2</td><td rowspan="2">1</td><td rowspan="2">2305</td><td rowspan="2">2</td><td rowspan="2">1</td></tr>
<tr><td>长度公式描述</td><td colspan="2">三层层高－最大值[(三层层高－梁高)/6,柱截面大边,500]－错开长度－梁高＋(梁高－保护层厚度)＋中柱顶层弯折长度</td></tr>
<tr><td rowspan="2">5</td><td rowspan="2">H边外侧纵筋3</td><td rowspan="2">25</td><td rowspan="2">二级</td><td>长度计算公式</td><td colspan="2">3600－max[(3600－700)/6,700,500]－700＋1.5×34×25</td><td rowspan="2">3475</td><td rowspan="2">1</td><td rowspan="2">1</td><td rowspan="2">3475</td><td rowspan="2">1</td><td rowspan="2">1</td></tr>
<tr><td>长度公式描述</td><td colspan="2">三层层高－最大值[(三层层高－梁高)/6,柱截面大边,500]－梁高＋锚固长度</td></tr>
</table>

续表

<table>
<tr><th colspan="9">手工答案</th><th colspan="3">软件答案</th></tr>
<tr><th>序号</th><th>筋号</th><th>直径</th><th>级别</th><th colspan="2">公式</th><th>长度（mm）</th><th>根数</th><th>搭接</th><th>长度（mm）</th><th>根数</th><th>搭接</th></tr>
<tr><td rowspan="2">6</td><td rowspan="2">H 边外侧纵筋 4</td><td rowspan="2">25</td><td rowspan="2">二级</td><td>长度计算公式</td><td>3600 - max[（3600 - 700）/6,700,500]
- max(35 × 25,500) - 700 + 1.5 × 34 × 25</td><td rowspan="2">2600</td><td rowspan="2">2</td><td rowspan="2">1</td><td rowspan="2">2600</td><td rowspan="2">2</td><td rowspan="2">1</td></tr>
<tr><td>长度公式描述</td><td>三层层高 - 最大值[（三层层高 - 梁高）/6,
柱截面大边,500] - 错开长度 - 梁高 + 锚固长度</td></tr>
<tr><td rowspan="2">7</td><td rowspan="2">角部纵筋 1</td><td rowspan="2">25</td><td rowspan="2">二级</td><td>长度计算公式</td><td>3600 - max[（3600 - 700）/6,700,500]
- 700 + （700 - 20） + 12 × 25</td><td rowspan="2">3180</td><td rowspan="2">1</td><td rowspan="2">1</td><td rowspan="2">3180</td><td rowspan="2">1</td><td rowspan="2">1</td></tr>
<tr><td>长度公式描述</td><td>三层层高 - 最大值[（三层层高 - 梁高）/6,
柱截面大边,500] - 梁高 + （梁高 - 保护层厚度） + 中柱顶层弯折长度</td></tr>
<tr><td rowspan="2">8</td><td rowspan="2">角部纵筋 2</td><td rowspan="2">25</td><td rowspan="2">二级</td><td>长度计算公式</td><td>3600 - max[（3600 - 700）/6,700,500]
- max(35 × 25,500) - 700 + （700 - 20） + 12 × 25</td><td rowspan="2">2305</td><td rowspan="2">1</td><td rowspan="2">1</td><td rowspan="2">2305</td><td rowspan="2">1</td><td rowspan="2">1</td></tr>
<tr><td>长度公式描述</td><td>三层层高 - 最大值[（三层层高 - 梁高）/6,柱截面大边,500]
- 错开长度 - 梁高 + （梁高 - 保护层厚度） + 中柱顶层弯折长度</td></tr>
<tr><td rowspan="2">9</td><td rowspan="2">角部纵筋 3</td><td rowspan="2">25</td><td rowspan="2">二级</td><td>长度计算公式</td><td>3600 - max[（3600 - 700）/6,700,500]
- 700 + 1.5 × 34 × 25</td><td rowspan="2">3475</td><td rowspan="2">1</td><td rowspan="2">1</td><td rowspan="2">3475</td><td rowspan="2">1</td><td rowspan="2">1</td></tr>
<tr><td>长度公式描述</td><td>三层层高 - 最大值[（三层层高 - 梁高）/6,
柱截面大边,500] - 梁高 + 锚固长度</td></tr>
<tr><td rowspan="2">10</td><td rowspan="2">角部纵筋 4</td><td rowspan="2">25</td><td rowspan="2">二级</td><td>长度计算公式</td><td>3600 - max[（3600 - 700）/6,700,500]
- max(35 × 25,500) - 700 + 1.5 × 34 × 25</td><td rowspan="2">2600</td><td rowspan="2">1</td><td rowspan="2">1</td><td rowspan="2">2600</td><td rowspan="2">1</td><td rowspan="2">1</td></tr>
<tr><td>长度公式描述</td><td>三层层高 - 最大值[（三层层高 - 梁高）/6,柱截面大边,
500] - 错开长度 - 梁高 + 锚固长度</td></tr>
</table>

<table>
<tr><th colspan="9">手工答案</th><th colspan="3">软件答案</th></tr>
<tr><th>序号</th><th>筋号</th><th>直径</th><th>级别</th><th colspan="2">公式</th><th>长度（mm）</th><th>根数</th><th>搭接</th><th>长度（mm）</th><th>根数</th><th>搭接</th></tr>
<tr><td rowspan="4">11</td><td rowspan="4">箍筋 1</td><td rowspan="4">10</td><td rowspan="4">一级</td><td>长度计算公式</td><td>(700 + 600) × 2 − 8 × 20 + max(10 × 10,75) × 2 + 1.9 × 10 × 2</td><td rowspan="2">2678</td><td rowspan="2"></td><td rowspan="4"></td><td rowspan="2">2678</td><td rowspan="2"></td><td rowspan="4"></td></tr>
<tr><td>长度公式描述</td><td>(截面宽 + 截面高) × 2 − 8 × 保护层厚度 + 最大值(10d,75) × 2 + 1.9d × 2(d 为箍筋直径)</td></tr>
<tr><td>根数计算公式</td><td>梁下加密长度 = max[二层净高(3600 − 700)/6，柱截面大边 700,500] = 700
底部加密长度 = max[二层净高(3600 − 700)/6，柱截面大边 700,500] = 700
非加密区长度 = 总高 3600 − 二层非连接区 700 − 梁下 700 − 梁高 700 = 1500
(700 + 700)/100 + 1 + (700 − 50)/100 + 1 + 1500/200 − 1(每个式子向上取整)</td><td rowspan="2"></td><td rowspan="2">30</td><td rowspan="2"></td><td rowspan="2">30</td></tr>
<tr><td>根数公式描述</td><td>(梁高 + 梁下)/加密间距 + 1 + (底部加密区长度 − 50)/加密间距 + 1 + 非加密区长度/非加密间距 − 1</td></tr>
<tr><td rowspan="4">12</td><td rowspan="4">箍筋 2</td><td rowspan="4">10</td><td rowspan="4">一级</td><td>长度计算公式</td><td>[(700 − 2 × 20 − 2 × 10 − 25)/(6 − 1) × 1 + 25 + 2 × 10] × 2 + (600 − 2 × 20) × 2 + max(10 × 10,75) × 2 + 1.9 × 10 × 2</td><td rowspan="2">1694</td><td rowspan="2"></td><td rowspan="4"></td><td rowspan="2">1694</td><td rowspan="2"></td><td rowspan="4"></td></tr>
<tr><td>长度公式描述</td><td>[(柱截面宽 − 2 × 保护层厚度 − 2 × 箍筋直径 − 柱纵筋直径)/(截面宽方向纵筋根数 − 1) × 箍筋 2 所占的纵筋间距数 + 纵筋直径 + 2 × 箍筋直径] × 2 + (柱截面高 − 2 × 保护层厚度) × 2 + 最大值(10d,75) × 2 + 1.9d × 2(d 为箍筋直径)</td></tr>
<tr><td>根数计算公式</td><td>(700 + 700)/100 + 1 + (700 − 50)/100 + 1 + 1500/200 − 1(每个式子向上取整)</td><td rowspan="2"></td><td rowspan="2">30</td><td rowspan="2"></td><td rowspan="2">30</td></tr>
<tr><td>根数公式描述</td><td>(梁高 + 梁下)/加密间距 + 1 + (底部加密区长度 − 起步距离)/加密间距 + 1 + 非加密区长度/非加密间距 − 1</td></tr>
</table>

续表

序号	筋号	直径	级别	公式（手工答案）		长度（mm）	根数	搭接	软件答案 长度（mm）	根数	搭接
13	箍筋 3（单肢筋）	10	一级	长度计算公式	(600 - 2 × 20) + max(10 × 10,75) × 2 + 1.9 × 10 × 2	798			798		
				长度公式描述	(柱截面高 - 2 × 保护层厚度) + 最大值(10*d*,75) × 2 + 1.9*d* × 2(*d* 为箍筋直径)						
				根数计算公式	(700 + 700)/100 + 1 + (1284 - 50)/100 + 1 + 1866/200 - 1(每个式子向上取整)		30			30	
				根数公式描述	(梁高 + 梁下)/加密间距 + 1 + (底部加密区长度 - 起步距离)/加密间距 + 1 + 非加密区长度/非加密间距 - 1						
14	箍筋 4	10	一级	长度计算公式	[(600 - 2 × 20 - 2 × 10 - 25)/(5 - 1) × 2 + 25 + 2 × 10] × 2 + (700 - 2 × 20) × 2 + max(10 × 10,75) × 2 + 1.9 × 10 × 2	2164			2164		
				长度公式描述	[(柱截面高 - 2 × 保护层厚度 - 2 × 箍筋直径 - 柱纵筋直径)/(截面高方向纵筋根数 - 1) × 箍筋 4 所占的纵筋间距数 + 纵筋直径 + 2 × 箍筋直径] × 2 + (柱截面宽 - 2 × 保护层厚度) × 2 + 最大值(10*d*,75) × 2 + 1.9*d* × 2(*d* 为箍筋直径)						
				根数计算公式	(700 + 700)/100 + 1 + (700 - 50)/100 + 1 + 1500/200 - 1(每个式子向上取整)		30			30	
				根数公式描述	(梁高 + 梁下)/加密间距 + 1 + (底部加密区长度 - 起步距离)/加密间距 + 1 + 非加密区长度/非加密间距 - 1						

7. KZ1 - 角柱位置三层钢筋答案手工和软件对比

KZ1 - 角柱位置三层钢筋答案手工和软件对比，见表 1.2.16。

表 1.2.16　KZ1－角柱位置三层钢筋答案手工和软件对比

<table>
<tr><td colspan="11">构件名称:KZ1(位置:顶层角柱),手工计算单件钢筋重量:337.157kg,根数6根</td></tr>
<tr><td colspan="8">手工答案</td><td colspan="3">软件答案</td></tr>
<tr><td>序号</td><td>筋号</td><td>直径</td><td>级别</td><td colspan="2">公式</td><td>长度(mm)</td><td>根数</td><td>搭接</td><td>长度(mm)</td><td>根数</td><td>搭接</td></tr>
<tr><td rowspan="2">1</td><td rowspan="2">B边外侧纵筋1</td><td rowspan="2">25</td><td rowspan="2">二级</td><td>长度计算公式</td><td>3600－max[(3600－700)/6,700,500]－700＋1.5×34×25</td><td rowspan="2">3475</td><td rowspan="2">2</td><td rowspan="2">1</td><td rowspan="2">3475</td><td rowspan="2">2</td><td rowspan="2">1</td></tr>
<tr><td>长度公式描述</td><td>三层层高－最大值[(三层层高－梁高)/6,柱截面大边,500]－梁高＋锚固长度</td></tr>
<tr><td rowspan="2">2</td><td rowspan="2">B边外侧纵筋2</td><td rowspan="2">25</td><td rowspan="2">二级</td><td>长度计算公式</td><td>3600－max[(3600－700)/6,700,500]－max(35×25,500)－700＋1.5×34×25</td><td rowspan="2">2600</td><td rowspan="2">2</td><td rowspan="2">1</td><td rowspan="2">2600</td><td rowspan="2">2</td><td rowspan="2">1</td></tr>
<tr><td>长度公式描述</td><td>三层层高－最大值[(三层层高－梁高)/6,柱截面大边,500]－最大值(错开长度)－梁高＋锚固长度</td></tr>
<tr><td rowspan="2">3</td><td rowspan="2">B边内侧纵筋1</td><td rowspan="2">25</td><td rowspan="2">二级</td><td>长度计算公式</td><td>3600－max[(3600－700)/6,700,500]－700＋(700－20)＋12×25</td><td rowspan="2">3180</td><td rowspan="2">2</td><td rowspan="2">1</td><td rowspan="2">3180</td><td rowspan="2">2</td><td rowspan="2">1</td></tr>
<tr><td>长度公式描述</td><td>三层层高－最大值[(三层层高－梁高)/6,柱截面大边,500]－梁高＋(梁高－保护层厚度)＋中柱顶层弯折长度</td></tr>
<tr><td rowspan="2">4</td><td rowspan="2">B边内侧纵筋2</td><td rowspan="2">25</td><td rowspan="2">二级</td><td>长度计算公式</td><td>3600－max[(3600－700)/6,700,500]－max(35×25,500)－700＋(700－20)＋12×25</td><td rowspan="2">2305</td><td rowspan="2">2</td><td rowspan="2">1</td><td rowspan="2">2305</td><td rowspan="2">2</td><td rowspan="2">1</td></tr>
<tr><td>长度公式描述</td><td>三层层高－最大值[(三层层高－梁高)/6,柱截面大边,500]－最大值(错开长度)－梁高＋(梁高－保护层厚度)＋中柱顶层弯折长度</td></tr>
<tr><td rowspan="2">5</td><td rowspan="2">B边外侧纵筋1</td><td rowspan="2">25</td><td rowspan="2">二级</td><td>长度计算公式</td><td>3600－max[(3600－700)/6,700,500]－700＋1.5×34×25</td><td rowspan="2">3475</td><td rowspan="2">1</td><td rowspan="2">1</td><td rowspan="2">3475</td><td rowspan="2">1</td><td rowspan="2">1</td></tr>
<tr><td>长度公式描述</td><td>三层层高－最大值[(三层层高－梁高)/6,柱截面大边,500]－梁高＋锚固长度</td></tr>
</table>

续表

手工答案									软件答案		
序号	筋号	直径	级别	公式		长度（mm）	根数	搭接	长度（mm）	根数	搭接
6	B边外侧纵筋2	25	二级	长度计算公式	3600 - max[（3600 - 700）/6,700,500] - max(35 × 25,500) - 700 + 1.5 × 34 × 25	2600	2	1	2600	2	1
				长度公式描述	三层层高 - 最大值[（三层层高 - 梁高）/6,柱截面大边,500] - 错开长度 - 梁高 + 锚固长度						
7	B边内侧纵筋1	25	二级	长度计算公式	3600 - max[（3600 - 700）/6,700,500] - 700 + （700 - 20） + 12 × 25	3180	1	1	3180	1	1
				长度公式描述	三层层高 - 最大值[（三层层高 - 梁高）/6,柱截面大边,500] - 梁高 + （梁高 - 保护层厚度） + 中柱顶层弯折长度						
8	B边内侧纵筋2	25	二级	长度计算公式	3600 - max[（3600 - 700）/6,700,500] - max(35 × 25,500) - 700 + （700 - 20） + 12 × 25	2305	2	1	2305	2	1
				长度公式描述	三层层高 - 最大值[（三层层高 - 梁高）/6,柱截面大边,500] - 错开长度 - 梁高 + （梁高 - 保护层厚度） + 中柱顶层弯折长度						
9	角部纵筋1	25	二级	长度计算公式	3600 - max[（3600 - 700）/6,700,500] - 700 + 1.5 × 34 × 25	3475	1	1	3475	1	1
				长度公式描述	三层层高 - 最大值[（三层层高 - 梁高）/6,柱截面大边,500] - 梁高 + 锚固长度						
10	角部纵筋2	25	二级	长度计算公式	3600 - max[（3600 - 700）/6,700,500] - max(35 × 25,500) - 700 + 1.5 × 34 × 25	2600	2	1	2600	2	1
				长度公式描述	三层层高 - 最大值[（三层层高 - 梁高）/6,柱截面大边,500] - 错开长度 - 梁高 + 锚固长度						
11	角部纵筋3	25	二级	长度计算公式	3600 - max[（3600 - 700）/6,700,500] - 700 + （700 - 20） + 12 × 25	3180	1	1	3180	1	1
				长度公式描述	三层层高 - 最大值[（三层层高 - 梁高）/6,柱截面大边,500] - 梁高 + （梁高 - 保护层厚度） + 中柱顶层弯折长度						

续表

序号	筋号	直径	级别	手工答案					软件答案		
				公式		长度(mm)	根数	搭接	长度(mm)	根数	搭接
12	箍筋1	10	一级	长度计算公式	(700+600)×2−8×20+max(10×10,75)×2+1.9×10×2	2678	1	1	2678	1	1
				长度公式描述	(截面宽+截面高)×2−8×保护层厚度+最大值(10*d*,75)×2+1.9*d*×2(*d*为箍筋直径)						
				根数计算公式	梁下加密长度=max[二层净高(3600−700)/6,柱截面大边700,500]=700 底部加密长度= max[二层净高(3600−700)/6,柱截面大边700,500]=700 非加密区长度=总高3600−二层非连接区700−梁下700−梁高700=1500 (700+700)/100+1+(700−50)/100+1+1500/200−1(每个式子向上取整)		30			30	
				根数公式描述	(梁高+梁下)/加密间距+1+(底部加密区长度−50)/加密间距+1+非加密区长度/非加密间距−1						
13	箍筋2	10	一级	长度计算公式	[(700−2×20−2×10−25)/(6−1)×1+25]×2+(600−2×20)×2+max(10×10,75)×2+1.9×10×2	1694			1694		
				长度公式描述	[(柱截面宽−2×保护层厚度−2×箍筋直径−柱纵筋直径)/(截面宽方向纵筋根数−1)×箍筋2所占的纵筋间距数+纵筋直径]×2+(柱截面高−2×保护层厚度)×2+最大值(10*d*,75)×2+1.9*d*×2(*d*为箍筋直径)						
				根数计算公式	(700+700)/100+1+(700−50)/100+1+1500/200−1(每个式子向上取整)		30			30	
				根数公式描述	(梁高+梁下)/加密间距+1+(底部加密区长度−起步距离)/加密间距+1+非加密区长度/非加密间距−1						

续表

序号	筋号	直径	级别	手工答案					软件答案		
				公式		长度（mm）	根数	搭接	长度（mm）	根数	搭接
14	箍筋3（单肢筋）	10	一级	长度计算公式	(600－2×20)＋max(10×10,75)×2＋1.9×10×2	798			798		
				长度公式描述	(柱截面高－2×保护层厚度)＋最大值(10*d*,75)×2＋1.9*d*×2(*d*为箍筋直径)						
				根数计算公式	(700＋700)/100＋1＋(700－50)/100＋1＋1500/200－1(每个式子向上取整)		30			30	
				根数公式描述	(梁高＋梁下)/加密间距＋1＋(底部加密区长度－起步距离)/加密间距＋1＋非加密区长度/非加密间距－1						
15	箍筋4	10	一级	长度计算公式	[(600－2×20－2×10－25)/(5－1)×2＋25＋2×10]×2＋(700－2×20)×2＋max(10×10,75)×2＋1.9×10×2	2164			2164		
				长度公式描述	[(柱截面高－2×保护层厚度－2×箍筋直径－柱纵筋直径)/(截面高方向纵筋根数－1)×箍筋4所占的纵筋间距数＋纵筋直径＋2×箍筋直径]×2＋(柱截面宽－2×保护层厚度)×2＋最大值(10*d*,75)×2＋1.9*d*×2(*d*为箍筋直径)						
				根数计算公式	(700＋700)/100＋1＋(700－50)/100＋1＋1500/200－1(每个式子向上取整)		30			30	
				根数公式描述	(梁高＋梁下)/加密间距＋1＋(底部加密区长度－起步距离)/加密间距＋1＋非加密区长度/非加密间距－1						

（二）Z1

1. Z1 基础插筋答案手工和软件对比

Z1 基础插筋答案手工和软件对比，见表1.2.17。

表 1.2.17 Z1 基础插筋答案手工和软件对比

<table>
<tr><td colspan="13">构件名称:Z1 基础插筋,软件计算单构件钢筋重量:50.075kg,根数:2 根</td></tr>
<tr><td colspan="10">手 工 答 案</td><td colspan="3">软 件 答 案</td></tr>
<tr><td>序号</td><td>筋号</td><td>直径</td><td>级别</td><td colspan="3">公 式</td><td>长度(mm)</td><td>根数</td><td>搭接</td><td>长度(mm)</td><td>根数</td><td>搭接</td></tr>
<tr><td rowspan="2">1</td><td rowspan="2">B 边插筋</td><td rowspan="2">20</td><td rowspan="2">二级</td><td>长度计算公式</td><td colspan="2">(3600 + 950 − 700)/3 + max(35 × 20,500) + 600 − 40 + 15 × 20</td><td rowspan="2">2843</td><td rowspan="2">2</td><td rowspan="2"></td><td rowspan="2">2843</td><td rowspan="2">2</td><td rowspan="2"></td></tr>
<tr><td>长度公式描述</td><td colspan="2">(首层层高 + 回填高度 − 梁高)/3 + 最大值(错开长度) + 基础厚度 − 保护层厚度 + 拐头长度 a</td></tr>
<tr><td rowspan="2">2</td><td rowspan="2">H 边插筋</td><td rowspan="2">20</td><td rowspan="2">二级</td><td>长度计算公式</td><td colspan="2">(3600 + 950 − 700)/3 + max(35 × 20,500) + 600 − 40 + 15 × 20</td><td rowspan="2">2843</td><td rowspan="2">2</td><td rowspan="2"></td><td rowspan="2">2843</td><td rowspan="2">2</td><td rowspan="2"></td></tr>
<tr><td>长度公式描述</td><td colspan="2">(首层层高 + 回填高度 − 梁高)/3 + 最大值(错开长度) + 基础厚度 − 保护层厚度 + 拐头长度 a</td></tr>
<tr><td rowspan="2">3</td><td rowspan="2">角部插筋</td><td rowspan="2">20</td><td rowspan="2">二级</td><td>长度计算公式</td><td colspan="2">(3600 + 950 − 700)/3 + 600 − 40 + 15 × 20</td><td rowspan="2">2143</td><td rowspan="2">4</td><td rowspan="2"></td><td rowspan="2">2143</td><td rowspan="2">4</td><td rowspan="2"></td></tr>
<tr><td>长度公式描述</td><td colspan="2">(首层层高 + 回填高度 − 梁高)/3 + 基础厚度 − 保护层厚度 + 拐头长度 a</td></tr>
<tr><td rowspan="2">4</td><td rowspan="2">箍筋</td><td rowspan="2">8</td><td rowspan="2">一级</td><td>长度计算公式</td><td colspan="2">(250 + 250) × 2 − 8 × 20 + max(10 × 8,75) × 2 + 1.9 × 8 × 2</td><td rowspan="2">1030</td><td rowspan="2">2</td><td rowspan="2"></td><td rowspan="2">1030</td><td rowspan="2">2</td><td rowspan="2"></td></tr>
<tr><td>长度公式描述</td><td colspan="2">(截面宽 + 截面高) × 2 − 8 × 保护层厚度 + 最大值(10d,75) × 2 + 1.9d × 2(d 为箍筋直径)</td></tr>
</table>

2. Z1 首层钢筋答案手工和软件对比

Z1 首层钢筋答案手工和软件对比，见表 1.2.18。

表 1.2.18 Z1 首层钢筋答案手工和软件对比

<table>
<tr><td colspan="12">构件名称:Z1 首层钢筋,手工计算单构件钢筋重量:84.2kg,数量:2 根</td></tr>
<tr><td colspan="9">手 工 答 案</td><td colspan="3">软 件 答 案</td></tr>
<tr><td>序号</td><td>筋号</td><td>直径</td><td>级别</td><td colspan="2">公 式</td><td>长度(mm)</td><td>根数</td><td>搭接</td><td>长度(mm)</td><td>根数</td><td>搭接</td></tr>
<tr><td rowspan="2">1</td><td rowspan="2">B 边纵筋</td><td rowspan="2">20</td><td rowspan="2">二级</td><td>长度计算公式</td><td>(3600 + 950) − (3600 + 950 − 700)/3 − max(35 × 20,500) + max[(3600 − 700)/6,250,500] + max(35 × 20,500)</td><td rowspan="2">3767</td><td rowspan="2">2</td><td rowspan="2">1</td><td rowspan="2">3767</td><td rowspan="2">2</td><td rowspan="2">1</td></tr>
<tr><td>长度公式描述</td><td>(首层层高 + 回填高度) − (首层层高 + 回填高度 − 梁高)/3 − 最大值(错开长度) + 最大值[(二层层高 − 梁高)/6,柱截面大边,500] + 最大值(错开长度)</td></tr>
</table>

续表

手工答案									软件答案		
序号	筋号	直径	级别	公式		长度(mm)	根数	搭接	长度(mm)	根数	搭接
2	H 边纵筋	20	二级	长度计算公式	(3600 +950) -(3600 +950 -700)/3 -max(35 ×20,500) +max[(3600 -700)/6,250,500] +max(35 ×20,500)	3767	2	1	3767	2	1
				长度公式描述	(首层层高 + 回填高度) -(首层层高 + 回填高度 - 梁高)/3 - 最大值(错开长度) + 最大值[(二层层高 - 梁高)/6,柱截面大边,500] + 最大值(错开长度)						
3	角筋	20	二级	长度计算公式	(3600 +950) -(3600 +950 -700)/3 +max[(3600 -700)/6,250,500]	3767	4	1	3767	4	1
				长度公式描述	(首层层高 + 回填高度) -(首层层高 + 回填高度 - 梁高)/3 + 最大值[(二层层高 - 梁高)/6,柱截面大边,500]						
4	箍筋	8	一级	长度计算公式	(40 +40) ×2 +max(10 ×10,75) ×2 +1.9 ×10 ×2	1030				1030	
				长度公式描述	(截面宽 + 截面高) ×2 + 最大值(10*d*,75) ×2 +1.9*d* ×2(*d* 为箍筋直径)						
				根数计算公式	(3600 +950 -50)/200 +1		24				24
				根数公式描述	(首层层高 + 回填高度 - 起步距离)/箍筋间距 +1						

3. Z1 二层钢筋答案手工和软件对比

Z1 二层钢筋答案手工和软件对比见表 1.2.19。

表 1.2.19 Z1 二层钢筋答案手工和软件对比

构件名称:Z1 二层钢筋,手工计算单构件钢筋重量:61.675kg,数量:2 根											
手工答案									软件答案		
序号	筋号	直径	级别	公式		长度(mm)	根数	搭接	长度(mm)	根数	搭接
1	B 边纵筋	20	二级	长度计算公式	3600 -max[(3600 -700)/6,250,500] -max(35 ×20,500) -700 +(700 -20)	2380	2	1	2380	2	1
				长度公式描述	二层层高 - 最大值[(二层净高)/6,柱截面大边,500] - 最大值(错开长度) - 梁高 +(梁高 - 保护层厚度)						

续表

<table>
<tr><th colspan="8">手　工　答　案</th><th colspan="3">软件答案</th></tr>
<tr><th>序号</th><th>筋号</th><th>直径</th><th>级别</th><th colspan="2">公　式</th><th>长度（mm）</th><th>根数</th><th>搭接</th><th>长度（mm）</th><th>根数</th><th>搭接</th></tr>
<tr><td rowspan="2">2</td><td rowspan="2">H边纵筋</td><td rowspan="2">20</td><td rowspan="2">二级</td><td>长度计算公式</td><td>3600 - max[(3600 - 700)/6,250,500] - max(35 × 20,500) - 700 + (700 - 20)</td><td rowspan="2">2380</td><td rowspan="2">2</td><td rowspan="2">1</td><td rowspan="2">2380</td><td rowspan="2">2</td><td rowspan="2">1</td></tr>
<tr><td>长度公式描述</td><td>二层层高 - 最大值[(二层净高)/6,柱截面大边,500] - 最大值(错开长度) - 梁高 + (梁高 - 保护层厚度)</td></tr>
<tr><td rowspan="2">3</td><td rowspan="2">角筋</td><td rowspan="2">20</td><td rowspan="2">二级</td><td>长度计算公式</td><td>3600 - max[(3600 - 700)/6,250,500] - 700 + (700 - 20)</td><td rowspan="2">3080</td><td rowspan="2">4</td><td rowspan="2">1</td><td rowspan="2">3080</td><td rowspan="2">4</td><td rowspan="2">1</td></tr>
<tr><td>长度公式描述</td><td>二层层高 - 最大值[(二层净高)/6,柱截面大边,500] - 梁高 + (梁高 - 保护层厚度)</td></tr>
<tr><td rowspan="4">4</td><td rowspan="4">箍筋</td><td rowspan="4">8</td><td rowspan="4">一级</td><td>长度计算公式</td><td>(250 + 250) × 2 - 8 × 20 + max(10 × 8,75) × 2 + 1.9 × 10 × 2</td><td rowspan="2">1030</td><td rowspan="2"></td><td rowspan="4"></td><td rowspan="2">1030</td><td rowspan="2"></td><td rowspan="4"></td></tr>
<tr><td>长度公式描述</td><td>(截面宽 + 截面高) × 2 - 8 × 保护层厚度 + 最大值(10d,75) × 2 + 1.9d × 2(d 为箍筋直径)</td></tr>
<tr><td>根数计算公式</td><td>(3600 - 50)/200 + 1</td><td rowspan="2"></td><td rowspan="2">19</td><td rowspan="2"></td><td rowspan="2">19</td></tr>
<tr><td>根数公式描述</td><td>(二层层高 - 起步距离)/箍筋间距 + 1</td></tr>
</table>

第三节　剪力墙

一、剪力墙的标注

剪力墙通常有两种标注方式：列表注写方式和截面注写方式。

(一) 列表注写方式

1. 图形和表格结合

列表注写方式，系分别在剪力墙梁表、剪力墙身表和剪力墙柱表中，对应于剪力墙平面布置图上的编号，用绘制截面配筋图并注写几何尺寸与配筋具体数值的方式，来表示剪力墙平法施工图，如图 1.3.1 所示。其表分别见表 1.3.1、表 1.3.2 和表 1.3.3。

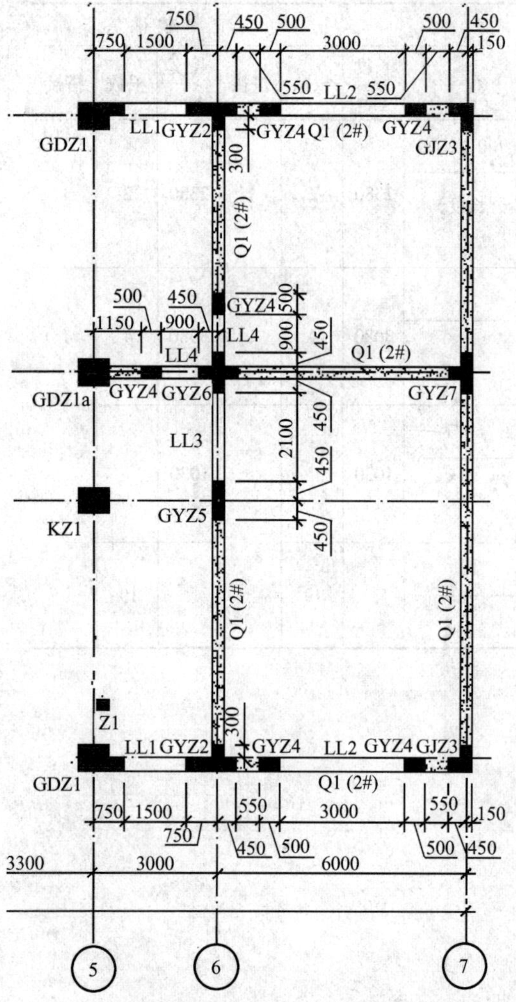

图 1.3.1　剪力墙平法施工图

表 1.3.1　剪力墙连梁、暗梁表

编号	所在楼层号	梁顶相对结构标高高差	梁截面 $b \cdot h$	上部纵筋	下部纵筋	箍筋
LL1	1	相对结构标高 -0.05：+0.900	300×500	4⏀22	4⏀22	φ10@150(2)
	1 2	相对结构标高 +3.55：+0.900	300×1600	4⏀22	4⏀22	φ10@100(2)
	2 3	相对结构标高 +7.15：+0.900	300×1600	4⏀22	4⏀22	φ10@100(2)
	3	相对结构标高 +10.75：+0.000	300×700	4⏀22	4⏀22	φ10@100(2)
LL2	1	相对结构标高 -0.05：+0.900	300×500	4⏀22	4⏀22	φ10@150(2)
	1 2	相对结构标高 +3.55：+0.900	300×1600	4⏀22	4⏀22	φ10@100(2)
	2 3	相对结构标高 +7.15：+0.900	300×1600	4⏀22	4⏀22	φ10@100(2)
	3	相对结构标高 +10.75：+0.000	300×700	4⏀22	4⏀22	φ10@100(2)
LL3	1	相对结构标高 -0.05：+0.000	300×500	4⏀22	4⏀22	φ10@100(2)
	1	相对结构标高 +3.55：+0.000	300×900	4⏀22	4⏀22	φ10@100(2)
	2	相对结构标高 +7.15：+0.000	300×900	4⏀22	4⏀22	φ10@100(2)
	3	相对结构标高 +10.75：+0.000	300×900	4⏀22	4⏀22	φ10@100(2)
LL4	1	相对结构标高 -0.05：+0.000	300×500	4⏀22	4⏀22	φ10@100(2)
	1	相对结构标高 +3.55：+0.000	300×1200	4⏀22	4⏀22	φ10@100(2)
	2	相对结构标高 +7.15：+0.000	300×1200	4⏀22	4⏀22	φ10@100(2)
	3	相对结构标高 +10.75：+0.000	300×1200	4⏀22	4⏀22	φ10@100(2)
AL1	1	相对结构标高 +3.55：+0.000	300×500	4⏀20	4⏀20	φ10@150(2)
	2	相对结构标高 +7.15：+0.000	300×500	4⏀20	4⏀20	φ10@150(2)
	3	相对结构标高 +10.75：+0.000	300×500	4⏀20	4⏀20	φ10@150(2)

表 1.3.2　剪力墙身表

编　号	标　高	墙　厚	水平分布筋	垂直分布筋	拉　筋
Q1	-1.00 ~ 10.75	300	Φ12@200	Φ12@200	ф6@400×400

表 1.3.3　剪力墙柱表

截　面	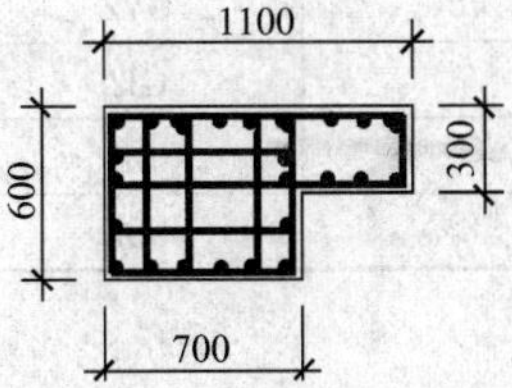	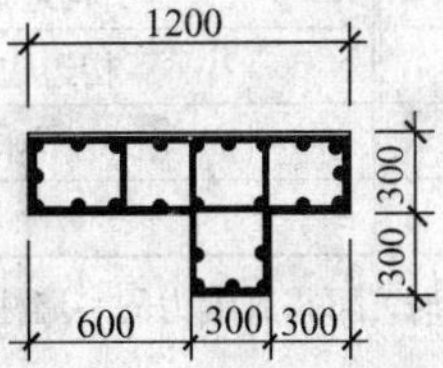	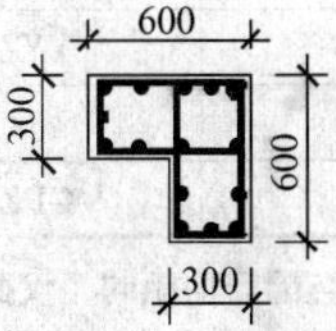	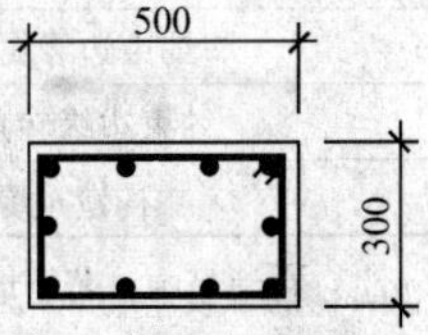
编号	GDZ1	GYZ2	GJZ3	GYZ4
标高	-1.00 ~ 10.75	-1.00 ~ 10.75	-1.00 ~ 10.75	-1.00 ~ 10.75
纵筋	24Φ22	24Φ18	15Φ18	10Φ18
箍筋	ф10@100/200	ф10@100	ф10@100	ф10@100
截　面	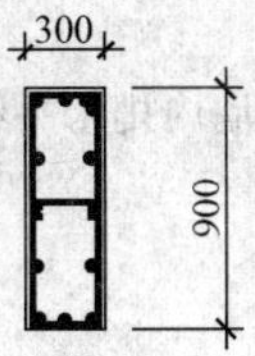	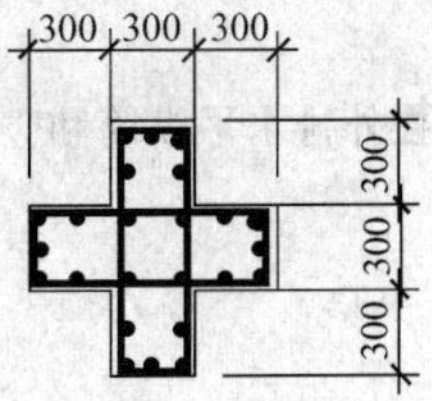	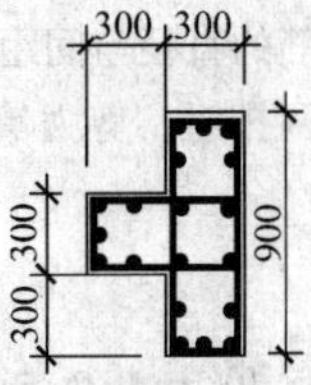	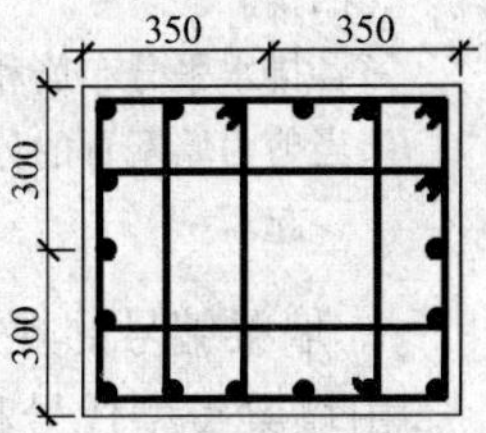
编号	GYZ5	GYZ6	GYZ7	GDZ1a
标高	-1.00 ~ 10.75	-1.00 ~ 10.75	-1.00 ~ 10.75	-1.00 ~ 10.75
纵筋	12Φ18	24Φ18	19Φ18	18Φ25
箍筋	ф10@100	ф10@100	ф10@100	ф10@100/200

2. 墙柱编号的规定

墙柱编号见表1.3.4。

表1.3.4 墙柱编号

墙柱类型	代号	序号	墙柱类型	代号	序号
约束边缘暗柱	YAZ	XX	构造边缘暗柱	GAZ	XX
约束边缘端柱	YDZ	XX	构造边缘翼墙(柱)	GYZ	XX
约束边缘翼墙(柱)	YYZ	XX	构造边缘转角墙(柱)	GJZ	XX
约束边缘转角墙(柱)	YJZ	XX	非边缘暗柱	AZ	XX
构造边缘端柱	GDZ	XX	扶壁柱	FBZ	XX

注：在编号中，若干墙柱的截面尺寸与配筋均相同，仅截面与轴线的关系不同时，可将其编为同一墙柱号。

3. 墙身编号的规定

墙身编号由墙身代号、序号以及墙身所配置的水平与竖向分布钢筋的排数组成，其中，排数注写在括号内。表达式为：QXX（X排）

注：1. 若干墙身的厚度尺寸和配筋均相同，仅墙厚与轴线的关系不同或墙身长度不同时，也可将其编为同一墙身号。

2. 对于分布钢筋网的排数规定：

非抗震：当剪力墙厚度大于160时，应配置双排；当其厚度不大于160时，宜配置双排。

抗震：当剪力墙厚度不大于400时，应配置双排；当剪力墙厚度大于400，但不大于700时，宜配置三排；当剪力墙厚度大于700时，宜配置四排。

各排水平分布筋和竖向分布钢筋的直径与间距应保持一致。

当剪力墙配置的分布钢筋多于两排时，剪力墙拉筋两端应同时钩住外排水平纵筋和竖向纵筋，还应与剪力墙内排水平纵筋和竖向纵筋绑扎在一起。

4. 墙梁编号的规定

由墙梁类型代号和序号组成，见表1.3.5。

表1.3.5 墙梁类型代号和序号

墙梁类型	代号	序号	墙梁类型	代号	序号
连梁(无交叉暗撑及无交叉钢筋)	LL	XX	暗梁	AL	XX
连梁(有交叉暗撑)	LL(JC)	XX			
连梁(有交叉钢筋)	LL(JG)	XX	边框梁	BKL	XX

（二）截面注写方式

截面注写方式，系在剪力墙平面布置图上，在相同的编号中选择一根墙柱、一道墙身、一根墙梁，放大到适当的比例，直接注写墙柱、墙身、墙梁的截面尺寸和配筋具体数值的方式来表达剪力墙平法施工图，如图 1.3.2 所示。

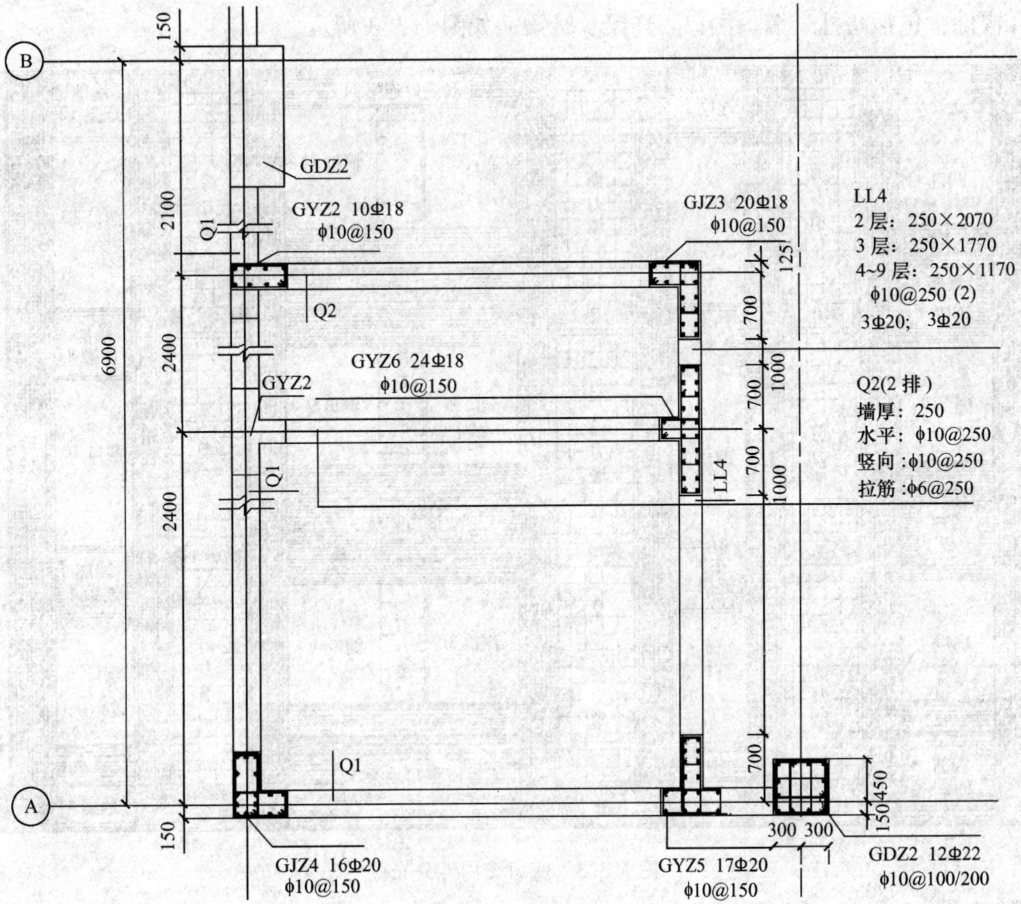

图 1.3.2 剪力墙平法施工图

思考与练习 1号写字楼的剪力墙采用的是哪种注写方式？

二、剪力墙要计算的钢筋

（一）剪力墙包含哪些构件

剪力墙是一个复合构件，包括暗柱、墙、洞口、连梁、暗梁，如图1.3.3所示。

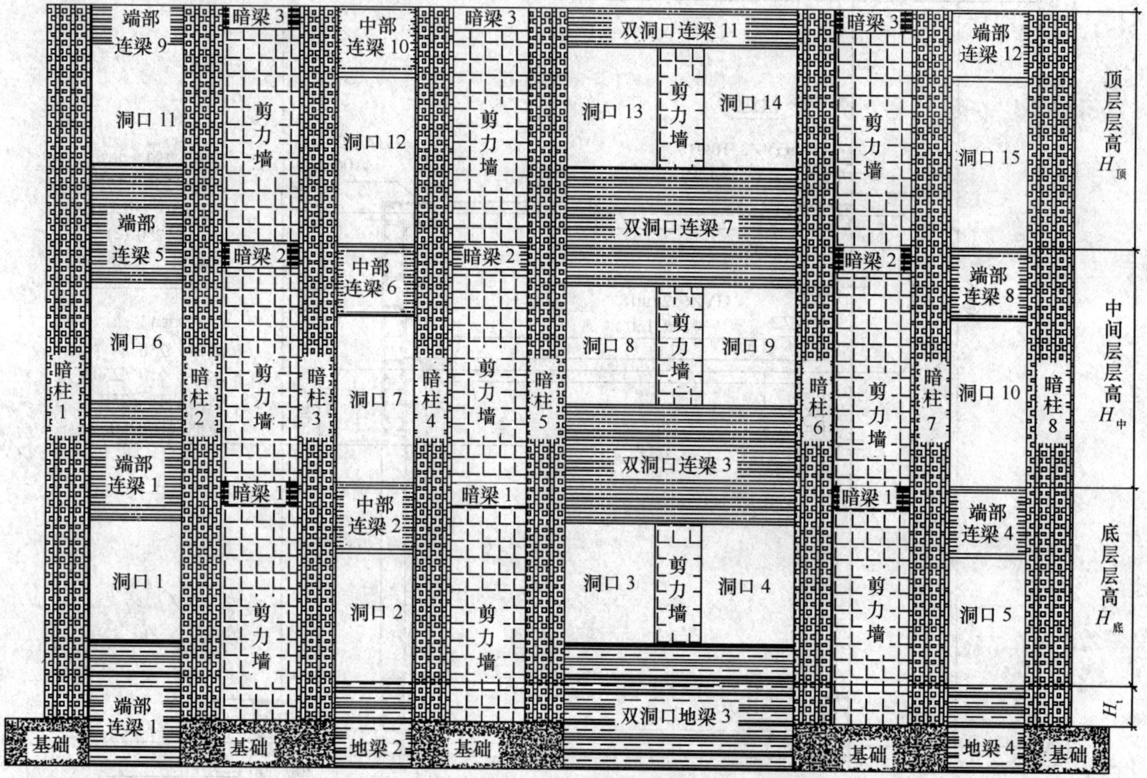

图1.3.3 剪力墙构件分布图

（二）剪力墙要算哪些钢筋

剪力墙要算的钢筋以及算法分类，如图1.3.4所示。

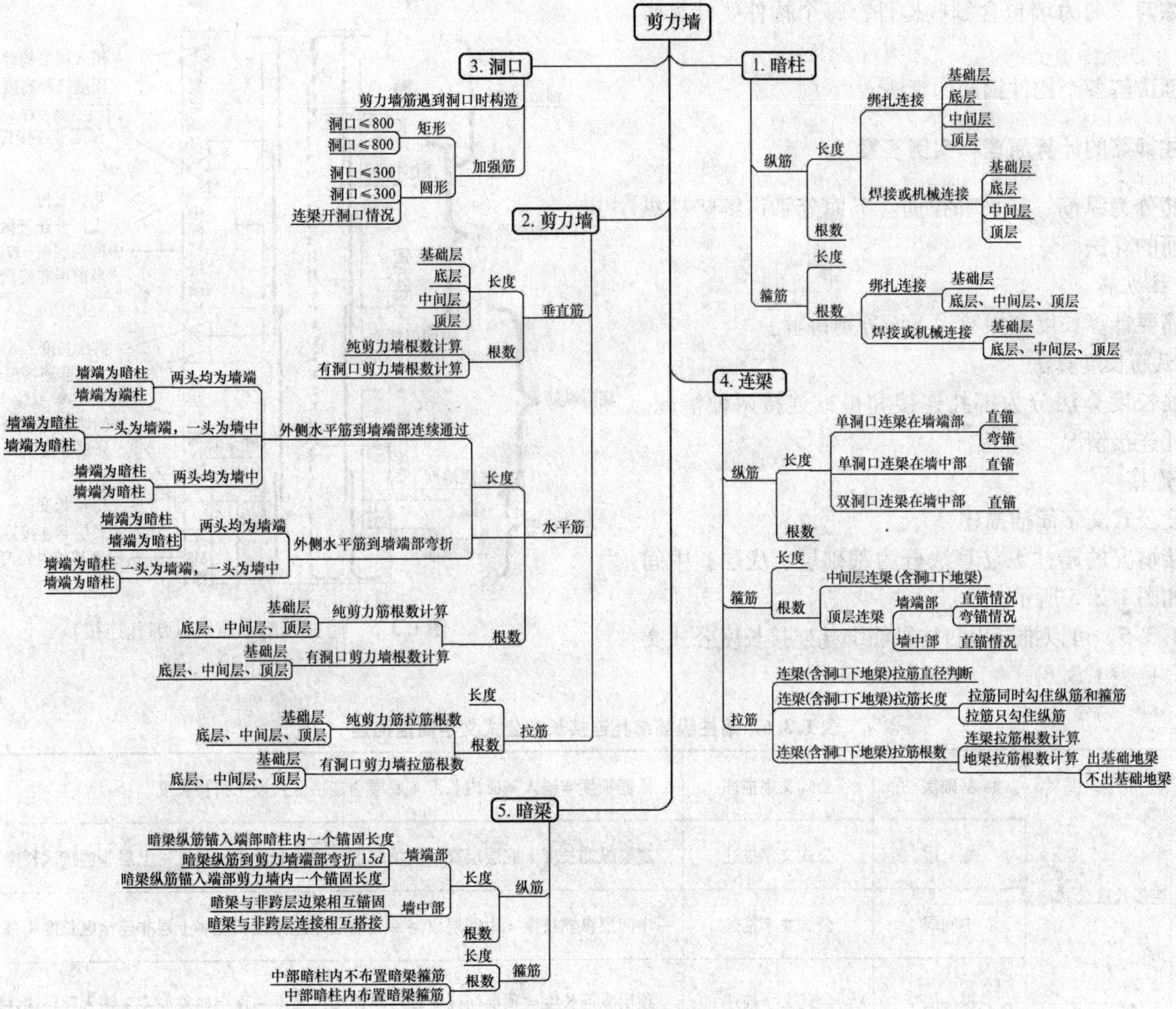

图 1.3.4　剪力墙要算的钢筋以及算法分类

思考与练习 剪力墙包含哪些构件？每个构件要计算哪些钢筋？

下面分别讲解各个构件钢筋的算法。

三、暗柱钢筋的计算原理和实例答案

暗柱钢筋分为纵筋、箍筋和拉筋。下面分别讲解暗柱纵筋和暗柱箍筋的算法。

（一）暗柱纵筋

暗柱纵筋要计算长度和根数。下面分别讲解。

1. 暗柱纵筋长度算法

暗柱纵筋长度算法分为绑扎连接和机械连接两种情况。首先介绍绑扎连接情况。

1）绑扎连接

（1）长度公式文字简洁描述

绑扎连接情况的暗柱纵筋算法分为基础层、底层、中间层和顶层，如图 1.3.5 所示。

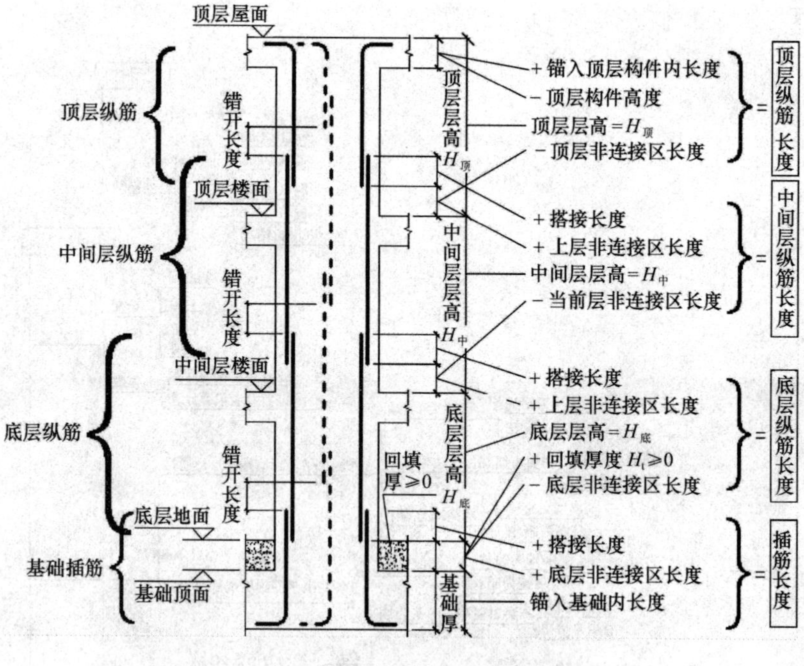

图 1.3.5 暗柱纵筋示意图（绑扎连接）

根据图 1.3.5，可以推导出暗柱纵筋绑扎连接长度公式文字简洁描述，见表 1.3.6。

表 1.3.6 暗柱纵筋绑扎连接长度公式文字简洁描述

暗柱纵筋绑扎连接长度公式	基础层	公式文字描述	插筋长度 = 锚入基础内长度 + 底层非连接区长度 + 搭接长度
	底 层	公式文字描述	底层纵筋长度 = 底层层高 + 回填厚度 − 底层非连接区长度 + 上层非连接区长度 + 搭接长度
	中间层	公式文字描述	中间层纵筋长度 = 中间层层高 − 当前层非连接区长度 + 上层非连接区长度 + 搭接长度
	顶 层	公式文字描述	顶层纵筋长度 = 顶层层高 − 顶层非连接区长度 − 顶层构件高度 + 锚入顶层构件内长度

2）将规范数据代入文字描述的公式

规范内对暗柱纵筋锚入基础内长度、每层的非连接区长度、搭接长度等都有具体规定，把规范数据代入图 1.3.5 就形成图 1.3.6。

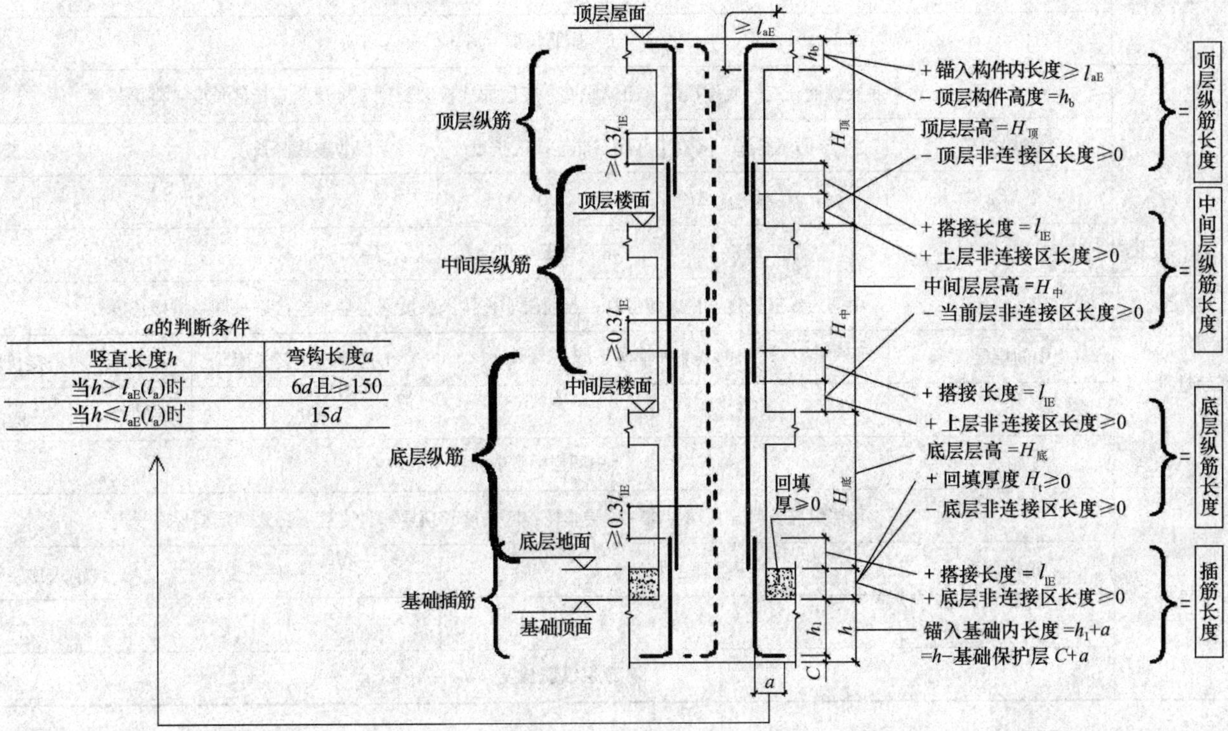

竖直长度h	弯钩长度a
当$h>l_{aE}(l_a)$时	$6d$且≥150
当$h\leq l_{aE}(l_a)$时	$15d$

图 1.3.6　暗柱纵筋长度计算图（绑扎连接）（代入规范数据）

根据图 1.3.6 和表 1.3.6，可以推导出暗柱纵筋长度计算公式，见表 1.3.7。

表 1.3.7　暗柱纵筋绑扎连接长度计算公式

绑扎连接情况暗柱纵筋长度计算	基础层	公式推导过程	插筋长度 = 锚入基础内长度 + 底层非连接区长度 + 搭接长度				
			锚入基础内长度	底层非连接区长度		搭接长度	
			$h_1 + a = h - C + a$	≥0		l_{lE}	
			插筋长度 = $h_1 + a + l_{lE}$				
	底层	公式推导过程	底层纵筋长度 = 底层层高 + 回填厚度 − 底层非连接区长度 + 上层非连接区长度 + 搭接长度				
			底层层高	回填厚度	底层非连接区长度	上层非连接区长度	搭接长度
			$H_{底}$	H_t ≥0	≥0	≥0	l_{lE}
			底层纵筋长度 = $H_{底} + H_t + l_{lE}$				
	中间层	公式推导过程	中间层纵筋长度 = 中间层层高 − 当前层非连接区长度 + 上层非连接区长度 + 搭接长度				
			中间层层高	当前层非连接区长度	上层非连接区长度	搭接长度	
			$H_{中}$	≥0	≥0	l_{lE}	
			中间层纵筋长度 = $H_{中} + l_{lE}$				
	顶层	公式推导过程	顶层纵筋长度 = 顶层层高 − 顶层非连接区长度 − 顶层构件高度 + 锚入顶层构件内长度				
			顶层层高	顶层非连接区长度	顶层构件高度	锚入顶层构件内长度	
			$H_{顶}$	≥0	h_b	$\geq l_{aE}$	
			顶层纵筋长度 = $H_{顶} - h_b + l_{aE}$				

思考与练习　请用手工计算 1 号写字楼暗柱纵筋绑扎连接长度。

2）机械连接

（1）长度公式文字简洁描述

焊接或机械连接情况的暗柱纵筋算法也分为基础层、底层、中间层和顶层，如图 1.3.7 所示。

根据图 1.3.7，可以推导出暗柱纵筋焊接或机械连接长度公式文字简洁描述，见表 1.3.8。

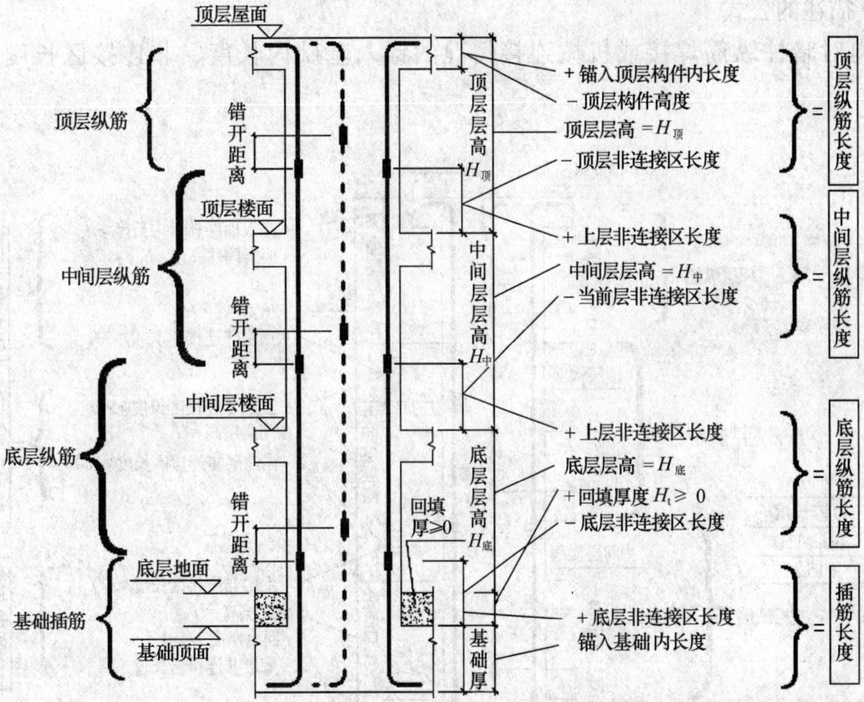

图 1.3.7　暗柱纵筋示意图（焊接或机械连接）

表 1.3.8　暗柱纵筋焊接或机械连接长度公式文字简洁描述

暗柱纵筋焊接或机械连接长度公式	基础层	公式文字描述	插筋长度=锚入基础内长度+底层非连接区长度
	底　层	公式文字描述	底层纵筋长度=底层层高+回填厚度-底层非连接区长度+上层非连接区长度
	中间层	公式文字描述	中间层纵筋长度=中间层层高-当前层非连接区长度+上层非连接区长度
	顶层	公式文字描述	顶层纵筋长度=顶层层高-顶层非连接区长度-顶层构件高度+锚入顶层构件内长度

（2）将规范数据代入文字描述的公式

同绑扎情况一样，规范内对暗柱纵筋焊接或机械连接情况的锚入基础内长度、非连接区长度都有具体规定，如图 1.3.8 所示。

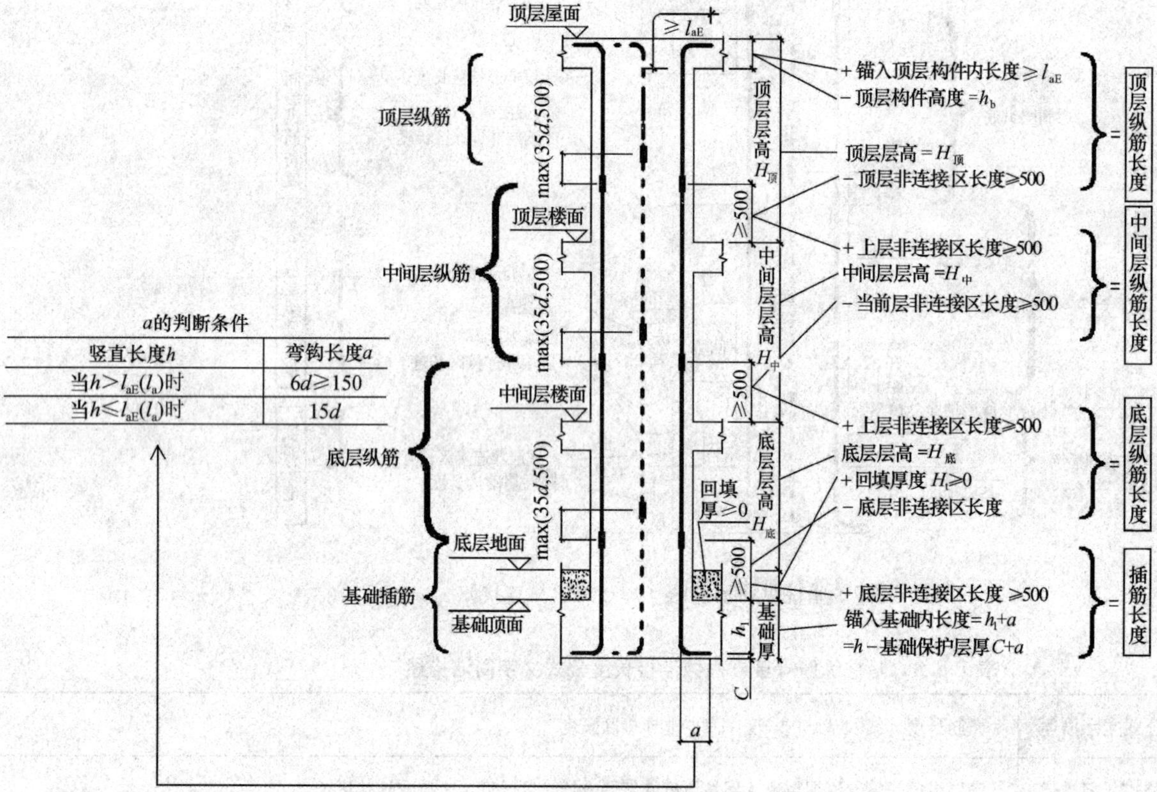

图 1.3.8 暗柱纵筋长度计算图（焊接或机械连接）（代入规范数据）

根据图 1.3.8 和表 1.3.8，可以推导出暗柱纵筋长度计算公式，见表 1.3.9。

表 1.3.9　暗柱纵筋焊接或机械连接长度计算公式

<table>
<tr><td rowspan="16">暗柱纵筋长度计算</td><td rowspan="4">基础层</td><td rowspan="4">公式推导过程</td><td colspan="4">插筋长度 = 锚入基础内长度 + 底层非连接区长度</td></tr>
<tr><td>锚入基础内长度</td><td colspan="3">底层非连接区长度</td></tr>
<tr><td>$h_1 + a = h - C + a$</td><td colspan="3">≥500</td></tr>
<tr><td colspan="4">插筋长度 = $h_1 + a + 500$</td></tr>
<tr><td rowspan="4">底层</td><td rowspan="4">公式推导过程</td><td colspan="4">底层纵筋长度 = 底层层高 + 回填厚度 - 底层非连接区长度 + 上层非连接区长度</td></tr>
<tr><td>底层层高</td><td>回填厚度</td><td>底层非连接区长度</td><td>上层非连接区长度</td></tr>
<tr><td>$H_{底}$</td><td>$H_t \geqslant 0$</td><td>≥500</td><td>≥500</td></tr>
<tr><td colspan="4">底层纵筋长度 = $H_{底} + H_t - 500 + 500$</td></tr>
<tr><td rowspan="4">中间层</td><td rowspan="4">公式推导过程</td><td colspan="4">中间层纵筋长度 = 中间层层高 - 当前层非连接区长度 + 上层非连接区长度</td></tr>
<tr><td>中间层层高</td><td colspan="2">当前层非连接区长度</td><td>上层非连接区长度</td></tr>
<tr><td>$H_{中}$</td><td colspan="2">≥500</td><td>≥500</td></tr>
<tr><td colspan="4">中间层纵筋长度 = $H_{中} - 500 + 500$</td></tr>
<tr><td rowspan="4">顶层</td><td rowspan="4">公式推导过程</td><td colspan="4">顶层纵筋长度 = 顶层层高 - 顶层非连接区长度 - 顶层构件高度 + 锚入顶层构件内长度</td></tr>
<tr><td>顶层层高</td><td>顶层非连接区长度</td><td>顶层构件高度</td><td>锚入顶层构件内长度</td></tr>
<tr><td>$H_{顶}$</td><td>≥500</td><td>h_b</td><td>$\geqslant l_{aE}$</td></tr>
<tr><td colspan="4">顶层纵筋长度 = $H_{顶} - 500 - h_b + l_{aE}$</td></tr>
</table>

思考与练习　请用手工计算 1 号写字楼暗柱纵筋机械连接长度。

2. 暗柱纵筋根数算法

暗柱纵筋根数根据图纸直接数出，不用计算。

(二) 暗柱箍筋

1. 暗柱箍筋长度

暗柱箍筋要计算长度和根数，其中箍筋长度算法同框架柱，不再赘述。这里只讲解箍筋根数的算法。

2. 暗柱箍筋根数

暗柱箍筋根数算法分为绑扎连接和机械连接两种情况。下面分别介绍。

（1）绑扎连接

规范内对暗柱箍筋绑扎连接情况的加密与非加密区都做了具体的规定，如图 1.3.9所示。

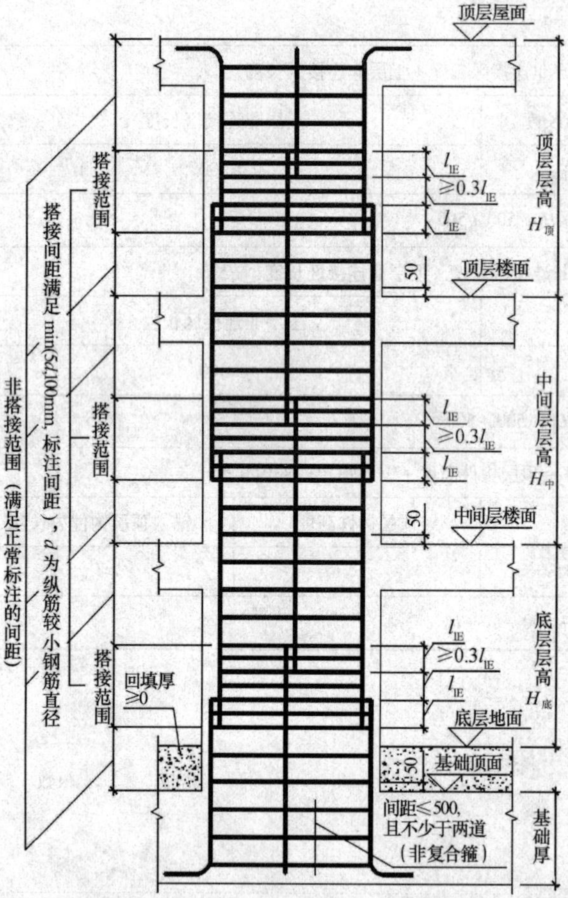

图 1.3.9　暗柱箍筋根数计算图（绑扎连接）

根据图 1.3.9，可以推导出暗柱箍筋绑扎连接情况根数计算公式，见表 1.3.10。

表 1.3.10　暗柱箍筋绑扎连接情况根数计算公式

<table>
<tr><th>层名称</th><th colspan="2">箍筋根数计算公式</th><th>备　注</th></tr>
<tr><td rowspan="3">基础层</td><td colspan="2">箍筋根数 = max[2,(基础厚 - 基础保护层厚度)/500 - 1](取整)</td><td>基础顶底均不布箍筋</td></tr>
<tr><td colspan="2">箍筋根数 = max[2,(基础厚 - 基础保护层厚度)/500]（取整）</td><td>基础顶或底只布一箍筋</td></tr>
<tr><td colspan="2">箍筋根数 = max[2,(基础厚 - 基础保护层厚度)/500 + 1]（取整）</td><td>基础顶底均布置箍筋</td></tr>
<tr><td rowspan="4">底层
中间层
顶层</td><td colspan="2">箍筋根数 = 搭接范围箍筋根数 + 非搭接范围箍筋根数</td><td rowspan="4">min 是取小值的意思，d 为小钢筋直径</td></tr>
<tr><td>搭接范围箍筋根数</td><td>非搭接范围箍筋根数</td></tr>
<tr><td>搭接范围/min(5d,100,标注间距)(取整)</td><td>(层高 - 搭接范围 - 50)/标注间距 + 1(取整)</td></tr>
<tr><td colspan="2">箍筋根数 = 两者相加</td></tr>
</table>

思考与练习　请用手工计算 1 号写字楼绑扎连接情况下一根暗柱的箍筋根数。

2）焊接或机械连接

同绑扎情况一样，规范内对焊接或机械连接情况下暗柱箍筋的加密与非加密区也有具体的规定，如图 1.3.10 所示。

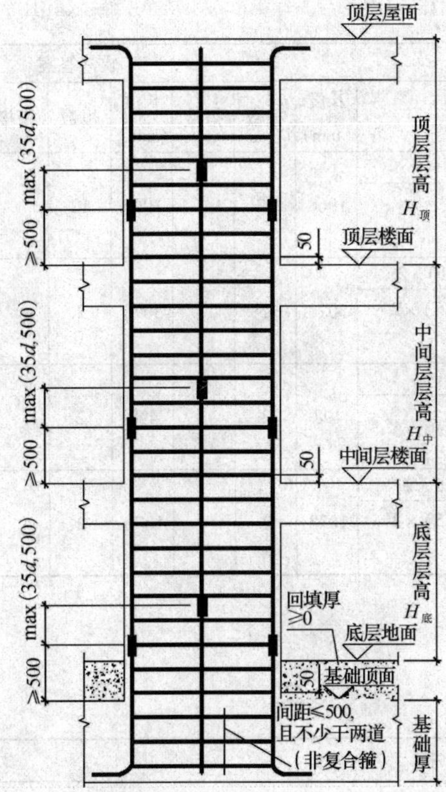

图 1.3.10　暗柱箍筋根数计算图（机械连接）

根据图 1.3.10，我们可以推导出暗柱箍筋焊接或机械连接情况根数计算公式，见表 1.3.11。

表 1.3.11　焊接或机械连接情况暗柱箍筋根数计算公式

层名称	箍筋根数计算公式	备　注
基础层	箍筋根数 = max[2,(基础厚 - 基础保护层厚度)/500 - 1]	基础顶层底层均不布箍筋
	箍筋根数 = max[2,(基础厚 - 基础保护层厚度)/500]	基础顶层或底层只布一箍筋
	箍筋根数 = max[2,(基础厚 - 基础保护层厚度)/500 + 1]	基础顶层底层均布置箍筋
底　层	底层箍筋根数 = (层高 + 回填厚度 H_t - 50)/标注间距 + 1	
中间层、顶层	箍筋根数 = (层高 - 50)/标注间距 + 1	

注：如果是端柱，箍筋出现加密区和非加密区，箍筋根数的计算方法同框架柱。

思考与练习　请用手工计算 1 号写字楼机械连接情况下一根暗柱的箍筋根数。

（三）1 号写字楼暗柱钢筋答案手工和软件对比

1. AZ1

（1）AZ1 基础插筋答案手工和软件对比

AZ1 基础插筋答案手工和软件对比，见表 1.3.12。

表 1.3.12　AZ1 基础插筋答案手工和软件对比

构件名称:AZ1,位置:6/A、6/D,手工计算单件钢筋重量:85.69kg,根数 2 根												
手工答案									软件答案			
序号	筋号	直径	级别	公式		长度(mm)	根数	搭接	长度(mm)	根数	搭接
1	基础插筋 1	18	二级	长度计算公式	500 + 600 - 40 + 15d	1330	12		1330	12	
				长度公式描述	首层非连接区长度 + 基础厚度 - 保护层厚度 + 拐头长度 a						

续表

手工答案									软件答案		
序号	筋号	直径	级别	公式		长度(mm)	根数	搭接	长度(mm)	根数	搭接
2	基础插筋 2	18	二级	长度计算公式	500 + max(35 × 18 , ,500) + 600 − 40 + 15 × 18	1960	12		1960	12	
				长度公式描述	首层非连接区 + 最大值(错开长度) + 基础厚度 − 保护层厚度 + 拐头长度 *a*						
3	箍筋 1	10	一级	长度计算公式	(1200 + 300) × 2 − 8 × 20 + max(10 × 10,75) × 2 + 1.9 × 10 × 2	3078	2		3078	2	
				长度公式描述	(截面宽 + 截面高) × 2 − 8 × 保护层厚度 + 最大值(10*d*,75) × 2 + 1.9*d* × 2(*d* 为箍筋直径)						
4	拉筋 1	10	一级	长度计算公式	300 − 2 × 20 + max(10 × 10,75) × 2 + 1.9 × 10 × 2	498	2		498	2	
				长度公式描述	截面高 − 2 × 保护层厚度 + 最大值(10*d*,75) × 2 + 1.9*d* × 2(*d* 为箍筋直径)						
5	箍筋 2	10	一级	长度计算公式	(600 + 300) × 2 − 8 × 20 + max(10 × 10,75) × 2 + 1.9 × 10 × 2	1878	2		1878	2	
				长度公式描述	(截面宽 + 截面高) × 2 − 8 × 保护层厚度 + 最大值(10*d*,75) × 2 + 1.9*d* × 2(*d* 为箍筋直径)						

(2) AZ1 首层钢筋答案手工和软件对比

AZ1 首层钢筋答案手工和软件对比，见表 1.3.13。

表 1.3.13　AZ1 首层钢筋答案手工和软件对比

构件名称:AZ1,位置:6/A、6/D,手工计算单件钢筋重量:373.195kg,根数 2 根											
手工答案									软件答案		
序号	筋号	直径	级别	公式		长度(mm)	根数	搭接	长度(mm)	根数	搭接
1	纵筋 1	18	二级	长度计算公式	(3600 + 950) − 500 + 500	4550	12	1	4550	12	1
				长度公式描述	(首层层高 + 回填高度) − 首层非连接区长度 + 二层非连接区长度						
2	纵筋 2	18	二级	长度计算公式	(3600 + 950) − 500 − max(35 × 18,500) + 500 + max(35 × 18,500)	4550	12	1	4550	12	1
				长度公式描述	(首层层高 + 回填高度) − 首层非连接区长度 − 最大值(错开长度) + 二层非连接区长度 + 最大值(错开长度)						

续表

				手工答案					软件答案		
序号	筋号	直径	级别	公式		长度(mm)	根数	搭接	长度(mm)	根数	搭接
3	箍筋 1	10	一级	长度计算公式	(1200 + 300) × 2 − 8 × 20 + max(10 × 10,75) × 2 + 1.9 × 10 × 2	3078			3078		
				长度公式描述	(截面宽 + 截面高) × 2 − 8 × 保护层厚度 + 最大值(10d,75) × 2 + 1.9d × 2(d 为箍筋直径)						
				根数计算公式	(3600 + 950 − 50)/100 + 1		46			46	
				根数公式描述	(首层层高 + 回填高度 − 起步距离)/加密间距 + 1						
4	拉筋 1	10	一级	长度计算公式	300 − 2 × 20 + max(10 × 10,75) × 2 + 1.9 × 10 × 2	498			498		
				长度公式描述	截面高 − 2 × 保护层厚度 + 最大值(10d,75) × 2 + 1.9d × 2(d 为箍筋直径)						
				根数计算公式	(3600 + 950 − 50)/100 + 1		46			46	
				根数公式描述	(首层层高 + 回填高度 − 起步距离)/加密间距 + 1						
5	箍筋 2	10	一级	长度计算公式	(600 + 300) × 2 − 8 × 20 + max(10 × 10,75) × 2 + 1.9 × 10 × 2	1878			1878		
				长度公式描述	(截面宽 + 截面高) × 2 − 8 × 保护层厚度 + 最大值(10d,75) × 2 + 1.9d × 2(d 为箍筋直径)						
				根数计算公式	(3600 + 950 − 50)/100 + 1		46			46	
				根数公式描述	(首层层高 + 回填高度 − 起步距离)/加密间距 + 1						

(3) AZ1 二层钢筋答案手工和软件对比

AZ1 二层钢筋答案手工和软件对比，见表 1.3.14。

表 1.3.14　AZ1 二层钢筋答案手工和软件对比

构件名称:AZ1,位置:6/A、6/D,手工计算单件钢筋重量:297.309kg,根数 2 根											
手工答案									软件答案		
序号	筋号	直径	级别	公式		长度(mm)	根数	搭接	长度(mm)	根数	搭接
1	纵筋 1	18	二级	长度计算公式	3600 - 500 + 500	3600	12	1	3600	12	1
				长度公式描述	二层层高 - 二层非连接区 + 三层非连接区长度						
2	纵筋 2	18	二级	长度计算公式	3600 - 500 - max(35 × 18,500) + 500 + max(35 × 18,500)	3600	12	1	3600	12	1
				长度公式描述	二层层高 - 二层非连接区长度 - 错开长度 + 二层非连接区长度 + 错开长度						
3	箍筋 1	10	一级	长度计算公式	(1200 + 300) × 2 - 8 × 20 + max(10 × 10,75) × 2 + 1.9 × 10 × 2	3078			3078		
				长度公式描述	(截面宽 + 截面高) × 2 - 8 × 保护层厚度 + 最大值(10*d*,75) × 2 + 1.9*d* × 2(*d* 为箍筋直径)						
				根数计算公式	(3600 - 50)/100 + 1		37			37	
				根数公式描述	(二层层高 - 起步距离)/加密间距 + 1						
4	拉筋 1	10	一级	长度计算公式	300 - 2 × 20 + max(10 × 10,75) × 2 + 1.9 × 10 × 2	498			498		
				长度公式描述	截面高 - 2 × 保护层厚度 + 最大值(10*d*,75) × 2 + 1.9*d* × 2(*d* 为箍筋直径)						
				根数计算公式	(3600 - 50)/100 + 1		37			37	
				根数公式描述	(二层层高 - 起步距离)/加密间距 + 1						
5	箍筋 2	10	一级	长度计算公式	(600 + 300) × 2 - 8 × 20 + max(10 × 10,75) × 2 + 1.9 × 10 × 2	1878			1878		
				长度公式描述	(截面宽 + 截面高) × 2 - 8 × 保护层厚度 + 最大值(10*d*,75) × 2 + 1.9*d* × 2(*d* 为箍筋直径)						
				根数计算公式	(3600 - 50)/100 + 1		37			37	
				根数公式描述	(二层层高 - 起步距离)/加密间距 + 1						

（4）AZ1 三层钢筋答案手工和软件对比

AZ1 三层钢筋答案手工和软件对比，见表 1.3.15。

表 1.3.15　AZ1 三层钢筋答案手工和软件对比

构件名称：AZ1，位置：6/A、6/D，手工计算单件钢筋重量：297.309kg，根数 2 根											
手工答案									软件答案		
序号	筋号	直径	级别	公式		长度（mm）	根数	搭接	长度（mm）	根数	搭接
1	纵筋 1	18	二级	长度计算公式	3600－500－150＋34×18	3562	12	1	3562	12	1
				长度公式描述	三层层高－三层非连接区长度－板厚＋锚固长度						
2	纵筋 2	18	二级	长度计算公式	3600－500－ max（35×18，500）－150＋34×18	2932	12	1	2932	12	1
				长度公式描述	三层层高－三层非连接区长度－最大值（错开长度）－板厚＋锚固长度						
3	箍筋 1	10	一级	长度计算公式	（1200＋300）×2－8×20＋max（10×10，75）×2＋1.9×10×2	3078			3078		
				长度公式描述	（截面宽＋截面高）×2－8×保护层厚度＋最大值（10*d*，75）×2＋1.9*d*×2（*d* 为箍筋直径）						
				根数计算公式	（3600－50）/100＋1		37			37	
				根数公式描述	（三层层高－起步距离）/加密间距＋1						
4	拉筋 1	10	一级	长度计算公式	300－2×20＋max（10×10，75）×2＋1.9×10×2	498			498		
				长度公式描述	截面高－2×保护层厚度＋最大值（10*d*，75）×2＋1.9*d*×2（*d* 为箍筋直径）						
				根数计算公式	（3600－50）/100＋1		37			37	
				根数公式描述	（三层层高－起步距离）/加密间距＋1						
5	箍筋 2	10	一级	长度计算公式	（600＋300）×2－8×20＋max（10×10，75）×2＋1.9×10×2	1878			1878		
				长度公式描述	（截面宽＋截面高）×2－8×保护层厚度＋最大值（10*d*，75）×2＋1.9*d*×2（*d* 为箍筋直径）						
				根数计算公式	（3600－50）/100＋1		37			37	
				根数公式描述	（三层层高－起步距离）/加密间距＋1						

2. AZ2

（1）AZ2 基础插筋答案手工和软件对比

AZ2 基础插筋答案手工和软件对比，见表 1.3.16。

表 1.3.16　AZ2 基础插筋答案手工和软件对比

构件名称:AZ2,位置:7/A、7/D,手工计算单件钢筋重量:53.355kg,根数 2 根											
手工答案									软件答案		
序号	筋号	直径	级别	公式		长度(mm)	根数	搭接	长度(mm)	根数	搭接
1	基础插筋 1	18	二级	长度计算公式	500 + 600 − 40 + 15 × 18	1330	7		1330	7	
				长度公式描述	首层非连接区长度 + 基础厚度 − 保护层厚度 + 拐头长度 *a*						
2	基础插筋 2	18	二级	长度计算公式	500 + max(35 × 18,500) + 600 − 40 + 15 × 18	1960	8		1960	8	
				长度公式描述	首层非连接区长度 + 最大值(错开长度) + 基础厚度 − 保护层厚度 + 拐头长度 *a*						
3	箍筋 1	10	一级	长度计算公式	(600 + 300) × 2 − 8 × 20 + max(10 × 10,75) × 2 + 1.9 × 10 × 2	1878	2		1878	2	
				长度公式描述	(截面宽 + 截面高) × 2 − 8 × 保护层厚度 + 最大值(10*d*,75) × 2 + 1.9*d* × 2(*d* 为箍筋直径)						
4	箍筋 2	10	一级	长度计算公式	(600 + 300) × 2 − 8 × 20 + max(10 × 10,75) × 2 + 1.9 × 10 × 2	1878	2		1878	2	
				长度公式描述	(截面宽 + 截面高) × 2 − 8 × 保护层厚度 + 最大值(10*d*,75) × 2 + 1.9*d* × 2(*d* 为箍筋直径)						

(2) AZ2 首层钢筋答案手工和软件对比

AZ2 首层钢筋答案手工和软件对比，见表 1.3.17。

表 1.3.17　AZ2 首层钢筋答案手工和软件对比

构件名称:AZ2,位置:7/A、7/D,手工计算单件钢筋重量:243.103kg,根数 2 根											
手工答案									软件答案		
序号	筋号	直径	级别	公式		长度(mm)	根数	搭接	长度(mm)	根数	搭接
1	纵筋 1	18	二级	长度计算公式	(3600 + 950) − 500 + 500	4550	7	1	4550	7	1
				长度公式描述	(首层层高 + 回填高度) − 首层非连接区长度 + 二层非连接区长度						
2	纵筋 2	18	二级	长度计算公式	(3600 + 950) − 500 − max(35 × 18,500) + 500 + max(35 × 18,500)	4550	8	1	4550	8	1
				长度公式描述	(首层层高 + 回填高度) − 首层非连接区长度 − 最大值(错开长度) + 二层非连接区长度 + 最大值(错开长度)						

续表

序号	筋号	直径	级别	手工答案 公式		手工答案 长度(mm)	手工答案 根数	手工答案 搭接	软件答案 长度(mm)	软件答案 根数	软件答案 搭接
3	箍筋1	10	一级	长度计算公式	(1200+300)×2-8×20+max(10×10,75)×2+1.9×10×2	1878			1878		
				长度公式描述	(截面宽+截面高)×2-8×保护层厚度+最大值(10d,75)×2+1.9d×2(d为箍筋直径)						
				根数计算公式	(3600+950-50)/100+1		46			46	
				根数公式描述	(首层层高+回填高度-起步距离)/加密间距+1						
4	箍筋2	10	一级	长度计算公式	(1200+300)×2-8×20+max(10×10,75)×2+1.9×10×2	1878			1878		
				长度公式描述	(截面宽+截面高)×2-8×保护层厚度+最大值(10d,75)×2+1.9d×2(d为箍筋直径)						
				根数计算公式	(3600+950-50)/100+1		46			46	
				根数公式描述	(首层层高+回填高度-起步距离)/加密间距+1						

(3) AZ2二层钢筋答案手工和软件对比

AZ2二层钢筋答案手工和软件对比，见表1.3.18。

表1.3.18 AZ2二层钢筋答案手工和软件对比

构件名称:AZ2,位置:7/A、7/D,手工计算单件钢筋重量:193.746kg,根数2根

序号	筋号	直径	级别	手工答案 公式		手工答案 长度(mm)	手工答案 根数	手工答案 搭接	软件答案 长度(mm)	软件答案 根数	软件答案 搭接
1	纵筋1	18	二级	长度计算公式	3600-500+500	3600	7	1	3600	7	1
				长度公式描述	二层层高-二层非连接区长度+三层非连接区长度						
2	纵筋2	18	二级	长度计算公式	3600-500- max(35×18,500)+500+ max(35×18,500)	3600	8	1	3600	8	1
				长度公式描述	二层层高-二层非连接区长度-最大值(错开长度)+二层非连接区长度+长度(错开长度)						

续表

手工答案									软件答案		
序号	筋号	直径	级别	公式		长度（mm）	根数	搭接	长度（mm）	根数	搭接
3	箍筋 1	10	一级	长度计算公式	(1200 + 300) × 2 − 8 × 20 + max(10 × 10, 75) × 2 + 1.9 × 10 × 2	3078			3078		
				长度公式描述	(截面宽 + 截面高) × 2 − 8 × 保护层厚度 + 最大值(10*d*, 75) × 2 + 1.9*d* × 2(*d* 为箍筋直径)						
				根数计算公式	(3600 − 50)/100 + 1		37			37	
				根数公式描述	(二层层高 − 起步距离)/加密间距 + 1						
4	箍筋 2	10	一级	长度计算公式	(600 + 300) × 2 − 8 × 20 + max(10 × 10, 75) × 2 + 1.9 × 10 × 2	1878			1878		
				长度公式描述	(截面宽 + 截面高) × 2 − 8 × 保护层厚度 + 最大值(10*d*, 75) × 2 + 1.9*d* × 2(*d* 为箍筋直径)						
				根数计算公式	(3600 − 50)/100 + 1		37			37	
				根数公式描述	(二层层高 − 起步距离)/加密间距 + 1						

（4）AZ2 三层钢筋答案手工和软件对比

AZ2 三层钢筋答案手工和软件对比，见表 1.3.19。

表 1.3.19　AZ2 三层钢筋答案手工和软件对比

构件名称：AZ2，位置：7/A、7/D，手工计算单件钢筋重量：183.786kg，根数 2 根											
手工答案									软件答案		
序号	筋号	直径	级别	公式		长度（mm）	根数	搭接	长度（mm）	根数	搭接
1	纵筋 1	18	二级	长度计算公式	3600 − 500 − 150 + 34 × 18	3562	7	1	3562	7	1
				长度公式描述	三层层高 − 三层非连接区长度 − 板厚 + 锚固长度						
2	纵筋 2	18	二级	长度计算公式	3600 − 500 − max(35 × 18, 500) − 150 + 34 × 18	2932	8	1	2932	8	1
				长度公式描述	三层层高 − 三层非连接区长度 − 最大值(错开长度) − 板厚 + 锚固长度						

续表

序号	筋号	直径	级别	手工答案 公式		手工答案 长度(mm)	手工答案 根数	手工答案 搭接	软件答案 长度(mm)	软件答案 根数	软件答案 搭接
3	箍筋1	10	一级	长度计算公式	(600+300)×2-8×20+max(10×10,75)×2+1.9×10×2	1878			1878		
				长度公式描述	(截面宽+截面高)×2-8×保护层厚度+最大值(10d,75)×2+1.9d×2(d为箍筋直径)						
				根数计算公式	(3600-50)/100+1		37			37	
				根数公式描述	(三层层高-起步距离)/加密间距+1						
4	箍筋2	10	一级	长度计算公式	(600+300)×2-8×20+max(10×10,75)×2+1.9×10×2	1878			1878		
				长度公式描述	(截面宽+截面高)×2-8×保护层厚度+最大值(10d,75)×2+1.9d×2(d为箍筋直径)						
				根数计算公式	(3600-50)/100+1		37			37	
				根数公式描述	(三层层高-起步距离)/加密间距+1						

3. AZ3

(1) AZ3 基础插筋答案手工和软件对比

AZ3 基础插筋答案手工和软件对比，见表 1.3.20。

表 1.3.20　AZ3 基础插筋答案手工和软件对比

构件名称:AZ3,位置:6~7/A 窗两边、6~7/D 窗两边、5~6/C 门一侧、6/C~D 门一侧,手工计算单件钢筋重量:34.971kg,根数6根

序号	筋号	直径	级别	手工答案 公式		手工答案 长度(mm)	手工答案 根数	手工答案 搭接	软件答案 长度(mm)	软件答案 根数	软件答案 搭接
1	基础插筋1	18	二级	长度计算公式	500+600-40+15×18	1330	5		1330		5
				长度公式描述	首层非连接区长度+基础厚度-保护层厚度+拐头长度 a						
2	基础插筋2	18	二级	长度计算公式	500+max(35×18,500)+600-40+15×18	1960	5		1960		5
				长度公式描述	首层非连接区长度+最大值(错开长度)+基础厚度-保护层厚度+拐头长度 a						

续表

手工答案									软件答案		
序号	筋号	直径	级别	公式		长度(mm)	根数	搭接	长度(mm)	根数	搭接
3	箍筋 1	10	一级	长度计算公式	(300 +500) ×2 -8 ×20 + max(10 ×10,75) ×2 +1.9 ×10 ×2	1678	2		1678		2
				长度公式描述	(截面宽 + 截面高) ×2 -8 × 保护层厚度 + 最大值(10d,75) ×2 +1.9d ×2(d 为箍筋直径)						

(2) AZ3 首层钢筋答案手工和软件对比

AZ3 首层钢筋答案手工和软件对比，见表 1.3.21。

表 1.3.21　AZ3 首层钢筋答案手工和软件对比

构件名称:AZ3,位置:6 ~7/A 窗两边、6 ~7/D 窗两边、5 ~6/C 门一侧、6/C ~D 门一侧,手工计算单件钢筋重量:138.625kg,根数 6 根											
手工答案									软件答案		
序号	筋号	直径	级别	公式		长度(mm)	根数	搭接	长度(mm)	根数	搭接
1	纵筋 1	18	二级	长度计算公式	(3600 +950) -500 +500	4550	5	1	4550	5	1
				长度公式描述	(首层层高 + 回填高度) - 首层非连接区长度 + 二层非连接区长度						
2	纵筋 2	18	二级	长度计算公式	(3600 +950) -500 - max(35 ×18,500) +500 + max(35 ×18,500)	4550	5	1	4550	5	1
				长度公式描述	(首层层高 + 回填高度) - 首层非连接区长度 - 最大值(错开长度) + 二层非连接区长度 + 最大值(错开长度)						
3	箍筋 1	10	一级	长度计算公式	(300 +500) ×2 -8 ×20 + max(10 ×10,75) ×2 +1.9 ×10 ×2	1678			1678		
				长度公式描述	(截面宽 + 截面高) ×2 -8 × 保护层厚度 + 最大值(10d,75) ×2 +1.9d ×2(d 为箍筋直径)						
				根数计算公式	(3600 +950 -50)/100 +1		46			46	
				根数公式描述	(首层层高 + 回填高度 - 起步距离)/加密间距 +1						

(3) AZ3 二层钢筋答案手工和软件对比

AZ3 二层钢筋答案手工和软件对比，见表 1.3.22。

表 1.3.22　AZ3 二层钢筋答案手工和软件对比

构件名称:AZ3,位置:6~7/A 窗两边、6~7/D 窗两边、5~6/C 门一侧、6/C~D 门一侧,手工计算单件钢筋重量:110.307kg,根数 6 根											
手工答案									软件答案		
序号	筋号	直径	级别	公式		长度(mm)	根数	搭接	长度(mm)	根数	搭接
1	纵筋 1	18	二级	长度计算公式	3600 - 500 + 500	3600	5	1	3600	5	1
				长度公式描述	二层层高 - 二层非连接区长度 + 三层非连接区长度						
2	纵筋 2	18	二级	长度计算公式	3600 - 500 - max(35 × 18,500) + 500 + max(35 × 18,500)	3600	5	1	3600	5	1
				长度公式描述	二层层高 - 二层非连接区长度 - 最大值(错开长度) + 二层非连接区长度 + 最大值(错开长度)						
3	箍筋 1	10	一级	长度计算公式	(300 + 500) × 2 - 8 × 20 + max(10 × 10,75) × 2 + 1.9 × 10 × 2	1678			1678		
				长度公式描述	(截面宽 + 截面高) × 2 - 8 × 保护层厚度 + 最大值(10d,75) × 2 + 1.9d × 2(d 为箍筋直径)						
				根数计算公式	(3600 - 50)/100 + 1		37			37	
				根数公式描述	(二层层高 - 起步距离)/加密间距 + 1						

(4) A、D、6 轴 AZ3 三层钢筋答案手工和软件对比

A、D、6 轴 AZ3 三层钢筋答案手工和软件对比，见表 1.3.23。

表 1.3.23　A、D、6 轴 AZ3 三层钢筋答案手工和软件对比

构件名称:AZ3,位置:6~7/A 窗两边、6~7/D 窗两边、6/C~D 门一侧,手工计算单件钢筋重量:103.247kg,根数 5 根											
手工答案									软件答案		
序号	筋号	直径	级别	公式		长度(mm)	根数	搭接	长度(mm)	根数	搭接
1	纵筋 1	18	二级	长度计算公式	3600 - 500 - 150 + 34 × 18	3562	5	1	3562	5	1
				长度公式描述	三层层高 - 三层非连接区长度 - 板厚 + 锚固长度						
2	纵筋 2	18	二级	长度计算公式	3600 - 500 - max(35 × 18,500) - 150 + 34 × 18	2932	5	1	2932	5	1
				长度公式描述	三层层高 - 三层非连接区长度 - 最大值(错开长度) - 板厚 + 锚固长度						

续表

				手工答案					软件答案		
序号	筋号	直径	级别	公式		长度(mm)	根数	搭接	长度(mm)	根数	搭接
3	箍筋 1	10	一级	长度计算公式	(300 + 500) × 2 - 8 × 20 + max(10 × 10,75) × 2 + 1.9 × 10 × 2	1678			1678		
				长度公式描述	(截面宽 + 截面高) × 2 - 8 × 保护层厚度 + 最大值(10*d*,75) × 2 + 1.9*d* × 2(*d* 为箍筋直径)						
				根数计算公式	(3600 - 50)/100 + 1		37			37	
				根数公式描述	(二层层高 - 起步距离)/加密间距 + 1						

(5) C 轴 AZ3 三层钢筋答案手工和软件对比

C 轴 AZ3 三层钢筋答案手工和软件对比，见表 1.3.24。

表 1.3.24　C 轴 AZ3 三层钢筋答案手工和软件对比

构件名称:AZ3,位置: 5 ~6/C 门一侧,手工计算单件钢筋重量:103.247kg,根数 1 根											
				手工答案					软件答案		
序号	筋号	直径	级别	公式		长度(mm)	根数	搭接	长度(mm)	根数	搭接
1	纵筋 1	18	二级	长度计算公式	3600 - 500 - 100 + 34 × 18	3612	5	1	3612	5	1
				长度公式描述	三层层高 - 三层非连接区长度 - 板厚 + 锚固长度						
2	纵筋 2	18	二级	长度计算公式	3600 - 500 - max(35 × 18,500) - 100 + 34 × 18	2982	5	1	2982	5	1
				长度公式描述	三层层高 - 三层非连接区长度 - 最大值(错开长度) - 板厚 + 锚固长度						
3	箍筋 1	10	一级	长度计算公式	(300 + 500) × 2 - 8 × 20 + max(10 × 10,75) × 2 + 1.9 × 10 × 2	1678			1678		
				长度公式描述	(截面宽 + 截面高) × 2 - 8 × 保护层厚度 + 最大值(10*d*,75) × 2 + 1.9*d* × 2(*d* 为箍筋直径)						
				根数计算公式	(3600 - 50)/100 + 1		37			37	
				根数公式描述	(三层层高 - 起步距离)/加密间距 + 1						

4. AZ4

(1) AZ4 基础插筋答案手工和软件对比

AZ4 基础插筋答案手工和软件对比，见表 1.3.25。

表 1.3.25 AZ4 基础插筋答案手工和软件对比

构件名称:AZ4,位置:6/A ~ C 门一侧,手工计算单件钢筋重量:43.152kg,根数 1 根											
手工答案									软件答案		
序号	筋号	直径	级别	公式		长度(mm)	根数	搭接	长度(mm)	根数	搭接
1	基础插筋 1	18	二级	长度计算公式	500 + 600 - 40 + 15 × 18	1330	6		1330	6	
				长度公式描述	首层非连接区长度 + 基础厚度 - 保护层厚度 + 拐头长度 *a*						
2	基础插筋 2	18	二级	长度计算公式	500 + max(35 × 18,,500) + 600 - 40 + 15 × 18	1960	6		1960	6	
				长度公式描述	首层非连接区长度 + 最大值(错开长度) + 基础厚度 - 保护层厚度 + 拐头长度 *a*						
3	箍筋 1	10	一级	长度计算公式	(900 + 300) × 2 - 8 × 20 + max(10 × 10,75) × 2 + 1.9 × 10 × 2	2478	2		2478	2	
				长度公式描述	(截面宽 + 截面高) × 2 - 8 × 保护层厚度 + 最大值(10*d*,75) × 2 + 1.9*d* × 2(*d* 为箍筋直径)						
4	拉筋 1	10	一级	长度计算公式	300 - 2 × 20 + max(10 × 10,75) × 2 + 1.9 × 10 × 2	498	2		498	2	
				长度公式描述	截面高 - 2 × 保护层厚度 + 最大值(10*d*,75) × 2 + 1.9*d* × 2(*d* 为箍筋直径)						

(2) AZ4 首层钢筋答案手工和软件对比

AZ4 首层钢筋答案手工和软件对比，见表 1.3.26。

表 1.3.26 AZ4 首层钢筋答案手工和软件对比

构件名称:AZ4,位置:6/A ~ C 门一侧,手工计算单件钢筋重量:193.665kg,根数 1 根											
手工答案									软件答案		
序号	筋号	直径	级别	公式		长度(mm)	根数	搭接	长度(mm)	根数	搭接
1	纵筋 1	18	二级	长度计算公式	(3600 + 950) - 500 + 500	4550	6	1	4550	6	1
				长度公式描述	(首层层高 + 回填高度) - 首层非连接区长度 + 二层非连接区长度						

手工答案									软件答案		
序号	筋号	直径	级别	公式		长度(mm)	根数	搭接	长度(mm)	根数	搭接
2	纵筋 2	18	二级	长度计算公式	(3600 +950) -500 - max(35 ×18,500) +500 + max(35 ×18,500)	4550	6	1	4550	6	1
				长度公式描述	(首层层高 + 回填高度) - 首层非连接区 - 最大值(错开长度) + 二层非连接区长度 + 最大值(错开长度)						
3	箍筋 1	10	一级	长度计算公式	(900 +300) ×2 -8 ×20 + max(10 ×10,75) ×2 +1.9 ×10 ×2	2478			2478		
				长度公式描述	(截面宽 + 截面高) ×2 -8 × 保护层厚度 + 最大值(10*d*,75) ×2 +1.9*d* ×2(*d* 为箍筋直径)						
				根数计算公式	(3600 +950 -50)/100 +1		46			46	
				根数公式描述	(首层层高 + 回填高度 - 起步距离)/加密间距 +1						
4	拉筋 1	10	一级	长度计算公式	300 -2 ×20 + max(10 ×10,75) ×2 +1.9 ×10 ×2	498			498		
				长度公式描述	截面高 -2 × 保护层厚度 + 最大值(10*d*,75) ×2 +1.9*d* ×2(*d* 为箍筋直径)						
				根数计算公式	(3600 +950 -50)/100 +1		46			46	
				根数公式描述	(首层层高 + 回填高度 - 起步距离)/加密间距 +1						

(3) AZ4 二层钢筋答案手工和软件对比

AZ4 二层钢筋答案手工和软件对比，见表 1.3.27。

表 1.3.27 AZ4 二层钢筋答案手工和软件对比

构件名称:AZ4,位置:6/A ~ C 门一侧,手工计算单件钢筋重量:154.339kg,根数 1 根											
手工答案									软件答案		
序号	筋号	直径	级别	公式		长度(mm)	根数	搭接	长度(mm)	根数	搭接
1	纵筋 1	18	二级	长度计算公式	3600 -500 +500	3600	6	1	3600	6	1
				长度公式描述	二层层高 - 二层非连接区长度 + 三层非连接区长度						

续表

				手工答案					软件答案		
序号	筋号	直径	级别	公式		长度(mm)	根数	搭接	长度(mm)	根数	搭接
2	纵筋 2	18	二级	长度计算公式	3600 - 500 - max(35 × 18,500) + 500 + max(35 × 18,500)	3600	6	1	3600	6	1
				长度公式描述	二层层高 - 二层非连接区长度 - 最大值(错开长度) + 二层非连接区长度 + 最大值(错开长度)						
3	箍筋 1	10	一级	长度计算公式	(900 + 300) × 2 - 8 × 20 + max(10 × 10,75) × 2 + 1.9 × 10 × 2	2478			2478		
				长度公式描述	(截面宽 + 截面高) × 2 - 8 × 保护层厚度 + 最大值(10d,75) × 2 + 1.9d × 2(d 为箍筋直径)						
				根数计算公式	(3600 - 50)/100 + 1		37			37	
				根数公式描述	(二层层高 - 起步距离)/加密间距 + 1						
4	拉筋 1	10	一级	长度计算公式	300 - 2 × 20 + max(10 × 10,75) × 2 + 1.9 × 10 × 2	498			498		
				长度公式描述	截面高 - 2 × 保护层厚度 + 最大值(10d,75) × 2 + 1.9d × 2(d 为箍筋直径)						
				根数计算公式	(3600 - 50)/100 + 1		37			37	
				根数公式描述	(二层层高 - 起步距离)/加密间距 + 1						

(4) AZ4 三层钢筋答案手工和软件对比

AZ4 三层钢筋答案手工和软件对比，见表 1.3.28。

表 1.3.28　AZ4 三层钢筋答案手工和软件对比

构件名称:AZ4,位置:6/A ~ C 门一侧,手工计算单件钢筋重量:145.867kg,根数 1 根											
				手工答案					软件答案		
序号	筋号	直径	级别	公式		长度(mm)	根数	搭接	长度(mm)	根数	搭接
1	纵筋 1	18	二级	长度计算公式	3600 - 500 - 150 + 34 × 18	3562	6	1	3562	6	1
				长度公式描述	三层层高 - 三层非连接区长度 - 板厚 + 锚固长度						
2	纵筋 2	18	二级	长度计算公式	3600 - 500 - max(35 × 18,500) - 150 + 34 × 18	2932	6	1	2932	6	1
				长度公式描述	三层层高 - 三层非连接区长度 - 最大值(错开长度) - 板厚 + 锚固长度						

续表

手工答案									软件答案		
序号	筋号	直径	级别	公式		长度（mm）	根数	搭接	长度（mm）	根数	搭接
3	箍筋 1	10	一级	长度计算公式	(900 +300) ×2 - 8 ×20 + max(10 ×10,75) ×2 +1.9 ×10 ×2	2478			2478		
				长度公式描述	(截面宽 + 截面高) ×2 - 8 × 保护层厚度 + 最大值(10*d*,75) ×2 +1.9*d* ×2(*d* 为箍筋直径)						
				根数计算公式	(3600 - 50)/100 +1		37			37	
				根数公式描述	(三层层高 - 起步距离)/加密间距 +1						
4	拉筋 1	10	一级	长度计算公式	300 - 2 ×20 + max(10 ×10,75) ×2 +1.9 ×10 ×2	498			498		
				长度公式描述	截面高 -2 × 保护层厚度 + 最大值(10*d*,75) ×2 +1.9*d* ×2(*d* 为箍筋直径)						
				根数计算公式	(3600 - 50)/100 +1		37			37	
				根数公式描述	(三层层高 - 起步距离)/加密间距 +1						

5. AZ5

(1) AZ5 基础插筋答案手工和软件对比

AZ5 基础插筋答案手工和软件对比，见表 1.3.29。

表 1.3.29　AZ5 基础插筋答案手工和软件对比

构件名称：AZ5，位置：6/C，手工计算单件钢筋重量：85.076kg，根数 1 根											
手工答案									软件答案		
序号	筋号	直径	级别	公式		长度（mm）	根数	搭接	长度（mm）	根数	搭接
1	基础插筋 1	18	二级	长度计算公式	500 +600 - 40 +15 ×18	1330	12		1330		12
				长度公式描述	首层非连接区长度 + 基础厚度 - 保护层厚度 + 拐头长度 *a*						
2	基础插筋 2	18	二级	长度计算公式	500 + max(35 ×18,500) +600 - 40 +15 ×18	1960	12		1960		
				长度公式描述	首层非连接区长度 + 最大值(错开长度) + 基础厚度 - 保护层厚度 + 拐头长度 *a*						
3	箍筋 1	10	一级	长度计算公式	(300 +900) ×2 - 8 ×20 + max(10 ×10,75) ×2 +1.9 ×10 ×2	2478	2		2478		2
				长度公式描述	(截面宽 + 截面高) ×2 - 8 × 保护层厚度 + 最大值(10*d*,75) ×2 +1.9*d* ×2(*d* 为箍筋直径)						

续表

手工答案									软件答案		
序号	筋号	直径	级别	公式		长度（mm）	根数	搭接	长度（mm）	根数	搭接
4	拉筋 1	10	一级	长度计算公式	（300＋900）×2－8×20＋max（10×10,75）×2＋1.9×10×2	2478	2		2478		2
				长度公式描述	（截面宽＋截面高）×2－8×保护层厚度＋最大值（10d,75）×2＋1.9d×2（d 为箍筋直径）						

（2）AZ5 首层钢筋答案手工和软件对比

AZ5 首层钢筋答案手工和软件对比，见表 1.3.30。

表 1.3.30　AZ5 首层钢筋答案手工和软件对比

构件名称：AZ5，位置：6/C，手工计算单件钢筋重量：351.061kg，根数 1 根											
手工答案									软件答案		
序号	筋号	直径	级别	公式		长度（mm）	根数	搭接	长度（mm）	根数	搭接
1	纵筋 1	18	二级	长度计算公式	（3600＋950）－500＋500	4550	12	1	4550	12	1
				长度公式描述	（首层层高＋回填高度）－首层非连接区长度＋二层非连接区长度						
2	纵筋 2	18	二级	长度计算公式	（3600＋950）－500－max（35×18,500）＋500＋max（35×18,500）	4550	12	1	4550	12	1
				长度公式描述	（首层层高＋回填高度）－首层非连接区－最大值（错开长度）＋二层非连接区长度＋最大值（错开长度）						
3	箍筋 1	10	一级	长度计算公式	（300＋900）×2－8×20＋max（10×10,75）×2＋1.9×10×2	2478			2478		
				长度公式描述	（截面宽＋截面高）×2－8×保护层厚度＋最大值（10d,75）×2＋1.9d×2（d 为箍筋直径）						
				根数计算公式	（3600＋950－50）/100＋1		46			46	
				根数公式描述	（首层层高＋回填高度－起步距离）/加密间距＋1						

续表

序号	筋号	直径	级别	手工答案：公式		手工答案：长度(mm)	手工答案：根数	手工答案：搭接	软件答案：长度(mm)	软件答案：根数	软件答案：搭接
4	箍筋2	10	一级	长度计算公式	(300 +900) ×2 -8 ×20 + max(10 ×10,75) ×2 +1.9 ×10 ×2	2478			2478		
				长度公式描述	(截面宽 + 截面高) ×2 -8 × 保护层厚度 + 最大值(10d,75) ×2 +1.9d ×2(d 为箍筋直径)						
				根数计算公式	(3600 +950 -50)/100 +1		46			46	
				根数公式描述	(首层层高 + 回填高度 - 起步距离)/加密间距 +1						

(3) AZ5 二层钢筋答案手工和软件对比

AZ5 二层钢筋答案手工和软件对比，见表 1.3.31。

表 1.3.31　AZ5 二层钢筋答案手工和软件对比

构件名称:AZ5,位置:6/C,手工计算单件钢筋重量:285.941kg,根数 1 根

序号	筋号	直径	级别	手工答案：公式		手工答案：长度(mm)	手工答案：根数	手工答案：搭接	软件答案：长度(mm)	软件答案：根数	软件答案：搭接
1	纵筋1	18	二级	长度计算公式	3600 -500 +500	3600	12	1	3600	12	1
				长度公式描述	二层层高 - 二层非连接区长度 + 三层非连接区长度						
2	纵筋2	18	二级	长度计算公式	3600 -500 - max(35 ×18,500) +500 + max(35 ×18,500)	3600	12	1	3600	12	1
				长度公式描述	二层层高 - 二层非连接区长度 - 最大值(错开长度) + 二层非连接区长度 + 最大值(错开长度)						
3	箍筋1	10	一级	长度计算公式	(300 +900) ×2 -8 ×20 + max(10 ×10,75) ×2 +1.9 ×10 ×2	2478			2478		
				长度公式描述	(截面宽 + 截面高) ×2 -8 × 保护层厚度 + 最大值(10d,75) ×2 +1.9d ×2(d 为箍筋直径)						
				根数计算公式	(3600 -50)/100 +1		37			37	
				根数公式描述	(二层层高 - 起步距离)/加密间距 +1						

续表

序号	筋号	直径	级别	手工答案		长度(mm)	根数	搭接	软件答案长度(mm)	软件答案根数	软件答案搭接
				公式							
4	箍筋2	10	一级	长度计算公式	(300 + 900) × 2 - 8 × 20 + max(10 × 10,75) × 2 + 1.9 × 10 × 2	2478			2478		
				长度公式描述	(截面宽 + 截面高) × 2 - 8 × 保护层厚度 + 最大值(10d,75) × 2 + 1.9d × 2(d 为箍筋直径)						
				根数计算公式	(3600 - 50)/100 + 1		37			37	
				根数公式描述	(二层层高 - 起步距离)/加密间距 + 1						

(4) AZ5 三层钢筋答案手工和软件对比

AZ5 三层钢筋答案手工和软件对比，见表 1.3.32。

表 1.3.32　AZ5 三层钢筋答案手工和软件对比

构件名称：AZ5，位置：6/C，手工计算单件钢筋重量：268.997kg，根数 1 根											
手工答案									软件答案		
序号	筋号	直径	级别	公式		长度(mm)	根数	搭接	长度(mm)	根数	搭接
1	纵筋1	18	二级	长度计算公式	3600 - 500 - 150 + 34 × 18	3562	7	1	3562	7	1
				长度公式描述	三层层高 - 三层非连接区长度 - 板厚 + 锚固长度						
2	纵筋2	18	二级	长度计算公式	3600 - 500 - max(35 × 18,500) - 150 + 34 × 18	2932	6	1	2932	6	1
				长度公式描述	三层层高 - 三层非连接区长度 - 最大值(错开长度) - 板厚 + 锚固长度						
3	纵筋1	18	二级	长度计算公式	3600 - 500 - 100 + 34 × 18	3512	6	1	3562	6	1
				长度公式描述	三层层高 - 三层非连接区长度 - 板厚 + 锚固长度						
4	纵筋2	18	二级	长度计算公式	3600 - 500 - max(35 × 18,500) - 100 + 34 × 18	2982	5	1	2932	5	1
				长度公式描述	三层层高 - 三层非连接区长度 - 最大值(错开长度) - 板厚 + 锚固长度						
5	箍筋1	10	一级	长度计算公式	(300 + 900) × 2 - 8 × 20 + max(10 × 10,75) × 2 + 1.9 × 10 × 2	2478			2478		
				长度公式描述	(截面宽 + 截面高) × 2 - 8 × 保护层厚度 + 最大值(10d,75) × 2 + 1.9d × 2(d 为箍筋直径)						
				根数计算公式	(3600 - 50)/100 + 1		37			37	
				根数公式描述	(三层层高 - 起步距离)/加密间距 + 1						

续表

手工答案									软件答案		
序号	筋号	直径	级别	公式		长度(mm)	根数	搭接	长度(mm)	根数	搭接
6	箍筋 2	10	一级	长度计算公式	(300+900)×2-8×20+max(10×10,75)×2+1.9×10×2	2478			2478		
				长度公式描述	(截面宽+截面高)×2-8×保护层厚度+最大值(10*d*,75)×2+1.9*d*×2(*d* 为箍筋直径)						
				根数计算公式	(3600-50)/100+1		37			37	
				根数公式描述	(三层层高-起步距离)/加密间距+1						

6. AZ6

(1) AZ6 基础插筋答案手工和软件对比

AZ6 基础插筋答案手工和软件对比，见表 1.3.33。

表 1.3.33　AZ6 基础插筋答案手工和软件对比

构件名称:AZ6,位置:7/C,手工计算单件钢筋重量:67.255kg,根数 1 根											
手工答案									软件答案		
序号	筋号	直径	级别	公式		长度(mm)	根数	搭接	长度(mm)	根数	搭接
1	基础插筋 1	18	二级	长度计算公式	500+600-40+15×18	1330	9		1330	9	
				长度公式描述	首层非连接区长度+基础厚度-保护层厚度+拐头长度 *a*						
2	基础插筋 2	18	二级	长度计算公式	500+max(35×18,500)+600-40+15×18	1960	10		1960	10	
				长度公式描述	首层非连接区长度+最大值(错开长度)+基础厚度-保护层厚度+拐头长度 *a*						
3	箍筋 1	10	一级	长度计算公式	(300+900)×2-8×20+max(10×10,75)×2+1.9×10×2	2478	2		2478	2	
				长度公式描述	(截面宽+截面高)×2-8×保护层厚度+最大值(10*d*,75)×2+1.9*d*×2(*d* 为箍筋直径)						
4	拉筋 1	10	一级	长度计算公式	(600+300)×2-8×20+max(10×10,75)×2+1.9×10×2	1878	2		1878	2	
				长度公式描述	(截面宽+截面高)×2-8×保护层厚度+最大值(10*d*,75)×2+1.9*d*×2(*d* 为箍筋直径)						

(2) AZ6 首层钢筋答案手工和软件对比

AZ6 首层钢筋答案手工和软件对比，见表 1.3.34。

表 1.3.34　AZ6 首层钢筋答案手工和软件对比

构件名称:AZ6,位置:7/C,手工计算单件钢筋重量:296.532kg,根数 1 根											
手工答案									软件答案		
序号	筋号	直径	级别	公式		长度(mm)	根数	搭接	长度(mm)	根数	搭接
1	纵筋 1	18	二级	长度计算公式	(3600 +950) -500 +500	4550	9	1	4550	9	1
				长度公式描述	(首层层高 + 回填高度) - 首层非连接区长度 + 二层非连接区长度						
2	纵筋 2	18	二级	长度计算公式	(3600 +950) -500 - max(35 ×18,500) +500 + max(35 ×18,500)	4550	10	1	4550	10	1
				长度公式描述	(首层层高 + 回填高度) - 首层非连接区长度 - 最大值(错开长度) + 二层非连接区长度 + 最大值(错开长度)						
3	箍筋 1	10	一级	长度计算公式	(300 +900) ×2 -8 ×20 + max(10 ×10,75) ×2 +1.9 ×10 ×2	2478			2478		
				长度公式描述	(截面宽 + 截面高) ×2 -8 × 保护层厚度 + 最大值(10*d*,75) ×2 +1.9*d* ×2(*d* 为箍筋直径)						
				根数计算公式	(3600 +950 -50)/100 +1		46			46	
				根数公式描述	(首层层高 + 回填高度 - 起步距离)/加密间距 +1						
4	箍筋 2	10	一级	长度计算公式	(600 +300) ×2 -8 ×20 + max(10 ×10,75) ×2 +1.9 ×10 ×2	1878			1878		
				长度公式描述	(截面宽 + 截面高) ×2 -8 × 保护层厚度 + 最大值(10*d*,75) ×2 +1.9*d* ×2(*d* 为箍筋直径)						
				根数计算公式	(3600 +950 -50)/100 +1		46			46	
				根数公式描述	(首层层高 + 回填高度 - 起步距离)/加密间距 +1						

(3) AZ6 二层钢筋答案手工和软件对比

AZ6 二层钢筋答案手工和软件对比，见表 1.3.35。

表 1.3.35　AZ6 二层钢筋答案手工和软件对比

构件名称:AZ6,位置:7/C,手工计算单件钢筋重量:236.243kg,根数 1 根

手工答案									软件答案		
序号	筋号	直径	级别	公式		长度(mm)	根数	搭接	长度(mm)	根数	搭接
1	纵筋 1	18	二级	长度计算公式	3600 - 500 + 500	3600	9	1	3600	9	1
				长度公式描述	二层层高 - 二层非连接区长度 + 三层非连接区长度						
2	纵筋 2	18	二级	长度计算公式	3600 - 500 - max(35 × 18,500) + 500 + max(35 × 18,500)	3600	10	1	3600	10	1
				长度公式描述	二层层高 - 二层非连接区长度 - 最大值(错开长度) + 二层非连接区长度 + 最大值(错开长度)						
3	箍筋 1	10	一级	长度计算公式	(300 + 900) × 2 - 8 × 20 + max(10 × 10,75) × 2 + 1.9 × 10 × 2	2478			2478		
				长度公式描述	(截面宽 + 截面高) × 2 - 8 × 保护层厚度 + 最大值(10*d*,75) × 2 + 1.9*d* × 2(*d* 为箍筋直径)						
				根数计算公式	(3600 - 50)/100 + 1		37			37	
				根数公式描述	(二层层高 - 起步距离)/加密间距 + 1						
4	箍筋 2	10	一级	长度计算公式	(600 + 300) × 2 - 8 × 20 + max(10 × 10,75) × 2 + 1.9 × 10 × 2	1878			1878		
				长度公式描述	(截面宽 + 截面高) × 2 - 8 × 保护层厚度 + 最大值(10*d*,75) × 2 + 1.9*d* × 2(*d* 为箍筋直径)						
				根数计算公式	(3600 - 50)/100 + 1		37			37	
				根数公式描述	(二层层高 - 起步距离)/加密间距 + 1						

(4) AZ6 三层钢筋答案手工和软件对比

AZ6 三层钢筋答案手工和软件对比，见表 1.3.36。

表 1.3.36　AZ6 三层钢筋答案手工和软件对比

构件名称:AZ6,位置:7/C,手工计算单件钢筋重量:223.459kg,根数 1 根

手工答案									软件答案		
序号	筋号	直径	级别	公式		长度(mm)	根数	搭接	长度(mm)	根数	搭接
1	纵筋 1	18	二级	长度计算公式	3600 - 500 - 150 + 34 × 18	3562	9	1	3562	9	1
				长度公式描述	三层层高 - 三层非连接区长度 - 板厚 + 锚固长度						

续表

序号	筋号	直径	级别	公式		长度（mm）	根数	搭接	长度（mm）	根数	搭接
				手工答案					软件答案		
2	纵筋 2	18	二级	长度计算公式	3600－500－ max（35×18，500）－150＋34×18	2932	10	1	2932	10	1
				长度公式描述	三层层高－三层非连接区长度－最大值（错开长度）－板厚＋锚固长度						
3	箍筋 1	10	一级	长度计算公式	（300＋900）×2－8×20＋max（10×10，75）×2＋1.9×10×2	2478			2478		
				长度公式描述	（截面宽＋截面高）×2－8×保护层厚度＋最大值（10d，75）×2＋1.9d×2（d 为箍筋直径）						
				根数计算公式	（3600－50）/100＋1		37			37	
				根数公式描述	（三层层高－起步距离）/加密间距＋1						
4	箍筋 2	10	一级	长度计算公式	（600＋300）×2－8×20＋max（10×10，75）×2＋1.9×10×2	1878			1878		
				长度公式描述	（截面宽＋截面高）×2－8×保护层厚度＋最大值（10d，75）×2＋1.9d×2（d 为箍筋直径）						
				根数计算公式	（3600－50）/100＋1		37			37	
				根数公式描述	（三层层高－起步距离）/加密间距＋1						

四、端柱钢筋的计算原理和实例答案

（一）端柱钢筋的计算原理

端柱纵筋和箍筋的计算方法和框架柱相同，这里不再赘述。

（二）1 号写字楼端柱钢筋答案手工和软件对比

1. DZ1

（1）DZ1 基础插筋答案手工和软件对比

DZ1 基础插筋答案手工和软件对比，见表 1.3.37。

表 1.3.37　DZ1 基础插筋答案手工和软件对比

构件名称:DZ1,位置:5/A、5/D,手工计算单件钢筋重量:139.54kg,根数 2 根											
手工答案									软件答案		
序号	筋号	直径	级别	公式		长度(mm)	根数	搭接	长度(mm)	根数	搭接
1	全部纵筋插筋 1	22	二级	长度计算公式	500 + 600 - 40 + 15 × 22	1390	12		1390	12	
				长度公式描述	上层露出长度 + 基础厚度 - 保护层厚度 + 拐头长度 a						
2	全部纵筋插筋 2	22	二级	长度计算公式	500 + max(35 × 22, ,500) + 600 - 40 + 15 × 22	2160	12		2160	12	
				长度公式描述	上层露出长度 + 最大值(错开长度) + 基础厚度 - 保护层厚度 + 拐头长度 a						
3	箍筋 1	10	一级	长度计算公式	(700 + 600) × 2 - 8 × 20 + max(10 × 10,75) × 2 + 1.9 × 10 × 2	2678	2		2678	2	
				长度公式描述	(截面宽 + 截面高) × 2 - 8 × 保护层厚度 + 最大值(10d,75) × 2 + 1.9d × 2(d 为箍筋直径)						
4	箍筋 2	10	一级	长度计算公式	(300 + 1100) × 2 - 8 × 20 + max(10 × 10,75) × 2 + 1.9 × 10 × 2	2878	2		2878	2	
				长度公式描述	(截面宽 + 截面高) × 2 - 8 × 保护层厚度 + 最大值(10d,75) × 2 + 1.9d × 2(d 为箍筋直径)						
5	箍筋 3	10	一级	长度计算公式	(560 + 166) × 2 + max(10 × 10,75) × 2 + 1.9 × 10 × 2	1690	2		1690	2	
				长度公式描述	(截面宽 + 截面高) × 2 + 最大值(10d,75) × 2 + 1.9d × 2(d 为箍筋直径)						
6	箍筋 4	10	一级	长度计算公式	(660 + 301) × 2 + max(10 × 10,75) × 2 + 1.9 × 10 × 2	2160	2		2160	2	
				长度公式描述	(截面宽 + 截面高) × 2 + 最大值(10d,75) × 2 + 1.9d × 2(d 为箍筋直径)						
7	拉筋 1	10	一级	长度计算公式	600 - 2 × 20 + max(10 × 10,75) × 2 + 1.9 × 10 × 2	798	2		798	2	
				长度公式描述	(截面宽 + 截面高) × 2 + 最大值(10d,75) × 2 + 1.9d × 2(d 为箍筋直径)						

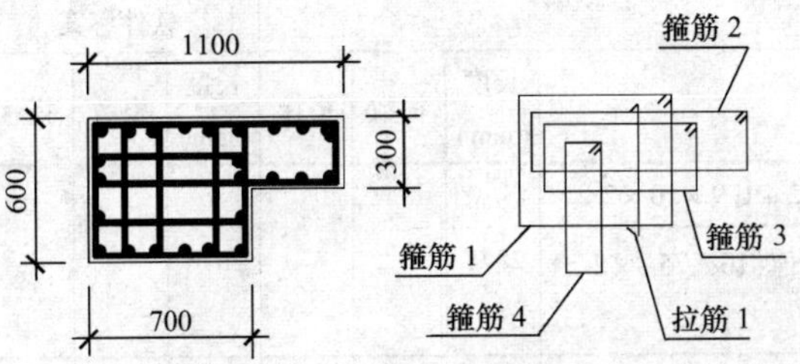

图1.3.11　DZ1截面和配筋图

解释：表1.3.37中的281和146是怎么来的？

这是按DZ1截面配筋图计算出来的，DZ1截面和配筋图，如图1.3.11所示。

281和146分别属于DZ1的箍筋3和箍筋4的一个边，根据非外围箍筋2（2×2）外皮预算长度计算公式：箍筋长度 $= [b-2C-D/(n-1)]\cdot x+D\times 2+(h-2C)\times 2+\max(10d,75)\times 2+1.9d\times 2+8d$，281和146都来自公式的画线部分，计算如下：

箍筋3的 h 边长度 $=(600-2\times 20-22)/(5-1)\times 2+22=301$ mm，

箍筋4的 b 边长度 $=(700-2\times 20-22)/(6-1)+22=145.6$（向上取整）$=166$ mm。

（2）DZ1首层钢筋答案手工和软件对比

DZ1首层钢筋答案手工和软件对比，见表1.3.38。

表1.3.38　DZ1首层钢筋答案手工和软件对比

构件名称:DZ1,位置:5/A、5/D,手工计算单件钢筋重量:577.251kg,根数2根											
手工答案									软件答案		
序号	筋号	直径	级别	公式		长度(mm)	根数	搭接	长度(mm)	根数	搭接
1	首层纵筋1	22	二级	长度计算公式	(3600+950)-500+500	4550	4	1	4550	4	1
				长度公式描述	(首层层高+回填高度)-首层非连接区长度+二层非连接区长度						
2	首层纵筋2	22	二级	长度计算公式	(3600+950)-500-max(35×22,500)+500+max(35×22,500)	4550	4	1	4550	4	1
				长度公式描述	(首层层高+回填高度)-首层非连接区长度-最大值(错开长度)+二层非连接区长度+最大值(错开长度)						
3	箍筋1	10	一级	长度计算公式	(700+600)×2-8×20+max(10×10,75)×2+1.9×10×2	2678			2678		
				长度公式描述	(截面宽+截面高)×2-8×保护层厚度+最大值(10d,75)×2+1.9d×2(d为箍筋直径)						
				根数计算公式	梁下加密长度=max[首层净高(4500-700)/6,柱截面大边1100,500]=1100 底部加密长度=首层净高(4500-700)/3=1284 非加密区长度=总高4550-首层非连接区1284-梁下1100-梁高700=1466 (700+1100)/100+1+(1284-50)/100+1+1466/200-1(每个式子向上取整)		40			40	
				根数公式描述	(梁高+梁下)/加密间距+1+(底部加密区长度-起步距离)/加密间距+1+非加密区长度/非加密间距-1						

续表

<table>
<tr><th colspan="10">手工答案</th><th colspan="3">软件答案</th></tr>
<tr><th>序号</th><th>筋号</th><th>直径</th><th>级别</th><th colspan="3">公式</th><th>长度（mm）</th><th>根数</th><th>搭接</th><th>长度（mm）</th><th>根数</th><th>搭接</th></tr>
<tr><td rowspan="4">4</td><td rowspan="4">箍筋 2</td><td rowspan="4">10</td><td rowspan="4">一级</td><td>长度计算公式</td><td colspan="2">(300 + 1100) × 2 - 8 × 20 + max(10 × 10,75) × 2 + 1.9 × 10 × 2</td><td rowspan="2">2878</td><td rowspan="2"></td><td rowspan="2"></td><td rowspan="2">2878</td><td rowspan="2"></td><td rowspan="2"></td></tr>
<tr><td>长度公式描述</td><td colspan="2">(截面宽 + 截面高) × 2 - 8 × 保护层厚度 + 最大值(10d,75) × 2 + 1.9d × 2(d 为箍筋直径)</td></tr>
<tr><td>根数计算公式</td><td colspan="2">(700 + 1100)/100 + 1 + (1284 - 50)/100 + 1 + 1466/200 - 1(每个式子向上取整)</td><td rowspan="2"></td><td rowspan="2">40</td><td rowspan="2"></td><td rowspan="2"></td><td rowspan="2">40</td><td rowspan="2"></td></tr>
<tr><td>根数公式描述</td><td colspan="2">(梁高 + 梁下)/加密间距 + 1 + (底部加密区长度 - 起步距离)/加密间距 + 1 + 非加密区长度/非加密间距 - 1</td></tr>
<tr><td rowspan="4">5</td><td rowspan="4">箍筋 3</td><td rowspan="4">10</td><td rowspan="4">一级</td><td>长度计算公式</td><td colspan="2">(560 + 166) × 2 + max(10 × 10,75) × 2 + 1.9 × 10 × 2</td><td rowspan="2">1690</td><td rowspan="2"></td><td rowspan="2"></td><td rowspan="2">1690</td><td rowspan="2"></td><td rowspan="2"></td></tr>
<tr><td>长度公式描述</td><td colspan="2">(截面宽 + 截面高) × 2 + 最大值(10d,75) × 2 + 1.9d × 2(d 为箍筋直径)</td></tr>
<tr><td>根数计算公式</td><td colspan="2">(700 + 1100)/100 + 1 + (1284 - 50)/100 + 1 + 1466/200 - 1(每个式子向上取整)</td><td rowspan="2"></td><td rowspan="2">40</td><td rowspan="2"></td><td rowspan="2"></td><td rowspan="2">40</td><td rowspan="2"></td></tr>
<tr><td>根数公式描述</td><td colspan="2">(梁高 + 梁下)/加密间距 + 1 + (底部加密区长度 - 起步距离)/加密间距 + 1 + 非加密区长度/非加密间距 - 1</td></tr>
<tr><td rowspan="4">6</td><td rowspan="4">箍筋 4</td><td rowspan="4">10</td><td rowspan="4">一级</td><td>长度计算公式</td><td colspan="2">(660 + 301) × 2 + max(10 × 10,75) × 2 + 1.9 × 10 × 2</td><td rowspan="2">2160</td><td rowspan="2"></td><td rowspan="2"></td><td rowspan="2">2160</td><td rowspan="2"></td><td rowspan="2"></td></tr>
<tr><td>长度公式描述</td><td colspan="2">(截面宽 + 截面高) × 2 + 最大值(10d,75) × 2 + 1.9d × 2(d 为箍筋直径)</td></tr>
<tr><td>根数计算公式</td><td colspan="2">(700 + 1100)/100 + 1 + (1284 - 50)/100 + 1 + 1466/200 - 1(每个式子向上取整)</td><td rowspan="2"></td><td rowspan="2">40</td><td rowspan="2"></td><td rowspan="2"></td><td rowspan="2">40</td><td rowspan="2"></td></tr>
<tr><td>根数公式描述</td><td colspan="2">(梁高 + 梁下)/加密间距 + 1 + (底部加密区长度 - 起步距离)/加密间距 + 1 + 非加密区长度/非加密间距 - 1</td></tr>
</table>

续表

手工答案									软件答案		
序号	筋号	直径	级别	公式		长度（mm）	根数	搭接	长度（mm）	根数	搭接
7	拉筋1	10	一级	长度计算公式	600－2×20＋max(10×10,75)×2＋1.9×10×2	798			798		
				长度公式描述	（截面宽＋截面高）×2－8×保护层厚度＋最大值(10*d*,75)×2＋1.9*d*×2(*d* 为箍筋直径)						
				根数计算公式	(700＋1100)/100＋1＋(1284－50)/100＋1＋1466/200－1(每个式子向上取整)		40			40	
				根数公式描述	（梁高＋梁下）/加密间距＋1＋(底部加密区长度－起步距离)/加密间距＋1＋非加密区长度/非加密间距－1						

（3）DZ1 二层钢筋答案手工和软件对比

DZ1 二层钢筋答案手工和软件对比，见表 1.3.39。

表 1.3.39　DZ1 二层钢筋答案手工和软件对比

构件名称:DZ1,位置:5/A、5/D,手工计算单件钢筋重量:471.532kg,根数2根											
手工答案									软件答案		
序号	筋号	直径	级别	公式		长度（mm）	根数	搭接	长度（mm）	根数	搭接
1	二层纵筋1	22	二级	长度计算公式	3600－500＋500	3600	12	1	3600	12	1
				长度公式描述	二层层高－二层非连接区长度＋三层非连接区长度						
2	二层纵筋2	22	二级	长度计算公式	3600－500－ max(35×22,500)＋500＋ max(35×22,500)	3600	12	1	3600	12	1
				长度公式描述	二层层高－二层非连接区长度－最大值(错开长度)＋二层非连接区长度＋最大值(错开长度)						

续表

序号	筋号	直径	级别	手工答案					软件答案		
				公式		长度(mm)	根数	搭接	长度(mm)	根数	搭接
3	箍筋1	10	一级	长度计算公式	(700+600)×2-8×20+max(10×10,75)×2+1.9×10×2	2678			2678		
				长度公式描述	(截面宽+截面高)×2-8×保护层厚度+最大值(10*d*,75)×2+1.9*d*×2(*d*为箍筋直径)						
				根数计算公式	梁下加密长度=max[二层净高(3600-700)/6,柱截面大边1100,500]=1100 底部加密长度= max[二层净高(3600-700)/6,柱截面大边1100,500]=1100 非加密区长度=总高3600-二层非连接区1100-梁下1100-梁高700=700 (700+1100)/100+1+(1100-50)/100+1+700/200-1(每个式子向上取整)		34			34	
				根数公式描述	(梁高+梁下)/加密间距+1+(底部加密区长度-起步距离)/加密间距+1+非加密区长度/非加密间距-1						
4	箍筋2	10	一级	长度计算公式	(300+1100)×2-8×20+max(10×10,75)×2+1.9×10×2	2878			2878		
				长度公式描述	(截面宽+截面高)×2-8×保护层厚度+最大值(10*d*,75)×2+1.9*d*×2(*d*为箍筋直径)						
				根数计算公式	(700+1100)/100+1+(1100-50)/100+1+700/200-1(每个式子向上取整)		34			34	
				根数公式描述	(梁高+梁下)/加密间距+1+(底部加密区长度-起步距离)/加密间距+1+非加密区长度/非加密间距-1						
5	箍筋3	10	一级	长度计算公式	(560+166)×2+max(10×10,75)×2+1.9×10×2	1690			1690		
				长度公式描述	(截面宽+截面高)×2+最大值(10*d*,75)×2+1.9*d*×2(*d*为箍筋直径)						
				根数计算公式	(700+1100)/100+1+(1100-50)/100+1+700/200-1(每个式子向上取整)		34			34	
				根数公式描述	(梁高+梁下)/加密间距+1+(底部加密区长度-起步距离)/加密间距+1+非加密区长度/非加密间距-1						

续表

序号	筋号	直径	级别	手工答案 公式		长度(mm)	根数	搭接	软件答案 长度(mm)	根数	搭接
6	箍筋4	10	一级	长度计算公式	(660 + 301) × 2 + max(10 × 10,75) × 2 + 1.9 × 10 × 2	2160			2160		
				长度公式描述	(截面宽 + 截面高) × 2 + 最大值(10*d*,75) × 2 + 1.9*d* × 2(*d* 为箍筋直径)						
				根数计算公式	(700 + 1100)/100 + 1 + (1100 - 50)/100 + 1 + 700/200 - 1(每个式子向上取整)		34			34	
				根数公式描述	(梁高 + 梁下)/加密间距 + 1 + (底部加密区长度 - 起步距离)/加密间距 + 1 + 非加密区长度/非加密间距 - 1						
7	拉筋1	10	一级	长度计算公式	600 - 2 × 20 + max(10 × 10,75) × 2 + 1.9 × 10 × 2	798			798		
				长度公式描述	(截面宽 + 截面高) × 2 - 8 × 保护层厚度 + 最大值(10*d*,75) × 2 + 1.9*d* × 2(*d* 为箍筋直径)						
				根数计算公式	(700 + 1100)/100 + 1 + (1100 - 50)/100 + 1 + 700/200 - 1(每个式子向上取整)		34			34	
				根数公式描述	(梁高 + 梁下)/加密间距 + 1 + (底部加密区长度 - 起步距离)/加密间距 + 1 + 非加密区长度/非加密间距 - 1						

(4) DZ1 三层钢筋答案手工和软件对比

DZ1 三层钢筋答案手工和软件对比，见表 1.3.40。

表 1.3.40　DZ1 三层钢筋答案手工和软件对比

构件名称:DZ1,位置:5/A、5/D,手工计算单件钢筋重量:435.694kg,根数 2 根

序号	筋号	直径	级别	手工答案 公式		长度(mm)	根数	搭接	软件答案 长度(mm)	根数	搭接
1	三层纵筋1	22	二级	长度计算公式	3600 - 500 - 100 + 34 × 22	3748	12	1	3748	12	1
				长度公式描述	三层层高 - 三层非连接区长度 - 板厚 + 锚固长度						

续表

手工答案									软件答案		
序号	筋号	直径	级别	公式		长度(mm)	根数	搭接	长度(mm)	根数	搭接
2	三层纵筋2	22	二级	长度计算公式	3600 - 500 - max(35 × 22,500) - 100 + 34 × 22	2978	12	1	2978	12	1
				长度公式描述	三层层高 - 三层非连接区长度 - 最大值(错开长度) - 板厚 + 锚固长度						
3	箍筋1	10	一级	长度计算公式	(700 + 600) × 2 - 8 × 20 + max(10 × 10,75) × 2 + 1.9 × 10 × 2	2678			2678		
				长度公式描述	(截面宽 + 截面高) × 2 - 8 × 保护层厚度 + 最大值(10*d*,75) × 2 + 1.9*d* × 2(*d* 为箍筋直径)						
				根数计算公式	梁下加密长度 = max[二层净高(3600 - 700)/6, 柱截面大边 1100,500] = 1100 底部加密区长度 = max[二层净高(3600 - 700)/6, 柱截面大边 1100,500] = 1100 非加密区长度 = 总高 3600 - 二层非连接区 1100 - 梁下 1100 - 梁高 700 = 700 (700 + 1100)/100 + 1 + (1100 - 50)/100 + 1 + 700/200 - 1(每个式子向上取整)		34			31	
				根数公式描述	(梁高 + 梁下)/加密间距 + 1 + (底部加密区长度 - 50)/加密间距 + 1 + 非加密区长度/非加密间距 - 1						
4	箍筋2	10	一级	长度计算公式	(300 + 1100) × 2 - 8 × 20 + max(10 × 10,75) × 2 + 1.9 × 10 × 2	2878			2878		
				长度公式描述	(截面宽 + 截面高) × 2 - 8 × 保护层厚度 + 最大值(10*d*,75) × 2 + 1.9*d* × 2(*d* 为箍筋直径)						
				根数计算公式	(700 + 1100)/100 + 1 + (1100 - 50)/100 + 1 + 700/200 - 1(每个式子向上取整)		34			31	
				根数公式描述	(梁高 + 梁下)/加密间距 + 1 + (底部加密区长度 - 起步距离)/加密间距 + 1 + 非加密区长度/非加密间距 - 1						

续表

				手工答案					软件答案		
序号	筋号	直径	级别	公式		长度(mm)	根数	搭接	长度(mm)	根数	搭接
5	箍筋3	10	一级	长度计算公式	(560+166)×2+max(10×10,75)×2+1.9×10×2	1690			1690		
				长度公式描述	(截面宽+截面高)×2+最大值(10d,75)×2+1.9d×2(d为箍筋直径)						
				根数计算公式	(700+1100)/100+1+(1100-50)/100+1+700/200-1(每个式子向上取整)		34			31	
				根数公式描述	(梁高+梁下)/加密间距+1+(底部加密区长度-起步距离)/加密间距+1+非加密区长度/非加密间距-1						
6	箍筋4	10	一级	长度计算公式	(660+301)×2+max(10×10,75)×2+1.9×10×2	2160			2160		
				长度公式描述	(截面宽+截面高)×2+最大值(10d,75)×2+1.9d×2(d为箍筋直径)						
				根数计算公式	(700+1100)/100+1+(1100-50)/100+1+700/200-1(每个式子向上取整)		34			31	
				根数公式描述	(梁高+梁下)/加密间距+1+(底部加密区长度-起步距离)/加密间距+1+非加密区长度/非加密间距-1						
7	拉筋1	10	一级	长度计算公式	600-2×20+max(10×10,75)×2+1.9×10×2	798			798		
				长度公式描述	(截面宽+截面高)×2-8×保护层厚度+最大值(10d,75)×2+1.9d×2(d为箍筋直径)						
				根数计算公式	(700+1100)/100+1+(1100-50)/100+1+700/200-1(每个式子向上取整)		34			34	
				根数公式描述	(梁高+梁下)/加密间距+1+(底部加密区长度-起步距离)/加密间距+1+非加密区长度/非加密间距-1						

2. DZ2

(1)DZ2基础插筋答案手工和软件对比

DZ2 基础插筋答案手工和软件对比，见表 1.3.41。

表 1.3.41　DZ2 基础插筋答案手工和软件对比

构件名称:DZ2,位置:5/C,手工计算单件钢筋重量:139.117kg,根数 1 根

手工答案									软件答案		
序号	筋号	直径	级别	公式		长度(mm)	根数	搭接	长度(mm)	根数	搭接
1	基础插筋 1	25	二级	长度计算公式	500 + 600 - 40 + 15 × 25	1435	4		1435		
				长度公式描述	上层露出长度 + 基础厚度 - 保护层厚度 + 拐头长度 a						
2	基础插筋 2	25	二级	长度计算公式	500 + max(35 × 25,500) + 600 - 40 + 15 × 25	2310	4		2310		4
				长度公式描述	上层露出长度 + 最大值(错开长度) + 基础厚度 - 保护层厚度 + 拐头长度 a						
3	箍筋 1	10	一级	长度计算公式	(700 + 600) × 2 - 8 × 20 + max(10 × 10,75) × 2 + 1.9 × 10 × 2	2678	2		2678		2
				长度公式描述	(截面宽 + 截面高) × 2 - 8 × 保护层厚度 + 最大值(10d,75) × 2 + 1.9d × 2(d 为箍筋直径)						
4	箍筋 2(单肢筋)	10	一级	长度计算公式	(600 - 2 × 20) + max(10 × 10,75) × 2 + 1.9 × 10 × 2	798	2		798	2	
				长度公式描述	(柱截面高 - 2 × 保护层厚度) + 最大值(10d,75) × 2 + 1.9d × 2(d 为箍筋直径)						
5	箍筋 3	10	一级	长度计算公式	(660 + 303) × 2 + max(10 × 10,75) × 2 + 1.9 × 10 × 2	2164	2		2164	2	
				长度公式描述	(截面宽 + 截面高) × 2 + 最大值(10d,75) × 2 + 1.9d × 2(d 为箍筋直径)						
6	箍筋 4	10	一级	长度计算公式	(560 + 108) × 2 - 8 × 20 + max(10 × 10,75) × 2 + 1.9 × 10 × 2		1694	2		1694	2
				长度公式描述	(截面宽 + 截面高) × 2 + 最大值(10d,75) × 2 + 1.9d × 2(d 为箍筋直径)						

（2）DZ2 首层钢筋答案手工和软件对比

DZ2 首层钢筋答案手工和软件对比，见表 1.3.42。

表 1.3.42　DZ2 首层钢筋答案手工和软件对比

构件名称:DZ2,位置:5/C,手工计算单件钢筋重量:487.268kg,根数 1 根											
手工答案									软件答案		
序号	筋号	直径	级别	公式		长度（mm）	根数	搭接	长度（mm）	根数	搭接
1	全部纵筋 1	25	二级	长度计算公式	(3600 + 950) - 500 + 500	4550	9	1	4550	9	1
				长度公式描述	（首层层高 + 回填高度）- 首层非连接区长度 + 二层非连接区长度						
2	全部纵筋 2	25	二级	长度计算公式	(3600 + 950) - 500 - max(35 × 25,500) + 500 + max(35 × 25,500)	4550	9	1	4550	9	1
				长度公式描述	（首层层高 + 回填高度）- 首层非连接区长度 - 最大值（错开长度）+ 二层非连接区长度 + 最大值（错开长度）						
3	箍筋 1	10	一级	长度计算公式	(700 + 600) × 2 - 8 × 20 + max(10 × 10,75) × 2 + 1.9 × 10 × 2	2678			2678		
				长度公式描述	（截面宽 + 截面高）× 2 - 8 × 保护层厚度 + 最大值（10*d*,75）× 2 + 1.9*d* × 2（*d* 为箍筋直径）						
				根数计算公式	梁下加密长度 = max[首层净高(4500 - 700)/6, 柱截面大边 700,500] = 700 底部加密区长度 = 首层净高(4500 - 700)/3 = 1284 非加密区长度 = 总高 4550 - 首层非连接区 1284 - 梁下 700 - 梁高 700 = 1866 (700 + 700)/100 + 1 + (1284 - 50)/100 + 1 + 1866/200 - 1（每个式子向上取整）		38			38	
				根数公式描述	（梁高 + 梁下）/加密间距 + 1 +（底部加密区长度 - 起步距离）/加密间距 + 1 + 非加密区长度/非加密间距 - 1						
4	箍筋 2（单肢筋）	10	一级	长度计算公式	(600 - 2 × 20) + max(10 × 10,75) × 2 + 1.9 × 10 × 2	798			798		
				长度公式描述	（柱截面高 - 2 × 保护层厚度）+ 最大值（10*d*,75）× 2 + 1.9*d* × 2（*d* 为箍筋直径）						
				根数计算公式	(700 + 700)/100 + 1 + (1284 - 50)/100 + 1 + 1866/200 - 1（每个式子向上取整）		38			38	
				根数公式描述	（梁高 + 梁下）/加密间距 + 1 +（底部加密区长度 - 起步距离）/加密间距 + 1 + 非加密区长度/非加密间距 - 1						

续表

				手工答案					软件答案		
序号	筋号	直径	级别	公式		长度(mm)	根数	搭接	长度(mm)	根数	搭接
5	箍筋3	10	一级	长度计算公式	(600 -2 ×20) + max(10 ×10,75) ×2 +1.9 ×10 ×2	798			798		
				长度公式描述	(柱截面高 -2 ×保护层厚度) + 最大值(10*d*,75) ×2 +1.9*d* ×2(*d* 为箍筋直径)						
				根数计算公式	(700 +700)/100 +1 +(1284 -50)/100 +1 +1866/200 -1(每个式子向上取整)		38			38	
				根数公式描述	(梁高 + 梁下)/加密间距 +1 +(底部加密区长度 - 起步距离)/加密间距 +1 + 非加密区长度/非加密间距 -1						
6	箍筋4	10	一级	长度计算公式	(560 +108) ×2 + max(10 ×10,75) ×2 +1.9 ×10 ×2	1694			1694		
				长度公式描述	(截面宽 + 截面高) ×2 + 最大值(10*d*,75) ×2 +1.9*d* ×2(*d* 为箍筋直径)						
				根数计算公式	(700 +700)/100 +1 +(1284 -50)/100 +1 +1866/200 -1(每个式子向上取整)		38			38	
				根数公式描述	(梁高 + 梁下)/加密间距 +1 +(底部加密区长度 - 起步距离)/加密间距 +1 + 非加密区长度/非加密间距 -1						

(3) DZ2 二层钢筋答案手工和软件对比

DZ2 二层钢筋答案手工和软件对比，见表 1.3.43。

表 1.3.43　DZ2 二层钢筋答案手工和软件对比

构件名称:DZ2,位置:5/C,手工计算单件钢筋重量:385.232kg,根数1根											
				手工答案					软件答案		
序号	筋号	直径	级别	公式		长度(mm)	根数	搭接	长度(mm)	根数	搭接
1	二层纵筋1	25	二级	长度计算公式	3600 -500 +500	3600	9	1	3600	9	1
				长度公式描述	二层层高 - 二层非连接区长度 + 三层非连接区长度						

续表

手工答案									软件答案		
序号	筋号	直径	级别	公式		长度(mm)	根数	搭接	长度(mm)	根数	搭接
2	二层纵筋 2	25	二级	长度计算公式	3600 - 500 - max(35 × 25,500) + 500 + max(35 × 25,500)	3600	9	1	3600	9	1
				长度公式描述	二层层高 - 二层非连接区长度 - 最大值(错开长度) + 二层非连接区长度 + 最大值(错开长度)						
3	箍筋 1	10	一级	长度计算公式	(700 + 600) × 2 - 8 × 20 + max(10 × 10,75) × 2 + 1.9 × 10 × 2	2678			2678		
				长度公式描述	(截面宽 + 截面高) × 2 - 8 × 保护层厚度 + 最大值(10*d*,75) × 2 + 1.9*d* × 2(*d* 为箍筋直径)						
				根数计算公式	梁下加密长度 = max[二层净高(3600 - 700)/6, 柱截面大边 700,500] = 700 底部加密区长度 = max[二层净高(3600 - 700)/6, 柱截面大边 700,500] = 700 非加密区长度 = 总高 3600 - 二层非连接区 700 - 梁下 700 - 梁高 700 = 1500 (700 + 700)/100 + 1 + (700 - 50)/100 + 1 + 1500/200 - 1(每个式子向上取整)		30			30	
				根数公式描述	(梁高 + 梁下)/加密间距 + 1 + (底部加密区长度 - 50)/加密间距 + 1 + 非加密区长度/非加密间距 - 1						
4	箍筋 2(单肢筋)	10	一级	长度计算公式	(600 - 2 × 20) + max(10 × 10,75) × 2 + 1.9 × 10 × 2	798			798		
				长度公式描述	(柱截面高 - 2 × 保护层厚度) + 最大值(10*d*,75) × 2 + 1.9*d* × 2(*d* 为箍筋直径)						
				根数计算公式	(700 + 700)/100 + 1 + (700 - 50)/100 + 1 + 1500/200 - 1(每个式子向上取整)		30			30	
				根数公式描述	(梁高 + 梁下)/加密间距 + 1 + (底部加密区长度 - 起步距离)/加密间距 + 1 + 非加密区长度/非加密间距 - 1						

续表

<table>
<tr><th colspan="9">手工答案</th><th colspan="3">软件答案</th></tr>
<tr><th>序号</th><th>筋号</th><th>直径</th><th>级别</th><th colspan="2">公式</th><th>长度(mm)</th><th>根数</th><th>搭接</th><th>长度(mm)</th><th>根数</th><th>搭接</th></tr>
<tr><td rowspan="4">5</td><td rowspan="4">箍筋 3</td><td rowspan="4">10</td><td rowspan="4">一级</td><td>长度计算公式</td><td>(600 - 2×20) + max(10×10,75) ×2 + 1.9×10×2</td><td rowspan="2">798</td><td rowspan="2"></td><td rowspan="4"></td><td rowspan="2">798</td><td rowspan="2"></td><td rowspan="4"></td></tr>
<tr><td>长度公式描述</td><td>(柱截面高 - 2×保护层厚度) + 最大值(10d,75) ×2 + 1.9d×2(d 为箍筋直径)</td></tr>
<tr><td>根数计算公式</td><td>(700 + 700)/100 + 1 + (700 - 50)/100 + 1 + 1500/200 - 1(每个式子向上取整)</td><td rowspan="2"></td><td rowspan="2">30</td><td rowspan="2"></td><td rowspan="2">30</td></tr>
<tr><td>根数公式描述</td><td>(梁高 + 梁下)/加密间距 + 1 + (底部加密区长度 - 起步距离)/加密间距 + 1 + 非加密区长度/非加密间距 - 1</td></tr>
<tr><td rowspan="4">6</td><td rowspan="4">箍筋 4</td><td rowspan="4">10</td><td rowspan="4">一级</td><td>长度计算公式</td><td>(560 + 108) ×2 + max(10×10,75) ×2 + 1.9×10×2</td><td rowspan="2">1694</td><td rowspan="2"></td><td rowspan="4"></td><td rowspan="2">1694</td><td rowspan="2"></td><td rowspan="4"></td></tr>
<tr><td>长度公式描述</td><td>(截面宽 + 截面高) ×2 + 最大值(10d,75) ×2 + 1.9d×2(d 为箍筋直径)</td></tr>
<tr><td>根数计算公式</td><td>(700 + 700)/100 + 1 + (700 - 50)/100 + 1 + 1500/200 - 1(每个式子向上取整)</td><td rowspan="2"></td><td rowspan="2">30</td><td rowspan="2"></td><td rowspan="2">30</td></tr>
<tr><td>根数公式描述</td><td>(梁高 + 梁下)/加密间距 + 1 + (底部加密区长度 - 起步距离)/加密间距 + 1 + 非加密区长度/非加密间距 - 1</td></tr>
</table>

(4) DZ2 三层钢筋答案手工和软件对比

DZ2 三层钢筋答案手工和软件对比，见表 1.3.44。

表 1.3.44　DZ2 三层钢筋答案手工和软件对比

<table>
<tr><th colspan="12">构件名称:DZ2,位置:5/C,手工计算单件钢筋重量:358.663kg,根数 1 根</th></tr>
<tr><th colspan="9">手工答案</th><th colspan="3">软件答案</th></tr>
<tr><th>序号</th><th>筋号</th><th>直径</th><th>级别</th><th colspan="2">公式</th><th>长度(mm)</th><th>根数</th><th>搭接</th><th>长度(mm)</th><th>根数</th><th>搭接</th></tr>
<tr><td rowspan="2">1</td><td rowspan="2">三层纵筋 1</td><td rowspan="2">22</td><td rowspan="2">二级</td><td>长度计算公式</td><td>3600 - 500 - 100 + 34×22</td><td rowspan="2">3748</td><td rowspan="2">9</td><td rowspan="2">1</td><td rowspan="2">3748</td><td rowspan="2">9</td><td rowspan="2">1</td></tr>
<tr><td>长度公式描述</td><td>三层层高 - 三层非连接区长度 - 板厚 + 锚固长度</td></tr>
</table>

续表

<table>
<tr><th colspan="9">手工答案</th><th colspan="3">软件答案</th></tr>
<tr><th>序号</th><th>筋号</th><th>直径</th><th>级别</th><th colspan="2">公式</th><th>长度（mm）</th><th>根数</th><th>搭接</th><th>长度（mm）</th><th>根数</th><th>搭接</th></tr>
<tr><td rowspan="2">2</td><td rowspan="2">三层纵筋 2</td><td rowspan="2">22</td><td rowspan="2">二级</td><td>长度计算公式</td><td>3600 - 500 - max(35 × 22,500) - 100 + 34 × 22</td><td rowspan="2">2978</td><td rowspan="2">9</td><td rowspan="2">1</td><td rowspan="2">2978</td><td rowspan="2">9</td><td rowspan="2">1</td></tr>
<tr><td>长度公式描述</td><td>三层层高 - 三层非连接区长度 - 最大值（错开长度） - 板厚 + 锚固长度</td></tr>
<tr><td rowspan="4">3</td><td rowspan="4">箍筋 1</td><td rowspan="4">10</td><td rowspan="4">一级</td><td>长度计算公式</td><td>(700 + 600) × 2 - 8 × 20 + max(10 × 10,75) × 2 + 1.9 × 10 × 2</td><td rowspan="2">2678</td><td rowspan="2"></td><td rowspan="2"></td><td rowspan="2">2678</td><td rowspan="2"></td><td rowspan="2"></td></tr>
<tr><td>长度公式描述</td><td>（截面宽 + 截面高）× 2 - 8 × 保护层厚度 + 最大值（10d,75）× 2 + 1.9d × 2（d 为箍筋直径）</td></tr>
<tr><td>根数计算公式</td><td>梁下加密长度 = max[二层净高(3600 - 700)/6,柱截面大边 700,500] = 700
底部加密区长度 = max[二层净高(3600 - 700)/6,柱截面大边 700,500] = 700
非加密区长度 = 总高 3600 - 二层非连接区 700 - 梁下 700 - 梁高 700 = 1500
(700 + 700)/100 + 1 + (700 - 50)/100 + 1 + 1500/200 - 1（每个式子向上取整）</td><td rowspan="2"></td><td rowspan="2">30</td><td rowspan="2"></td><td rowspan="2"></td><td rowspan="2">27</td><td rowspan="2"></td></tr>
<tr><td>根数公式描述</td><td>（梁高 + 梁下）/加密间距 + 1 +（底部加密区长度 - 50）/加密间距 + 1 + 非加密区长度/非加密间距 - 1</td></tr>
<tr><td rowspan="4">4</td><td rowspan="4">箍筋 2
（单肢筋）</td><td rowspan="4">10</td><td rowspan="4">一级</td><td>长度计算公式</td><td>(600 - 2 × 20) + max(10 × 10,75) × 2 + 1.9 × 10 × 2</td><td rowspan="2">798</td><td rowspan="2"></td><td rowspan="2"></td><td rowspan="2">798</td><td rowspan="2"></td><td rowspan="2"></td></tr>
<tr><td>长度公式描述</td><td>（柱截面高 - 2 × 保护层厚度）+ 最大值（10d,75）× 2 + 1.9d × 2（d 为箍筋直径）</td></tr>
<tr><td>根数计算公式</td><td>(700 + 700)/100 + 1 + (700 - 50)/100 + 1 + 1500/200 - 1（每个式子向上取整）</td><td rowspan="2"></td><td rowspan="2">30</td><td rowspan="2"></td><td rowspan="2"></td><td rowspan="2">27</td><td rowspan="2"></td></tr>
<tr><td>根数公式描述</td><td>（梁高 + 梁下）/加密间距 + 1 +（底部加密区长度 - 起步距离）/加密间距 + 1 + 非加密区长度/非加密间距 - 1</td></tr>
</table>

续表

手工答案									软件答案		
序号	筋号	直径	级别	公式		长度(mm)	根数	搭接	长度(mm)	根数	搭接
5	箍筋 3	10	一级	长度计算公式	(600 - 2 × 20) + max(10 × 10,75) × 2 + 1.9 × 10 × 2	798			798		
				长度公式描述	(柱截面高 - 2 × 保护层厚度) + 最大值(10*d*,75) × 2 + 1.9*d* × 2(*d* 为箍筋直径)						
				根数计算公式	(700 + 700)/100 + 1 + (700 - 50)/100 + 1 + 1500/200 - 1(每个式子向上取整)		30			27	
				根数公式描述	(梁高 + 梁下)/加密间距 + 1 + (底部加密区长度 - 起步距离)/加密间距 + 1 + 非加密区长度/非加密间距 - 1						
6	箍筋 4	10	一级	长度计算公式	(560 + 108) × 2 + max(10 × 10,75) × 2 + 1.9 × 10 × 2	1694			1694		
				长度公式描述	(截面宽 + 截面高) × 2 + 最大值(10*d*,75) × 2 + 1.9*d* × 2(*d* 为箍筋直径)						
				根数计算公式	(700 + 700)/100 + 1 + (700 - 50)/100 + 1 + 1500/200 - 1(每个式子向上取整)		30			27	
				根数公式描述	(梁高 + 梁下)/加密间距 + 1 + (底部加密区长度 - 起步距离)/加密间距 + 1 + 非加密区长度/非加密间距 - 1						

五、剪力墙钢筋的计算原理和实例答案

剪力墙包含垂直筋、水平筋和拉接筋。下面分别讲解。

(一) 剪力墙垂直筋

1. 长度

(1) 长度公式

剪力墙垂直筋算法分为基础层、底层、中间层和顶层，如图 1. 3. 12 所示。

根据图 1. 3. 12，可以推导出剪力墙垂直筋长度公式，见表 1. 3. 45。

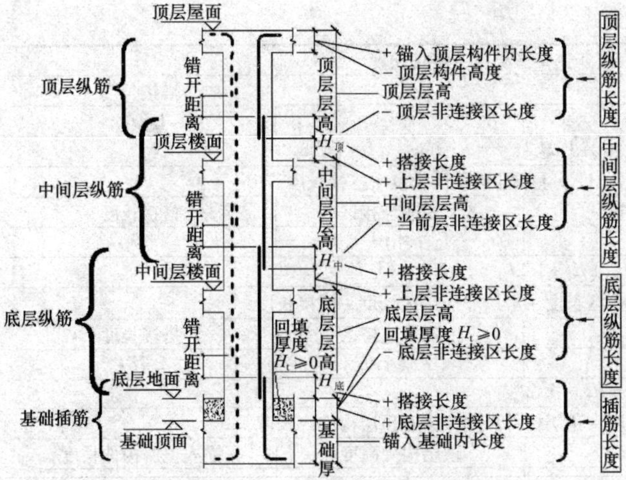

图 1.3.12 剪力墙垂直筋示意图

表 1.3.45 剪力墙垂直筋长度公式文字简洁描述

剪力墙垂直筋长度公式	基础层	公式文字描述	插筋长度 = 锚入基础内长度 + 底层非连接区长度 + 搭接长度
	底 层	公式文字描述	底层纵筋长度 = 底层层高 + 回填厚度 − 底层非连接区长度 + 上层非连接区长度 + 搭接长度
	中间层	公式文字描述	中间层纵筋长度 = 中间层层高 − 当前层非连接区长度 + 上层非连接区长度 + 搭接长度
	顶 层	公式文字描述	顶层纵筋长度 = 顶层层高 − 顶层非连接区长度 − 顶层构件高度 + 锚入顶层构件内长度

（2）将规范数据代入文字描述的公式

规范内对垂直筋锚入基础内长度、每层的非连接区长度、搭接长度等都有具体规定，如图 1.3.13 所示。

根据图 1.3.13 和表 1.3.45，可以推导出暗柱纵筋长度计算公式，见表 1.3.46。

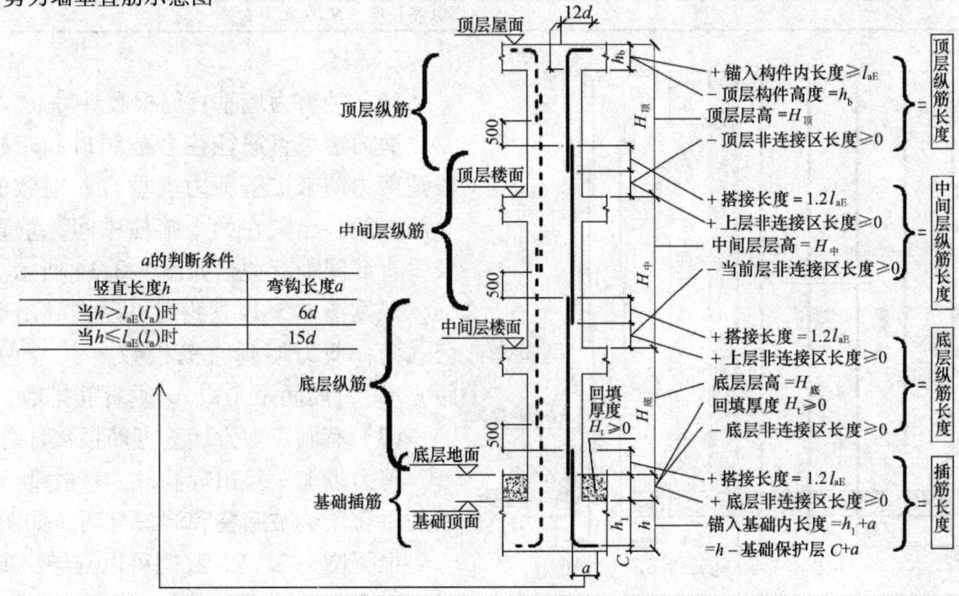

图 1.3.13 剪力墙垂直筋长度计算图（代入规范数据）

表 1.3.46　剪力墙垂直筋长度计算公式

剪力墙纵筋长度计算	基础层	公式推导过程	插筋长度 = 锚入基础内长度 + 底层非连接区长度 + 搭接长度				
			锚入基础内长度	底层非连接区			搭接长度
			$h_1+a=h-C+a$	≥0			$1.2l_{aE}$
			插筋长度 = $h_1+a+1.2l_{aE}$				
	底层	公式推导过程	底层纵筋长度 = 底层层高 - 底层非连接区长度 + 上层非连接区长度 + 搭接长度				
			底层层高	回填厚度	底层非连接区	上层非连接区	搭接长度
			$H_{底}$	$H_t≥0$	≥0	≥0	$1.2l_{aE}$
			底层纵筋长度 = $H_{底}+H_t+1.2l_{aE}$				
	中间层	公式推导过程	中间层纵筋长度 = 中间层层高 - 当前层非连接区长度 + 上层非连接区长度 + 搭接长度				
			中间层层高	当前层非连接区		上层非连接区	搭接长度
			$H_{中}$	≥0		≥0	$1.2l_{aE}$
			中间层纵筋长度 = $H_{中}+1.2l_{aE}$				
	顶层	公式推导过程	顶层纵筋长度 = 顶层层高 - 顶层非连接区长度 - 顶层构件高度 + 锚入顶层构件内长度				
			顶层层高	顶层非连接区		顶层构件高度	锚入顶层构件长度
			$H_{顶}$	≥0		h_b	$≥l_{aE}$
			顶层纵筋长度 = $H_{顶}-h_b+l_{aE}$				

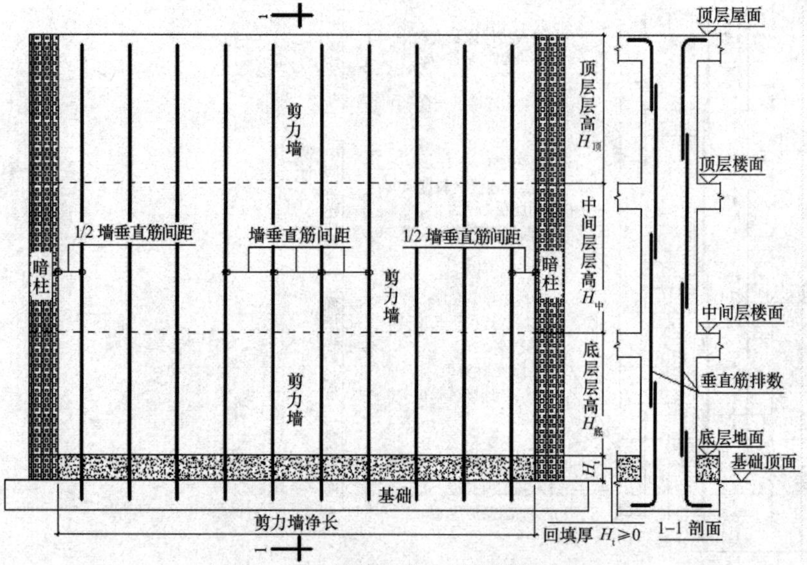

图 1.3.14　纯剪力墙垂直筋根数计算图

2. 根数

(1) 纯剪力墙垂直筋根数计算

剪力墙垂直筋往往会被洞口和暗柱所分离，我们先用一段纯剪力墙来讲解剪力墙垂直筋根数的基本算法，剪力墙垂直筋一般会出现在两个暗柱中间，垂直筋的算法和起步筋以及垂直筋间距有关，如图 1.3.14 所示。

根据图 1.3.14，我们可以推导出剪力墙垂直筋根数计算公式为：剪力墙垂直筋根数 = [（剪力墙净长 - 垂直筋间距）/垂直筋间距 +1] ×垂直筋排数。

(2) 有洞口剪力墙垂直筋根数计算

剪力墙上一旦出现洞口，一般都会同时出现暗柱和连梁，墙的垂直筋会被暗柱和洞口分离，如图 1.3.15 所示。

根据图 1.3.15，我们可以推导出剪力墙垂直筋根数计算，见表 1.3.47。

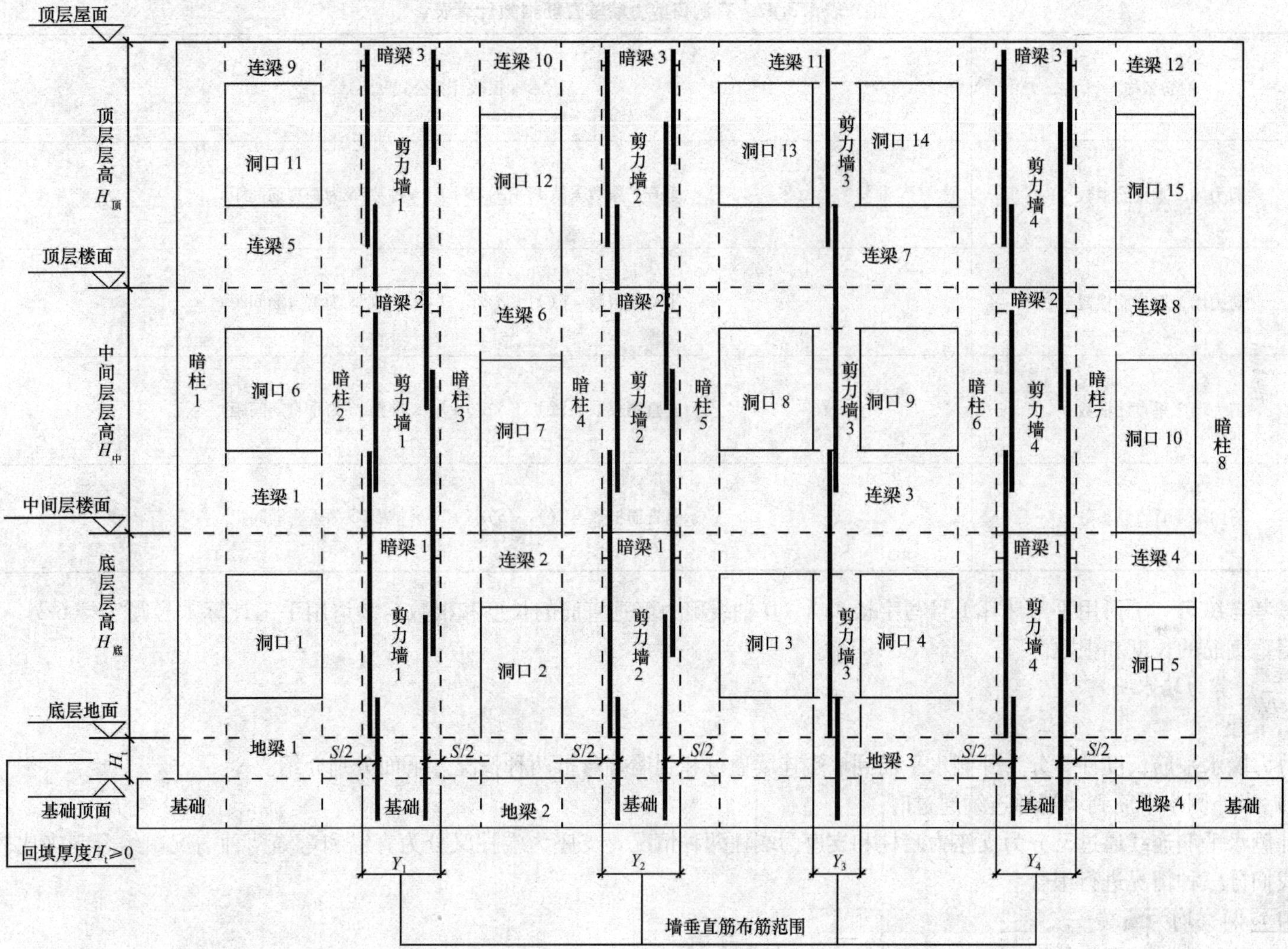

图 1.3.15　剪力墙垂直筋计算图

表 1.3.47　有洞口剪力墙垂直筋根数计算表

钢筋名称	根数计算公式
剪力墙 1 垂直筋根数	垂直筋根数 = [(Y_1 - S) / S + 1] × 排数(S 为垂直筋间距)
剪力墙 2 垂直筋根数	垂直筋根数 = [(Y_2 - S) / S + 1] × 排数(S 为垂直筋间距)
剪力墙 3 垂直筋根数	垂直筋根数 = [(Y_3 - S) / S + 1] × 排数(S 为垂直筋间距)
剪力墙 4 垂直筋根数	垂直筋根数 = [(Y_4 - S) / S + 1] × 排数(S 为垂直筋间距)

思考与练习　①请用手工计算 1 号写字楼 7/A－D 轴线剪力墙垂直筋的长度和根数。②请用手工计算 1 号写字楼 6/A－D 轴线剪力墙垂直筋的长度和根数。

（二）剪力墙水平筋

1. 长度

剪力墙水平筋长度计算分为外侧水平筋到墙端连续通过和到墙端弯折两种情况。下面分别介绍。

1）当外侧水平筋到墙端部连续通过时

外侧水平筋连续通过又分为支座为暗柱和支座为端柱两种情况。支座为端柱又分为直锚和弯锚两种情况。组合起来比较复杂。下面我们分三种情况进行组合。

（1）两头均为墙端

两头均为墙端情况，按图 1.3.16～图 1.3.25 进行组合。

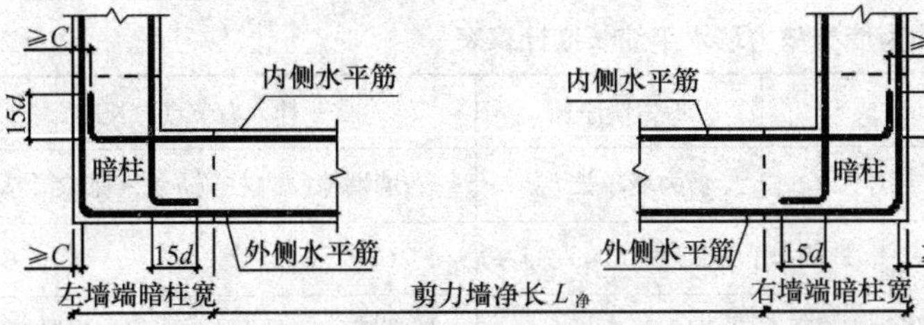

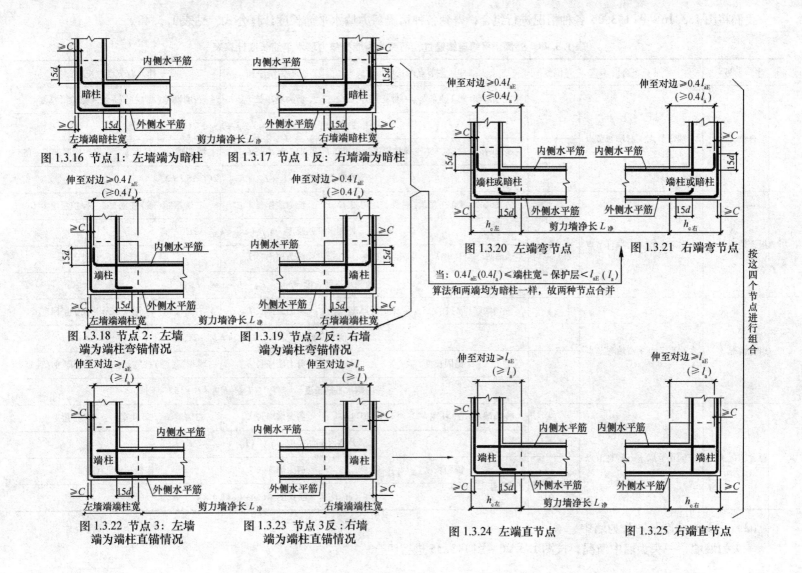

图 1.3.16 节点 1：左墙端为暗柱　　图 1.3.17 节点 1 反：右墙端为暗柱

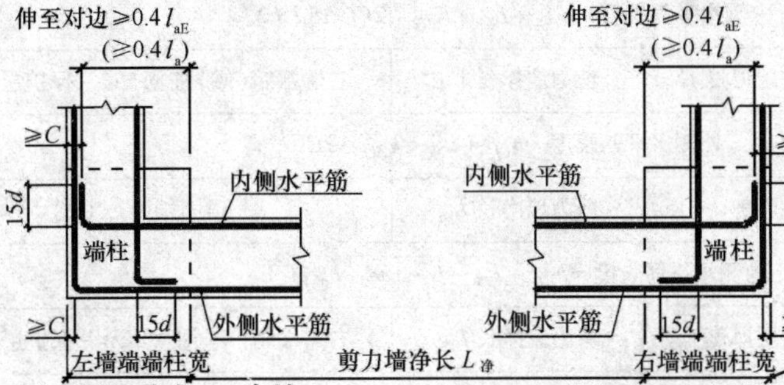

图 1.3.18 节点 2：左墙端为端柱弯锚情况　　图 1.3.19 节点 2 反：右墙端为端柱弯锚情况

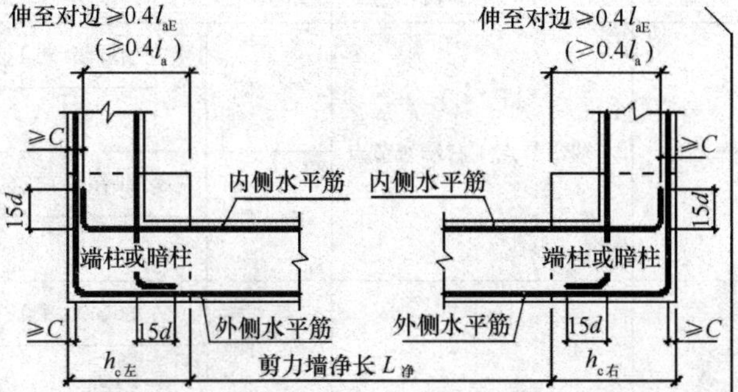

图 1.3.20 左端弯节点　　图 1.3.21 右端弯节点

当：0.4l_{aE}(0.4l_a)≤端柱宽－保护层<l_{aE}(l_a)

算法和两端均为暗柱一样，故两种节点合并

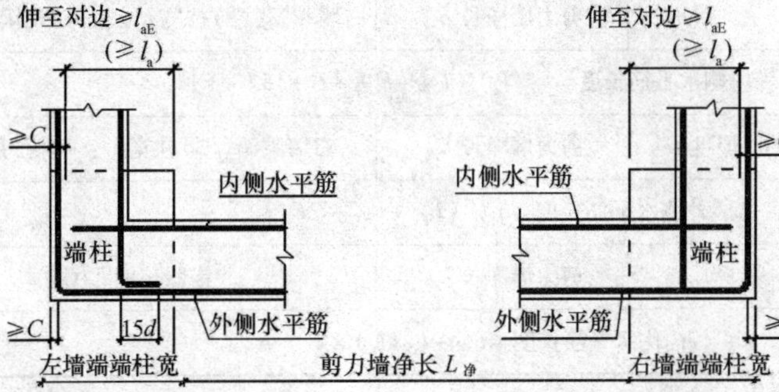

图 1.3.22 节点 3：左墙端为端柱直锚情况　　图 1.3.23 节点 3 反：右墙端为端柱直锚情况

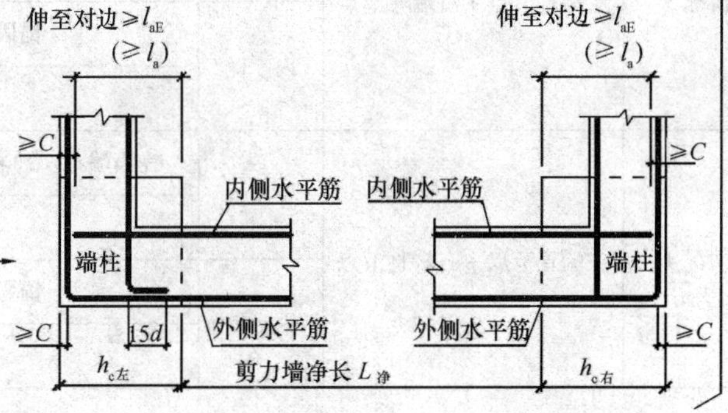

图 1.3.24 左端直节点　　图 1.3.25 右端直节点

按这四个节点进行组合

我们将图 1.3.16 ~ 图 1.3.25 各种情况进行组合，得到各种情况剪力墙水平筋长度计算公式，见表 1.3.48。

表 1.3.48　外侧水平筋连续通过，两头均为墙端剪力墙水平筋长度计算表

序　号	节点组合	位置	伸入左节点内长度	剪力墙净长	伸入右节点内长度
组合情况 1	左端弯节点 + 右端弯节点	外　侧	左墙端暗（端）柱宽 $h_{c左}$ - 保护层厚度 C	剪力墙净长 $L_{净}$	右墙端暗（端）柱宽 $h_{c右}$ - 保护层厚度 C
			外侧水平筋长度 = $h_{c左} + L_{净} + h_{c右} - 2C$		
		内　侧	左墙端暗（端）柱宽 $h_{c左}$ - 保护层厚度 $C + 15d$	剪力墙净长 $L_{净}$	右墙端暗（端）柱宽 $h_{c右}$ - 保护层厚度 $C + 15d$
			内侧水平筋长度 = $h_{c左} + L_{净} + h_{c右} - 2C + 15d \times 2$		
组合情况 2	左端弯节点 + 右端直节点	外　侧	左墙端暗（端）柱宽 $h_{c左}$ - 保护层厚度 C	剪力墙净长 $L_{净}$	右墙端暗（端）柱宽 $h_{c右}$ - 保护层厚度 C
			外侧水平筋长度 = $h_{c左} + L_{净} + h_{c右} - 2C$		
		内　侧	左墙端暗（端）柱宽 $h_{c左}$ - 保护层厚度 $C + 15d$	剪力墙净长 $L_{净}$	锚固长度 $l_{aE}(l_a)$
			内侧水平筋长度 = $h_{c左} + L_{净} - C + 15d + l_{aE}(l_a)$		
组合情况 3	左端直节点 + 右端弯节点	外　侧	左墙端暗（端）柱宽 $h_{c左}$ - 保护层厚度 C	剪力墙净长 $L_{净}$	右墙端暗（端）柱宽 $h_{c右}$ - 保护层厚度 C
			外侧水平筋长度 = $h_{c左} + L_{净} + h_{c右} - 2C$		
		内　侧	锚固长度 $l_{aE}(l_a)$	剪力墙净长 $L_{净}$	右墙端暗（端）柱宽 $h_{c右}$ - 保护层厚度 $C + 15d$
			内侧水平筋长度 = $l_{aE}(l_a) + L_{净} + h_{c右} - C + 15d$		
组合情况 4	左端直节点 + 右端直节点	外　侧	左墙端暗（端）柱宽 $h_{c左}$ - 保护层厚度 C	剪力墙净长 $L_{净}$	右墙端暗（端）柱宽 $h_{c右}$ - 保护层厚度 C
			外侧水平筋长度 = $h_{c左} + L_{净} + h_{c右} - 2C$		
		内　侧	锚固长度 $l_{aE}(l_a)$	剪力墙净长 $L_{净}$	锚固长度 $l_{aE}(l_a)$
			内侧水平筋长度 = $L_{净} + l_{aE}(l_a) \times 2$		

（2）一头为墙端、一头为墙中

一头为墙端、一头为墙中情况，按图 1.3.26 ~ 图 1.3.35 进行组合。

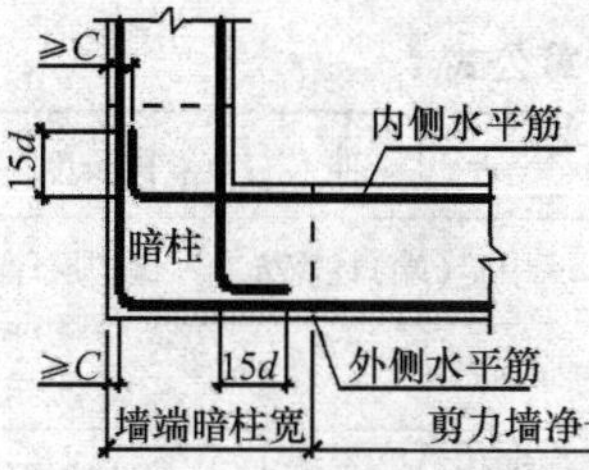

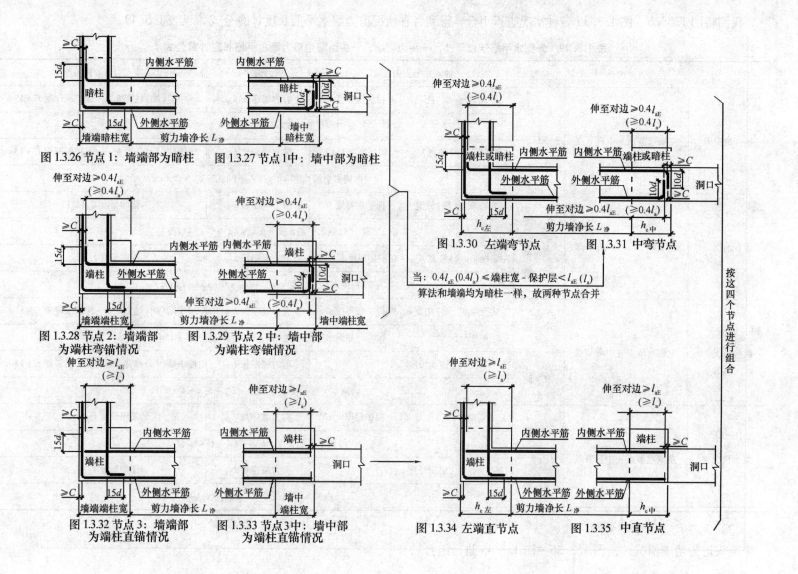

图 1.3.26 节点 1：墙端部为暗柱

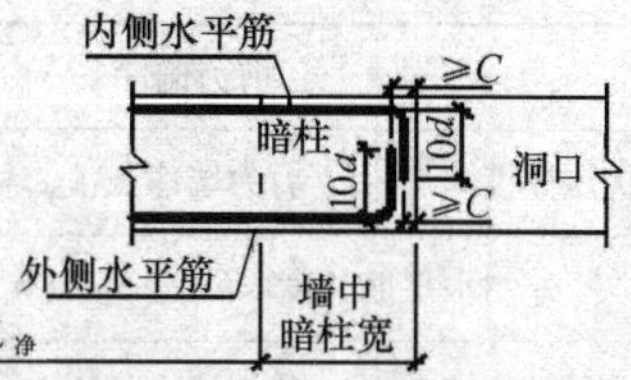

图 1.3.27 节点 1 中：墙中部为暗柱

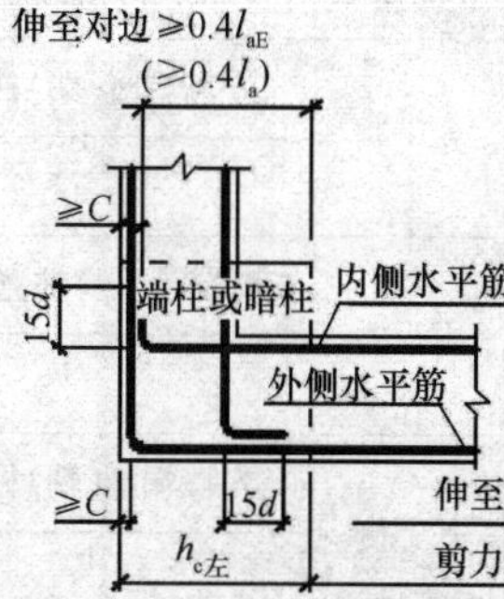

图 1.3.30 左端弯节点

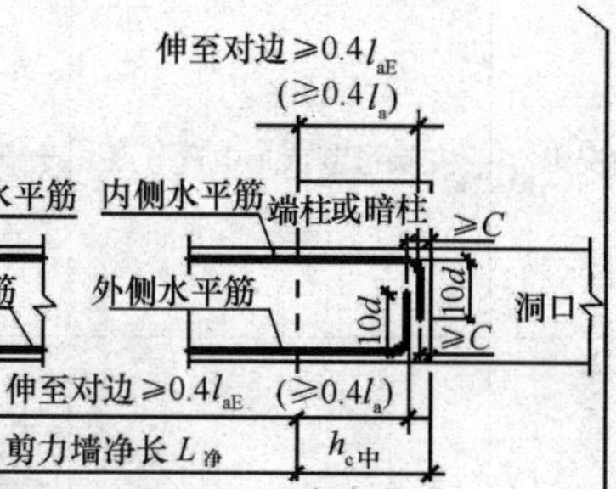

图 1.3.31 中弯节点

当：0.4l_{aE}(0.4l_a) ≤ 端柱宽 - 保护层 < l_{aE} (l_a)

算法和墙端均为暗柱一样，故两种节点合并

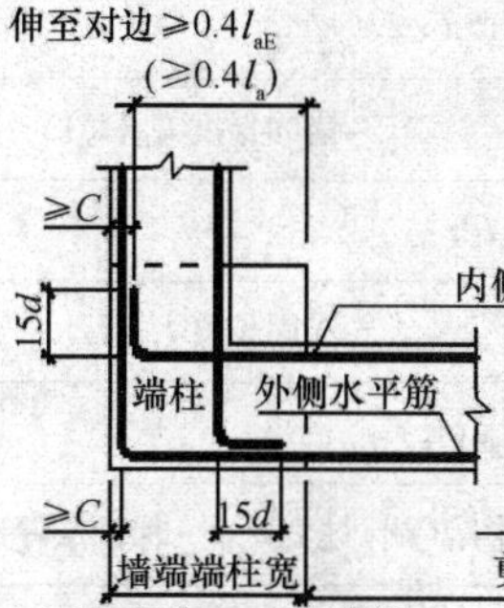

图 1.3.28 节点 2：墙端部为端柱弯锚情况

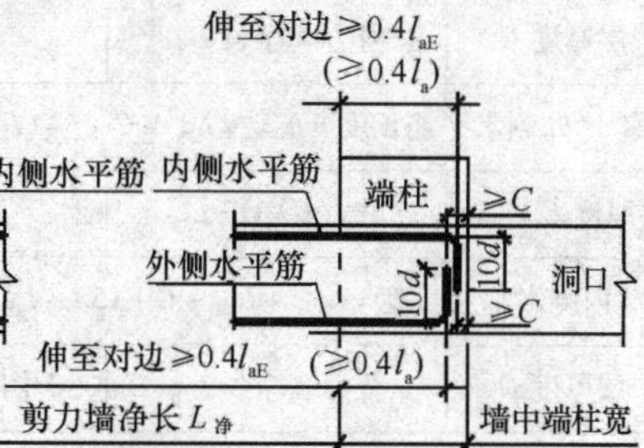

图 1.3.29 节点 2 中：墙中部为端柱弯锚情况

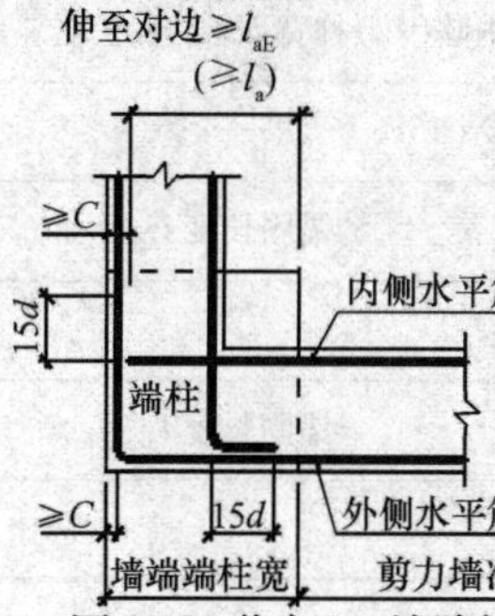

图 1.3.32 节点 3：墙端部为端柱直锚情况

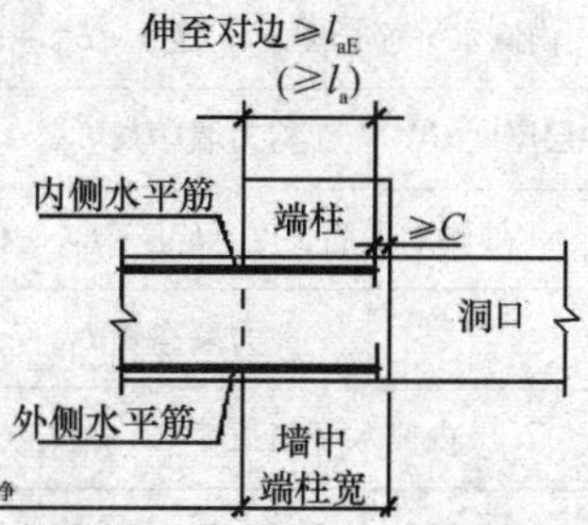

图 1.3.33 节点3中：墙中部为端柱直锚情况

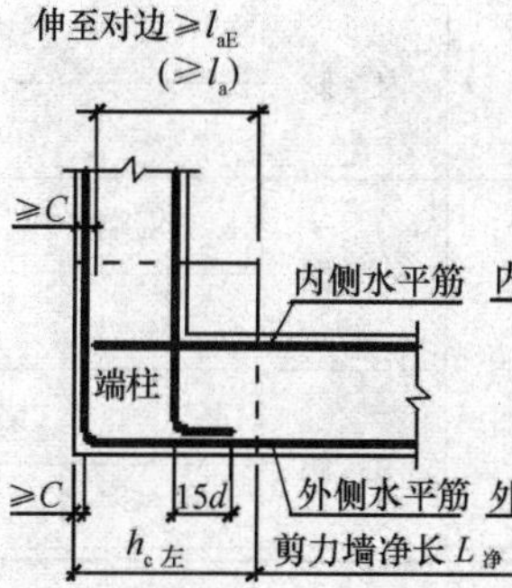

图 1.3.34 左端直节点

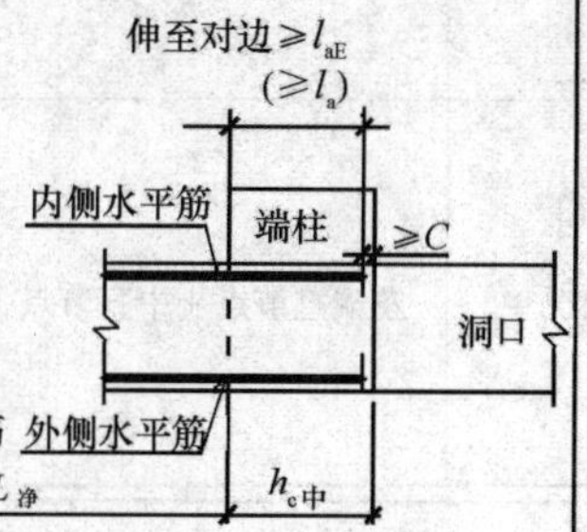

图 1.3.35 中直节点

按这四个节点进行组合

我们将图 1.3.26 ~ 图 1.3.35 各种情况进行组合，得到各种情况剪力墙水平筋长度计算公式，见表 1.3.49。

表 1.3.49　外侧水平筋连续通过，一头为墙端、一头为墙中剪力墙水平筋长度计算公式

序　　号	节点组合	位置	伸入左节点内长度	剪力墙净长	伸入右节点内长度
组合情况 1	左端弯节点 + 中弯节点	外　侧	左墙端暗(端)柱宽 $h_{c左}$ - 保护层厚度 C	剪力墙净长 $L_{净}$	墙中暗(端)柱宽 $h_{c中}$ - 保护层厚度 $C+15d$
			外侧水平筋长度 $=h_{c左}+L_{净}+h_{c中}-2C+15d$		
		内　侧	左墙端暗(端)柱宽 $h_{c左}$ - 保护层厚度 $C+15d$	剪力墙净长 $L_{净}$	墙中暗(端)柱宽 $h_{c中}$ - 保护层厚度 $C+15d$
			内侧水平筋长度 $=h_{c左}+L_{净}+h_{c中}-2C+15d\times2$		
组合情况 2	左端弯节点 + 中直节点	外　侧	左墙端暗(端)柱宽 $h_{c左}$ - 保护层厚度 C	剪力墙净长 $L_{净}$	锚固长度 $l_{aE}(l_a)$
			外侧水平筋长度 $=h_{c左}+L_{净}-C+l_{aE}(l_a)$		
		内　侧	左墙端暗(端)柱宽 $h_{c左}$ - 保护层厚度 $C+15d$	剪力墙净长 $L_{净}$	锚固长度 $l_{aE}(l_a)$
			内侧水平筋长度 $=h_{c左}+L_{净}-C+15d+l_{aE}(l_a)$		
组合情况 3	左端直节点 + 中弯节点	外　侧	左墙端暗(端)柱宽 $h_{c左}$ - 保护层厚度 C	剪力墙净长 $L_{净}$	墙中暗(端)柱宽 $h_{c中}$ - 保护层厚度 $C+15d$
			外侧水平筋长度 $=h_{c左}+L_{净}+h_{c中}-2C+15d$		
		内　侧	锚固长度 $l_{aE}(l_a)$	剪力墙净长 $L_{净}$	墙中暗(端)柱宽 $h_{c中}$ - 保护层厚度 $C+15d$
			内侧水平筋长度 $=l_{aE}(l_a)+L_{净}+h_{c中}-C+15d$		
组合情况 4	左端直节点 + 中直节点	外　侧	左墙端暗(端)柱宽 $h_{c左}$ - 保护层厚度 C	剪力墙净长 $L_{净}$	锚固长度 $l_{aE}(l_a)$
			外侧水平筋长度 $=h_{c左}+L_{净}-C+l_{aE}(l_a)$		
		内　侧	锚固长度 $l_{aE}(l_a)$	剪力墙净长 $L_{净}$	锚固长度 $l_{aE}(l_a)$
			内侧水平筋长度 $=L_{净}+l_{aE}(l_a)\times2$		

（3）两头均为墙中

两头均为墙中情况，按图 1.3.36 ~ 图 1.3.45 进行组合。

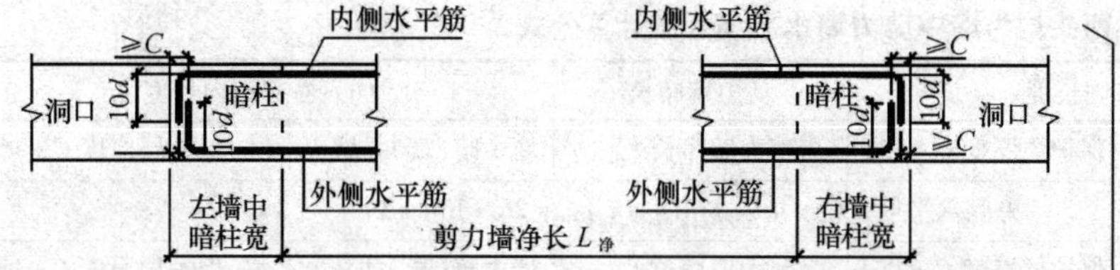

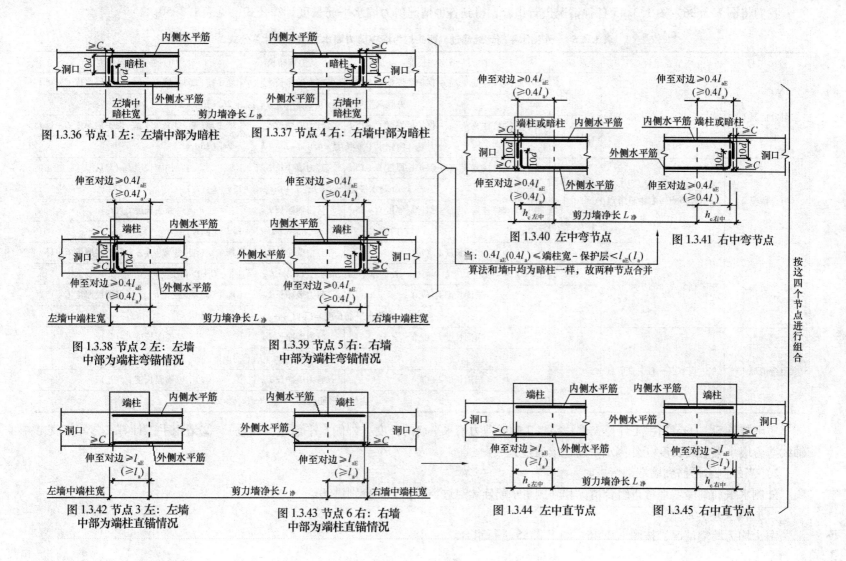

图 1.3.36 节点 1 左：左墙中部为暗柱

图 1.3.37 节点 4 右：右墙中部为暗柱

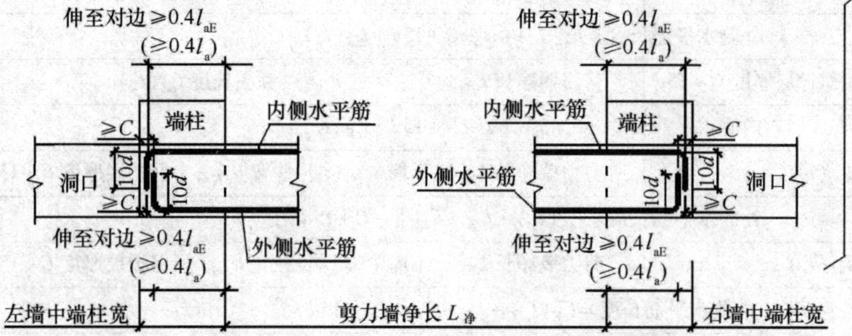

图 1.3.38 节点 2 左：左墙中部为端柱弯锚情况

图 1.3.39 节点 5 右：右墙中部为端柱弯锚情况

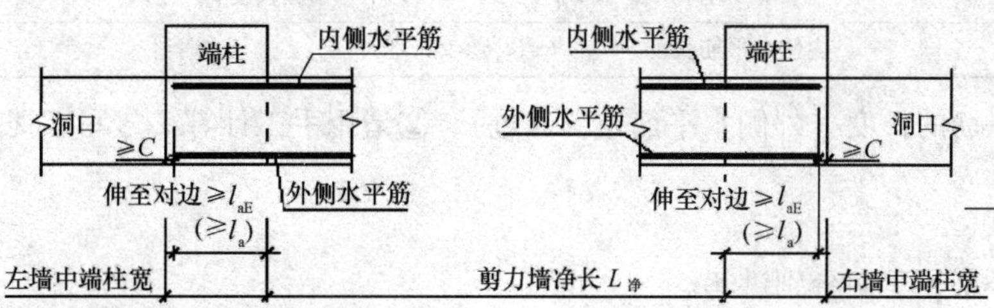

图 1.3.42 节点 3 左：左墙中部为端柱直锚情况

图 1.3.43 节点 6 右：右墙中部为端柱直锚情况

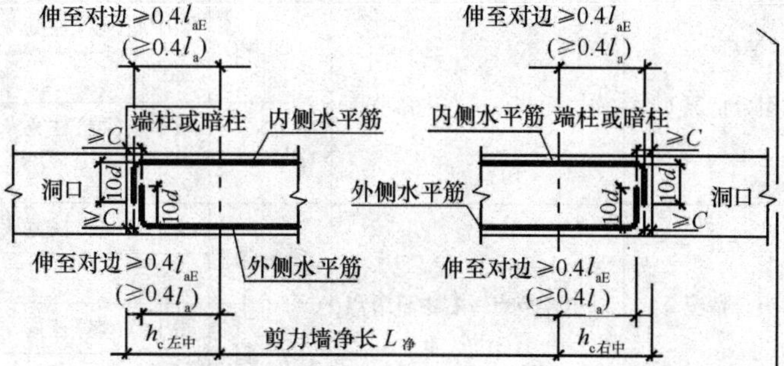

图 1.3.40 左中弯节点

图 1.3.41 右中弯节点

当：$0.4l_{aE}(0.4l_a) \leqslant$ 端柱宽 - 保护层 $< l_{aE}(l_a)$

算法和墙中均为暗柱一样，故两种节点合并

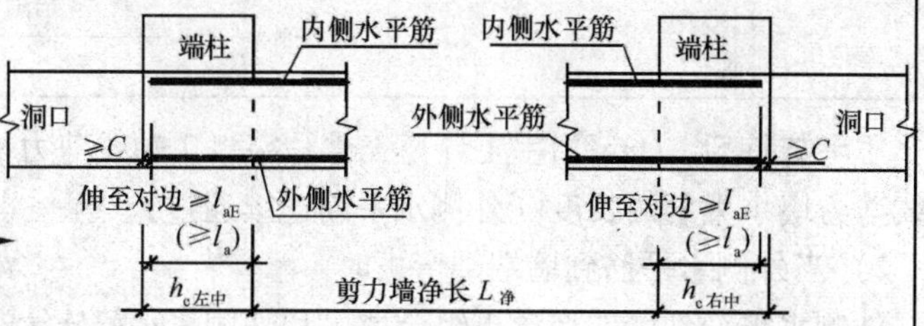

图 1.3.44 左中直节点

图 1.3.45 右中直节点

按这四个节点进行组合

我们将图 1.3.36～图 1.3.45 各种情况进行组合，得到各种情况剪力墙水平筋长度计算公式，见表 1.3.50。

表 1.3.50　外侧水平筋连续通过，两头均为墙中剪力墙水平筋长度计算公式

序号	节点组合	位置	伸入左节点内长度	剪力墙净长	伸入右节点内长度
组合情况 1	左中弯节点 + 右中弯节点	外侧	墙中暗(端)柱宽 $h_{c左中}$ − 保护层厚度 $C + 15d$	剪力墙净长 $L_{净}$	墙中暗(端)柱宽 $h_{c右中}$ − 保护层厚度 $C + 15d$
			外侧水平筋长度 $= h_{c左中} + L_{净} + h_{c右中} - 2C + 15d \times 2$		
		内侧	墙中暗(端)柱宽 $h_{c左中}$ − 保护层厚度 $C + 15d$	剪力墙净长 $L_{净}$	墙中暗(端)柱宽 $h_{c右中}$ − 保护层厚度 $C + 15d$
			内侧水平筋长度 $= h_{c左中} + L_{净} + h_{c右中} - 2C + 15d \times 2$		
组合情况 2	左中弯节点 + 右中直节点	外侧	墙中暗(端)柱宽 $h_{c左中}$ − 保护层厚度 $C + 15d$	剪力墙净长 $L_{净}$	锚固长度 $l_{aE}(l_a)$
			外侧水平筋长度 $= h_{c左中} + L_{净} - C + 15d + l_{aE}(l_a)$		
		内侧	墙中暗(端)柱宽 $h_{c左中}$ − 保护层厚度 $C + 15d$	剪力墙净长 $L_{净}$	锚固长度 $l_{aE}(l_a)$
			内侧水平筋长度 $= h_{c左中} + L_{净} - C + 15d + l_{aE}(l_a)$		
组合情况 3	左中直节点 + 右中弯节点	外侧	锚固长度 $l_{aE}(l_a)$	剪力墙净长 $L_{净}$	墙中暗(端)柱宽 $h_{c右中}$ − 保护层厚度 $C + 15d$
			外侧水平筋长度 $= l_{aE}(l_a) + L_{净} + h_{c右中} - C + 15d$		
		内侧	锚固长度 $l_{aE}(l_a)$	剪力墙净长 $L_{净}$	墙中暗(端)柱宽 $h_{c右中}$ − 保护层厚度 $C + 15d$
			内侧水平筋长度 $= l_{aE}(l_a) + L_{净} + h_{c中} - C + 15d$		
组合情况 4	左中直节点 + 右中直节点	外侧	锚固长度 $l_{aE}(l_a)$	剪力墙净长 $L_{净}$	锚固长度 $l_{aE}(l_a)$
			外侧水平筋长度 $= L_{净} + l_{aE}(l_a) \times 2$		
		内侧	锚固长度 $l_{aE}(l_a)$	剪力墙净长 $L_{净}$	锚固长度 $l_{aE}(l_a)$
			内侧水平筋长度 $= L_{净} + l_{aE}(l_a) \times 2$		

思考与练习　①请用手工计算 1 号写字楼 7 轴线剪力墙水平筋的长度（外侧水平筋连续通过）。②请用手工计算 1 号写字楼 A 轴线剪力墙水平筋的长度（外侧水平筋连续通过）。

2）当外侧水平筋到墙端部弯折时

外侧水平筋到墙端部弯折组合情况和外侧水平筋连续通过类似，下面分别讲解。

(1) 两头均为墙端

两头均为墙端情况，按图 1.3.46～图 1.3.55 进行组合。

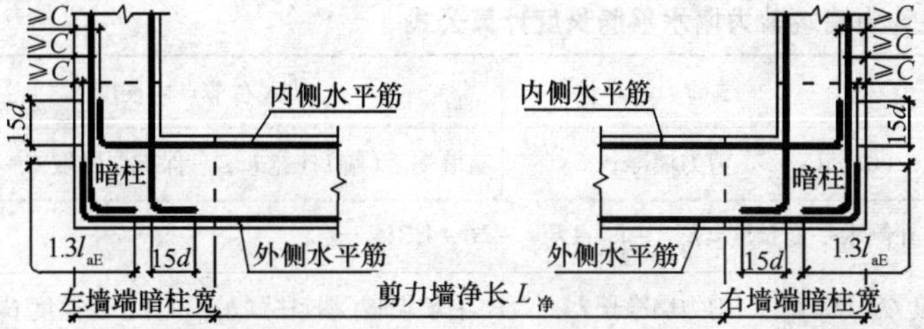

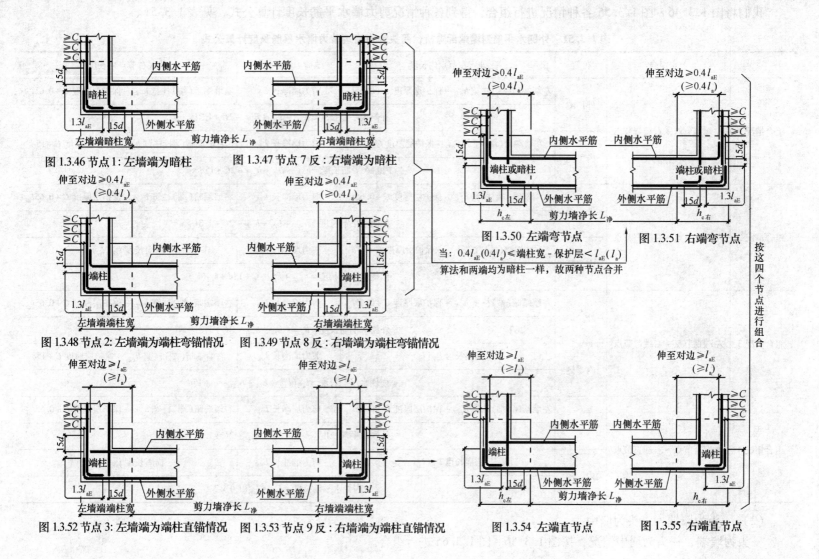

图 1.3.46 节点 1: 左墙端为暗柱　图 1.3.47 节点 7 反 : 右墙端为暗柱

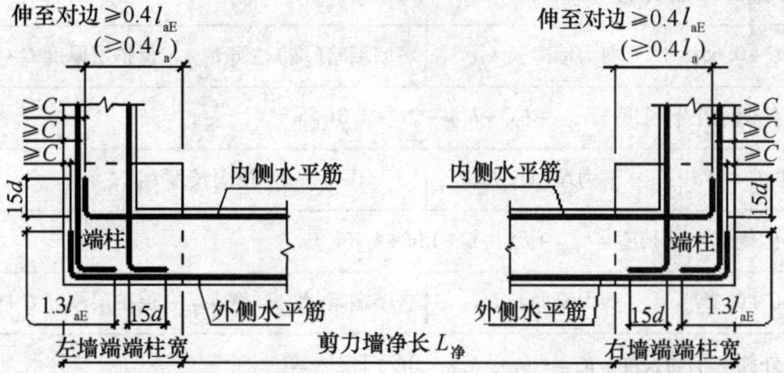

图 1.3.48 节点 2: 左墙端为端柱弯锚情况　图 1.3.49 节点 8 反 : 右墙端为端柱弯锚情况

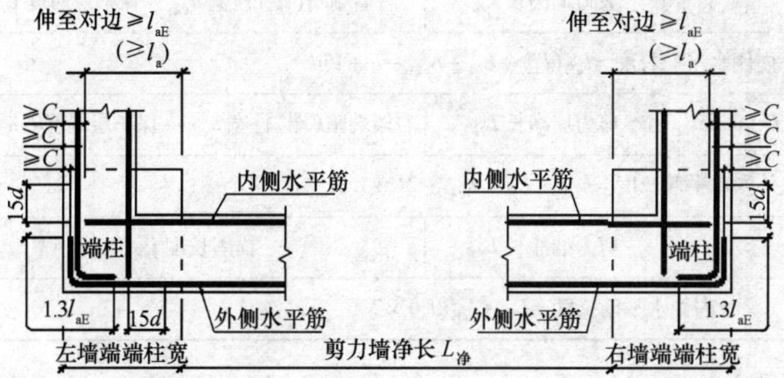

图 1.3.52 节点 3: 左墙端为端柱直锚情况　图 1.3.53 节点 9 反 : 右墙端为端柱直锚情况

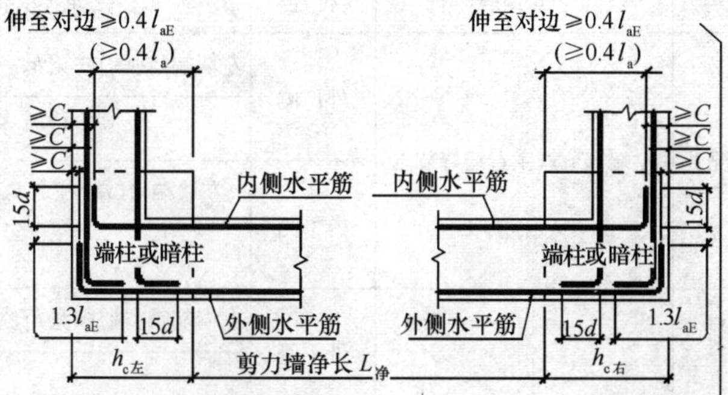

图 1.3.50 左端弯节点　图 1.3.51 右端弯节点

当：$0.4l_{aE}(0.4l_a)$≤端柱宽 - 保护层＜$l_{aE}(l_a)$

算法和两端均为暗柱一样，故两种节点合并

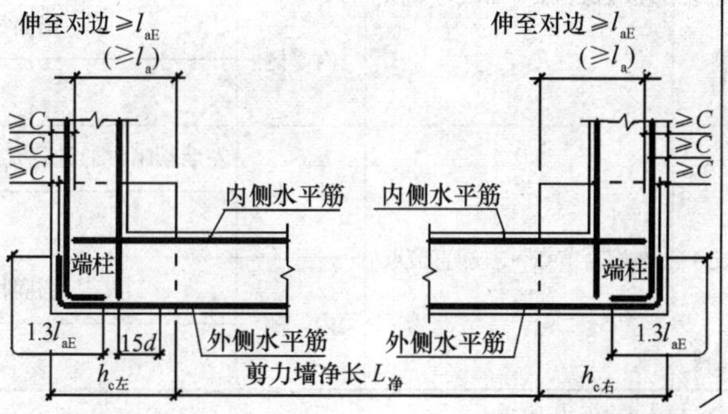

图 1.3.54 左端直节点　图 1.3.55 右端直节点

按这四个节点进行组合

我们将图 1.3.46～图 1.3.55 各种情况进行组合，得到各种情况剪力墙水平筋长度计算公式，见表 1.3.51。

表 1.3.51　外侧水平筋到墙端部弯折，两头均为墙端剪力墙水平筋长度计算公式

序　号	节点组合	位置	伸入左节点内长度	剪力墙净长	伸入右节点内长度
组合情况 1	左端弯节点＋右端弯节点	外　侧	左墙端暗（端）柱宽 $h_{c左}$ －保护层厚度 $C+0.65l_{aE}$	剪力墙净长 $L_{净}$	右墙端暗（端）柱宽 $h_{c右}$ －保护层厚度 $C+0.65l_{aE}$
			外侧水平筋长度 $=h_{c左}+L_{净}+h_{c右}-2C+1.3l_{aE}$		
		内　侧	左墙端暗（端）柱宽 $h_{c左}$ －保护层厚度 $C+15d$	剪力墙净长 $L_{净}$	右墙端暗（端）柱宽 $h_{c右}$ －保护层厚度 $C+15d$
			内侧水平筋长度 $=h_{c左}+L_{净}+h_{c右}-2C+15d\times2$		
组合情况 2	左端弯节点＋右端直节点	外　侧	左墙端暗（端）柱宽 $h_{c左}$ －保护层厚度 $C+0.65l_{aE}$	剪力墙净长 $L_{净}$	右墙端暗（端）柱宽 $h_{c右}$ －保护层厚度 $C+0.65l_{aE}$
			外侧水平筋长度 $=h_{c左}+L_{净}+h_{c右}-2C+1.3l_{aE}$		
		内　侧	左墙端暗（端）柱宽 $h_{c左}$ －保护层厚度 $C+15d$	剪力墙净长 $L_{净}$	锚固长度 $l_{aE}(l_a)$
			内侧水平筋长度 $=h_{c左}+L_{净}-C+15d+l_{aE}(l_a)$		
组合情况 3	左端直节点＋右端弯节点	外　侧	左墙端暗（端）柱宽 $h_{c左}$ －保护层厚度 $C+0.65l_{aE}$	剪力墙净长 $L_{净}$	右墙端暗（端）柱宽 $h_{c右}$ －保护层厚度 $C+0.65l_{aE}$
			外侧水平筋长度 $=h_{c左}+L_{净}+h_{c右}-2C+1.3l_{aE}$		
		内　侧	锚固长度 $l_{aE}(l_a)$	剪力墙净长 $L_{净}$	右墙端暗（端）柱宽 $h_{c右}$ －保护层厚度 $C+15d$
			内侧水平筋长度 $=l_{aE}(l_a)+L_{净}+h_{c右}-C+15d$		
组合情况 4	左端直节点＋右端直节点	外　侧	左墙端暗（端）柱宽 $h_{c左}$ －保护层厚度 $C+0.65l_{aE}$	剪力墙净长 $L_{净}$	右墙端暗（端）柱宽 $h_{c右}$ －保护层厚度 $C+0.65l_{aE}$
			外侧水平筋长度 $=h_{c左}+L_{净}+h_{c右}-2C+1.3l_{aE}$		
		内　侧	锚固长度 $l_{aE}(l_a)$	剪力墙净长 $L_{净}$	锚固长度 $l_{aE}(l_a)$
			内侧水平筋长度 $=L_{净}+l_{aE}(l_a)\times2$		

（2）一头为墙端、一头为墙中

一头为墙端、一头为墙中情况，按图 1.3.56～图 1.3.65 进行组合。

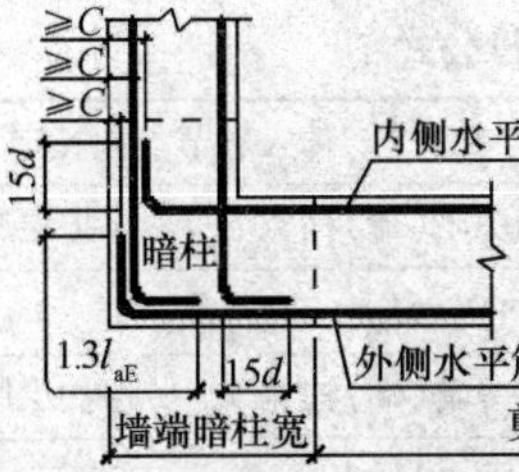

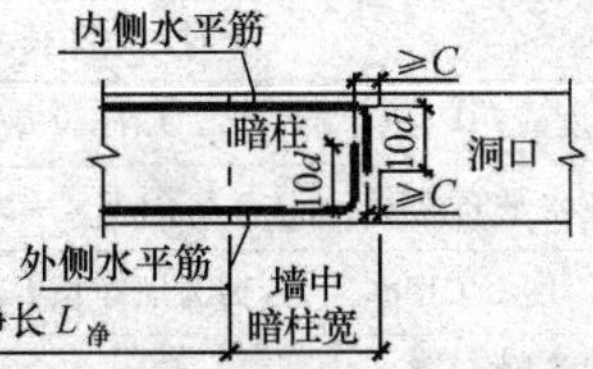

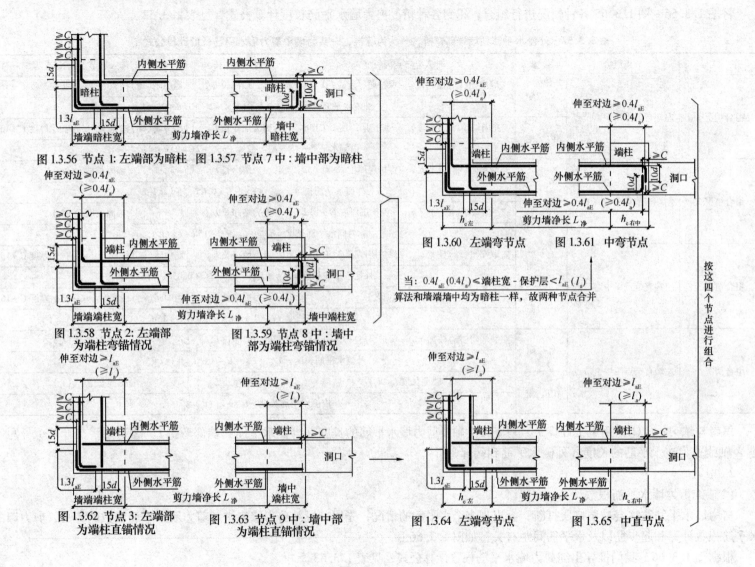

图 1.3.56 节点 1: 左端部为暗柱　图 1.3.57 节点 7 中 : 墙中部为暗柱

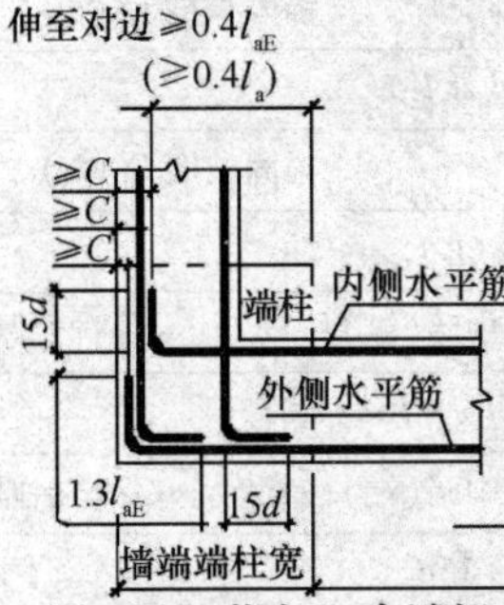

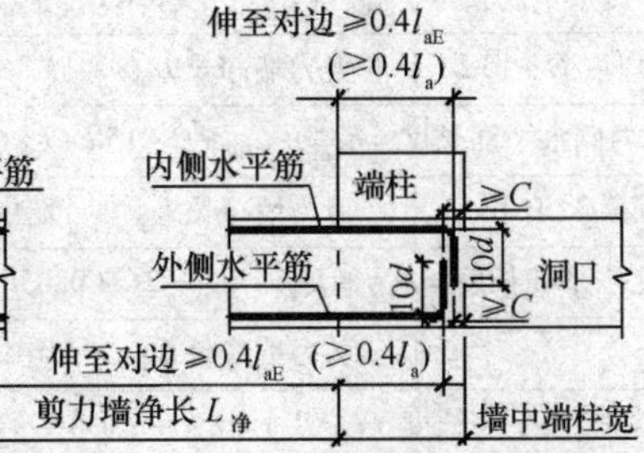

图 1.3.58 节点 2: 左端部为端柱弯锚情况

图 1.3.59 节点 8 中 : 墙中部为端柱弯锚情况

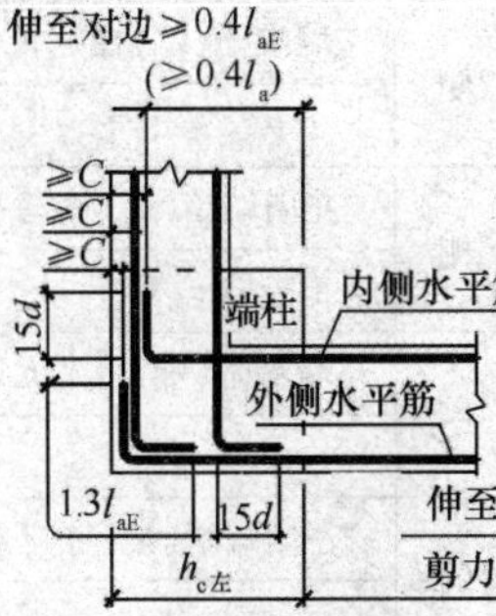

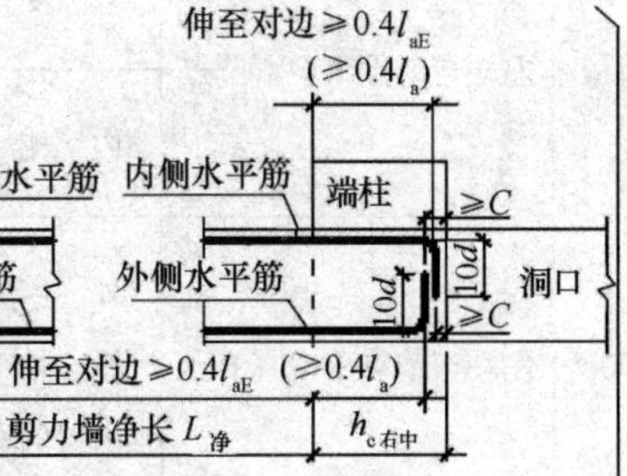

图 1.3.60　左端弯节点　图 1.3.61　中弯节点

当：0.4l_{aE}(0.4l_a)≤端柱宽 - 保护层<l_{aE}(l_a)

算法和墙端墙中均为暗柱一样，故两种节点合并

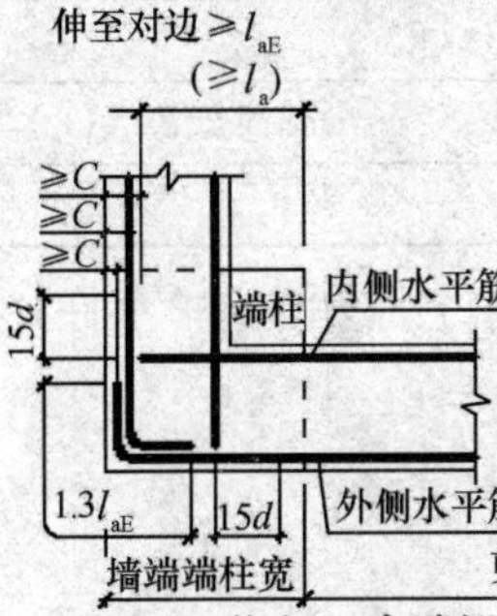

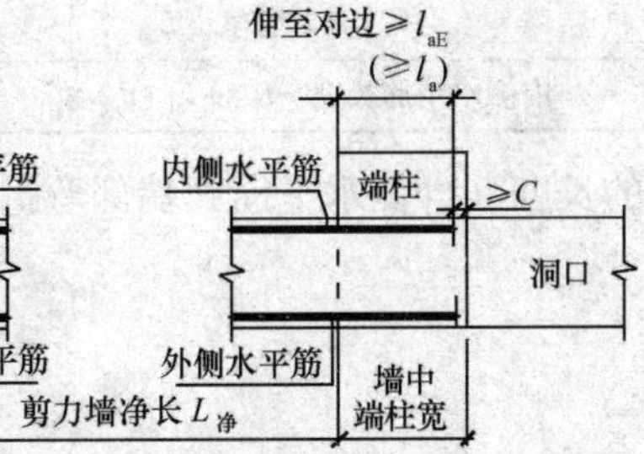

图 1.3.62 节点 3: 左端部为端柱直锚情况

图 1.3.63 节点 9 中 : 墙中部为端柱直锚情况

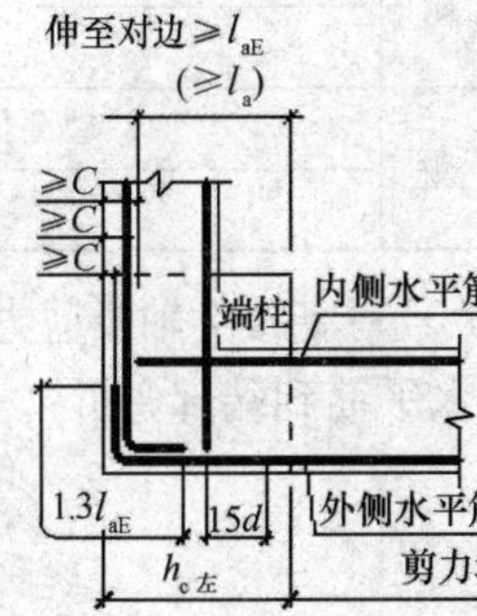

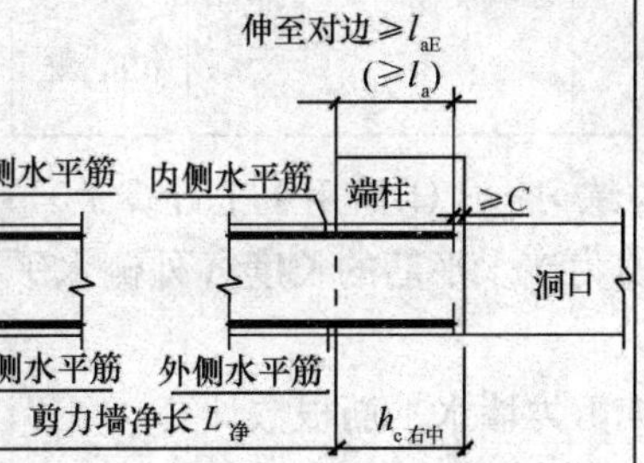

图 1.3.64　左端弯节点　图 1.3.65　中直节点

按这四个节点进行组合

将图 1.3.56 ~ 图 1.3.65 各种情况进行组合，得到各种情况剪力墙水平筋长度计算公式，见表 1.3.52。

表 1.3.52　外侧水平筋到墙端部弯折，一头为墙端、一头为墙中剪力墙水平筋长度计算公式

序　号	节点组合	位置	伸入左节点内长度	剪力墙净长	伸入右节点内长度
组合情况 1	左端弯节点 + 中弯节点	外　侧	左墙端暗（端）柱宽 $h_{c左}$ − 保护层厚度 $C+0.65l_{aE}$	剪力墙净长 $L_净$	墙中暗（端）柱宽 $h_{c中}$ − 保护层厚度 $C+15d$
			外侧水平筋长度 $=h_{c左}+L_净+h_{c中}-2C+15d+0.65l_{aE}$		
		内　侧	左墙端暗（端）柱宽 $h_{c左}$ − 保护层厚度 $C+15d$	剪力墙净长 $L_净$	墙中暗（端）柱宽 $h_{c中}$ − 保护层厚度 $C+15d$
			内侧水平筋长度 $=h_{c左}+L_净+h_{c中}-2C+15d\times2$		
组合情况 2	左端弯节点 + 中直节点	外　侧	左墙端暗（端）柱宽 $h_{c左}$ − 保护层厚度 $C+0.65l_{aE}$	剪力墙净长 $L_净$	锚固长度 $l_{aE}(l_a)$
			外侧水平筋长度 $=h_{c左}+L_净-C+0.65l_{aE}+l_{aE}(l_a)$		
		内　侧	左墙端暗（端）柱宽 $h_{c左}$ − 保护层厚度 $C+15d$	剪力墙净长 $L_净$	锚固长度 $l_{aE}(l_a)$
			内侧水平筋长度 $=h_{c左}+L_净-C+15d+l_{aE}(l_a)$		
组合情况 3	左端直节点 + 中弯节点	外　侧	左墙端暗（端）柱宽 $h_{c左}$ − 保护层厚度 $C+0.65l_{aE}$	剪力墙净长 $L_净$	墙中暗（端）柱宽 $h_{c中}$ − 保护层厚度 $C+15d$
			外侧水平筋长度 $=h_{c左}+L_净+h_{c中}-2C+0.65l_{aE}+15d$		
		内　侧	锚固长度 $l_{aE}(l_a)$	剪力墙净长 $L_净$	墙中暗（端）柱宽 $h_{c中}$ − 保护层厚度 $C+15d$
			内侧水平筋长度 $=l_{aE}(l_a)+L_净+h_{c中}-C+15d$		
组合情况 4	左端直节点 + 中直节点	外　侧	左墙端暗（端）柱宽 $h_{c左}$ − 保护层厚度 $C+0.65l_{aE}$	剪力墙净长 $L_净$	锚固长度 $l_{aE}(l_a)$
			外侧水平筋长度 $=h_{c左}+L_净-C+0.65l_{aE}+l_{aE}(l_a)$		
		内　侧	锚固长度 $l_{aE}(l_a)$	剪力墙净长 $L_净$	锚固长度 $l_{aE}(l_a)$
			内侧水平筋长度 $=L_净+l_{aE}(l_a)\times2$		

思考与练习：　①请用手工计算 1 号写字楼 7 轴线剪力墙水平筋的长度（外侧水平筋到端部弯折）。②请用手工计算 1 号写字楼 A 轴线剪力墙水平筋的长度（外侧水平筋到端部弯折）。

2. 根数

（1）纯剪力墙水平筋根数计算

剪力墙水平筋往往会被洞口所打断，会出现多个水平筋的情况，先用一段纯剪力墙来讲解剪力墙水平筋根数的算法，剪力墙的水平筋根数计算和起步筋以及水平筋间距有关，如图 1.3.66 所示。

根据图 1.3.66，我们推导出纯剪力墙水平筋根数计算公式，见表 1.3.53。

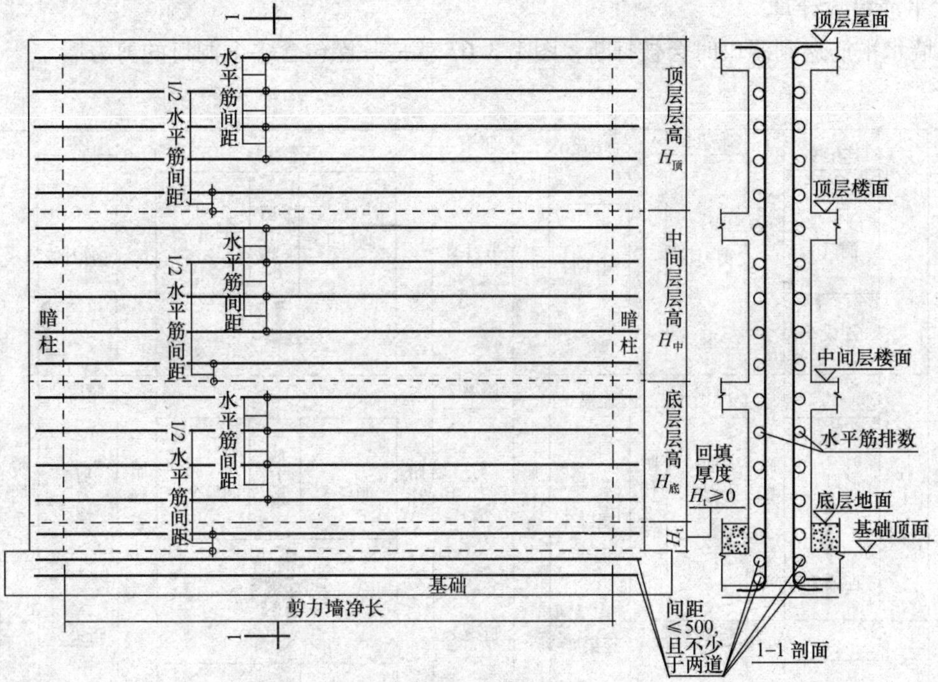

图 1.3.66 纯剪力墙水平筋根数计算图

表 1.3.53 纯剪力墙水平筋根数计算公式表

基础层	公式推导过程	水平筋根数 = max[2,(基础厚 - 基础保护层厚度)/500 - 1]	基础顶和底均不布水平筋	依据：间距≤500，且不少于两道（内外侧水平筋根数计算方法相同）。
		水平筋根数 = max[2,(基础厚 - 基础保护层厚度)/500]	基础顶或底只布一个水平筋	
		水平筋根数 = max[2,(基础厚 - 基础保护层厚度)/500 + 1]	基础顶和底均布置水平筋	
底层、中间层、顶层	公式推导过程	水平筋根数 = 最大值[（层高—起步距离）/水平筋间距 + 1]（内外侧水平筋根数计算方法相同）		
		层　高	起步距离	水平筋间距
		$[(H_{底}+H_t),H_{中},H_{顶}]$	$S/2$	S
		水平筋根数 = $\{\max[(H_{底}+H_t),H_{中},H_{顶}] - S/2\}/S + 1$		

(2) 有洞口剪力墙水平筋根数计算

在实际工程中，剪力墙水平筋遇到洞口时会被打断，图 1.3.67 就是一垛包含多个洞口的剪力墙。

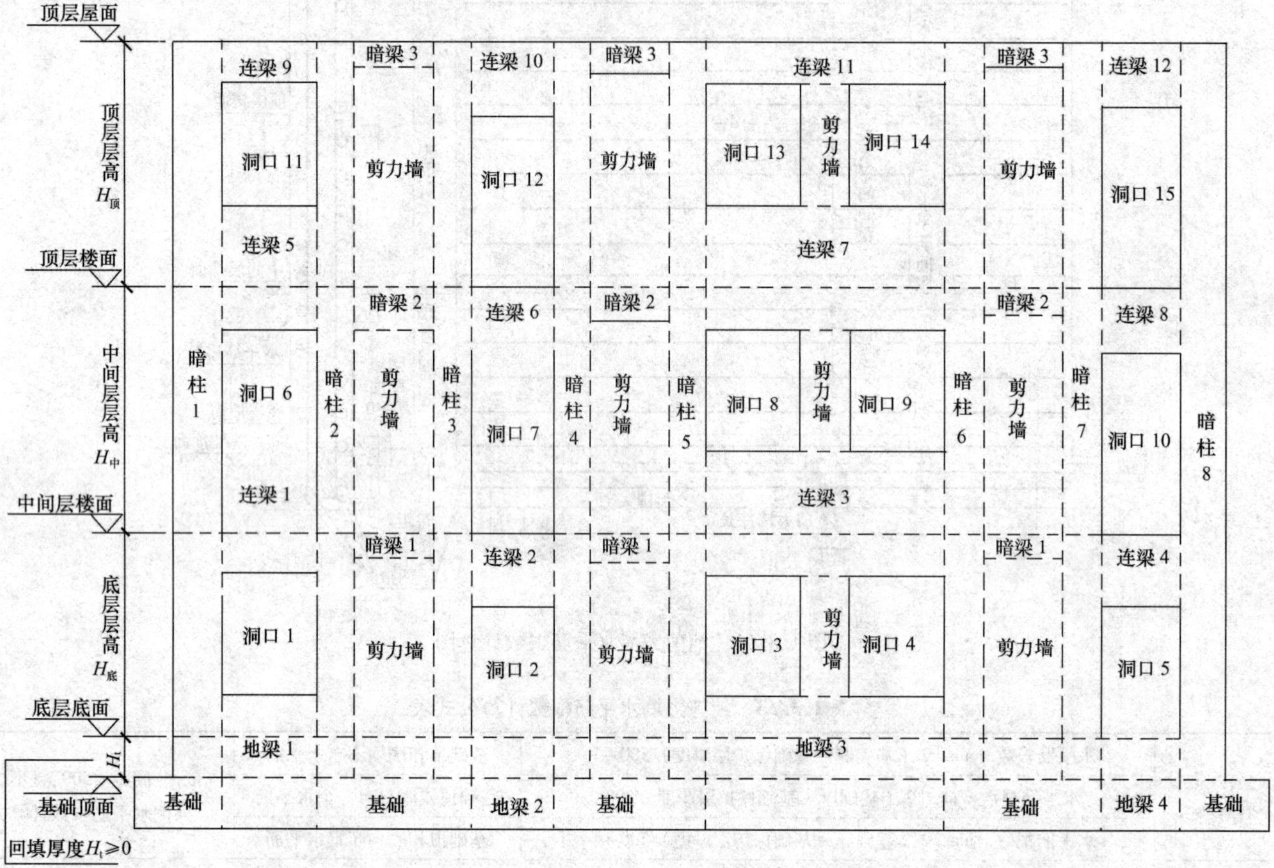

图 1.3.67　剪力墙构件分布图

我们先给这垛剪力墙的基础层和底层配上剪力筋，如图 1.3.68 所示。

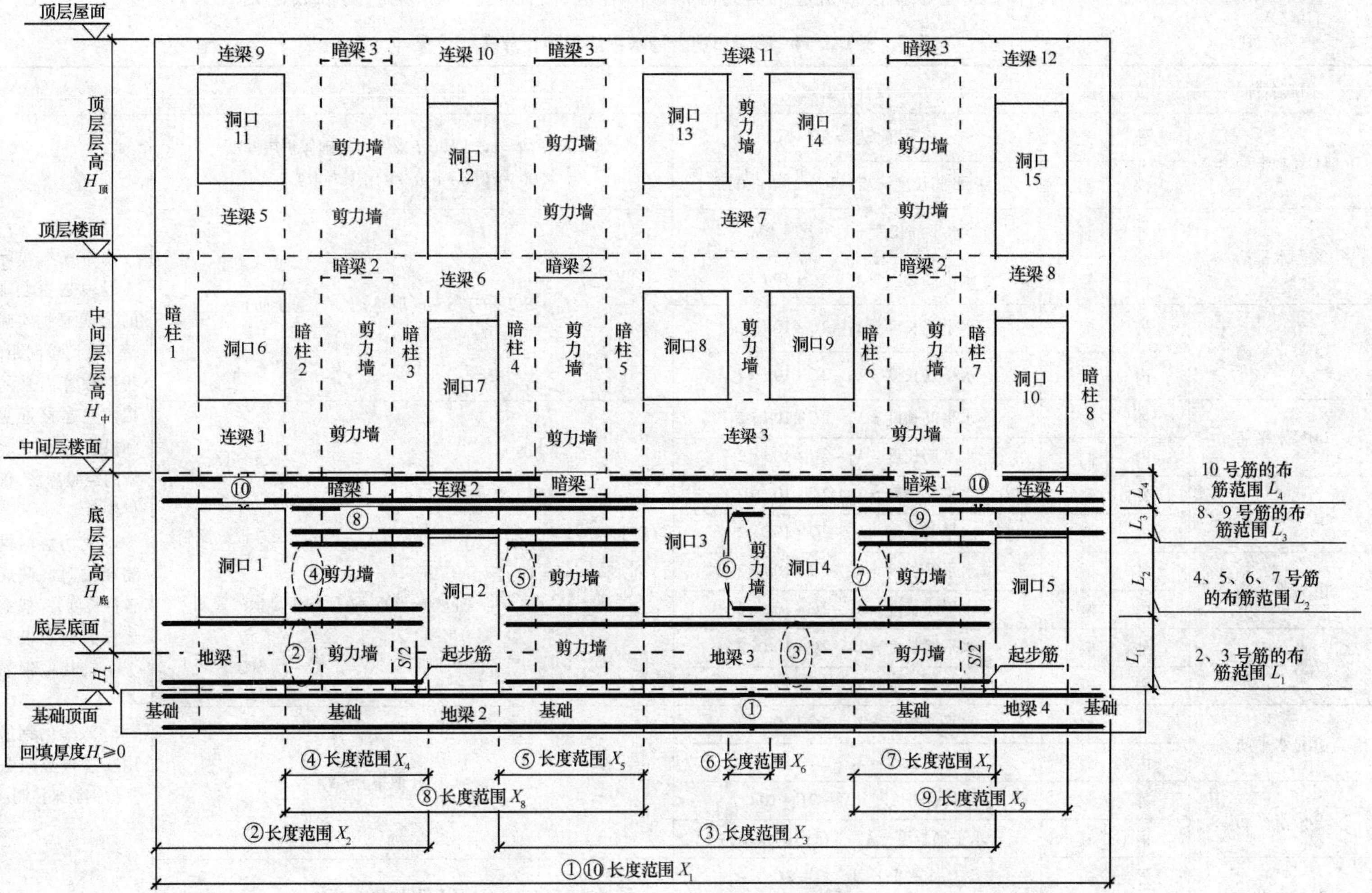

图 1.3.68 剪力墙水平筋计算图

图 1.3.68 一共出现了 10 种水平筋，根据前面讲过的剪力墙根数的算法，计算这 10 中钢筋的根数，见表 1.3.54。

表 1.3.54 有洞口剪力墙水平筋根数计算表

<table>
<tr><th>钢筋名称</th><th>位 置</th><th>长度计算公式</th><th>根数计算公式</th><th>备 注</th></tr>
<tr><td rowspan="2">①号水平筋</td><td>外 侧</td><td>水平筋长度 $=X_1-2C$</td><td rowspan="2">水平筋根数 = max[2,(基础厚 - 基础保护层厚度)/500 - 1(或 +1 或 +0)]三者取其一</td><td rowspan="20">水平筋在实际工程中是往上排的，经常根据实际情况会调整间距，我们预算出来的根数只是接近实际根数，下面是著者的经验算法，仅供参考。
1. 剪力墙的钢筋会被洞口截成各种长度，一般在最长的钢筋根数上 +1，其他钢筋不 +1。
2. 最短的钢筋用层总根数减去其他钢筋来控制。</td></tr>
<tr><td>内 侧</td><td>水平筋长度 $=X_1-2C+15d+10d$</td></tr>
<tr><td rowspan="2">②号水平筋</td><td>外 侧</td><td>水平筋长度 $=X_2-2C+10d$</td><td rowspan="4">$(L_1-S/2-C)/S+1$(取整) $=N_1$(起步筋)</td></tr>
<tr><td>内 侧</td><td>水平筋长度 $=X_2-2C+10d\times2$</td></tr>
<tr><td rowspan="2">③号水平筋</td><td>外 侧</td><td>水平筋长度 $=X_3-2C+10d\times2$</td></tr>
<tr><td>内 侧</td><td>水平筋长度 $=X_3-2C+10d\times2$</td></tr>
<tr><td rowspan="2">④号水平筋</td><td>外 侧</td><td>水平筋长度 $=X_4-2C+10d\times2$</td><td rowspan="8">顶层：
(层高 $-S/2-C)/S+1-N_1-N_3-N_4=N_2$(用层总根数控制)
非顶层：
(层高 $-S/2)/S+1-N_1-N_3-N_4=N_2$(用层总根数控制)</td></tr>
<tr><td>内 侧</td><td>水平筋长度 $=X_4-2C+10d\times2$</td></tr>
<tr><td rowspan="2">⑤号水平筋</td><td>外 侧</td><td>水平筋长度 $=X_5-2C+10d\times2$</td></tr>
<tr><td>内 侧</td><td>水平筋长度 $=X_5-2C+10d\times2$</td></tr>
<tr><td rowspan="2">⑥号水平筋</td><td>外 侧</td><td>水平筋长度 $=X_6-2C+10d\times2$</td></tr>
<tr><td>内 侧</td><td>水平筋长度 $=X_6-2C+10d\times2$</td></tr>
<tr><td rowspan="2">⑦号水平筋</td><td>外 侧</td><td>水平筋长度 $=X_7-2C+10d\times2$</td></tr>
<tr><td>内 侧</td><td>水平筋长度 $=X_7-2C+10d\times2$</td></tr>
<tr><td rowspan="2">⑧号水平筋</td><td>外 侧</td><td>水平筋长度 $=X_8-2C+10d\times2$</td><td rowspan="4">$(L_3-C)/S$(取整) $=N_3$</td></tr>
<tr><td>内 侧</td><td>水平筋长度 $=X_8-2C+10d\times2$</td></tr>
<tr><td rowspan="2">⑨号水平筋</td><td>外 侧</td><td>水平筋长度 $=X_9-2C+10d$</td></tr>
<tr><td>内 侧</td><td>水平筋长度 $=X_9-2C+10d+15d$</td></tr>
<tr><td rowspan="2">⑩号水平筋</td><td>外 侧</td><td>水平筋长度 $=X_1-2C$</td><td rowspan="2">$(L_4-C)/S$(取整) $=N_4$</td></tr>
<tr><td>内 侧</td><td>水平筋长度 $=X_1-2C+15d\times2$</td></tr>
</table>

接下来再给中间层和顶层配上水平筋，如图 1.3.69 所示。

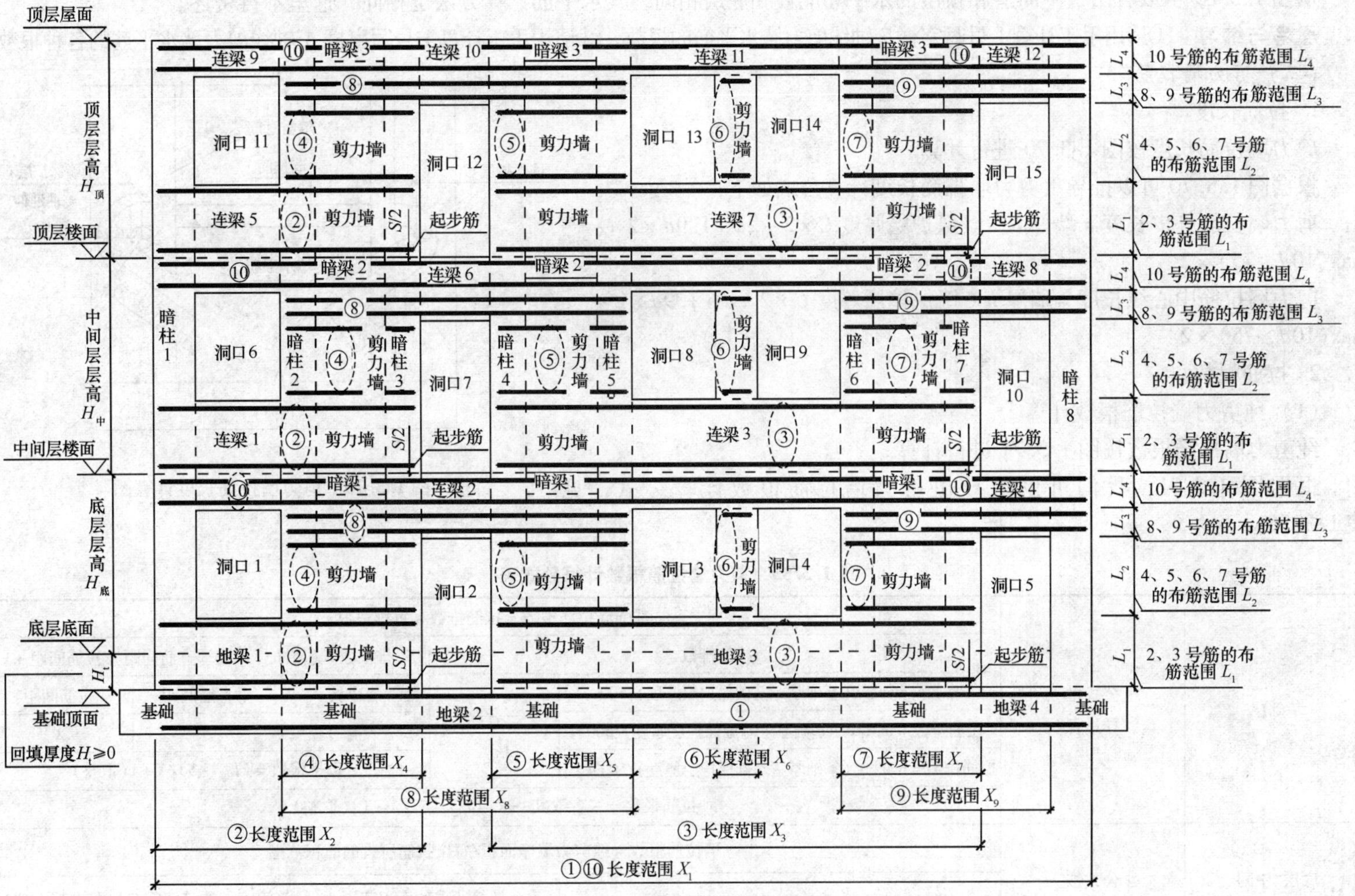

图 1.3.69　剪力墙水平筋计算图

从图 1.3.69 可以看出，中间层和顶层的水平筋配置和底层相同，其水平筋计算方法也相同，这里不再赘述。

思考与练习 ①请用手工计算 1 号写字楼 7 轴线剪力墙水平筋的根数。②请用手工计算 1 号写字楼 A 轴线剪力墙水平筋的各种根数。

（三）剪力墙拉筋

1. 拉筋长度

剪力墙拉筋长度按图 1.3.70 进行计算。

根据图 1.3.70 可以推导出剪力墙拉筋长度计算公式如下：

剪力墙拉筋外皮长度 = 墙厚 h − 墙保护层厚度 $C\times 2+2d+1.9d\times 2+\max(10d,\ 75)\times 2$

剪力墙拉筋中心线长度 = 墙厚 h − 墙保护层厚度 $C\times 2+d+1.9d\times 2+\max(10d,\ 75)\times 2$

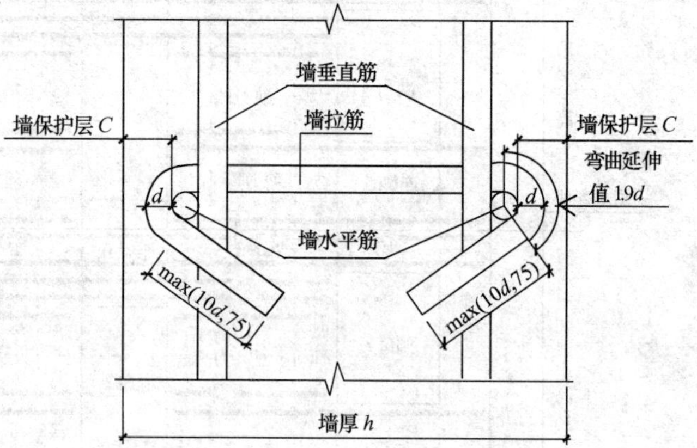

图 1.3.70 剪力墙拉筋长度计算图

2. 拉筋根数

（1）纯剪力墙拉筋根数计算

纯剪力墙拉筋根数按图 1.3.71 进行计算。

根据图 1.3.71，我们可以推导出剪力墙拉筋根数计算公式，见表 1.3.55。

表 1.3.55 剪力墙拉筋根数计算公式表

<table>
<tr><td rowspan="6">基础层</td><td rowspan="6">公式推导过程</td><td colspan="5">基础墙拉筋根数 = 拉筋排数 × 每排根数</td></tr>
<tr><td colspan="2">拉筋排数</td><td colspan="3">每排根数 =（墙净长 − 墙垂直筋间距）/拉筋间距 + 1</td></tr>
<tr><td>拉筋排数 = max[2,(基础厚 − 基础保护层厚度)/500 − 1]</td><td rowspan="3">三者取其一</td><td>墙净长</td><td>垂直筋间距</td><td>拉筋间距</td></tr>
<tr><td>拉筋排数 = max[2,(基础厚 − 基础保护层厚度)/500]</td><td>$L_{墙}$</td><td>S</td><td>X</td></tr>
<tr><td>拉筋排数 = max[2,(基础厚 − 基础保护层厚度)/500 + 1]</td><td colspan="3">每排根数 = ($L_{墙}-S$)/X + 1（取整）</td></tr>
<tr><td colspan="5">拉筋根数 = 三者取其一 × [($L_{墙}-S$)/X + 1]（取整）</td></tr>
<tr><td rowspan="3">底层、中间层、顶层</td><td rowspan="3">公式推导过程</td><td colspan="5">墙拉筋根数 = 纯剪力墙净面积/每个拉筋所占的面积范围</td></tr>
<tr><td colspan="2" rowspan="2">纯剪力墙净面积 = 墙总面积 − 暗柱面积</td><td colspan="3">每个拉筋所占的面积范围 =（拉筋间距 × 拉筋间距/2）（梅花形布置）</td></tr>
<tr><td colspan="3">每个拉筋所占的面积范围 =（拉筋间距 × 拉筋间距）（矩形布置）</td></tr>
</table>

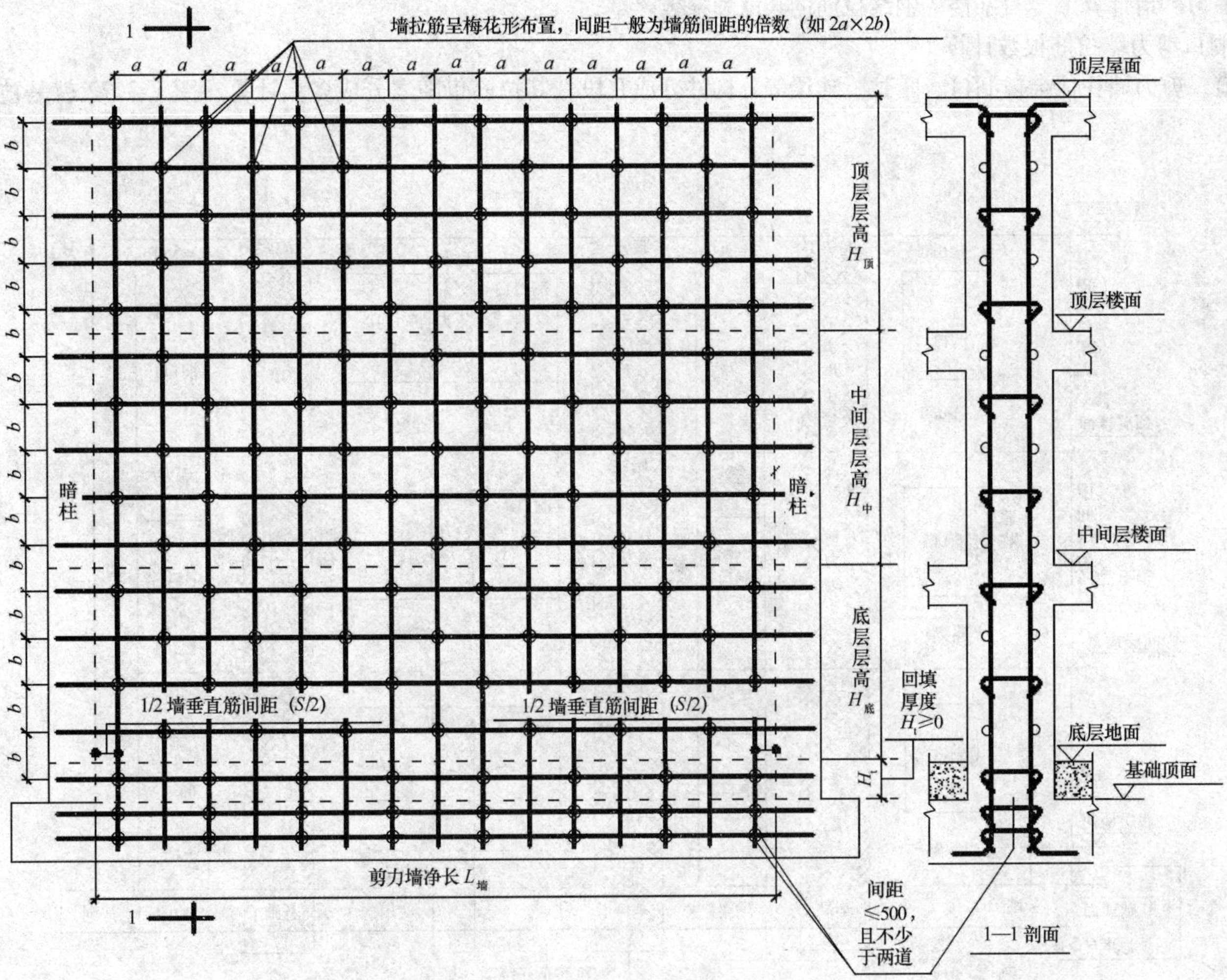

图 1. 3. 71　剪力墙拉筋根数计算图

思考与练习 请计算1号写字楼7轴线拉筋的长度和根数。

(2) 有洞口剪力墙拉筋根数计算

我们知道，剪力墙往往会被洞口、暗柱、连梁等分构件分成几段，其拉筋也随之分成多块计算，图1.3.72就是被分离成多块的剪力墙。

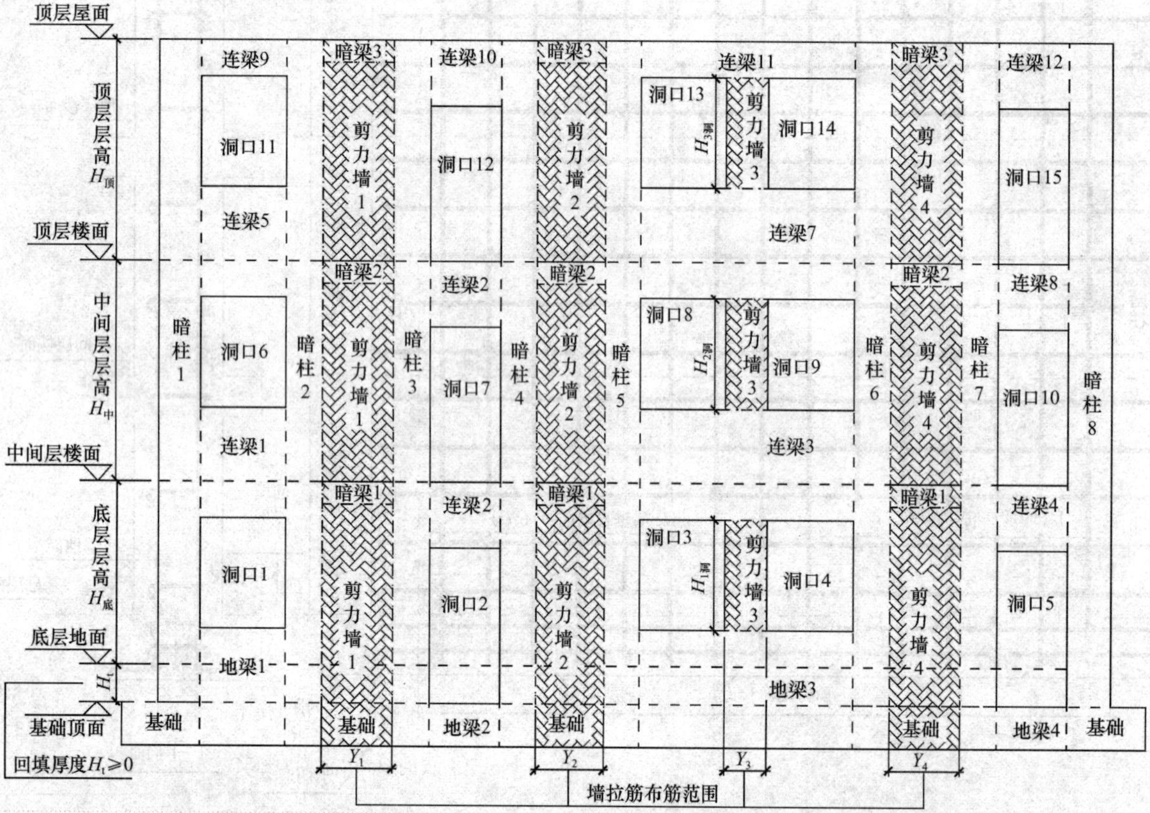

图1.3.72 剪力墙拉筋根数计算图

根据图 1.3.72，我们可以推导出有洞口剪力墙拉筋根数计算公式，见表 1.3.56。

表 1.3.56 有洞口剪力墙拉筋根数计算表

<table>
<tr><td rowspan="12">基础层</td><td rowspan="4">剪力墙 1 基础拉筋根数</td><td colspan="2">基础墙拉筋根数 = 拉筋排数 × 每排根数</td></tr>
<tr><td>拉筋排数</td><td>每排根数 =（墙净长 − 墙垂直筋间距）/拉筋间距 + 1</td></tr>
<tr><td>拉筋排数 = max[2,($H_{基}$ − C)/500 − 1(或 + 1 或 + 0)] = m_1 排</td><td>每排根数 = (Y_1 − S)/拉筋间距 + 1(向上取整) = n_1 根</td></tr>
<tr><td colspan="2">基础墙拉筋根数 = $m_1 \times n_1$</td></tr>
<tr><td rowspan="4">剪力墙 2 基础拉筋根数</td><td colspan="2">基础墙拉筋根数 = 拉筋排数 × 每排根数</td></tr>
<tr><td>拉筋排数</td><td>每排根数 =（墙净长 − 墙垂直筋间距）/拉筋间距 + 1</td></tr>
<tr><td>拉筋排数 = max[2,($H_{基}$ − C)/500 − 1(或 + 1 或 + 0)] = m_2 排</td><td>每排根数 = (Y_2 − S)/拉筋间距 + 1(向上取整) = n_2 根</td></tr>
<tr><td colspan="2">基础墙拉筋根数 = $m_2 \times n_2$</td></tr>
<tr><td rowspan="4">剪力墙 4 基础拉筋根数</td><td colspan="2">基础墙拉筋根数 = 拉筋排数 × 每排根数</td></tr>
<tr><td>拉筋排数</td><td>每排根数 =（墙净长 − 墙垂直筋间距）/拉筋间距 + 1</td></tr>
<tr><td>拉筋排数 = max[2,($H_{基}$ − C)/500 − 1(或 + 1 或 + 0)] = m_4 排</td><td>每排根数 = (Y_4 − S)/拉筋间距 + 1(向上取整) = n_4 根</td></tr>
<tr><td colspan="2">基础墙拉筋根数 = $m_4 \times n_4$</td></tr>
<tr><td rowspan="7">底层
中间层
顶层</td><td rowspan="3">计算原理</td><td colspan="2">墙拉筋根数 = 墙净面积/每个拉筋所占的面积范围</td></tr>
<tr><td rowspan="2">墙净面积 = 墙总面积 − 洞口面积 − 连梁面积 − 地梁占墙面积 − 暗柱面积</td><td>每个拉筋所占的面积范围 =（拉筋间距 × 拉筋间距/2）(梅花形布置)</td></tr>
<tr><td>每个拉筋所占的面积范围 =（拉筋间距 × 拉筋间距）(矩形布置)</td></tr>
<tr><td>剪力墙 1 拉筋根数</td><td colspan="2">拉筋根数 = $Y_1 \times (H_{底} + H_{中} + H_{顶})$/(拉筋间距 × 拉筋间距/2)(按梅花形布置算)(取整)</td></tr>
<tr><td>剪力墙 2 拉筋根数</td><td colspan="2">拉筋根数 = $Y_2 \times (H_{底} + H_{中} + H_{顶})$/(拉筋间距 × 拉筋间距/2)(按梅花形布置算)(取整)</td></tr>
<tr><td>剪力墙 3 拉筋根数</td><td colspan="2">拉筋根数 = $Y_3 \times (H_{1洞} + H_{2洞} + H_{3洞})$/(拉筋间距 × 拉筋间距/2)(按梅花形布置算)(取整)</td></tr>
<tr><td>剪力墙 4 拉筋根数</td><td colspan="2">拉筋根数 = $Y_4 \times (H_{底} + H_{中} + H_{顶})$/(拉筋间距 × 拉筋间距/2)(按梅花形布置算)(取整)</td></tr>
</table>

思考与练习 请计算1号写字楼A轴线拉筋的长度和根数。

（四）1号写字楼剪力墙钢筋答案手工和软件对比

1. A、D轴线

（1）A、D轴线基础层剪力墙钢筋答案手工和软件对比

A、D轴线基础层剪力墙钢筋答案手工和软件对比，见表1.3.57。

表1.3.57 A、D轴线基础层剪力墙钢筋答案手工和软件对比

构件名称:基础层剪力墙,位置:5~7/A,5~7/D 数量:2段											
手工答案									软件答案		
序号	筋号	直径	级别	公式		长度(mm)	根数	搭接	长度(mm)	根数	搭接
1	外侧水平筋	12	二级	长度计算公式	(9000+350+150)-15+10×12-15	9590			9590		
				长度公式描述	5~7轴外皮长度-保护层厚度+5轴端头弯折-保护层厚度						
				根数计算公式	(600-40)/500(向上取整)		2			2	
				根数公式描述	(基础高度-保护层厚度)/加密间距						
2	内侧水平筋	12	二级	长度计算公式	(9000+350+150)-15+10×12-15+15×12	9770			9770		
				长度公式描述	5~7轴外皮长度-保护层厚度+5轴端头弯折-保护层厚度+7轴端头弯折						
				根数计算公式	(600-40)/500(向上取整)		2			2	
				根数公式描述	(基础高度-保护层厚度)/加密间距						
3	基础插筋1	12	二级	长度计算公式	6×12+600-40+1.2×34(向上取整)×12	1122			1122		
				长度公式描述	拐头长度 a+基础厚-保护层厚度+搭接长度						
				根数计算公式	{[(550-100×2)/200+1]+[(550-100×2)/200+1]+[(1500-100×2)/200+1]+[(3000-100×2)/200+1]}×2/2		29			29	
				根数公式描述	{[(6轴线右墙净长-垂直筋间距)/垂直筋间距+1]+[(7轴线右左墙净长-垂直筋间距)/垂直筋间距+1]+[(5~6轴线洞口距离-垂直筋间距)/垂直筋间距+1]+[(6~7轴线/A洞口距离-垂直筋间距)/垂直筋间距+1]}×排数/50%错开搭接						

续表

				手工答案					软件答案		
序号	筋号	直径	级别	公式		长度(mm)	根数	搭接	长度(mm)	根数	搭接
4	基础插筋 2	12	二级	长度计算公式	6×12+600−40+1.2×34(向上取整)×12+500+1.2×34(向上取整)×12	2111			2111		
				长度公式描述	拐头长度 *a*+基础厚−保护层厚度+搭接长度+错开长度+搭接长度						
				根数计算公式	{[(550−100×2)/200+1]+[(550−100×2)/200+1]+[(1500−100×2)/200+1]+[(3000−100×2)/200+1]}×2/2		29			29	
				根数公式描述	{[(6 轴线右墙净长−垂直筋间距)/垂直筋间距+1]+[(7 轴线右左墙净长−垂直筋间距)/垂直筋间距+1]+[(5~6 轴线洞口距离−垂直筋间距)/垂直筋间距+1]+[(6~7 轴线/A 洞口距离−垂直筋间距)/垂直筋间距+1]}×排数/50% 错开搭接						
5	洞口下插筋	12	二级	长度计算公式	6×12+600−40+950−15+10×12	1687			1687		
				长度公式描述	拐头长度 *a*+基础厚−保护层厚度+洞口下墙实际高度−保护层厚度+弯折						
				根数计算公式	[(900−100×2)/200+1]×2		10			10	
				根数公式描述	[(5~6/C 洞口净长−垂直筋间距)/垂直筋间距+1]×排数						

(2) A、D 轴线首层剪力墙钢筋答案手工和软件对比

A、D 轴线首层剪力墙钢筋答案手工和软件对比，见表 1.3.58。

表 1.3.58　A、D 轴线首层剪力墙钢筋答案手工和软件对比

构件名称:首层剪力墙　位置:5~7/A　5~7/D　数量:2 段											
手　工　答　案									软件答案		
序号	名称	直径	等级	计　算　式		长度(mm)	根数	搭接	长度(mm)	根数	搭接
1	洞口上下外侧水平筋	12	二级	长度计算公式	(9000+350+150)−15+10×12−15	9590			9590		
				长度公式描述	5~7 轴外皮长度−保护层厚度+5 轴端头弯折−保护层厚度						
				根数计算公式	(700−15)/200+(1800−15−100)/200+1(每个式子向上取整)		13			14	
				根数公式描述	(首层洞口上距离−保护层厚度)/水平筋间距+(首层洞口下距离−保护层厚度−起步距离)/水平筋间距+1						

续表

序号	名称	直径	等级	手工答案					软件答案		
				计算式		长度(mm)	根数	搭接	长度(mm)	根数	搭接
2	A/6~7洞口右外侧水平筋	13	二级	长度计算公式	(500+550+450+150)-2×15+10×12	1740			1740		
				长度公式描述	(A/6~7洞口右侧长度)-2×保护层厚度+弯折长度						
				根数计算公式	[(3600-100)/200(向上取整)+1]-9		10			10	
				根数公式描述	[首层单排总根数]-洞口上下单排根数						
3	A/6~7洞口左侧内外水平筋	12	二级	长度计算公式	(750+450+550+500)-2×15+10×12×2	2460			2460		
				长度公式描述	(6轴线左右洞口处长度)-2×保护层厚度+弯折长度×2						
				根数计算公式	{[(3600-100)/200(向上取整)+1]-9}×2		20			20	
				根数公式描述	{[首层单排总根数]-洞口上下单排根数}×排数						
4	洞口上下内侧水平筋	12	二级	长度计算公式	(9000+350+150)-15+10×12-15+15×12	9770			9770		
				长度公式描述	5~7轴外皮长度-保护层厚度+5轴端头弯折-保护层厚度+7轴端头弯折						
				根数计算公式	(700-15)/200+(1800-15-100)/200+1(每个式子向上取整)		13			14	
				根数公式描述	(首层洞口上距离-保护层厚度)/水平筋间距+(首层洞口下距离-保护层厚度-起步距离)/水平筋间距+1						
5	A/6~7洞口右内侧水平筋	12	二级	长度计算公式	(1500+150)-2×15+15×12+10×12	1920	10		1920	10	
				长度公式描述	(A/6~7洞口右侧长度)-2×保护层厚度+左、右弯折长度						
6	非洞下垂直筋	12	二级	长度计算公式	4550+1.2×34×12	5040			5040		
				长度公式描述	首层层高+搭接长度						
				根数计算公式	[(550-200)/200+1]×2+[(550-200)/200+1]×2		12			12	
				根数公式描述	[(6轴线右墙净长-垂直筋间距)/垂直筋间距+1]×排数+[(7轴线右段墙净长-垂直筋间距)/垂直筋间距+1]×排数						
7	洞口下垂直筋1	12	二级	长度计算公式	1850-15+10×12	1955			1955		
				长度公式描述	洞口下墙实际高度+搭接长度						
				根数计算公式	{[(1500-100×2)/200+1]+[(3000-100×2)/200+1]}×2/2		23			23	
				根数公式描述	{[(5~6轴线洞口净长-墙垂直筋到暗柱间距离×2)/垂直筋间距+1]+[(6~7轴线洞口净长-墙垂直筋到暗柱间距离×2)/垂直筋间距+1]}×排数/50%错开搭接长度						
8	洞口下垂直筋1	12	二级	长度计算公式	1850-500-1.2×34×12-15+10×12	965			965		
				长度公式描述	洞口下墙实际高度-错开长度-搭接长度-保护层厚度+设定弯折						
				根数计算公式	{[(1500-100×2)/200+1]+[(3000-100×2)/200+1]}×2/2		23			23	
				根数公式描述	{[(5~6轴线洞口净长-墙垂直筋到暗柱间距离×2)/垂直筋间距+1]+[(6~7轴线洞口净长-墙垂直筋到暗柱间距离×2)/垂直筋间距+1]}×排数/50%错开搭接长度						

续表

手工答案									软件答案		
序号	名称	直径	等级	计算式		长度(mm)	根数	搭接	长度(mm)	根数	搭接
9	拉筋	6	一级	长度计算公式	300 - 2 × 15 + max(10 × 6,75) × 2 + 1.9 × 6 × 2	443			443		
				长度公式描述	墙厚 - 2 × 保护层厚度 + 最大值(10 × 6,75) × 2 + 1.9*d* × 2						
				根数计算公式	550 × 4550/(400 × 400)(向上取整) + 1 + 550 × 4550/(400 × 400)(向上取整) + 1 + 1500 × 1350/(400 × 400)(向上取整) + 1 + 3000 × 1350/(400 × 400)(向上取整) + 1		75			75	
				根数公式描述	6 轴线右墙净长 × 层高/一个拉筋的面积 + 1 + 7 轴线左墙净长 × 层高/一个拉筋的面积 + 1 + 5 ~ 6 轴洞口宽 × 洞口下墙高/一个拉筋的面积 + 1 + 6 ~ 7 轴洞口墙宽 × 洞口下墙高/一个拉筋的面积 + 1						

（3）A、D 轴线二层剪力墙钢筋答案手工和软件对比

A、D 轴线二层剪力墙钢筋答案手工和软件对比，见表 1.3.59。

表 1.3.59　A、D 轴线二层剪力墙钢筋答案手工和软件对比

构件名称:二层剪力墙　位置:A/5 ~ 7　D/5 ~ 7,数量:2 段											
手工答案									软件答案		
序号	名称	直径	等级	计算式		长度(mm)	根数	搭接	长度(mm)	根数	搭接
1	洞口上下外侧水平筋	12	二级	长度计算公式	(9000 + 350 + 150) - 15 + 10 × 12 - 15	9590			9590		
				长度公式描述	5 ~ 7 轴外皮长度 - 保护层厚度 + 5 轴端头弯折 - 保护层厚度						
				根数计算公式	(700 - 15)/200 + (900 - 15 - 100)/200 + 1		9			9	
				根数公式描述	(首层洞口上距离 - 保护层厚度)/水平筋间距 + (二层洞口下距离 - 保护层厚度 - 起步距离)/ 水平筋间距 + 1						
2	A/6 ~ 7 洞口右外侧水平筋	13	二级	长度计算公式	(500 + 550 + 450 + 150) - 2 × 15 + 10 × 12	1740			1740		
				长度公式描述	(7 轴线左右洞口处长度) - 2 × 保护层厚度 + 弯折长度						
				根数计算公式	[(3600 - 100)/200(向上取整) + 1] - 9		10			11	
				根数公式描述	[二层单排点根数] - 洞口上下单排根数						

续表

手工答案									软件答案		
序号	名称	直径	等级	计算式		长度（mm）	根数	搭接	长度（mm）	根数	搭接
3	A/6~7洞口左侧内外水平筋	12	二级	长度计算公式	(750+450+550+500)-2×15+10×12×2	2460			2460		
				长度公式描述	(6轴线左右洞口处长度)-2×保护层厚度+弯折长度×2						
				根数计算公式	{[(3600-100)/200(向上取整)+1]-9}×2		20			22	
				根数公式描述	{[二层单排总根数]-洞口上下单排根数}×排数						
4	洞口上下内侧水平筋	12	二级	长度计算公式	(9000+350+150)-15+10×12-15+15×12	9770			9770		
				长度公式描述	5~7轴外皮长度-保护层厚度+5轴端头弯折-保护层厚度+7轴端头弯折						
				根数计算公式	(700-15)/200+(900-15-100)/200+1		9			9	
				根数公式描述	(首层洞口上距离-保护层厚度)/水平筋间距+(二层洞口下距离-保护层厚度-起步距离)/水平筋间距+1						
5	A/6~7洞口右内侧水平筋	12	二级	长度计算公式	(500+550+450+150)-2×15+15×12+10×12	1920	10		1920	11	
				长度公式描述	7轴线左右洞口处长度-2×保护层厚度+左弯折长度+右弯折长度						
6	垂直筋	12	二级	长度计算公式	3600+(1.2×34)×12	4090			4090		
				长度公式描述	二层层高+搭接长度						
				根数计算公式	[(550-200)/200(向上取整)+1]×2+[(550-200)/200(向上取整)+1]×2		12			12	
				根数公式描述	[6轴线右墙净长-垂直筋间距/垂直筋间距+1]×排数+[7轴线右段墙净长-垂直筋间距/垂直筋间距+1]×排数						
7	拉筋	6	一级	长度计算公式	300-2×15+max(10×6,75)×2+1.9×6×2	443			443		
				长度公式描述	墙厚-2×保护层厚度+最大值(10d,75)×2+1.9d×2						
				根数计算公式	550×3600/(400×400)(向上取整)+1+550×3600/(400×400)(向上取整)+1		28			28	
				根数公式描述	6轴线右墙净长×二层层高/一个拉筋的面积+1+7轴线左墙净长×二层层高/一个拉筋的面积+1						

（4）A、D轴线三层剪力墙钢筋答案手工和软件对比

A、D轴线三层剪力墙钢筋答案手工和软件对比，见表1.3.60。

表 1.3.60　A、D 轴线三层剪力墙钢筋答案手工软件对比

构件名称:三层剪力墙　位置:A/(5~7),D/(5~7)数量:2 段

手工答案									软件答案		
序号	名称	直径	等级	计算式		长度(mm)	根数	搭接	长度(mm)	根数	搭接
1	洞口上下外侧水平筋	12	二级	长度计算公式	(9000+350+150)-15+10×12-15	9590			9590		
				长度公式描述	5~7 轴外皮长度-保护层厚度+5 轴端头弯折-保护层厚度						
				根数计算公式	(700-15)/200+(900-15-100)/200+1		9			9	
				根数公式描述	(首层洞口上距离-保护层厚度)/水平筋间距+(三层洞口下距离-保护层厚度-起步距离)/水平筋间距+1						
2	A/6~7 洞口右外侧水平筋	12	二级	长度计算公式	(500+550+450+150)-2×15+10×12	1740			1740		
				长度公式描述	(7 轴线左右洞口处长度)-2×保护层厚度+弯折长度						
				根数计算公式	[(3600-100)/200(向上取整)+1]-9		10			11	
				根数公式描述	[顶层单排总根数]-洞口上下单排根数						
3	水平筋	12	二级	长度计算公式	(750+450+550+500)-2×15+10×12×2	2460			2460		
				长度公式描述	(6 轴线左右洞口处长度)-2×保护层厚度+弯折长度×2						
				根数计算公式	{[(3600-100)/200(向上取整)+1]-9}×2		20			22	
				根数公式描述	{[顶层单排总根数]-洞口上下单排根数}×排数						
4	洞口上下内侧水平筋	12	二级	长度计算公式	(9000+350+150)-15+10×12-15+15×12	9770			9770		
				长度公式描述	5~7 轴外皮长度-保护层厚度+5 轴端头弯折-保护层厚度+7 轴端头弯折						
				根数计算公式	(700-15)/200+(900-15-100)/200+1		9			9	
				根数公式描述	(首层洞口上距离-保护层厚度)/水平筋间距+(三层洞口下距离-保护层厚度-起步距离)/水平筋间距+1						
5	A/6~7 洞口右内侧水平筋	12	二级	长度计算公式	(500+550+450+150)-2×15+15×12+10×12	1920	10		1920	11	
				长度公式描述	(A/6~7 洞口右侧长度)-2×保护层厚度+左弯折长度+右弯折长度						

续表

手工答案									软件答案		
序号	名称	直径	等级	计算式		长度(mm)	根数	搭接	长度(mm)	根数	搭接
6	垂直筋1	12	二级	长度计算公式	3600-150+150-15+12×12	3729			3729		
				长度公式描述	层高-板厚+板厚-保护层厚度+弯折						
				根数计算公式	[(550-100×2)/200(向上取整)+1]+ [(550-100×2)/200(向上取整)+1]}×2/2		6			6	
				根数公式描述	{[(6轴线右墙净长-墙垂直筋到暗柱间距离×2)/垂直筋间距+1]+[(7轴线右墙净长-墙垂直筋到暗柱间距离×2)/垂直筋间距+1]}×排数/50%错开搭接长度						
7	垂直筋2	12	二级	长度计算公式	3600-500-1.2×34×12-150+150-15+12×12	2739			2739		
				长度公式描述	层高-错开长度-搭接长度-板厚+板厚-保护层厚度+弯折						
				根数计算公式	[(550-100×2)/200(向上取整)+1] +[(550-100×2)/200(向上取整)+1]}×2/2		6			6	
				根数公式描述	{[(6轴线右墙净长-墙垂直筋到暗柱间距离×2)/垂直筋间距+1]+[(7轴线右墙净长-墙垂直筋到暗柱间距离×2)/垂直筋间距+1]}×排数/50%错开搭接长度						
8	拉筋	6	一级	长度计算公式	300-2×15+max(10×6,75)×2+1.9×6×2	443			443		
				长度公式描述	墙厚-2×保护层厚度+最大值(10*d*,75)×2+1.9*d*×2						
				根数计算公式	550×3600/(400×400)(向上取整)+1+550×3600/(400×400)(向上取整)+1		28			28	
				根数公式描述	6轴线右墙净长×顶层层高/一个拉筋的面积+1 +7轴线左墙净长×顶层层高/一个拉筋的面积+1						

2. C轴线

(1) C轴线基础层剪力墙钢筋答案手工和软件对比

C轴线基础层剪力墙钢筋答案手工和软件对比，见表1.3.61。

表 1.3.61　C 轴线基础层剪力墙钢筋答案手工和软件对比

构件名称:基础层剪力墙,位置:5~7/C,数量:1 段											
手工答案									软件答案		
序号	筋号	直径	级别	公式		长度(mm)	根数	搭接	长度(mm)	根数	搭接
1	水平筋	12	二级	长度计算公式	8500 + 700 − 15 + 300 − 15 + 15 × 12	9650			9650		
				长度公式描述	5~7/C 轴总净长 + 5 轴支座宽 − 保护层厚度 + 7 轴支座宽 − 保护层厚度 + 弯折长度						
				根数计算公式	(600 − 40)/500(向上取整) × 2		4			4	
				根数公式描述	(基础高度 − 保护层厚度)/加密间距 × 排数						
2	非洞口下插筋 1	12	二级	长度计算公式	6 × 12 + 600 − 40 + 1.2 × 34(向上取整) × 12	1122			1122		
				长度公式描述	拐头长度 a + 基础厚 − 保护层厚度 + 搭接长度						
				根数计算公式	{[(550 − 100 × 2)/200 + 1] + [(1500 − 100 × 2)/200 + 1]} × 2/2		30			30	
				根数公式描述	{[(5~6/C 轴线净长 − 墙垂直筋到暗柱间距离 × 2)/ 垂直筋间距 + 1] + [(6~7/A 轴线净长 − 墙垂直筋到暗柱间距离 × 2)/ 垂直筋间距 + 1]} × 排数/50% 错开搭接长度						
3	非洞口下插筋 2	12	二级	长度计算公式	6 × 12 + 600 − 40 + 1.2 × 34(向上取整) × 12 + 500 + 1.2 × 34(向上取整) × 12	2111			2111		
				长度公式描述	拐头长度 a + 基础厚 − 保护层厚度 + 搭接长度 + 错开长度 + 搭接长度						
				根数计算公式	{[(550 − 100 × 2)/200 + 1] + [(1500 − 100 × 2)/200 + 1]} × 2/2		30			30	
				根数公式描述	{[(5~6/C 轴线净长 − 墙垂直筋到暗柱间距离 × 2)/ 垂直筋间距 + 1] + [(6~7/A 轴线净长 − 墙垂直筋到暗柱间距离 × 2)/ 垂直筋间距 + 1]} × 排数/50% 错开搭接长度						
4	洞口下插筋	12	二级	长度计算公式	6 × 12 + 600 − 40 + 950 − 15 + 10 × 12	1687			1687		
				长度公式描述	拐头长度 a + 基础厚 − 保护层厚度 + 洞口下墙实际高度 − 保护层厚度 + 弯折						
				根数计算公式	[(900 − 100 × 2)/200 + 1] × 2		10			10	
				根数公式描述	[(5~6/C 洞口净长 − 垂直筋间距)/ 垂直筋间距 + 1] × 排数						

（2）C 轴线首层剪力墙钢筋答案手工和软件对比

C 轴线首层剪力墙钢筋答案手工和软件对比，见表 1.3.62。

表 1.3.62　C 轴线首层剪力墙钢筋答案手工和软件对比

构件名称:首层剪力墙,C/5~7,数量:1 段												
手工答案									软件答案			
序号	名称	直径	等级	计算式		长度(mm)	根数	搭接	长度(mm)	根数	搭接
1	门左侧水平筋	12	二级	长度计算公式	(3000-350-900-450)+700-15-15+10×12	2090			2090		
				长度公式描述	(5~6 轴线墙净长)5 轴支座宽-保护层厚度-保护层厚度+弯折长度						
				根数计算公式	[(2400-100)/200](向上取整)×2		24			24	
				根数公式描述	[(5~6 轴线洞口高度-起步距离)/水平筋间距+1]×排数						
2	门右侧水平筋	12	二级	长度计算公式	(6000+150+450)-2×15+10×12+15×12	6870			6870		
				长度公式描述	(6~7 轴线墙外皮长)-2×保护层厚度+5 轴弯折长度+7 轴弯折长度						
				根数计算公式	{[(3600-100)/200+1]-6-2}×2		22			24	
				根数公式描述	{[首层单排总根数]-M4 上根数-M4 与 M2 高差部分根数}×排数						
3	门上部水平筋	12	二级	长度计算公式	8500+700-15+300-15+15×12	9650			9650		
				长度公式描述	5~7/C 轴总净长+5 轴支座宽-保护层厚度+7 轴支座宽-保护层厚度+弯折长度						
				根数计算公式	{[(4550-100)/200+1]-12}(向上取整)×2		24			24	
				根数公式描述	{[首层单排总根数]-洞口处单根排数}×排数						
4	垂直筋	12	二级	长度计算公式	4550+(1.2×34)×12	5040			5040		
				长度公式描述	首层层高+搭接长度						
				根数计算公式	{[(3000-350-500-900-450)-200]/200(向上取整)+1}×2 +{[(6000-450-450)-200]/200(向上取整)+1}×2		60			60	
				根数公式描述	{[(5~6 轴线墙净长)-垂直筋间距]/垂直筋间距(向上取整)+1}×排数 +{[(6~7 轴线墙净长)-垂直筋间距]/垂直筋间距(向上取整)+1}×排数						

续表

手工答案									软件答案		
序号	名称	直径	等级	计算式		长度(mm)	根数	搭接	长度(mm)	根数	搭接
5	拉筋	6	一级	长度计算公式	300 - 2 × 15 + max(10 × 6,75) × 2 + 1.9 × 6 × 2	443			443		
				长度公式描述	墙厚 - 2 × 保护层厚度 + 最大值(10*d*,75) × 2 + 1.9*d* × 2(*d* 为拉筋直径)						
				根数计算公式	(3000 - 350 - 500 - 900 - 450) × 4550/(400 × 400)(向上取整) + 1 + (6000 - 450 - 450) × 4550/(400 × 400)(向上取整) + 1		171			175	
				根数公式描述	(5 ~ 6 轴线右墙净长度) × 首层层净高/一个拉筋的面积 + 1 + (6 ~ 7 轴线墙净长度) × 首层层净高/一个拉筋的面积 + 1						

(3) C 轴线二层剪力墙钢筋答案手工和软件对比

C 轴线二层剪力墙钢筋答案手工和软件对比，见表 1.3.63。

表 1.3.63　C 轴线二层剪力墙钢筋答案手工和软件对比

构件名称：C/5 ~ 7，数量：1 段											
手工答案									软件答案		
序号	名称	直径	等级	计算式		长度(mm)	根数	搭接	长度(mm)	根数	搭接
1	门左侧水平筋	12	二级	长度计算公式	(3000 - 350 - 900 - 450) + 700 - 15 - 15 + 10 × 12	2090			2090		
				长度公式描述	(5 ~ 6 轴线墙净长) + 5 轴支座宽 - 保护层厚度 - 保护层厚度 + 弯折长度						
				根数计算公式	{[(3600 - 100)/200 + 1] - 6 - 2} × 2		22			24	
				根数公式描述	{[二层单排总根数] - M4 上根数 - M4 与 M2 高差部分根数} × 排数						
2	门右侧水平筋	12	二级	长度计算公式	(6000 + 150 + 450) - 2 × 15 + 10 × 12 + 15 × 12	6870			6870		
				长度公式描述	(6 ~ 7 轴线墙外皮长) - 2 × 保护层厚度 + 5 轴弯折长度 + 7 轴弯折长度						
				根数计算公式	{[(3600 - 100)/200 + 1] - 6 - 2} × 2		22			24	
				根数公式描述	{[三层单排总根数] - M4 上根数 - M4 与 M2 高差部分根数} × 排数						
3	门上部水平筋	12	二级	长度计算公式	8500 + 700 - 15 + 300 - 15 + 15 × 12	9650			9650		
				长度公式描述	5 ~ 7/C 轴总净长 + 5 轴支座宽 - 保护层厚度 + 7 轴支座宽 - 保护层厚度 + 弯折长度						
				根数计算公式	{[(3600 - 100)/200 + 1] - 12}(向上取整) × 2		14			14	
				根数公式描述	{[首层单排总根数] - 洞口处单根排数} × 排数						

续表

				手工答案					软件答案		
序号	名称	直径	等级	计算式		长度(mm)	根数	搭接	长度(mm)	根数	搭接
4	垂直筋	12	二级	长度计算公式	3600 + (1.2 × 34)(向上取整) × 12	4092			4092		
				长度公式描述	首层层高 + 搭接长度						
				根数计算公式	{[(3000 − 350 − 500 − 900 − 450) − 200]/200(向上取整) + 1} × 2 + {[(6000 − 450 − 450) − 200]/200(向上取整) + 1} × 2		60			60	
				根数公式描述	{[(5 ~ 6 轴线墙净长) − 垂直筋间距]/垂直筋间距 + 1} × 排数 + {[(6 ~ 7 轴线墙净长) − 垂直筋间距]/垂直筋间距 + 1} × 排数						
5	拉　筋	6	一级	长度计算公式	300 − 2 × 15 + max(10 × 6,75) × 2 + 1.9 × 6 × 2	443			443		
				长度公式描述	墙厚 − 2 × 保护层厚度 + 最大值(10*d*,75) × 2 + 1.9*d* × 2(*d* 为拉筋直径)						
				根数计算公式	(3000 − 350 − 500 − 900 − 450) × 3600/(400 × 400)(向上取整) + 1 + (6000 − 450 − 450) × 3600/(400 × 400)(向上取整) + 1		135			135	
				根数公式描述	(5 ~ 6 轴线右墙净长度) × 二层层高/一个拉筋的面积 + 1 + (6 ~ 7 轴线墙净长度) × 二层层高/一个拉筋的面积 + 1						

（4）C 轴线三层剪力墙钢筋答案手工和软件对比

C 轴线三层剪力墙钢筋答案手工和软件对比，见表 1.3.64。

表 1.3.64　C 轴线三层剪力墙钢筋答案手工和软件对比

构件名称:C/5 ~ 7,数量:1 段											
				手工答案					软件答案		
序号	名称	直径	等级	计算式		长度(mm)	根数	搭接	长度(mm)	根数	搭接
1	门左侧水平筋	12	二级	长度计算公式	(3000 − 350 − 900 − 450) + 700 − 15 − 15 + 10 × 12	2090			2090		
				长度公式描述	(5 ~ 6 轴线墙净长) + 5 轴支座宽 − 保护层厚度 − 保护层厚度 + 弯折长度						
				根数计算公式	[(2400 − 100)/200(向上取整)] × 2		24			24	
				根数公式描述	[(5 ~ 6 轴线洞口高度 − 起步距离)/水平筋间距] × 2 排						

续表

手工答案									软件答案		
序号	名称	直径	等级	计算式		长度（mm）	根数	搭接	长度（mm）	根数	搭接
2	门右侧水平筋	12	二级	长度计算公式	(6000+150+450)-2×15+10×12+15×12	6870			6870		
				长度公式描述	(6~7 轴线墙外皮长)-2×保护层厚度+5 轴弯折长度+7 轴弯折长度×2						
				根数计算公式	[(2400-100)/200(向上取整)]×2		24			24	
				根数公式描述	[(5~6 轴线洞口高度-起步距离)/水平筋间距]×2 排						
3	门上部水平筋	12	二级	长度计算公式	8500+700-15+300-15+15×12	9650			9650		
				长度公式描述	5~7/C 轴总净长+5 轴支座宽-保护层厚度+7 轴支座宽-保护层厚度+弯折长度						
				根数计算公式	{[(3600-100)/200+1]-12}(向上取整)×2		14			14	
				根数公式描述	{[首层单排总根数]-洞口处单根排数}×排数						
4	垂直筋 1	12	二级	长度计算公式	3600-100+100-15+12×12	3729			3729		
				长度公式描述	层高-板厚+板厚-保护层厚度+弯折 12*d*						
				根数计算公式	[(800-100×2)/200(向上取整)+1]×2/2		4			4	
				根数公式描述	[(5~6 轴线墙净长-墙垂直筋到暗柱间距离×2)/垂直筋间距+1]×排数/50% 错开搭接长度						
5	垂直筋 2	12	二级	长度计算公式	3600-500-1.2×34×12-100+100-15+12×12	2739			2739		
				长度公式描述	层高-错开长度-搭接-板厚+板厚-保护层厚度+弯折						
				根数计算公式	[(800-100×2)/200(向上取整)+1]×2/2		4			4	
				根数公式描述	[(5~6 轴线墙净长-墙垂直筋到暗柱间距离×2)/垂直筋间距+1]×排数/50% 错开搭接长度						
6	垂直筋 3	12	二级	长度计算公式	3600-150+150-15+12×12	3729			3729		
				长度公式描述	层高-板厚+板厚-保护层厚度+弯折						
				根数计算公式	[(5100-100×2)/200(向上取整)+1]×2/2		26			26	
				根数公式描述	[(6~7 轴线墙净长-墙垂直筋到暗柱间距离×2)/垂直筋间距+1]×排数/50% 错开搭接长度						

续表

手工答案									软件答案		
序号	名称	直径	等级	计算式		长度(mm)	根数	搭接	长度(mm)	根数	搭接
7	垂直筋4	12	二级	长度计算公式	3600 - 500 - 1.2 × 34 × 12 - 150 + 150 - 15 + 12 × 12	2739			2739		
				长度公式描述	层高 - 错开长度 - 搭接长度 - 板厚 + 板厚 - 保护层厚度 + 弯折						
				根数计算公式	[(5100 - 100 × 2)/200(向上取整) + 1] × 2/2		26			26	
				根数公式描述	[(6 ~ 7 轴线墙净长 - 墙垂直筋到暗柱间距离 × 2)/ 垂直筋间距 + 1] × 排数/50% 错开搭接长度						
8	拉　筋	6	一级	长度计算公式	300 - 2 × 15 + max(10 × 6,75) × 2 + 1.9 × 6 × 2	443			443		
				长度公式描述	墙厚 - 2 × 保护层厚度 + 最大值(10*d*,75) × 2 + 1.9*d* × 2(*d* 为拉筋直径)						
				根数计算公式	(3000 - 350 - 500 - 900 - 450) × 3600/(400 × 400)(向上取整) + 1 + (6000 - 450 - 450) × 3600/(400 × 400)(向上取整) + 1		135			135	
				根数公式描述	(5 ~ 6 轴线右墙净长度) × 顶层层高/一个拉筋的面积 + 1 + (6 ~ 7 轴线墙净长度) × 顶层层高/一个拉筋的面积 + 1						

3. 6 轴线

(1) 6 轴线基础层剪力墙钢筋答案手工和软件对比

6 轴线基础层剪力墙钢筋答案手工和软件对比，见表 1.3.65。

表 1.3.65　6 轴线基础层剪力墙钢筋答案手工和软件对比

构件名称:基础层剪力墙,位置:6/A ~ D,数量:1 段											
手工答案									软件答案		
序号	筋号	直径	级别	公式		长度(mm)	根数	搭接	长度(mm)	根数	搭接
1	水平筋	12	二级	长度计算公式	(6000 + 3000 + 6000 + 300 + 300) - 2 × 15 + 15 × 12 × 2	15930			15930		
				长度公式描述	6/A ~ D 轴线墙外皮长度 - 2 × 保护层厚度 + 弯折长度 × 2						
				根数计算公式	(600 - 40)/500(向上取整) × 2		4			4	
				根数公式描述	(基础高度 - 保护层厚度)/加密间距 × 排数						

续表

序号	筋号	直径	级别	手工答案		长度(mm)	根数	搭接	软件答案 长度(mm)	根数	搭接
				公式							
2	非洞口下插筋1	12	二级	长度计算公式	6×12+600−40+1.2×34(向上取整)×12	1122			1122		
				长度公式描述	拐头长度 *a*+基础厚−保护层厚度+搭接长度						
				根数计算公式	{[(5250−100×2)/200+1](向上取整)+[(3850−100×2)/200+1](向上取整)}×2/2		47			47	
				根数公式描述	{[(6/A～B 轴线净长−墙垂直筋到暗柱间距离×2)/垂直筋间距+1]+[(6/C～D 轴线净长−墙垂直筋到暗柱间距离×2)/垂直筋间距+1]}×排数/50%错开搭接长度						
3	非洞口下插筋2	12	二级	长度计算公式	6×12+600−40+1.2×34(向上取整)×12+500+1.2×34(向上取整)×12	2111			2111		
				长度公式描述	拐头长度 *a*+基础厚−保护层厚度+搭接长度+错开长度+搭接长度						
				根数计算公式	{[(5250−100×2)/200(向上取整)+1]+[(3850−100×2)/200(向上取整)+1]}×2/2		47			47	
				根数公式描述	{[(6/A～B 轴线净长−墙垂直筋到暗柱间距离×2)/垂直筋间距+1]+[(6/C～D 轴线净长−墙垂直筋到暗柱间距离×2)/垂直筋间距+1]}×排数/50%错开搭接长度						
4	洞口下插筋	12	二级	长度计算公式	6×12+600−40+950−15+10×12	1687			1687		
				长度公式描述	拐头长度 *a*+基础厚−保护层厚度+洞口下墙实际高度−保护层厚度+弯折						
				根数计算公式	{[(900−100×2)/200+1]+[(900−100×2)/200+1]}×2		16			16	
				根数公式描述	{[(M2 洞口净长−垂直筋间距)/垂直筋间距+1]+[(M2 洞口净长−垂直筋间距)/垂直筋间距+1]}×排数						

（2）6 轴线首层剪力墙钢筋答案手工和软件对比

6 轴线首层剪力墙钢筋答案手工和软件对比，见表 1.3.66。

表 1.3.66　6 轴线首层剪力墙钢筋答案手工和软件对比

构件名称:6/A ~ D,数量:1 段											
手　工　答　案									软件答案		
序号	名称	直径	等级	计　算　式		长度（mm）	根数	搭接	长度（mm）	根数	搭接
1	A ~ C 轴线水平筋和 C ~ D 轴线水平筋	12	二级	长度计算公式	(6000 + 450 + 300) - 2 × 15 + 15 × 12 + 10 × 12 或(6000 + 300 + 450) - 2 × 15 + 15 × 12 + 10 × 12	7020			7020		
				长度公式描述	(A ~ B 轴线墙外皮长) - 2 × 保护层厚度 + 端头弯折长度 + 洞口弯折长度 或(D ~ C 轴线墙外皮长) - 2 × 保护层厚度 + 端头弯折长度 + 洞口弯折长度						
				根数计算公式	[(2700 - 100)/200(向上取整)] × 2 + [(300 - 15)/200(向上取整)] × 2		30			32	
				根数公式描述	[A ~ C 轴线洞口高度 - 起步距离)/水平筋间距] × 排数 + [(D ~ C 轴线洞口上高差 - 保护层厚度)/水平筋间距] × 排数						
2	M2 到 D 轴水平筋	12	二级	长度计算公式	(6000 + 300 - 450 - 900) - 2 × 15 + 15 × 12 + 10 × 12	5220			5220		
				长度公式描述	(M2 - D 轴线墙净长) - 2 × 保护层厚度 + 端头弯折长度 + 洞口弯折长度						
				根数计算公式	[(2400 - 100)/200(向上取整)] × 2		24			24	
				根数公式描述	[(D ~ C 轴线洞口高度 - 起步距离)/水平筋间距] × 排数						
3	M4 上水平筋	12	二级	长度计算公式	(6000 + 3000 + 6000 + 300 + 300) - 2 × 15 + 15 × 12 × 2	15930		492	15930		492
				长度公式描述	(A ~ D 轴线外皮长) - 2 × 保护层厚度 + 弯折长度 × 2						
				根数计算公式	[(4550 - 2700 - 15)/200 + 1](向上取整) × 2		22			20	
				根数公式描述	[(层高 - M4 高度 - 保护层厚度)/水平筋间距 + 1] × 排数						
4	垂直筋	12	二级	长度计算公式	4550 + 1.2 × 34 × 12	5040			5040		
				长度公式描述	首层层高 + 搭接长度						
				根数计算公式	{[(6000 - 450 - 300) - 200]/200(向上取整) + 1} × 2 + {[(6000 - 450 - 900 - 500 - 300) - 200]/200(向上取整) + 1} × 2		94			94	
				根数公式描述	{[(A ~ C 轴线墙净长) - 垂直筋间距]/垂直筋间距 + 1} × 排数 + {[(C ~ D 轴线墙净长) - 垂直筋间距]/垂直筋间距 + 1} × 排数						

续表

手工答案									软件答案		
序号	名称	直径	等级	计算式		长度(mm)	根数	搭接	长度(mm)	根数	搭接
5	拉　筋	6	一级	长度计算公式	300 - 2 × 15 + max(10 × 6,75) × 2 + 1.9 × 6 × 2	443			443		
				长度公式描述	墙厚度 - 2 × 保护层厚度 + 最大值(10*d*,75) × 2 + 1.9*d* × 2(*d* 为拉筋直径)						
				根数计算公式	(6000 - 300 - 450) × 4550/(400 × 400)(向上取整) + 1 + (6000 - 300 - 500 - 900 - 450) × 4550/(400 × 400)(向上取整) + 1		262			273	
				根数公式描述	(A ~ B 轴线墙净长) × 首层层高/一个拉筋的面积 + 1 + (D ~ C 轴线墙净长) × 首层层高/一个拉筋的面积 + 1						

（3）6 轴线二层剪力墙钢筋答案手工和软件对比

6 轴线二层剪力墙钢筋答案手工和软件对比，见表 1.3.67。

表 1.3.67　6 轴线二层剪力墙钢筋答案手工和软件对比

构件名称:6/A ~ D,数量:1 段											
手工答案									软件答案		
序号	名称	直径	等级	计算式		长度(mm)	根数	搭接	长度(mm)	根数	搭接
1	A ~ C 轴线水平筋和 C ~ D 轴线水平筋	12	二级	长度计算公式	(6000 + 450 + 300) - 2 × 15 + 15 × 12 + 10 × 12 或(6000 + 300 + 450) - 2 × 15 + 15 × 12 + 10 × 12	7020			7020		
				长度公式描述	(A ~ B 轴线墙外皮长) - 2 × 保护层厚度 + 端头弯折长度 + 洞口弯折长度 或(D ~ C 轴线墙外皮长) - 2 × 保护层厚度 + 端头弯折长度 + 洞口弯折长度						
				根数计算公式	[(2700 - 100)/200(向上取整)] × 2 + [(300 - 15)/200(向上取整)] × 2		30			32	
				根数公式描述	[A ~ C 轴线洞口高度 - 起步距离)/水平筋间距] × 排数 + [(D ~ C 轴线洞口上高差 - 保护层厚度)/水平筋间距] × 排数						
2	M2 到 D 轴水平筋	12	二级	长度计算公式	(6000 + 300 - 450 - 900) - 2 × 15 + 15 × 12 + 10 × 12	5220			5220		
				长度公式描述	(M2 - D 轴线墙净长) - 2 × 保护层厚度 + 端头弯折长度 + 洞口弯折长度						
				根数计算公式	[(2400 - 100)/200(向上取整)] × 2		24			24	
				根数公式描述	[(D ~ C 轴线洞口高度 - 起步距离)/水平筋间距] × 排数						

续表

手工答案									软件答案		
序号	名称	直径	等级	计算式		长度（mm）	根数	搭接	长度（mm）	根数	搭接
3	M4上水平筋	12	二级	长度计算公式	(6000+3000+6000+300+300)-2×15+15×12×2	15930	12	492	15930	10	492
				长度公式描述	A~D轴线外皮长-2×保护层厚度+弯折长度×2						
				根数计算公式	[(3600-2700-15)/200(向上取整)]×2						
				根数公式描述	[(二层层高-M4高度-保护层厚度)/水平筋间距+1]×排数						
4	垂直筋	12	二级	长度计算公式	3600+1.2×34(向上取整)×12	4092	94		4092	94	
				长度公式描述	二层层高+搭接长度						
				根数计算公式	{[(6000-450-300)-200]/200(向上取整)+1}×2 +{[(6000-450-900-500-300)-200]/200(向上取整)+1}×2						
				根数公式描述	{[(A~C轴线墙净长)-垂直筋间距]/垂直筋间距+1}×排数 +{[(C~D轴线墙净长)-垂直筋间距]/垂直筋间距+1}×排数						
5	拉筋	6	一级	长度计算公式	300-2×15+max(10×6,75)×2+1.9×6×2	443	208		443	208	
				长度公式描述	墙厚度-2×保护层厚度+最大值(10d,75)×2+1.9d×2 (d为拉筋直径)						
				根数计算公式	(6000-300-450)×3600/(400×400)(向上取整)+1 +(6000-300-500-900-450)×3600/(400×400)(向上取整)+1						
				根数公式描述	(A~B轴线墙净长)×二层层高/一个拉筋的面积+1 (D~C轴线墙净长)×二层层高/一个拉筋的面积+1						

（4）6轴线三层剪力墙钢筋答案手工和软件对比

6轴线三层剪力墙钢筋答案手工和软件对比，见表1.3.68。

表 1.3.68　6 轴线三层剪力墙钢筋答案手工和软件对比

构件名称:6/A ~ D，数量:1 段											
手　工　答　案									软件答案		
序号	名称	直径	等级	计　算　式		长度(mm)	根数	搭接	长度(mm)	根数	搭接
1	A ~ C 轴线水平筋和 C ~ D 轴线水平筋	12	二级	长度计算公式	(6000 + 450 + 300) − 2 × 15 + 15 × 12 + 10 × 12 或(6000 + 300 + 450) − 2 × 15 + 15 × 12 + 10 × 12	7020			7020		
				长度公式描述	(A ~ B 轴线墙外皮长) − 2 × 保护层厚度 + 端头弯折长度 + 洞口弯折长度 或(D ~ C 轴线墙外皮长) − 2 × 保护层厚度 + 端头弯折长度 + 洞口弯折长度						
				根数计算公式	[(2700 − 100)/200(向上取整)] × 2 + [(300 − 15)/200(向上取整)] × 2		30			32	
				根数公式描述	[A ~ C 轴线洞口高度 − 起步距离)/水平筋间距] × 排数 + [(D ~ C 轴线洞口上高差 − 保护层厚度)/水平筋间距] × 排数						
2	M2 到 D 轴水平筋	12	二级	长度计算公式	(6000 + 300 − 450 − 900) − 2 × 15 + 15 × 12 + 10 × 12	5220			5220		
				长度公式描述	(M2 − D 轴线墙净长) − 2 × 保护层厚度 + 端头弯折长度 + 洞口弯折长度						
				根数计算公式	[(2400 − 100)/200(向上取整)] × 2		24			24	
				根数公式描述	[(D ~ C 轴线洞口高度 − 起步距离)/水平筋间距] × 排数						
3	M4 上水平筋	12	二级	长度计算公式	(6000 + 3000 + 6000 + 300 + 300) − 2 × 15 + 15 × 12 × 2	15930		492	15930		492
				长度公式描述	A ~ D 轴线外皮长 − 2 × 保护层厚度 + 弯折长度 × 2						
				根数计算公式	[(3600 − 2700 − 15)/200(向上取整) + 1] × 2		12			10	
				根数公式描述	[(层高 − M4 高度 − 保护层厚度)/水平筋间距 + 1] × 排数						
4	垂直筋 1	12	二级	长度计算公式	3600 − 150 + 150 − 15 + 12 × 12	3729			3729		
				长度公式描述	层高 − 板厚 + 板厚 − 保护层厚度 + 弯折 12*d*						
				根数计算公式	{[(5250 − 100 × 2)/200(向上取整) + 1] + [(3850 − 100 × 2)/200(向上取整) + 1]} × 2/2		47			47	
				根数公式描述	{[(6/A ~ B 轴线净长 − 墙垂直筋到暗柱间距离 × 2)/ 垂直筋间距 + 1] + [(6 /C ~ D 轴线净长 − 墙垂直筋到暗柱间距离 × 2)/ 垂直筋间距 + 1]} × 排数/50% 错开搭接						

续表

手工答案									软件答案		
序号	名称	直径	等级	计算式		长度(mm)	根数	搭接	长度(mm)	根数	搭接
5	垂直筋2	12	二级	长度计算公式	3600－500－1.2×34×12－150＋150－15＋12×12	2739			2739		
				长度公式描述	层高－错开长度－搭接－板厚＋板厚－保护层厚度＋弯折						
				根数计算公式	{[(5250－100×2)/200(向上取整)＋1]＋[(3850－100×2)/200(向上取整)＋1]}×2/2		47			47	
				根数公式描述	{[(6/A～B轴线净长－墙垂直筋到暗柱间距离×2)/垂直筋间距＋1]＋[(6/C～D轴线净长－墙垂直筋到暗柱间距离×2)/垂直筋间距＋1]}×排数/50%错开搭接长度						
6	拉　　筋	6	一级	长度公式描述	300－2×15＋2×6＋max(10×6,75)×2＋1.9×6×2	443			443		
				根数计算公式	墙厚度－2×保护层厚度＋2*d*＋最大值(10*d*,75)×2＋1.9*d*×2(*d*为拉筋直径)						
				根数公式描述	(6000－300－450)×3600/(400×400)(向上取整)＋1＋(6000－300－500－900－450)×3600/(400×400)(向上取整)＋1		208			208	
				根数公式描述	(A～B轴线墙净长)×顶层层高/一个拉筋的面积＋1 (D～C轴线墙净长)×顶层层高/一个拉筋的面积＋1						

4.7轴线

(1) 7轴线基础层剪力墙钢筋答案手工和软件对比

7轴线基础层剪力墙钢筋答案手工和软件对比，见表1.3.69。

表1.3.69　7轴线基础层剪力墙钢筋答案手工和软件对比

构件名称:基础剪力墙 位置:7/A～D,数量:1段

手工答案									软件答案		
序号	名称	直径	等级	计算式		长度(mm)	根数	搭接	长度(mm)	根数	搭接
1	外侧水平筋	12	二级	长度计算公式	(6000＋3000＋6000＋300＋300)－2×15	15570		492	15570		492
				长度公式描述	(7/A～D轴线墙外皮长度)－2×保护层厚度						
				根数计算公式	(600－40)/500(向上取整)		2			2	
				根数公式描述	(基础厚度－保护层厚度)/500						

续表

序号	名称	直径	等级	手工答案					软件答案		
				计算式		长度（mm）	根数	搭接	长度（mm）	根数	搭接
2	内侧水平筋	12	二级	长度计算公式	(6000 + 3000 + 6000 + 300 + 300) - 2 × 15 + 15 × 12 × 2	15930		492	15930		492
				长度公式描述	(7/A ~ D 轴线墙外皮长度) - 2 × 保护层厚度 + 弯折长度 × 2						
				根数计算公式	[(600 - 40)/500)](向上取整)		2			2	
				根数公式描述	(基础厚度 - 保护层厚度)/500						
3	非洞口下插筋 1	12	二级	长度计算公式	6 × 12 + 600 - 40 + 1.2 × 34(向上取整) × 12	1122			1122		
				长度公式描述	拐头长度 a + 基础厚 - 保护层厚度 + 搭接长度						
				根数计算公式	{[(9000 - 300 - 450) - 100 × 2]/200(向上取整) + 1 + [(6000 - 300 - 450) - 100 × 2]/200(向上取整) + 1 } × 2/2		69			69	
				根数公式描述	{[(7/A ~ C 轴线净长 - 墙垂直筋到暗柱间距离 × 2)/ 垂直筋间距 + 1] + [(7 /C ~ D 轴线净长 - 墙垂直筋到暗柱间距离 × 2)/ 垂直筋间距 + 1]} × 排数/50% 错开搭接长度						
4	非洞口下插筋 2	12	二级	长度计算公式	6 × 12 + 600 - 40 + 1.2 × 34(向上取整) × 12 + 500 + 1.2 × 34(向上取整) × 12	2111			2111		
				长度公式描述	拐头长度 a + 基础厚 - 保护层厚度 + 搭接长度 + 错开长度 + 搭接长度						
				根数计算公式	{[(9000 - 300 - 450) - 100 × 2]/200(向上取整) + 1 + [(6000 - 300 - 450) - 100 × 2]/200(向上取整) + 1 } × 2/2		69			69	
				根数公式描述	{[(7/A ~ C 轴线净长 - 墙垂直筋到暗柱间距离 × 2)/ 垂直筋间距 + 1] + [(7 /C ~ D 轴线净长 - 墙垂直筋到暗柱间距离 × 2)/ 垂直筋间距 + 1]} × 排数/50% 错开搭接						
5	拉　筋	6	二级	长度计算公式	300 - 2 × 15 + max(10 × 6,75) × 2 + 1.9 × 6 × 2	443			443		
				长度公式描述	墙厚度 - 2 × 保护层厚度 + 最大值(10d,75) × 2 + 1.9d × 2(d 为拉筋直径)						
				根数计算公式	[(8250 - 200)/400 + 1 + (5250 - 200)/400 + 1] × 2		70			70	
				根数公式描述	[(7/A ~ C 轴线墙净长 - 起步距离)/拉筋间距 + 1 + (7/C ~ D 轴线墙净长 - 起步距离)/拉筋间距 + 1] × 排数						

(2) 7轴线首层剪力墙钢筋答案手工和软件对比

7轴线首层剪力墙钢筋答案手工和软件对比，见表1.3.70。

表1.3.70　7轴线首层剪力墙钢筋答案手工和软件对比

构件名称：7/A～D，数量：1段											
手工答案									软件答案		
序号	名称	直径	等级	计算式		长度（mm）	根数	搭接	长度（mm）	根数	搭接
1	外侧水平筋	12	二级	长度计算公式	(6000+3000+6000+300+300)－2×15	15570		492	15570		492
				长度公式描述	(7轴线墙外皮长度)－2×保护层厚度						
				根数计算公式	(4550－100)/200(向上取整)+1		24			24	
				根数公式描述	(首层层高－起步距离)/水平筋间距+1						
2	内侧水平筋	12	二级	长度计算公式	(6000+3000+6000+300+300)－2×15+15×12×2	15930		492	15930		492
				长度公式描述	(7轴线墙外皮长度)－2×保护层厚度+弯折长度×2						
				根数计算公式	(4550－100)/200(向上取整)+1		24			24	
				根数公式描述	(首层层高－起步距离)/水平筋间距+1						
3	垂直筋	12	二级	长度计算公式	4550+1.2×34×12	5040			5040		
				长度公式描述	首层层高+搭接长度						
				根数计算公式	{[(6000+3000－300－450)－200]/200(向上取整)+1}×2 +{[(6000－300－450)－200]/200(向上取整)+1}×2		138			138	
				根数公式描述	{[(A～C轴线墙净长)－垂直筋间距]/垂直筋间距+1}×排数 +{[(C～D轴线墙净长)－垂直筋间距]/垂直筋间距+1}×排数						
4	拉　筋	6	一级	长度计算公式	300－2×15+max(10×6,75)×2+1.9×6×2	443			443		
				长度公式描述	墙厚度－2×保护层厚度+最大值(10*d*,75)×2+1.9*d*×2(*d*为拉筋直径)						
				根数计算公式	(6000+3000－750)×4550/(400×400)(向上取整)+1 +(6000－750)×4550/(400×400)(向上取整)+1		387			387	
				根数公式描述	(A～C轴线墙净长×首层层高)/一个拉筋的面积+1 +(C～D轴线墙净长×首层层高)/一个拉筋的面积+1						

（3）7 轴线二层剪力墙钢筋答案手工和软件对比

7 轴线二层剪力墙钢筋答案手工和软件对比，见表 1.3.71。

表 1.3.71　7 轴线二层剪力墙钢筋答案手工和软件对比

构件名称：7/A～D，数量：1 段											
手工答案									软件答案		
序号	名称	直径	等级	计算式		长度（mm）	根数	搭接	长度（mm）	根数	搭接
1	外侧水平筋	12	二级	长度计算公式	（6000＋3000＋6000＋300＋300）－2×15	15570		492	15570		492
				长度公式描述	（7 轴线墙外皮长度）－2×保护层厚度						
				根数计算公式	（3600－100）/200（向上取整）＋1		19			19	
				根数公式描述	（首层层高－起步距离）/水平筋间距＋1						
2	内侧水平筋	12	二级	长度计算公式	（6000＋3000＋6000＋300＋300）－2×15＋15×12×2	15930		492	15930		492
				长度公式描述	（7 轴线墙外皮长度）－2×保护层厚度＋弯折长度×2						
				根数计算公式	（3600－100）/200（向上取整）＋1		19			19	
				根数公式描述	（二层层高－起步距离）/水平筋间距＋1						
3	垂直筋	12	二级	长度计算公式	3600＋1.2×34×12	4090			4090		
				长度公式描述	二层层高＋搭接长度						
				根数计算公式	{[（6000＋3000－300－450）－200]/200（向上取整）＋1}×2 ＋{[（6000－300－450）－200]/200（向上取整）＋1}×2		138			138	
				根数公式描述	{[（A～C 轴线墙净长）－垂直筋间距]/垂直筋间距＋1}×排数 ＋{[（C～D 轴线墙净长）－垂直筋间距]/垂直筋间距＋1}×排数						
4	拉　筋	6	一级	长度计算公式	300－2×15＋max（10×6，75）×2＋1.9×6×2	443			443		
				长度公式描述	墙厚度－2×保护层厚度＋最大值（10*d*，75）×2＋1.9*d*×2（*d* 为拉筋直径）						
				根数计算公式	（6000＋3000－750）×3600/（400×400）（向上取整）＋1 ＋（6000－750）×3600/（400×400）（向上取整）＋1		307			307	
				根数公式描述	（A～C 轴线墙净长）×二层层高/一个拉筋的面积＋1 ＋（C～D 轴线墙净长）×二层层高/一个拉筋的面积＋1						

(4) 7 轴线三层剪力墙钢筋答案手工和软件对比

7 轴线三层剪力墙钢筋答案手工和软件对比，见表 1.3.72。

表 1.3.72　7 轴线三层剪力墙钢筋答案手工和软件对比

构件名称：7/A ~ D，数量：1 段											
手工答案									软件答案		
序号	名称	直径	等级	计算式		长度（mm）	根数	搭接	长度（mm）	根数	搭接
1	外侧水平筋	12	二级	长度计算公式	(6000 + 3000 + 6000 + 300 + 300) - 2 × 15	15570		492	15570		492
				长度公式描述	(7 轴线墙外皮长度) - 2 × 保护层厚度						
				根数计算公式	(3600 - 100)/200(向上取整) + 1		19			19	
				根数公式描述	(首层层高 - 起步距离)/水平筋间距 + 1						
2	内侧水平筋	12	二级	长度计算公式	(6000 + 3000 + 6000 + 300 + 300) - 2 × 15 + 15 × 12 × 2	15930		492	15930		492
				长度公式描述	(7 轴线墙外皮长度) - 2 × 保护层厚度 + 弯折长度 × 2						
				根数计算公式	(3600 - 100)/200(向上取整) + 1		19			19	
				根数公式描述	(首层层高 - 起步距离)/水平筋间距 + 1						
3	垂直筋 1	12	二级	长度计算公式	3600 - 150 + 150 - 15 + 12 × 12	3729			3729		
				长度公式描述	层高 - 板厚 + 板厚 - 保护层厚度 + 弯折 12d						
				根数计算公式	{[(6000 + 3000 - 300 - 450) - 100 × 2]/200(向上取整) + 1] + [(6000 - 300 - 450) - 100 × 2]/200 (向上取整) + 1 } × 2/2		69			69	
				根数公式描述	{[(7/A ~ C 轴线净长 - 墙垂直筋到暗柱间距离 × 2)/ 垂直筋间距 + 1] + [(7/C ~ D 轴线净长 - 墙垂直筋到暗柱间距离 × 2)/ 垂直筋间距 + 1]} × 排数/50% 错开搭接长度						
4	垂直筋 2	12	二级	长度计算公式	3600 - 500 - 1.2 × 34 × 12 - 150 + 150 - 15 + 12 × 12	2739			2739		
				长度公式描述	层高 - 错开长度 - 搭接长度 - 板厚 + 板厚 - 保护层厚度 + 弯折 12d						
				根数计算公式	{[(6000 + 3000 - 300 - 450) - 100 × 2]/200(向上取整) + 1] + [(6000 - 300 - 450) - 100 × 2]/200 (向上取整) + 1 } × 2/2		69			69	
				根数公式描述	{[(7/A ~ C 轴线净长 - 墙垂直筋到暗柱间距离 × 2)/ 垂直筋间距 + 1] + [(7/C ~ D 轴线净长 - 墙垂直筋到暗柱间距离 × 2)/ 垂直筋间距 + 1]} × 排数/50% 错开搭接长度						

续表

序号	名称	直径	等级	手工答案					软件答案		
				计算式		长度(mm)	根数	搭接	长度(mm)	根数	搭接
5	拉筋	6	一级	长度计算公式	300 − 2 × 15 + max(10 × 6,75) × 2 + 1.9 × 6 × 2	443			443		
				长度公式描述	墙厚度 − 2 × 保护层厚度 + 最大值(10d,75) × 2 + 1.9d × 2(d为拉筋直径)						
				根数计算公式	(6000 + 3000 − 750) × 3600/(400 × 400)(向上取整) + 1 + (6000 − 750) × 3600/(400 × 400)(向上取整) + 1		307			307	
				根数公式描述	(A ~ C 轴线墙净长) × 顶层层高/一个拉筋的面积 + 1 + (C ~ D 轴线墙净长) × 顶层层高/一个拉筋的面积 + 1						

六、洞口

(一) 剪力墙遇到门窗洞口时，钢筋的变化

剪力墙水平筋和垂直筋遇到洞口时弯折，弯折长度为10d，如图1.3.73所示。

(二) 矩形洞口

1. 当洞口宽≤800时

当矩形洞口宽≤800时，按图1.3.74配置洞口加强筋。

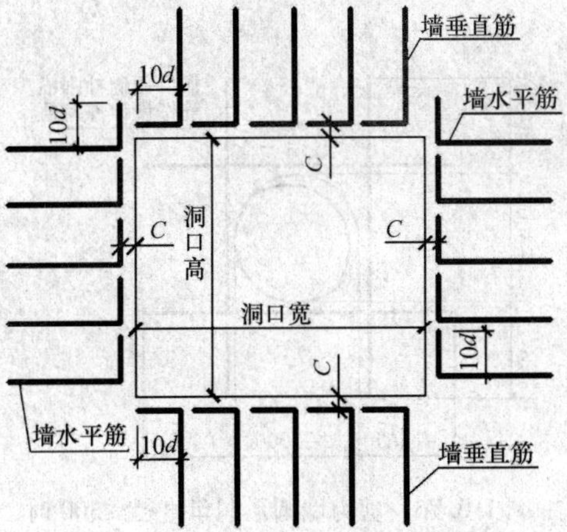

图1.3.73　剪力墙钢筋遇到洞口时弯折

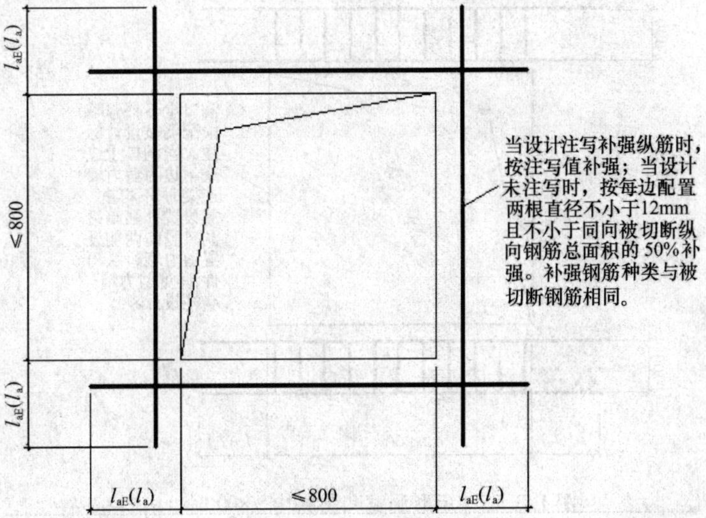

图1.3.74　矩形洞宽和洞高均不大于800时，配置洞口加强强筋（括号内标注用于非抗震）

1）补墙筋的长度计算

从图 1. 3. 74 可以推导出洞口宽（或高）≤800 时：补墙筋的长度 = 洞口宽（或高） + 锚固长度 $l_{aE}(l_a)\times 2$

2）补墙筋的根数计算

图 1. 3. 74 给出了两条原则：

（1）当设计有规定时，按设计规定计算。

（2）当设计无规定时，按每边配置两个直径不小于 12mm 且不小于被切断纵向钢筋总面积的 50% 补强，种类与被切断钢筋相同。

2. 当洞口宽 >800 时

当矩形洞口宽 >800 时，按图 1. 3. 75 所示配置洞口加强暗梁。

从图 1. 3. 75 可以看出，当洞口宽度 >800 时，设计上一般在洞口上下会配置补强暗梁或连梁，洞口两侧会配置暗柱，这几种构件在后面会给出详细讲解，这里暂不讲解。

（三）圆形洞口

1. 当洞口直径≤300 时

当圆形洞口直径≤300 时，洞口加强筋按图 1. 3. 76 进行计算。

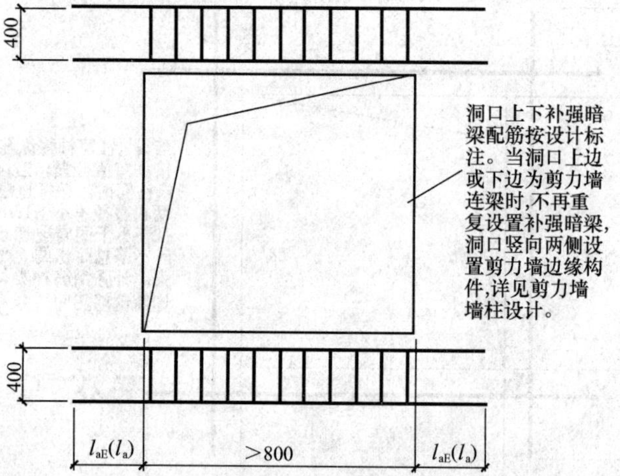

图 1. 3. 75　矩形洞宽和洞高均 >800 时，洞口补强纵筋构造（括号内标注用于非抗震）

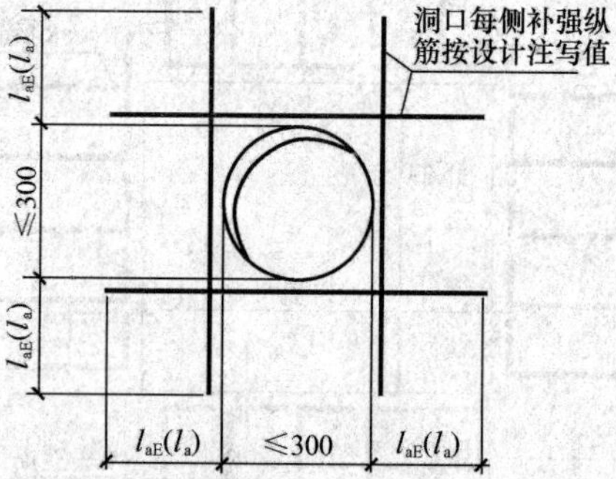

图 1. 3. 76　剪力墙圆形洞口直径≤300 时，补强纵筋构造（括号内标注用于非抗震）

根据图 1.3.76 可以推导出：补墙筋的长度 = 圆形洞口直径 + 锚固长度 $l_{aE}(l_a)\times2$，补墙筋的根数按设计注写值计算。

2. 当洞口直径 >300 时

当圆形洞口直径 >300 时，按图 1.3.77 配置洞口加强筋。

加强筋的长度和根数按设计给定的注写值进行计算。

3. 当连梁中部开圆形洞口时

当连梁中部开圆形洞口时，按图 1.3.78 进行计算。

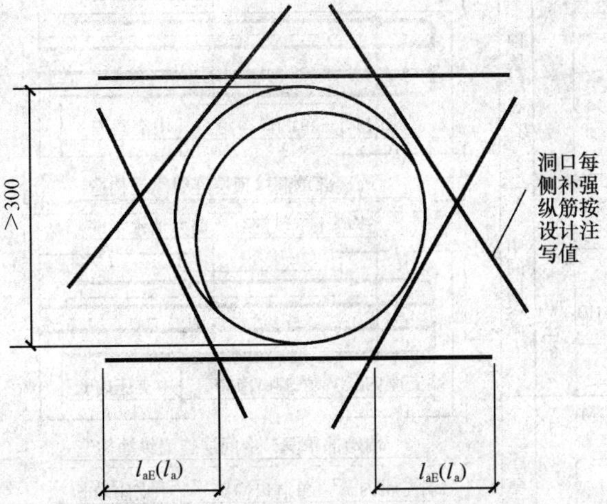

图 1.3.77　剪力墙圆形洞口直径 >300 时，补强纵筋构造（括号内标注用于非抗震）

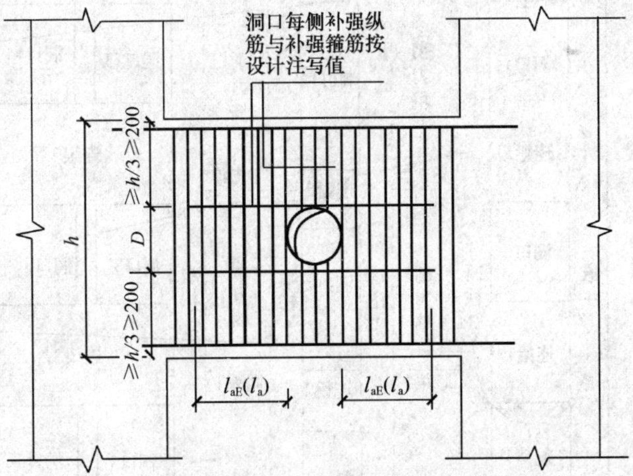

图 1.3.78　连梁中部圆形洞口补强钢筋构造（圆形洞口预埋钢筋套管，括号内标注用于非抗震）

从图 1.3.78 可以看出，补强筋长度 = 圆形洞口直径 + 锚固长度 $l_{aE}(l_a)\times2$，补强筋的根数按设计规定计算。这里连梁的箍筋会被洞口切断，切断箍筋的长度和根数可根据设计注写值进行计算。

七、连梁（含洞口下地梁）钢筋的计算原理和实例答案

（一）连梁（含洞口下地梁）纵筋

1. 纵筋长度计算

连梁（含洞口下地梁）分为单洞口连梁和双洞口连梁，又根据所处的位置不同分为在墙端部和在墙中部两种情况，在墙端部又分为直锚和弯锚两种情况。下面分别讲解。

1）单洞口连梁（含洞口下地梁）在墙端部

（1）连梁位置及长度公式

单洞口连梁（含洞口下地梁）在墙端部情况，如图 1.3.79 所示。

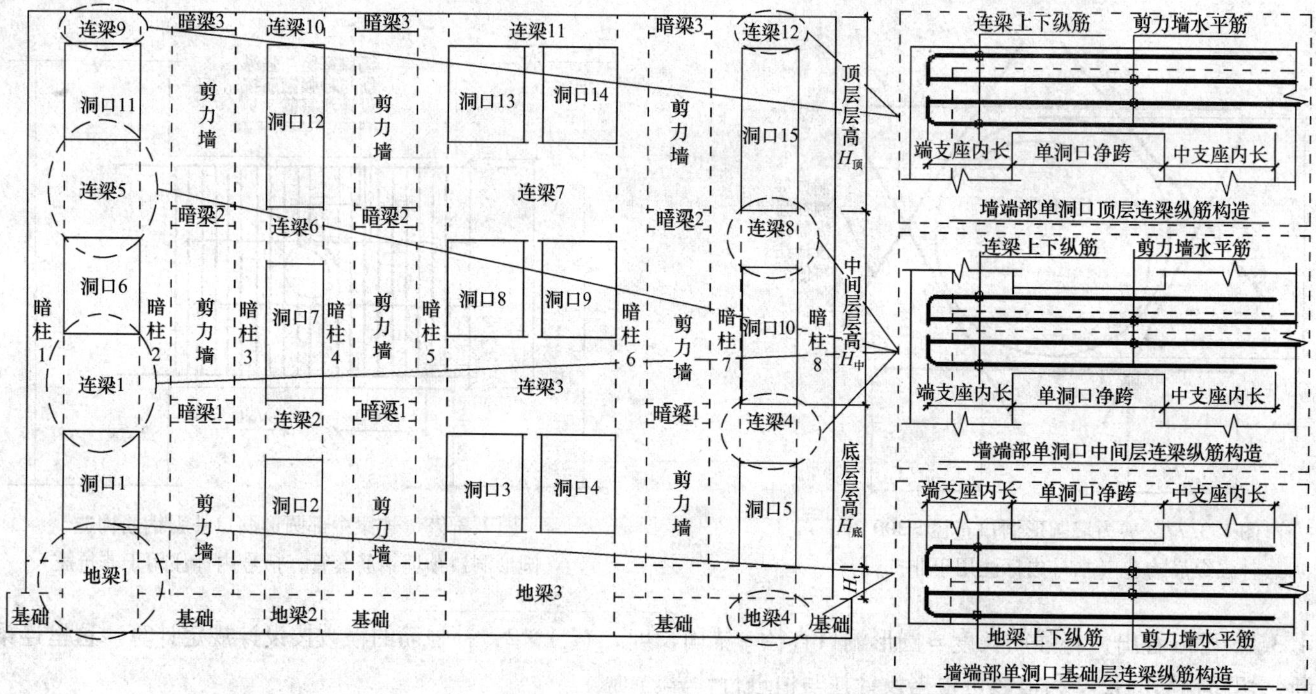

图 1.3.79　墙端部单洞口连（地）梁位置及纵筋构造

根据图 1.3.79，先对连梁（含洞口下地梁）列出长度公式。

墙端部连梁（含洞口下地梁）纵筋长度 = 单洞口净跨 + 伸入端支座内长度 + 伸入中间支座内长度

（2）将规范数据代入文字公式

将规范数据代入文字公式，可得图 1.3.80。

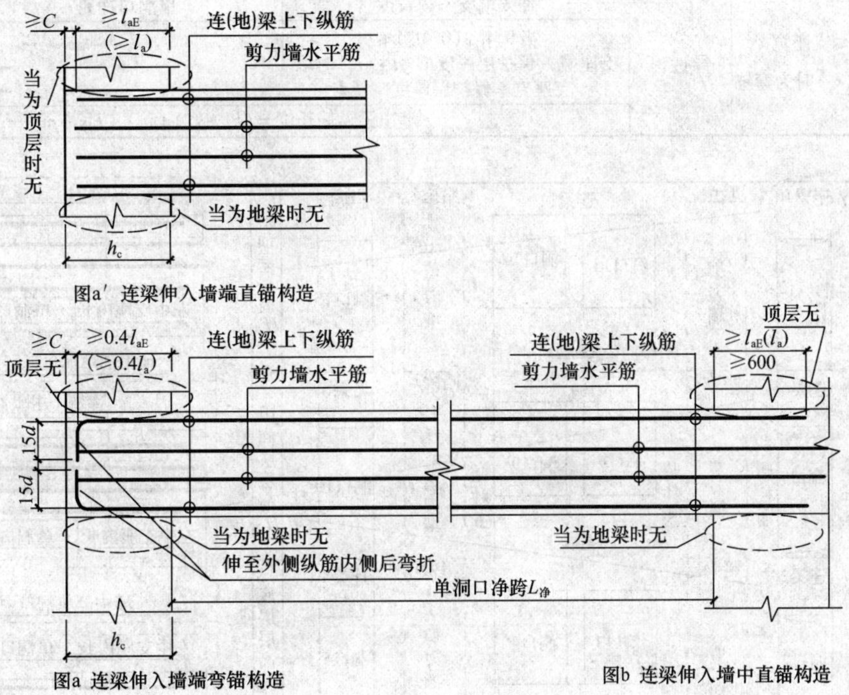

图 1.3.80　墙端部单洞口连（地）梁纵筋长度计算图

根据图 1.3.80，推导出墙端部单洞口连（地）梁纵筋长度计算公式，见表 1.3.73。

表 1.3.73　墙端部单洞口连（地）梁纵筋长度计算公式

连梁部位	锚固情况判断	公式			
墙端部单洞口	直锚情况：当端支座宽 h_c - 保护层厚度 $C \geqslant l_{aE}(l_a)$ 为直锚	公式推导过程	连梁纵筋长度 = 伸入端支座内长度 + 单洞口净跨 + 伸入中支座内长度		
			伸入端支座内长度	单洞口净跨	伸入中支座内长度
			$l_{aE}(l_a)$	$L_{净}$	$\max[l_{aE}(l_a),600]$
			连梁纵筋长度 = $l_{aE}(l_a) + L_{净} + \max[l_{aE}(l_a),600]$		
	弯锚情况：当 $0.4l_{aE}(0.4l_a) \leqslant$ 支座宽 - 保护层厚度 $C < l_{aE}(l_a)$ 时为弯锚	公式推导过程	连梁纵筋长度 = 伸入端支座内长度 + 单洞口净跨 + 伸入中支座内长度		
			伸入端支座内长度	单洞口净跨	伸入中支座内长度
			当 $0.4l_{aE}(0.4l_a) \leqslant$ 支座宽 - 保护层厚度 $C < l_{aE}(l_a)$ 时取支座宽 - 保护层厚度 + $15d$	$L_{净}$	$\max[l_{aE}(l_a),600]$
			连梁纵筋长度 = $(h_c - C + 15d) + L_{净} + \max[l_{aE}(l_a),600]$		

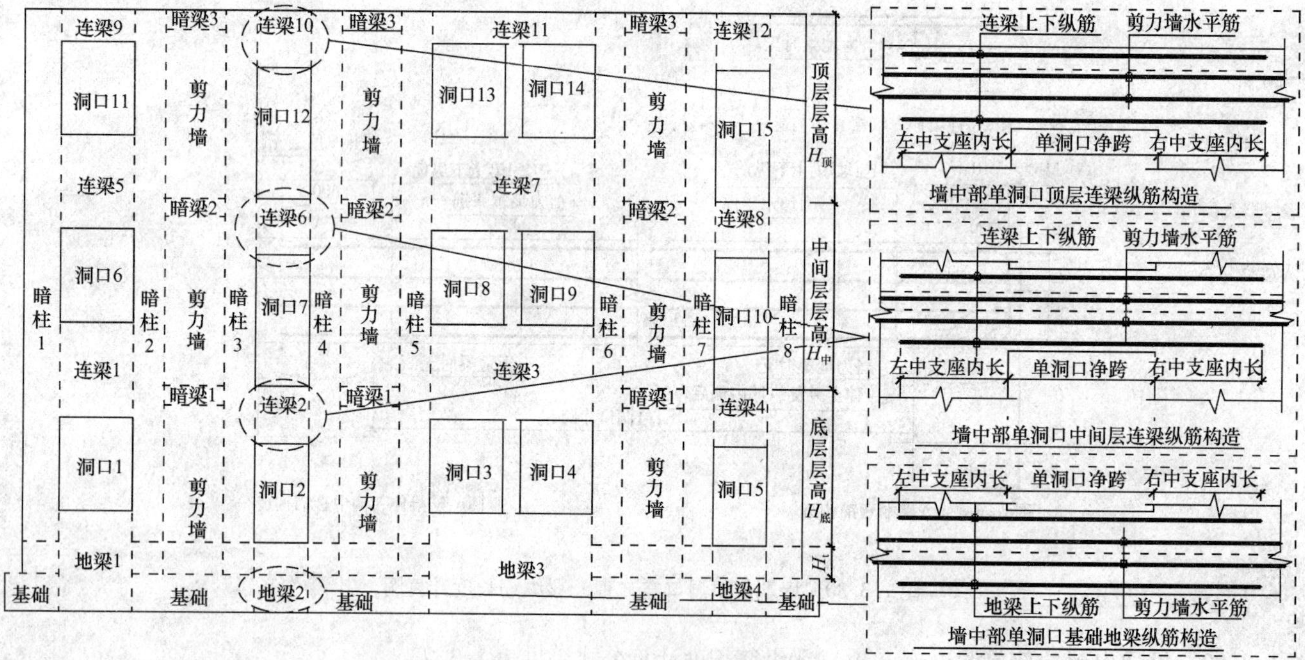

图 1.3.81　墙中部单洞口连（地）梁位置及纵筋构造

2）单洞口连梁（含洞口下地梁）在墙中部

（1）连梁位置及长度公式

单洞口连梁（含洞口下地梁）在墙中部情况，如图 1. 3. 81 所示。

根据图 1. 3. 81，先对连梁（含洞口下地梁）列出长度公式。

墙中部连梁（含洞口下地梁）纵筋长度 = 单洞口净跨 + 伸入左中支座内长度 + 伸入右中支座内长度。

（2）将规范数据代入文字描述公式

将规范数据代入文字描述公式可得图 1. 3. 82。

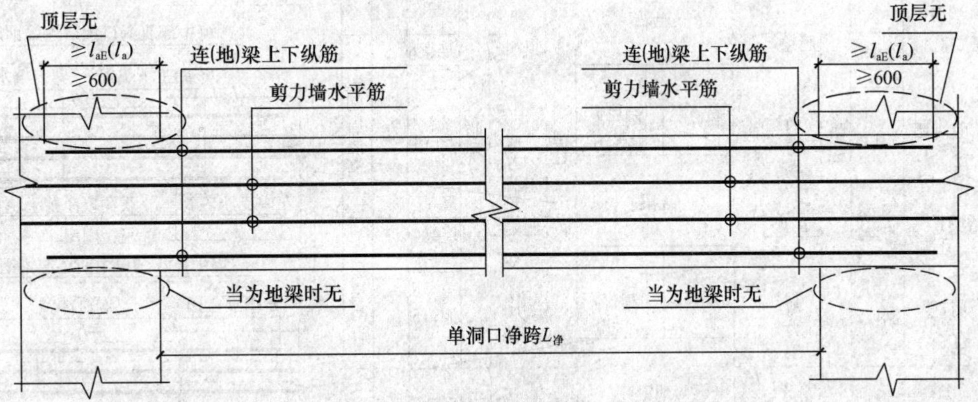

图 1. 3. 82　墙中部单洞口连（地）梁纵筋长度计算图

根据图 1. 3. 82，可推导出单洞口连（地）梁在墙中部纵筋计算公式，见表 1. 3. 74。

表 1. 3. 74　单洞口连（地）梁在墙中部纵筋长度计算公式

墙中部单洞口	均为直锚情况	公式推导过程	连梁纵筋长度 = 伸入左中支座内长度 + 单洞口净跨 + 伸入右中支座内长度		
			伸入左中支座内长度	单洞口净跨	伸入右中支座内长度
			$\max[l_{aE}(l_a),600]$	$L_净$	$\max[l_{aE}(l_a),600]$
			连梁纵筋长度 = $\max[l_{aE}(l_a),600]\times2+L_净$		

3）双洞口连梁（含洞口下地梁）在墙中部

（1）连梁位置及长度公式

双洞口连梁（含洞口下地梁）在墙中部情况，如图 1.3.83 所示。

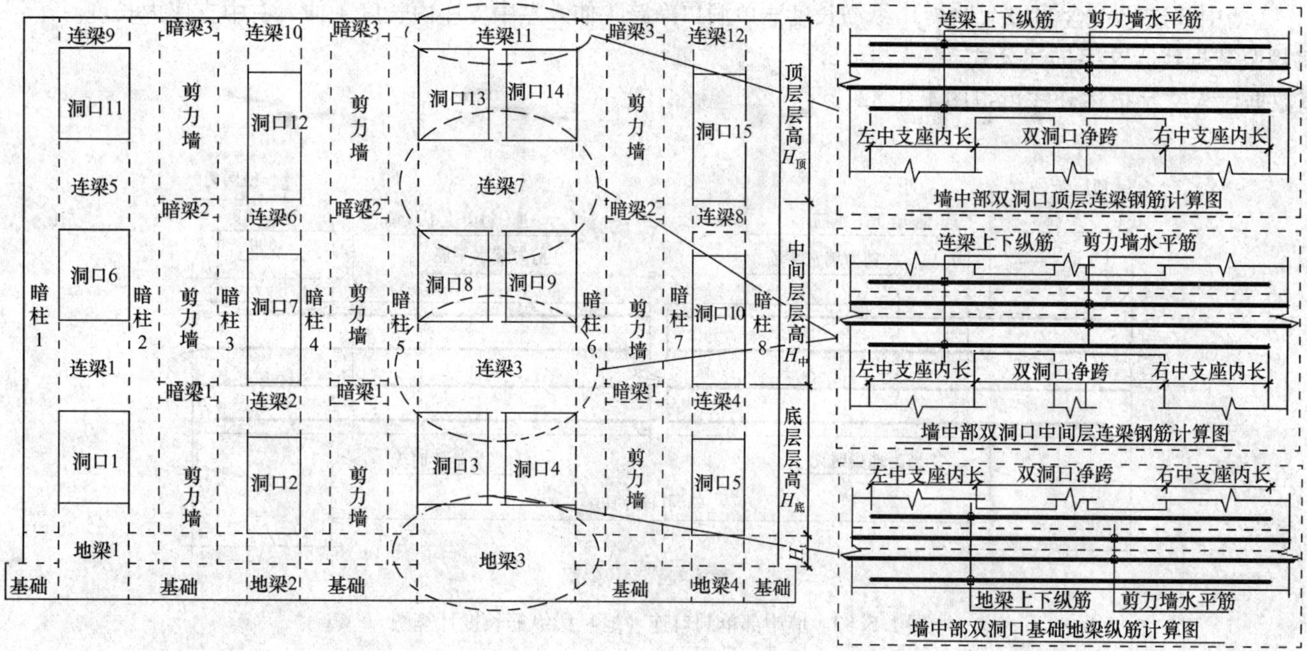

图 1.3.83 墙中部双洞口连（地）梁位置及纵筋构造

根据图 1.3.83，先对双洞口连梁（含洞口下地梁）长度列出公式。

墙中部连梁（含洞口下地梁）纵筋长度 = 双洞口净跨 + 伸入左中支座内长度 + 伸入右中支座内长度。

2）将规范数据代入字描述公式中

将规范数据代入文字描述公式中，可得图 1.3.84。

根据图 1.3.84，可推导出双洞口连（地）梁在墙中部纵筋计算公式，见表 1.3.75。

表 1.3.75　双洞口连（地）梁在墙中部纵筋长度计算公式

墙中部双洞口	均为直锚情况	公式推导过程	连梁纵筋长度 = 伸入左中支座内长度 + 双洞口净跨 + 伸入右中支座内长度		
			伸入左中支座内长度	双洞口净跨	伸入右中支座内长度
			$\max[l_{aE}(l_a), 600]$	$L_{净}$	$\max[l_{aE}(l_a), 600]$
			连梁纵筋长度 = $\max[l_{aE}(l_a), 600] \times 2 + L_{净}$		

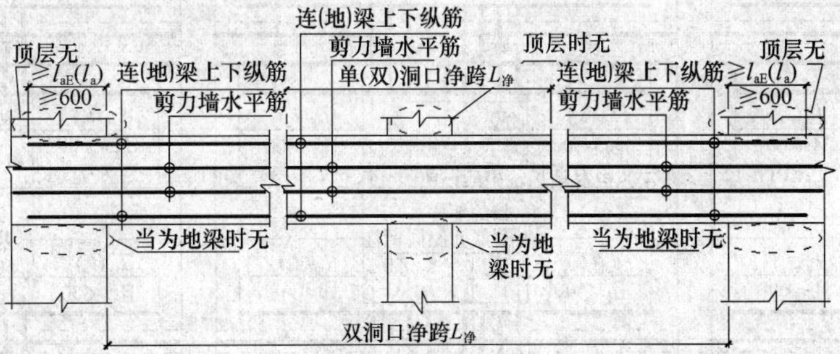

图 1.3.84　墙中部双洞口连（地）梁纵筋长度计算图

思考与练习　请用手工计算 1 号写字楼首层各洞口的连梁纵筋长度。

2. 纵筋根数计算

连梁（含洞口下地梁）纵筋根数从图纸上直接查出，不用计算。

（二）连梁（含洞口下地梁）箍筋

1. 箍筋长度计算

连梁箍筋长度计算方法同前面讲过的框架柱，这里不再赘述。

2. 箍筋根数计算

连梁（含洞口下地梁）箍筋分布根据连梁在剪力墙里所处的位置不同而不同，如图 1.3.85 所示。

根据图 1.3.85，可以推导出连梁（含洞口下地梁）箍筋根数计算公式，见表 1.3.76。

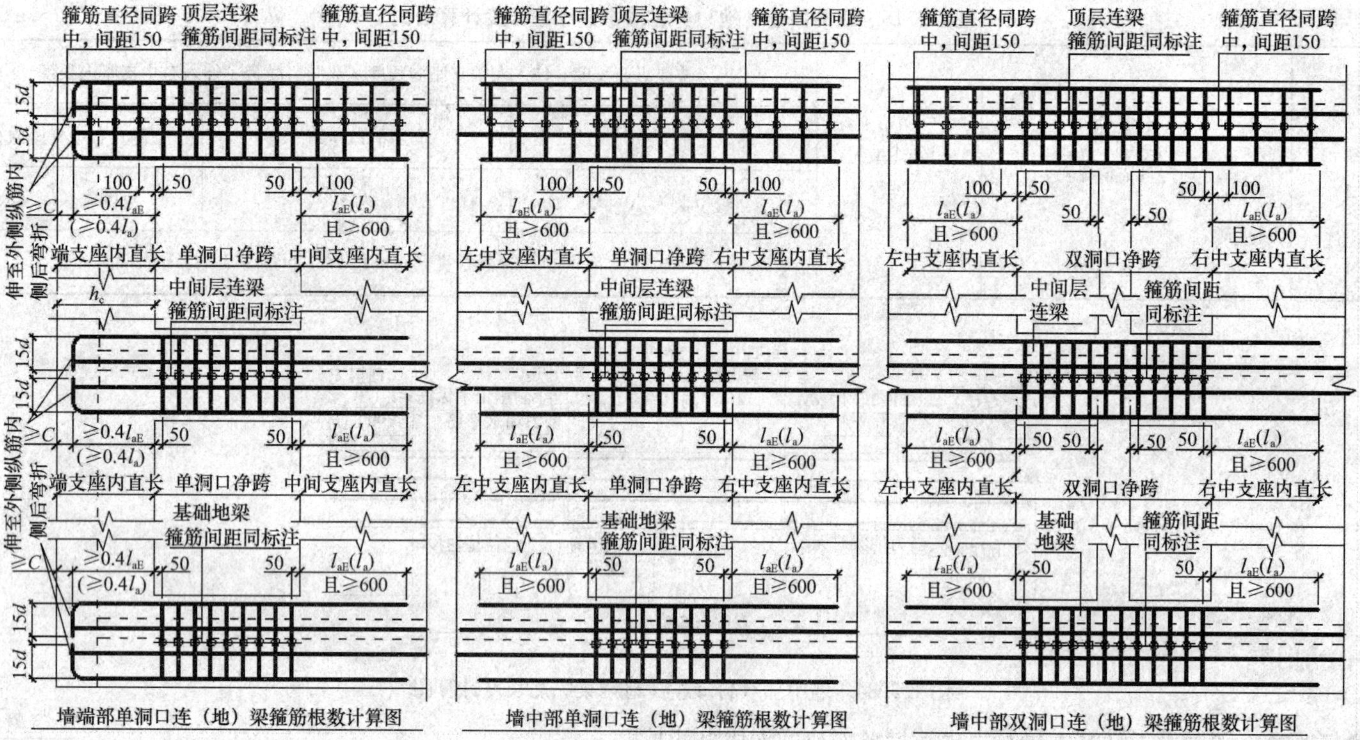

图 1.3.85 连梁（含洞口下地梁）箍筋根数计算图

表 1.3.76 连梁（含洞口下地梁）箍筋根数计算公式表

垂直部位	水平部位	纵筋锚固		公式	
中间层单(双)洞口连梁剪力墙地梁	墙端部 墙中部		公式推导过程	箍筋根数 = 洞口处箍筋根数	
				箍筋根数 = [单(双)洞口净跨 − 50 × 2]/箍筋间距 + 1	
				单(双)洞口净跨	箍筋间距
				$L_{净}$	S
				箍筋根数 = ($L_{净}$ − 50 × 2)/S + 1	

续表

<table>
<tr><th>垂直部位</th><th>水平部位</th><th colspan="2">纵筋锚固</th><th colspan="3">公　　式</th></tr>
<tr><td rowspan="12">顶层连梁</td><td rowspan="8">墙端部</td><td rowspan="4">直锚</td><td rowspan="4">公式推导过程</td><td colspan="3">箍筋根数＝洞口处箍筋根数＋端支座箍筋根数＋中支座箍筋根数</td></tr>
<tr><td>洞口处箍筋根数</td><td>端支座箍筋根数</td><td>中支座箍筋根数</td></tr>
<tr><td>[单(双)洞口净跨－50×2]/箍筋间距＋1</td><td>(伸入端支座内直长－100)/箍筋间距＋1</td><td>(伸入中支座内直长－100)/箍筋间距＋1</td></tr>
<tr><td>$(L_{净}-50\times2)/S+1$</td><td>$[l_{aE}(l_a)-100]/150+1$</td><td>$\{\max[l_{aE}(l_a),600]-100\}/150+1$</td></tr>
<tr><td rowspan="4">弯锚</td><td rowspan="4">公式推导过程</td><td colspan="3">箍筋根数＝洞口处箍筋根数＋端支座箍筋根数＋中支座箍筋根数</td></tr>
<tr><td>洞口处箍筋根数</td><td>端支座箍筋根数</td><td>中支座箍筋根数</td></tr>
<tr><td>[单(双)洞口净跨－50×2]/箍筋间距＋1</td><td>[(伸入端支座内直长)－100]/箍筋间距＋1</td><td>(伸入中支座内直长－100)/箍筋间距＋1</td></tr>
<tr><td>$(L_{净}-50\times2)/S+1$</td><td>$[(h_c-C)-100]/150+1$</td><td>$\{\max[l_{aE}(l_a),600]-100\}/150+1$</td></tr>
<tr><td rowspan="4">墙中部</td><td rowspan="4">直锚</td><td rowspan="4">公式推导过程</td><td colspan="3">箍筋根数＝洞口处箍筋根数＋左中支座箍筋根数＋右中支座箍筋根数</td></tr>
<tr><td>洞口处箍筋根数</td><td>端支座箍筋根数</td><td>中支座箍筋根数</td></tr>
<tr><td>[单(双)洞口净跨－50×2]/箍筋间距＋1</td><td>(伸入左中支座内直长－100)/箍筋间距＋1</td><td>(伸入右中支座内直长－100)/箍筋间距＋1</td></tr>
<tr><td>$(L_{净}-50\times2)/S+1$</td><td>$\{\max[l_{aE}(l_a),600]-100\}/150+1$</td><td>$\{\max[l_{aE}(l_a),600]-100\}/150+1$</td></tr>
</table>

思考与练习　请计算1号写字楼首层和顶层6～7轴线连梁箍筋的根数。

（三）连梁（含洞口下地梁）拉筋

1. 连梁（含洞口下地梁）拉筋直径判断

图1.3.86是一个连梁拉筋的示意图。

平法图集对连梁（含洞口下地梁）的拉筋直径做如下注解：当连梁宽 $b\leqslant350$ 时，拉筋直径为6mm；当连梁宽 $b>350$ 时，拉筋直径为8mm。

2. 连梁（含洞口下地梁）拉筋长度计算

（1）拉筋同时钩住纵筋和箍筋

拉筋同时钩住纵筋和箍筋情况，按图1.3.87进行计算。

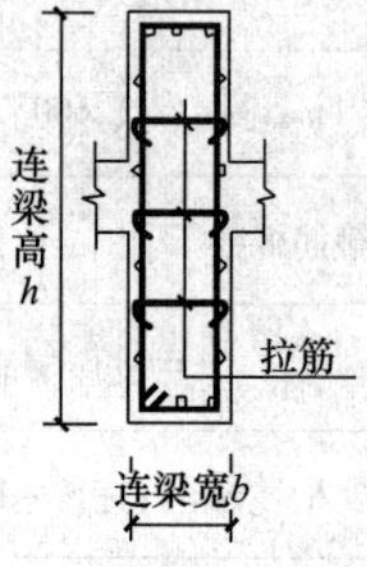

图1.3.86 连梁拉筋示意图

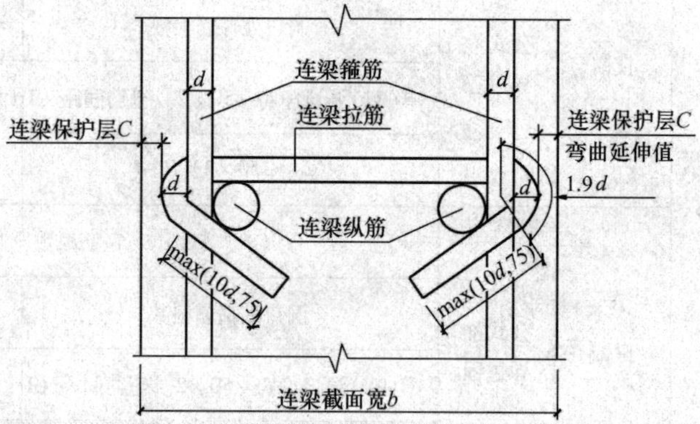

图1.3.87 连梁拉筋长度计算图（拉筋同时钩住纵筋和箍筋）

根据图1.3.87，可以推导出连梁拉筋长度计算，公式如下：

连梁拉筋外皮长度 = 连梁截面宽 b - 拉筋保护层厚度 $C\times2+1.9d\times2+\max(10d,\ 75)\times2$

（2）拉筋只钩住纵筋

拉筋只钩住纵筋时，按图1.3.88进行计算。

根据图1.3.88，可以推导出连梁拉筋长度计算，公式如下：

连梁拉筋外皮长度 = 连梁截面宽 b - 拉筋保护层厚度 $C\times2+1.9d\times2+\max(10d,\ 75)\times2$

3. 连梁（含洞口下地梁）拉筋根数计算

1）洞口上连梁拉筋根数计算

连梁拉筋根数计算，如图1.3.89～图1.3.91所示。

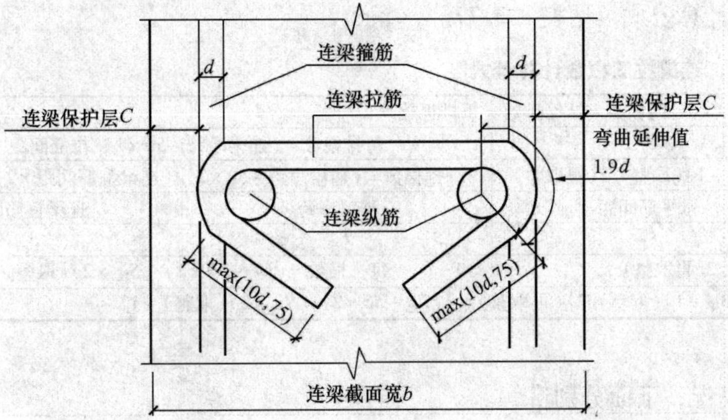

图 1.3.88　连梁拉筋长度计算图（拉筋只钩住纵筋）

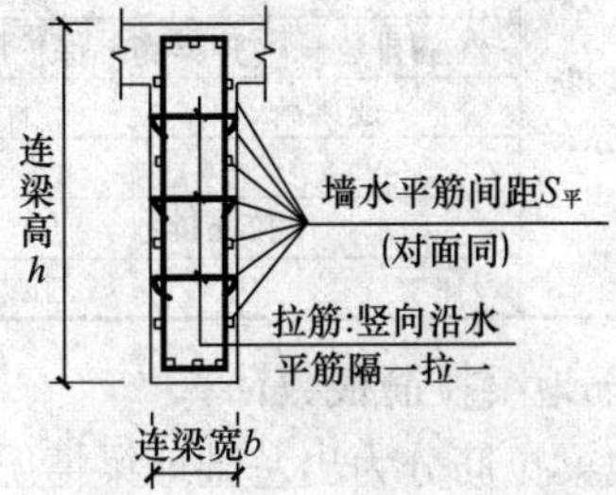

图 1.3.89　顶层连梁拉筋排数计算图

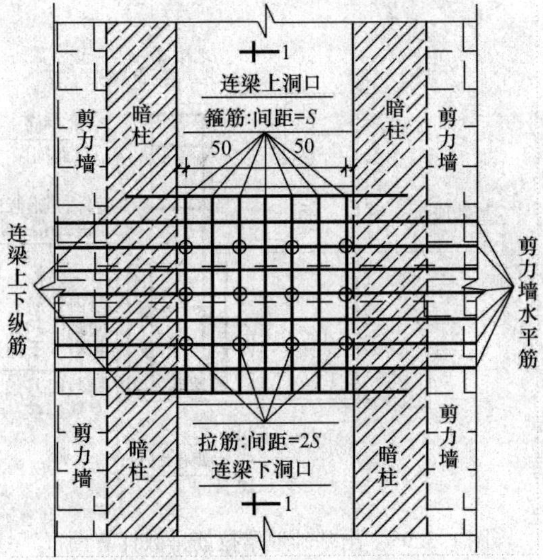

图 1.3.90　连梁拉筋每排根数计算图

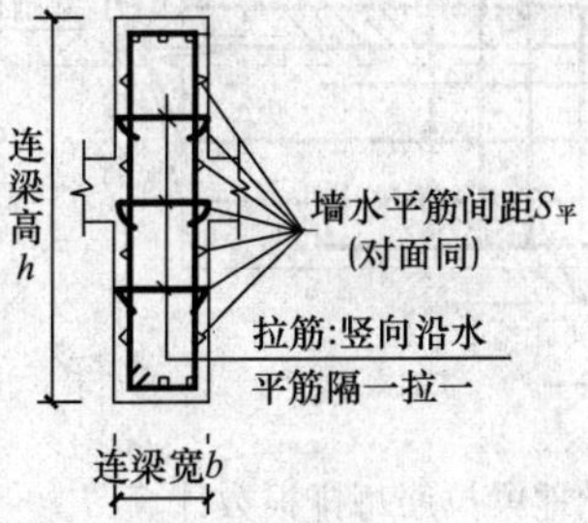

图 1.3.91　跨层连梁拉筋排数计算图（1－1 剖）

根据图 1.3.89～图 1.3.91，可以推导出连梁拉筋根数计算公式，见表 1.3.77。

表 1.3.77　连梁拉筋根数计算公式

<table>
<tr><td rowspan="7">拉筋根数计算</td><td rowspan="7">公式推导过程</td><td colspan="5">拉筋根数=拉筋排数×每排根数</td></tr>
<tr><td colspan="3">拉筋排数=水平筋排数/2</td><td colspan="2">每排根数=(连梁净跨−50×2)/拉筋间距+1</td></tr>
<tr><td colspan="3">拉筋排数=[(连梁高−保护层厚度×2)/水平筋间距−1](取整)/2(再取整)</td><td colspan="2">每排根数=(连梁净跨−50×2)/(连梁箍筋间距×2)(取整)+1</td></tr>
<tr><td>连梁高</td><td>保护层厚度</td><td>水平筋间距</td><td>连梁净跨</td><td>连梁箍筋间距</td></tr>
<tr><td>h</td><td>C</td><td>$S_{平}$</td><td>$L_{净}$</td><td>$S_{连}$</td></tr>
<tr><td colspan="3">拉筋排数=[$(h-C\times2)/S_{平}-1$](取整)/2(再取整)</td><td colspan="2">每排根数=$(L_{净}-50\times2)/(S_{连}\times2)$(取整)+1</td></tr>
<tr><td colspan="5">拉筋根数={[$(h-C\times2)/S_{平}-1$](取整)/2}(再取整)×{$(L_{净}-50\times2)/(S_{连}\times2)$(取整)+1}</td></tr>
</table>

2）洞口下地梁拉筋根数计算

洞口下地梁拉筋分为出基础地梁情况和不出基础地梁情况，下面分别讲解。

（1）出基础地梁

出基础地梁拉筋根数按图 1.3.92～图 1.3.93 进行计算。

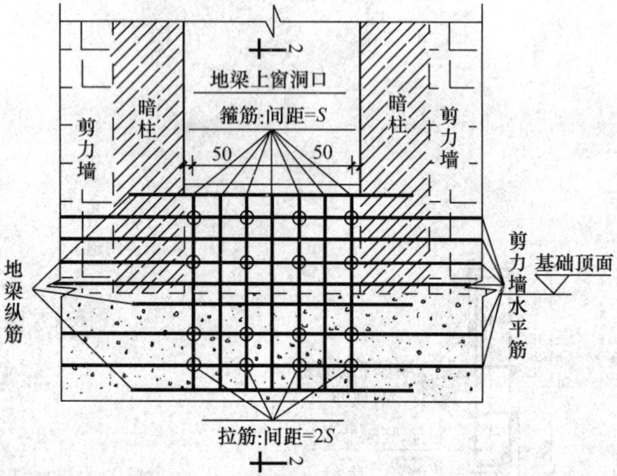

图 1.3.92　出基础地梁拉筋每排根数计算图

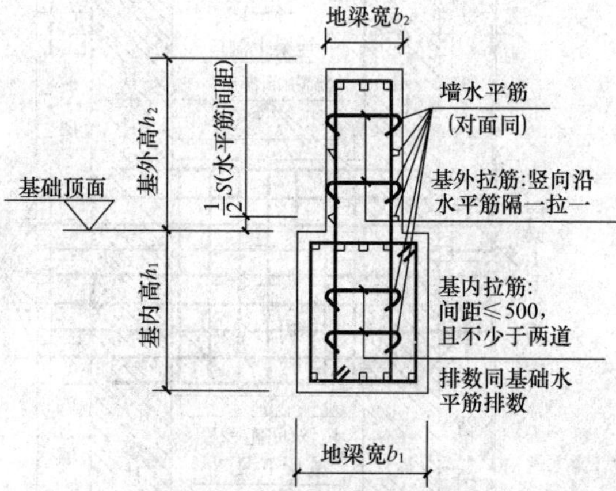

图 1.3.93　出基础地梁拉筋排数计算图（2－2 剖）

根据图 1.3.92～图 1.3.93，可以推导出基础地梁拉筋根数计算公式，见表 1.3.78。

表 1.3.78　出基础地梁拉筋根数计算公式

<table>
<tr><td rowspan="7">基外拉筋根数</td><td rowspan="7">公式推导过程</td><td colspan="5">基础外拉筋根数 = 基础外拉筋排数 × 每排根数</td></tr>
<tr><td colspan="3">基外拉筋排数 = 水平筋排数/2</td><td colspan="2">每排根数 = (连梁净跨 − 50 × 2)/拉筋间距 + 1</td></tr>
<tr><td colspan="3">拉筋排数 = [(基外连梁高 − 保护层厚度 − 50)/水平筋间距 − 1](取整)/2</td><td colspan="2">每排根数 = (连梁净跨 − 50 × 2)/(连梁箍筋间距 × 2) + 1</td></tr>
<tr><td>基外连梁高</td><td>保护层厚度</td><td>水平筋间距</td><td>连梁净跨</td><td>连梁箍筋间距</td></tr>
<tr><td>h_2</td><td>C</td><td>$S_{平}$</td><td>$L_{净}$</td><td>$S_{连}$</td></tr>
<tr><td colspan="3">拉筋排数 = [(h_2 − C − 50)/$S_{平}$ − 1](取整)/2(再取整)</td><td colspan="2">每排根数 = ($L_{净}$ − 50 × 2)/($S_{连}$ × 2) + 1(取整)</td></tr>
<tr><td colspan="5">拉筋根数 = {[(h_2 − C − 50)/$S_{平}$ − 1](取整)/2}(再取整) × {($L_{净}$ − 50 × 2)/($S_{连}$ × 2) + 1}(取整)</td></tr>
<tr><td rowspan="7">基内拉筋根数</td><td rowspan="7">公式推导过程</td><td colspan="5">基础内拉筋根数 = 基内拉筋排数 × 每排根数</td></tr>
<tr><td rowspan="4">间距≤500，且不少于两道水平筋</td><td colspan="2">基内拉筋排数 = 水平筋排数</td><td colspan="2">每排根数 = (地梁净跨 − 50 × 2)/拉筋间距 + 1</td></tr>
<tr><td>基顶底均不布水平筋</td><td>拉筋根数 = max[2,(基内高 h_1 − 基础保护层厚度)/500 − 1]</td><td colspan="2">每排根数 = (地梁净跨 − 50 × 2)/(地梁箍筋间距 × 2) + 1</td></tr>
<tr><td>基顶或底只布一道水平筋</td><td>拉筋根数 = max[2,(基内高 h_1 − 基础保护层厚度)/500]</td><td>地梁净跨</td><td>地梁箍筋间距</td></tr>
<tr><td>基顶和底均布置水平筋</td><td>拉筋根数 = max[2,(基内高 h_1 − 基础保护层厚度)/500 + 1]</td><td>$L_{净}$</td><td>$S_{地}$</td></tr>
<tr><td colspan="3">三者取其一(取整)</td><td colspan="2">每排根数 = ($L_{净}$ − 50 × 2)/($S_{地}$ × 2) + 1(取整)</td></tr>
<tr><td colspan="5">拉筋根数 = 三者取其一的数量(取整) × {($L_{净}$ − 50 × 2)/($S_{地}$ × 2) + 1}(取整)</td></tr>
</table>

(2) 不出基础地梁

不出基础地梁拉筋根数按图 1.3.94 ~ 图 1.3.95 进行计算。

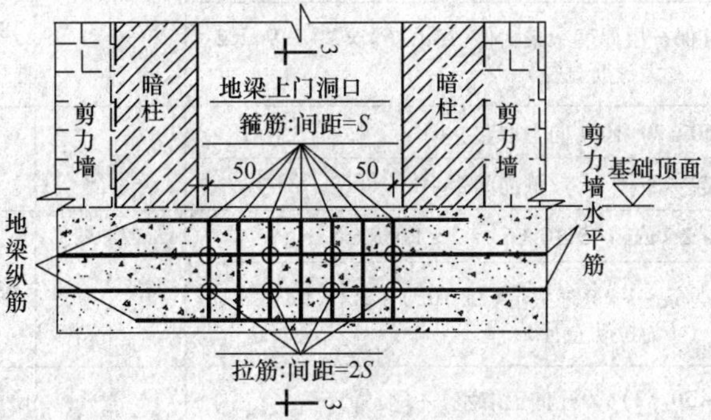

图 1.3.94　不出基础地梁拉筋每排根数计算图

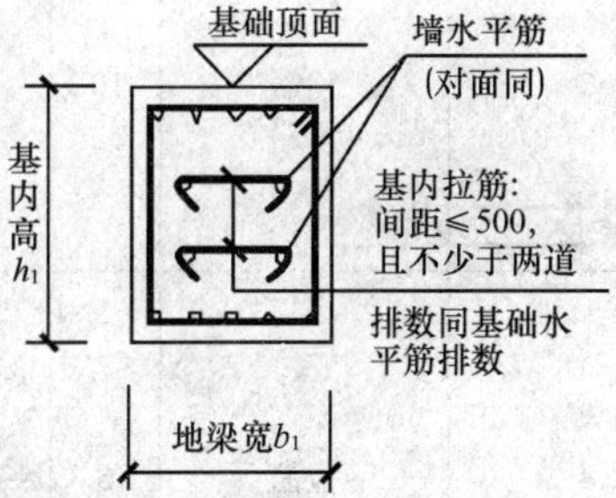

图 1.3.95　不出基础地梁拉筋排数计算图（3 − 3 剖）

不出基础地梁拉筋根数计算与出基础地梁基础内拉筋根数计算方法相同，这里不再赘述。

思考与练习　请计算 1 号写字楼基础层和顶层 6 ~ 7 轴线连梁拉筋的长度和根数。

（四）1号写字楼连梁钢筋答案手工和软件对比

1. 首层连梁

（1）LL1－300×1600钢筋答案手工和软件对比

LL1－300×1600钢筋答案手工和软件对比，见表1.3.79。

表1.3.79 LL1－300×1600钢筋答案手工和软件对比

构件名称:LL1－300×1600,位置:A/5～6、D/5～6,软件计算单构件钢筋重量:110.392kg,数量:2根									
手工答案								软件答案	
序号	筋号	直径	级别	公式		长度(mm)	根数	长度(mm)	根数
1	上部纵筋	22	二级	长度计算公式	1500+34×22+34×22	2996	4	2996	4
				长度公式描述	C1宽+左锚固长度+右锚固长度				
2	下部纵筋	22	二级	长度计算公式	1500+34×22+34×22	2996	4	2996	4
				长度公式描述	C1宽+左锚固长度+右锚固长度				
3	箍筋	10	一级	长度计算公式	(300+1600)×2－8×20+max(10×10,75)×2+1.9×10×2	3878		3878	
				长度公式描述	(连梁宽+连梁高)×2－8×保护层厚度+最大值(10*d*,75)×2+1.9*d*×2 (*d*为箍筋直径)				
				根数计算公式	(1500－50×2)/100(向上取整)+1		15		15
				根数公式描述	(C1宽－起步距离×2)/箍筋间距+1				
4	拉筋	6	一级	长度计算公式	(300－2×20)+2×max(75,10×6)+2×1.9×6	433		433	
				长度公式描述	(连梁宽－2×保护层厚度)+2×最大值(75,10*d*)+2×1.9*d* (*d*为拉动直径)				
				根数计算公式	4×[(1500－50×2)/200(向上取整)+1]		32		32
				根数公式描述	4排×[(C1宽－起步距离×2)/拉筋间距+1]				

（2）LL2－300×1600钢筋答案手工和软件对比

LL2－300×1600钢筋答案手工和软件对比，见表1.3.80。

表 1.3.80　LL2－300×1600 钢筋答案手工和软件对比

构件名称:LL2－300×1600,位置:A/6～7、D/6～7,软件计算单构件钢筋重量:185.118kg,数量:2 根									
手　工　答　案								软件答案	
序号	筋号	直径	级别	公　　式		长度(mm)	根数	长度(mm)	根数
1	上部纵筋	22	二级	长度计算公式	3000＋34×22＋34×22	4496	4	4496	4
				长度公式描述	C2 宽＋左锚固长度＋右锚固长度				
2	下部纵筋	22	二级	长度计算公式	3000＋34×22＋34×22	4496	4	4496	4
				长度公式描述	C2 宽＋左锚固长度＋右锚固长度				
3	箍筋	10	一级	长度计算公式	(300＋1600)×2－8×20＋max(10×10,75)×2＋1.9×10×2	3878		3878	30
				长度公式描述	(连梁宽＋连梁高)×2－8×保护层厚度＋最大值(10*d*,75)×2＋1.9*d*×2(*d* 为箍筋直径)				
				根数计算公式	(3000－50×2)/100(向上取整)＋1		30		
				根数公式描述	(C2 宽－起步距离×2)/箍筋间距＋1				
4	拉筋	6	一级	长度计算公式	(300－2×20)＋2×max(75,10×6)＋2×1.9×6	433		433	
				长度公式描述	(连梁宽－2×保护层厚度)＋2×最大值(75,10*d*)＋2×1.9*d*(*d* 为拉筋直径)				
				根数计算公式	4×[(3000－50×2)/200(取整)＋1]		64		64
				根数公式描述	4 排×[(C2 宽－起步距离×2)/拉筋间距＋1]				

(3) LL3－300×900 钢筋答案手工和软件对比

汇总计算后查看 LL3－300×900 钢筋答案手工和软件对比，见表 1.3.81。

表 1.3.81　LL3－300×900 钢筋答案手工和软件对比

构件名称:LL3－300×900,位置: 6/A～C,软件计算单构件钢筋重量:119.951kg,数量:1 根									
手　工　答　案								软件答案	
序号	筋号	直径	级别	公　　式		长度(mm)	根数	长度(mm)	根数
1	上部纵筋 1	22	二级	长度计算公式	2100＋34×22＋34×22	3596	4	3596	4
				长度公式描述	M4 宽＋左锚固长度＋右锚固长度				
2	下部纵筋 1	22	二级	长度计算公式	2100＋34×22＋34×22	3596	4	3596	4
				长度公式描述	M4 宽＋左锚固长度＋右锚固长度				
3	箍筋 1	10	一级	长度计算公式	(300＋900)×2－8×20＋1.9×10×2＋max(10×10,75)×2	2478		2478	
				长度公式描述	(连梁宽＋连梁高)×2－8×保护层厚度＋1.9*d*×2＋最大值(10*d*,75)×2(*d* 为箍筋直径)				
				根数计算公式	(2100－50×2)/100)＋1		21		21
				根数公式描述	(M4 宽－50×2)/箍筋间距＋1				

续表

序号	筋号	直径	级别	公式		长度(mm)	根数	长度(mm)	根数
4	拉筋1	6	一级	长度计算公式	(300－2×30)＋1.9×6×2＋max(10×6,75)×2	433		433	
				长度公式描述	(墙厚－2×保护层厚度)＋1.9d×2＋最大值(10d,75)×2(d为箍筋直径)				
				根数计算公式	2×[(2100－2×50)/200)＋1]		22		22
				根数公式描述	2排×[(M4宽－2×起步距离)/拉筋间距(向上取整)＋1]				

(4) LL4－300×1200钢筋答案手工和软件对比

LL4－300×1200钢筋答案手工和软件对比，见表1.3.82。

表1.3.82 LL4－300×1200钢筋答案手工和软件对比

构件名称:LL4－300×1200，位置:C/5～6、6/C～D,软件计算单构件钢筋重量:75.655kg,数量:2根									
手工答案								软件答案	
序号	筋号	直径	级别	公式		长度(mm)	根数	长度(mm)	根数
1	上部纵筋	22	二级	长度计算公式	900＋34×22＋34×22	2396	4	2396	4
				长度公式描述	M2宽＋左锚固长度＋右锚固长度				
2	下部纵筋	22	二级	长度计算公式	900＋34×22＋34×22	2396	4	2396	4
				长度公式描述	M2宽＋左锚固长度＋右锚固长度				
3	箍筋	10	一级	长度计算公式	(300＋1200)×2－8×20＋max(10×10,75)×2＋1.9×10×2	3078		3078	
				长度公式描述	(连梁宽＋连梁高)×2－8×保护层厚度＋最大值(10d,75)×2＋1.9d×2(d为箍筋直径)				
				根数计算公式	[(900－50×2)/100](取整)＋1		9		9
				根数公式描述	(M2宽－起步距离×2)/箍筋间距＋1				
4	拉筋	6	一级	长度计算公式	(300－2×20)＋2×max(75,10×6)＋2×1.9×6	433		433	
				长度公式描述	(连梁宽－2×保护层厚度)＋2×最大值(75,10d)＋2×1.9d(d为拉筋直径)				
				根数计算公式	3×[(900－50×2)/200(向上取整)＋1]		15		15
				根数公式描述	3排×[(M2宽－起步距离×2)/拉筋间距＋1]				

(5) LL1 - 300 × 500 钢筋答案手工和软件对比

LL1 - 300 × 500 钢筋答案手工和软件对比，见表 1.3.83。

表 1.3.83　LL1 - 300 × 500 钢筋答案手工和软件对比

构件名称:LL1 - 300 × 500,位置: A/5 ~ 6、D/5 ~ 6,软件计算单构件钢筋重量:83.39kg,数量:2 根									
手工答案								软件答案	
序号	首层筋号	直径	级别	公式		长度(mm)	根数	长度(mm)	根数
1	上部纵筋	22	二级	长度计算公式	1500 + 34 × 22 + 34 × 22	2996	4	2996	4
				长度公式描述	C1 宽 + 左锚固长度 + 右锚固长度				
2	下部纵筋	22	二级	长度计算公式	1500 + 34 × 22 + 34 × 22	2996	4	2996	4
				长度公式描述	C1 宽 + 左锚固长度 + 右锚固长度				
3	箍筋	10	一级	长度计算公式	(300 + 500) × 2 - 8 × 20 + max(10 × 10,75) × 2 + 1.9 × 10 × 2	1678		1678	
				长度公式描述	(连梁宽 + 连梁高) × 2 - 8 × 保护层厚度 + 最大值(10*d*,75) × 2 + 1.9*d* × 2(*d* 为箍筋直径)				
				根数计算公式	[(1500 - 50 × 2)/150](向上取整) + 1		11		11
				根数公式描述	(C1 宽 - 起步距离 × 2)/箍筋间距 + 1				
4	拉筋	6	一级	长度计算公式	(300 - 2 × 20) + 2 × max(75,10 × 6) + 2 × 1.9 × 6	433		433	
				长度公式描述	(连梁宽 - 2 × 保护层厚度) + 2 × 最大值(75,10*d*) + 2 × 1.9*d*(*d* 为拉筋直径)				
				根数计算公式	(1500 - 50 × 2)/300(向上取整) + 1		6		6
				根数公式描述	(C1 宽 - 起步距离 × 2)/拉筋间距 + 1				

(6) LL2 - 300 × 500 钢筋答案手工和软件对比

LL2 - 300 × 500 钢筋答案手工和软件对比，见表 1.3.84。

表 1.3.84　LL2 - 300 × 500 钢筋答案手工和软件对比

构件名称:LL2 - 300 × 500,位置: A/6 ~ 7、D/6 ~ 7,软件计算单构件钢筋重量:129.984kg,数量:2 根									
手工答案								软件答案	
序号	首层筋号	直径	级别	公式		长度(mm)	根数	长度(mm)	根数
1	上部纵筋	22	二级	长度计算公式	3000 + 34 × 22 + 34 × 22	4496	4	4496	4
				长度公式描述	C2 宽 + 左锚固长度 + 右锚固长度				
2	下部纵筋	22	二级	长度计算公式	3000 + 34 × 22 + 34 × 22	4496	4	4496	4
				长度公式描述	C2 宽 + 左锚固长度 + 右锚固长度				

续表

序号	首层筋号	直径	级别	公式		长度（mm）	根数	长度（mm）	根数
3	箍筋	10	一级	长度计算公式	(300+500)×2-8×20+max(10×10,75)×2+1.9×10×2	1678		1678	
				长度公式描述	(连梁宽+连梁高)×2-8×保护层厚度+最大值(10*d*,75)×2+1.9*d*×2（*d*为箍筋直径）				
				根数计算公式	[(3000-50×2)/150](向上取整)+1		21		21
				根数公式描述	(C2宽-起步距离×2)/箍间间距+1				
4	拉筋	6	一级	长度计算公式	(300-2×20)+2×max(75,10×6)+2×1.9×6	433		433	
				长度公式描述	(连梁宽-2×保护层厚度)+2×最大值(75,10*d*)+2×1.9*d*（*d*为拉筋直径）				
				根数计算公式	(3000-50×2)/300(向上取整)+1		11		11
				根数公式描述	(C2宽-起步距离×2)/拉筋间距+1				

（7）LL3-300×500钢筋答案手工和软件对比

LL3-300×500钢筋答案手工和软件对比，见表1.3.85。

表1.3.85　LL3-300×500钢筋答案手工和软件对比

构件名称：LL3-300×500，位置：6/A～C，软件计算单构件钢筋重量：108.528kg，数量：1根									
手工答案								软件答案	
序号	筋号	直径	级别	公式		长度（mm）	根数	长度（mm）	根数
1	上部纵筋	22	二级	长度计算公式	2100+34×22+34×22	3596	4	3596	4
				长度公式描述	M4宽+左锚固长度+右锚固长度				
2	下部纵筋	22	二级	长度计算公式	2100+34×22+34×22	3596	4	3596	4
				长度公式描述	M4宽+左锚固长度+右锚固长度				
3	箍筋	10	一级	长度计算公式	(300+500)×2-8×20+max(10×10,75)×2+1.9×10×2	1678		1678	
				长度公式描述	(连梁宽+连梁高)×2-8×保护层厚度+最大值(10*d*,75)×2+1.9*d*×2（*d*为箍筋直径）				
				根数计算公式	(2100-50×2)/150(向上取整)+1		15		15
				根数公式描述	(M4宽-起步距离×2)/箍筋间距+1				
4	拉筋	6	一级	长度计算公式	(300-2×20)+2×max(75,10×6)+2×1.9×6	433		433	
				长度公式描述	(连梁宽-2×保护层厚度)+2×最大值(75,10*d*)+2×1.9*d*（*d*为拉筋直径）				
				根数计算公式	(2100-50×2)/300(向上取整)+1		8		8
				根数公式描述	(M4宽-起步距离×2)/拉筋间距+1				

（8）LL4－300×500 钢筋答案手工和软件对比

LL4－300×500 钢筋答案手工和软件对比，见表 1.3.86。

表 1.3.86　LL4－300×500 钢筋答案手工和软件对比

构件名称：LL4－300×500，位置：C/5～6、6/C～D，软件计算单构件钢筋重量：66.919kg，数量：2 根									
手工答案								软件答案	
序号	筋号	直径	级别	公式		长度（mm）	根数	长度（mm）	根数
1	上部纵筋	22	二级	长度计算公式	900＋34×22＋34×22	2396	4	2396	4
				长度公式描述	M2 宽＋左锚固长度＋右锚固长度				
2	下部纵筋	22	二级	长度计算公式	900＋34×22＋34×22	2396	4	2396	4
				长度公式描述	M2 宽＋左锚固长度＋右锚固长度				
3	箍筋	10	一级	长度计算公式	（300＋500）×2－8×20＋max（10×10，75）×2＋1.9×10×2	1678		1678	
				长度描述公式	（连梁宽＋连梁高）×2－8×保护层厚度＋最大值（10*d*，75）×2＋1.9*d*×2（*d* 为箍筋直径）				
				根数计算公式	［（900－50×2）/150］（向上取整）＋1		7		7
				根数公式描述	（M2 宽－起步距离×2）/箍筋间距＋1				
4	拉筋	6	一级	长度计算公式	（300－2×20）＋2×max（75，10×6）＋2×1.9×6	433		433	
				长度公式描述	（连梁宽－2×保护层厚度）＋2×最大值（75，10*d*）＋2×1.9*d*（*d* 为拉筋直径）				
				根数计算公式	（900－50×2）/300（向上取整）＋1		4		4
				根数公式描述	（M2 宽－起步距离×2）/拉筋间距＋1				

2. 二层连梁同一层

3. 三层连梁

（1）三层连梁 A、D 轴线 LL1－300×700 钢筋答案手工和软件对比

三层连梁 A、D 轴线 LL1－300×700 钢筋答案手工和软件对比，见表 1.3.87。

表 1.3.87　三层连梁 A、D 轴线 LL1－300×700 钢筋答案手工和软件对比

构件名称：LL1－300×700，位置：A/5～6、D/5～6，软件计算单构件钢筋重量：107.58kg，数量：2 根									
手工答案								软件答案	
序号	筋号	直径	级别	公式		长度（mm）	根数	长度（mm）	根数
1	上部纵筋	22	二级	长度计算公式	1500＋34×22＋34×22	2996	4	2996	4
				长度公式描述	C1 宽＋左锚固长度＋右锚固长度				

续表

序号	筋号	直径	级别	公式		长度(mm)	根数	长度(mm)	根数
2	下部纵筋	22	二级	长度计算公式	1500 + 34 × 22 + 34 × 22	2996	4	2996	4
				长度公式描述	C1 宽 + 左锚固长度 + 右锚固长度				
3	箍筋	10	一级	长度计算公式	(300 + 700) × 2 − 8 × 20 + max(10 × 10,75) × 2 + 1.9 × 10 × 2	2078		2078	
				长度公式描述	(连梁宽 + 连梁高) × 2 − 8 × 保护层厚度 + 最大值(10d,75) × 2 + 1.9d × 2(d 为箍筋直径)				
				根数计算公式	[(1500 − 50 × 2)/100) + 1] + [(34 × 22 − 100)/150) + 1] + [(34 × 22 − 100)/150 + 1](每个式子向上取整)		27		27
				根数公式描述	[(C1 宽 − 起步距离 × 2)/箍筋间距 + 1] + [(左锚固长度 − 100)/支座内间距 150 + 1] + [(右锚固长度 − 100)/支座内间距 150 + 1]				
4	拉筋	6	一级	长度计算公式	(300 − 2 × 20) + 2 × max(75,10 × 6) + 2 × 1.9 × 6	433		433	
				长度公式描述	(连梁宽 − 2 × 保护层厚度) + 2 × 最大值(75,10d) + 2 × 1.9d(d 为拉筋直径)				
				根数计算公式	2 × [(1500 − 50 × 2)/200(向上取整) + 1]		16		16
				根数公式描述	2 排 × [(C1 宽 − 起步距离 × 2)/拉筋间距 + 1]				

(2)三层连梁 A、D 轴线 LL2 − 300 × 700 钢筋答案手工和软件对比

三层连梁 A、D 轴线 LL2 − 300 × 700 钢筋答案手工和软件对比，见表 1.3.88。

表 1.3.88　三层连梁 A、D 轴线 LL2 − 300 × 700 钢筋答案手工和软件对比

构件名称:LL2 − 300 × 700,位置:A/6 ~ 7、D/6 ~ 7,软件计算单构件钢筋重量:164.11kg,数量:2 根									
手工答案								软件答案	
序号	筋号	直径	级别	公式		长度(mm)	根数	长度(mm)	根数
1	上部纵筋	22	二级	长度计算公式	3000 + 34 × 22 + 34 × 22	4496	4	4496	4
				长度公式描述	C2 宽 + 左锚固长度 + 右锚固长度				
2	下部纵筋	22	二级	长度计算公式	3000 + 34 × 22 + 34 × 22	4496	4	4496	4
				长度公式描述	C2 宽 + 左锚固长度 + 右锚固长度				

续表

序号	筋号	直径	级别	公式		长度(mm)	根数	长度(mm)	根数
3	箍筋	10	一级	长度计算公式	(300+700)×2-8×20+max(10×10,75)×2+1.9×10×2	2078		2078	
				长度公式描述	(连梁宽+连梁高)×2-8×保护层厚度+最大值(10*d*,75)×2+1.9*d*×2(*d*为箍筋直径)				
				根数计算公式	[(3000-50×2)/100+1]+[(34×22-100)/150+1]+[(34×22-100)/150+1](每个式子向上取整)		42		42
				根数公式描述	[(C2宽-起步距离×2)/箍筋间距+1]+[(左锚固长度-100)/支座内间距150+1]+[(右锚固长度-100)/支座内间距150+1]				
4	拉筋	6	一级	长度计算公式	(300-2×20)+2×max(75,10×6)+2×1.9×6	433		433	
				长度公式描述	(连梁宽-2×保护层厚度)+2×最大值(75,10*d*)+2×1.9*d*(*d*为拉筋直径)				
				根数计算公式	2×[(3000-50×2)/200(向上取整)+1]		32		32
				根数公式描述	2排×[(C2宽-起步距离×2)/拉筋间距+1]				

(3)三层连梁6轴线LL3-300×900钢筋答案手工和软件对比

三层连梁6轴线LL3-300×900钢筋答案手工和软件对比，见表1.3.89。

表1.3.89　三层连梁6轴线LL3-300×900钢筋答案手工和软件对比

构件名称:LL3-300×900,位置:6/A~C,软件计算单构件钢筋重量:138.298kg,数量:1根									
手工答案								软件答案	
序号	筋号	直径	级别	公式		长度(mm)	根数	长度(mm)	根数
1	上部纵筋	22	二级	长度计算公式	2100+34×22+34×22	3596	4	3596	4
				长度公式描述	M4宽+左锚固长度+右锚固长度				
2	下部纵筋	22	二级	长度计算公式	2100+34×22+34×22	3596	4	3596	4
				长度公式描述	M4宽+左锚固长度+右锚固长度				
3	箍筋	10	一级	长度计算公式	(300+900)×2-8×20+max(10×10,75)×2+1.9×10×2	2478		2478	
				长度公式描述	(连梁宽+连梁高)×2-8×保护层厚度+最大值(10*d*,75)×2+1.9*d*×2(*d*为箍筋直径)				
				根数计算公式	[(2100-50×2)/100+1]+[(34×22-100)/150+1]+[(34×22-100)/150+1](每个式子向上取整)		33		33
				根数公式描述	[(M4宽-起步距离×2)/箍筋间距+1]+[(左锚固长度-100)/支座内间距150+1]+[(右锚固长度-100)/支座内间距150+1]				

续表

序号	筋号	直径	级别	公式		长度(mm)	根数	长度(mm)	根数
4	拉筋	6	一级	长度计算公式	(300－2×20)＋2×max(75,10×6)＋2×1.9×6	433		433	
				长度公式描述	(连梁宽－2×保护层厚度)＋2×最大值(75,10*d*)＋2×1.9*d*(*d* 为拉筋直径)				
				根数计算公式	2×[(2100－50×2)/200＋1]		22		22
				根数公式描述	2 排×[(M4 宽－起步距离×2)/拉筋间距＋1]				

（4）三层连梁 6、C 轴线 LL4－300×1200 钢筋答案手工和软件对比

三层连梁 6、C 轴线 LL4－300×1200 钢筋答案手工和软件对比，见表 1.3.90。

表 1.3.90　三层连梁 6、C 轴线 LL4－300×1200 钢筋答案手工和软件对比

构件名称:LL4－300×1200,位置:C/5～6、6/C～D,软件计算单构件钢筋重量:98.444kg,数量:2 根									
手　工　答　案								软件答案	
序号	筋号	直径	级别	公式		长度(mm)	根数	长度(mm)	根数
1	上部纵筋	22	二级	长度计算公式	900＋34×22＋34×22	2396	4	2396	4
				长度公式描述	M2 宽＋左锚固长度＋右锚固长度				
2	下部纵筋	22	二级	长度计算公式	900＋34×22＋34×22	2396	4	2396	4
				长度公式描述	M2 宽＋左锚固长度＋右锚固长度				
3	箍筋	10	一级	长度计算公式	(300＋1200)×2－8×20＋max(10×10,75)×2＋1.9×10×2	3078		3078	
				长度公式描述	(连梁宽＋连梁高)×2－8×保护层厚度＋最大值(10*d*,75)×2＋1.9*d*×2(*d* 为箍筋直径)				
				根数计算公式	[(900－50×2)/100＋1]＋[(34×22－100)/150＋1]＋[(34×22－100)/150＋1](每个式子向上取整)		21		21
				根数公式描述	[(M2 宽－起步距离×2)/箍筋间距＋1]＋[(左锚固长度－100)/支座内间距 150＋1]＋[(右锚固长度－100)/支座内间距 150＋1]				
4	拉筋	6	一级	长度计算公式	(300－2×20)＋2×max(75,10×6)＋2×1.9×6	433		433	
				长度公式描述	(连梁宽－2×保护层厚度)＋2×最大值(75,10*d*)＋2×1.9*d*(*d* 为拉筋直径)				
				根数计算公式	3×[(900－50×2)/200(向上取整)＋1]		15		15
				根数公式描述	3 排×[(M2 宽－起步距离×2)/拉筋间距＋1]				

八、暗梁钢筋的计算原理和实例答案

（一）暗梁纵筋计算

1. 暗梁的位置及构造

暗梁的位置及构造，如图 1. 3. 96 所示。

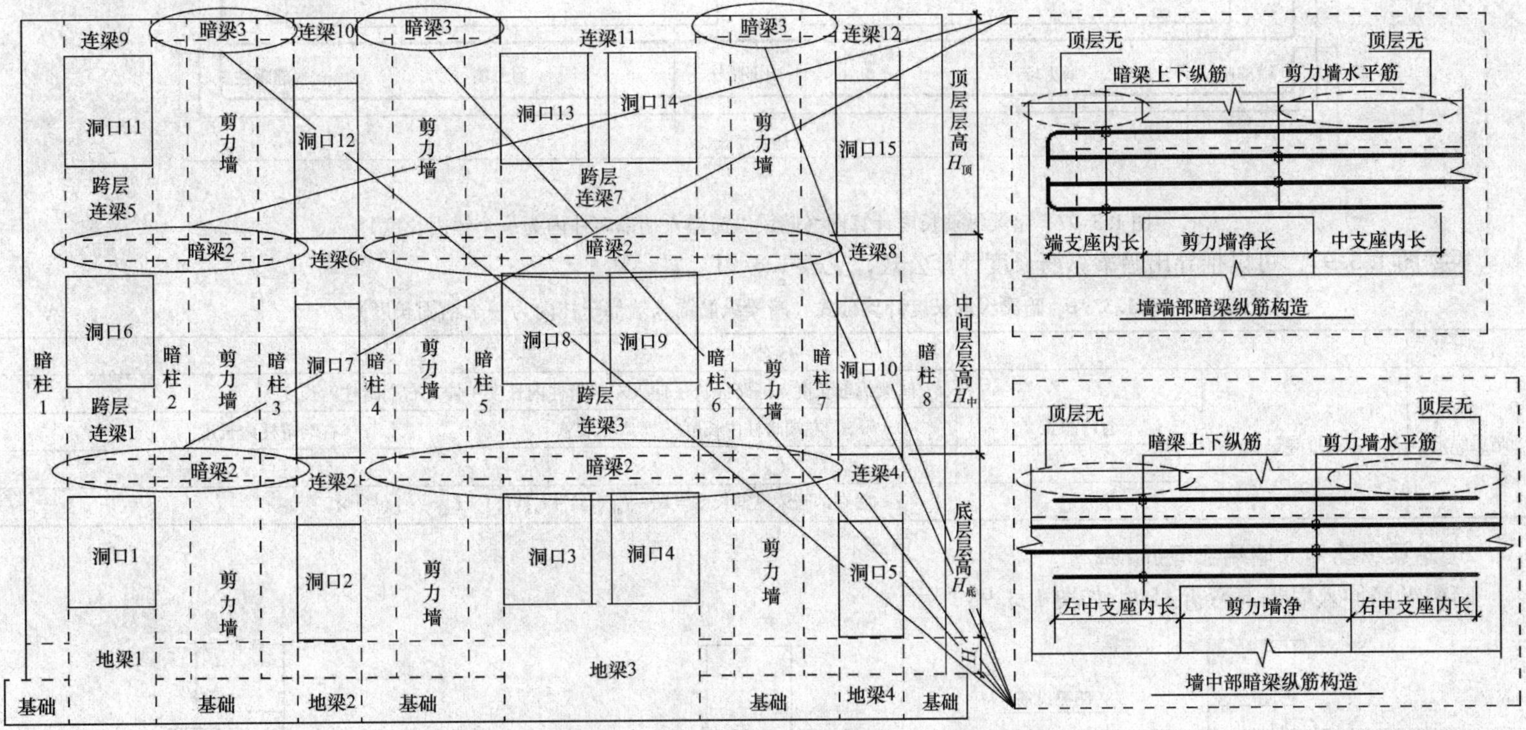

图 1. 3. 96　剪力墙暗梁位置及纵筋构造

从图 1. 3. 96 可以看出，暗梁除了不穿过非跨层连梁外，暗梁可以穿过跨层连梁、中间暗柱、剪力墙等构件。下面具体讲暗梁钢筋的算法。

2. 纵筋长度计算

根据暗梁在端支座里锚入长度的不同，暗梁纵筋长度可以有以下三种算法：

1）暗梁纵筋锚入端部暗柱内为一个锚固长度

暗梁纵筋锚入端部暗柱内为一个锚固长度，如图 1.3.97 所示。

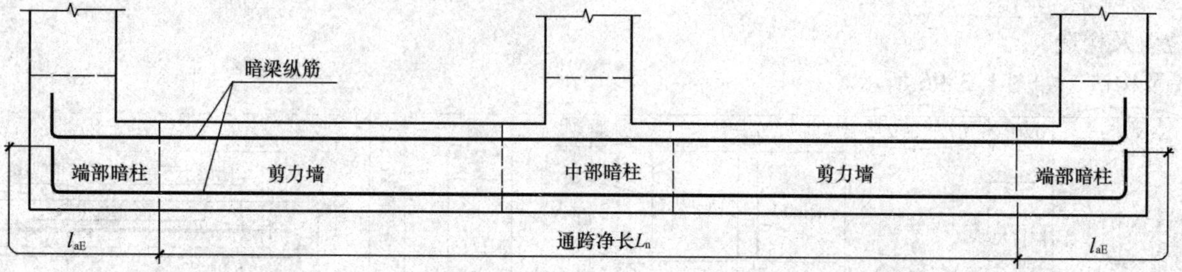

图 1.3.97　暗梁纵筋长度计算图（暗梁纵筋锚入端部暗柱内为一个锚固长度）

根据图 1.3.97，可以推导出暗梁纵筋长度计算公式，见表 1.3.91。

表 1.3.91　暗梁纵筋长度计算公式（暗梁纵筋锚入端部暗柱内为一个锚固长度）

<table>
<tr><th>名　称</th><th colspan="4">公　　式</th></tr>
<tr><td rowspan="5">暗梁纵筋</td><td rowspan="5">公式推导过程</td><td colspan="3">暗梁纵筋长度 = 通跨净长 + 伸入左端暗柱内长度 + 伸入右端暗柱内长度</td></tr>
<tr><td>通跨净长</td><td>左端暗柱内长度</td><td>右端暗柱内长度</td></tr>
<tr><td>L_n</td><td>$l_{aE}(l_a)$</td><td>$l_{aE}(l_a)$</td></tr>
<tr><td colspan="3">墙端部暗梁纵筋长度 = $L_n + l_{aE}(l_a) + l_{aE}(l_a) = L_{墙} + l_{aE}(l_a) \times 2$</td></tr>
</table>

2）暗梁纵筋伸入墙端部弯折 15*d*

暗梁纵筋伸入墙端部弯折 15*d*，如图 1.3.98 所示。

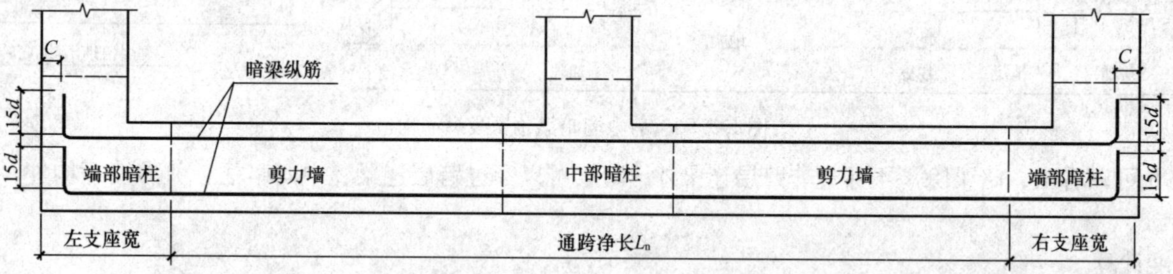

图 1.3.98　暗梁纵筋长度计算图（暗梁纵筋锚入端部弯折 15*d*）

根据图 1.3.98，可以推导出暗梁纵筋长度计算公式，见表 1.3.92。

表 1.3.92　暗梁纵筋长度计算公式（暗梁纵筋伸入墙端部弯折 15d）

名　称	公　式	
暗梁纵筋	公式推导过程	暗梁纵筋长度 = 通跨净长 +（左支座宽 − 保护层厚度 + 15d）+（右支座宽 − 保护层厚度 + 15d）
		代入暗柱子数据得：暗梁纵筋长度 = 通跨净长 L_n +（左暗柱宽 − C + 15d）+（右暗柱宽 − C + 15d）

3）暗梁纵筋锚入端部剪力墙内为一个锚固长度

暗梁纵筋锚入端部剪力墙内为一个锚固长度，如图 1.3.99 所示。

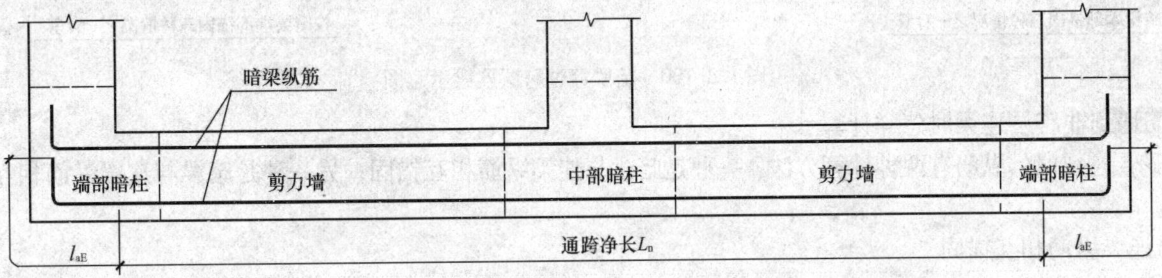

图 1.3.99　暗梁纵筋长度计算图（暗梁纵筋锚入端部剪力墙内为一个锚固长度）

根据图 1.3.99，可以推导出暗梁纵筋长度计算公式，见表 1.3.93。

表 1.3.93　暗梁纵筋长度计算公式（暗梁纵筋锚入端部剪力墙内为一个锚固长度）

名　称	公　式			
暗梁纵筋	公式推导过程	暗梁纵筋长度 = 通跨净长 + 伸入左端剪力墙内长度 + 伸入右端剪力墙内长度		
		通跨净长	左端剪力墙内长度	右端剪力墙内长度
		L_n	$l_{aE}(l_a)$	$l_{aE}(l_a)$
		暗梁纵筋长度 = $L_n + l_{aE}(l_a) + l_{aE}(l_a) = L_n + l_{aE}(l_a) \times 2$		

4）暗梁纵筋遇到跨层连梁时怎样计算

暗梁遇到跨层连梁时按照图 1.3.100 进行计算。

由图 1.3.100 可以看出，暗梁纵筋穿过跨层连梁，前三种情况的暗梁纵筋计算公式对遇到跨层连梁的暗梁仍然适用。

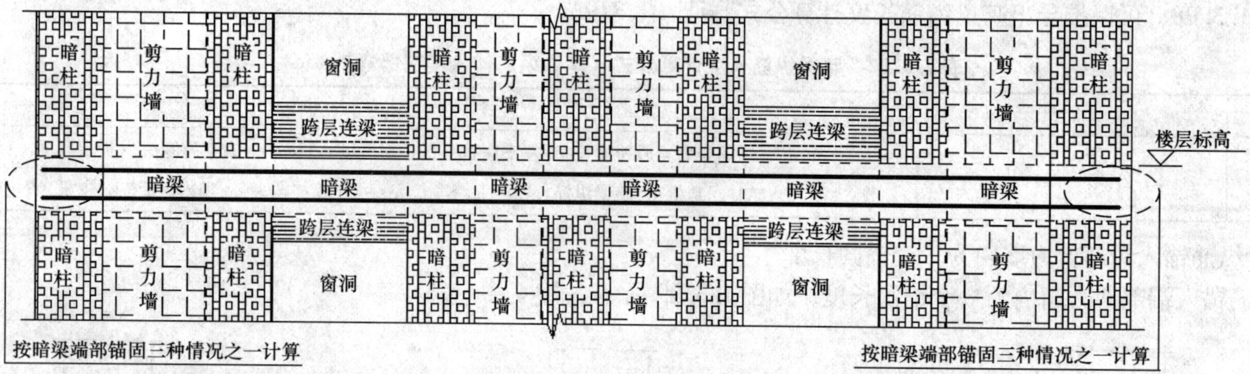

图 1.3.100　暗梁穿过跨层连梁示意图

5）暗梁纵筋遇到非跨层连梁时怎样计算

暗梁遇到非跨层连梁时，纵筋有两种计算方法：一种是暗梁与连梁纵筋相互锚固；另一种是暗梁与连梁纵筋相互搭接。下面分别介绍。

(1) 暗梁与连梁纵筋相互锚固

暗梁与连梁纵筋相互锚固情况，如图 1.3.101 所示。

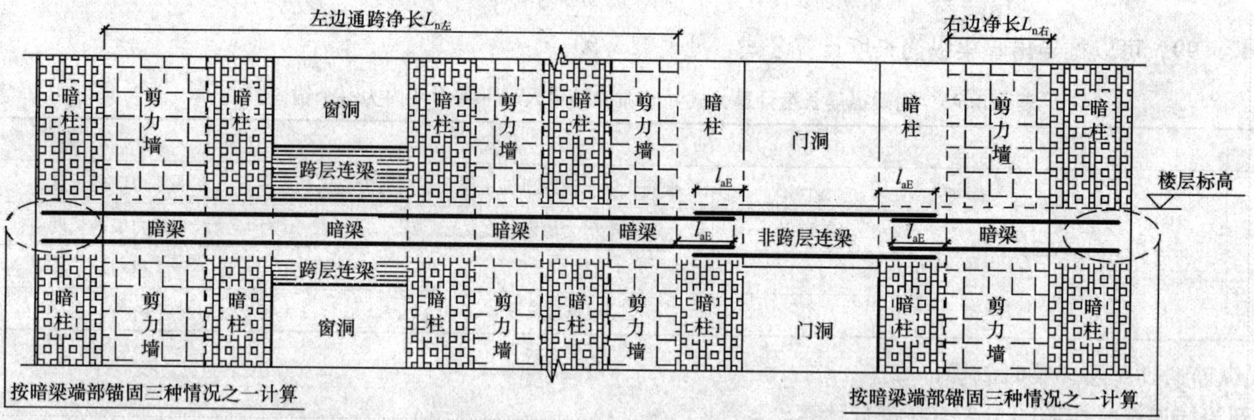

图 1.3.101　暗梁不穿过非跨层连梁纵筋计算图（暗梁与连梁钢筋相互锚固）

根据图 1.3.101，可以推导出暗梁纵筋的计算公式，见表 1.3.94。

表 1.3.94　暗梁遇到非跨层连梁纵筋计算表（暗梁与连梁纵筋相互锚固情况）

左边暗梁纵筋长度 = 左端部长度 + 左边通跨净长 + 伸入洞侧暗柱内长度				右边暗梁纵筋长度 = 伸入洞侧暗柱内长度 + 右边净长 + 右端部长度			
左端部长度		左边通跨净长	伸入洞侧暗柱内长度	伸入洞侧暗柱内长度	右边　净长	右端部长度	
之一	伸入端部暗柱一个锚固长度	$L_{n左}$（两端暗柱间净距）	l_{aE}	l_{aE}	$L_{n右}$（两端暗柱间净距）	之一	伸入端部暗柱一个锚固长度
	l_{aE}						l_{aE}
公式：左边暗梁纵筋长度 = $L_{n左} + l_{aE} \times 2$				公式：右边暗梁纵筋长度 = $L_{n右} + l_{aE} \times 2$			
之二	伸入墙端部弯折 $15d$	$L_{n左}$（两端暗柱间净距）	l_{aE}	l_{aE}	$L_{n右}$（两端暗柱间净距）	之二	伸入墙端部弯折 $15d$
	支座宽 − 保护层厚度 + $15d$						支座宽 − 保护层厚度 + $15d$
公式：左边暗梁纵筋长度 = 支座宽 − 保护层厚度 + $15d + L_{n左} + L_{aE}$				公式：右边暗梁纵筋长度 = 支座宽 − 保护层厚度 + $15d + L_{n右} + l_{aE}$			
之三	伸入端部剪力墙内一个锚固	$L_{n左}$（左端到墙内侧右端到暗柱间的距离）	l_{aE}	l_{aE}	$L_{n右}$（右端到墙内侧左端到暗柱间的距离）	之三	伸入端部剪力墙内一个锚固长度
	l_{aE}						l_{aE}
公式：左边暗梁纵筋长度 = $L_{n左} + l_{aE} \times 2$				公式：右边暗梁纵筋长度 = $L_{n右} + l_{aE} \times 2$			

（2）暗梁纵筋与连梁纵筋相互搭接

暗梁纵筋与连梁纵筋相互搭接情况，如图 1.3.102 所示。

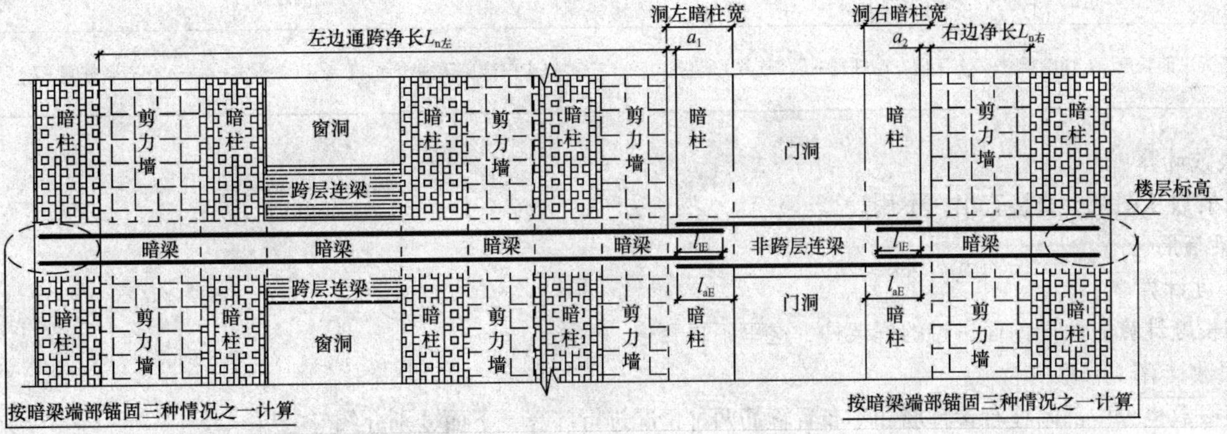

图 1.3.102　暗梁不穿过非跨层连梁纵筋计算图（暗梁与连梁钢筋相互搭接）

根据图 1.3.102，可以推导出暗梁纵筋的计算公式，见表 1.3.95。

表 1.3.95　暗梁遇到非跨层连梁纵筋计算表（暗梁与连梁纵筋相互搭接情况）

左边暗梁纵筋长度 = 左端部长度 + 左边通跨净长 + a_1 + 搭接长度					右边暗梁纵筋长度 = 搭接长度 + a_2 + 左边通跨净长 + 右端部长度				
左端部长度		左边通跨净长	a_1	搭接长	搭接长	a_2	右边净长	右端部长度	
之一	伸入端部暗柱一个锚固长度	$L_{n左}$（两端暗柱间净距）	洞左暗柱宽 - l_{aE}（连梁）	l_{lE}	l_{lE}	洞右暗柱宽 - l_{aE}（连梁）	$L_{n右}$（两端暗柱间净距）	之一	伸入端部暗柱一个锚固长度
之一	l_{aE}								l_{aE}
公式：左边暗梁纵筋长度 = l_{aE}（暗梁）+ $L_{n左}$ + 洞左暗柱宽 - l_{aE}（连梁）+ l_{lE}					公式：右边暗梁纵筋长度 = l_{aE}（暗梁）+ $L_{n右}$ + 洞右暗柱宽 - l_{aE}（连梁）+ l_{lE}				
之二	伸入墙端部弯折 15d	$L_{n左}$（两端暗柱间净距）	洞左暗柱宽 - l_{aE}（连梁）	l_{lE}	l_{lE}	洞右暗柱宽 - l_{aE}（连梁）	$L_{n右}$（两端暗柱间净距）	之二	伸入墙端部弯折 15d
之二	支座宽 - 保护层厚度 + 15d								支座宽 - 保护层厚度 + 15d
公式：左边暗梁纵筋长度 = 支座宽 - 保护层厚度 + 15d + $L_{n左}$ + 洞左暗柱宽 - l_{aE}（连梁）+ l_{aE}					公式：右边暗梁纵筋长度 = 支座宽 - 保护层厚度 + 15d + $L_{n右}$ + 洞右暗柱宽 - l_{aE}（连梁）+ l_{aE}				
之三	伸入端部剪力墙内一个锚固	$L_{n左}$（左端到墙内侧右端到暗柱子边的距离）	洞左暗柱宽 - l_{aE}（连梁）	l_{lE}	l_{lE}	洞右暗柱宽 - l_{aE}（连梁）	$L_{n左}$（右端到墙内侧左端到暗柱子边的距离）	之三	伸入端部剪力墙内一个锚固长度
之三	l_{aE}								l_{aE}
公式：左边暗梁纵筋长度 = l_{aE}（暗梁）+ $L_{n左}$ + 洞左暗柱宽 - l_{aE}（连梁）+ l_{lE}					公式：右边暗梁纵筋长度 = l_{aE}（暗梁）+ $L_{n右}$ + 洞右暗柱宽 - l_{aE}（连梁）+ l_{lE}				

3. 纵筋根数计算

暗梁纵筋根数从图纸上直接查出，不用计算。

（二）暗梁箍筋

1. 箍筋长度计算

暗梁箍筋长度计算方法同前面讲过的框架柱，这里不再赘述。

2. 箍筋根数计算

暗梁箍筋根数也分中部暗柱布置箍筋和不布置箍筋两种情况进行计算，下面分别介绍。

（1）中部暗柱不布置箍筋

中部暗柱不布置箍筋按图 1.3.103 进行计算。

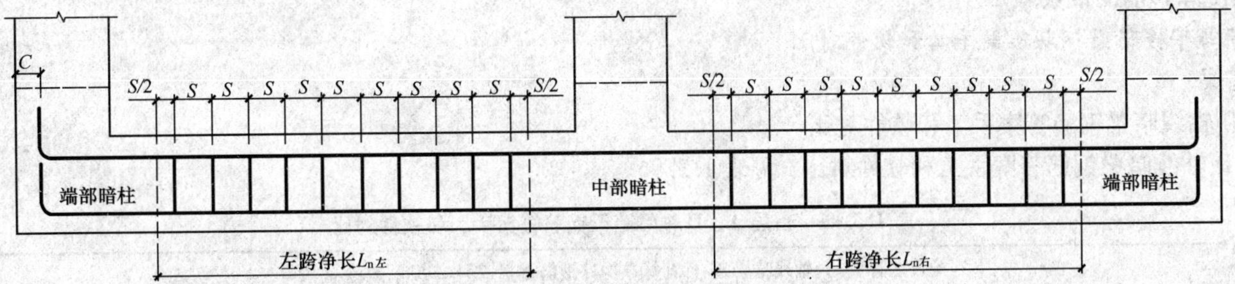

图 1.3.103　暗梁箍筋根数计算图（中间暗柱子内不布置箍筋）

根据图 1.3.103，可以推导出暗梁箍筋根数计算公式如下：

暗梁箍筋根数 = [（左跨净长 − 暗梁箍筋间距）/暗梁箍筋间距 + 1] + [（右跨净长 − 暗梁箍筋间距）/暗梁箍筋间距 + 1]

$= [(L_{n左} - S)/S(取整) + 1] + [(L_{n右} - S)/S(取整) + 1]$

（2）中部暗柱布置箍筋

中部暗柱布置箍筋按图 1.3.104 进行计算。

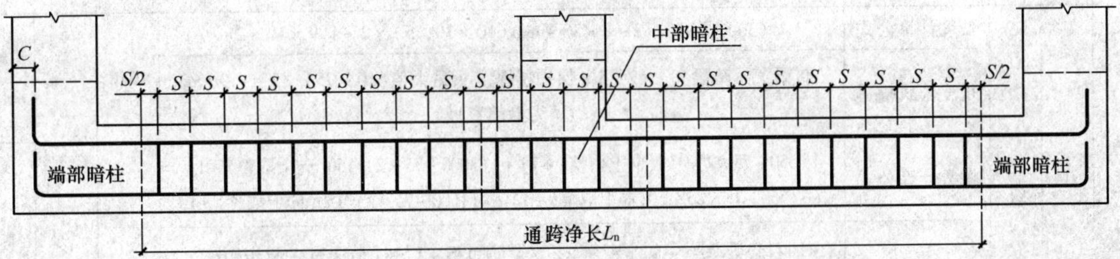

图 1.3.104　暗梁箍筋根数计算图（中间暗柱子内布置箍筋）

根据图 1.3.104，可以推导出暗梁箍筋根数计算公式如下：

暗梁箍筋根数 =（通跨净长 − 暗梁箍筋间距）/暗梁箍筋间距 + 1 = $(L_n - S)/S$（取整）+ 1

思考与练习 ① 请用手工计算1号写字楼顶层7轴线暗梁纵筋的长度和箍筋的根数。② 请用手工计算1号写字楼顶层A轴线暗梁纵筋的长度和箍筋的根数。

（三）1号写字楼暗梁钢筋答案手工和软件对比

1. 首层暗梁

（1）A、D轴线暗梁钢筋答案手工和软件对比

首层A、D轴线暗梁钢筋答案手工和软件对比，见表1.3.96。

表1.3.96 首层A、D轴线暗梁钢筋答案手工和软件对比

构件名称:A、D轴线暗梁,软件计算单构件钢筋重量:224.296kg,数量:2段											
手工答案									软件答案		
序号	筋号	直径	级别	公式		长度(mm)	根数	搭接	长度(mm)	根数	搭接
1	A/5~7暗梁上部纵筋	20	二级	长度计算公式	7800+34×20+600-20+15×20	9360	4		9360	4	
				长度公式描述	A/5~7暗梁净长+左锚固+右锚固						
2	A/5~7暗梁下部纵筋	20	二级	长度计算公式	7800+34×20+600-20+15×20	9360	4		9360	4	
				长度公式描述	A/5~7暗梁净长+左锚固+右锚固						
3	箍筋	10	一级	长度计算公式	(300+500)×2-8×20+max(10×10,75)×2+1.9×10×2	1678			1678		
				长度公式描述	(暗梁宽+暗梁高)×2-8×保护层厚度+最大值(10*d*,75)×2+1.9*d*×2(*d*为箍筋直径)						
				根数计算公式	[(550-75×2)/150(向上取整)+1]+[(3000-75×2)/150(向上取整)+1]+[(550-75×2)/150(向上取整)+1]+[(1500-75×2)/150(向上取整)+1]		38			38	
				根数公式描述	[(6轴右暗梁净跨-起步距离×2)/箍筋间距+1]+[(C2宽-起步距离×2)/箍筋间距+1]+[(7轴左暗梁净跨-起步距离×2)/箍筋间距+1]+[(C1宽-起步距离×2)/箍筋间距+1]						

（2）C轴线暗梁钢筋答案手工和软件对比

首层C轴线暗梁钢筋答案手工和软件对比，见表1.3.97。

表 1.3.97　首层 C 轴线暗梁钢筋答案手工和软件对比

构件名称:C 轴线暗梁,软件计算单构件钢筋重量: 224.865 kg,数量:1 段											
手工答案									软件答案		
序号	筋号	直径	级别	公式		长度(mm)	根数	搭接	长度(mm)	根数	搭接
1	5 轴右上部纵筋	20	二级	长度计算公式	(1300 - 34 × 22) + 34 × 20 + 48 × 20	2192	4		2192	4	
				长度公式描述	(5 轴端柱到洞边净距 - 连梁锚固长度) + 左锚固长度 + 搭接长度						
2	6 ~ 7 轴上部纵筋	20	二级	长度计算公式	(6000 - 34 × 22) + 48 × 20 + 600 - 20 + 15 × 20	7092	4		7092	4	
				长度公式描述	(6 ~ 7 轴暗柱到洞边距离 - 连梁锚固长度) + 搭接长度 + 右锚固长度						
3	5 轴右下部纵筋	20	二级	长度计算公式	(1300 - 34 × 22) + 34 × 20 + 48 × 20	2192	4		2192	4	
				长度公式描述	(5 轴端柱到洞边净距 - 连梁锚固长度) + 左锚固长度 + 搭接长度						
4	6 ~ 7 轴下部纵筋	20	二级	长度计算公式	(6000 - 34 × 22) + 48 × 20 + 600 - 20 + 15 × 20	7092	4		7092	4	
				长度公式描述	(6 ~ 7 轴暗柱到洞边距离 - 连梁锚固长度) + 搭接长度 + 右锚固长度						
5	箍筋	10	一级	长度计算公式	(300 + 500) × 2 - 8 × 20 + max(10 × 10, 75) × 2 + 1.9 × 10 × 2	1678			1678		
				长度公式描述	(暗梁宽 + 暗梁高) × 2 - 8 × 保护层厚度 + 最大值(10*d*, 75) × 2 + 1.9*d* × 2 (*d* 为箍筋直径)						
				根数计算公式	[(800 - 75 × 2)/150(向上取整) + 1] + [(5100 - 75 × 2)/150(向上取整) + 1]		40			40	
				根数公式描述	[(5 轴线右暗梁净跨 - 起步距离 × 2)/箍筋间距 + 1] + [(6 - 7 轴暗梁净跨 - 起步距离 × 2)/箍筋间距 + 1]						

(3) 6 轴线暗梁钢筋答案手工和软件对比

首层 6 轴线暗梁钢筋答案手工和软件对比，见表 1.3.98。

表 1.3.98　首层 6 轴线暗梁钢筋答案手工和软件对比

构件名称:6 轴线暗梁,软件计算单构件钢筋重量:313.791 kg,数量:1 段											
手工答案									软件答案		
序号	筋号	直径	级别	公式		长度(mm)	根数	搭接	长度(mm)	根数	搭接
1	6/C ~ D 段暗梁上部纵筋	20	二级	长度计算公式	(4350 - 34 × 22) + 600 - 20 + 15 × 20 + 48 × 20	5442	4		5442	4	
				长度公式描述	(6/D 轴暗柱到洞边净距 - 连梁锚固长度) + 右锚固长度 + 搭接长度						
2	6/A ~ B 段暗梁上部纵筋	20	二级	长度计算公式	(6150 - 34 × 22) + 48 × 20 + 600 - 20 + 15 × 20	7242	4		7242	4	
				长度公式描述	(6/A 轴暗柱到洞边净距 - 连梁锚固长度) + 搭接长度 + 右锚固长度						
3	6/C ~ D 段暗梁下部纵筋	20	二级	长度计算公式	(4350 - 34 × 22) + 600 - 20 + 15 × 20 + 48 × 20	5442	4		5442	4	
				长度公式描述	(6/D 轴暗柱到洞边净距 - 连梁锚固长度) + 右锚固长度 + 搭接长度						

续表

手工答案									软件答案		
序号	筋号	直径	级别	公式		长度(mm)	根数	搭接	长度(mm)	根数	搭接
4	6/A~B段暗梁下部纵筋	20	二级	长度计算公式	(6150-34×22)+48×20+600-20+15×20	7442	4		7442	4	
				长度公式描述	(6/A轴暗柱到洞边净距-连梁锚固长度)+搭接长度+右锚固长度						
5	箍筋	10	一级	长度计算公式	(300+500)×2-8×20+max(10×10,75)×2+1.9×10×2	1678			1678		
				长度公式描述	(暗梁宽+暗梁高)×2-8×保护层厚度+最大值(10*d*,75)×2+1.9*d*×2(*d*为箍筋直径)						
				根数计算公式	[(3850-75×2)/150(向上取整)+1]+[(5250-75×2)/150(向上取整)+1]		61			61	
				根数公式描述	[(6/C~D段暗梁净长-起步距离×2)/箍筋间距+1]+[(6/A~B段暗梁净长-起步距离×2)/箍筋间距+1]						

(4) 7轴线暗梁钢筋答案手工和软件对比

首层7轴线暗梁钢筋答案手工和软件对比，见表1.3.99。

表1.3.99 首层7轴线暗梁钢筋答案手工和软件对比

构件名称:7轴线暗梁,软件计算单构件钢筋重量:412.501kg,数量:1段											
手工答案									软件答案		
序号	筋号	直径	级别	公式		长度(mm)	根数	搭接	长度(mm)	根数	搭接
1	7/A~D间上部纵筋	20	二级	长度计算公式	14400+600-20+15×20+600-20+15×20	16160	4	1	16160	4	1
				长度计算公式	7/A~D间通跨净长+左锚固长度+右锚固长度						
2	7/A~D间下部纵筋	20	二级	长度计算公式	14400+600-20+15×20+600-20+15×20	16160	4	1	16160	4	1
				长度计算公式	7/A~D间通跨净长+左锚固长度+右锚固长度						
3	箍筋	10	一级	长度计算公式	(300+500)×2-8×20+max(10×10,75)×2+1.9×10×2	1678			1678		
				长度公式描述	(暗梁宽+暗梁高)×2-8×保护层厚度+最大值(10*d*,75)×2+1.9*d*×2(*d*为箍筋直径)						
				根数计算公式	[(5250-75×2)/150(向上取整)+1]+[(8250-75×2)/150(向上取整)+1]		90			90	
				根数公式描述	[(7/C~D段暗梁净长-起步距离×2)/箍筋间距+1]+[(7/A~C暗梁净长-起步距离×2)/箍筋间距+1]						

2. 二层暗梁同一层

3. 三层暗梁

(1) 三层 A、D 轴线暗梁钢筋答案手工和软件对比

三层 A、D 轴线暗梁钢筋答案手工和软件对比，见表 1.3.100。

表 1.3.100　三层 A、D 轴线暗梁钢筋答案手工和软件对比

<table>
<tr><td colspan="12">构件名称：A、D 轴线暗梁，软件计算单构件钢筋重量：83.642 kg，数量：2 段</td></tr>
<tr><td colspan="9">手 工 答 案</td><td colspan="3">软件答案</td></tr>
<tr><td>序号</td><td>筋号</td><td>直径</td><td>级别</td><td colspan="2">公　　式</td><td>长度(mm)</td><td>根数</td><td>搭接</td><td>长度(mm)</td><td>根数</td><td>搭接</td></tr>
<tr><td rowspan="2">1</td><td rowspan="2">6 轴上部纵筋</td><td rowspan="2">20</td><td rowspan="2">二级</td><td>长度计算公式</td><td>(2250 - 34 × 22 × 2) + 48 × 20 × 2</td><td rowspan="2">2674</td><td rowspan="2">4</td><td rowspan="2"></td><td rowspan="2">2674</td><td rowspan="2">4</td><td rowspan="2"></td></tr>
<tr><td>长度公式描述</td><td>6 轴左、右窗边距离 - 左、右连梁锚固长度 + 两个搭接长度</td></tr>
<tr><td rowspan="2">2</td><td rowspan="2">7 轴左上部纵筋</td><td rowspan="2">20</td><td rowspan="2">二级</td><td>长度计算公式</td><td>(1050 - 34 × 22) + 48 × 20 + 600 - 20 + 15 × 20</td><td rowspan="2">2142</td><td rowspan="2">4</td><td rowspan="2"></td><td rowspan="2">2142</td><td rowspan="2">4</td><td rowspan="2"></td></tr>
<tr><td>长度公式描述</td><td>7 轴暗柱到窗边净距 - 连梁锚固长度 + 搭接长度 + 右锚固长度</td></tr>
<tr><td rowspan="2">3</td><td rowspan="2">6 轴下部纵筋</td><td rowspan="2">20</td><td rowspan="2">二级</td><td>长度计算公式</td><td>(2250 - 34 × 22 × 2) + 48 × 20 × 2</td><td rowspan="2">2674</td><td rowspan="2">4</td><td rowspan="2"></td><td rowspan="2">2674</td><td rowspan="2">4</td><td rowspan="2"></td></tr>
<tr><td>长度公式描述</td><td>6 轴左、右窗边距离 - 左、右连梁锚固长度 + 两个搭接长度</td></tr>
<tr><td rowspan="2">4</td><td rowspan="2">7 轴左下部纵筋</td><td rowspan="2">20</td><td rowspan="2">二级</td><td>长度计算公式</td><td>(1050 - 34 × 22) + 48 × 20 + 600 - 20 + 15 × 20</td><td rowspan="2">2142</td><td rowspan="2">4</td><td rowspan="2"></td><td rowspan="2">2142</td><td rowspan="2">4</td><td rowspan="2"></td></tr>
<tr><td>长度公式描述</td><td>7 轴暗柱到窗边净距 - 连梁锚固长度 + 搭接长度 + 右锚固长度</td></tr>
<tr><td rowspan="4">5</td><td rowspan="4">箍筋</td><td rowspan="4">10</td><td rowspan="4">一级</td><td>长度计算公式</td><td>(300 + 500) × 2 - 8 × 20 + max(10 × 10,75) × 2 + 1.9 × 10 × 2</td><td rowspan="4">1678</td><td rowspan="4">8</td><td rowspan="4"></td><td rowspan="4">1678</td><td rowspan="4">8</td><td rowspan="4"></td></tr>
<tr><td>长度公式描述</td><td>(暗梁宽 + 暗梁高) × 2 - 8 × 保护层厚度 + 最大值(10d,75) × 2 + 1.9d × 2
(d 为箍筋直径)</td></tr>
<tr><td>根数计算公式</td><td>[(550 - 75 × 2)/150(向上取整) + 1] + [(550 - 75 × 2)/150(向上取整) + 1]</td></tr>
<tr><td>根数公式描述</td><td>[(6 轴右暗梁净跨 - 起步距离 × 2)/箍筋间距 + 1]
+ [(7 轴左暗梁净跨 - 起步距离 × 2)/箍筋间距 + 1]</td></tr>
</table>

（2）三层 C 轴线暗梁钢筋答案手工和软件对比

三层 C 轴线暗梁钢筋答案手工和软件对比，见表 1. 3. 101。

表 1. 3. 101　三层 C 轴线暗梁钢筋答案手工和软件对比

构件名称：C 轴线暗梁，软件计算单构件钢筋重量：224. 865 kg，数量：1 段											
手工答案									软件答案		
序号	筋号	直径	级别	公式		长度（mm）	根数	搭接	长度（mm）	根数	搭接
1	5 轴右上部纵筋	20	二级	长度计算公式	（1300 －34 ×22）+34 ×20 +48 ×20	2192	4		2192	4	
				长度公式描述	（5 轴端柱到洞边净距 －连梁锚固长度）+左锚固长度 +搭接长度						
2	6 ~7 轴上部纵筋	20	二级	长度计算公式	（6000 －34 ×22）+48 ×20 +600 －20 +15 ×20	7092	4		7092	4	
				长度公式描述	（6 ~7 轴暗柱到洞边距离 －连梁锚固长度）+搭接长度 +右锚固长度						
3	5 轴右下部纵筋	20	二级	长度计算公式	（1300 －34 ×22）+34 ×20 +48 ×20	2192	4		2192	4	
				长度公式描述	（5 轴端柱到洞边净距 －连梁锚固长度）+左锚固长度 +搭接长度						
4	6 ~7 轴下部纵筋	20	二级	长度计算公式	（6000 －34 ×22）+48 ×20 +600 －20 +15 ×20	7092	4		7092	4	
				长度公式描述	（6 ~7 轴暗柱到洞边距离 －连梁锚固长度）+搭接长度 +右锚固长度						
5	箍筋	10	一级	长度计算公式	（300 +500）×2 －8 ×20 +max（10 ×10，75）×2 +1. 9 ×10 ×2	1678			1678		
				长度公式描述	（暗梁宽 +暗梁高）×2 －8 ×保护层厚度 +最大值（10d，75）×2 +1. 9d ×2（d 为箍筋直径）						
				根数计算公式	[（800 －75 ×2）/150（向上取整）+1] +[（5100 －75 ×2）/150（向上取整）+1]		40			40	
				根数公式描述	[（5 轴线右暗梁净跨 －起步距离 ×2）/箍筋间距 +1] +[（6 ~7 轴暗梁净跨 －起步距离 ×2）/箍筋间距 +1]						

(3) 三层6轴线暗梁钢筋答案手工和软件对比

三层6轴线暗梁钢筋答案手工和软件对比，见表1.3.102。

表1.3.102　三层6轴线暗梁钢筋答案手工和软件对比

构件名称:6轴线暗梁,软件计算单构件钢筋重量:313.791 kg,数量:1段											
手　工　答　案									软件答案		
序号	筋号	直径	级别	公　　式		长度(mm)	根数	搭接	长度(mm)	根数	搭接
1	6/C~D段暗梁上部纵筋	20	二级	长度计算公式	(4350－34×22)+600－20+15×20+48×20	5442	4		5442	4	
				长度公式描述	(6/D轴暗柱到洞边净距－连梁锚固长度)+右锚固长度+搭接长度						
2	6/A~B段暗梁上部纵筋	20	二级	长度计算公式	(6150－34×22)+48×20+600－20+15×20	7242	4		7242	4	
				长度公式描述	(6/A轴暗柱到洞边净距－连梁锚固长度)+搭接长度+右锚固长度						
3	6/C~D段暗梁下部纵筋	20	二级	长度计算公式	(4350－34×22)+600－20+15×20+48×20	5442	4		5442	4	
				长度公式描述	(6/D轴暗柱到洞边净距－连梁锚固长度)+右锚固长度+搭接长度						
4	6/A~B段暗梁下部纵筋	20	二级	长度计算公式	(6150－34×22)+48×20+600－20+15×20	7242	4		7242	4	
				长度公式描述	(6/A轴暗柱到洞边净距－连梁锚固长度)+搭接长度+右锚固长度						
5	箍筋	10	一级	长度计算公式	(300+500)×2－8×20+max(10×10,75)×2+1.9×10×2	1678			1678		
				长度公式描述	(暗梁宽+暗梁高)×2－8×保护层厚度+最大值(10*d*,75)×2+1.9*d*×2(*d*为箍筋直径)						
				根数计算公式	[(3850－75×2)/150(向上取整)+1]+[(5250－75×2)/150(向上取整)+1]		61			61	
				根数公式描述	[(6/C~D段暗梁净长－起步距离×2)/箍筋间距+1]+[(6/A~B段暗梁净长－起步距离×2)/箍筋间距+1]						

(4) 三层 7 轴线暗梁钢筋答案手工和软件对比

三层 7 轴线暗梁钢筋答案手工和软件对比，见表 1. 3. 103。

表 1. 3. 103　三层 7 轴线暗梁钢筋答案手工和软件对比

构件名称:7 轴线暗梁,软件计算单构件钢筋重量:412. 501kg,数量:1 段											
手　工　答　案									软件答案		
序号	筋号	直径	级别	公　　式		长度(mm)	根数	搭接	长度(mm)	根数	搭接
1	7/A～D 间上部纵筋	20	二级	长度计算公式	14400 + 600 − 20 + 15 × 20 + 600 − 20 + 15 × 20	16160	4	1	16160	4	1
				长度计算公式	7/A～D 间通跨净长 + 左锚固长度 + 右锚固长度						
2	7/A～D 间下部纵筋	20	二级	长度计算公式	14400 + 600 − 20 + 15 × 20 + 600 − 20 + 15 × 20	16160	4	1	16160	4	1
				长度计算公式	7/A～D 间通跨净长 + 左锚固长度 + 右锚固长度						
3	箍筋	10	一级	长度计算公式	(300 + 500) × 2 − 8 × 20 + max(10 × 10,75) × 2 + 1. 9 × 10 × 2	1678			1678		
				长度公式描述	(暗梁宽 + 暗梁高) × 2 − 8 × 保护层厚度 + 最大值(10*d*,75) × 2 + 1. 9*d* × 2 (*d* 为箍筋直径)						
				根数计算公式	[(5250 − 75 × 2)/150(向上取整) + 1] + [(8250 − 75 × 2)/150(向上取整) + 1]		90			90	
				根数公式描述	[(7/C～D 段暗梁净长 − 起步距离 × 2)/箍筋间距 + 1] + [(7/A～C 暗梁净长 − 起步距离 × 2)/箍筋间距 + 1]						

第四节　梁

一、梁钢筋的通俗解释

即使没有一点钢筋知识也不用担心，你可以用通俗的方法去理解梁的配筋。

(一) 梁承受荷载后会出现的现象

当梁承受一定的荷载时，受力情况如图 1. 4. 1 所示。

梁在荷载的作用下，有的地方承受压力，有的地方承受拉力；有的地方承受的拉力小，有的地方承受的拉力大。梁的受力分析如图 1. 4. 2 所示。

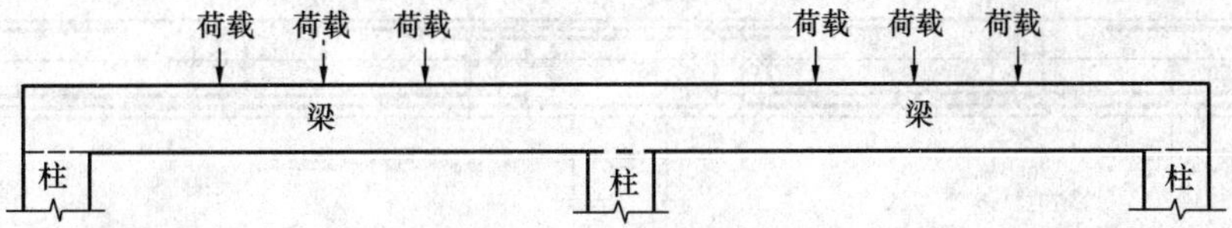

图 1.4.1　梁承受荷载示意图

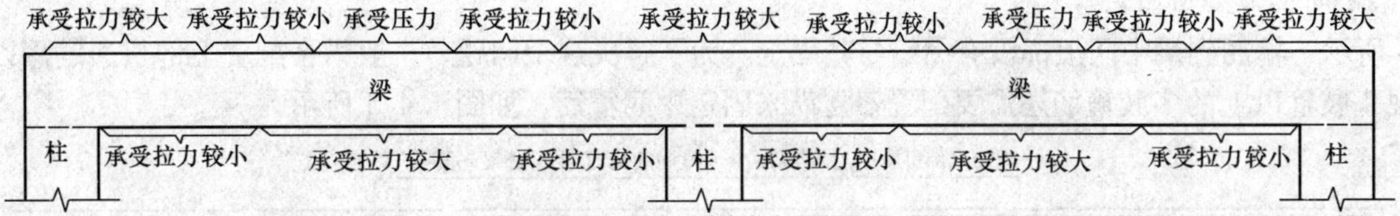

图 1.4.2　梁受力分析图

(二) 梁的纵筋怎样配置最合理

钢筋在梁里的主要作用是承受拉力的。按照这个原理，给图 1.4.2 梁承受拉力的地方配置上钢筋，并且在拉力较小的地方配置钢筋少些，拉力较大的地方配置钢筋多些，如图 1.4.3 所示。这就出现了梁的纵筋配置：下部贯通筋或下部非贯通筋、下部不伸入支座钢筋、梁端部第一二排支座负筋、梁中间第一二排支座负筋。

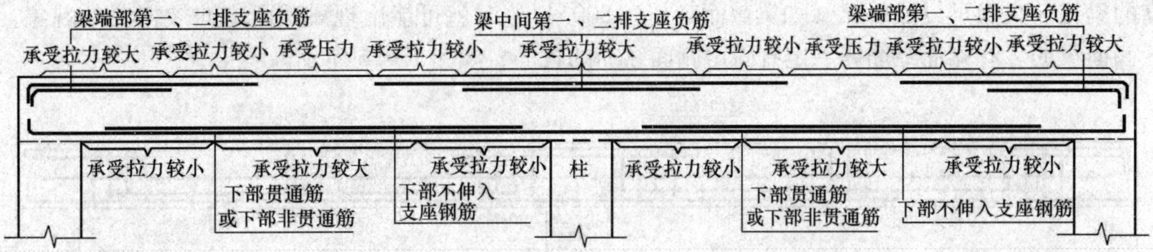

图 1.4.3　梁的纵筋配置示意图

(三) 怎样固定梁的纵筋

按照图 1.4.3 的情况，给梁配置了纵筋，但是又遇到一个问题，在施工时纵筋怎样固定？这就需要箍筋来承担这个责任。梁的箍筋配置示意图如图 1.4.4 所示。

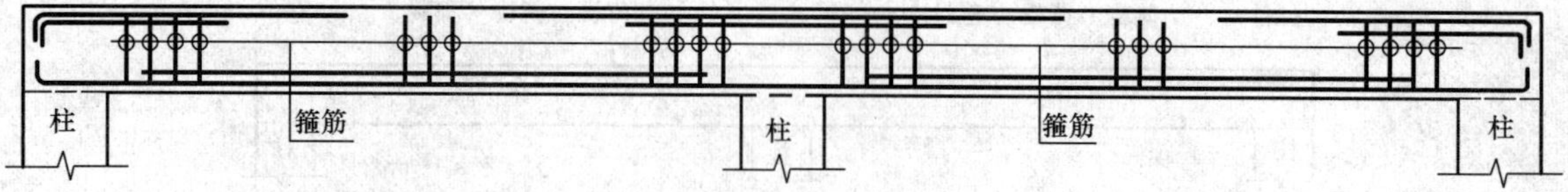

图 1.4.4　梁的箍筋配置示意图

（四）箍筋到梁中间上部如何固定

按照图 1.4.4 所示，箍筋到梁中间上部没有纵筋与其固定。为了解决这个问题，一般梁会配置上部贯通筋用以固定梁中间箍筋的上部，如果出现 2 肢箍以上的多肢箍筋还需要配置架立筋来固定中间箍筋，如图 1.4.5 所示。

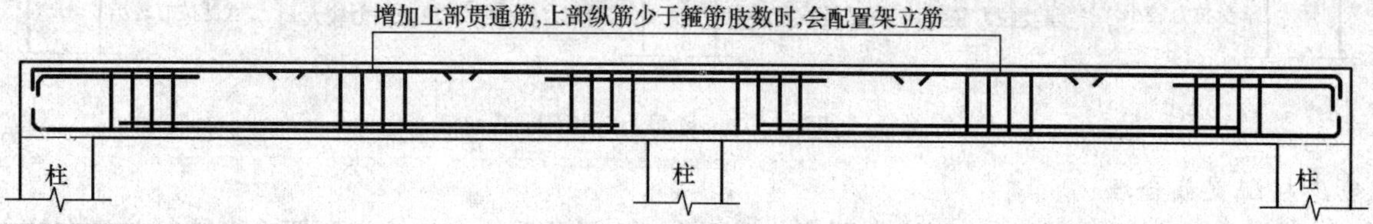

图 1.4.5　梁中间上部贯通筋或架立筋配置示意图

（五）当梁截面特别高时如何处理

有时需要较高的梁截面来满足设计要求（如梁截面高超过 800），这时就可能出现梁截面方向被扭曲的现象。为了防止梁被扭曲，需要给梁配置侧面纵筋。有侧面纵筋就一定有固定侧面纵筋的拉筋，如图 1.4.6 所示。

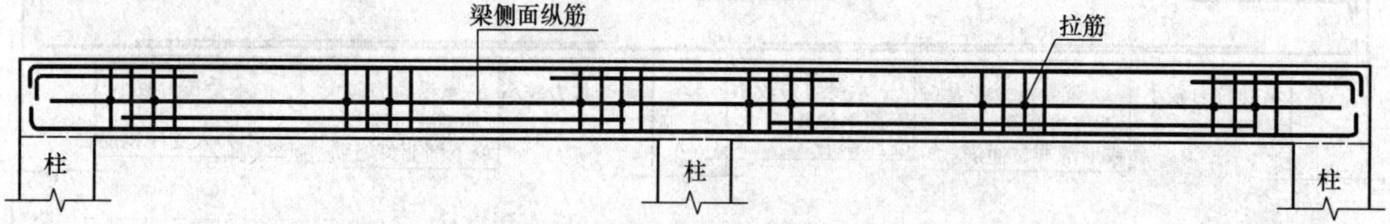

图 1.4.6　梁侧面纵筋和拉筋配置示意图

（六）当主梁遇到次梁时如何处理

当主、次梁相交时，主梁要承担次梁的荷载，就要在主梁上配置吊筋或附加箍筋，如图 1.4.7 所示。

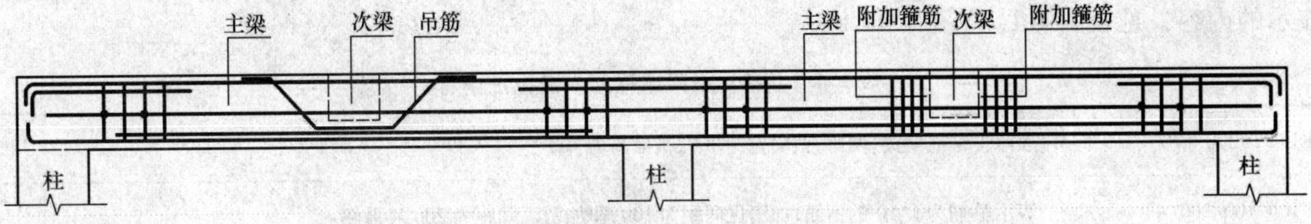

图 1.4.7 梁吊筋和附加箍筋配置示意图

(七) 梁钢筋种类总结

综合上述，梁的钢筋包括纵筋、箍筋、拉筋、吊筋几种形式。纵筋又包括上、下贯通筋、上部支座负筋、侧面纵筋；箍筋包括 2 肢箍、4 肢箍等。图 1.4.8 比较全面地反映了梁的多种钢筋形式。

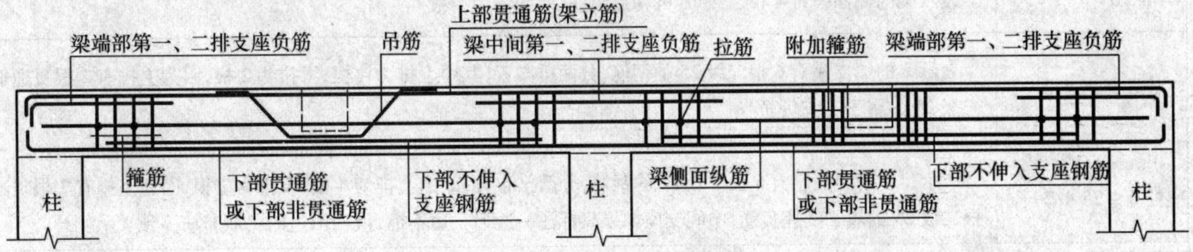

图 1.4.8 楼层框架梁钢筋示意图

二、梁钢筋的平法标注

以上是从通俗的角度去理解梁的配筋，梁的各种钢筋在图纸上是怎样标注的？平法图集做了严格的规定，图 1.4.8 楼层框架梁钢筋示意图用平法标注，如图 1.4.9 所示。

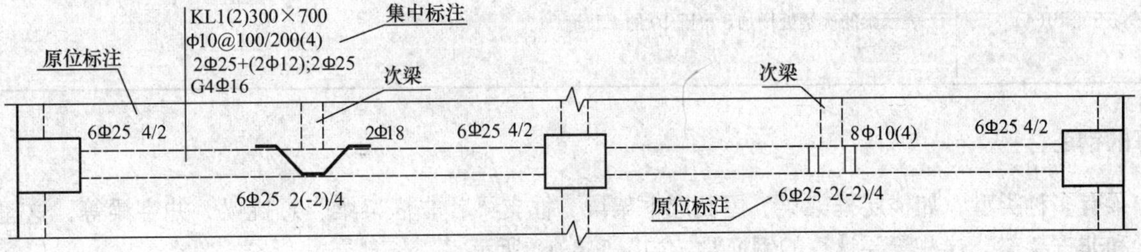

图 1.4.9 楼层框架梁钢筋平法标注示例

图 1.4.9 表示的内容，见表 1.4.1。

表 1.4.1　楼层框架梁钢筋平法标注解释

集中标注	KL1(2)300 × 700	表示 1 号框架梁,两跨,截面宽为 300,截面高为 700
	Φ 10@100/200(4)	表示箍筋为圆 10 的钢筋,加密区间距为 100,非加密区间距为 200,4 肢箍
	2 Ф 25 + (2 Φ 12);2 Ф 25	前面的 2 Ф 25 表示梁的上部贯通筋为 2 根二级 25 的钢筋,(2 Φ 12)表示两跨的上部无负筋区布置 2 根圆 12 的架立筋,后面的 2 Ф 25 表示梁的下部贯通筋为 2 根二级 25 的钢筋
	G4 Ф 16	表示梁的侧面设置 4 根二级 16 的构造纵筋,两侧各为 2 根
原位标注	两端支座处 6 Ф 25 4/2	表示梁的端支座有 6 根二级 25 的钢筋,分两排布置,其中上排为 4 根,下排为 2 根,因为上排有 2 根贯通筋,所有上排只有 2 根二级 25 的属于支座负筋
	中间支座处 6 Ф 25 4/2	表示梁的中间支座有 6 根二级 25 的钢筋,分两排布置,其中上排为 4 根,下排为 2 根,因为上排有 2 根贯通筋,所有上排只有 2 根二级 25 的属于支座负筋,中间支座如果只标注一边另一边不标,说明两边的负筋布筋一致
	梁下部 6 Ф 25 2(−2)/4	表示梁的下部有 6 根二级 25 的钢筋,分两排布置,其中上排为 2 根,下排为 4 根;上排 2 根不伸入支座,从集中标注可以看出,下部有 2 根贯通筋,所以下排只有 2 根二级 25 的是非贯通筋
	吊筋标注 2 Ф 18	表示次梁处布置 2 根二级 18 的钢筋作为吊筋
	附加箍筋 8 Φ 10(4)	表示梁的次梁处增加 8 根圆 10 的 4 肢箍

三、梁要计算的钢筋

在实际工程中梁有多种类型，如楼层框架梁、屋面层框架梁、框支梁、非框架梁、悬挑梁、井字梁等，这里主要讲楼层框架梁、屋面层框架梁和非框架梁。这些梁要计算的钢筋梁，如图 1.4.10 所示。

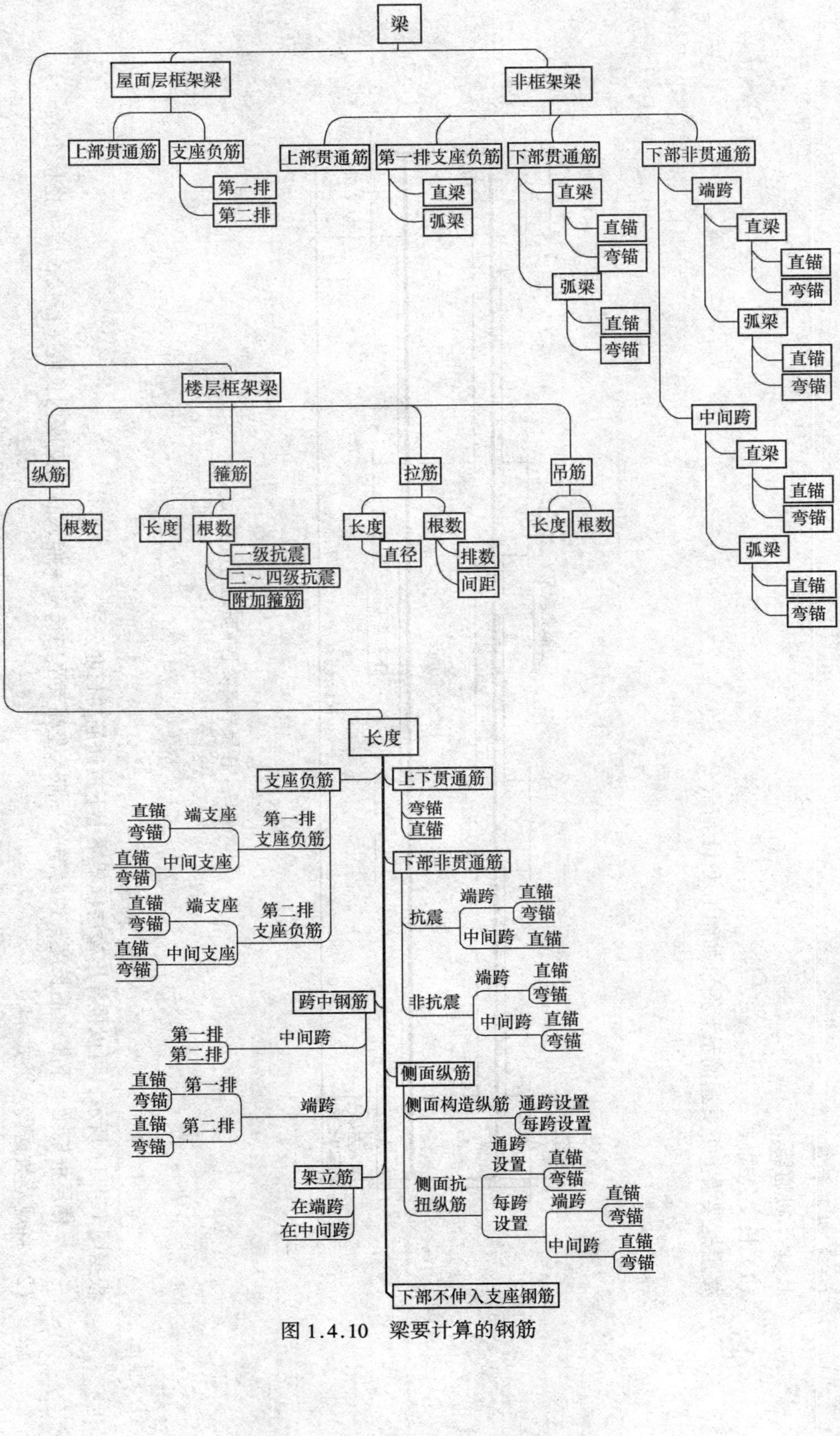

图 1.4.10　梁要计算的钢筋

四、楼层框架梁钢筋的计算原理和实例答案

（一）纵筋长度

1. 上下贯通筋

（1）长度公式

楼层框架梁上下贯通筋示意图，如图 1.4.11 所示。

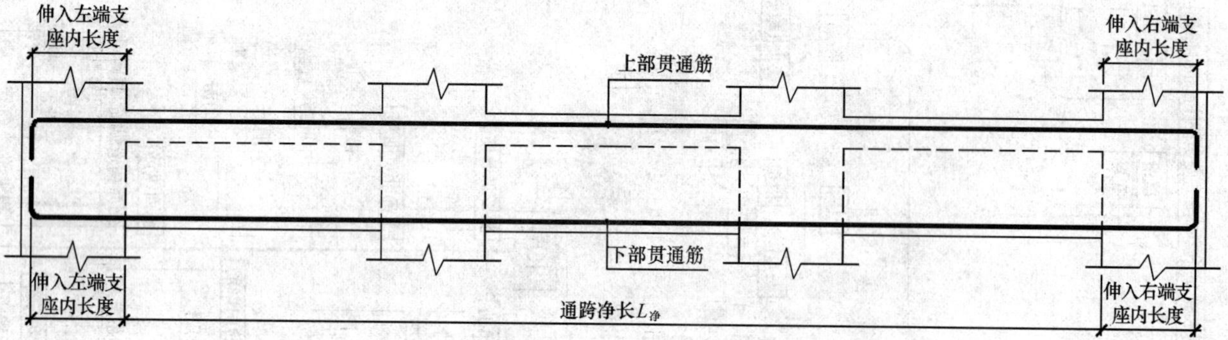

图 1.4.11　楼层框架梁上下贯通筋长度示意图

根据图 1.4.11 所示，可以推导出楼层框架梁上下贯通筋的长度公式：

楼层框架梁上下贯通筋长度 = 通跨净长 + 伸入左端支座内长度 + 伸入右端支座内长度 + 搭接长度 × 搭接个数

（2）将规范数据代入公式

楼层框架梁上下贯通筋伸入左右端支座内长度有直锚和弯锚两种情况，如图 1.4.12 所示。

根据图 1.4.12 各种节点进行组合，就得到楼层框架梁上下贯通筋长度计算公式，见表 1.4.2。

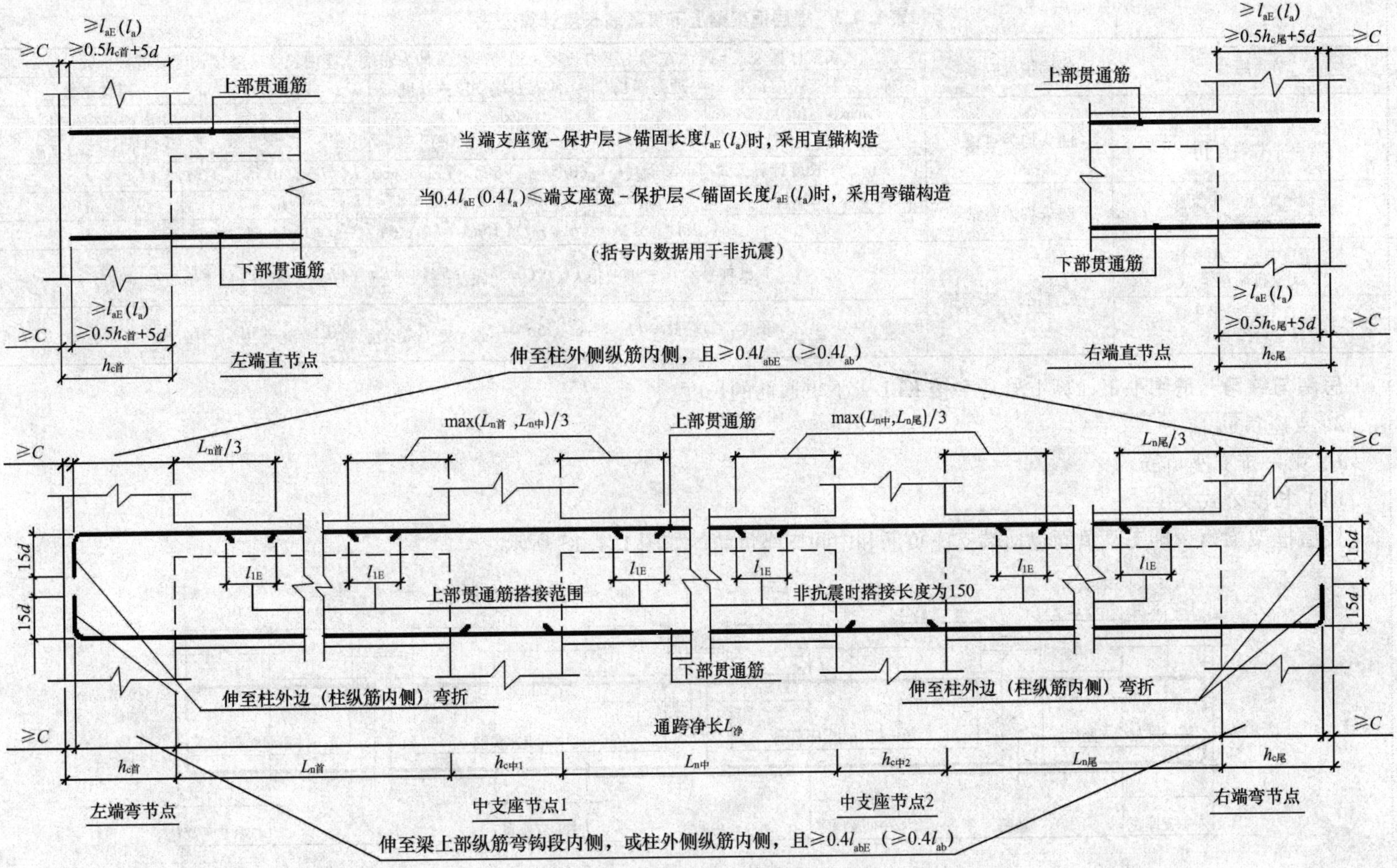

注：l_{abE}为抗震基本锚固（l_{ab}为非抗震基本锚固）

图 1.4.12 楼层框架梁上下贯通筋长度计算图

表 1.4.2　楼层框架梁上下贯通筋长度计算公式

节点组合	锚固情况判断	长度计算公式 = 伸入左端支座内长度 + 通跨净长 + 伸入右端支座内长度 + 搭接长度 × 搭接个数				
		伸入左端支座内长度	通跨净长	伸入右端支座内长度	搭接长度	搭接个数
左端直节点 + 中支座节点 + 右端直节点	两头均为直锚	$\max[l_{aE}(l_a), (0.5h_{c首}+5d)]$	$L_{净}$	$\max[l_{aE}(l_a), (0.5h_{c尾}+5d)]$	$l_{lE}=\Sigma l_{aE}(l_a)$	计算总长/定尺长度（向下取整）$=n$
		长度计算公式 $=\max[l_{aE}(l_a),(0.5h_{c首}+5d)]+L_{净}+\max[l_{aE}(l_a),(0.5h_{c尾}+5d)]+l_{lE}\cdot n$				
左端弯节点 + 中支座节点 + 右端弯节点	两头均为弯锚	$h_{c首}-C+15d$	$L_{净}$	$h_{c尾}-C+15d$	l_{lE}	n
		长度计算公式 $=(h_{c首}-C+15d)+L_{净}+(h_{c尾}-C+15d)+l_{lE}\times n$				
左端直节点 + 中支座节点 + 右端弯节点	一头直锚，一头弯锚	长度计算公式 $=\max[l_{aE}(l_a),(0.5h_{c首}+5d)]+L_{净}+(h_{c尾}-C+15d)+l_{lE}\cdot n$				
左端弯节点 + 中支座节点 + 右端直节点		长度计算公式 $=(h_{c首}-C+15d)+L_{净}+\max[l_{aE}(l_a),(0.5h_{c尾}+5d)]+l_{lE}\cdot n$				

思考与练习　请用手工计算 1 号写字楼 KL1 上下贯通筋的长度。

2. 支座负筋

1）第一排支座负筋

（1）长度公式文字

楼层框架梁第一排支座负筋包括端支座负筋和中间支座负筋，如图 1.4.13 所示。

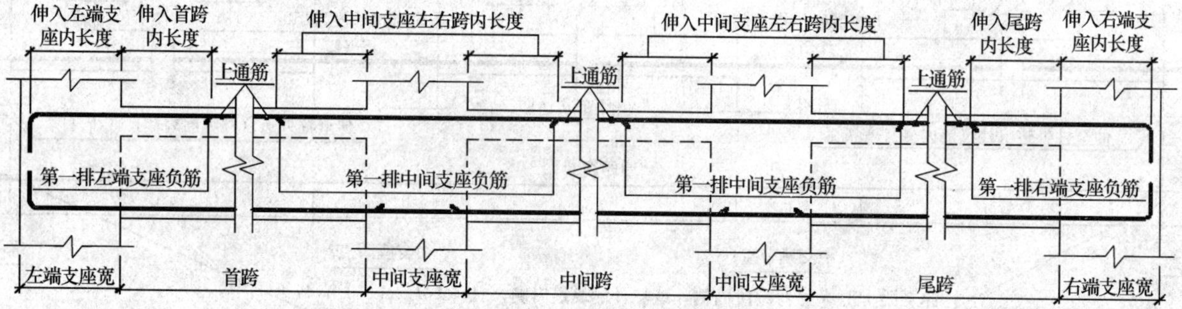

图 1.4.13　楼层框架梁第一排支座负筋长度示意图

根据图 1.4.13 所示，推导出楼层框架梁第一排支座负筋长度计算公式，见表 1.4.3。

（2）将规范数据代入公式

楼层框架梁第一排支座负筋伸入支座内长度也分直锚和弯锚两种情况，如图 1.4.14 所示。

表 1.4.3　楼层框架梁第一排支座负筋长度公式

端支座	左端支座第一排负筋长度 = 伸入左端支座内长度 + 伸入首跨内长度	右端支座第一排负筋长度 = 伸入右端支座内长度 + 伸入尾跨内长度
中间支座	中间支座第一排负筋长度 = 伸入中间支座左跨内长度 + 中间支座宽 + 伸入中间支座右跨内长度	

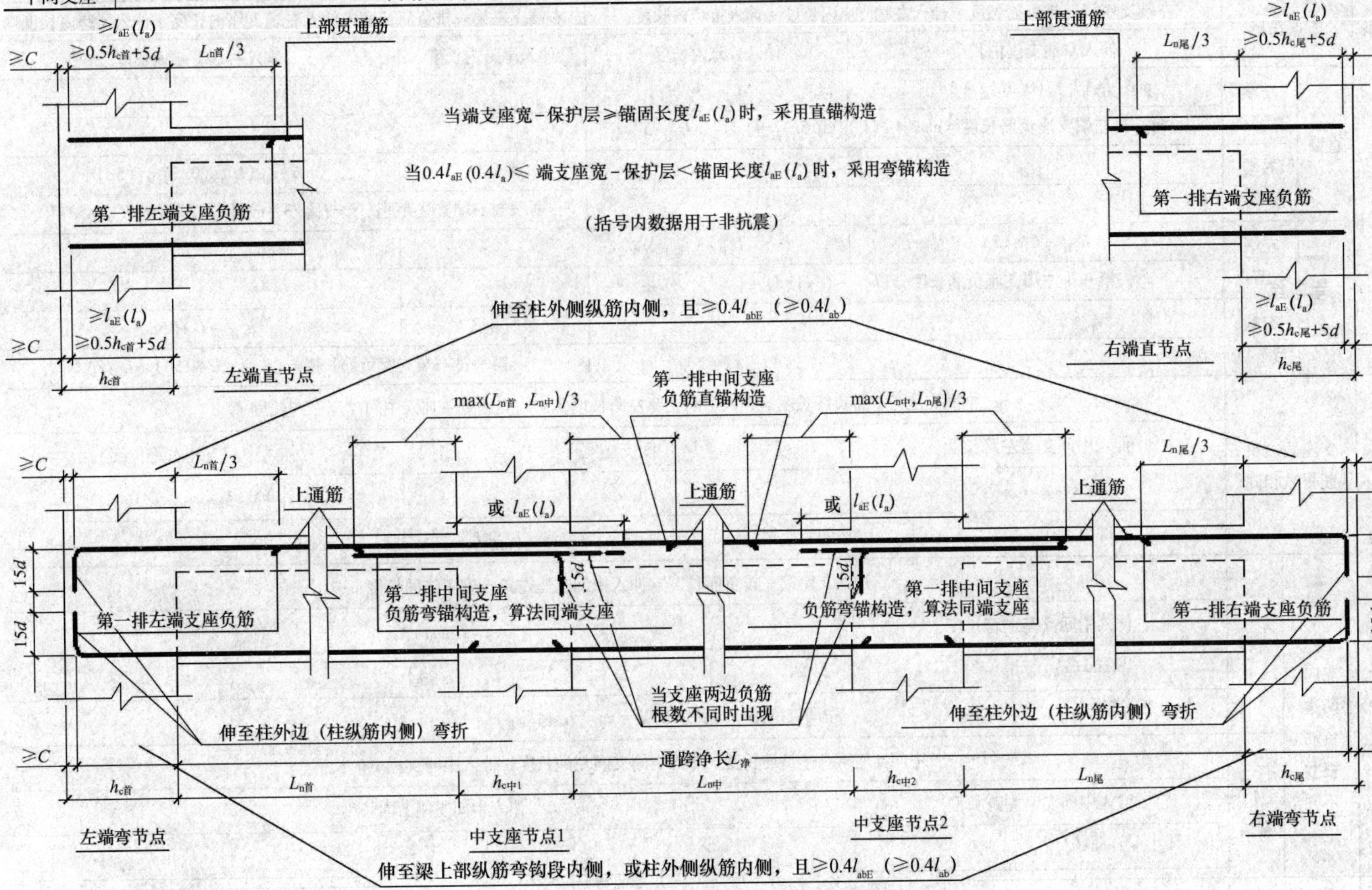

图 1.4.14　楼层框架梁第一排支座负筋长度计算图

根据图 1.4.14 所示，推导出楼层框架梁第一排支座负筋长度计算公式，见表 1.4.4。

表 1.4.4　楼层框架梁第一排支座负筋长度计算公式

支座	节点选择		左端支座第一排负筋长度 = 伸入左端支座内长度 + 伸入首跨内长度		右端支座第一排负筋长度 = 伸入右端支座内长度 + 伸入尾跨内长度	
			伸入左端支座内长度	伸入首跨内长度	伸入尾跨内长度	伸入右端支座内长度
端支座	直锚	左端直节点	$\max[l_{aE}(l_a),(0.5h_{c首}+5d)]$	$L_{n首}/3$		
			第一排左端支座负筋长度 $=\max[l_{aE}(l_a),(0.5h_{c首}+5d)]+L_{n首}/3$			
		右端直节点			$L_{n尾}/3$	$\max[l_{aE}(l_a),(0.5h_{c尾}+5d)]$
					第一排右端支座负筋长度 $=L_{n尾}/3+\max[l_{aE}(l_a),(0.5h_{c尾}+5d)]$	
	弯锚	左端弯节点	$h_{c首}-C+15d$	$L_{n首}/3$		
			第一排左端支座负筋长度 $=(h_{c首}-C+15d)+L_{n首}/3$			
		右端弯节点			$L_{n尾}/3$	$h_{c尾}-C+15d$
					第一排右端支座负筋长度 $=(h_{c尾}-C+15d)+L_{n尾}/3$	
中间支座（以中间支座节点1为例）	支座两边负筋根数相同		中间支座第一排负筋长度 = 伸入中间支座左跨长度 + 中间支座宽 + 伸入中间支座右跨长度			
			伸入中间支座左跨长度	中间支座宽	伸入中间支座右跨长度	
			$\max(L_{n首},L_{n中})/3$	$h_{c中1}$	$\max(L_{n首},L_{n中})/3$	
			中间支座第一排负筋长度 $=h_{c中1}+[\max(L_{n首},L_{n中})/3]\times 2$			
	支座两边负筋根数不同	直锚	中间支座第一排负筋长度 = 伸入中间支座左跨长度 + 锚固长度			
			伸入中间支座左跨长度	锚固长度		
			$\max(L_{n首},L_{n中})/3$	$l_{aE}(l_a)$		
			中间支座第一排负筋长度 $=\max(L_{n首},L_{n中})/3+l_{aE}(l_a)$			
		弯锚	中间支座第一排负筋长度 = 伸入中间支座左跨长度 + 伸入中间支座 1 内长度			
			伸入中间支座左跨长度	伸入中间支座 1 内长度		
			$\max(L_{n首},L_{n中})/3$	$h_{c中1}-C+15d$		
			中间支座第一排负筋长度 $=\max(L_{n首},L_{n中})/3+(h_{c中1}-C+15d)$			

思考与练习 ① 请用手工计算 1 号写字楼 KL2 第一排支座负筋的长度。② 请用手工计算 1 号写字楼 KL8 第一排支座负筋的长度。③ 请用手工计算 1 号写字楼 KL9 第一排支座负筋的长度。

2）第二排支座负筋

(1) 长度公式

楼层框架梁第二排支座负筋和第一排类似，如图 1. 4. 15 所示。

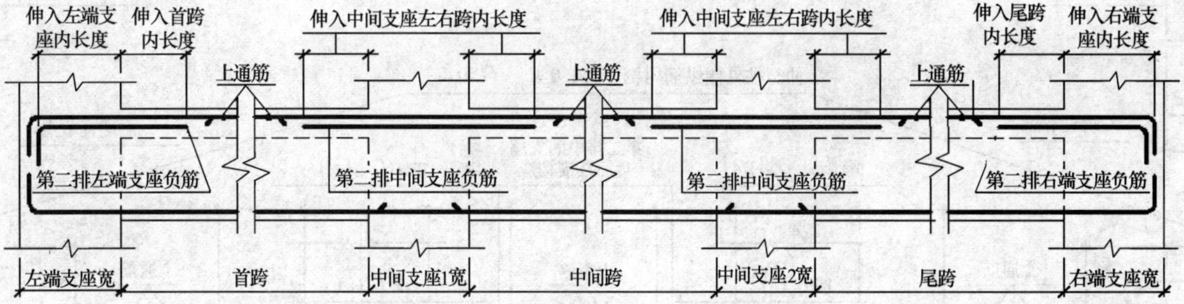

图 1. 4. 15 楼层框架梁第二排支座负筋长度示意图

根据图 1. 4. 15 所示，推导出楼层框架梁第二排支座负筋长度计算公式，见表 1. 4. 5。

表 1. 4. 5 楼层框架梁第二排支座负筋长度公式

端支座	左端支座第二排负筋长度 = 伸入左端支座内长度 + 伸入首跨内长度	右端支座第二排负筋长度 = 伸入右端支座内长度 + 伸入尾跨内长度
中间支座	中间支座第二排负筋长度 = 伸入中间支座左跨长度 + 中间支座宽 + 伸入中间支座右跨长度	

(2) 将规范数据代入公式

楼层框架梁第二排支座负筋伸入支座内长度也分直锚和弯锚两种情况，如图 1. 4. 16 所示。

根据图 1. 4. 16 所示，推导出楼层框架梁第二排支座负筋长度计算公式，见表 1. 4. 6。

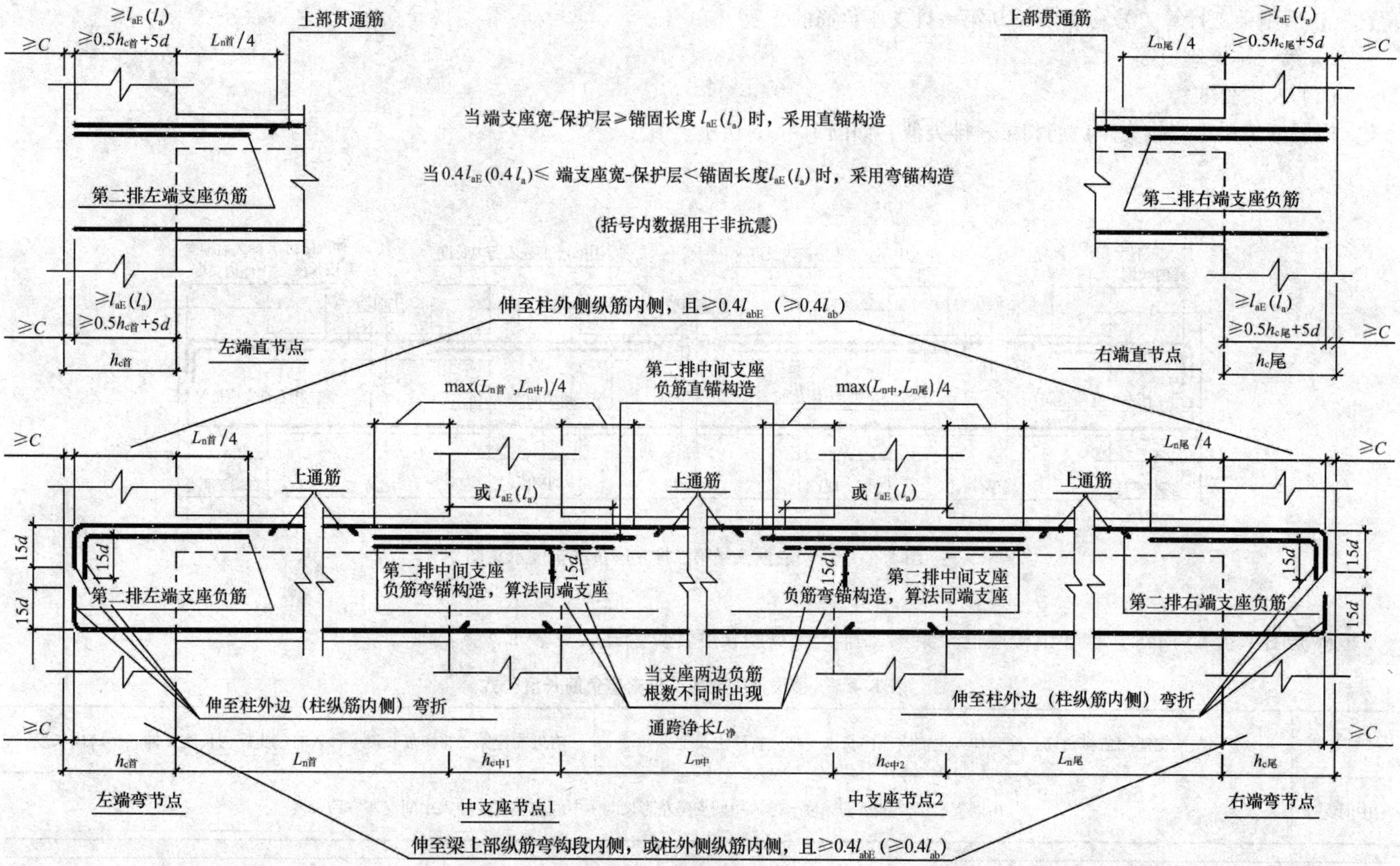
当端支座宽-保护层≥锚固长度 $l_{aE}(l_a)$ 时，采用直锚构造
当 $0.4l_{aE}(0.4l_a)$≤ 端支座宽-保护层＜锚固长度 $l_{aE}(l_a)$ 时，采用弯锚构造
(括号内数据用于非抗震)
上部贯通筋
第二排左端支座负筋
第二排右端支座负筋
左端直节点
右端直节点
伸至柱外侧纵筋内侧，且≥$0.4l_{abE}$（≥$0.4l_{ab}$）
第二排中间支座负筋直锚构造
$\max(L_{n首},L_{n中})/4$
$\max(L_{n中},L_{n尾})/4$
或 $l_{aE}(l_a)$
上通筋
第二排中间支座负筋弯锚构造，算法同端支座
第二排左端支座负筋
第二排右端支座负筋
当支座两边负筋根数不同时出现
伸至柱外边（柱纵筋内侧）弯折
通跨净长$L_净$
左端弯节点
中支座节点1
中支座节点2
右端弯节点
伸至梁上部纵筋弯钩段内侧，或柱外侧纵筋内侧，且≥$0.4l_{abE}$（≥$0.4l_{ab}$）

图 1.4.16　楼层框架梁第二排支座负筋长度计算图

表 1.4.6　楼层框架梁第二排支座负筋长度计算公式

支座	节点选择		左端支座第二排负筋长度 = 伸入左端支座内长度 + 伸入首跨内长度		右端支座第二排负筋长度 = 伸入右端支座内长度 + 伸入尾跨内长度	
			伸入左端支座内长度	伸入首跨内长度	伸入尾跨内长度	伸入右端支座内长度
端支座	直锚	左端直节点	$\max[l_{aE}(l_a),(0.5h_{c首}+5d)]$	$L_{n首}/4$		
			第二排左端支座负筋长度 = $\max[l_{aE}(l_a),(0.5h_{c首}+5d)]+L_{n首}/4$			
		右端直节点			$L_{n尾}/4$	$\max[l_{aE}(l_a),(0.5h_{c尾}+5d)]$
					第二排右端支座负筋长度 = $L_{n尾}/4+\max[l_{aE}(l_a),(0.5h_{c尾}+5d)]$	
	弯锚	左端弯节点	$h_{c首}-C+15d$	$L_{n首}/4$		
			第二排左端支座负筋长度 = $(h_{c首}-C+15d)+L_{n首}/4$			
		右端弯节点			$L_{n尾}/4$	$h_{c尾}-C+15d$
					第二排右端支座负筋长度 = $(h_{c尾}-C+15d)+L_{n尾}/4$	
中间支座（以中间支座节点 1 为例）	支座两边负筋根数相同		中间支座第二排负筋长度 = 伸入中间支座左跨长度 + 中间支座宽 + 伸入中间支座右跨长度			
			伸入中间支座左跨长度	中间支座宽		伸入中间支座右跨长度
			$\max(L_{n首},L_{n中})/4$	$h_{c中1}$		$\max(L_{n首},L_{n中})/4$
			中间支座第二排负筋长度 = $h_{c中1}+[\max(L_{n首},L_{n中})/4]\times2$			
	支座两边负筋根数不同	直锚	中间支座第二排负筋长度 = 伸入中间支座左跨长度 + 锚固长度			
			伸入中间支座左跨长度	锚固长度		
			$\max(L_{n首},L_{n中})/4$	$l_{aE}(l_a)$		
			中间支座第二排负筋长度 = $\max(L_{n首},L_{n中})/4+l_{aE}(l_a)$			
		弯锚	中间支座第二排负筋长度 = 伸入中间支座左跨长度 + 伸入中间支座 1 内长度			
			伸入中间支座左跨长度	伸入中间支座 1 内长度		
			$\max(L_{n首},L_{n中})/4$	$h_{c中1}-C+15d$		
			中间支座第二排负筋长度 = $\max(L_{n首},L_{n中})/4+(h_{c中1}-C+15d)$			

思考与练习　请用手工计算 1 号写字楼 KL3 第二排支座负筋的长度。

3. 跨中钢筋

1）跨中钢筋在中间跨

(1) 长度公式

当楼层框架梁中间某跨跨度较小时，中间支座负筋之间剩余距离很小，这时候在中间跨就会出现跨中钢筋，如图 1.4.17 所示。

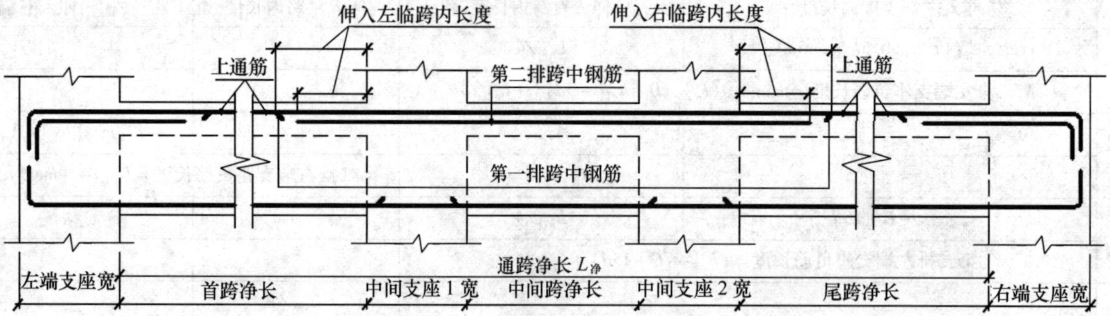

图 1.4.17　楼层框架梁跨中钢筋长度示意图（跨中钢筋在中间跨）

根据图 1.4.17 所示，推导出跨中钢筋在中间跨长度计算公式的文字，描述如下：

第一、二排跨中钢筋长度 = 伸入左临跨内长度 + 中间支座 1 宽 + 中间跨净长 + 中间支座 2 宽 + 伸入右临跨内长度

(2) 将规范数据代入公式

将规范数据代入图 1.4.7 就形成图 1.4.18 所示的图。

根据图 1.4.18 所示，推导出楼层框架梁中间跨跨中钢筋长度计算公式，见表 1.4.7。

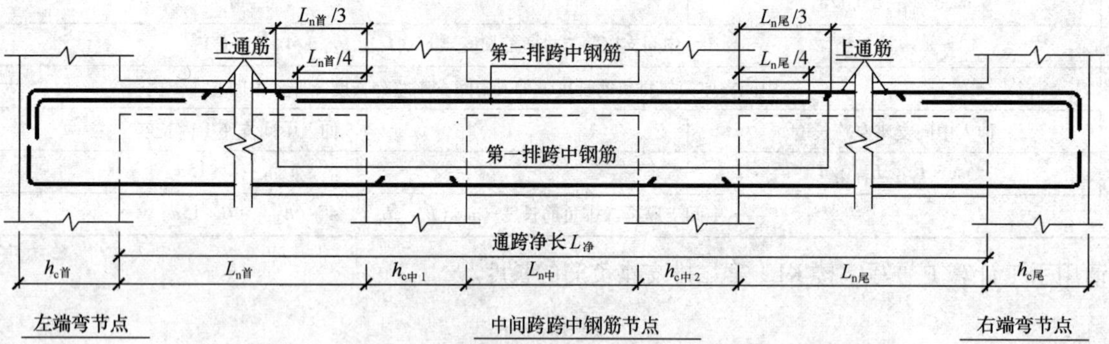

图 1.4.18　楼层框架梁跨中钢筋长度计算图（跨中钢筋在中间跨）

表 1.4.7　楼层框架梁中间跨跨中钢筋长度计算公式

情况说明	排　数	中间跨跨中钢筋长度 = 伸入左临跨内长度 + 中间支座 1 宽 + 中间跨净长 + 中间支座 2 宽 + 伸入右临跨内长度				
		伸入左临跨内长度	中间支座 1 宽	中间跨净长	中间支座 2 宽	伸入右临跨内长度
跨中钢筋在中间跨	第一排跨中筋	$L_{n首}/3$	$h_{c中1}$	$L_{n中}$	$h_{c中2}$	$L_{n尾}/3$
		第一排跨中钢筋长度 = $L_{n首}/3 + h_{c中1} + L_{n中} + h_{c中2} + L_{n尾}/3$				
	第二排跨中筋	$L_{n首}/4$	$h_{c中1}$	$L_{n中}$	$h_{c中2}$	$L_{n尾}/4$
		第二排跨中钢筋长度 = $L_{n首}/4 + h_{c中1} + L_{n中} + h_{c中2} + L_{n尾}/4$				

思考与练习　请用手工计算 1 号写字楼 KL5 跨中钢筋的长度。

2）跨中钢筋在端跨

(1) 长度公式

当楼层框架梁首跨或尾跨度较小时，就会出现跨中钢筋在端跨的情况，如图 1.4.19 所示。

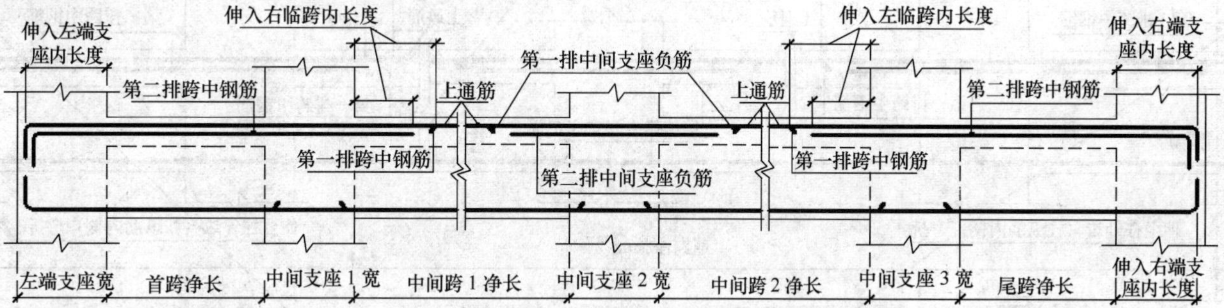

图 1.4.19　楼层框架梁端跨跨中钢筋长度示意图

从图 1.4.19 可以推导出端跨跨中钢筋长度的公式文字，描述如下：

第一二排首跨跨中钢筋长度 = 伸入左端支座内长度 + 首跨净长 + 中间支座 1 宽 + 伸入右临跨内长度

第一二排尾跨跨中钢筋长度 = 伸入左临跨内长度 + 中间支座宽 + 尾跨净长 + 伸入右端支座内长度

(2) 将规范数据代入公式

将规范数据代入图 1.4.9 就形成图 1.4.20 所示的图。

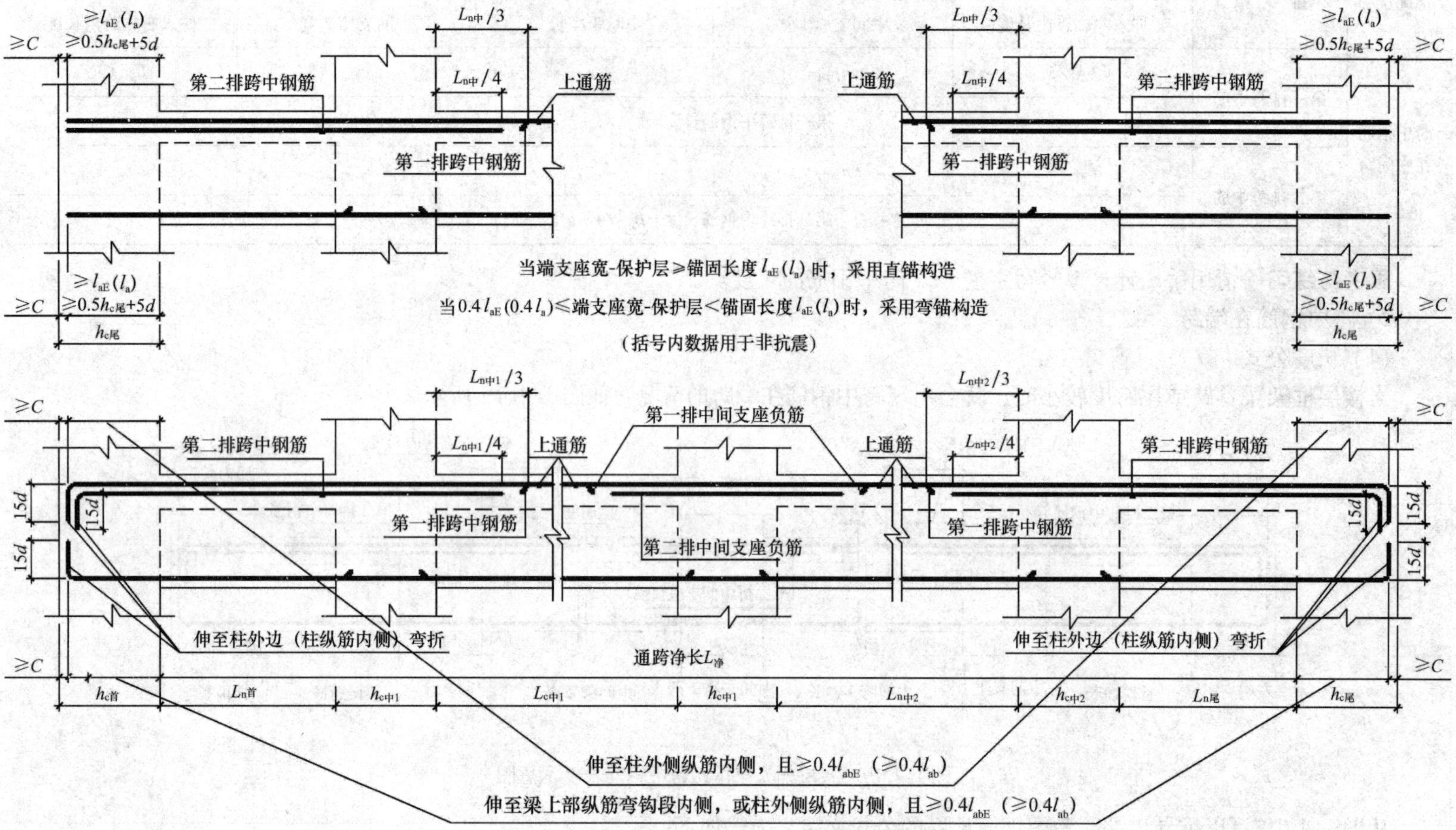

图 1.4.20　楼层框架梁端跨跨中钢筋长度计算图

根据图 1.4.20 所示，推导出楼层框架梁中间跨跨中钢筋长度计算公式，见表 1.4.8。

表 1.4.8　楼层框架梁端跨跨中钢筋长度计算公式

情况说明	排数	锚固判断	第一二排端跨跨中钢筋长度 = 伸入左临跨内长度 + 中间支座 2 宽 + 尾跨净长 + 伸入右端支座内长度（以尾跨为例讲解）			
			伸入左临跨内长度	中间支座 2 宽	尾跨净长	伸入右端支座内长度
跨中钢筋在端跨（以尾跨为例讲解）	第一排	直锚	$L_{n中}/3$	$h_{c中2}$	$L_{n尾}$	$\max[l_{aE}(l_a), (0.5h_{c尾}+5d)]$
			第一排端跨跨中钢筋长度 $= L_{n中}/3 + h_{c中2} + L_{n尾} + \max[l_{aE}(l_a), (0.5h_{c尾}+5d)]$			
		弯锚	$L_{n中}/3$	$h_{c中2}$	$L_{n尾}$	$h_{c尾} - C + 15d$
			第一排端跨跨中钢筋长度 $= L_{n中}/3 + h_{c中2} + L_{n尾} + (h_{c尾} - C + 15d)$			
	第二排	直锚	$L_{n中}/4$	$h_{c中2}$	$L_{n尾}$	$\max[l_{aE}(l_a), (0.5h_{c尾}+5d)]$
			第一排端跨跨中钢筋长度 $= L_{n中}/4 + h_{c中2} + L_{n尾} + \max[l_{aE}(l_a), (0.5h_{c尾}+5d)]$			
		弯锚	$L_{n中}/4$	$h_{c中2}$	$L_{n尾}$	$h_{c尾} - C + 15d$
			第二排端跨跨中钢筋长度 $= L_{n中}/4 + h_{c中2} + L_{n尾} + (h_{c尾} - C + 15d)$			

思考与练习　① 请用手工计算 1 号写字楼 KL2 第一排跨中钢筋的长度。② 请用手工计算 1 号写字楼 KL3 第二排跨中钢筋的长度。

4. 架立筋

(1) 长度公式文字

楼层框架梁架立筋长度示意图如图 1.4.21 所示。

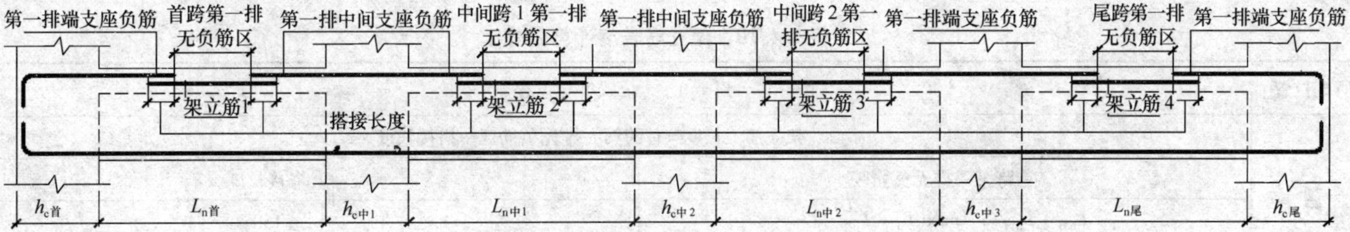

图 1.4.21　楼层框架梁架立筋长度示意图

根据图 1. 4. 21 所示，推导出架立筋长度公式，见表 1. 4. 9。

表 1. 4. 9　架立筋长度公式

架立筋所处位置	公　　式
首跨	架立筋 1 长度 = 首跨第一排无负筋区 + 搭接长度 ×2
中间跨 1	架立筋 2 长度 = 中间跨 1 第一排无负筋区 + 搭接长度 ×2
中间跨 2	架立筋 3 长度 = 中间跨 2 第一排无负筋区 + 搭接长度 ×2
尾跨	架立筋 4 长度 = 尾跨第一排无负筋区 + 搭接长度 ×2

（2）将规范数据代入公式

将规范数据代入图 1. 4. 11 中得到图 1. 4. 22。

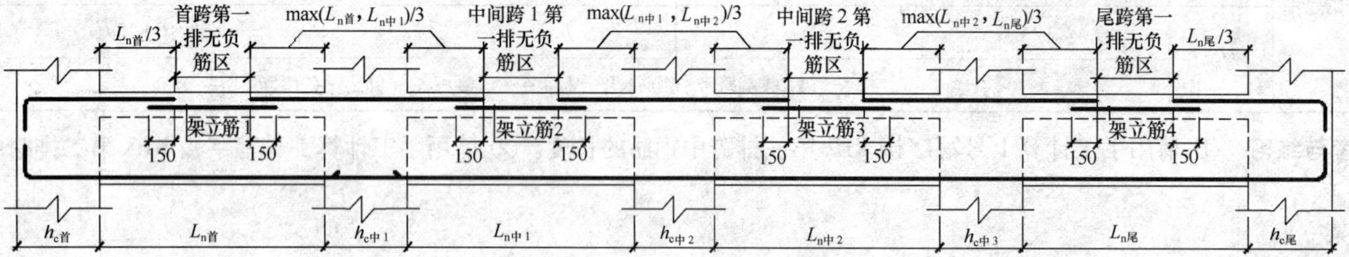

图 1. 4. 22　架立筋长度计算图

根据图 1. 4. 22 和表 1. 4. 9，推导出架立筋长度计算公式，见表 1. 4. 10。

表 1. 4. 10　架立筋长度计算公式

<table>
<tr><td>架立筋所处位置</td><td colspan="2">公式推导过程</td></tr>
<tr><td rowspan="4">首　跨</td><td colspan="2">架立筋 1 长度 = 首跨第一排无负筋区 + 搭接长度 ×2</td></tr>
<tr><td>首跨第一排无负筋区</td><td>搭接长度</td></tr>
<tr><td>$L_{n首} - L_{n首}/3 - max(L_{n首}, L_{n中1})/3$</td><td>150</td></tr>
<tr><td colspan="2">架立筋 1 长度 = $L_{n首} - L_{n首}/3 - max(L_{n首}, L_{n中1})/3 + 150 \times 2$</td></tr>
</table>

架立筋所处位置	公式推导过程	
中间跨1	架立筋2长度 = 中间跨1第一排无负筋区 + 搭接长度 ×2	
	中间跨1第一排无负筋区	搭接长度
	$L_{n中1}-\max(L_{n首},L_{n中1})/3-\max(L_{n中1},L_{n中2})/3$	150
	架立筋2长度 = $L_{n中1}-\max(L_{n首},L_{n中1})/3-\max(L_{n中1},L_{n中2})/3+150\times2$	
中间跨2	架立筋3长度 = 中间跨2第一排无负筋区 + 搭接长度 ×2	
	中间跨2第一排无负筋区	搭接长度
	$L_{n中2}-\max(L_{n中1},L_{n中2})/3-\max(L_{n中2},L_{n尾})/3$	150
	架立筋3长度 = $L_{n中2}-\max(L_{n中1},L_{n中2})/3-\max(L_{n中2},L_{n尾})/3+150\times2$	
尾　　跨	架立筋4长度 = 尾跨第一排无负筋区 + 搭接长度 ×2	
	尾跨第一排无负筋区	搭接长度
	$L_{n尾}-L_{n尾}/3-\max(L_{n中2},L_{n尾})/3$	150
	架立筋4长度 = $L_{n尾}-L_{n尾}/3-\max(L_{n中2},L_{n尾})/3+150\times2$	

思考与练习　请用手工计算1号写字楼KL5架立筋的长度。

5. 下部非贯通筋

1）长度公式

楼层框架梁下部非贯通筋示意图，如图1.4.23所示。

从图1.4.23所示，推导出楼层框架梁下部非贯通筋长度公式，见表1.4.11。

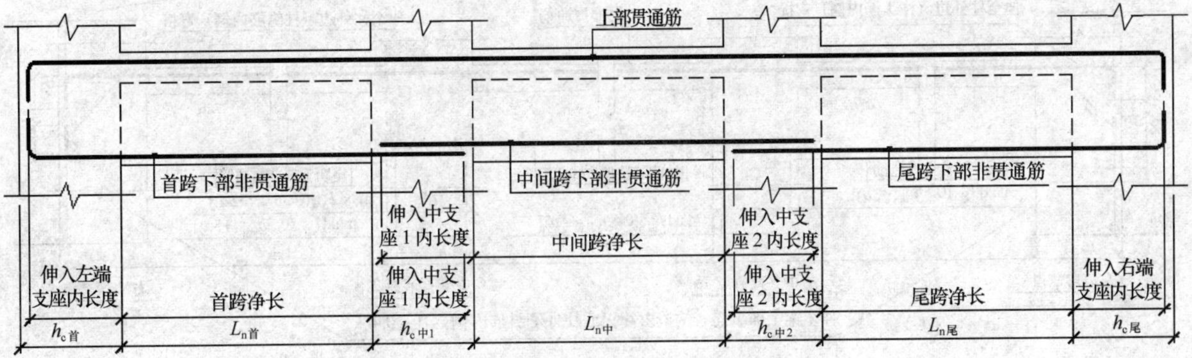

图1.4.23　楼层框架梁下部非贯通筋长度示意图

表 1.4.11　楼层框架梁下部非贯通筋长度公式

所在位置	长度公式
首跨	下部非贯通筋长度 = 伸入左端支座内长度 + 首跨净长 + 伸入中支座 1 内长度
中间跨	下部非贯通筋长度 = 伸入中支座 1 内长度 + 中间跨净长 + 伸入中支座 2 内长度
尾跨	下部非贯通筋长度 = 伸入中支座 2 内长度 + 尾跨净长 + 伸入右端支座内长度

2）将规范数据代入公式

下部非贯通筋伸入支座有直锚和弯锚两种情况，同时中间支座非抗震情况又出现了弯锚，抗震和非抗震情况合并起来比较复杂，现分抗震和非抗震两种情况进行讲解。

(1) 抗震情况

抗震情况楼层框架梁下部非贯通筋构造，如图 1.4.24 所示。

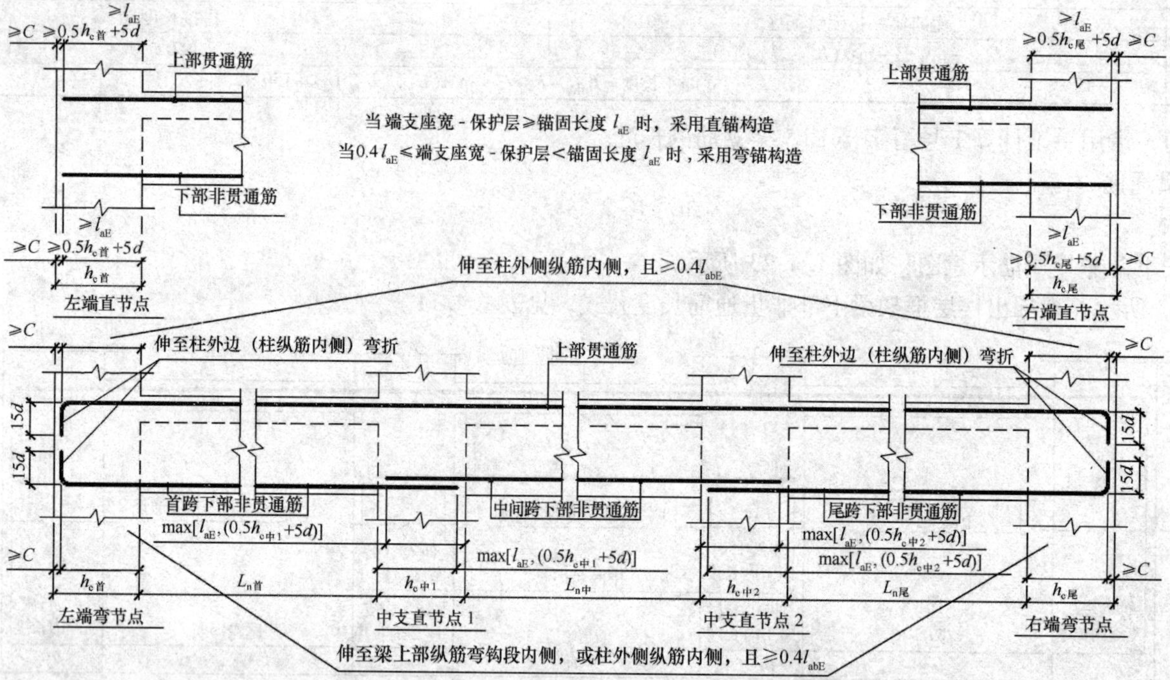

图 1.4.24　楼层框架梁下部非贯通筋计算图（抗震情况）

根据图 1. 4. 24 所示，推导出楼层框架梁下部非贯通筋长度计算公式，见表 1. 4. 12。

表 1. 4. 12　楼层框架梁抗震情况下部非贯通筋长度计算公式

	节点组合	锚固说明	下部非贯通筋长度 = 伸入左端支座内长度 + 首跨净长 + 伸入中支座 1 内长度		
			伸入左端支座内长度	首跨净长	伸入中支座 1 内长度
首跨	左端直节点 + 中支直节点 1	端部直锚，中部直锚	$\max[l_{aE},(0.5h_{c首}+5d)]$	$L_{n首}$	$\max[l_{aE},(0.5h_{c中1}+5d)]$
			下部非贯通筋长度 $=\max[l_{aE},(0.5h_{c首}+5d)]+L_{n首}+\max[l_{aE},(0.5h_{c中1}+5d)]$		
	左端弯节点 + 中支直节点 1	端部弯锚，中部直锚	$h_{c首}-C+15d$	$L_{n首}$	$\max[l_{aE},(0.5h_{c中1}+5d)]$
			下部非贯通筋长度 $=(h_{c首}-C+15d)+L_{n首}+\max[l_{aE},(0.5h_{c中1}+5d)]$		
中间跨	节点组合	锚固说明	下部非贯通筋长度 = 伸入中支座 1 内长度 + 中间跨净长 + 伸入中支座 2 内长度		
			伸入中支座 1 内长度	中间跨净长	伸入中支座 2 内长度
	中支直节点 1 + 中支直节点 2	两头均为直锚	$\max[l_{aE},(0.5h_{c中1}+5d)]$	$L_{n中}$	$\max[l_{aE},(0.5h_{c中2}+5d)]$
			下部非贯通筋长度 $=\max[l_{aE},(0.5h_{c中1}+5d)]+L_{n中}+\max[l_{aE},(0.5h_{c中2}+5d)]$		
尾跨	节点组合	锚固说明	下部非贯通筋长度 = 伸入中支座 2 内长度 + 尾跨净长 + 伸入右端支座内长度		
			伸入中支座 2 内长度	尾跨净长	伸入右端支座内长度
	右端直节点 + 中支直节点 2	端部直锚，中部直锚	$\max[l_{aE},(0.5h_{c中2}+5d)]$	$L_{n尾}$	$\max[l_{aE},(0.5h_{c尾}+5d)]$
			下部非贯通筋长度 $=\max[l_{aE},(0.5h_{c中2}+5d)]+L_{n尾}+\max[l_{aE},(0.5h_{c尾}+5d)]$		
	右端弯节点 + 中支直节点 2	端部弯锚，中部直锚	$\max[l_{aE},(0.5h_{c中2}+5d)]$	$L_{n尾}$	$h_{c尾}-C+15d$
			下部非贯通筋长度 $=\max[l_{aE},(0.5h_{c中2}+5d)]+L_{n尾}+(h_{c尾}-C+15d)$		

思考与练习　请用手工计算 1 号写字楼 KL4 下部非贯通筋的长度。

(2) 非抗震情况

非抗震情况增加了中间支座弯锚，每跨的下部非贯通筋都有 4 种组合，如图 1. 4. 25 所示。

根据图 1. 4. 25 的各种情况进行组合，得到楼层框架梁非抗震情况下部非贯通筋长度计算公式，见表 1. 4. 13。

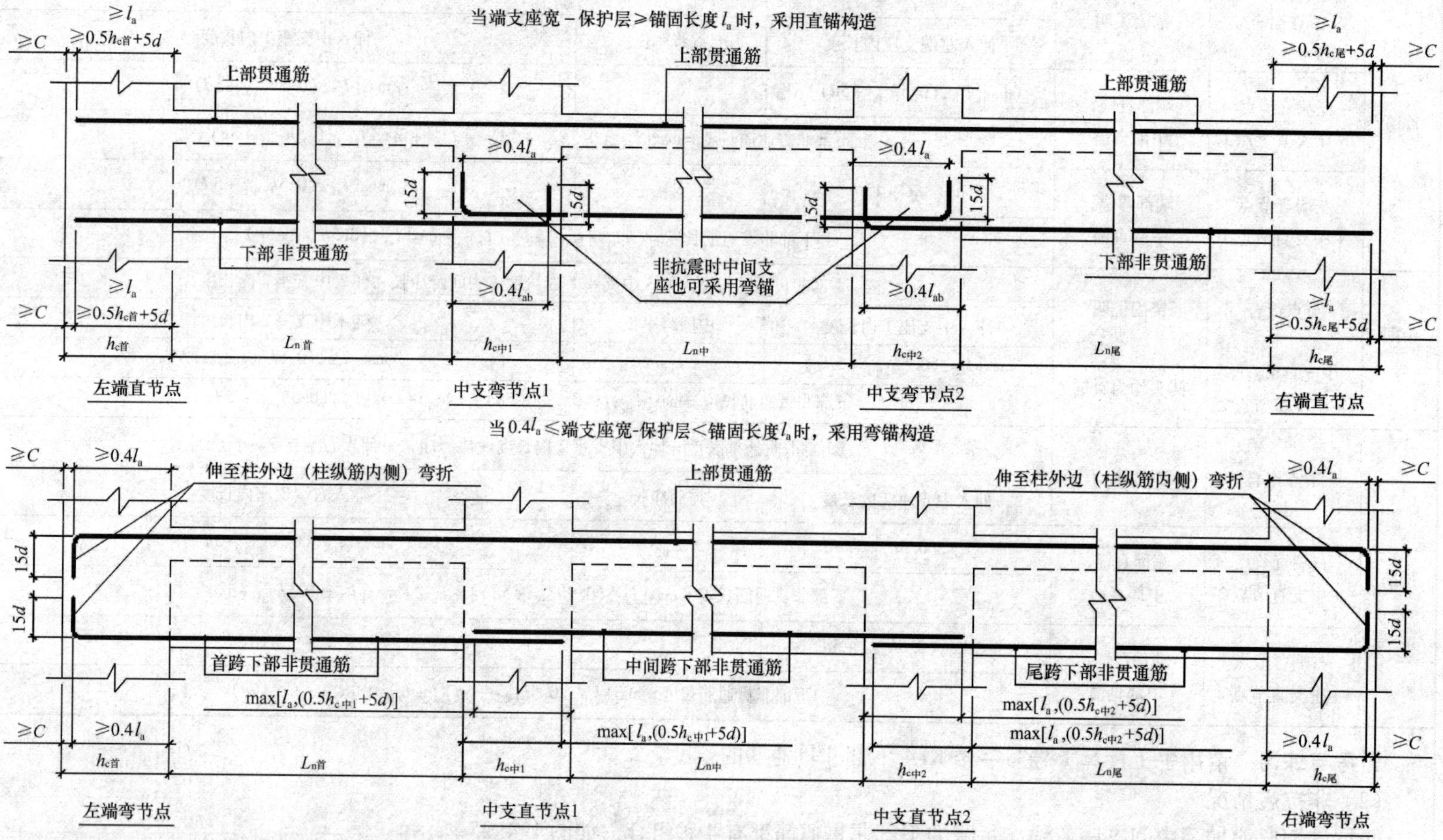

图 1.4.25 楼层框架梁下部非贯通筋计算图（非抗震情况）

表 1.4.13　楼层框架梁非抗震情况下部非贯通筋长度计算公式

跨	节点组合	锚固说明			
首跨下部非贯通筋	节点组合	锚固说明	下部非贯通筋长度 = 伸入左端支座内长度 + 首跨净长 + 伸入中支座 1 内长度		
			伸入左端支座内长度	首跨净长	伸入中支座 1 内长度
	左端直节点 + 中支直节点 1	端部直锚，中部直锚	$\max[l_a, (0.5h_{c首} + 5d)]$	$L_{n首}$	$\max[l_a, (0.5h_{c中1} + 5d)]$
			下部非贯通筋长度 = $\max[l_a, (0.5h_{c首} + 5d)] + L_{n首} + \max[l_a, (0.5h_{c中1} + 5d)]$		
	左端弯节点 + 中支直节点 1	端部弯锚，中部直锚	$h_{c首} - C + 15d$	$L_{n首}$	$\max[l_a, (0.5h_{c中1} + 5d)]$
			下部非贯通筋长度 = $(h_{c首} - C + 15d) + L_{n首} + \max[l_a, (0.5h_{c中1} + 5d)]$		
	左端直节点 + 中支弯节点 1	端部直锚，中部弯锚	$\max[l_a, (0.5h_{c首} + 5d)]$	$L_{n首}$	$h_{c中1} - C + 15d$
			下部非贯通筋长度 = $\max[l_a, (0.5h_{c首} + 5d)] + L_{n首} + (h_{c中1} - C + 15d)$		
	左端弯节点 + 中支弯节点 1	端部弯锚，中部弯锚	$h_{c首} - C + 15d$	$L_{n首}$	$h_{c中1} - C + 15d$
			下部非贯通筋长度 = $(h_{c首} - C + 15d) + L_{n首} + (h_{c中1} - C + 15d)$		
中间跨下部非贯通筋	节点组合	锚固说明	下部非贯通筋长度 = 伸入中支座 1 内长度 + 中间跨净长 + 伸入中支座 2 内长度		
			伸入中支座 1 内长度	中间跨净长	伸入中支座 2 内长度
	中支直节点 1 + 中支直节点 2	两头均为直锚	$\max[l_a, (0.5h_{c中1} + 5d)]$	$L_{n中}$	$\max[l_a, (0.5h_{c中2} + 5d)]$
			下部非贯通筋长度 = $\max[l_a, (0.5h_{c中1} + 5d)] + L_{n中} + \max[l_a, (0.5h_{c中2} + 5d)]$		
	中支直节点 1 + 中支弯节点 2	左端直锚，右端弯锚	$\max[l_a, (0.5h_{c中1} + 5d)]$	$L_{n中}$	$h_{c中2} - C + 15d$
			下部非贯通筋长度 = $\max[l_a, (0.5h_{c中1} + 5d)] + L_{n中} + (h_{c中2} - C + 15d)$		
	中支弯节点 1 + 中支直节点 2	左端弯锚，右端直锚	$h_{c中1} - C + 15d$	$L_{n中}$	$\max[l_a, (0.5h_{c中2} + 5d)]$
			下部非贯通筋长度 = $(h_{c中1} - C + 15d) + L_{n中} + \max[l_a, (0.5h_{c中2} + 5d)]$		
	中支弯节点 1 + 中支弯节点 2	两头均为弯锚	$h_{c中1} - C + 15d$	$L_{n中}$	$h_{c中2} - C + 15d$
			下部非贯通筋长度 = $(h_{c中1} - C + 15d) + L_{n中} + (h_{c中2} - C + 15d)$		
尾跨下部非贯通筋	节点组合	锚固说明	下部非贯通筋长度 = 伸入中支座 2 内长度 + 尾跨净长 + 伸入右端支座内长度		
			伸入中支座 2 内长度	尾跨净长	伸入右端支座内长度
	右端直节点 + 中支直节点 2	端部直锚，中部直锚	$\max[l_a, (0.5h_{c中2} + 5d)]$	$L_{n尾}$	$\max[l_a, (0.5h_{c尾} + 5d)]$
			下部非贯通筋长度 = $\max[l_a, (0.5h_{c中2} + 5d)] + L_{n尾} + \max[l_a, (0.5h_{c尾} + 5d)]$		
	右端弯节点 + 中支直节点 2	端部弯锚，中部直锚	$\max[l_a, (0.5h_{c中2} + 5d)]$	$L_{n尾}$	$h_{c尾} - C + 15d$
			下部非贯通筋长度 = $\max[l_a, (0.5h_{c中2} + 5d)] + L_{n尾} + (h_{c尾} - C + 15d)$		

	节点组合	锚固说明	下部非贯通筋长度＝伸入中支座 2 内长度＋尾跨净长＋伸入右端支座内长度		
			伸入中支座 2 内长度	尾跨净长	伸入右端支座内长度
尾跨下部非贯通筋	右端直节点＋中支弯节点 2	端部直锚，中部弯锚	$h_{c中2}-C+15d$	$L_{n尾}$	$\max[l_a,(0.5h_{c尾}+5d)]$
			下部非贯通筋长度＝$(h_{c中2}-C+15d)+L_{n尾}+\max[l_a,(0.5h_{c尾}+5d)]$		
	右端弯节点＋中支弯节点 2	端部弯锚，中部弯锚	$h_{c中2}-C+15d$	$L_{n尾}$	$h_{c尾}-C+15d$
			下部非贯通筋长度＝$(h_{c中2}-C+15d)+L_{n尾}+(h_{c尾}-C+15d)$		

6. 下部不伸入支座纵筋

(1) 长度公式

楼层框架梁不伸入支座纵筋示意图，如图 1.4.26 所示。

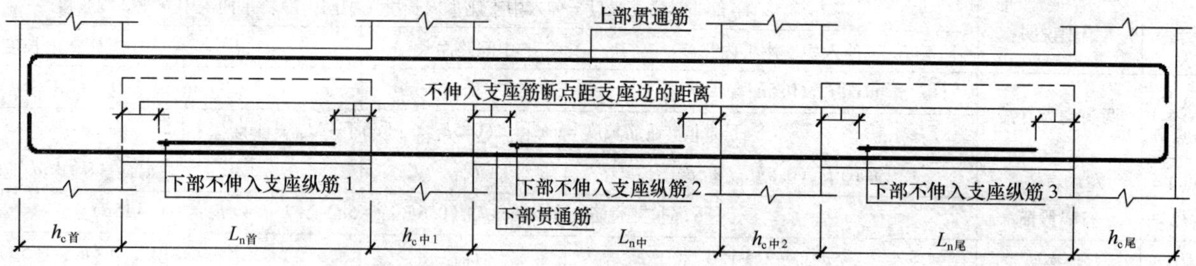

图 1.4.26　楼层框架梁不伸入支座纵筋示意图

根据图 1.4.26，推导出楼层框架梁下部不伸入支座纵筋长度公式，见表 1.4.14。

表 1.4.14　楼层框架梁下部不伸入支座纵筋长度公式

位　置	长 度 公 式
首　跨	下部不伸入支座纵筋长度＝首跨净长－不伸入支座筋断点距支座边距离×2
中间跨	下部不伸入支座纵筋长度＝中间跨净长－不伸入支座筋断点距支座边距离×2
尾　跨	下部不伸入支座纵筋长度＝尾跨净长－不伸入支座筋断点距支座边距离×2

(2) 将规范数据代入公式

将规范数据代入图 1.4.16 中得到图 1.4.27。

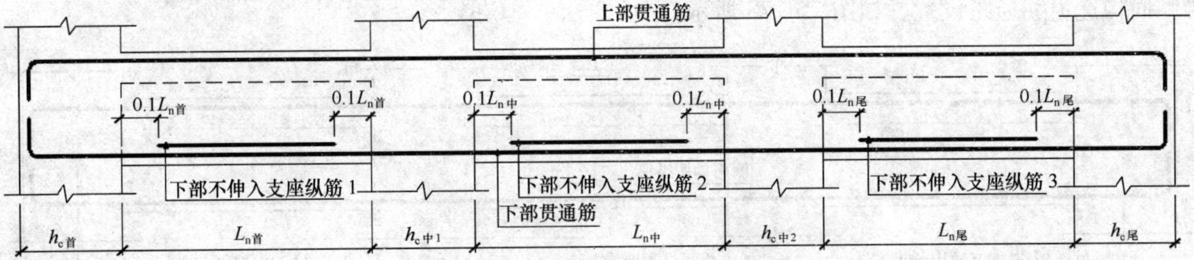

图 1.4.27　楼层框架梁不伸入支座纵筋计算图

根据图 1.4.27，推导出楼层框架梁下部不伸入支座纵筋长度计算公式，见表 1.4.15。

表 1.4.15　楼层框架梁下部不伸入支座纵筋长度计算公式

首　跨	下部不伸入支座纵筋 1 长度 = 首跨净长 - 不伸入支座筋断点距支座边距离 ×2	
	首跨净长	不伸入支座筋断点距支座边距离
	$L_{n首}$	$0.1L_{n首}$
	下部不伸入支座纵筋 1 长度 = $L_{n首} - 0.1L_{n首} \times 2 = 0.8L_{n首}$	
中间跨	下部不伸入支座纵筋 2 长度 = 中间跨净长 - 不伸入支座筋断点距支座边距离 ×2	
	中间跨净长	不伸入支座筋断点距支座边距离
	$L_{n中}$	$0.1L_{n中}$
	下部不伸入支座纵筋 2 长度 = $L_{n中} - 0.1L_{n中} \times 2 = 0.8L_{n中}$	
尾　跨	下部不伸入支座纵筋 3 长度 = 尾跨净长 - 不伸入支座筋断点距支座边距离 ×2	
	尾跨净长	不伸入支座筋断点距支座边距离
	$L_{n尾}$	$0.1L_{n尾}$
	下部不伸入支座纵筋 3 长度 = $L_{n尾} - 0.1L_{n尾} \times 2 = 0.8L_{n尾}$	

7. 侧面纵筋

1）侧面构造纵筋

（1）通跨设置

楼层框架梁侧面构造纵筋通跨设置，如图 1.4.28 所示。

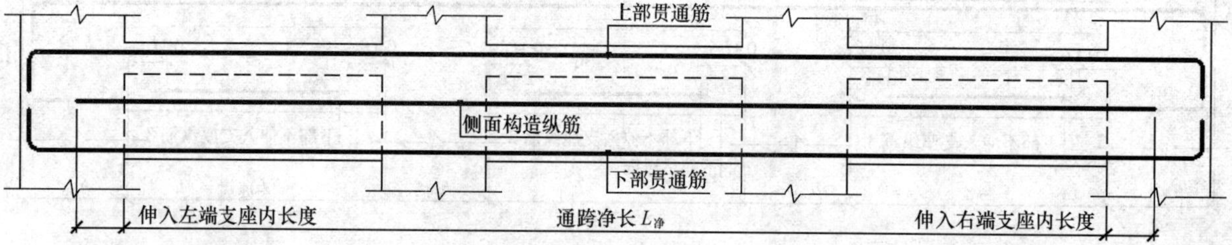

图 1.4.28　楼层框架梁侧面构造纵筋示意图

① 长度公式

根据图 1.4.28，推导出楼层框架梁侧面构造纵筋长度公式，描述如下：

楼层框架梁侧面构造纵筋长度 = 伸入左端支座内长度 + 通跨净长 + 伸入右端支座内长度 + 搭接长度 × 搭接个数

② 将规范数据代入公式

规范里对楼层框架梁侧面构造纵筋伸入左右支座内长度已经做了严格的规定，如图 1.4.29 所示。

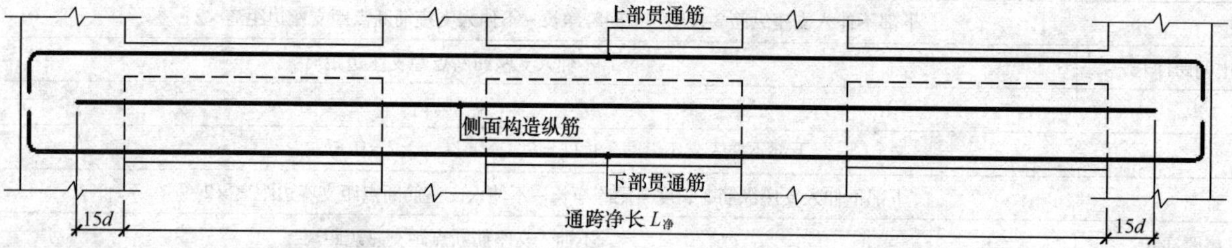

图 1.4.29　楼层框架梁侧面构造纵筋计算图

根据图 1.4.29，推导出楼层框架梁侧面构造纵筋长度计算公式，见表 1.4.16。

表 1.4.16　楼层框架梁侧面构造纵筋长度计算公式（通跨设置情况）

侧面构造纵筋通跨设置	楼层框架梁侧面构造纵筋长度 = 伸入左端支座内长度 + 通跨净长 + 伸入右端支座内长度 + 搭接长度 × 搭接个数				
	伸入左端支座内长度	通跨净长	伸入右端支座内长度	搭接长度	搭接个数
	$15d$	$L_{净}$	$15d$	l_{lE}	计算长度/定尺长度 = n
	楼层框架梁侧面构造纵筋长度 = $L_{净} + 15d \times 2 + l_{lE} \times n$				

思考与练习　请用手工计算 1 号写字楼 KL6 侧面构造纵筋的长度。

（2）每跨设置

楼层框架梁侧面构造纵筋往往不是通跨设置，而是每跨设置，如图 1.4.30 所示。

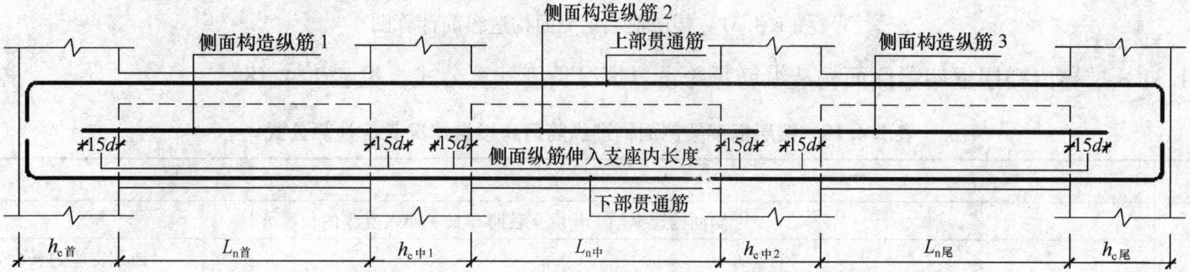

图 1.4.30　楼层框架梁侧面构造纵筋示算图

① 长度公式

根据图 1.4.30，推导出楼层框架梁侧面构造纵筋每跨设置情况长度公式，见表 1.4.17。

表 1.4.17　楼层框架梁侧面构造纵筋每跨设置情况长度计算公式

所在位置	长度公式	所在位置	长度公式
首跨	侧面构造纵筋 1 长度 = 首跨净长 + 伸入支座内长度 ×2	尾跨	侧面构造纵筋 3 长度 = 首跨净长 + 伸入支座内长度 ×2
中间跨	侧面构造纵筋 2 长度 = 中间跨净长 + 伸入支座内长度 ×2		

② 将规范数据代入公式

将规范数据代入图 1.4.30，可得到图 1.4.31。

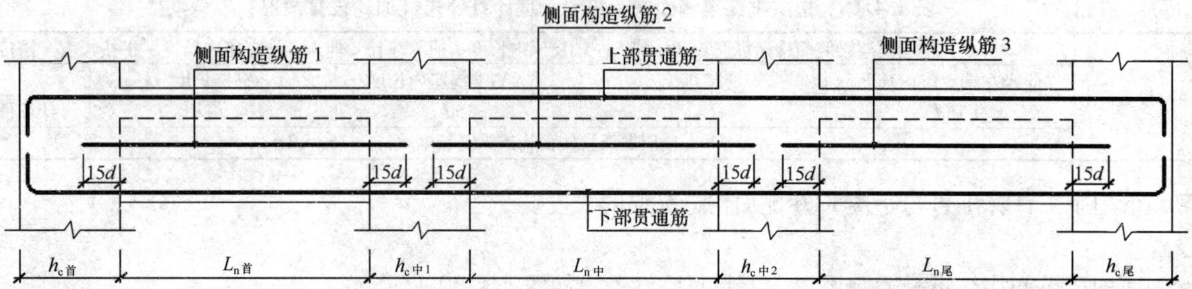

图 1.4.31　楼层框架梁侧面构造纵筋计算图

根据图 1.4.31，推导出楼层框架梁侧面构造纵筋每跨设置情况长度计算公式，见表 1.4.18。

表 1.4.18　楼层框架梁侧面构造纵筋每跨设置情况长度计算公式

所在位置	长度公式	
首跨	侧面构造纵筋 1 长度 = 首跨净长 + 伸入支座内长度 ×2	
	首跨净长	伸入支座内长度
	$L_{n首}$	$15d$
	侧面构造纵筋 1 长度 = $L_{n首}$ + $15d$ ×2	
中间跨	侧面构造纵筋 2 长度 = 中间跨净长 + 伸入支座内长度 ×2	
	中间跨净长	伸入支座内长度
	$L_{n中}$	$15d$
	侧面构造纵筋 2 长度 = $L_{n中}$ + $15d$ ×2	
尾　跨	侧面构造纵筋 3 长度 = 首跨净长 + 伸入支座内长度 ×2	
	尾跨净长	伸入支座内长度
	$L_{n尾}$	$15d$
	侧面构造纵筋 3 长度 = $L_{n尾}$ + $15d$ ×2	

2）侧面抗扭纵筋

（1）通跨设置

楼层框架梁侧面抗扭纵筋通跨设置情况，如图 1.4.32 所示。

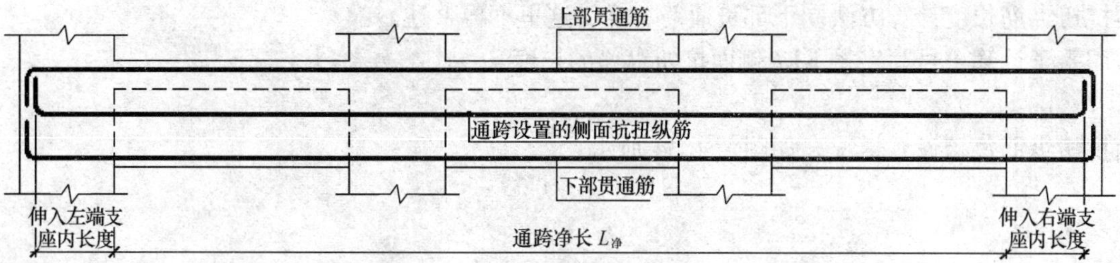

图 1.4.32　楼层框架梁侧面抗扭纵筋示意图

侧面抗扭纵筋伸入支座内长度也分直锚和弯锚两种情况，如图 1.4.33 所示。

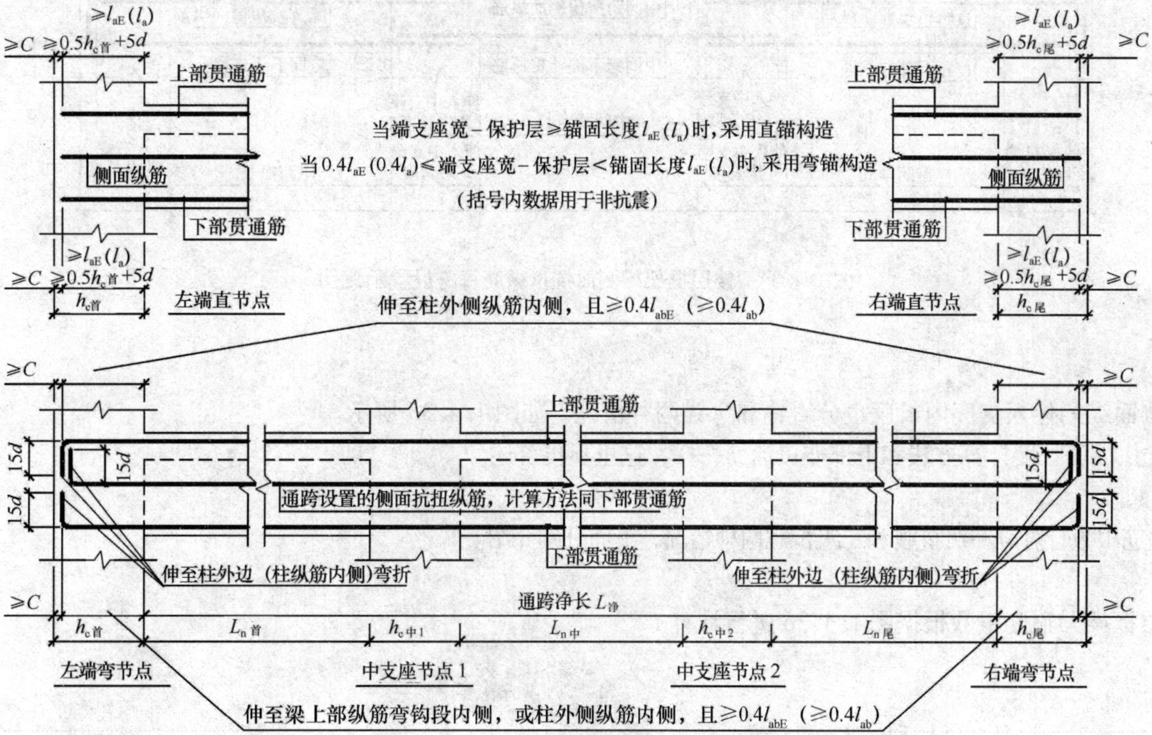

图 1.4.33　楼层框架梁侧面抗扭纵筋计算图

楼层框架梁侧面抗扭纵筋长度计算方法同下部贯通筋一样，这里不再赘述。

思考与练习 请用手工计算 1 号写字楼 KL7 侧面抗扭纵筋的长度。

(2) 每跨设置

楼层框架梁侧面抗扭纵筋每跨设置情况，如图 1. 4. 34 所示。

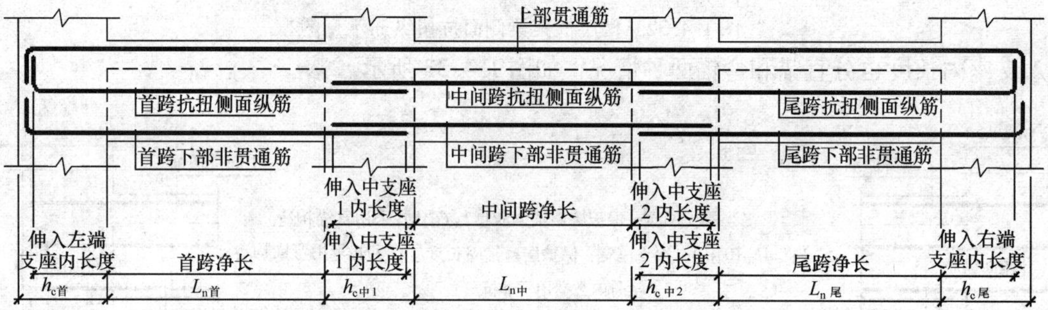

图 1. 4. 34 楼层框架梁侧面抗扭纵筋每跨设置示意图

楼层框架梁侧面纵筋伸入支座内长度也分直锚和弯锚两种情况，如图 1. 4. 35 所示。

楼层框架梁抗扭纵筋长度计算方法和下部非贯通筋一样，这里不再赘述。

(二) 箍筋根数

楼层框架梁箍筋根数计算分一级抗震和二级抗震两种情况，下面分别介绍。

1. 一级抗震

一级抗震楼层框架梁箍筋根数根据图 1. 4. 36 进行计算。

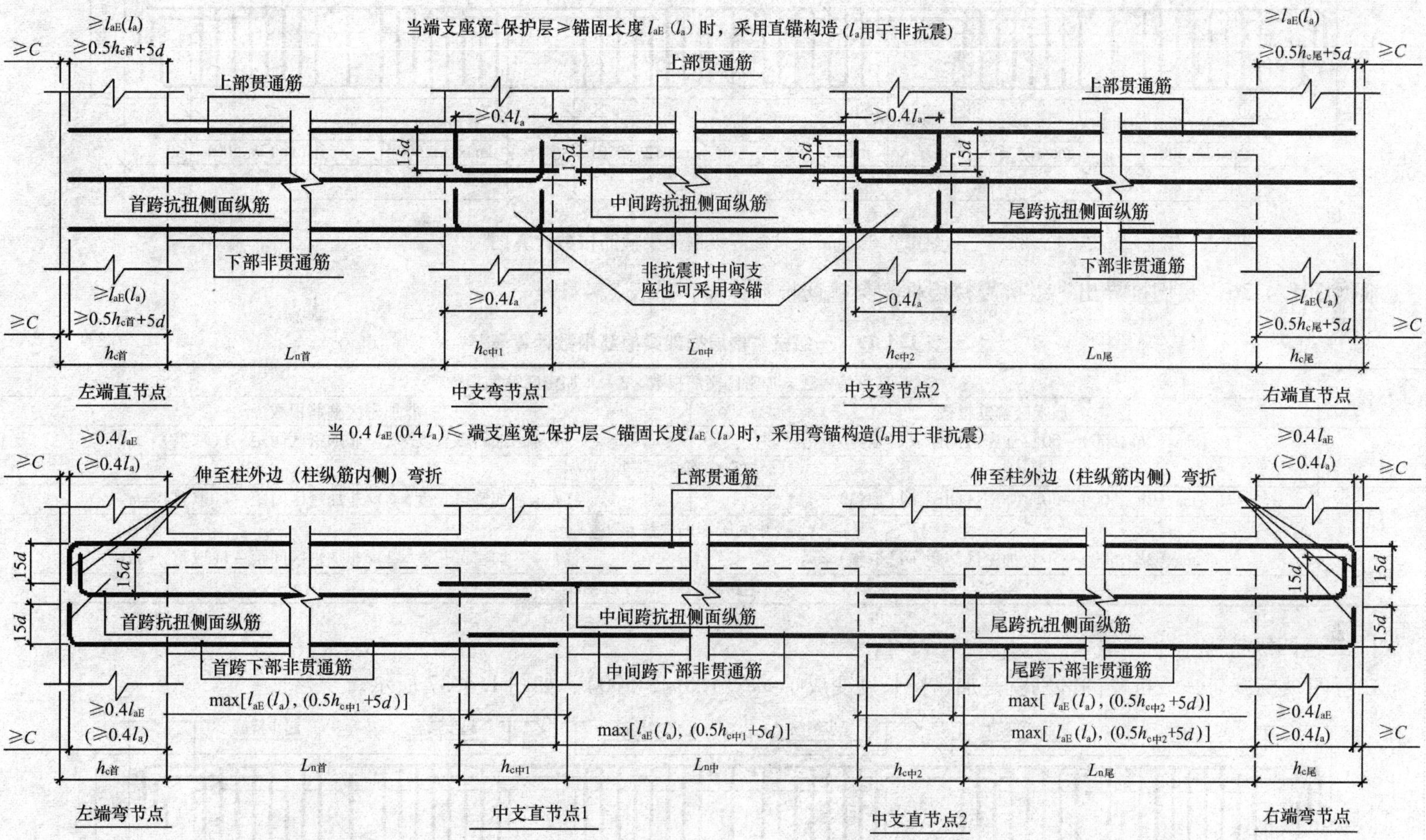
当端支座宽-保护层≥锚固长度 l_{aE} (l_a) 时，采用直锚构造 (l_a用于非抗震)
≥l_{aE}(l_a)
≥0.5$h_{c首}$+5d
≥C
上部贯通筋
首跨抗扭侧面纵筋
下部非贯通筋
≥0.4l_a
15d
中间跨抗扭侧面纵筋
尾跨抗扭侧面纵筋
非抗震时中间支座也可采用弯锚
≥0.5$h_{c尾}$+5d
$h_{c首}$
$L_{n首}$
$h_{c中1}$
$L_{n中}$
$h_{c中2}$
$L_{n尾}$
$h_{c尾}$
左端直节点
中支弯节点1
中支弯节点2
右端直节点
当 0.4 l_{aE} (0.4 l_a)≤ 端支座宽-保护层＜锚固长度 l_{aE} (l_a) 时，采用弯锚构造(l_a用于非抗震)
≥0.4 l_{aE}
(≥0.4l_a)
伸至柱外边（柱纵筋内侧）弯折
首跨下部非贯通筋
中间跨下部非贯通筋
尾跨下部非贯通筋
max[l_{aE}(l_a), (0.5$h_{c中1}$+5d)]
max[l_{aE}(l_a), (0.5$h_{c中2}$+5d)]
左端弯节点
中支直节点1
中支直节点2
右端弯节点

图 1. 4. 35　楼层框架梁抗扭侧面纵筋每跨设置计算图

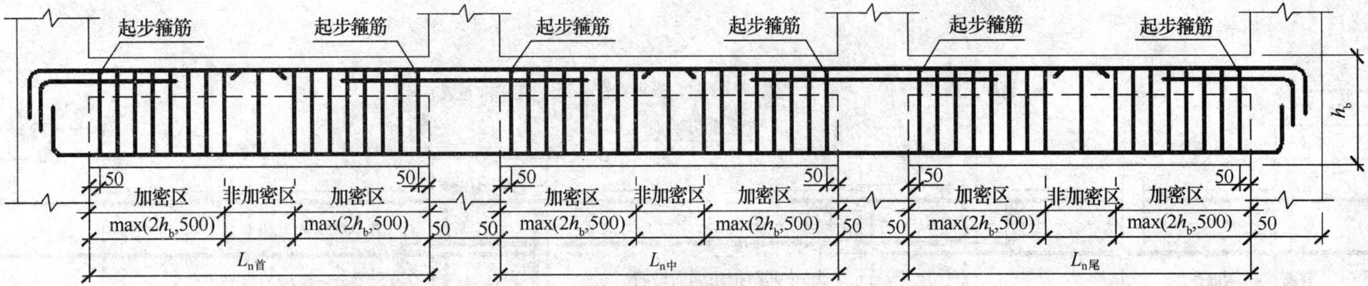

图 1.4.36　一级抗震等级框架梁箍筋根数计算图

根据图 1.4.36，我们推导出一级抗震楼层框架梁箍筋根数计算，见表 1.4.19。

表 1.4.19　一级抗震楼层框架梁箍筋根数计算表

位置	箍筋根数 = 加密区箍筋根数 ×2 + 非加密区箍筋根数	
	加密区箍筋根数	非加密区箍筋根数
首跨	[max(2h_b,500) − 50]/加密区间距 + 1(取整) = n_1	($L_{n首}$ − 加密区长度 ×2)/非加密区间距 − 1(取整) = m_1
	首跨箍筋根数 = $2n_1 + m_1$	
中间跨	[max(2h_b,500) − 50]/加密区间距 + 1(取整) = n_2	($L_{n中}$ − 加密区长度 ×2)/非加密区间距 − 1(取整) = m_2
	中间跨箍筋根数 = $2n_2 + m_2$	
尾跨	[max(2h_b,500) − 50]/加密区间距 + 1(取整) = n_3	($L_{n尾}$ − 加密区长度 ×2)/非加密区间距 − 1(取整) = m_3
	尾跨箍筋根数 = $2n_3 + m_3$	

2. 二至四级抗震

二至四级抗震与一级抗震的区别就是加密区长度变成了 max(1.5h_b，500)，如图 1.4.37 所示。

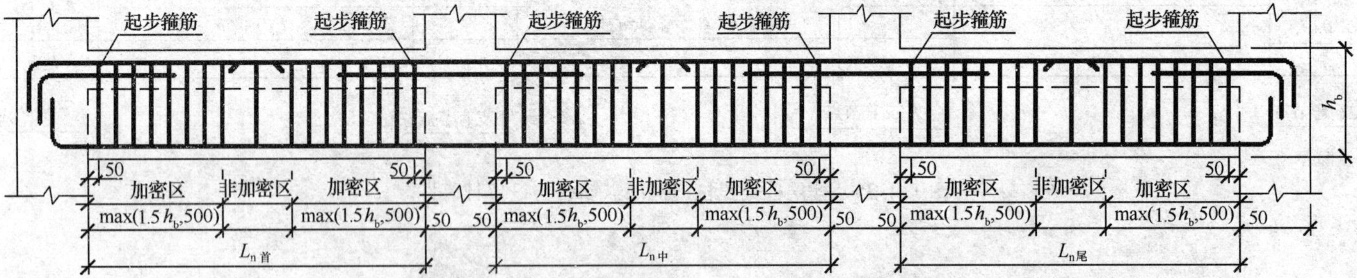

图 1.4.37　二至四级抗震等级框架梁箍筋根数计算图

根据图 1.4.37，推导出二至四级抗震楼层框架梁箍筋根数计算，见表 1.4.20。

表 1.4.20　二至四级抗震楼层框架梁箍筋根数计算表

位置	箍筋根数 = 加密区箍筋根数 ×2 + 非加密区箍筋根数	
	加密区箍筋根数	非加密区箍筋根数
首跨	[max(1.5h_b,500) − 50]/加密区间距 + 1（向上取整）= n_1	（$L_{n首}$ − 加密区长度 ×2）/非加密区间距 − 1（向上取整）= m_1
	首跨箍筋根数 = 2n_1 + m_1	
中间跨	[max(1.5h_b,500) − 50]/加密区间距 + 1（向上取整）= n_2	（$L_{n中}$ − 加密区长度 ×2）/非加密区间距 − 1（向上取整）= m_2
	中间跨箍筋根数 = 2n_2 + m_2	
尾跨	[max(1.5h_b,500) − 50]/加密区间距 + 1（向上取整）= n_3	（$L_{n尾}$ − 加密区长度 ×2）/非加密区间距 − 1（向上取整）= m_3
	尾跨箍筋根数 = 2n_3 + m_3	

思考与练习　请用手工计算 1 号写字楼 KL4 箍筋的根数。

3. 附加箍筋根数的计算

(1) 附加箍筋示意图

当主梁在遇到次梁时，会增加附加箍筋（或者吊筋），附加箍筋布置范围和间距要按图 1.4.38 所给的要求进行配置。图 1.4.38 中 b 为次梁的宽度，h_1 为主次梁的梁高的差值，s 为附加箍筋的布置范围。

(2) 附加箍筋根数计算

附加箍筋一般根据图纸标注根数进行统计，如 KL5 的附加箍筋标注，如图 1.4.39 所示。

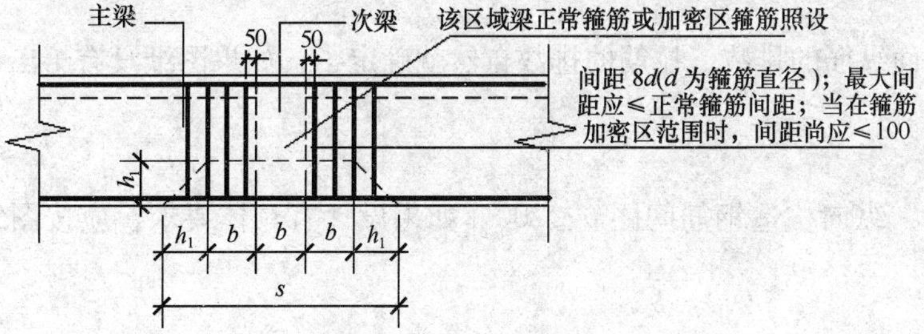

图 1.4.38　附加箍筋构造

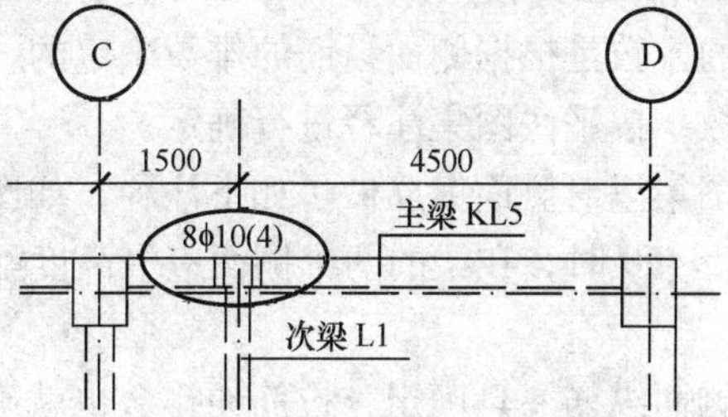

图 1.4.39　KL5 附加箍筋标注图

在主梁 KL5 和次梁 L1 相交处附加箍筋标注为 8 Φ 10(4)，表示 KL5 在次梁 L1 两侧分别增加 4 根附加箍筋（共增加 8 根），且为 4 肢箍。

（三）拉筋计算

楼层框架梁如果出现侧面纵筋就一定出现拉筋，如图 1. 4. 40 所示。

1. 拉筋直径的确定

如果图纸告诉拉筋的直径，按图纸规定进行计算；如果图纸没有给拉筋的直径，按平法图集注释计算。

平法图集注释，当梁宽 ≤350 时，拉筋直径为 6mm；当梁宽 >350 时，拉筋直径为 8mm。

2. 拉筋长度的计算

拉筋长度计算方法同框架柱的单肢箍（或连梁的拉筋），从图 1. 4. 40 中，推导出拉筋长度计算公式：

拉筋外皮长度 = $(b-2C+4d)+1.9d\times2+\max(10d,\ 75)\times2$

（式中 b 为箍筋截面宽，C 为框架梁的保护层厚度，d 为拉筋直径，max 表示最大值）

拉筋中心线长度 = $(b-2C+3d)+1.9d\times2+\max(10d,\ 75)\times2$

（式中 b 为箍筋截面宽，C 为框架梁的保护层厚度，d 为拉筋直径，max 表示最大值）

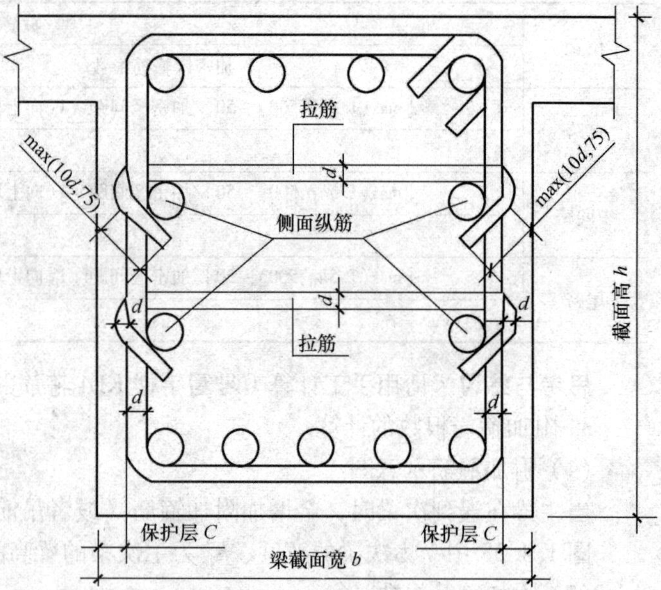

图 1. 4. 40　梁拉筋示意图

3. 拉筋排数的确定

拉筋的排数是根据侧面纵筋的排数确定的，如果图纸给出侧面纵筋的排数，拉筋的排数自然就确定了；如果图纸没有给出侧面纵筋的排数，按平法图集注释进行确定。

平法图集里对侧面纵筋做了如下注释，如图 1. 4. 41 所示。

当 h_w ≥450 时，在梁的两个侧面应沿高度配置纵向构造钢筋，纵向构造钢筋间距 a ≤200。如果设计有具体要求，应按图纸要求执行。

梁的侧面纵筋一旦确定，拉筋的排数也就确定了。

4. 拉筋间距的确定

平法图集注释，拉筋间距为非加密区箍筋间距的两倍。当设有多排拉筋时，上下两排拉筋竖向错开设置，如图 1. 4. 42 所示。

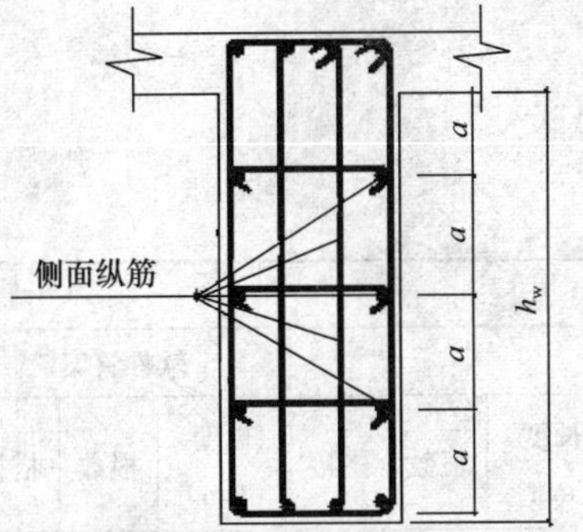

图 1.4.41　侧面纵筋示意图

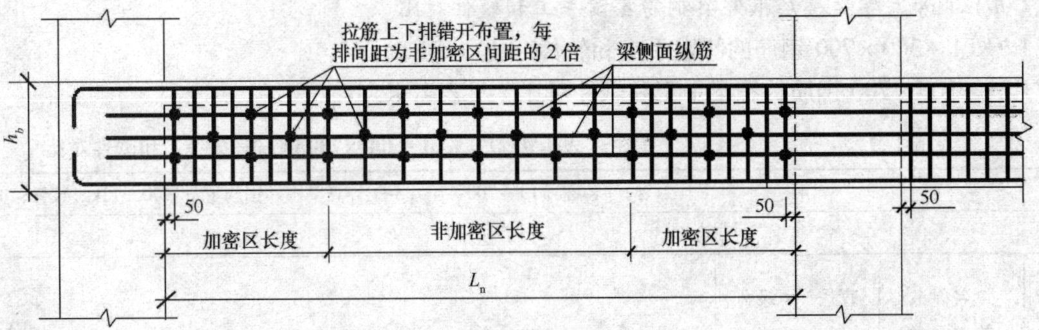

图 1.4.42　梁拉筋根数计算图

5. 拉筋根数计算公式

从图 1.4.42 可以看出，第一根拉筋距离支座边 50mm，拉筋根数计算公式推导如下：

$$拉筋根数 = [(L_n - 50 \times 2)/(非加密区间距 \times 2) + 1] \times 拉筋的排数$$

(式中 L_n 为净跨长度)

思考与练习　请用手工计算 1 号写字楼 KL6、KL7 拉筋的长度和根数。

(四) 吊筋长度

吊筋长度计算分两种情况，梁高≤800 和 >800，如图 1.4.43 所示。

1. 当梁高 h_b≤800 时

当梁高 h_b≤800 时，吊筋斜度为 45°。吊筋长度公式推导为：

$$吊筋长度 = b + 50 \times 2 + (h_b - 2C)/\sin 45° \times 2 + 20d \times 2$$

(式中 b 为次梁的宽度，h_b 为框架梁的高度，C 为框架梁的保护层厚度，d 为吊筋钢筋直径)

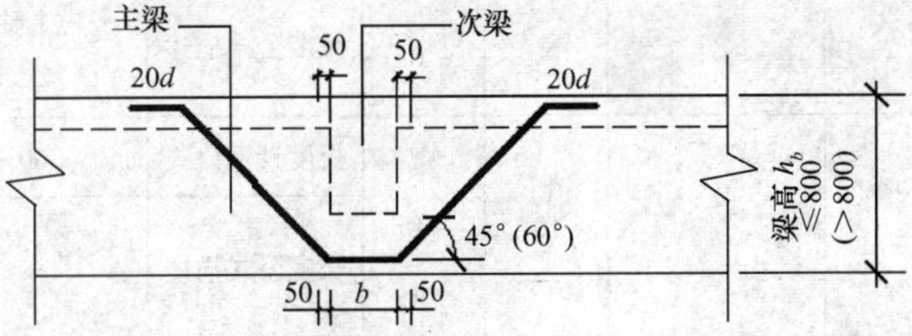

图 1.4.43　吊筋构造示意图

2. 当梁高 h_b >800 时

当梁高 h_b >800 时，吊筋斜度为 60°。吊筋长度公式推导为：

$$吊筋长度 = b + 50 \times 2 + (h_b - 2C)/\sin 60° \times 2 + 20d \times 2$$

(式中 b 为次梁的宽度，h_b 为框架梁的高度，C 为框架梁的保护层厚度，d 为吊筋钢筋直径)

思考与练习　请用手工计算 1 号写字楼 KL4 吊筋的长度和根数。

（五）1号写字楼楼层框架梁钢筋答案手工和软件对比

1. KL1 - 300×700 钢筋的答案手工和软件对比

KL1 - 300×700 钢筋的答案手工和软件对比，见表 1.4.21。

表 1.4.21　KL1 - 300×700 钢筋答案手工和软件对比

构件名称:KL1 - 300×700,手工计算单构件钢筋重量:900.372kg,数量:1 根											
手工答案									软件答案		
序号	名称	直径	级别	公式		长度(mm)	根数	搭接	长度(mm)	根数	搭接
弯直锚判断:因为(左支座宽 700 - 保护层厚度 20 = 680)≤锚固长度 34×25 = 850≤(右支座宽 1100 - 保护层厚度 20 = 1080),所以,左支座为弯锚,右支座为直锚											
1	上部贯通筋	25	二级	长度计算公式	(700 - 20 + 15×25) + (6000 + 6000 + 6900 + 3300 - 700) + max(34×25,0.5×1100 + 5×25)	23405	4	2	23405	4	2
				长度公式描述	(1 轴线支座宽 - 保护层厚度 + 15*d*) + (1 ~5 轴通跨净长) + 最大值(锚固长度,0.5×5 轴线支座宽 + 5*d*)(*d* 为纵筋直径)						
2	下部贯通筋	25	二级	长度计算公式	(700 - 20 + 15×25) + (6000 + 6000 + 6900 + 3300 - 700) + max(34×25,0.5×1100 + 5×25)	23405	4	2	23405	4	2
				长度公式描述	(1 轴线支座宽 - 保护层厚度 + 15*d*) + (1 ~5 轴通跨净长) + 最大值(锚固长度,0.5×5 轴线支座宽 + 5*d*)(*d* 为纵筋直径)						
3	第一跨箍筋	10	一级	长度计算公式	(300 + 700)×2 - 8×20 + max(10×10,75)×2 + 1.9×10×2	2078			2078		
				长度公式描述	(梁宽 + 梁高)×2 - 8×保护层厚度 + 最大值(10*d*,75)×2 + 1.9*d*×2 (*d* 为箍筋直径)						
		10	一级	根数计算公式	{[max(1.5×700,500) - 50]/100 + 1}×2 + [(6000 - 700) - max(1.5×700,500)×2]/200 - 1(每个式子向上取整)		37			37	
				根数公式描述	{[最大值(1.5×梁高,500) - 起步距离]/加密间距 + 1}×2 + [(第一跨净长) - 最大值(1.5×梁高,500)×2]/非加密间距 - 1						

续表

手工答案									软件答案		
序号	名称	直径	级别	公式		长度(mm)	根数	搭接	长度(mm)	根数	搭接
4	第二跨箍筋	10	一级	长度计算公式	(300+700)×2−20×8+max(10×10,75)×2+1.9×10×2	2078			2078		
				长度公式描述	(梁宽+梁高)×2−保护层厚度×8+最大值(10*d*,75)×2+1.9*d*×2(*d*为箍筋直径)						
		10	一级	根数计算公式	{[max(1.5×700,500)−50]/100+1}×2+[(6000−700)−max(1.5×700,500)×2]/200−1(每个式子向上取整)		37			37	
				根数公式描述	{[最大值(1.5×梁高,500)−起步距离]/加密间距+1}×2+[(第二跨净长)−最大值(1.5×梁高,500)×2]/非加密间距−1						
5	第三跨箍筋	10	一级	长度计算公式	(300+700)×2−20×8+max(10×10,75)×2+1.9×10×2	2078			2078		
				长度公式描述	(梁宽+梁高)×2−保护层厚度×8+最大值(10*d*,75)×2+1.9*d*×2(*d*为箍筋直径)						
		10	一级	根数计算公式	{[max(1.5×700,500)−50]/100+1}×2+[(6900−700)−max(1.5×700,500)×2]/200−1(每个式子向上取整)		42			42	
				根数公式描述	{[最大值(1.5×梁高,500)−起步距离]/加密间距+1}×2+[(第三跨净长)−最大值(1.5×梁高,500)×2]/非加密间距−1						
6	第四跨箍筋	10	一级	长度计算公式	(300+700)×2−20×8+max(10×10,75)×2+1.9×10×2	2078			2078		
				长度公式描述	(梁宽+梁高)×2−保护层厚度×8+最大值(10*d*,75)×2+1.9*d*×2(*d*为箍筋直径)						
		10	一级	根数计算公式	{[max(1.5×700,500)−50]/100+1}×2+[(3300−700)−max(1.5×700,500)×2]/200−1(每个式子向上取整)		24			24	
				根数公式描述	{[最大值(1.5×梁高,500)−起步距离]/加密间距+1}×2+[(第四跨净长)−最大值(1.5×梁高,500)×2]/非加密间距−1						

(2) KL2−300×700 钢筋的答案手工和软件对比

KL2−300×700 钢筋的答案手工和软件对比，见表 1.4.22。

表 1.4.22　KL2－300×700 钢筋答案手工和软件对比

构件名称:KL2－300×700,软件计算单构件钢筋重量:865.891kg,数量:1 根											
手　工　答　案									软件答案		
序号	名称	直径	级别	公　式		长度(mm)	根数	搭接	长度(mm)	根数	搭接
弯直锚判断:因为(左、右支座宽 700－保护层厚度 20＝680)≤锚固长度 34×25＝850,所以,左、右支座均为弯锚											
1	上部贯通筋	25	二级	长度计算公式	(700－20＋15×25)＋(6000＋6000＋6900＋3300－700)＋(700－20＋15×25)	23610	2	2	23610	2	2
				长度公式描述	(1 轴线支座宽－保护层厚度＋15*d*)＋(1～5 轴通跨净长)＋(5 轴线支座宽－保护层厚度＋15*d*)(*d* 为纵筋直径)						
2	第一跨左支座筋	25	二级	长度计算公式	(6000－700)/3＋(700－20＋15×25)	2822	2		2822	2	
				长度公式描述	(第一跨净长)/3＋(1 轴线支座宽－保护层厚度＋15*d*)(*d* 为纵筋直径)						
3	第一跨右支座筋	25	二级	长度计算公式	max(6000－700,6000－700)/3×2＋700	4234	2		4234	2	
				长度公式描述	最大值(第一跨净长,第二跨净长)/3×2＋2 轴线支座宽						
4	下部贯通筋	25	二级	长度计算公式	(700－20＋15×25)＋(6000＋6000＋6900＋3300－700)＋(700－20＋15×25)	23610	4	2	23610	4	2
				长度公式描述	(1 轴线支座宽－保护层厚度＋15*d*)＋(1～5 轴通跨净长)＋(5 轴线支座宽－保护层厚度＋15*d*)(*d* 为纵筋直径)						
5	第一跨箍筋	10	一级	长度计算公式	(300＋700)×2－8×20＋max(10×10,75)×2＋1.9×10×2	2078			2078		
				长度公式描述	(梁宽＋梁高)×2－8×保护层厚度＋最大值(10*d*,75)×2＋1.9*d*×2(*d* 为箍筋直径)						
			一级	根数计算公式	{[max(1.5×700,500)－50]/100＋1}×2＋[(3000＋3000－700)－max(1.5×700,500)×2]/200－1(每个式子向上取整)		37			37	
				根数公式描述	{[最大值(1.5×梁高,500)－起步距离]/加密间距＋1}×2＋[(第一跨净长)－最大值(1.5×梁高,500)×2]/非加密间距－1(*d* 为箍筋直径)						

续表

手工答案									软件答案		
序号	名称	直径	级别	公式		长度(mm)	根数	搭接	长度(mm)	根数	搭接
6	第二跨右支座筋	25	二级	长度计算公式	max[(6000－700),(6900－700)]/3×2＋700	4834	2		4834	2	
				长度公式描述	最大值(第二跨净长,第三跨净长)/3×2＋3 轴线支座宽						
7	第二跨箍筋	10	一级	根数计算公式	{[max(1.5×700,500)－50]/100＋1}×2＋[(3000＋3000－700)－max(1.5×700,500)×2]/200－1(每个式子向上取整)	2078	37		2078	37	
				根数公式描述	{[最大值(1.5×梁高,500)－起步距离]/加密间距＋1}×2＋[(第二跨净长)－最大值(1.5×梁高,500)×2]/非加密间距－1						
8	第三跨箍筋	10	一级	根数计算公式	{[max(1.5×700,500)－50]/100＋1}×2＋[(6900－700)－max(1.5×700,500)×2]/200－1(每个式子向上取整)	2078	42		2078	42	
				根数公式描述	{[最大值(1.5×梁高,500)－起步距离]/加密间距＋1}×2＋[(第三跨净长)－最大值(1.5×梁高,500)×2]/非加密间距－1						
9	第三跨跨中筋	25	二级	长度计算公式	(6900－700)/3＋700＋(3300－700)＋(700－20＋15×25)	6422	2		6422	2	
				长度公式描述	(第三跨净长)/3＋4 轴线支座宽＋第四跨净长＋(5 轴线支座宽－保护层厚度＋15d)						
10	第四跨箍筋	10	一级	根数计算公式	{[max(1.5×700,500)－50]/100＋1}×2＋[(3300－700)－max(1.5×700,500)×2]/200－1(每个式子向上取整)	2078	24		2078	24	
				根数公式描述	{[最大值(1.5×梁高,500)－起步距离]/加密间距＋1}×2＋[(第四跨净长)－最大值(1.5×梁高,500)×2]/非加密间距－1						

(3) KL3－300×700 钢筋的答案手工和软件对比

KL3－300×700 钢筋的答案手工和软件对比，见表 1.4.23。

表 1.4.23　KL3－300×700 钢筋答案手工和软件对比

<table>
<tr><td colspan="12">构件名称:KL3－300×700,手工计算单构件钢筋重量:999.756kg,数量:1 根</td></tr>
<tr><td colspan="9">手　工　答　案</td><td colspan="3">软件答案</td></tr>
<tr><td>序号</td><td>名称</td><td>直径</td><td>级别</td><td colspan="2">公　式</td><td>长度(mm)</td><td>根数</td><td>搭接</td><td>长度(mm)</td><td>根数</td><td>搭接</td></tr>
<tr><td colspan="12">弯直锚判断:因为(左、右支座宽 700－保护层厚度 20＝680)≤锚固长度 34×25＝850,所以,左、右支座均为弯锚</td></tr>
<tr><td rowspan="2">1</td><td rowspan="2">上部贯通筋</td><td rowspan="2">25</td><td rowspan="2">二级</td><td>长度计算公式</td><td>(700－20＋15×25)＋(3000＋3000＋6000＋6900＋3300－700)＋(700－20＋15×25)</td><td rowspan="2">23610</td><td rowspan="2">2</td><td rowspan="2">2</td><td rowspan="2">23610</td><td rowspan="2">2</td><td rowspan="2">2</td></tr>
<tr><td>长度公式描述</td><td>(1 轴线支座宽－保护层厚度＋15d)＋(1～5 轴通跨净长)＋(5 轴线支座宽－保护层厚度＋15d)(d 为纵筋直径)</td></tr>
<tr><td rowspan="2">2</td><td rowspan="2">第一跨第一排左支座筋</td><td rowspan="2">25</td><td rowspan="2">二级</td><td>长度计算公式</td><td>(6000－700)/3＋(700－20＋15×25)</td><td rowspan="2">2822</td><td rowspan="2">2</td><td rowspan="2"></td><td rowspan="2">2822</td><td rowspan="2">2</td><td rowspan="2"></td></tr>
<tr><td>长度公式描述</td><td>(第一跨净长)/3＋(1 轴线支座宽－保护层厚度＋15d)(d 为纵筋直径)</td></tr>
<tr><td rowspan="2">3</td><td rowspan="2">第一跨第一排右支座筋</td><td rowspan="2">25</td><td rowspan="2">二级</td><td>长度计算公式</td><td>max(6000－700,6000－700)/3×2＋700</td><td rowspan="2">4234</td><td rowspan="2">2</td><td rowspan="2"></td><td rowspan="2">4234</td><td rowspan="2">2</td><td rowspan="2"></td></tr>
<tr><td>长度公式描述</td><td>最大值(第一跨净长,第二跨净长)/3×2＋2 轴线支座宽</td></tr>
<tr><td rowspan="2">4</td><td rowspan="2">第一跨第二排左支座筋</td><td rowspan="2">25</td><td rowspan="2">二级</td><td>长度计算公式</td><td>(6000－700)/4＋(700－20＋15×25)</td><td rowspan="2">2380</td><td rowspan="2">2</td><td rowspan="2"></td><td rowspan="2">2380</td><td rowspan="2">2</td><td rowspan="2"></td></tr>
<tr><td>长度公式描述</td><td>(第一跨净长)/4＋(1 轴线支座宽－保护层厚度＋15d)(d 为纵筋直径)</td></tr>
<tr><td rowspan="2">5</td><td rowspan="2">第一跨第二排右支座筋</td><td rowspan="2">25</td><td rowspan="2">二级</td><td>长度计算公式</td><td>max(6000－700,6000－700)/4×2＋700</td><td rowspan="2">3350</td><td rowspan="2">2</td><td rowspan="2"></td><td rowspan="2">3350</td><td rowspan="2">2</td><td rowspan="2"></td></tr>
<tr><td>长度公式描述</td><td>最大值(第一跨净长,第二跨净长)/4×2＋2 轴线支座宽</td></tr>
<tr><td rowspan="2">6</td><td rowspan="2">下部贯通筋</td><td rowspan="2">25</td><td rowspan="2">二级</td><td>长度计算公式</td><td>(700－20＋15×25)＋(3000＋3000＋6000＋6900＋3300－700)＋(700－20＋15×25)</td><td rowspan="2">23610</td><td rowspan="2">4</td><td rowspan="2">2</td><td rowspan="2">23610</td><td rowspan="2">4</td><td rowspan="2">2</td></tr>
<tr><td>长度公式描述</td><td>(1 轴线支座宽－保护层厚度＋15d)＋(1～5 轴通跨净长)＋(5 轴线支座宽－保护层厚度＋15d)(d 为纵筋直径)</td></tr>
<tr><td rowspan="4">7</td><td rowspan="4">第一跨箍筋</td><td rowspan="2">10</td><td rowspan="2">一级</td><td>长度计算公式</td><td>(300＋700)×2－8×20＋max(10×10,75)×2＋1.9×10×2</td><td rowspan="2">2078</td><td rowspan="2"></td><td rowspan="2"></td><td rowspan="2">2078</td><td rowspan="2"></td><td rowspan="2"></td></tr>
<tr><td>长度公式描述</td><td>(梁宽＋梁高)×2－8×保护层厚度＋最大值(10d,75)×2＋1.9d×2(d 为箍筋直径)</td></tr>
<tr><td rowspan="2">10</td><td rowspan="2">一级</td><td>根数计算公式</td><td>{[max(1.5×700,500)－50]/100＋1}×2＋[(6000－700)－max(1.5×700,500)×2]/200－1(每个式子向上取整)</td><td rowspan="2"></td><td rowspan="2">37</td><td rowspan="2"></td><td rowspan="2"></td><td rowspan="2">37</td><td rowspan="2"></td></tr>
<tr><td>根数公式描述</td><td>{[最大值(1.5×梁高,500)－起步距离]/加密间距＋1}×2＋[(第一跨净长)－最大值(1.5×梁高,500)×2]/非加密间距－1</td></tr>
</table>

续表

手工答案									软件答案		
序号	名称	直径	级别	公式		长度（mm）	根数	搭接	长度（mm）	根数	搭接
8	第二跨第一排右支座筋	25	二级	长度计算公式	max(6000－700，6900－700)/3×2＋700	4834	2		4834	2	
				长度公式描述	最大值(第二跨净长，第三跨净长)/3×2＋3 轴线支座宽						
9	第二跨第二排右支座筋	25	二级	长度计算公式	max(6000－700，6900－700)/4×2＋700	3800	2		3800	2	
				长度公式描述	最大值(第二跨净长，第三跨净长)/4×2＋3 轴线支座宽						
10	第二跨箍筋	10	一级	根数计算公式	{[max(1.5×700，500)－50]/100＋1}×2＋[(3000＋3000－700)－max(1.5×700，500)×2]/200－1(每个式子向上取整)	2078	37		2078	37	
				根数公式描述	{[最大值(1.5×梁高，500)－起步距离]/加密间距＋1}×2＋[(第二跨净长)－最大值(1.5×梁高，500)×2]/非加密间距－1						
11	第三箍筋	10	一级	根数计算公式	{[max(1.5×700，500)－50]/100＋1}×2＋[(6900－700)－max(1.5×700，500)×2]/200－1(每个式子向上取整)	2078	42		2078	42	
				根数公式描述	{[最大值(1.5×梁高，500)－起步距离]/加密间距＋1}×2＋[(第三跨净长)－最大值(1.5×梁高，500)×2]/非加密间距－1						
12	第四跨第一排跨中筋	25	二级	长度计算公式	(6900－700)/3＋700＋(3300－700)＋(700－20＋15×25)	6422	2		6422	2	
				长度公式描述	第三跨净长/3＋4 轴线支座宽＋第四跨净长＋(5 轴线支座宽－保护层厚度＋15d)(d 为纵筋直径)						
13	第四跨第二排跨中筋	25	二级	长度计算公式	(6900－700)/4＋700＋(3300－700)＋(700－20＋15×25)	5905	2		5905	2	
				长度公式描述	第三跨净长/4＋4 轴线支座宽＋第四跨净长＋(5 轴线支座宽－保护层厚度＋15d)(d 为纵筋直径)						
14	第四跨箍筋	10	一级	根数计算公式	{[max(1.5×700，500)－50]/100＋1}×2＋[(3300－700)－max(1.5×700，500)×2]/200－1(每个式子向上取整)	2078	24			24	
				根数公式描述	{[最大值(1.5×梁高，500)－起步距离]/加密间距＋1}×2＋[(第四跨净长)－最大值(1.5×梁高，500)×2]/非加密间距－1						

(4) KL4－300×700 钢筋的答案手工和软件对比

KL4－300×700 钢筋的答案手工和软件对比，见表 1.4.24。

表 1.4.24　KL4－300×700 钢筋答案手工和软件对比

构件名称：KL4－300×700，软件计算单构件钢筋重量：1240.725kg，数量：1 根											
手　工　答　案									软件答案		
序号	名称	直径	级别	公　式		长度（mm）	根数	搭接	长度（mm）	根数	搭接
弯直锚判断：因为（左支座宽 700－保护层厚度 20＝680）≤锚固长度 34×25＝850≤（右支座宽 1100－保护层厚度 20＝1080），所以，左支座为弯锚，右支座为直锚											
1	上部贯通筋	25	二级	长度计算公式	(700－20＋15×25)＋(3000＋3000＋6000＋6900＋3300－700)＋max(34×25，0.5×1100＋5×25)	23405	2	2	23405	2	2
				长度公式描述	(1 轴线支座宽－保护层厚度＋15d)＋(1～5 轴通跨净长)＋最大值(锚固长度，0.5×5 轴线支座宽＋5d)(d 为纵筋直径)						
2	第一跨第一排左支座负筋	25	二级	长度计算公式	(3000＋3000－700)/3＋(700－20＋15×25)	2822	2		2822	2	
				长度公式描述	(第一跨净长)/3＋(1 轴线支座宽－保护层厚度＋15d)(d 为纵筋直径)						
3	第一跨第一排右支座负筋	25	二级	长度计算公式	max(3000＋3000－700，6000－700)/3×2＋700	4234	2		4234	2	
				长度公式描述	最大值(第一跨净长，第二跨净长)/3×2＋2 轴线支座宽						
4	第一跨第二排左支座负筋	25	二级	长度计算公式	(3000＋3000－700)/4＋(700－20＋15×25)	2380	2		2380	2	
				长度公式描述	(第一跨净长)/4＋(1 轴线支座宽－保护层厚度＋15d)(d 为纵筋直径)						
5	第一跨第二排右支座负筋	25	二级	长度计算公式	max(3000＋3000－700，6000－700)/4×2＋700	3350	2		3350	2	
				长度公式描述	最大值(第一跨净长，第二跨净长)/4×2＋2 轴线支座宽						
6	第一跨下部上排非贯通筋	25	二级	长度计算公式	(700－20＋15×25)＋(6000－700)＋max(34×25，0.5×700＋5×25)	7205	4		7205	4	
				长度公式描述	(1 轴线支座宽－保护层厚度＋15d)＋(第一跨净长)＋最大值(锚固长度，0.5×2 轴线支座宽＋5d)						
7	第一跨下部下排非贯通筋	25	二级	长度计算公式	(700－20＋15×25)＋(6000－700)＋max(34×25，0.5×700＋5×25)	7205	2		7205	2	
				长度公式描述	(1 轴线支座宽－保护层厚度＋15d)＋(第一跨净长)＋最大值(锚固长度，0.5×2 轴线支座宽＋5d)(d 为纵筋直径)						
8	第一跨吊筋	18	二级	长度计算公式	20×18×2＋(700－2×20)/0.707×2＋250＋2×50	2937	2		2937	2	
				长度公式描述	20d×2＋(主梁高－2×保护层厚度)/sin45°×2＋次梁宽＋2×50						

续表

序号	名称	直径	级别	手工答案 公式		手工答案 长度（mm）	手工答案 根数	手工答案 搭接	软件答案 长度（mm）	软件答案 根数	软件答案 搭接
9	第一跨箍筋	10	一级	长度计算公式	(300 + 700) × 2 − 8 × 20 + max(10 × 10,75) × 2 + 1.9 × 10 × 2	2078			2078		
				长度公式描述	(梁宽 + 梁高) × 2 − 8 × 保护层厚度 + 最大值(10*d*,75) × 2 + 1.9*d* × 2（*d* 为箍筋直径）						
		10	一级	根数计算公式	{max[(1.5 × 700,500) − 50]/100 + 1} × 2 + [(3000 + 3000 − 700) − max(1.5 × 700,500) × 2]/200 − 1（每个式子向上取整）		37			37	
				根数公式描述	{[最大值(1.5 × 梁高,500) − 起步距离]/加密间距 + 1} × 2 + [(第一跨净长) − 最大值(1.5 × 梁高,500) × 2]/非加密间距 − 1						
10	第二跨第一排右支座负筋	25	二级	长度计算公式	max(6000 − 700,6900 − 700)/3 × 2 + 700	4834	2		4834	2	
				长度公式描述	最大值(第二跨净长,第三跨净长)/3 × 2 + 3 轴线支座宽						
11	第二跨第二排右支座负筋	25	二级	长度计算公式	max(6000 − 700,6900 − 700)/4 × 2 + 700	3800	2		3800	2	
				长度公式描述	最大值(第二跨净长,第三跨净长)/4 × 2 + 3 轴线支座宽						
12	第二跨下部下排非贯通筋	25	二级	长度计算公式	max(34 × 25,0.5 × 700 + 5 × 25) × 2 + (6000 − 700)	7000	4		7000	4	
				长度公式描述	最大值(锚固长度,0.5 × 支座宽 + 5*d*) × 2 + (第二跨净长)（*d* 为纵筋直径）						
13	第二跨下部上排非贯通筋	25	二级	长度计算公式	max(34 × 25,0.5 × 700 + 5 × 25) × 2 + (6000 − 700)	7000	2		7000	2	
				长度公式描述	最大值(锚固长度,0.5 × 支座宽 + 5*d*) × 2 + (第二跨净长)（*d* 为纵筋直径）						
14	第二跨箍筋	10	一级	根数计算公式	{[max(1.5 × 700,500) − 50]/100 + 1} × 2 + [(3000 + 3000 − 700) − max(1.5 × 700,500) × 2]/200 − 1（每个式子向上取整）	2078	37			37	
				根数公式描述	{[最大值(1.5 × 梁高,500) − 起步距离]/加密间距 + 1} × 2 + [(第二跨净长) − 最大值(1.5 × 梁高,500) × 2]/非加密间距 − 1						
15	第三跨下部下排非贯通筋	25	二级	长度计算公式	max(34 × 25,0.5 × 700 + 5 × 25) × 2 + (6900 − 700)	7900	4		7900	4	
				长度公式描述	最大值(锚固长度,0.5 × 支座宽 + 5*d*) × 2 + (第三跨净长)（*d* 为纵筋直径）						
16	第三跨下部上排非贯通筋	25	二级	长度计算公式	max(34 × 25,0.5 × 700 + 5 × 25) × 2 + (6900 − 700)	7900	2		7900	2	
				长度公式描述	最大值(锚固长度,0.5 × 支座宽 + 5*d*) × 2 + (第三跨净长)（*d* 为纵筋直径）						

续表

手工答案									软件答案		
序号	名称	直径	级别	公式		长度（mm）	根数	搭接	长度（mm）	根数	搭接
17	第三跨箍筋	10	一级	根数计算公式	{[max(1.5×700,500)-50]/100+1}×2+[(6900-700)-max(1.5×700,500)×2]/200-1(每个式子向上取整)	2078	42			42	
				根数公式描述	{[最大值(1.5×梁高,500)-50]/加密间距+1}×2+[(第三跨净长)-最大值(1.5×梁高,500)×2]/非加密间距-1						
18	第四跨第一排跨中钢筋	25	二级	长度计算公式	(6900-700)/3+700+(3300-700)+max(34×25,0.5×1100+5×25)	6217	2		6217	2	
				长度公式描述	(第三跨净长)/3+4 轴线支座宽+(第四跨净长)+最大值(锚固长度,0.5×5 轴线支座宽+5d)(d 为纵筋直径)						
19	第四跨第二排跨中钢筋	25	二级	长度计算公式	(6900-700)/4+700+(3300-700)+max(34×25,0.5×1100+5×25)	5700	2		5700	2	
				长度公式描述	(第三跨净长)/4+4 轴线支座宽+(第四跨净长)+最大值(锚固长度,0.5×5 轴线支座宽+5d)(d 为纵筋直径)						
20	第四跨下部非贯通筋	25	二级	长度计算公式	max(34×25,0.5×700+5×25)+(3300-700)+max(34×25,0.5×1100+5×25)	4300	4		4300	4	
				长度公式描述	最大值(锚固长度,0.5×左支座宽+5d)+(第四跨净长)+最大值(锚固长度,0.5×5 轴线支座宽+5d)(d 为纵筋直径)						
21	第四跨箍筋	10	一级	根数计算公式	{[max(1.5×700,500)-50]/100+1}×2+[(3300-700)-max(1.5×700,500)×2]/200-1(每个式子向上取整)	2078	24			24	
				根数公式描述	{[最大值(1.5×梁高,500)-起步距离]/加密间距+1}×2+[(第四跨净长)-最大值(1.5×梁高,500)×2]/非加密间距-1						

（5）KL5-300×700 钢筋的答案手工和软件对比

KL5-300×700 钢筋的答案手工和软件对比，见表 1.4.25。

表 1.4.25 KL5－300×700 钢筋答案手工和软件对比

构件名称:KL5－300×700,手工计算单构件钢筋重量:984.377kg,数量:1 根											
手工答案									软件答案		
序号	名称	直径	级别	公式		长度(mm)	根数	搭接	长度(mm)	根数	搭接
弯直锚判断:因为(左、右支座宽 700－保护层厚度 20＝680)≤锚固长度 34×25＝850,所以,左、右支座均为弯锚											
1	上部贯通筋	25	二级	长度计算公式	(600－20＋15×25)＋(6000＋3000＋1500＋4500－600)＋(600－20＋15×25)	16310	2	1	16310	2	1
				长度公式描述	(A 轴线座宽－保护层厚度＋15d)＋(A～D 轴通跨净长)＋(D 轴线座宽－保护层厚度＋15d)(d 为纵筋直径)						
2	第一跨第一排左支座负筋	25	二级	长度计算公式	(6000－600)/3＋(600－20＋15×25)	2755	2		2755	2	
				长度公式描述	(第一跨净长)/3＋(A 轴线支座宽－保护层厚度＋15d)(d 为纵筋直径)						
3	第一跨第二排左支座负筋	25	二级	长度计算公式	(6000－600)/4＋(600－20＋15×25)	2305	2		2305	2	
				长度公式描述	(第一跨净长)/4＋(A 轴线支座宽－保护层厚度＋15d)(d 为纵筋直径)						
4	第一跨下部下排非贯通筋	25	二级	长度计算公式	(600－20＋15×25)＋(6000－600)＋max(34×25,0.5×600＋5×25)	7205	4		7205	4	
				长度公式描述	(A 轴线支座宽－保护层厚度＋15d)＋(第一跨净长)＋最大值(锚固长度,0.5×B 轴线支座宽＋5d)(d 为纵筋直径)						
5	第一跨下部上排非贯通筋	25	二级	长度计算公式	(600－20＋15×25)＋(6000－600)＋max(34×25,0.5×600＋5×25)	7205	2		7205	2	
				长度公式描述	(A 轴线支座宽－保护层厚度＋15d)＋(第一跨净长)＋最大值(锚固长度,0.5×B 轴线支座宽＋5d)(d 为纵筋直径)						
6	第一跨架力筋	12	二级	长度计算公式	[(6000－600)－(6000－600)]/3＋max[(6000－600),(3000－600)]/3＋150×2	2100	2		2100	2	
				长度公式描述	[(第一跨净长)－(第一跨净长)]/3＋最大值[(第一跨净长,第二跨净长)]/3＋搭接长度×2						
7	第一跨外围封闭箍筋	10	一级	长度计算公式	(300＋700)×2－8×20＋max(10×10,75)×2＋1.9×10×2	2078			2078		
				长度公式描述	(梁宽＋梁高)×2－8×保护层厚度＋最大值(10d,75)×2＋1.9d×2(d 为箍筋直径)						
				根数计算公式	{[max(1.5×700,500)－50]/100＋1}×2＋[(6000－600)－max(1.5×700,500)×2]/200－1(每个式子向上取整)		38			38	
				根数公式描述	{[最大值(1.5×梁高,500)－起步距离]/加密间距＋1}×2＋[(第一跨净长)－最大值(1.5×梁高,500)×2]/非加密间距－1						

续表

序号	名称	直径	级别	手工答案					软件答案		
				公式		长度（mm）	根数	搭接	长度（mm）	根数	搭接
8	第一跨内侧箍筋	10	一级	长度计算公式	[(300-2×20-2×10-25)/(4-1)+25+2×10]×2+(700-2×20)×2+max(10×10,75)×2+1.9×10×2	1791			1791		
				长度公式描述	[(梁宽-2×保护层厚度-2×箍筋直径-底排纵筋直径)/(底排纵筋根数-1)+底排纵筋直径+2×箍筋直径]×2+(梁高-2×保护层厚度)×2+最大值(10*d*,75)×2+1.9*d*×2(*d*为箍筋直径)						
		10	一级	根数计算公式	{[max(1.5×700,500)-50]/100+1}×2+[(6000-600)-max(1.5×700,500)×2]/200-1(每个式子向上取整)		38			38	
				根数公式描述	{[最大值(1.5×梁高,500)-起步距离]/加密间距+1}×2+[(第一跨净长)-最大值(1.5×梁高,500)×2]/非加密间距-1						
9	第二跨第一排跨中钢筋	25	二级	长度计算公式	(6000-600)/3+600+(3000-600)+600+(4500+1500-600)/3	7200	2		7200	2	
				长度公式描述	第一跨净长/3+B轴线支座宽+第二跨净长+C轴线支座宽+第三跨净长/3						
10	第二跨第二排跨中钢筋	25	二级	长度计算公式	(6000-600)/4+600+(3000-600)+600+(4500+1500-600)/4	6300	2		6300	2	
				长度公式描述	第一跨净长/4+B轴线支座宽+第二跨净长+C轴线支座宽+第三跨净长/4						
11	第二跨下部非贯通筋	25	二级	长度计算公式	max(34×25,0.5×600+5×25)+(3000-600)+max(34×25,0.5×600+5×25)	4100	4		4100	4	
				长度公式描述	最大值(锚固长度,0.5×B轴线支座宽+5*d*)+第二跨净长+最大值(锚固长度,0.5×C轴线支座宽+5*d*)(*d*为纵筋直径)						
12、13	第二跨内外侧箍筋根数	10	一级	根数计算公式	{[max(1.5×700,500)-50]/100+1}×2+[(3000-600)-max(1.5×700,500)×2]/200-1(每个式子向上取整)	外箍 2078 内箍 1791	23			23	
				根数公式描述	{[最大值(1.5×梁高,500)-起步距离]/加密间距+1}×2+[(第二跨净长)-最大值(1.5×梁高,500)×2]/非加密间距-1						

续表

序号	名称	直径	级别	手工答案 公式		长度(mm)	根数	搭接	软件答案 长度(mm)	根数	搭接
14	第三跨第一排右支座负筋	25	二级	长度计算公式	(4500+1500-600)/3+(600-20+15×25)	2755	2		2755	2	
				长度公式描述	(第三跨净长)/3+(D轴线支座宽-保护层厚度+15*d*)(*d*为纵筋直径)						
15	第三跨第二排右支座负筋	25	二级	长度计算公式	(4500+1500-600)/4+(600-30+15×25)	2305	2		2305	2	
				长度公式描述	(第三跨净长)/4+(D轴线支座宽-保护层厚度+15*d*)(*d*为纵筋直径)						
16	第三跨下部下排非贯通筋	25	二级	长度计算公式	max(34×25,0.5×600+5×25)+(4500+1500-600)+(600-20+15×25)	7205	4		7205	4	
				长度公式描述	最大值(锚固长度,0.5×C轴线支座宽+5*d*)+(第三跨净长)+(D轴线支座宽-保护层厚度+15*d*)(*d*为纵筋直径)						
17	第三跨下部上排非贯通筋	25	二级	长度计算公式	max(34×25,0.5×600+5×25)+(4500+1500-600)+(600-20+15×25)	7205	2		7205	2	
				长度公式描述	最大值(锚固长度,0.5×C轴线支座宽+5*d*)+(第三跨净长)+(D轴线支座宽-保护层厚度+15*d*)(*d*为纵筋直径)						
18	外围封闭箍筋(次梁附加)	10	一级	长度计算公式	(300+700)×2-8×20+max(10×10,75)×2+1.9×10×2	2078	8		2078	8	
				长度公式描述	(梁宽+梁高)×2-8×保护层厚度+最大值(10*d*,75)×2+1.9*d*×2(*d*为箍筋直径)						
19	内侧箍筋(次梁附加)	10	一级	长度计算公式	[(300-2×20-2×10-25)/(4-1)+25+2×10]×2+(700-2×20)×2+max(10×10,75)×2+1.9×10×2	1791	8		1791	8	
				长度公式描述	[(梁宽-2×保护层厚度-2×箍筋直径-底排纵筋直径)/(底排纵筋根数-1)+底排纵筋直径+2×箍筋直径]×2+(梁高-2×保护层厚度)×2+最大值(10*d*,75)×2+1.9*d*×2(*d*为箍筋直径)						
20	第三跨架立筋	12	二级	长度计算公式	(4500+1500-600)-(4500+1500-600)/3-max(3000-600,4500+1500-600)/3+150×2	2100	2		2100	2	
				长度公式描述	(第三跨净长)-(第三跨净长)/3-最大值(第二跨净长,第三跨净长)/3+搭接长度×2						

续表

序号	名称	直径	级别	公式		长度（mm）	根数	搭接	软件答案 长度（mm）	根数	搭接
				手工答案							
21、22	第三跨内外侧箍筋根数	10	一级	根数计算公式	{[max(1.5×700,500)−50]/100+1}×2+[(1500+4500−600)−max(1.5×700,500)×2]/200−1(每个式子向上取整)	外箍 2078 内箍 1791	38			38	
				根数公式描述	{[最大值(1.5×梁高,500)−50]/加密间距+1}×2+[(第三跨净长)−最大值(1.5×梁高,500)×2]/非加密间距−1						

6. KL6−300×700 钢筋的答案手工和软件对比

KL6−300×700 钢筋的答案手工和软件对比，见表 1.4.26。

表 1.4.26　KL6−300×700 钢筋答案手工和软件对比

构件名称:KL6−300×700,手工计算单构件钢筋重量:961.349kg,数量:1 根

序号	名称	直径	级别	公式		长度（mm）	根数	搭接	软件答案 长度（mm）	根数	搭接
				手工答案							
1	上部贯通筋长度	25	二级	长度计算公式	(600−20+15×25)+(6000+3000+1500+4500−600)+(600−20+15×25)	16310	2	1	16310	2	1
				长度公式描述	(A 轴线支座宽−保护层厚度+15*d*)+(A～D 轴通跨净长)+(D 轴线支座宽−保护层厚度+15*d*)(*d* 为纵筋直径)						
2	第一跨第一排左支座负筋	25	二级	长度计算公式	(6000−600)/3+(600−20+15×25)	2755	2		2755	2	
				长度公式描述	(第一跨净长)/3+(A 轴线支座宽−保护层厚度+15*d*)(*d* 为纵筋直径)						
3	第一跨第二排左支座负筋	25	二级	长度计算公式	(6000−600)/4+(600−20+15×25)	2305	2		2305	2	
				长度公式描述	(第一跨净长)/4+(A 轴线支座宽−保护层厚度+15*d*)(*d* 为纵筋直径)						
4	第一跨下部下排非贯通筋	25	二级	长度计算公式	(600−20+15×25)+(6000−600)+max(34×25,0.5×600+5×25)	7205	4		7205	4	
				长度公式描述	(A 轴线支座宽−保护层厚度+15*d*)+(第一跨净长)+最大值(锚固长度,0.5×B 轴线支座宽+5*d*)(*d* 为纵筋直径)						
5	第一跨下部上排非贯通筋	25	二级	长度计算公式	(600−20+15×25)+(6000−600)+max(34×25,0.5×600+5×25)	7205	2		7205	2	
				长度公式描述	(A 轴线支座宽−保护层厚度+15*d*)+(第一跨净长)+最大值(锚固长度,0.5×B 轴线支座宽+5*d*)(*d* 为纵筋直径)						

续表

				手工答案					软件答案		
序号	名称	直径	级别	公式		长度（mm）	根数	搭接	长度（mm）	根数	搭接
6	通跨侧面构造钢筋	16	二级	长度计算公式	（15000－600）＋15×16×2	14880	4	1	14880	4	1
				长度公式描述	（A～D 轴通跨净长）＋两端锚入支座内长度 15*d*×2（*d* 为纵筋直径）						
7	第一跨箍筋	10	一级	长度计算公式	（300＋700）×2－8×20＋max（10×10，75）×2＋1.9×10×2	2078			2078		
				长度公式描述	（梁宽＋梁高）×2－8×保护层厚度＋最大值（10*d*，75）×2＋1.9*d*×2（*d* 为箍筋直径）						
		10	一级	根数计算公式	{［max（1.5×700，500）－50］/100＋1}×2＋［（6000－600）－max（1.5×700，500）×2］/200－1（每个式子向上取整）		38			38	
				根数公式描述	{［最大值（1.5×梁高，500）－起步距离］/加密间距＋1}×2＋［（第一跨净长）－最大值（1.5×梁高，500）×2］/非加密间距－1						
8	第一跨拉筋	6	一级	长度计算公式	（300－2×20）＋1.9×6×2＋max（10×6，75）×2	433			433		
				长度公式描述	（梁宽－2×保护层厚度）＋1.9*d*×2＋最大值（10*d*，75）×2（*d* 为纵筋直径）						
		6	一级	根数计算公式	［（6000－600－50×2）/（200×2）（向上取整）＋1］×（4/2）		30			30	
				根数公式描述	［（第一跨净长－起步距离×2）/（非加密间距×2）＋1］×（侧面构造纵筋根数/2）						
9	第二跨第一排跨中筋	25	二级	长度计算公式	（6000－600）/3＋600＋（3000－600）＋600＋（4500＋1500－600）/3	7200	2		7200	2	
				长度公式描述	（第一跨净长）/3＋B 轴线支座宽＋（第二跨净长）＋C 轴线支座宽＋（第三跨净长）/3						
10	第二跨第二排跨中筋	25	二级	长度计算公式	（6000－600）/4＋600＋（3000－600）＋600＋（4500＋1500－600）/4	6300	2		6300	2	
				长度公式描述	（第一跨净长）/4＋B 轴线支座宽＋（第二跨净长）＋C 轴线支座宽＋（第三跨净长）/4						
11	第二跨下部下排非贯通筋	25	二级	长度计算公式	max（34×25，0.5×600＋5×25）×2＋（3000－600）	4100	4		4100	4	
				长度公式描述	最大值（锚固长度，0.5×B 轴线支座宽＋5*d*）×2＋（第二跨净长）						

续表

序号	名称	直径	级别	手工答案					软件答案		
				公式		长度（mm）	根数	搭接	长度（mm）	根数	搭接
12	第二跨箍筋	10	一级	根数计算公式	{[max(1.5×700,500)－50]/100＋1}×2＋[(3000－600)－max(1.5×700,500)×2]/200－1(每个式子向上取整)	2078	23		2078	23	
				根数公式描述	{[最大值(1.5×梁高,500)－起步距离]/加密间距＋1}×2＋[(第二跨净长)－最大值(1.5×梁高,500)×2]/非加密间距－1						
13	第二跨拉筋	6	一级	根数计算公式	{[(3000－600)－50×2]/(200×2)＋1}×(4/2)	433	14		433	14	
				根数公式描述	{[(第二跨净长)－起步距离×2]/(非加密间距×2)＋1}×(侧面构造纵筋根数/2)						
14	第三跨第一排右支座负筋	25	二级	长度计算公式	(4500＋1500－600)/3＋(600－20＋15×25)	2755	2		2755	2	
				长度公式描述	(第三跨净长)/3＋(D 轴线支座宽－保护层厚度＋15*d*)						
15	第三跨第二排右支座负筋	25	二级	长度计算公式	(4500＋1500－600)/4＋(600－20＋15×25)	2305	2		2305	2	
				长度公式描述	(第三跨净长)/4＋(D 轴线支座宽－保护层厚度＋15*d*)(*d* 为纵筋直径)						
16	第三跨下部下排非贯通筋	25	二级	长度计算公式	max(34×25,0.5×600＋5×25)＋(4500＋1500－600)＋(600－20＋15×25)	7205	4		7205	4	
				长度公式描述	最大值(锚固长度,0.5×C 轴线支座宽＋5*d*)＋(第三跨净长)＋(D 轴线支座宽－保护层厚度＋15*d*)(*d* 为纵筋直径)						
17	第三跨下部上排非贯通筋	25	二级	长度计算公式	max(34×25,0.5×600＋5×25)＋(4500＋1500－600)＋(600－20＋15×25)	7205	2		7205	2	
				长度公式描述	最大值(锚固长度,0.5×C 轴线支座宽＋5*d*)＋(第三跨净长)＋(D 轴线支座宽－保护层厚度＋15*d*)(*d* 为纵筋直径)						
18	第三跨次梁处箍筋	10	一级	长度计算公式	(300＋700)×2－8×20＋max(10×10,75)×2＋1.9×10×2	2078	8		2078	8	
				长度公式描述	(梁宽＋梁高)×2－8×保护层厚度＋最大值(10*d*,75)×2＋1.9*d*×2(*d* 为箍筋直径)						

续表

序号	名称	直径	级别	手工答案 公式		长度(mm)	根数	搭接	软件答案 长度(mm)	根数	搭接
19	第三跨箍筋根数	10	一级	根数计算公式	{[max(1.5×700,500)-50]/100+1}×2+[(1500+4500-600)-max(1.5×700,500)×2]/200-1(每个式子向上取整)	2078	38		2078	38	
				根数公式描述	{[最大值(1.5×梁高,500)-起步距离]/加密间距+1}×2+[(第三跨净长)-最大值(1.5×梁高,500)×2]/非加密间距-1						
20	第三跨拉筋根数	6	一级	根数计算公式	[(6000-600-50×2)/(200×2)+1]×(4/2)	433	30		433	30	
				根数公式描述	[(第三跨净长-起步距离×2)/(非加密间距×2)+1]×(侧面构造纵筋根数/2)						

7. KL7-300×700 钢筋的答案手工和软件对比

KL7-300×700 钢筋的答案手工和软件对比，见表 1.4.27。

表 1.4.27　KL7-300×700 钢筋答案手工和软件对比

构件名称:KL7-300×700,手工计算单构件钢筋重量:958.272kg,数量:1 根

序号	名称	直径	级别	手工答案 公式		长度(mm)	根数	搭接	软件答案 长度(mm)	根数	搭接
弯直锚判断:因为(左、右支座宽600-保护层厚度20=580)≤锚固长度34×25=850,所以,左、右支座均为弯锚											
1	上部贯通筋	25	二级	长度计算公式	(600-20+15×25)+(6000+3000+1500+4500-600)+(600-30+15×25)	16310	2	1	16310	2	1
				长度公式描述	(A 轴线支座宽-保护层厚度+15d)+(A~D 轴通跨净长)+(D 轴线支座宽-保护层厚度+15d)(d 为纵筋直径)						
2	第一跨第一排左支座负筋	25	二级	长度计算公式	(6000-600)/3+(600-20+15×25)	2755	2		2755	2	
				长度公式描述	(第一跨净长)/3+(A 轴线支座宽-保护层厚度+15d)(d 为纵筋直径)						
3	第一跨第二排左支座负筋	25	二级	长度计算公式	(6000-600)/4+(600-20+15×25)	2305	2		2305	2	
				长度公式描述	(第一跨净长)/4+(A 轴线支座宽-保护层厚度+15d)(d 为纵筋直径)						

续表

				手工答案					软件答案		
序号	名称	直径	级别	公式		长度(mm)	根数	搭接	长度(mm)	根数	搭接
4	第一跨下部下排非贯通筋	25	二级	长度计算公式	(600 − 20 + 15 × 25) + (6000 − 600) + max(34 × 25, 0.5 × 600 + 5 × 25)	7205	4		7205	4	
				长度公式描述	(A 轴线支座宽 − 保护层厚度 + 15*d*) + (第一跨净长) + 最大值(锚固长度, 0.5 × B 轴线支座宽 + 5*d*)(*d* 为纵筋直径)						
5	第一跨下部上排非贯通筋	25	二级	长度计算公式	(600 − 20 + 15 × 25) + (6000 − 600) + max(34 × 25, 0.5 × 600 + 5 × 25)	7205	2		7205	2	
				长度公式描述	(A 轴线支座宽 − 保护层厚度 + 15*d*) + (第一跨净长) + 最大值(锚固长度, 0.5 × B 轴线支座宽 + 5*d*)(*d* 为纵筋直径)						
6	通跨侧面构抗扭筋	16	二级	长度计算公式	max(34 × 16, 0.5 × 700 + 5 × 16) + (15000 − 600) + max(34 × 16, 0.5 × 700 + 5 × 16)	15488	4	1	15488	4	1
				长度公式描述	最大值(锚固长度, 0.5 × A 轴线支座宽 + 5*d*) + (A ~ D 轴通跨净长) + 最大值(锚固长度, 0.5 × D 轴线支座宽 + 5*d*)(*d* 为纵筋直径)						
7	第一跨箍筋	10	一级	长度计算公式	(300 + 700) × 2 − 8 × 20 + max(10 × 10, 75) × 2 + 1.9 × 10 × 2	2078			2078		
				长度公式描述	(梁宽 + 梁高) × 2 − 8 × 保护层厚度 + 最大值(10*d*, 75) × 2 + 1.9*d* × 2 (*d* 为箍筋直径)						
				根数计算公式	{[max(1.5 × 700, 500) − 50]/100 + 1} × 2 + [(6000 − 600) − max(1.5 × 700, 500) × 2]/200 − 1(每个式子向上取整)		38			38	
				根数公式描述	{[最大值(1.5 × 梁高, 500) − 起步距离]/加密间距 + 1} × 2 + [(第一跨净长) − 最大值(1.5 × 梁高, 500) × 2]/非加密间距 − 1						
8	第一跨拉筋	6	一级	长度计算公式	(300 − 2 × 20 + 2 × 6) + 1.9 × 6 × 2 + max(10 × 6, 75) × 2	433			433		
				长度公式描述	(梁宽 − 2 × 保护层厚度 + 2*d*) + 1.9*d* × 2 + 最大值(10*d*, 75) × 2 (*d* 为箍筋直径)						
				根数计算公式	[(6000 − 600 − 50 × 2)/(200 × 2) + 1] × (4/2)		30			30	
				根数公式描述	[(第一跨净长 − 起步距离 × 2)/(非加密间距 × 2) + 1] × (侧面构造纵筋根数/2)						

续表

序号	名称	直径	级别	手工答案：公式		长度（mm）	根数	搭接	软件答案：长度（mm）	根数	搭接
9	第二跨第一排跨中筋	25	二级	长度计算公式	(6000 - 600)/3 + 600 + (3000 - 600) + 600 + (6000 - 600)/3	7200	2		7200	2	
				长度公式描述	(第一跨净长)/3 + B 轴线支座宽 + (第二跨净长) + C 轴线支座宽 + (第三跨净长)/3						
10	第二跨第二排跨中筋	25	二级	长度计算公式	(6000 - 600)/4 + 600 + (3000 - 600) + 600 + (6000 - 600)/4	6300	2		6300	2	
				长度公式描述	(第一跨净长)/4 + B 轴线支座宽 + (第二跨净长) + C 轴线支座宽 + (第三跨净长)/4						
11	第二跨下部下排非贯通筋	25	二级	长度计算公式	max(34 × 25, 0.5 × 600 + 5 × 25) × 2 + (3000 - 600)	4100	4		4100	4	
				长度公式描述	最大值(锚固长度, 0.5 × B 轴线支座宽 + 5*d*) × 2 + (第二跨净长)(*d* 为纵筋直径)						
12	第二跨箍筋	10	一级	根数计算公式	{[max(1.5 × 700, 500) - 50]/100 + 1} × 2 + [(3000 - 600) - max(1.5 × 700, 500) × 2]/200 - 1(每个式子向上取整)	2078	23			23	
				根数公式描述	{[最大值(1.5 × 梁高, 500) - 起步距离]/加密间距 + 1} × 2 + [(第二跨净长) - 最大值(1.5 × 梁高, 500) × 2]/非加密间距 - 1						
13	第二跨拉筋	6	一级	根数计算公式	[(3000 - 600 - 50 × 2)/(200 × 2) + 1] × (4/2)	433	14			14	
				根数公式描述	[(第二跨净长 - 起步距离 × 2)/(非加密间距 × 2) + 1] × (侧面构造纵筋根数/2)						
14	第三跨第一排右支座负筋	25	二级	长度计算公式	(4500 + 1500 - 600)/3 + (600 - 20 + 15 × 25)	2755	2		2755	2	
				长度公式描述	(第三跨净长)/3 + (D 轴线支座宽 - 保护层厚度 + 15*d*)(*d* 为纵筋直径)						
15	第三跨第二排右支座负筋	25	二级	长度计算公式	(4500 + 1500 - 600)/4 + (600 - 20 + 15 × 25)	2305	2		2305	2	
				长度公式描述	(第三跨净长)/4 + (D 轴线支座宽 - 保护层厚度 + 15*d*)(*d* 为纵筋直径)						
16	第三跨下部下排非贯通筋	25	二级	长度计算公式	max(34 × 25, 0.5 × 600 + 5 × 25) + (6000 - 600) + (600 - 20 + 15 × 25)	7205	4		7205	4	
				长度公式描述	最大值(锚固长度, 0.5 × C 轴线支座宽 + 5*d*) + (第三跨净长) + (D 轴线支座宽 - 保护层厚度 + 15*d*)(*d* 为纵筋直径)						

续表

序号	名称	直径	级别	手工答案 公式		长度(mm)	根数	搭接	软件答案 长度(mm)	软件答案 根数	软件答案 搭接
17	第三跨下部上排非贯通筋	25	二级	长度计算公式	max(34×25,0.5×600+5×25)+(6000-600)+(600-20+15×25)	7205	2		7205	2	
				长度公式描述	最大值(锚固长度,0.5×C 轴线支座宽+5*d*)+(第三跨净长)+(D 轴线支座宽-保护层厚度+15*d*)(*d* 为纵筋直径)						
18	第三跨箍筋	10	一级	根数计算公式	{[max(1.5×700,500)-50]/100+1}×2+[(6000-600)-max(1.5×700,500)×2]/200-1(每个式子向上取整)	2078	38		2708	38	
				根数公式描述	{[最大值(1.5×梁高,500)-起步距离]/加密间距+1}×2+[(第三跨净长)-最大值(1.5×梁高,500)×2]/非加密间距-1						
19	第三跨拉筋	6	一级	根数计算公式	[(6000-600-50×2)/(200×2)(向上取整)+1]×(4/2)	433	30		433	30	
				根数公式描述	[(第三跨净长-起步距离×2)/(非加密间距×2)+1]×(侧面构造纵筋根数/2)						

8. KL8-300×700 钢筋的答案手工和软件对比

KL8-300×700 钢筋的答案手工和软件对比，见表 1.4.28。

表 1.4.28 KL8-300×700 钢筋答案手工和软件对比

构件名称:KL8-300×700,软件计算单构件钢筋重量:831.788kg,数量:1 根

序号	名称	直径	级别	手工答案 公式		长度(mm)	根数	搭接	软件答案 长度(mm)	软件答案 根数	软件答案 搭接
弯直锚判断:因为(左、右支座宽 600-保护层厚度 20=580)≤锚固长度 34×25=850,所以,左、右支座均为弯锚											
1	上部贯通筋	25	二级	长度计算公式	(600-20+15×25)+(6000+3000+1500+4500-600)+(600-20+15×25)	16310	2	1	16310	2	1
				长度公式描述	(A 轴线支座宽-保护层厚度+15*d*)+(A~D 轴通跨净长)+(D 轴线支座宽-保护层厚度+15*d*)(*d* 为纵筋直径)						

续表

手工答案									软件答案		
序号	名称	直径	级别	公式		长度（mm）	根数	搭接	长度（mm）	根数	搭接
2	第一跨第一排左支座负筋	25	二级	长度计算公式	(6000 - 600)/3 + (600 - 20 + 15 × 25)	2755	2		2755	2	
				长度公式描述	(第一跨净长)/3 + (A 轴线支座宽 - 保护层厚度 + 15d)(d 为纵筋直径)						
3	第一跨第二排左支座负筋	25	二级	长度计算公式	(6000 - 600)/4 + (600 - 20 + 15 × 25)	2305	2		2305	2	
				长度公式描述	(第一跨净长)/4 + (A 轴线支座宽 - 保护层厚度 + 15d)(d 为纵筋直径)						
4	第一跨第二排右支座负筋	25	二级	长度计算公式	(6000 - 600)/4 + (600 - 30 + 15 × 25)	2305	2		2305	2	
				长度公式描述	(第一跨净长)/4 + (A 轴线支座宽 - 保护层厚度 + 15d)(d 为纵筋直径)						
5	第一跨下部下排非贯通筋	25	二级	长度计算公式	(600 - 20 + 15 × 25) + (6000 - 600) + max(34 × 25, 0.5 × 600 + 5 × 25)	7205	4		7205	4	
				长度公式描述	(A 轴线支座宽 - 保护层厚度 + 15d) + (第一跨净长) + 最大值(锚固长度, 0.5 × B 轴线支座宽 + 5d)						
6	第一跨下部上排非贯通筋	25	二级	长度计算公式	(600 - 20 + 15 × 25) + (6000 - 600) + max(34 × 25, 0.5 × 600 + 5 × 25)	7205	2		7205	2	
				长度公式描述	(A 轴线支座宽 - 保护层厚度 + 15d) + (第一跨净长) + 最大值(锚固长度, 0.5 × B 轴线支座宽 + 5d)(d 为纵筋直径)						
7	第一跨箍筋	10	一级	长度计算公式	(300 + 700) × 2 - 8 × 20 + max(10 × 10, 75) × 2 + 1.9 × 10 × 2	2078			2078		
				长度公式描述	(梁宽 + 梁高) × 2 - 8 × 保护层厚度 + 最大值(10d, 75) × 2 + 1.9d × 2(d 为箍筋直径)						
		10	一级	根数计算公式	{[max(1.5 × 700, 500) - 50]/100 + 1}(向上取整) × 2 + [(6000 - 600) - max(1.5 × 700, 500) × 2]/200(向上取整) - 1		38			38	
				根数公式描述	{[最大值(1.5 × 梁高, 500) - 起步距离]/加密间距 + 1} × 2 + [(第一跨净长) - 最大值(1.5 × 梁高, 500) × 2]/非加密间距 - 1						
8	第二跨第一排跨中筋	25	二级	长度计算公式	(6000 - 600)/3 + 600 + (3000 - 600) + 600 + (6000 - 600)/3	7200	2		7200	2	
				长度公式描述	(第一跨净长)/3 + B 轴线支座宽 + (第二跨净长) + C 轴线支座宽 + (第三跨净长)/3						

续表

序号	名称	直径	级别	公式（手工答案）		长度(mm)	根数	搭接	软件答案 长度(mm)	软件答案 根数	软件答案 搭接
9	第一跨下部下排非贯通筋	25	二级	长度计算公式	max(34×25,0.5×600+5×25)×2+(3000−600)	4100	4		4100	4	
				长度公式描述	最大值(锚固长度,0.5×B轴线支座宽+5d)×2+(第二跨净长)(d为纵筋直径)						
10	第二跨箍筋	10	一级	根数计算公式	{[max(1.5×700,500)−50]/100+1}×2+[(3000−600)−max(1.5×700,500)×2]/200−1(每个式子向上取整)	2078	23			23	
				根数公式描述	{[最大值(1.5×梁高,500)−起步距离]/加密间距+1}×2+[(第二跨净长)−最大值(1.5×梁高,500)×2]/非加密间距−1						
11	第三跨第一排右支座负筋	25	二级	长度计算公式	(6000−600)/3+(600−20+15×25)	2755	2		2755	2	
				长度公式描述	(第三跨净长)/3+(D轴线支座宽−保护层厚度+15d)(d为纵筋直径)						
12	第三跨第一排左支座负筋	25	二级	长度计算公式	(6000−600)/4+(34×25)	2200	2		2200	2	
				长度公式描述	(第三跨净长)/4+锚固长度						
13	第三跨第二排右支座负筋	25	二级	长度计算公式	(6000−600)/4+(600−20+15×25)	2305	2		2305	2	
				长度公式描述	(第三跨净长)/4+(D轴线支座宽−保护层厚度+15d)(d为纵筋直径)						
14	第三跨下部下排非贯通筋	25	二级	长度计算公式	max(34×25,0.5×600+5×25)+(6000−600)+(600−20+15×25)	7205	4		7205	4	
				长度公式描述	最大值(锚固长度,0.5×C轴线支座宽+5d)+(第三跨净长)+(D轴线支座宽−保护层厚度+15d)(d为纵筋直径)						
15	第三跨下部上排非贯通筋	25	二级	长度计算公式	max(34×25,0.5×600+5×25)+(6000−600)+(600−20+15×25)	7205	2		7205	2	
				长度公式描述	最大值(锚固长度,0.5×C轴线支座宽+5d)+(第三跨净长)+(D轴线支座宽−保护层厚度+15d)(d为纵筋直径)						
16	第三跨箍筋	10	一级	根数计算公式	{[max(1.5×700,500)−50]/100+1}×2+[(6000−600)−max(1.5×700,500)×2]/200−1(每个式子向上取整)	2078	38		2078	38	
				根数公式描述	{[最大值(1.5×梁高,500)−起步距离]/加密间距+1}×2+[(第三跨净长)−最大值(1.5×梁高,500)×2]/非加密间距−1						

9. KL9－300×700 钢筋的答案手工和软件对比

KL9－300×700 钢筋的答案手工和软件对比，见表 1.4.29。

表 1.4.29　KL9－300×700 钢筋答案手工和软件对比

构件名称:KL9－300×700,软件计算单构件钢筋重量:731.752kg,数量:1 根											
手工答案									软件答案		
序号	名称	直径	级别	公式		长度(mm)	根数	搭接	长度(mm)	根数	搭接
弯直锚判断:因为(左、右支座宽 600－保护层厚度 20＝580)≤锚固长度 34×25＝850,所以,左、右支座均为弯锚											
1	上部贯通筋	25	二级	长度计算公式	(600－20＋15×25)＋(6000＋3000＋1500＋4500－600)＋(600－20＋15×25)	16310	2	1	16310	2	1
				长度公式描述	(A 轴线支座宽－保护层厚度＋15*d*)＋(A～D 轴通跨净长)＋(D 轴线支座宽－保护层厚度＋15*d*)(*d* 为纵筋直径)						
2	第一跨第一排左支座负筋	22	二级	长度计算公式	(6000－600)/3＋(600－20＋15×22)	2710	2		2710	2	
				长度公式描述	(第一跨净长)/3＋(A 轴线支座宽－保护层厚度＋15*d*)(*d* 为纵筋直径)						
3	第一跨下部下排非贯通筋	25	二级	长度计算公式	(600－20＋15×25)＋(6000－600)＋max(34×25,0.5×600＋5×25)	7205	4		7205	4	
				长度公式描述	(A 轴线支座宽－保护层厚度＋15*d*)＋(第一跨净长)＋最大值(锚固长度,0.5×B 轴线支座宽＋5*d*)(*d* 为纵筋直径)						
4	第一跨下部上排非贯通筋	25	二级	长度计算公式	(600－20＋15×25)＋(6000－600)＋max(34×25,0.5×600＋5×25)	7205	2		7205	2	
				长度公式描述	(A 轴线支座宽－保护层厚度＋15*d*)＋(第一跨净长)＋最大值(锚固长度,0.5×B 轴线支座宽＋5*d*)(*d* 为纵筋直径)						
5	第一跨箍筋	10	一级	长度计算公式	(300＋700)×2－8×20＋max(10×10,75)×2＋1.9×10×2	2078			2078		
				长度公式描述	(梁宽＋梁高)×2－8×保护层厚度＋最大值(10*d*,75)×2＋1.9*d*×2(*d* 为箍筋直径)						
		10	一级	根数计算公式	{[max(1.5×700,500)－50]/100＋1}×2＋[(6000－600)－max(1.5×700,500)×2]/200－1(每个式子向上取整)		38			38	
				根数公式描述	{[最大值(1.5×梁高,500)－起步距离]/加密间距＋1}×2＋[(第一跨净长)－最大值(1.5×梁高,500)×2]/非加密间距－1						

手工答案									软件答案		
序号	名称	直径	级别	公式		长度（mm）	根数	搭接	长度（mm）	根数	搭接
6	第二跨第一排跨中筋	22	二级	长度计算公式	（6000－600）/3＋600＋（3000－600）＋600＋（4500＋1500－600）/3	7200	2		7200	2	
				长度公式描述	（第一跨净长）/3＋B 轴线支座宽＋（第二跨净长）＋C 轴线支座宽＋（第三跨净长）/3						
7	第一跨下部下排非贯通筋	25	二级	长度计算公式	max（34×25，0.5×600＋5×25）×2＋（3000－600）	4100	4		4100	4	
				长度公式描述	最大值（锚固长度，0.5×B 轴线支座宽＋5d）×2＋（第二跨净长）（d 为纵筋直径）						
8	第二跨箍筋	10	一级	根数计算公式	{[max（1.5×700，500）－50]/100＋1}×2＋[（3000－600）－max（1.5×700，500）×2]/200－1（每个式子向上取整）	2078	23			23	
				根数公式描述	{[最大值（1.5×梁高，500）－起步距离]/加密间距＋1}×2＋[（第二跨净长）－最大值（1.5×梁高，500）×2]/非加密间距－1						
9	第三跨第一排右支座负筋	22	二级	长度计算公式	（6000－600）/3＋（600－20＋15×22）	2710	2		2710	2	
				长度公式描述	（第三跨净长）/3＋（D 轴线支座宽－保护层厚度＋15d）（d 为纵筋直径）						
10	第三跨下部下排非贯通筋	25	二级	长度计算公式	max（34×25，0.5×600＋5×25）＋（6000－600）＋（600－20＋15×25）	7205	4		7205	4	
				长度公式描述	最大值（锚固长度，0.5×C 轴线支座宽＋5d）＋（第三跨净长）＋（D 轴线支座宽－保护层厚度＋15d）（d 为纵筋直径）						
11	第三跨下部上排非贯通筋	25	二级	长度计算公式	max（34×25，0.5×600＋5×25）＋（6000－600）＋（600－20＋15×25）	7205	2		7205	2	
				长度公式描述	最大值（锚固长度，0.5×C 轴线支座宽＋5d）＋（第三跨净长）＋（D 轴线支座宽－保护层厚度＋15d）（d 为纵筋直径）						
12	第三跨箍筋	10	一级	根数计算公式	{[max（1.5×700，500）－50]/100＋1}×2＋[（6000－600）－max（1.5×700，500）×2]/200－1（每个式子向上取整）	2078	38		2078	38	
				根数公式描述	{[最大值（1.5×梁高，500）－起步距离]/加密间距＋1}×2＋[（第三跨净长）－最大值（1.5×梁高，500）×2]/非加密间距－1						

五、屋面层框架梁钢筋的计算原理和实例答案

(一) 屋面层框架梁和楼层框架梁有何不同

屋面层框架梁除上部纵筋弯折时伸至梁底外，其余钢筋和楼层框架梁相同，如图 1.4.44 所示。

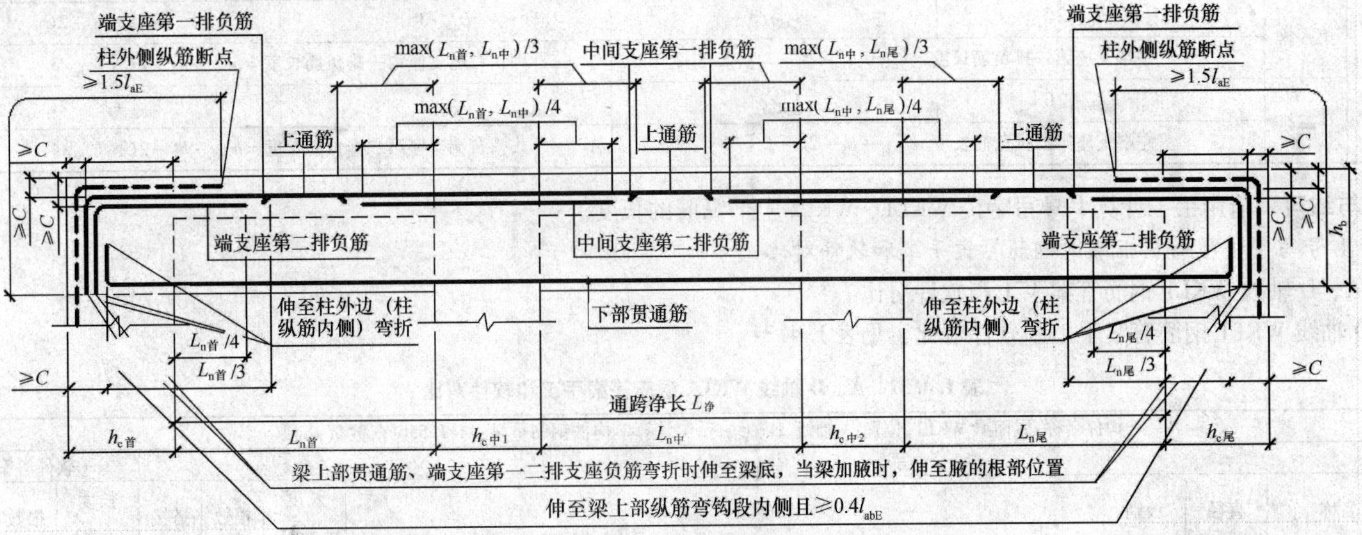

图 1.4.44　屋面层框架梁截面上排钢筋计算图

(二) 屋面层框架梁上部纵筋计算公式

根据图 1.4.1，推导出屋面层框架梁上部纵筋长度计算公式，见表 1.4.30。

表 1.4.30　屋面层框架梁上部纵筋长度计算公式

上部贯通筋	上部贯通筋长度 = 伸入左端支座内长度 + 通跨净长 + 伸入右端支座内长度		
	伸入左端支座内长度	通跨净长	伸入右端支座内长度
	$(h_{c首}-C)+(h_b-C)=h_{c首}+h_b-2C$	$L_净$	$(h_{c尾}-C)+(h_b-C)=h_{c尾}+h_b-2C$
	上部贯通筋长度 $=L_净+h_{c首}+h_{c尾}+2h_b-4C$		

续表

		左端支座		右端支座	
端支座负筋	位置	左端支座第一二排负筋长度 = 伸入左端支座内长度 + 跨内净长		右端支座第一二排负筋长度 = 伸入右端支座内长度 + 跨内净长	
		伸入左端支座内长度	跨内净长	跨内净长	伸入右端支座内长度
	第一排	$h_{c首}+h_b-2C$	$L_{n首}/3$	$L_{n尾}/3$	$h_{c尾}+h_b-2C$
		左端支座第一排负筋长度 = $h_{c首}+h_b-2C+L_{n首}/3$		右端支座第一排负筋长度 = $h_{c尾}+h_b-2C+L_{n尾}/3$	
	第二排	$h_{c首}+h_b-2C$	$L_{n首}/4$	$L_{n尾}/4$	$h_{c尾}+h_b-2C$
		左端支座第二排负筋长度 = $h_{c首}+h_b-2C+L_{n首}/4$		右端支座第二排负筋长度 = $h_{c尾}+h_b-2C+L_{n尾}/4$	

思考与练习 请用手工计算 1 号写字楼 WKL1、WKL2 上部纵筋的长度。

（三）1 号写字楼屋面层框架梁钢筋答案手工和软件对比

（1）A、D 轴线 WKL1 钢筋答案手工和软件对比

A、D 轴线 WKL1 钢筋答案手工和软件对比，见表 1.4.31。

表 1.4.31 A、D 轴线 WKL1 钢筋答案手工和软件对比

构件名称:屋面梁 WKL1,位置:A 轴线、D 轴线,手工计算单构件钢筋重量:1441.556kg,数量:2 根											
手工答案									软件答案		
序号	名称	直径	级别	公式		长度(mm)	根数	搭接	长度(mm)	根数	搭接
1	上部贯通筋	25	二级	长度计算公式	(6000+6000+6900+3300−700)+(700−20)+(700−20)+(1100−20)+(700−20)	24620	2	2	24620	2	2
				长度公式描述	(1~5 轴通跨净长)+(1 轴线支座宽−保护层厚度)+(梁高−保护层厚度)+(5 轴线支座宽−保护层厚度)+(梁高−保护层厚度)						
2	第一跨第一排左支座负筋	25	二级	长度计算公式	(700−20+700−20)+(6000−700)/3	3127	2		3127	2	
				长度公式描述	(1 轴线支座宽−保护层厚度+梁高−保护层厚度)+(第一跨净长)/3						
3	第一跨第一排右支座负筋	25	二级	长度计算公式	{max[(6000−700),(6000−700)]/3}×2+700	4234	2		4234	2	
				长度公式描述	{最大值[(第一跨净长,第二跨净长)]/3}×2+2 轴线支座宽						
4	第一跨第二排左支座负筋	25	二级	长度计算公式	(700−20+700−20)+(6000−700)/4	2685	2		2685	2	
				长度公式描述	(1 轴线支座宽−保护层厚度+梁高−保护层厚度)+(第一跨净长)/4						

续表

手工答案									软件答案		
序号	名称	直径	级别	公式		长度(mm)	根数	搭接	长度(mm)	根数	搭接
5	第一跨第二排右支座负筋	25	二级	长度计算公式	{max[(6000－700),(6000－700)]/4}×2＋700	3350	2		3350	2	
				长度公式描述	{最大值[(第一跨,第二跨)]/4}×2＋2轴线支座宽						
6	第一跨下部下排非贯通筋	25	二级	长度计算公式	(6000－700)＋(700－20＋15×25)＋max(34×25,0.5×700＋5×25)	7205	4		7205	4	
				长度公式描述	(第一跨净长)＋(1轴线支座宽－保护层厚度＋15*d*)＋最大值(锚固,0.5×2轴线支座宽＋5*d*)(*d*为纵筋直径)						
7	第一跨下部上排非贯通筋	25	二级	长度计算公式	(6000－700)＋(700－20＋15×25)＋max(34×25,0.5×700＋5×25)	7205	2		7205	2	
				长度公式描述	(第一跨净长)＋(1轴线支座宽－保护层厚度＋15*d*)＋max(锚固,0.5×2轴线支座宽＋5*d*)(*d*为纵筋直径)						
8	通跨侧面抗扭钢筋	18	二级	长度计算公式	(6000＋6000＋6900＋3300－700)＋max(34×18,0.5×700＋5×25)＋max(34×18,0.5×1100＋5×18)	22752	4	2	22752	4	2
				长度公式描述	(1～5轴通跨净长)＋最大值(锚固,0.5×1轴线支座宽＋5×箍筋直径)＋最大值(锚固,0.5×5轴线支座宽＋5*d*)(*d*为纵筋直径)						
9	第一跨箍筋	10	一级	长度计算公式	(300＋700)×2－8×20＋max(10×10,75)×2＋1.9×10×2	2078			2078		
				长度公式描述	(梁宽＋梁高)×2－8×保护层厚度＋最大值(10*d*,75)×2＋1.9*d*×2(*d*为箍筋直径)						
		10	一级	根数计算公式	{[max(1.5×700,500)－50]/100＋1}×2＋(5300－2100)/200－1(每个式子向上取整)		37			37	
				根数公式描述	{[最大值(1.5×梁高,500)－起始距离]/加密间距＋1}×2＋(第一跨净长－加密区长度)/非加密间距－1						
10	第一跨拉筋	6	一级	长度计算公式	300－20×2＋max(10×6,75)×2＋1.9×6×2	433			433		
				长度公式描述	梁宽－保护层厚度×2＋最大值(10*d*,75)×2＋1.9*d*×2(*d*为拉筋直径)						
		6	一级	根数计算公式	[(5300－50×2)/(200×2)(向上取整)＋1]×(4/2)		28			28	
				根数公式描述	[(第一跨净长－保护层厚度×2)/(非加密间距×2)＋1]×(侧面纵筋根数/2)						

续表

序号	名称	直径	级别	公式		长度(mm)	根数	搭接	软件答案 长度(mm)	软件答案 根数	软件答案 搭接
11	第二跨第一排右支座负筋	25	二级	长度计算公式	[max(5300,6200)/3]×2+700	4834	2		4834	2	
				长度公式描述	[最大值(第二跨净长,第三跨净长)/3]×2+3 轴线支座宽						
12	第二跨第二排右支座负筋	25	二级	长度计算公式	[max(5300,6200)/4]×2+700	3800	2		3800	2	
				长度公式描述	[最大值(第二跨净长,第三跨净长)/4]×2+3 轴线支座宽						
13	第二跨下部下排非贯通筋	25	二级	长度计算公式	5300+max(34×25,0.5×700+5×25)+max(34×25,0.5×700+5×25)	7000	4		7000	4	
				长度公式描述	第二跨净长+最大值(锚固,0.5×2 轴线支座宽+5*d*)+最大值(锚固,0.5×3 轴线支座宽+5*d*)(*d* 为纵筋直径)						
14	第二跨下部上排非贯通筋	25	二级	长度计算公式	5300+max(34×25,0.5×700+5×25)+max(34×25,0.5×700+5×25)	7000	2		7000	2	
				长度公式描述	第二跨净长+最大值(锚固,0.5×2 轴线支座宽+5*d*)+最大值(锚固,0.5×3 轴线支座宽+5*d*)(*d* 为纵筋直径)						
15	第二跨箍筋	10	一级	长度计算公式	(300+700)×2-8×20+max(10×10,75)×2+1.9×10×2	2078			2078		
				长度公式描述	(梁宽+梁高)×2-8×保护层厚度+最大值(10*d*,75)×2+1.9*d*×2(*d* 为箍筋直径)						
		10	一级	根数计算公式	{[max(1.5×700,500)-50]/100+1}×2+(5300-2100)/200-1(每个式子向上取整)		37			37	
				根数公式描述	{[最大值(1.5×梁高,500)-起步距离]/加密间距+1}×2+(第二跨净长-加密区长度)/非加密间距-1						
16	第二跨拉筋	6	一级	长度计算公式	300-20×2+max(10×6,75)×2+1.9×6×2	433			433		
				长度公式描述	梁宽-保护层厚度×2+最大值(10*d*,75)×2+1.9*d*×2(*d* 为拉筋直径)						
		6	一级	根数计算公式	[(5300-50×2)/(200×2)+1]×(4/2)		28			28	
				根数公式描述	[(第二跨净长-起步距离×2)/(非加密间距×2)+1]×(侧面纵筋根数/2)						

续表

序号	名称	直径	级别	手工答案 公式		手工答案 长度（mm）	手工答案 根数	手工答案 搭接	软件答案 长度（mm）	软件答案 根数	软件答案 搭接
17	第三跨下部下排非贯通筋	25	二级	长度计算公式	6200 + max(34 × 25,0.5 × 700 + 5 × 25) + max(34 × 25,0.5 × 700 + 5 × 25)	7900	4		7900	4	
				长度公式描述	第三跨净长 + 最大值(锚固,0.5 × 3 轴线支座宽 + 5d) + 最大值(锚固,0.5 × 4 轴线支座宽 + 5d)(d 为纵筋直径)						
18	第三跨下部上排非贯通筋	25	二级	长度计算公式	6200 + max(34 × 25,0.5 × 700 + 5 × 25) + max(34 × 25,0.5 × 700 + 5 × 25)	7900	2		7900	2	
				长度公式描述	第三跨净长 + 最大值(锚固,0.5 × 3 轴线支座宽 + 5d) + 最大值(锚固,0.5 × 4 轴线支座宽 + 5d)(d 为纵筋直径)						
19	第三跨箍筋	10	一级	长度计算公式	(300 + 700) × 2 − 8 × 20 + max(10 × 10,75) × 2 + 1.9 × 10 × 2	2078			2078		
				长度公式描述	(梁宽 + 梁高) × 2 − 8 × 保护层厚度 + 最大值(10d,75) × 2 + 1.9d × 2(d 为箍筋直径)						
		10	一级	根数计算公式	{[max(1.5 × 700,500) − 50]/100 + 1} × 2 + (6200 − 2100)/200 − 1（每个式子向上取整）		42			42	
				根数公式描述	{[最大值(1.5 × 梁高,500) − 起步距离]/加密间距 + 1} × 2 + (第三跨净长 − 加密区长度)/非加密间距 − 1						
20	第三跨拉筋	6	一级	长度计算公式	300 − 20 × 2 + max(10 × 6,75) × 2 + 1.9 × 6 × 2	433			433		
				长度公式描述	梁宽 − 保护层厚度 × 2 + 最大值(10d,75) × 2 + 1.9d × 2(d 为拉筋直径)						
		6	一级	根数计算公式	[(6200 − 50 × 2)/(200 × 2)(向上取整) + 1] × (4/2)		34			34	
				根数公式描述	[(第三跨净长 − 起步距离 × 2)/(非加密间距 × 2) + 1] × (侧面纵筋根数/2)						
21	第四跨第一排跨中钢筋	25	二级	长度计算公式	6200/3 + 700 + 2600 + (1100 − 20) + (700 − 20)	7127	2		7127	2	
				长度公式描述	第三跨净长/3 + 4 轴线的支座宽 + 第四跨净长 + (5 轴线支座宽 − 保护层厚度) + (梁高 − 保护层厚度)						

续表

序号	名称	直径	级别	手工答案 公式		长度（mm）	根数	搭接	软件答案 长度（mm）	根数	搭接
22	第四跨第二排跨中钢筋	25	二级	长度计算公式	6200/4 + 2600 + 700 + (1100 - 20) + (700 - 20)	6610	2		6610	2	
				长度公式描述	第三跨净长/4 +4 轴线的支座宽 + 第四跨净长 +（5 轴线支座宽 - 保护层厚度）+（梁高 - 保护层厚度）						
23	第四跨下部下排非贯通筋	25	二级	长度计算公式	2600 + max(34 ×25,0.5 ×700 +5 ×25) + max(34 ×25,0.5 ×700 +5 ×25)	4300	4		4300	4	
				长度公式描述	第四跨净长 + 最大值（锚固,0.5 ×4 轴线支座宽 +5d）+ 最大值（锚固,0.5 ×5 轴线支座宽 +5d）（d 为纵筋直径）						
24	第四跨箍筋	10	一级	长度计算公式	(300 +700) ×2 - 8 ×20 + max(10 ×10,75) ×2 + 1.9 ×10 ×2	2078			2078		
				长度公式描述	（梁宽 + 梁高）×2 - 8 × 保护层厚度 + 最大值（10d,75）×2 + 1.9d ×2（d 为箍筋直径）						
		10	一级	根数计算公式	{[max(1.5 ×700,500) - 50]/100 + 1} ×2 + (2600 - 2100)/200 - 1（每个式子向上取整）		24			24	
				根数公式描述	{[最大值(1.5 × 梁高,500) - 起步距离]/加密间距 + 1} ×2 +（第四跨净长 - 加密区长度）/非加密间距 - 1						
25	第四跨拉筋	6	一级	长度计算公式	300 - 20 ×2 + max(10 ×6,75) ×2 + 1.9 ×6 ×2	433			433		
				长度公式描述	梁宽 - 保护层厚度 ×2 + 最大值（10d,75）×2 +1.9d ×2（d 为拉筋直径）						
		6	一级	根数计算公式	[(2600 - 50 ×2)/(200 ×2)（向上取整）+ 1] ×4/2		16			16	
				根数公式描述	[（第四跨净长 - 起步距离 ×2）/（非加密间距 ×2）+ 1] × 侧面纵筋根数/2						

(2) B、C 轴线 WKL1 钢筋答案手工和软件对比

B、C 轴线 WKL1 钢筋答案手工和软件对比，见表 1.4.32。

表 1.4.32　B、C 轴线 WKL1 钢筋答案手工和软件对比

构件名称：WKL1，位置：B、C 轴线，手工计算单构件钢筋重量：1435.249kg，数量：2 根											
手　工　答　案									软件答案		
序号	名称	直径	级别	公　式		长度（mm）	根数	搭接	长度（mm）	根数	搭接
1	上部贯通筋	25	二级	长度计算公式	(6000 + 6000 + 6900 + 3300 − 700) + (700 − 20) + (700 − 20) + (700 − 20) + (700 − 20)	24220	2	2	24220	2	2
				长度公式描述	(1 ~ 5 轴线通跨净长) + (1 轴线支座宽 − 保护层厚度) + (梁高 − 保护层厚度) + (5 轴线支座宽 − 保护层厚度) + (梁高 − 保护层厚度)						
2	第一跨第一排左支座负筋	25	二级	长度计算公式	(700 − 20 + 700 − 20) + 5300/3	3127	2		3127	2	
				长度公式描述	(1 轴线支座宽 − 保护层厚度 + 梁高 − 保护层厚度) + 第一跨净长/3						
3	第一跨第一排右支座负筋	25	二级	长度计算公式	[max(5300,5300)/3] × 2 + 700	4234	2		4234	2	
				长度公式描述	[最大值(第一跨净长,第二跨净长)/3] × 2 + 2 轴线支座宽						
4	第一跨第二排左支座负筋	25	二级	长度计算公式	(700 − 20 + 700 − 20) + 5300/4	2685	2		2685	2	
				长度公式描述	(1 轴线支座宽 − 保护层厚度 + 梁高 − 保护层厚度) + 第一跨净长/4						
5	第一跨第二排右支座负筋	25	二级	长度计算公式	[max(5300,5300)/4] × 2 + 700	3350	2		3350	2	
				长度公式描述	[最大值(第一跨净长,第二跨净长)/4] × 2 + 2 轴线支座宽						
6	第一跨下部下排非贯通筋	25	二级	长度计算公式	5300 + (700 − 20 + 15 × 25) + max(34 × 25, 0.5 × 700 + 5 × 25)	7205	4		7205	4	
				长度公式描述	第一跨净长 + (支座宽 − 保护层厚度 + 15*d*) + 最大值(锚固, 0.5 × 2 轴线支座宽 + 5*d*)(*d* 为纵筋直径)						
7	第一跨下部上排非贯通筋	25	二级	长度计算公式	5300 + (700 − 20 + 15 × 25) + max(34 × 25, 0.5 × 700 + 5 × 25)	7205	2		7205	2	
				长度公式描述	第一跨净长 + (1 轴线支座宽 − 保护层厚度 + 15*d*) + 最大值(锚固, 0.5 × 2 轴线支座宽 + 5*d*)(*d* 为纵筋直径)						

续表

序号	名称	直径	级别	公式		手工答案 长度（mm）	手工答案 根数	手工答案 搭接	软件答案 长度（mm）	软件答案 根数	软件答案 搭接
8	通跨侧面抗扭钢筋	18	二级	长度计算公式	(6000 + 6000 + 6900 + 3300 − 700) + max(34 × 18,0.5 × 700 + 5 × 18) + max(34 × 18,0.5 × 700 + 5 × 18)	22724	4	2	22724	4	2
				长度公式描述	(1 ~ 5 轴线通跨净长) + 最大值(锚固,0.5 × 1 轴线支座宽 + 5*d*) + 最大值(锚固,0.5 × 5 轴线支座宽 + 5*d*)(*d* 为纵筋直径)						
9	第一跨箍筋	10	一级	长度计算公式	(300 + 700) × 2 − 8 × 20 + max(10 × 10,75) × 2 + 1.9 × 10 × 2	2078			2078		
				长度公式描述	(梁宽 + 梁高) × 2 − 8 × 保护层厚度 + 最大值(10*d*,75) × 2 + 1.9*d* × 2 (*d* 为箍筋直径)						
		10	一级	根数计算公式	{[max(1.5 × 700,500) − 50]/100 + 1} × 2 + (5300 − 2100)/200 − 1(每个式子向上取整)		37			37	
				根数公式描述	{[最大值(1.5 × 梁高,500) − 起步距离]/加密间距 + 1} × 2 + (第一跨净长 − 加密区长度)/非加密间距 − 1						
10	第一跨拉筋	6	一级	长度计算公式	300 − 20 × 2 + max(10 × 6,75) × 2 + 1.9 × 6 × 2	433			433		
				长度公式描述	梁宽 − 保护层厚度 × 2 + 最大值(10*d*,75) × 2 + 1.9*d* × 2 (*d* 为拉筋直径)						
		6	一级	根数计算公式	[(5300 − 50 × 2)/(200 × 2)(向上取整) + 1] × (4/2)		28			28	
				根数公式描述	[(第一跨净长 − 保护层厚度 × 2)/(非加密间距 × 2) + 1] × (侧面纵筋根数/2)						
11	第二跨第一排右支座负筋	25	二级	长度计算公式	[max(5300,6200)/3] × 2 + 700	4834	2		4834	2	
				长度公式描述	[最大值(第二跨净长,第三跨净长)/3] × 2 + 3 轴线支座宽						
12	第二跨第二排右支座负筋	25	二级	长度计算公式	[max(5300,6200)/4] × 2 + 700	3800	2		3800	2	
				长度公式描述	[最大值(第二跨净长,第三跨净长)/4] × 2 + 3 轴线支座宽						
13	第二跨下部下排非贯通筋	25	二级	长度计算公式	5300 + max(34 × 25,0.5 × 700 + 5 × 25) + max(34 × 25,0.5 × 700 + 5 × 25)	7000	4		7000	4	
				长度公式描述	第二跨净长 + 最大值(锚固,0.5 × 2 轴线支座宽 + 5*d*) + 最大值(锚固,0.5 × 3 轴线支座宽 + 5*d*)(*d* 为纵筋直径)						

续表

序号	名称	直径	级别	手工答案					软件答案		
				公式		长度（mm）	根数	搭接	长度（mm）	根数	搭接
14	第二跨下部上排非贯通筋	25	二级	长度计算公式	5300 + max(34 × 25,0.5 × 700 + 5 × 25) + max(34 × 25,0.5 × 700 + 5 × 25)	7000	2		7000	2	
				长度公式描述	第二跨净长 + 最大值（锚固长度,0.5 × 2 轴线支座宽 + 5*d*）+ 最大值（锚固长度,0.5 × 3 轴线支座宽 + 5*d*）（*d* 为纵筋直径）						
15	第二跨箍筋	10	一级	长度计算公式	(300 + 700) × 2 − 8 × 20 + max(10 × 10,75) × 2 + 1.9 × 10 × 2	2078			2078		
				长度公式描述	（梁宽 + 梁高）× 2 − 8 × 保护层厚度 + 最大值(10*d*,75) × 2 + 1.9*d* × 2（*d* 为箍筋直径）						
		10	一级	根数计算公式	{[max(1.5 × 700,500) − 50]/100 + 1} × 2 + (5300 − 2100)/200 − 1（每个式子向上取整）		37			37	
				根数公式描述	{[最大值(1.5 × 梁高,500) − 起步距离]/加密间距 + 1} × 2 + （第二跨净长 − 加密区长度）/非加密间距 − 1						
16	第二跨拉筋	6	一级	长度计算公式	300 − 20 × 2 + max(10 × 6,75) × 2 + 1.9 × 6 × 2	433			433		
				长度公式描述	梁宽 − 保护层厚度 × 2 + 最大值(10*d*,75) × 2 + 1.9*d* × 2（*d* 为拉筋直径）						
		6	一级	根数计算公式	[(5300 − 50 × 2)/(200 × 2)（向上取整）+ 1] × (4/2)		28			28	
				根数公式描述	[（第二跨净长 − 起步距离 × 2）/（非加密间距 × 2）+ 1] ×（侧面纵筋根数/2）						
17	第三跨下部下排非贯通筋	25	二级	长度计算公式	6200 + max(34 × 25,0.5 × 700 + 5 × 25) + max(34 × 25,0.5 × 700 + 5 × 25)	7900	4		7900	4	
				长度公式描述	第三跨净跨长 + 最大值（锚固,0.5 × 3 轴线支座宽 + 5*d*）+ 最大值（锚固,0.5 × 4 轴线支座宽 + 5*d*）						
18	第三跨下部上排非贯通筋	25	二级	长度计算公式	6200 + max(34 × 25,0.5 × 700 + 5 × 25) + max(34 × 25,0.5 × 700 + 5 × 25)	7900	2		7900	2	
				长度公式描述	第三跨净跨长 + 最大值（锚固,0.5 × 3 轴线支座宽 + 5*d*）+ 最大值（锚固,0.5 × 4 轴线支座宽 + 5*d*）（*d* 为纵筋直径）						

续表

手工答案									软件答案		
序号	名称	直径	级别	公式		长度（mm）	根数	搭接	长度（mm）	根数	搭接
19	第三跨箍筋	10	一级	长度计算公式	(300+700)×2-8×20+max(10×10,75)×2+1.9×10×2	2078			2078		
				长度公式描述	(梁宽+梁高)×2-8×保护层厚度+最大值(10d,75)×2+1.9d×2 (*d* 为箍筋直径)						
		10	一级	根数计算公式	{[max(1.5×700,500)-50]/100+1}×2+(6200-2100)/200-1 (每个式子向上取整)		42			42	
				根数公式描述	{[最大值(1.5×梁高,500)-起步距离]/加密间距+1}×2 +(第三跨净跨长-加密区长度)/非加密间距-1						
20	第三跨拉筋	6	一级	长度计算公式	300-20×2+max(10×6,75)×2+1.9×6×2	433			433		
				长度公式描述	梁宽-保护层厚度×2+最大值(10d,75)×2+1.9d×2 (*d* 为拉筋直径)						
		6	一级	根数计算公式	[(6200-50×2)/(200×2)(向上取整)+1]×(4/2)		34			34	
				根数公式描述	[(第三跨净长-起步距离×2)/(非加密间距×2)+1] ×(侧面纵筋根数/2)						
21	第四跨第一排跨中钢筋	25	二级	长度计算公式	6200/3+2600+700+700-20+(700-20)	6727	2		6727	2	
				长度公式描述	第三跨净长/3+跨中距离+中间支座宽+(端支座宽-保护层厚度)+(梁高-保护层厚度)						
22	第四跨第二排跨中钢筋	25	二级	长度计算公式	6200/4+(3300-700)+700+(700-20)+(700-20)	6210	2		6210	2	
				长度公式描述	第三跨净长/4+(跨中距离)+中间支座宽+(端支座宽-保护层厚度)+(梁高-保护层厚度)						
23	第四跨下部下排非贯通筋	25	二级	长度计算公式	2600+(700-20+15×25)+max(34×25,0.5×700+5×25)	4505	4		4505	4	
				长度公式描述	第四跨净长+(伸入右支座长度)+最大值(伸入左支座长度)						

续表

序号	名称	直径	级别	手工答案 公式		长度(mm)	根数	搭接	软件答案 长度(mm)	根数	搭接
24	第四跨箍筋	10	一级	长度计算公式	(300+700)×2-8×20+max(10×10,75)×2+1.9×10×2	2078			2079		
				长度公式描述	(梁宽+梁高)×2-8×保护层厚度+最大值(10d,75)×2+1.9d×2 (d为箍筋直径)						
		10	一级	根数计算公式	{[max(1.5×700,500)-50]/100+1}×2+(2600-2100)/200-1 (每个式子向上取整)		24			24	
				根数公式描述	{[最大值(1.5h_b,500)-起始距离]/加密间距+1}×2+(第四跨净跨长-加密区长度)/非加密间距-1						
25	第四跨拉筋	6	一级	长度计算公式	300-20×2+max(10×6,75)×2+1.9×6×2	433			433		
				长度公式描述	梁宽-保护层厚度×2+最大值(10d,75)×2+1.9d×2 (d为拉筋直径)						
		6	一级	根数计算公式	[(2600-50×2)/(200×2)(向上取整)+1]×(4/2)		16			16	
				根数公式描述	[(第四跨净长-保护层厚度×2)/(非加密间距×2)+1]×(侧面纵筋根数/2)						

3. WKL2钢筋答案手工和软件对比

WKL2钢筋答案手工和软件对比，见表1.4.33。

表1.4.33　WKL2钢筋答案手工和软件对比

构件名称：WKL2，位置：1、2、3、4、5轴线，手工计算单构件钢筋重量：977.766kg，数量：5根

序号	名称	直径	级别	手工答案 公式		长度(mm)	根数	搭接	软件答案 长度(mm)	根数	搭接
1	上部贯通筋	25	二级	长度计算公式	(6000+3000+6000-600)+[(600-20)+(700-20)]+[(600-20)+(700-20)]	16920	2	1	16920	2	1
				长度公式描述	(A~D轴通跨净长)+[(A轴线支座宽-保护层厚度)+(梁高-保护层厚度)]+[(D轴线支座宽-保护层厚度)+(梁高-保护层厚度)]						

续表

手工答案									软件答案		
序号	名称	直径	级别	公式		长度（mm）	根数	搭接	长度（mm）	根数	搭接
2	第一跨第一排左支座负筋	25	二级	长度计算公式	5400/3 + 600 - 20 + 700 - 20	3060	2		3060	2	
				长度公式描述	第一跨净长/3 + A 轴线支座宽 - 保护层厚度 + 梁高 - 保护层厚度						
3	第一跨第二排左支座负筋	25	二级	长度计算公式	5400/4 + 600 - 20 + 700 - 20	2610	2		2610	2	
				长度公式描述	第一跨净长/4 + A 轴线支座宽 - 保护层厚度 + 梁高 - 保护层厚度						
4	第一跨下部下排非贯通筋	25	二级	长度计算公式	5400 + (600 - 20 + 15 × 25) + max(34 × 25, 0.5 × 600 + 5 × 25)	7205	4		7205	4	
				长度公式描述	第一跨净长 + (A 轴线支座宽 - 保护层厚度 + 15*d*) + 最大值(锚固长度, 0.5 × B 轴线支座宽 + 5*d*)(*d* 为纵筋直径)						
5	第一跨下部上排非贯通筋	25	二级	长度计算公式	5400 + (600 - 20 + 15 × 25) + max(34 × 25, 0.5 × 600 + 5 × 25)	7205	2		7205	2	
				长度公式描述	第一跨净长 + (A 轴线支座宽 - 保护层厚度 + 15*d*) + 最大值(锚固长度, 0.5 × B 轴线支座宽 + 5*d*)(*d* 为纵筋直径)						
6	侧面抗扭纵筋	16	二级	长度计算公式	(6000 + 3000 + 6000 - 600) + max(34 × 16, 0.5 × 600 + 5 × 16) + max(34 × 16, 0.5 × 600 + 5 × 16)	15488	4	1	15488	4	1
				长度公式描述	(A ~ D 轴通跨净长) + 最大值(锚固长度, 0.5 × A 轴线支座宽 + 5*d*) + 最大值(锚固长度, 0.5 × D 轴线支座宽 + 5*d*)(*d* 为纵筋直径)						
7	第一跨箍筋	10	一级	长度计算公式	(300 + 700) × 2 - 8 × 20 + max(10 × 10, 75) × 2 + 1.9 × 10 × 2	2078			2078		
				长度公式描述	(梁宽 + 梁高) × 2 - 8 × 保护层厚度 + 最大值(10*d*, 75) × 2 + 1.9*d* × 2 (*d* 为箍筋直径)						
		10	一级	根数计算公式	{[max(1.5 × 700, 500) - 50]/100 + 1} × 2 + (5400 - 2100)/200 - 1 (每个式子向上取整)		38			38	
				根数公式描述	{[最大值(1.5 × 梁高, 500) - 起步距离]/加密间距 + 1} × 2 + (第一跨净跨长 - 加密区长度)/非加密间距 - 1						

续表

手工答案									软件答案		
序号	名称	直径	级别	公式		长度(mm)	根数	搭接	长度(mm)	根数	搭接
8	第一跨拉筋	6	一级	长度计算公式	300 - 20 × 2 + max(10 × 6,75) × 2 + 1.9 × 6 × 2	433			433		
				长度公式描述	梁宽 - 保护层厚度 × 2 + 最大值(10d,75) × 2 + 1.9d × 2（d 为拉筋直径）						
		6	一级	根数计算公式	[(5400 - 50 × 2)/(200 × 2)(向上取整) + 1] × (4/2)		30			30	
				根数公式描述	[(第一跨净长 - 起步距离 × 2)/(非加密间距 × 2) + 1] × (侧面纵筋根数/2)						
9	第一跨第一排跨中钢筋	25	二级	长度计算公式	5400/3 + 600 + 2400 + 600 + 5400/3	7200	2		7200	2	
				长度公式描述	第一跨净长/3 + B 轴线支座宽 + 第二跨净长 + C 轴线支座宽 + 第三跨净长/3						
10	第二跨第二排跨中钢筋	25	二级	长度计算公式	5400/4 + 600 + 2400 + 600 + 5400/4	6300	2		6300	2	
				长度公式描述	第一跨净长/4 + B 轴线支座宽 + 第二跨净长 + C 轴线支座宽 + 第三跨净长/4						
11	第二跨下部非贯通筋	25	二级	长度计算公式	2400 + max(34 × 25,0.5 × 600 + 5 × 25) + max(34 × 25,0.5 × 600 + 5 × 25)	4100	4		4100	4	
				长度公式描述	第二跨净长 + 最大值(锚固长度,0.5 × B 轴线支座宽 + 5d) + 最大值(锚固长度,0.5 × C 轴线支座宽 + 5d)（d 为纵筋直径）						
12	第二跨箍筋	10	一级	长度计算公式	(300 + 700) × 2 - 8 × 20 + max(10 × 10,75) × 2 + 1.9 × 10 × 2	2078			2078		
				长度公式描述	(梁宽 + 梁高) × 2 - 8 × 保护层厚度 + 最大值(10d,75) × 2 + 1.9d × 2（d 为箍筋直径）						
		10	一级	根数计算公式	{[max(1.5 × 700,500) - 50]/100 + 1} × 2 + (2400 - 2100)/200 - 1（每个式子向上取整）		23			23	
				根数公式描述	{[最大值(1.5 × 梁高,500) - 起步距离]/加密间距 + 1} × 2 + (第二跨净长 - 加密区长度)/非加密间距 - 1						

续表

				手工答案					软件答案		
序号	名称	直径	级别	公式		长度（mm）	根数	搭接	长度（mm）	根数	搭接
13	第二跨拉筋	6	一级	长度计算公式	300－20×2＋max(10×6,75)×2＋1.9×6×2	433			433		
				长度公式描述	梁宽－保护层厚度×2＋最大值(10d,75)×2＋1.9d×2（d为拉筋直径）						
		6	一级	根数计算公式	[(2400－50×2)/(200×2)(向上取整)＋1]×(4/2)		14			14	
				根数公式描述	[(第二跨净长－起步距离×2)/(非加密间距×2)＋1]×(侧面纵筋根数/2)						
14	第三跨第一排右支座负筋	25	二级	长度计算公式	5400/3＋(600－20)＋(700－20)	3060	2		3060	2	
				长度公式描述	第三跨净长/3＋(D轴线支座宽－保护层厚度)＋(梁高－保护层厚度)						
15	第三跨第二排右支座负筋	25	二级	长度计算公式	5400/4＋(600－20)＋(700－20)	2610	2		2610	2	
				长度公式描述	第三跨净长/4＋(D轴线支座宽－保护层厚度)＋(梁高－保护层厚度)						
16	第三跨下部下排非贯通筋	25	二级	长度计算公式	5400＋(600－30＋15×25)＋max(34×25,0.5×600＋5×25)	7205	4		7205	4	
				长度公式描述	第三跨净长＋(D轴线支座宽－保护层厚度＋15d)＋最大值(锚固长度,0.5×C轴线支座宽＋5d)（d为纵筋直径）						
17	第三跨下部上排非贯通筋	25	二级	长度计算公式	5400＋(600－30＋15×25)＋max(34×25,0.5×600＋5×25)	7205	2		7205	2	
				长度公式描述	第三跨净长＋(D轴线支座宽－保护层厚度＋15d)＋最大值(锚固长度,0.5×C轴线支座宽＋5d)（d为纵筋直径）						
18	第三跨箍筋	10	一级	长度计算公式	(300＋700)×2－8×20＋max(10×10,75)×2＋1.9×10×2	2078			2078		
				长度公式描述	(梁宽＋梁高)×2－8×保护层厚度＋最大值(10d,75)×2＋1.9d×2（d为箍筋直径）						
		10	一级	根数计算公式	{[max(1.5×700,500)－50]/100＋1}×2＋(5400－2100)/200－1（每个式子向上取整）		38			38	
				根数公式描述	{[最大值(1.5×梁高,500)－起步距离]/加密间距＋1}×2＋(第三跨净长－加密区长度)/非加密间距－1						

续表

手工答案									软件答案		
序号	名称	直径	级别	公式		长度（mm）	根数	搭接	长度（mm）	根数	搭接
19	第三跨拉筋	6	一级	长度计算公式	300 - 20 ×2 + max(10 ×6,75) ×2 + 1.9 ×6 ×2	433			433		
				长度公式描述	梁宽 - 保护层厚度 ×2 + 最大值(10*d*,75) ×2 + 1.9*d* ×2（*d* 为拉筋直径）						
		6	一级	根数计算公式	[(5400 - 50 ×2)/(200 ×2)(向上取整) + 1] ×(4/2)		30			30	
				根数公式描述	[(第三跨净长 - 起步距离 ×2)/(非加密间距 ×2) + 1] ×(侧面纵筋根数/2)						

六、非框架梁钢筋的计算原理和实例答案

(一) 非框架梁与框架梁有何不同

非框架梁纵筋构造如图 1.4.45 所示。

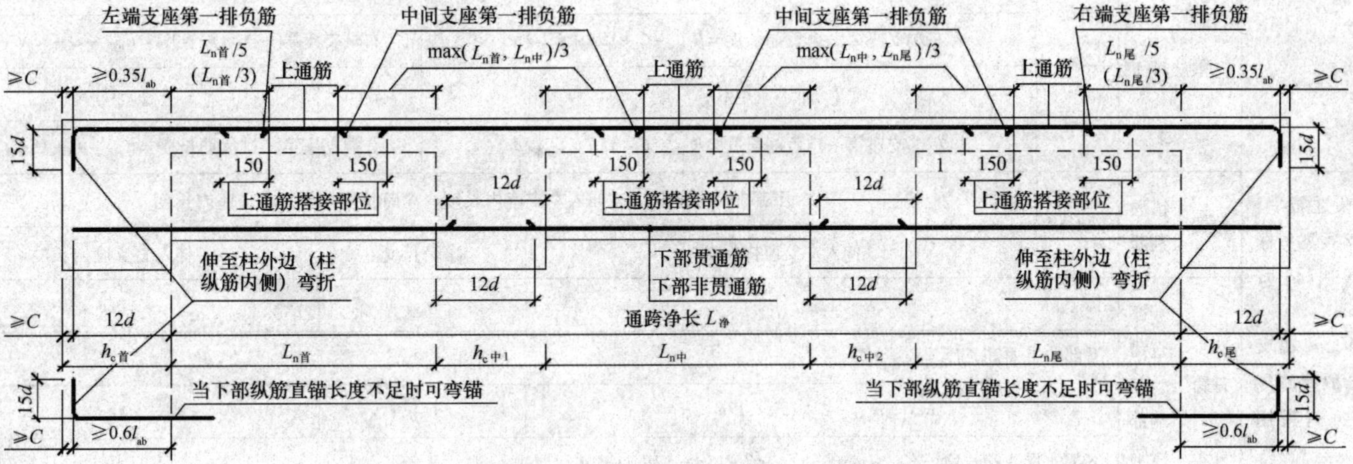

图 1.4.45　非框架梁纵筋长度计算图

从图 1.4.45 中可以看出，非框架梁除端支座第一排负筋和下部纵筋和框架梁有所不同外，其余钢筋的计算方法和框架梁类似。

（二）非框架梁纵筋计算公式

根据图 1.4.45，推导出非框架梁纵筋计算公式，见表 1.4.34。

表 1.4.34　非框架梁纵筋长度计算公式

上部贯通筋				上部贯通筋长度 = 伸入左端支座内长度 + 通跨净长 + 伸入右端支座内长度			
				伸入左端支座内长度	通跨净长		伸入右端支座内长度
				$h_{c首}-C+15d$	$L_{净}$		$h_{c尾}-C+15d$
				上部贯通筋长度 = $L_{净}+(h_{c首}-C+15d)+(h_{c尾}-C+15d)$			
端支座负筋（当端支座为柱、剪力墙、框支梁或深梁时，算法同弧形梁）	位置		梁形状	左　端　支　座		右　端　支　座	
				左端支座第一二排负筋长度 = 伸入左端支座内长度 + 跨内净长		右端支座第一二排负筋长度 = 伸入右端支座内长度 + 跨内净长	
				伸入左端支座内长度	跨内净长	跨内净长	伸入右端支座内长度
	第一排		直梁	$h_{c首}-C+15d$	$L_{n首}/5$	$L_{n尾}/5$	$h_{c尾}-C+15d$
				左端支座第一排负筋长度 = $h_{c首}-C+15d+L_{n首}/5$		右端支座第一排负筋长度 = $h_{c尾}-C+15d+L_{n尾}/5$	
			弧梁	$h_{c首}-C+15d$	$L_{n首}/3$	$L_{n尾}/3$	$h_{c尾}-C+15d$
				左端支座第一排负筋长度 = $h_{c首}-C+15d+L_{n首}/3$		右端支座第一排负筋长度 = $h_{c尾}-C+15d+L_{n尾}/3$	
下部非贯通筋 当：端支座宽 - 保护层厚度 > $12d$ 时采用直锚。 当：$0.6l_{ab}\leq$ 端支座宽 - 保护层厚度 $\leq 12d$（l_a）时采用弯锚	位置	锚固判断	梁形状	下部非贯通筋长度 = 伸入左支座内长度 + 净跨长度 + 伸入右支座内长度			
				伸入左支座内长度	净跨长度		伸入右支座内长度
	首跨	端部直锚	$12d$		$L_{n首}$		$12d$
			下部非贯通筋长度 = $L_{n首}+12d\times 2$				
		端部弯锚	$\max[(h_{c首}-C+15d),12d]$		$L_{n首}$		$12d$
			下部非贯通筋长度 = $L_{n首}+\max[(h_{c首}-C+15d),12d]+12d$				

续表

下部非贯通筋 当：端支座宽 − 保护层厚度 > $12d$ 时采用直锚。 当：$0.6l_{ab}$ ≤ 端支座宽 − 保护层厚度 ≤ $12d$ 时采用弯锚	中间跨	均为直锚	直梁	$12d$	$L_{n中}$	$12d$
				下部非贯通筋长度 $= L_{n中} + 12d \times 2$		
			弧梁	L_a	$L_{n中}$	L_a
				下部非贯通筋长度 $= L_{n中} + L_a \times 2$		
	尾跨	端部直锚		$12d$	$L_{n尾}$	$12d$
				下部非贯通筋长度 $= L_{n首} + 12d \times 2$		
		端部弯锚		$12d$	$L_{n尾}$	$\max[(h_{c尾} - C + 15d), 12d]$
				下部非贯通筋长度 $= L_{n尾} + \max[(h_{c尾} - C + 15d), 12d] + 12d$		
下部贯通筋 当：端支座宽 − 保护层厚度 > $12d$ 时采用直锚。 当：$0.6l_{ab}$ ≤ 端支座宽 − 保护层厚度 ≤ $12d(l_a)$ 时采用弯锚	通跨	两端均为直锚		$12d$	$L_{净}$	$12d$
				下部贯通筋长度 $= L_{n尾} + 12d \times 2$		
		两端均为弯锚		$\max[(h_{c首} - C + 15d), 12d]$	$L_{净}$	$\max[(h_{c尾} - C + 15d), 12d]$
				下部贯通筋长度 $= L_{n尾} + \max[(h_{c首} - C + 15d), 12d] + \max[(h_{c尾} - C + 15d), 12d]$		
		左端弯锚，右端直锚		$\max[(h_{c首} - C + 15d), 12d]$	$L_{净}$	$12d$
				下部贯通筋长度 $= L_{净} + \max[(h_{c首} - C + 15d), 12d] + 12d$		
		左端直锚，右端弯锚		$12d$	$L_{净}$	$\max[(h_{c尾} - C + 15d), 12d]$
				下部贯通筋长度 $= L_{净} + \max[(h_{c尾} - C + 15d), 12d] + 12d$		

思考与练习 请用手工计算 1 号写字楼 L1、L2 的纵筋和箍筋。

(三) 1 号写字楼非框架梁钢筋答案手工和软件对比

(1) L1 -250×500 钢筋的答案手工和软件对比

L1 -250×500 钢筋的答案手工和软件对比，见表 1.4.35。

表 1.4.35 L1 -250×500 钢筋答案手工和软件对比

构件名称:L1 -250×500，软件计算单构件钢筋重量:189.034kg,数量:1 根									
手 工 答 案								软件答案	
序号	名称	直径	级别	公 式		长度(mm)	根数	长度(mm)	根数
上部纵筋弯直锚判断:因为(左右支座宽 300 - 保护层厚度 20 = 280)≤锚固长度 34×25 = 850,所以,左、右支座均为弯锚									
1	上部贯通筋	18	二级	长度计算公式	(300 - 20 + 15×18) + (6000 - 150 + 50) + (300 - 20 + 15×18)	7000	2	7000	2
				长度公式描述	(框梁 5 梁宽 - 保护层厚度 + 15d) + (1 ~2 轴通跨净长) + (框梁 6 梁宽 - 保护层厚度 + 15d)(d 为纵筋直径)				
2	第一排左支座负筋	18	二级	长度计算公式	(6000 - 150 + 50)/5 + (300 - 20 + 15×18)	1730	2	1730	2
				长度公式描述	(1 ~2 轴通跨净长)/5 + (框梁 5 梁宽 - 保护层厚度 + 15d)(d 为纵筋直径)				
3	第一排右支座负筋	18	二级	长度计算公式	(6000 - 150 + 50)/5 + (300 - 20 + 15×18)	1730	2	1730	2
				长度公式描述	(1 ~2 轴通跨净长)/5 + (框梁 6 梁宽 - 保护层厚度 + 15d)(d 为纵筋直径)				
下部纵筋弯直锚判断:因为(左右支座宽 300 - 保护层厚度 20 = 280)≥12d = 12×22 = 264,所以,左、右支座均为直锚									
4	下部下排非贯通筋	22	二级	长度计算公式	12×22 + (6000 - 150 + 50) + 12×22	6428	4	6428	4
				长度公式描述	左端锚入支座长度 12d + (1 ~2 轴通跨净长) + 右端锚入支座长度 12d(d 为纵筋直径)				
5	下部上排非贯通筋	22	二级	长度计算公式	12×22 + (6000 - 150 + 50) + 12×22	6428	2	6428	2
				长度公式描述	左端锚入支座长度 12d + (1 ~2 轴通跨净长) + 右端锚入支座长度 12d(d 为纵筋直径)				
6	吊筋	18	二级	长度计算公式	20×18×2 + (500 - 2×20)/0.707×2 + 250 + 2×50	2371	2	2371	2
				长度公式描述	20d×2 + (主梁高 - 2×保护层厚度)/sin45°×2 + 次梁宽 + 2×50(d 为吊筋直径)				

续表

序号	名称	直径	级别	手工答案 公式		手工答案 长度(mm)	手工答案 根数	软件答案 长度(mm)	软件答案 根数
7	箍筋	8	一级	长度计算公式	(250 + 500) × 2 - 8 × 20 + max(10 × 8,75) × 2 + 1.9 × 8 × 2	1530		1530	
				长度公式描述	(梁宽 + 梁高) × 2 - 8 × 保护层厚度 + 最大值(10*d*,75) × 2 + 1.9*d* × 2(*d* 为箍筋直径)				
	L2 - 250 × 450 左边箍筋	8	一级	根数计算公式	(3000 - 125 + 50 - 50 × 2)/200(向上取整) + 1		16		31
				根数公式描述	(1 轴到次梁 2 的净长 - 起始间距 × 2)/间距 + 1				
	L2 - 250 × 450 右边箍筋	8	一级	根数计算公式	(3000 - 125 - 150 - 50 × 2)/200(向上取整) + 1		15		
				根数公式描述	(次梁 2 到 2 轴的净长 - 起始间距 × 2)/间距 + 1				

2. L2 - 250 × 450 钢筋的答案手工和软件对比

L2 - 250 × 450 钢筋的答案手工和软件对比，见表 1.4.36。

表 1.4.36　L2 - 250 × 450 钢筋答案手工和软件对比

构件名称:L2 - 250 × 450，软件计算单构件钢筋重量:58.787kg,数量:1 根									
序号	名称	直径	级别	手工答案 公式		手工答案 长度(mm)	手工答案 根数	软件答案 长度(mm)	软件答案 根数
上部纵筋弯直锚判断:因为(左右支座宽 300 - 保护层厚度 20 = 280) ≤ 锚固长度 34 × 25 = 850,所以,左、右支座均为弯锚									
1	上部贯通筋	16	二级	长度计算公式	(250 - 20 + 15 × 16) + (4500 - 125) + (300 - 20 + 15 × 16)	5365	2	5365	2
				长度公式描述	(次梁 1 梁宽 - 保护层厚度 + 15*d*) + (次梁 1 ~ D 轴线的净长) + (框梁 1 梁宽 - 保护层厚度 + 15*d*)(*d* 为纵筋直径)				
下部纵筋弯直锚判断:因为(左右支座宽 300 - 保护层厚度 20 = 280) ≥ 12*d* = 12 × 22 = 264,所以,左、右支座均为直锚									
2	下部非贯通筋	18	二级	长度计算公式	12 × 18 + (4500 - 125) + 12 × 18	4807	3	4807	3
				长度公式描述	左端锚入支座长度 12*d* + (次梁 1 ~ D 轴线的净长) + 右端锚入支座长度 12*d*(*d* 为纵筋直径)				
3	箍筋	8	一级	长度计算公式	(250 + 450) × 2 - 8 × 20 + max(10 × 8,75) × 2 + 1.9 × 8 × 2	1430		1430	
				长度公式描述	(梁宽 + 梁高) × 2 - 8 × 保护层厚度 + 最大值(10*d*,75) × 2 + 1.9*d* × 2(*d* 为箍筋直径)				
		8	一级	根数计算公式	(4500 - 125 - 50 × 2)/200(向上取整) + 1		23		23
				根数公式描述	(次梁 1 ~ D 轴线的净长 - 起始间距 × 2)/间距 + 1				

第五节　板

一、板的标注

板的标注目前流行两种方式，即传统标注和平法标注，如图 1.5.1、图 1.5.2 所示。

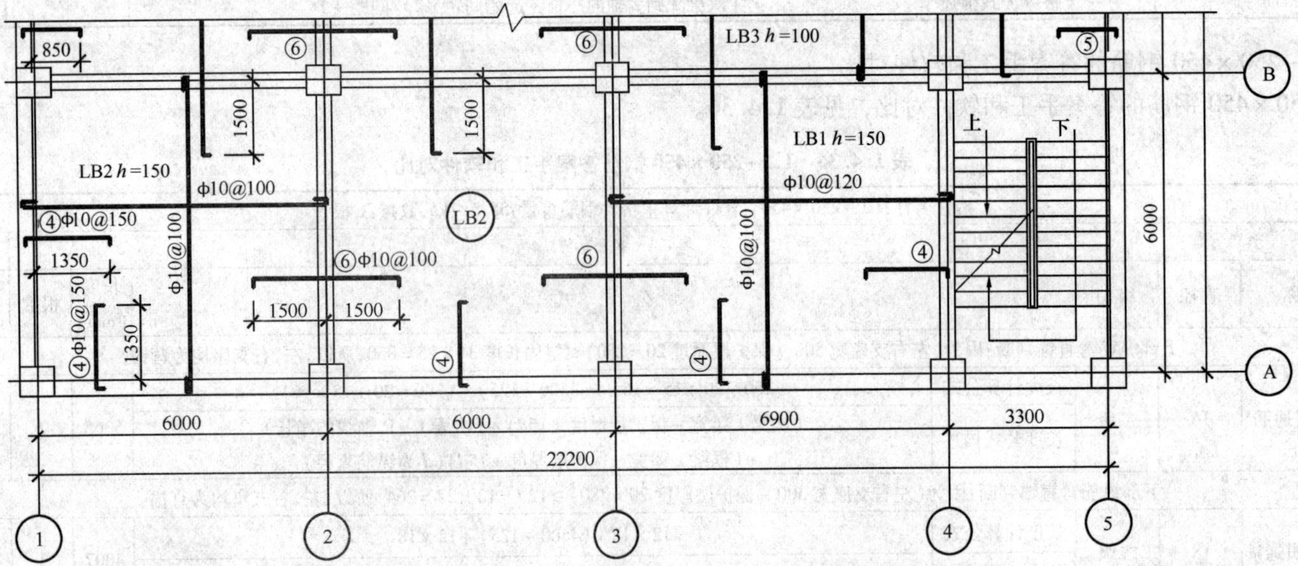

图 1.5.1　3.55、7.15 楼面板配筋图（传统标注）

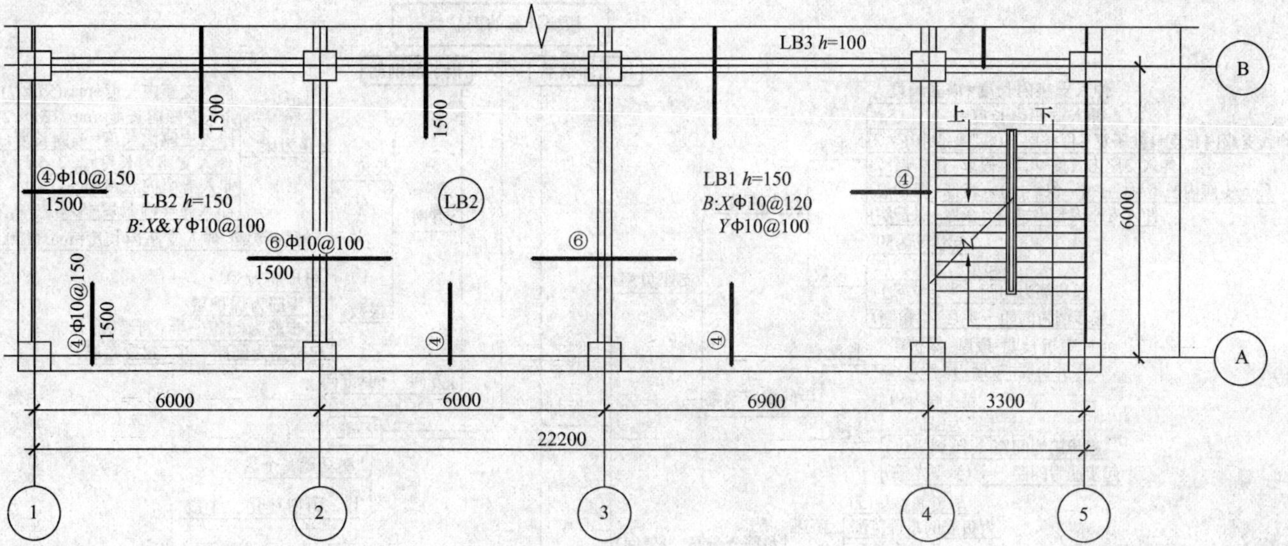

图 1.5.2　3.55、7.15 楼面板配筋图（平法标注）

平法标注和传统标注的区别，见表 1.5.1。

表 1.5.1　平法标注和传统标注的区别

钢筋位置	传统标注	平法标注	举例
底筋	要画出底筋，并标出配筋数值和间距	不用画图，直接写出配筋数值和间距，*B* 表示下部钢筋，*T* 表示上部钢筋	1～2 轴板底筋
支座负筋	画出带弯折的图，并标出配筋数值、间距和长度，长度必须标清具体位置（到梁轴线或到梁内边线），支座两边数值相同都需要标注	画出不带弯折的图，并标出配筋数值、间距和长度，长度均至到梁的中心线。支座两边相同时只标注一边	④4 号筋和⑥6 号筋

二、板要计算的钢筋

板要计算的钢筋量，如图 1.5.3 所示。

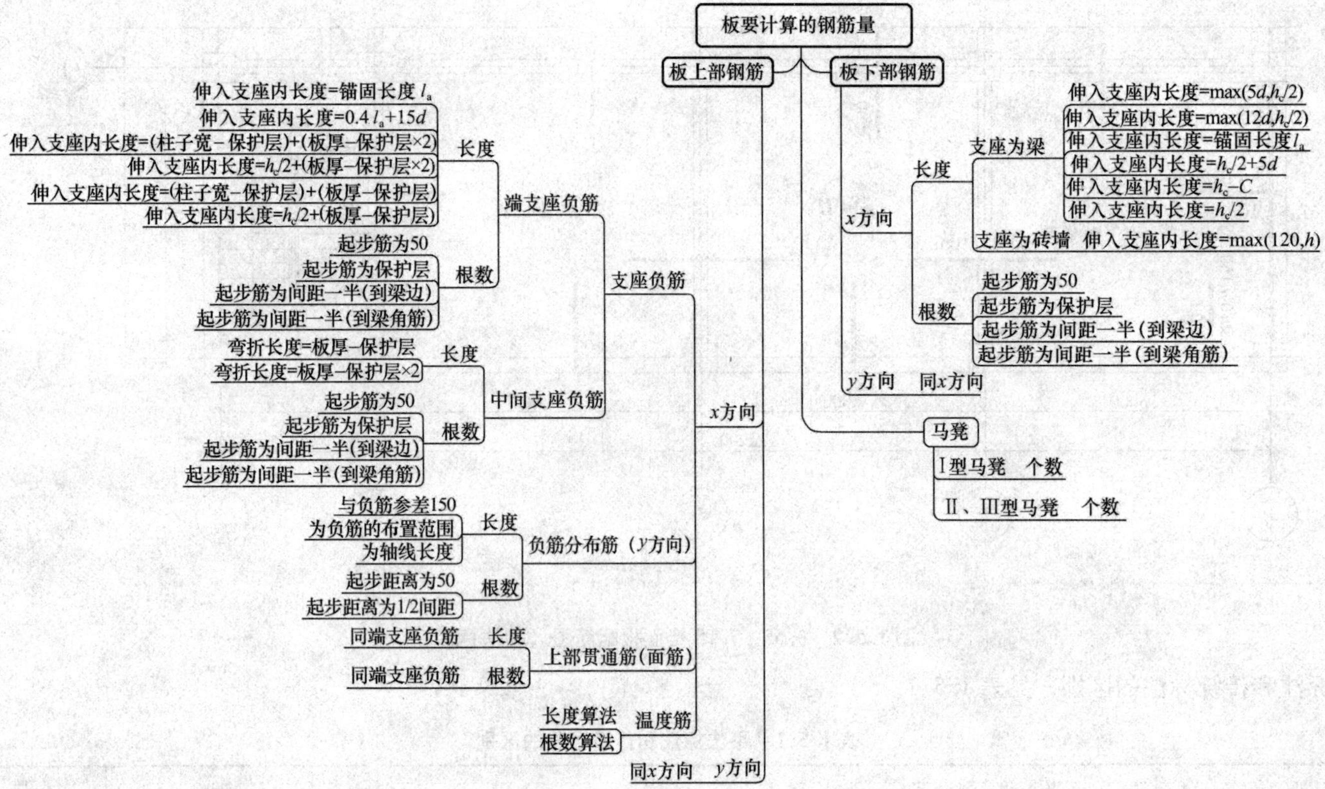

图 1.5.3　板要计算的钢筋量

三、板的钢筋计算原理

(一) 板下部钢筋

1. x 方向

1) 长度计算

(1) 长度公式文字简洁描述

板下部钢筋配置示意图，如图 1.5.4 所示。

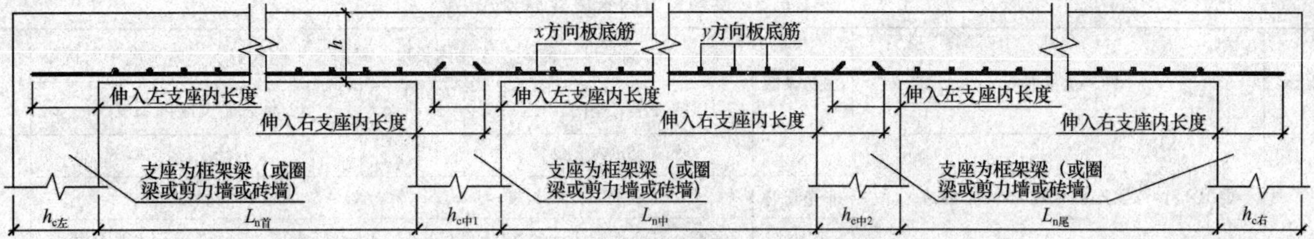

图 1.5.4　板下部钢筋 x 方向长度示意图

底筋 x 方向长度公式文字描述，见表 1.5.2。

表 1.5.2　底筋 x 方向长度公式文字描述

底筋位置	长度公式文字描述	底筋位置	长度公式文字描述
首跨	底筋 x 方向长度 = 伸入左支座内长度 + 首跨净长 + 伸入右支座内长度	尾跨	底筋 x 方向长度 = 伸入左支座内长度 + 尾跨净长 + 伸入右支座内长度
中间跨	底筋 x 方向长度 = 伸入左支座内长度 + 中间跨净长 + 伸入右支座内长度		

(2) 将常用数据代入文字描述公式

在实际工程中，底筋伸入支座内长度有多种情况，如图 1.5.5 所示。

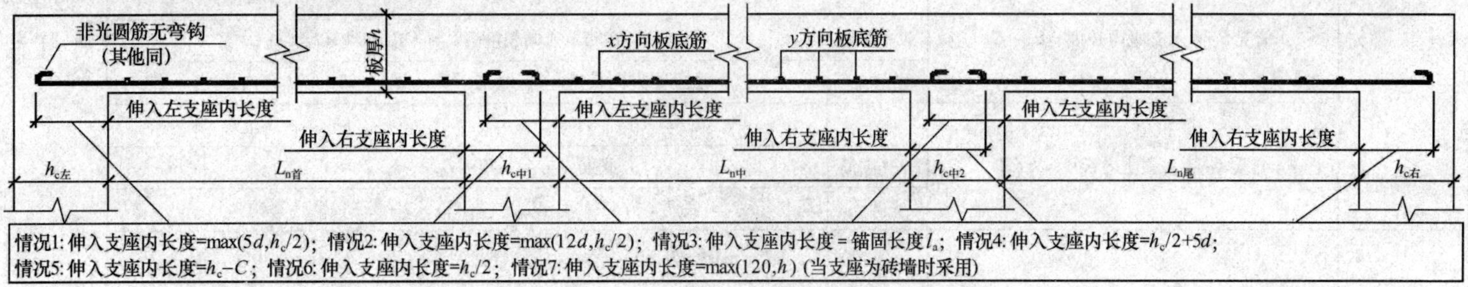

图 1.5.5　板下部钢筋 x 方向长度计算图

支座为框架梁（或圈梁或剪力墙或砖墙）

根据图 1.5.5，推导出 x 方向底筋的长度计算公式，见表 1.5.3。

表 1.5.3　底筋 x 方向长度计算公式

支座判断	伸入支座情况	钢筋级别	底筋 x 方向长度 = 伸入左支座内长度 + 跨净长 + 伸入右支座内长度 + 弯钩			备　注
			伸入左支座内长度	跨净长	伸入右支座内长度	
框架梁、圈梁、剪力墙	情况 1：伸入支座内长度 = $\max(5d,h_c/2)$		$\max(5d,h_{c左}/2)$	L_n	$\max(5d,h_{c右}/2)$	①式中 L_n 代表当前跨净长，$h_{c左}$ 和 $h_{c右}$ 分别代表当前跨的左、右支座。②光圆钢筋要考虑弯钩。
		非光圆筋	底筋 x 方向长度 = $\max(5d,h_{c左}/2)+L_n+\max(5d,h_{c右}/2)$			
		光圆筋	底筋 x 方向长度 = $\max(5d,h_{c左}/2)+L_n+\max(5d,h_{c右}/2)+6.25d\times2$（弯钩）			
	情况 2：伸入支座内长度 = $\max(12d,h_c/2)$		$\max(12d,h_{c左}/2)$	L_n	$\max(12d,h_{c右}/2)$	
		非光圆筋	底筋 x 方向长度 = $\max(12d,h_{c左}/2)+L_n+\max(12d,h_{c右}/2)$			
		光圆筋	底筋 x 方向长度 = $\max(12d,h_{c左}/2)+L_n+\max(12d,h_{c右}/2)+6.25d\times2$（弯钩）			
	情况 3：伸入支座内长度 = l_a		l_a	L_n	l_a	
		非光圆筋	底筋 x 方向长度 = $L_n+l_a\times2$			
		光圆筋	底筋 x 方向长度 = $L_n+l_a\times2+6.25d\times2$（弯钩）			
	情况 4：伸入支座内长度 = $h_c/2+5d$		$h_c/2+5d$	L_n	$h_c/2+5d$	
		非光圆筋	底筋 x 方向长度 = $L_n+(h_c/2+5d)\times2$			
		光圆筋	底筋 x 方向长度 = $L_n+(h_c/2+5d)\times2+6.25d\times2$（弯钩）			
	情况 5：伸入支座内长度 = h_c-C		h_c-C	L_n	h_c-C	
		非光圆筋	底筋 x 方向长度 = $L_n+(h_c-C)\times2$			
		光圆筋	底筋 x 方向长度 = $L_n+(h_c-C)\times2+6.25d\times2$（弯钩）			
	情况 6：伸入支座内长度 = $h_c/2$		$h_c/2$	L_n	$h_c/2$	
		非光圆筋	底筋 x 方向长度 = $L_n+(h_c/2)\times2$			
		光圆筋	底筋 x 方向长度 = $L_n+(h_c/2)\times2+6.25d\times2$（弯钩）			
砖墙	情况 7：伸入支座内长度 = $\max(120,h)$		$\max(120,h)$	L_n	$\max(120,h)$	
		非光圆筋	底筋 x 方向长度 = $L_n+\max(120,h)\times2$			
		光圆筋	底筋 x 方向长度 = $L_n+\max(120,h)\times2+6.25d\times2$（弯钩）			

2）根数计算

底筋 x 方向的根数与第一根钢筋的起步距离以及布筋间距有很大的关系，起步距离可能有多种情况发生，图 1.5.6 和图 1.5.7 分别从平面和剖面的角度解释起步距离和布筋间距。

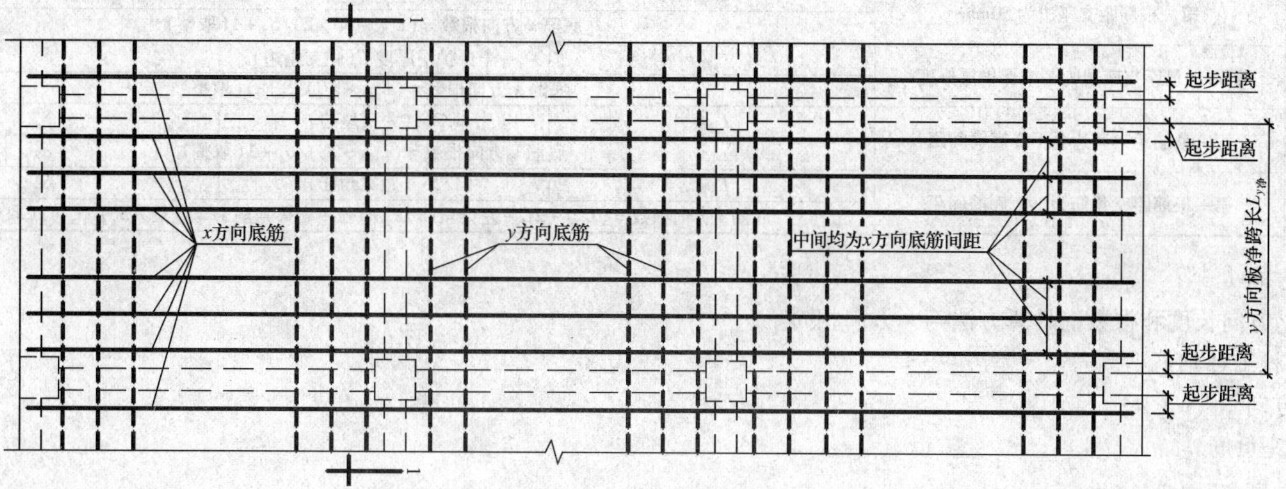

图 1.5.6　板下部钢筋 x 方向根数计算图（平面图）

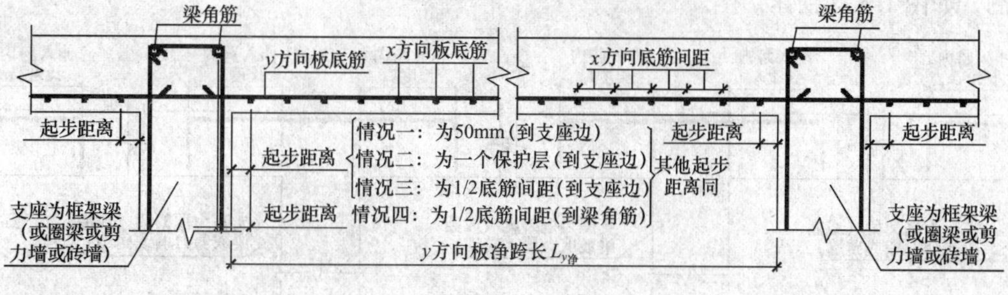

图 1.5.7　板下部钢筋 x 方向根数计算图（1—1 剖面）

根据图 1.5.6 和图 1.5.7，推导出板下部筋 x 方向的计算公式，见表 1.5.4。

表 1.5.4　底筋 x 方向根数计算公式

情况判断	起步距离	底筋 x 方向的根数 =（y 方向板净跨长 − 起步距离 ×2）/x 方向底筋间距 +1（向上取整）		
		y 方向板净跨长	起步距离	底筋 x 方向间距
情况一	第一根筋距支座边为 50mm	$L_{y净}$	50（距支座边）	S_x
		底筋 x 方向根数 =（$L_{y净}$ − 50 ×2）/S_x +1（取整）		
情况二	第一根筋距支座边为一个保护层厚度	$L_{y净}$	一个保护层厚度 C（距支座边）	S_x
		底筋 x 方向根数 =（$L_{y净}$ −2C）/S_x +1（取整）		
情况三	第一根筋距支座边为 1/2 底筋间距	$L_{y净}$	1/2S_x（距支座边）	S_x
		底筋 x 方向根数 =（$L_{y净}$ − S_x）/S_x +1（取整）		
情况四	第一根筋距梁角筋为 1/2 底筋间距	$L_{y净}$	1/2S_x（距梁角筋）	S_x
		底筋 x 方向根数 =（$L_{y净}$ +2C + 左梁角筋 1/2 直径 + 右梁角筋 1/2 直径 − S_x）/S_x +1（取整）		

2. y 方向

底筋 y 方向长度和根数的计算方法与 x 方向相同。

（二）板上部钢筋

1. x 方向

1）支座负筋

（1）长度

① 长度公式文字简洁描述

板支座负筋的示意图，如图 1.5.8 所示。

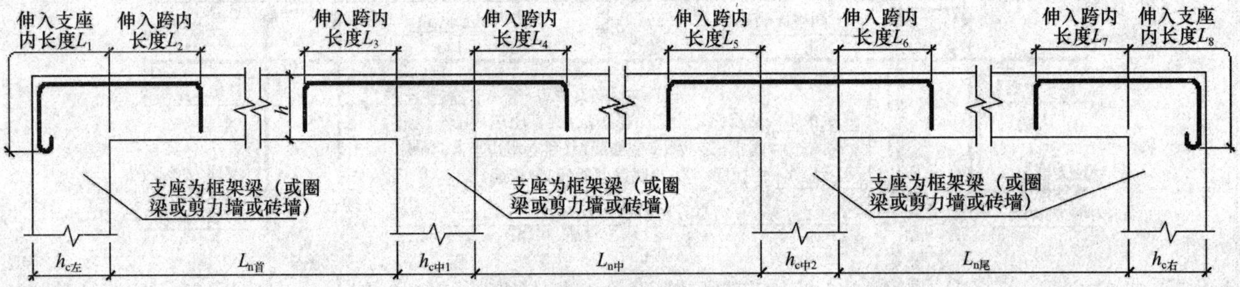

图 1.5.8　板支座负筋示意图

根据图 1.5.8，推导出板支座负筋长度文字描述，见表 1.5.5。

表 1.5.5　板支座负筋长度公式文字描述

左端支座 $h_{c首}$	负筋长度 = 伸入支座内长度 L_1 + 伸入跨内长度 L_2 + 弯折长度	中间支座 $h_{c中2}$	负筋长度 = 伸入跨内长度 L_5 + $h_{c中2}$ + 伸入跨内长度 L_6 + 弯折长度 ×2
中间支座 $h_{c中1}$	负筋长度 = 伸入跨内长度 L_3 + $h_{c中1}$ + 伸入跨内长度 L_4 + 弯折长度 ×2	右端支座 $h_{c尾}$	负筋长度 = 伸入支座内长度 L_8 + 伸入跨内长度 L_7 + 弯折长度

② 将常用数据代入文字描述公式

将规范和常用数据代入图 1.5.8 可得图 1.5.9。

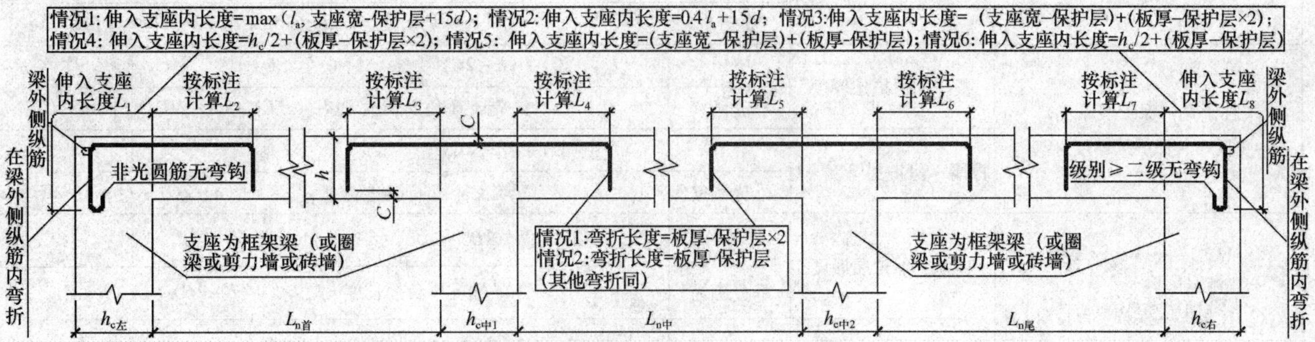

图 1.5.9　板支座负筋长度计算图

根据图 1.5.9，推导出板支座负筋的长度计算公式，见表 1.5.6、表 1.5.7。

表 1.5.6　板端支座负筋长度计算公式表

支　座	伸入支座内长度	弯折长度	钢筋级别	端支座负筋长度 = 伸入支座内长度 L_1 + 伸入跨内长度 L_2 + 弯折长度 + 弯钩		
				伸入支座内长度 L_1	伸入跨内长度 L_2	弯折长度
端支座（以左端支座 $h_{c首}$ 为例）	max(L_a, 支座宽 - 保护层厚度 +15d)	板厚 - 保护层厚度		max(l_a, 支座宽 - 保护层厚度 +15d)	L_2	$h-C$
			非光圆筋	端支座负筋长度 = l_a+L_2+h-C		
			光圆筋	负筋长度 = max(l_a,250) + L_2+h-C + 弯钩 6.25d		
		板厚 - 保护层厚度 ×2		max(L_a, 支座宽 - 保护层厚度 +15d)	L_2	$h-2C$
			非光圆筋	端支座负筋长度 = l_a+L_2+h-2C		
			光圆筋	端支座负筋长度 = max(l_a,250) + L_2+h-2C + 弯钩 6.25d		

续表

支　座	伸入支座内长度	弯折长度	钢筋级别	端支座负筋长度 = 伸入支座内长度 L_1 + 伸入跨内长度 L_2 + 弯折长度		
				伸入支座内长度 L_1	伸入跨内长度 L_2	弯折长度
端支座（以左端支座 $h_{c首}$ 为例）	$0.4l_a+15d$	板厚 - 保护层厚度		$0.4l_a+15d$	L_2	$h-C$
			非光圆筋	端支座负筋长度 $=0.4l_a+15d+L_2+h-C$		
			光圆筋	端支座负筋长度 $=0.4l_a+15d+L_2+h-C+$ 弯钩 $6.25d$		
		板厚 - 保护层厚度 ×2		$0.4l_a+15d$	L_2	$h-2C$
			非光圆筋	端支座负筋长度 $=0.4l_a+15d+L_2+h-2C$		
			光圆筋	端支座负筋长度 $=0.4l_a+15d+L_2+h-2C+$ 弯钩 $6.25d$		
	（柱子宽 - 保护层厚度）+（板厚 - 保护层厚度 ×2）	板厚 - 保护层厚度		$(h_{c首}-C)+(h-2C)$	L_2	$h-C$
			非光圆筋	端支座负筋长度 $=(h_{c首}-C)+(h-2C)+L_2+h-C$		
		板厚 - 保护层厚度 ×2		$(h_{c首}-C)+(h-2C)$	L_2	$h-2C$
			非光圆筋	端支座负筋长度 $=(h_{c首}-C)+(h-2C)+L_2+h-2C$		
	$h_c/2$ +（板厚 - 保护层厚度 ×2）	板厚 - 保护层厚度		$h_{c首}/2+(h-2C)$	L_2	$h-C$
			非光圆筋	端支座负筋长度 $=h_{c首}/2+(h-2C)+L_2+h-C$		
		板厚 - 保护层厚度 ×2		$h_{c首}/2+(h-2C)$	L_2	$h-2C$
			非光圆筋	端支座负筋长度 $=h_{c首}/2+(h-2C)+L_2+h-2C$		
	（柱子宽 - 保护层厚度）+（板厚 - 保护层厚度）	板厚 - 保护层厚度		$(h_{c首}-C)+(h-C)$	L_2	$h-C$
			非光圆筋	端支座负筋长度 $=(h_{c首}-C)+(h-C)+L_2+h-C$		
		板厚 - 保护层厚度 ×2		$(h_{c首}-C)+(h-C)$	L_2	$h-2C$
			非光圆筋	端支座负筋长度 $=(h_{c首}-C)+(h-C)+L_2+h-2C$		
	$h_c/2$ +（板厚 - 保护层厚度）	板厚 - 保护层厚度		$h_{c首}/2+(h-C)$	L_2	$h-C$
			非光圆筋	端支座负筋长度 $=h_c/2+(h-C)+L_2+h-C$		
		板厚 - 保护层厚度 ×2		$h_{c首}/2+(h-C)$	L_2	$h-2C$
			非光圆筋	端支座负筋长度 $=h_c/2+(h-C)+L_2+h-2C$		

表 1.5.7　板中间支座负筋长度计算公式表

支　座	弯折长度	中间支座负筋长度 = 伸入左跨内长度 L_3 + $h_{c中1}$ + 伸入右跨内长度 L_4 + 弯折长度 ×2			
		伸入左跨内长度 L_3	$h_{c中1}$	伸入右跨内长度 L_4	弯折长度
中间支座（以 $h_{c中1}$ 为例）	板厚 - 保护层厚度	L_3	$h_{c中1}$	L_4	$h-C$
		中间支座负筋长度 = $L_3+h_{c中1}+L_4+(h-C)\times2$			
	板厚 - 保护层厚度 ×2	L_3	$h_{c中1}$	L_4	$h-2C$
		中间支座负筋长度 = $L_3+h_{c中1}+L_4+(h-2C)\times2$			

③ 根数

板支座负筋的根数计算，如图 1.5.10、图 1.5.11 所示。

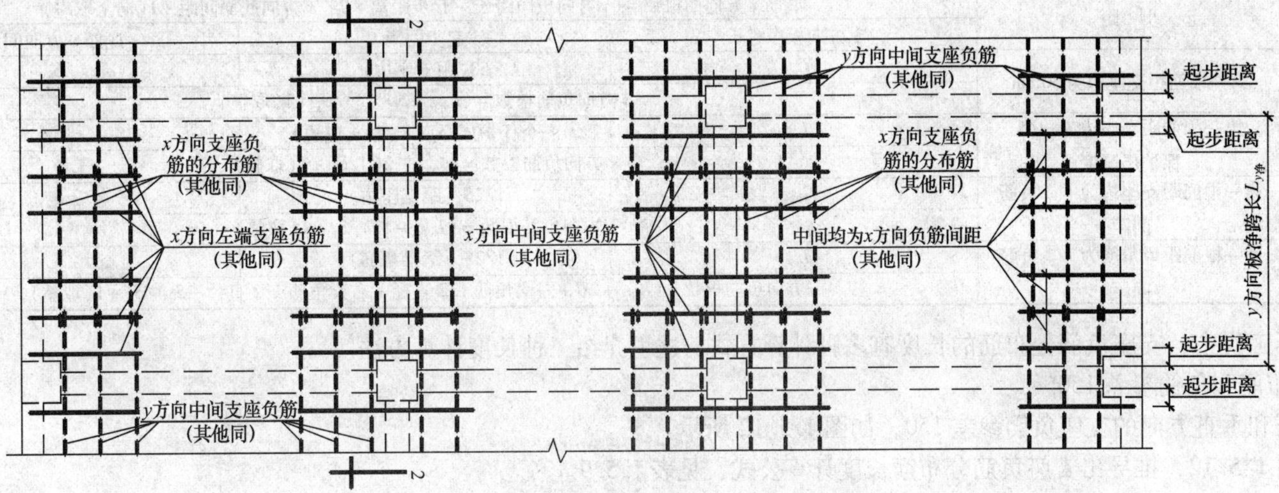

图 1.5.10　板支座负筋 x 方向根数计算图（平面图）

根据图 1.5.10 和图 1.5.11，推导出板支座负筋的根数计算公式，见表 1.5.8。

2）支座负筋的分布筋

（1）长度

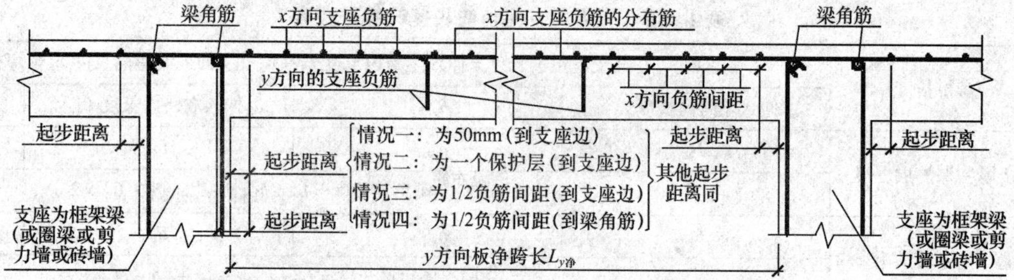

图 1.5.11　板支座负筋 x 方向根数计算图（2—2 剖面）

表 1.5.8　板支座负筋根数计算公式

情况判断	起　步　距　离	底筋 x 方向的根数 =（y 方向板净跨长 − 起步距离 ×2）/x 方向底筋间距 +1（向上取整）		
		y 方向板净跨长	起步距离	底筋 x 方向间距
情况一	第一根筋距支座边为 50mm	$L_{y净}$	50（距支座边）	S_x
		x 方向负筋根数 =$(L_{y净} - 50\times2)/S_x + 1$（取整）		
情况二	第一根筋距支座边为一个保护层厚度	$L_{y净}$	一个保护层厚度 C（距支座边）	S_x
		x 方向负筋根数 =$(L_{y净} - 2C)/S_x + 1$（取整）		
情况三	第一根筋距支座边为 1/2 负筋间距	$L_{y净}$	$1/2S_x$（距支座边）	S_x
		x 方向负筋根数 =$(L_{y净} - S_x)/S_x + 1$（取整）		
情况四	第一根筋距梁角筋为 1/2 负筋间距	$L_{y净}$	$1/2S_x$（距梁角筋）	S_x
		x 方向负筋根数 =（$L_{y净}$ +2C + 左梁角筋 1/2 直径 + 右梁角筋 1/2 直径 − S_x）/S_x +1（取整）		

在实际工程中，支座负筋分布筋的长度有多种计算方式，这里介绍三种长度计算方法。

① 分布筋和负筋参差 150

分布筋和垂直方向的支座负筋参差 150，如图 1.5.12 所示。

根据图 1.5.12，推导出支座负筋分布筋长度计算公式，见表 1.5.9。

表 1.5.9　板支座负筋长度计算公式表（分布筋与负筋参差 150）

分布筋和负筋参差 150	分布筋长度 = 轴线距离 − 上下轴线到支座边的距离（下）− 上下 y 方向负筋伸入支座内的净长 +150×2		
	轴 线 距 离	上下轴线到支座边的距离（下）	上下 y 方向负筋伸入支座内的净长
	ZJ	$L_1 + L'_1$	$L_2 + L'_2$
	分布筋长度 $L = ZJ - (L_1 + L'_1) - (L_2 + L'_2) + 150\times2$		

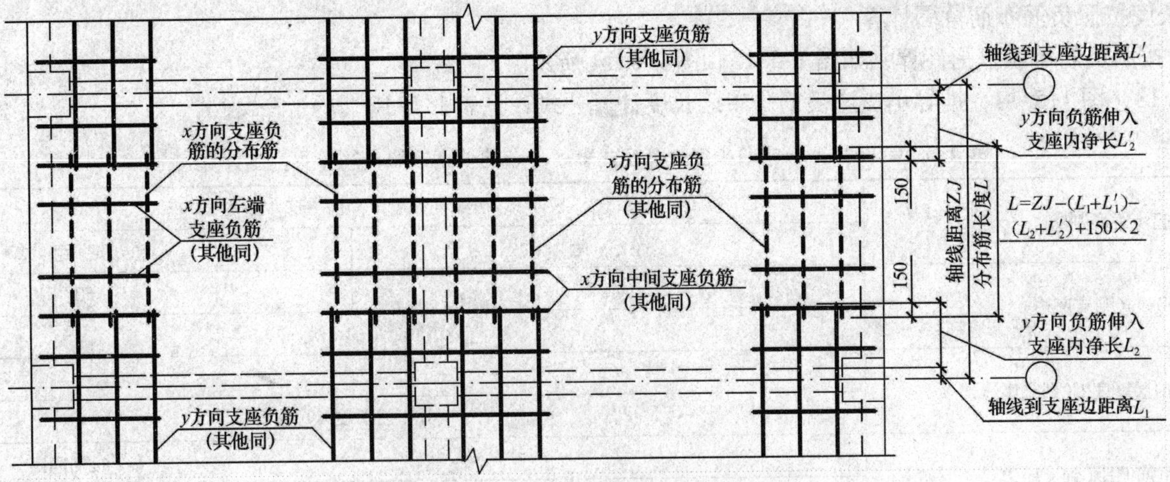

图 1.5.12　x 方向负筋的分布筋长度计算图
（分布筋和 y 方向负筋参差 150）

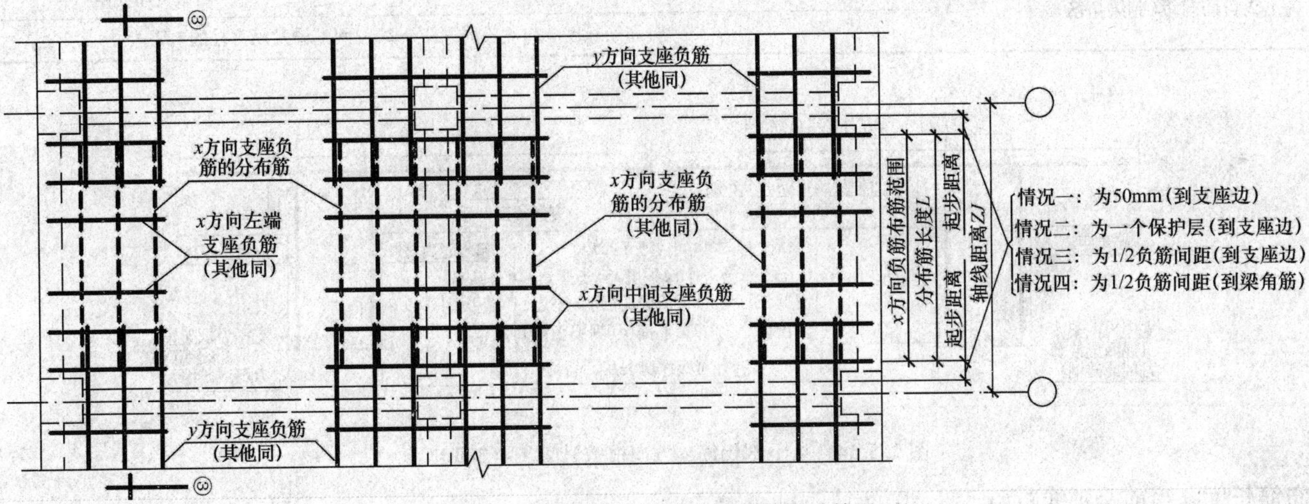

图 1.5.13　x 方向负筋的分布筋长度计算图
（分布筋长度按照负筋布置范围计算）

② 分布筋长度按照负筋布筋范围计算

分布筋长度按照负筋布筋范围计算，如图 1.5.13、图 1.5.14 所示。

根据图 1.5.13、图 1.5.14，推导出支座负筋分布筋长度计算公式，见表 1.5.10（a）。

表 1.5.10（a）　分布筋长度计算公式表（分布筋长度按照负筋布置范围计算）

起步距离判断	分布筋长度 = 净跨 − 起步距离 ×2	
	净　跨	起　步　距　离
为 50mm（到支座边）	L_n	50
	分布筋长度 $=L_n-50\times2$	
为一个保护层厚度 C（到支座边）	L_n	C
	分布筋长度 $=L_n-2C$	
为 1/2 负筋间距（到支座边）	L_n	1/2 负筋间距
	分布筋长度 $=L_n-$ 负筋间距	
为 1/2 负筋间距（到梁角筋）	L_n	1/2 负筋间距
	分布筋长度 $=L_n-$ 负筋间距 $+2C+$ 两端梁角筋直径的 1/2	

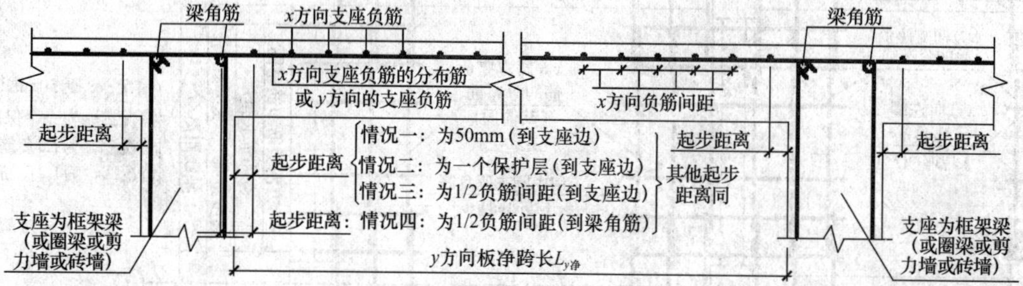

图 1.5.14　板下部钢筋 x 方向根数计算图（3-3 剖面）

③ 分布筋长度 = 当前跨轴线距离

分布筋长度 = 当前跨轴线距离，如图 1.5.15 所示。

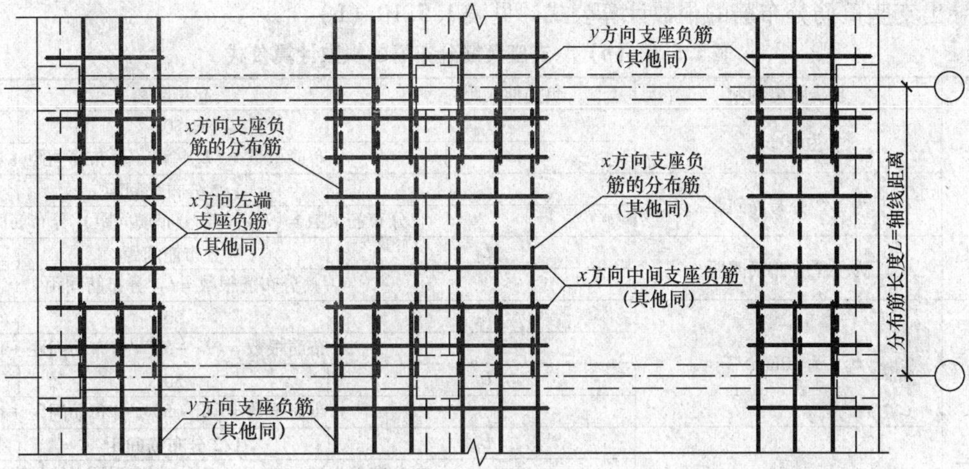

图 1.5.15　x 方向负筋的分布筋长度计算图

（分布筋长度 = 当前跨轴线距离）

（2）根数

分布筋的根数与负筋伸入板内的长度、起步距离、分布筋的间距有关，如图 1.5.16 所示。

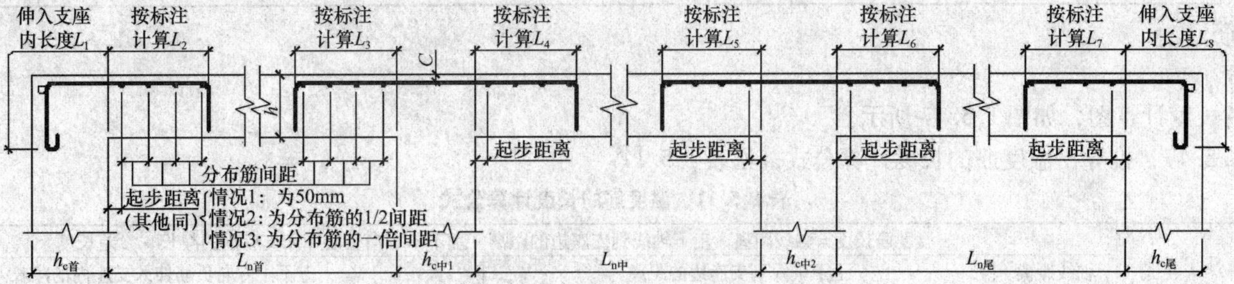

图 1.5.16　板支座负筋的分布筋根数计算图

根据图 1.5.16，推导出支座负筋分布筋的根数计算公式，见表 1.5.10（b）。

表 1.5.10（b）　支座负筋分布筋的根数计算公式

	起步距离判断	负筋伸入跨内净长	起步距离	分布筋间距
端支座负筋（以左端支座 $h_{c首}$ 为例）	为 50mm	L_2	50	分布筋间距
		分布筋根数 = (L_2-50)/分布筋间距 + 1		
	为 1/2 分布筋间距	L_2	1/2 分布筋间距	分布筋间距
		分布筋根数 = $(L_2-1/2$ 分布筋间距)/分布筋间距 + 1		
	为一个分布筋间距	L_2	分布筋间距	分布筋间距
		分布筋根数 = L_2/分布筋间距		
中间支座（以中间支座 $h_{c中1}$ 为例）	为 50mm	L_3	50	分布筋间距
		分布筋根数 = (L_3-50)/分布筋间距 + 1		
		L_4	50	分布筋间距
		分布筋根数 = (L_4-50)/分布筋间距 + 1		
	为 1/2 分布筋间距	L_3	1/2 分布筋间距	分布筋间距
		分布筋根数 = $(L_3-1/2$ 分布筋间距)/分布筋间距 + 1		
		L_4	1/2 分布筋间距	分布筋间距
		分布筋根数 = $(L_4-1/2$ 分布筋间距)/分布筋间距 + 1		
	为一个分布筋间距	L_3	分布筋间距	分布筋间距
		分布筋根数 = L_3/分布筋间距		
		L_4	分布筋间距	分布筋间距
		分布筋根数 = L_4/分布筋间距		

3）温度筋

(1) 长度

温度筋的长度计算图，如图 1.5.17 所示。

根据图 1.5.17，推导出温度筋的长度计算公式，见表 1.5.11。

表 1.5.11　温度筋的长度计算公式

温度筋和负筋参差 150	温度筋长度 = 轴线距离 − 上下轴线到支座边的距离 − 上下 y 方向负筋伸入支座内的净长 + 参差长度 ×2		
	轴线距离	上下轴线到支座边的距离	上下 y 方向负筋伸入支座内的净长
	ZJ	$L_1+L'_1$	$L_2+L'_2$
	温度筋长度 $L=ZJ-(L_1+L'_1)-(L_2+L'_2)+150\times2$		

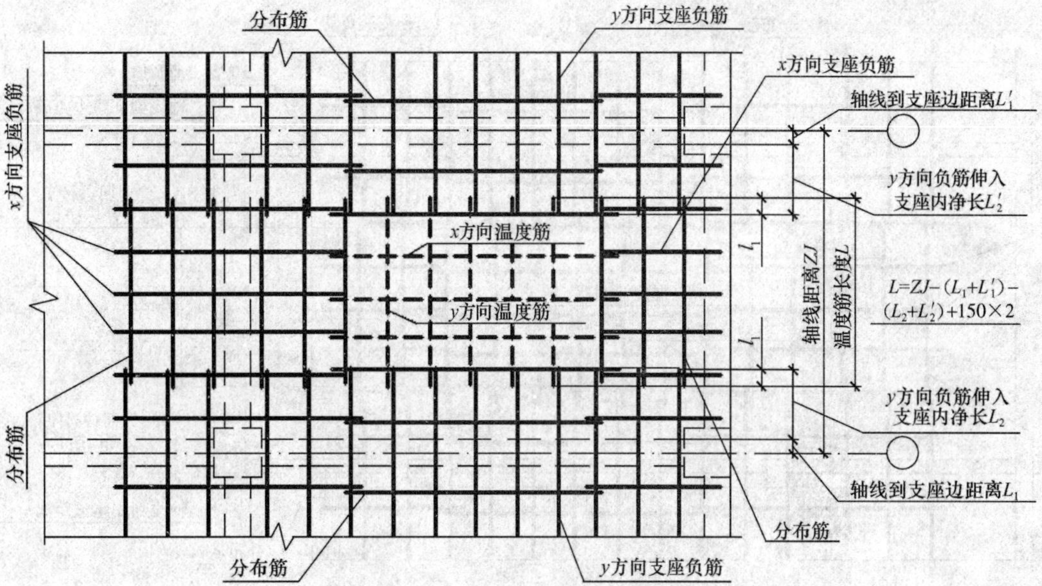

图 1.5.17　温度筋长度计算图

（2）根数

温度筋根数计算示意图，如图 1.5.18 所示。

根据图 1.5.18，推导出温度筋根数计算公式，见表 1.5.12。

表 1.5.12　温度筋根数计算公式

<table>
<tr><td colspan="4">x 方向温度筋根数 = y 方向无负筋区 L/温度筋间距 - 1</td><td>备　注</td></tr>
<tr><td colspan="3">y 方向无负筋区 L = 轴线距离 - 两边轴线到支座边的距离 - 两边 y 方向负筋伸入支座内的净长</td><td>温度筋间距</td><td rowspan="5">y 方向
计算方法相同</td></tr>
<tr><td>轴线距离</td><td>两边轴线到支座边的距离</td><td>两边 y 方向负筋伸入支座内的净长</td><td rowspan="3">温度筋间距</td></tr>
<tr><td>ZJ</td><td>$L_1 + L'_1$</td><td>$L_2 + L'_2$</td></tr>
<tr><td colspan="3">y 方向无负筋区 $L = ZJ - (L_1 + L'_1) - (L_2 + L'_2)$</td></tr>
<tr><td colspan="4">x 方向温度筋根数 $= ZJ - (L_1 + L'_1) - (L_2 + L'_2)$/温度筋间距 - 1</td></tr>
</table>

4）板上部贯通筋（面筋）

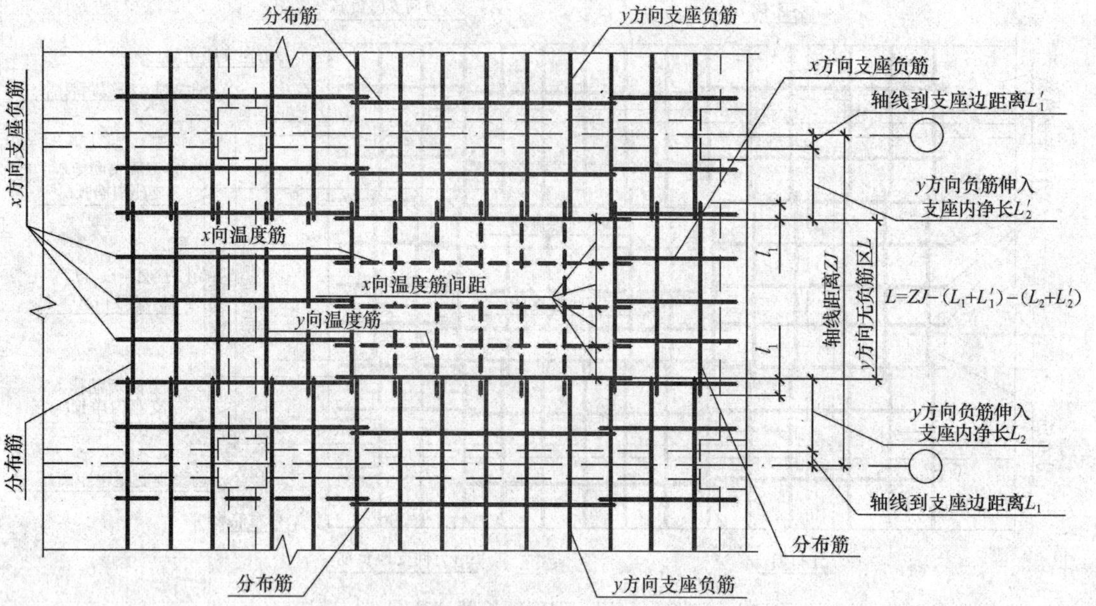

图 1.5.18　温度筋根数计算图

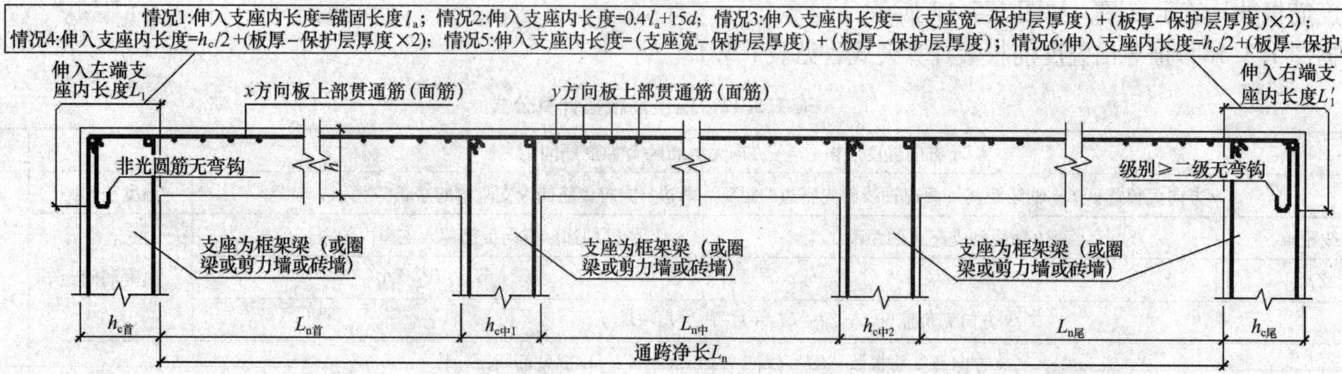

图 1.5.19　板上部贯通筋长度计算图

(1) 长度

板上部贯通筋长度计算及连接，如图 1.5.19、图 1.5.20 所示。

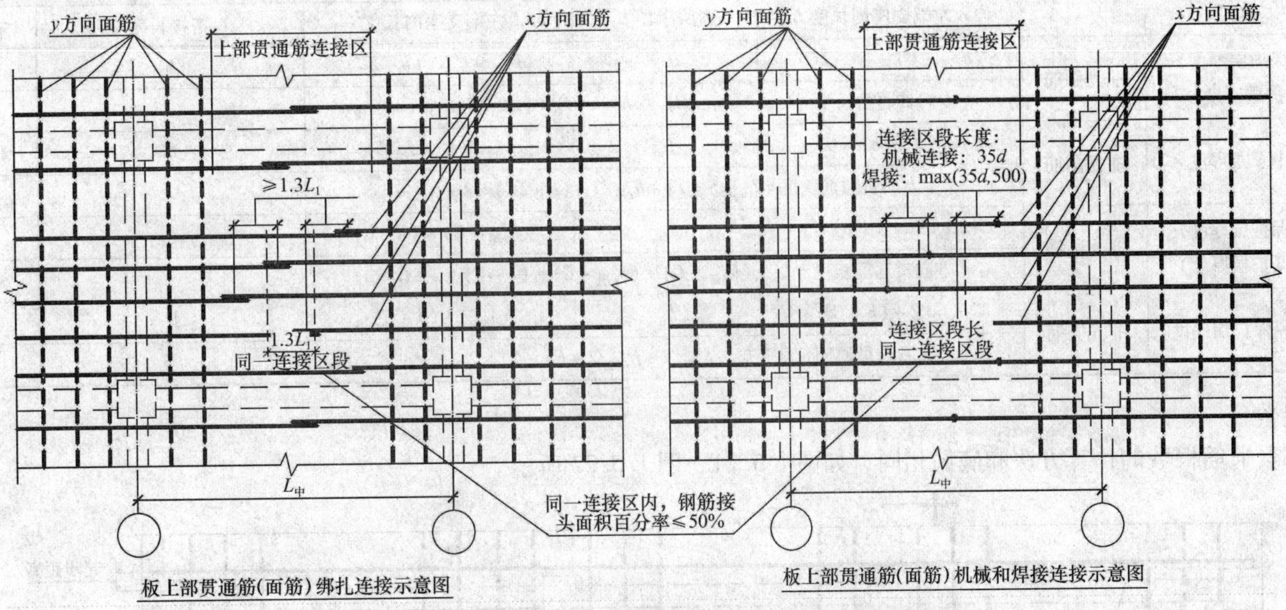

图 1.5.20　板上部贯通筋（面筋）绑扎连接、机械和焊接连接示意图

根据图 1.5.19 和图 1.5.20，推导出板上部贯通筋的计算公式，见表 1.5.13。

表 1.5.13　板上部贯通筋长度计算公式

伸入支座内长度判断	钢筋级别	x 方向贯通筋长度 = 伸入左端支座内长度 L_1 + 通跨净长 L_n + 伸入左端支座内长度 L'_1 + 搭接长度 × 搭接个数 + 弯钩(非光圆筋无弯钩)				
		伸入左端支座内长度 L_1	通跨净长 L_n	伸入左端支座内长度 L'_1	搭接长度	搭接个数
锚固长度 l_a		l_a	L_n	l_a	l_1(取值参考表 1.1.1)	n
	非光圆筋	x 方向贯通筋长度 $= L_n + l_a \times 2 + l_1 \cdot n$				
	光圆筋	x 方向贯通筋长度 $= L_n + l_a \times 2 +$ 弯钩 $6.25d \times 2 + l_1 \cdot n$			l_1	n
$0.4l_a + 15d$		$0.4l_a + 15d$	L_n	$0.4l_a + 15d$		
	非光圆筋	x 方向贯通筋长度 $= L_n + (0.4l_a + 15d) \times 2 + l_1 \cdot n$			l_1	n
	光圆筋	x 方向贯通筋长度 $= L_n + (0.4l_a + 15d) \times 2 +$ 弯钩 $6.25d \times 2 + l_1 \cdot n$				

续表

伸入支座内长度判断	钢筋级别	x方向贯通筋长度＝伸入左端支座内长度 L_1＋通跨净长 L_n＋伸入左端支座内长度 L'_1＋搭接长度×搭接个数＋弯钩(非光圆筋无弯钩)				
		伸入左端支座内长度 L_1	通跨净长 L_n	伸入左端支座内长度 L'_1	搭接长度	搭接个数
(柱子宽－保护层厚度)＋(板厚－保护层厚度×2)	非光圆筋	$(h_{c首}-C)+(h-2C)$	L_n	$(h_{c尾}-C)+(h-2C)$	l_1	n
		x方向贯通筋长度$=L_n+(h_{c首}-C)+(h_{c尾}-C)+(h-2C)\times2+l_1\cdot n$				
$h_c/2$＋(板厚－保护层厚度×2)	非光圆筋	$h_{c首}/2+(h-2C)$	L_n	$h_{c尾}/2+(h-2C)$	l_1	n
		x方向贯通筋长度$=L_n+h_{c首}/2+h_{c尾}/2+(h-2C)\times2+l_1\cdot n$				
(柱子宽－保护层厚度)＋(板厚－保护层厚度)	非光圆筋	$(h_{c首}-C)+(h-C)$	L_n	$(h_{c尾}-C)+(h-C)$	l_1	n
		x方向贯通筋长度$=L_n+(h_{c首}-C)+(h_{c尾}-C)+(h-C)\times2+l_1\cdot n$				
$h_c/2$＋(板厚－保护层厚度)	非光圆筋	$h_{c首}/2+(h-C)$	L_n	$h_{c尾}/2+(h-C)$	l_1	n
		x方向贯通筋长度$=L_n+h_{c首}/2+h_{c尾}/2+(h-C)\times2+l_1\cdot n$				

（2）根数

板上部贯通筋根数的计算方法和底筋相同，如图 1.5.21、图 1.5.22 所示。

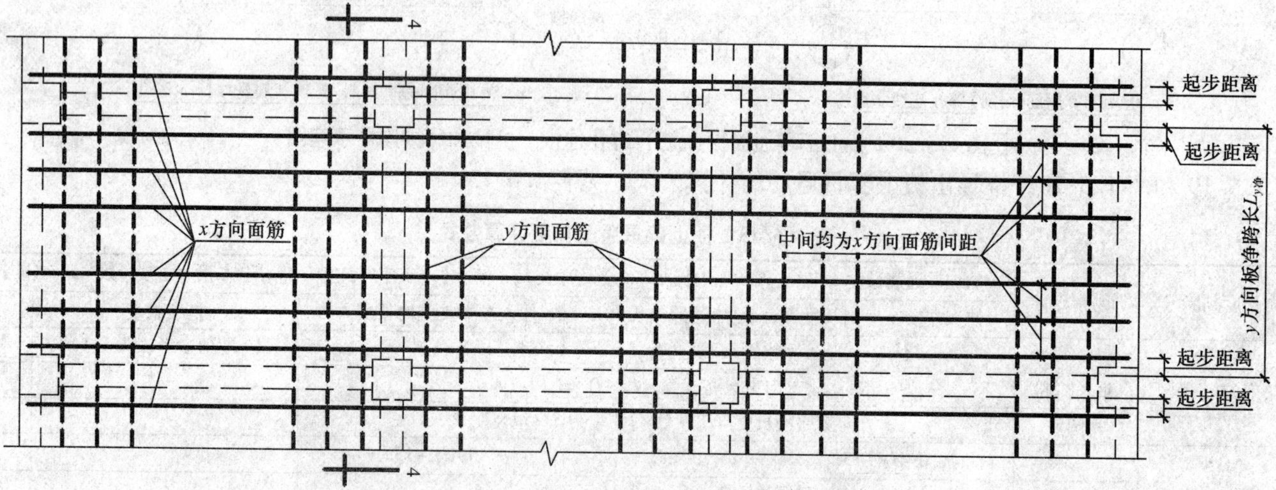

图 1.5.21　板上部贯通筋 x 方向根数计算图（平面图）

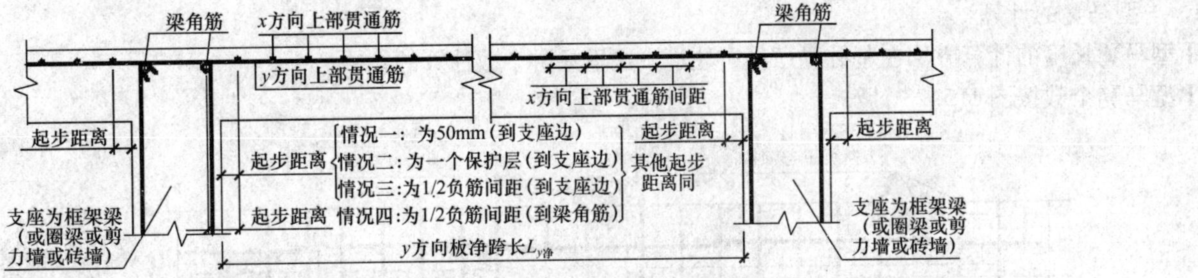

图 1.5.22　板上部贯通筋 x 方向根数计算图（4-4 剖面）

根据图 1.5.21 和图 1.5.22，推导出板上部贯通筋根数计算公式，见表 1.5.14。

表 1.5.14　板上部贯通筋根数计算公式

情况判断	起步距离	面筋 x 方向的根数 = (y 方向板净跨长 − 起步距离 ×2)/x 方向面筋间距 +1		
		y 方向板净跨长	起步距离	面筋 x 方向间距
情况一	第一根筋距支座边为 50mm	$L_{y净}$	50(距支座边)	S_x
		面筋 x 方向根数 = $(L_{y净} - 50\times2)/S_x + 1$		
情况二	第一根筋距支座边为一个保护层厚度	$L_{y净}$	一个保护层厚度 C(距支座边)	S_x
		面筋 x 方向根数 = $(L_{y净} - 2C)/S_x + 1$		
情况三	第一根筋距支座边为 1/2 负筋间距	$L_{y净}$	$1/2S_x$(距支座边)	S_x
		面筋 x 方向根数 = $(L_{y净} - S_x)/S_x + 1$		
情况四	第一根筋距梁角筋为 1/2 负筋间距	$L_{y净}$	$1/2S_x$(距梁角筋)	S_x
		面筋 x 方向根数 = ($L_{y净}$ + 2C + 左梁角筋 1/2 直径 + 右梁角筋 1/2 直径 − S_x)/S_x + 1		

2. y 方向

y 方向的钢筋算法与 x 方向相同。

（三）板的马凳

板上部有贯通筋或者没有上部贯通筋但有温度筋的马凳布置情况和筏形基础情况马凳的计算方法相同，这里只讲板上部只有负筋没有温度筋马凳的计算方法。

1. Ⅰ型马凳的计算

Ⅰ型马凳长度的计算方法在基础里已经讲述过，这里只讲个数计算的方法。

Ⅰ型马凳个数按图 1. 5. 23 计算。

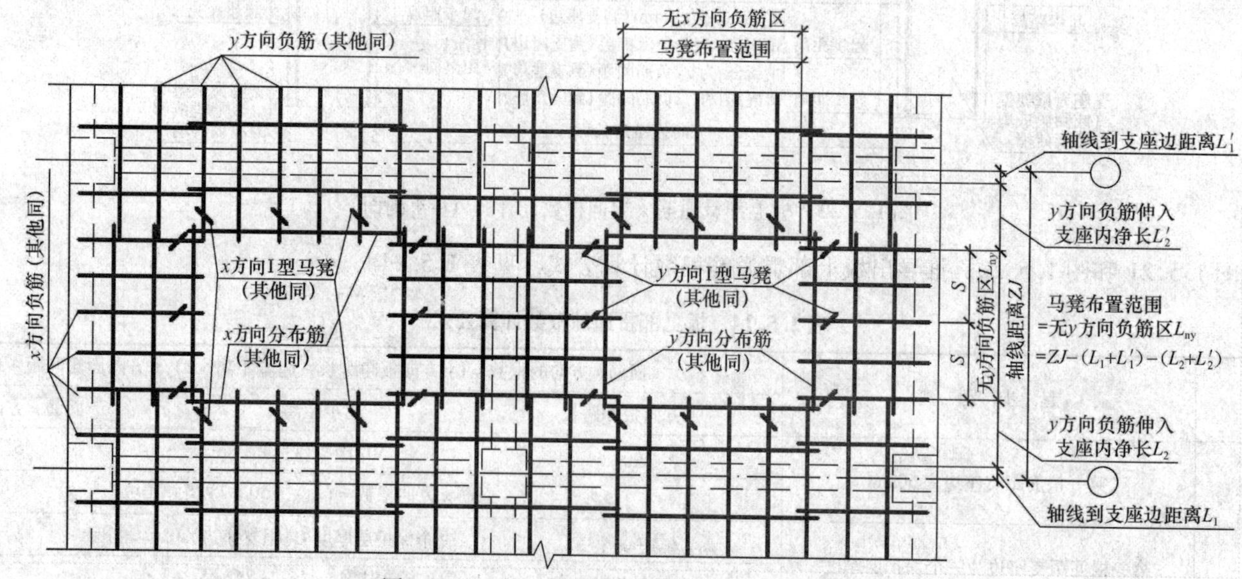

图 1. 5. 23　板上部仅有负筋情况Ⅰ型马凳布置图

根据图 1. 5. 23，推导出Ⅰ型马凳个数计算公式，见表 1. 5. 15。

表 1. 5. 15　Ⅰ型马凳个数计算公式

马凳总个数 = y 方向总个数 + x 方向总个数					
y 方向总个数 = y 向每排个数 × 排数					x 方向总个数
y 方向每排个数 = 无 y 向负筋区 L_{ny}/马凳间距 + 1				排数	
无 y 方向负筋区 L_{ny} = 轴线距离 − 两边轴线到支座边的距离 − 两边 y 方向负筋伸入支座的净长			马凳间距		
轴线距离	两边轴线到支座边的距离	两边 y 方向负筋伸入支座的净长			
ZJ	$L_1+L'_1$	$L_2+L'_2$	S	根据实际情况确定	计算方法同 y 方向
无 y 方向负筋区 $L_{ny}=ZJ-(L_1+L'_1)-(L_2+L'_2)$					
y 方向每排个数 $=[ZJ-(L_1+L'_1)-(L_2+L'_2)/S]+1$					
y 方向总个数 = y 向每排个数 × 排数					

2. Ⅱ、Ⅲ型马凳的计算

Ⅱ、Ⅲ型马凳长度的计算方法和基础层相同，这里只讲个数计算的方法。

Ⅱ、Ⅲ型马凳个数按图 1.5.24 计算。

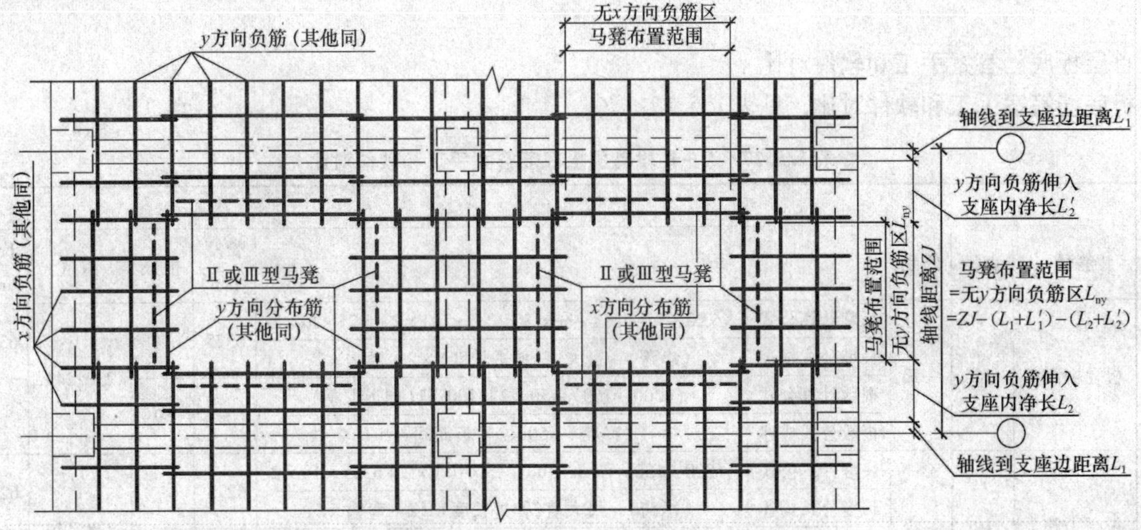

图 1.5.24　板上部仅有负筋情况Ⅱ、Ⅲ型马凳布置图

根据图 1.5.24，推导出Ⅱ、Ⅲ型马凳个数计算公式，见表 1.5.16。

表 1.5.16　Ⅱ、Ⅲ型马凳个数计算公式

<table>
<tr><td colspan="6">马凳总个数 = y 方向总个数 + x 方向总个数</td></tr>
<tr><td colspan="5">y 方向总个数 = y 方向每排个数 × 排数</td><td rowspan="2">x 方向总个数</td></tr>
<tr><td colspan="4">y 方向每排个数 = 无 y 方向负筋区 L_{ny}/单个马凳长度</td><td rowspan="2">排数</td></tr>
<tr><td colspan="3">无 y 方向负筋区 L_{ny} = 轴线距离 − 两边轴线到支座边的距离 − 两边 y 方向负筋伸入支座的净长</td><td>单个马凳长度</td><td rowspan="5">计算方法同 y 方向</td></tr>
<tr><td>轴线距离</td><td>两边轴线到支座边的距离</td><td>两边 y 方向负筋伸入支座的净长</td><td rowspan="3">l_1</td><td rowspan="4">根据实际情况确定</td></tr>
<tr><td>ZJ</td><td>$L_1 + L'_1$</td><td>$L_2 + L'_2$</td></tr>
<tr><td colspan="3">无 y 方向负筋区 $L_{ny} = ZJ - (L_1 + L'_1) - (L_2 + L'_2)$</td></tr>
<tr><td colspan="4">y 方向每排个数 = $[ZJ - (L_1 + L'_1) - (L_2 + L'_2)]/l_1$（取整）</td></tr>
</table>

四、1号写字楼板钢筋答案手工和软件对比

(一) 首层

1. 板底筋

(1) A～B段首层板底筋答案手工和软件对比

A～B段首层板底筋答案手工和软件对比，见表1.5.17。

表1.5.17　A～B段首层板底筋答案手工和软件对比

手工答案										软件答案		
钢筋位置	筋方向	筋号	直径	级别	公式		长度(mm)	根数	重量	长度(mm)	根数	重量
1～2/A～B	x方向	板受力筋1	10	一级	长度计算公式	(6000+50−150)+max(300/2,5×10)×2+6.25×10×2	6325		230.249	6325		230.249
					长度公式描述	(净跨)+最大值(伸进长度)×2+弯钩×2						
					根数计算公式	[(6000−150)−50×2]/100+1(向上取整)		59			59	
					根数公式描述	[(净跨)−50×2]/板筋间距+1						
	y方向	板受力筋1	10	一级	长度计算公式	(6000−150)+max(300/2,5×10)×2+6.25×10×2	6275		228.429	6275		228.429
					长度公式描述	(净跨)+最大值(伸进长度)×2+弯钩×2						
					根数计算公式	[(6000+50−150)−50×2]/100+1		59			59	
					根数公式描述	[(净跨)−50×2]/板筋间距+1						
2～3/A～B	x方向	板受力筋1	10	一级	长度计算公式	(6000−150−150)+max(300/2,5×10)×2+6.25×10×2	6125		222.968	6125		222.968
					长度公式描述	(净跨)+最大值(伸进长度)×2+弯钩×2						
					根数计算公式	[(6000−150)−50×2]/100+1(向上取整)		59			59	
					根数公式描述	[(净跨)−50×2]/板筋间距+1						
	y方向	板受力筋1	10	一级	长度计算公式	(6000−150)+max(300/2,5×10)×2+6.25×10×2	6275		220.685	6275		220.685
					长度公式描述	(净跨)+最大值(伸进长度)×2+弯钩×2						
					根数计算公式	[(6000−150−150)−50×2]/100+1		57			57	
					根数公式描述	[(净跨)−50×2]/板筋间距+1						

续表

钢筋位置	筋方向	筋号	直径	级别	公式		长度(mm)	根数	重量	软件答案 长度(mm)	根数	重量
3~4/A~B	x方向	板受力筋1	10	一级	长度计算公式	(6900-150-150)+max(300/2,5×10)×2+6.25×10×2	7025	49	212.387	7025	49	212.387
					长度公式描述	(净跨)+最大值(伸进长度)×2+弯钩×2						
					根数计算公式	[(6000-150)-50×2]/120(向上取整)+1						
					根数公式描述	[(净跨)-50×2]/板筋间距+1						
	y方向	板受力筋1	12	一级	长度计算公式	(6000-150)+max(300/2,5×12)×2+6.25×12×2	6300	66	369.23	6300	66	369.23
					长度公式描述	(净跨)+最大值(伸进长度)×2+弯钩×2						
					根数计算公式	[(6900-150-150)-50×2]/100+1						
					根数公式描述	[(净跨)-50×2]/板筋间距+1						

(2) A~C段首层板底筋答案手工和软件对比

A~C段首层板底筋答案手工和软件对比，见表1.5.18。

表1.5.18 A~C段首层板底筋答案手工和软件对比

钢筋位置	筋方向	筋号	直径	级别	公式		长度(mm)	根数	重量	软件答案 长度(mm)	根数	重量
5~6/A~C	x方向	板受力筋1	8	一级	长度计算公式	(3000-350-150)+max(300/2,5×8)×2+6.25×8×2	2900	89	101.95	2900	89	101.95
					长度公式描述	(净跨)+最大值(伸进长度)×2+弯钩×2						
					根数计算公式	[(9000-150)-50×2]/100(向上取整)+1						
					根数公式描述	[(净跨)-50×2]/板筋间距+1						
	y方向	板受力筋1	8	一级	长度计算公式	(9000-150)+max(300/2,5×8)×2+6.25×8×2	9250	17	64.37	9250	17	64.37
					长度公式描述	(净跨)+最大值(伸进长度)×2+弯钩×2						
					根数计算公式	[(3000-350-150)-50×2]/150+1						
					根数公式描述	[(净跨)-50×2]/板筋间距+1						

续表

手工答案										软件答案		
钢筋位置	筋方向	筋号	直径	级别	公式		长度(mm)	根数	重量	长度(mm)	根数	重量
6~7/A~C	x方向	板受力筋1	10	一级	长度计算公式	(6000-150-150)+max(300/2,5×10)×2+6.25×10×2	6125		336.342	6125		336.342
					长度公式描述	(净跨)+最大值(伸进长度)×2+弯钩×2						
					根数计算公式	[(9000-150)-50×2]/100(向上取整)+1		89			89	
					根数公式描述	[(净跨)-50×2]/板筋间距+1						
	y方向	板受力筋1	10	一级	长度计算公式	(9000-150)+max(300/2,5×10)×2+6.25×10×2	9275		326.192	9275		326.192
					长度公式描述	(净跨)+最大值(伸进长度)×2+弯钩×2						
					根数计算公式	[(6000-150-150)-50×2]/100+1		57			57	
					根数公式描述	[(净跨)-50×2]/板筋间距+1						

(3) B~C段首层板底筋答案手工和软件对比

B~C段首层板底筋答案手工和软件对比，见表1.5.19。

表1.5.19 B~C段首层板底筋答案手工和软件对比

手工答案										软件答案		
钢筋位置	筋方向	筋号	直径	级别	公式		长度(mm)	根数	重量	长度(mm)	根数	重量
1~2/B~C	x方向	板受力筋1	8	一级	长度计算公式	(6000+50-150)+max(300/2,5×8)×2+6.25×8×2	6300		47.282	6300		47.282
					长度公式描述	(净跨)+最大值(伸进长度)×2+弯钩×2						
					根数计算公式	[(3000-150-150)-50×2]/150(向上取整)+1		19			19	
					根数公式描述	[(净跨)-50×2]/板筋间距+1						
	y方向	板受力筋1	8	一级	长度计算公式	(3000-150-150)+max(300/2,5×8)×2+6.25×8×2	3100		72.245	3100		72.245
					长度公式描述	(净跨)+最大值(伸进长度)×2+弯钩×2						
					根数计算公式	[(6000+50-150)-50×2]/100+1		59			59	
					根数公式描述	[(净跨)-50×2]/板筋间距+1						

续表

手工答案										软件答案		
钢筋位置	筋方向	筋号	直径	级别	公式		长度(mm)	根数	重量	长度(mm)	根数	重量
2～3/B～C	x方向	板受力筋1	8	一级	长度计算公式	(6000－150－150)＋max(300/2,5×8)×2＋6.25×8×2	6100	19	45.78	6100	19	45.78
					长度公式描述	(净跨)＋最大值(伸进长度)×2＋弯钩×2						
					根数计算公式	[(3000－150－150)－50×2]/150(向上取整)＋1						
					根数公式描述	[(净跨)－50×2]/板筋间距＋1						
	y方向	板受力筋1	8	一级	长度计算公式	(3000－150－150)＋max(300/2,5×8)×2＋6.25×8×2	3100	57	69.797	3100	57	69.797
					长度公式描述	(净跨)＋最大值(伸进长度)×2＋弯钩×2						
					根数计算公式	[(6000－150－150)－50×2]/100＋1						
					根数公式描述	[(净跨)－50×2]/板筋间距＋1						
3～4/B～C	x方向	板受力筋1	8	一级	长度计算公式	(6900－150－150)＋max(300/2,5×8)×2＋6.25×8×2	7000	19	52.535	7000	19	52.535
					长度公式描述	(净跨)＋最大值(伸进长度)×2＋弯钩×2						
					根数计算公式	[(3000－150－150)－50×2]/150(向上取整)＋1						
					根数公式描述	[(净跨)－50×2]/板筋间距＋1						
	y方向	板受力筋1	8	一级	长度计算公式	(3000－150－150)＋max(300/2,5×8)×2＋6.25×8×2	3100	66	80.817	3100	66	80.817
					长度公式描述	(净跨)＋最大值(伸进长度)×2＋弯钩×2						
					根数计算公式	[(6900－150－150)－50×2]/100＋1						
					根数公式描述	[(净跨)－50×2]/板筋间距＋1						
4～5/B～C	x方向	板受力筋1	8	一级	长度计算公式	(3300－150＋50)＋max(300/2,5×8)×2＋6.25×8×2	3600	19	27.018	3600	19	27.018
					长度公式描述	(净跨)＋最大值(伸进长度)×2＋弯钩×2						
					根数计算公式	[(3000－150－150)－50×2]/150(向上取整)＋1						
					根数公式描述	[(净跨)－50×2]/板筋间距＋1						
	y方向	板受力筋1	8	一级	长度计算公式	(3000－150－150)＋max(300/2,5×8)×2＋6.25×8×2	3100	32	39.184	3100	32	39.184
					长度公式描述	(净跨)＋最大值(伸进长度)×2＋弯钩×2						
					根数计算公式	[(3300－150＋50)－50×2]/100＋1						
					根数公式描述	[(净跨)－50×2]/板筋间距＋1						

(4) C~D段首层板底筋答案手工和软件对比

C~D段首层板底筋答案手工和软件对比，见表1.5.20。

表1.5.20　C~D段首层板底筋答案手工和软件对比

钢筋位置	筋方向	筋号	直径	级别	手工答案 公式		手工答案 长度(mm)	手工答案 根数	手工答案 重量	软件答案 长度(mm)	软件答案 根数	软件答案 重量
1~2/C~C′	x方向	板受力筋1	8	一级	长度计算公式	(6000+50-150)+max(300/2,5×8)×2+6.25×8×2	6300	9	22.397	6300	9	22.397
					长度公式描述	(净跨)+最大值(伸进长度)×2+弯钩×2						
					根数计算公式	[(1500-125-150)-50×2]/150(向上取整)+1						
					根数公式描述	[(净跨)-50×2]/板筋间距+1						
	y方向	板受力筋1	8	一级	长度计算公式	(1500-125-150)+max(300/2,5×8)+max(250/2,5×8)+6.25×8×2	1600	59	37.288	1600	59	37.288
					长度公式描述	(净跨)+最大值(伸进长度)+最大值(伸进长度)+弯钩×2						
					根数计算公式	[(6000+50-150)-50×2]/100+1						
					根数公式描述	[(净跨)-50×2]/板筋间距+1						
1~1′/C′~D	x方向	板受力筋1	8	一级	长度计算公式	(3000+50-125)+max(300/2,5×8)+max(250/2,5×8)+6.25×8×2	3300	44	57.354	3300	44	57.354
					长度公式描述	(净跨)+最大值(伸进长度)+最大值(伸进长度)+弯钩×2						
					根数计算公式	[(4500-125)-50×2]/100+1						
					根数公式描述	[(净跨)-50×2]/板筋间距+1						
	y方向	板受力筋1	8	一级	长度计算公式	(4500-125)+max(300/2,5×8)+max(250/2,5×8)+6.25×8×2	4750	20	37.525	4750	20	37.525
					长度公式描述	(净跨)+最大值(伸进长度)+最大值(伸进长度)+弯钩×2						
					根数计算公式	[(3000+50-125)-50×2]/150(向上取整)+1						
					根数公式描述	[(净跨)-50×2]/板筋间距+1						

续表

钢筋位置	筋方向	筋号	直径	级别	手工答案 公式		手工答案 长度（mm）	手工答案 根数	手工答案 重量	软件答案 长度（mm）	软件答案 根数	软件答案 重量
1′~2/C′~D	x方向	板受力筋1	8	一级	长度计算公式	(3000－125－150)＋max(250/2,5×8)＋max(300/2,5×8)＋6.25×8×2	3100	44	53.878	3100	44	53.878
					长度公式描述	(净跨)＋最大值(伸进长度)＋最大值(伸进长度)＋弯钩×2						
					根数计算公式	[(4500－125)－50×2]/100(向上取整)＋1						
					根数公式描述	[(净跨)－50×2]/板筋间距＋1						
	y方向	板受力筋1	8	一级	长度计算公式	(4500－125)＋max(300/2,5×8)＋max(250/2,5×8)＋6.25×8×2	4750	19	35.649	4750	19	35.649
					长度公式描述	(净跨)＋最大值(伸进长度)＋最大值(伸进长度)＋弯钩×2						
					根数计算公式	[(3000－125－150)－50×2]/150(向上取整)＋1						
					根数公式描述	[(净跨)－50×2]/板筋间距＋1						
2~3/C~D	x方向	板受力筋1	10	一级	长度计算公式	(6000－150－150)＋max(300/2,5×10)×2＋6.25×10×2	6125	59	222.968	6125	59	222.968
					长度公式描述	(净跨)＋最大值(伸进长度)×2＋弯钩×2						
					根数计算公式	[(6000－150)－50×2]/100＋1						
					根数公式描述	[(净跨)－50×2]/板筋间距＋1						
	y方向	板受力筋1	10	一级	长度计算公式	(6000－150)＋max(300/2,5×10)×2＋6.25×10×2	6275	57	220.685	6275	57	220.685
					长度公式描述	(净跨)＋最大值(伸进长度)×2＋弯钩×2						
					根数计算公式	[(6000－150－150)－50×2]/100＋1						
					根数公式描述	[(净跨)－50×2]/板筋间距＋1						
3~4/C~D	x方向	板受力筋1	10	一级	长度计算公式	(6900－150－150)＋max(300/2,5×10)×2＋6.25×10×2	7025	49	212.387	7025	49	212.387
					长度公式描述	(净跨)＋最大值(伸进长度)×2＋弯钩×2						
					根数计算公式	[(6000－150)－50×2]/120(向上取整)＋1						
					根数公式描述	[(净跨)－50×2]/板筋间距＋1						
	y方向	板受力筋1	12	一级	长度计算公式	(6000－150)＋max(300/2,5×12)×2＋6.25×12×2	6300	66	369.23	6300	66	369.23
					长度公式描述	(净跨)＋最大值(伸进长度)×2＋弯钩×2						
					根数计算公式	[(6900－150－150)－50×2]/100＋1						
					根数公式描述	[(净跨)－50×2]/板筋间距＋1						

续表

钢筋位置	手工答案									软件答案		
	筋方向	筋号	直径	级别	公式		长度(mm)	根数	重量	长度(mm)	根数	重量
4～5/C～D	x方向	板受力筋1	8	一级	长度计算公式	(3300－150＋50)＋max(300/2,5×8)×2＋6.25×8×2	3600	59	83.898	3600	59	83.898
					长度公式描述	(净跨)＋最大值(伸进长度)×2＋弯钩×2						
					根数计算公式	[(6000－150)－50×2]/100＋1						
					根数公式描述	[(净跨)－50×2]/板筋间距＋1						
	y方向	板受力筋1	8	一级	长度计算公式	(6000－150)＋max(300/2,5×8)×2＋6.25×8×2	6250	22	54.313	6250	22	54.313
					长度公式描述	(净跨)＋最大值(伸进长度)×2＋弯钩×2						
					根数计算公式	[(3300－150＋50)－50×2]/150(向上取整)＋1						
					根数公式描述	[(净跨)－50×2]/板筋间距＋1						
5～6/C～D	x方向	板受力筋1	8	一级	长度计算公式	(3000－350－150)＋max(300/2,5×8)×2＋6.25×8×2	2900	59	67.584	2900	59	67.584
					长度公式描述	(净跨)＋最大值(伸进长度)×2＋弯钩×2						
					根数计算公式	[(6000－150)－50×2]/100(向上取整)＋1						
					根数公式描述	[(净跨)－50×2]/板筋间距＋1						
	y方向	板受力筋1	8	一级	长度计算公式	(6000－150)＋max(300/2,5×8)×2＋6.25×8×2	6250	17	41.969	6250	17	41.969
					长度公式描述	(净跨)＋最大值(伸进长度)×2＋弯钩×2						
					根数计算公式	[(3000－350－150)－50×2]/150＋1						
					根数公式描述	[(净跨)－50×2]/板筋间距＋1						
6～7/C～D	x方向	板受力筋1	10	一级	长度计算公式	(6000－150－150)＋max(300/2,5×10)×2＋6.25×10×2	6125	59	222.968	6125	59	222.968
					长度公式描述	(净跨)＋最大值(伸进长度)×2＋弯钩×2						
					根数计算公式	[(6000－150)－50×2]/100(向上取整)＋1						
					根数公式描述	[(净跨)－50×2]/板筋间距＋1						
	y方向	板受力筋1	10	一级	长度计算公式	(6000－150)＋max(300/2,5×10)×2＋6.25×10×2	6275	57	220.685	6275	57	220.685
					长度公式描述	(净跨)＋最大值(伸进长度)×2＋弯钩×2						
					根数计算公式	[(6000－150－150)－50×2]/100＋1						
					根数公式描述	[(净跨)－50×2]/板筋间距＋1						

2. 板负筋

(1) 1轴线首层板负筋答案手工和软件对比

1轴线首层板负筋答案手工和软件对比，见表1.5.21。

表1.5.21 1轴线首层板负筋答案手工和软件对比

手 工 答 案										软件答案		
轴号	分段	筋名称	直径	级别	公式	式	长度（mm）	根数	重量	长度（mm）	根数	重量
1	A～B	4号负	10	一级	长度计算公式	1350+120+300-20+15×10+6.25×10	1963		57.986	1963		57.986
					长度公式描述	板内净尺寸+弯折+支座宽-保护层厚度+弯折长度+弯钩						
					根数计算公式	[(6000-150)-50×2]/150(向上取整)+1		40			40	
					根数公式描述	[(净跨)-50×2]/板筋间距+1						
		4号分	8	一级	长度计算公式	6000-(1500+1350)+150×2	3450			3450		
					长度公式描述	轴线长度-(负筋标注长度)+参差长度×2						
					根数计算公式	(1350-100)/200(向下取整)+1		7			7	
					根数公式描述	(负筋板内净长-起始距离)/分布筋间距+1						
1	B～C	5号负	8	一级	长度计算公式	850+70+30×8+6.25×8	1210		9.081	1210		9.081
					长度公式描述	板内净尺寸+弯折长度+锚固长度+弯钩						
					根数计算公式	[(3000-150-150)-50×2]/150+1		19			19	
					根数公式描述	[(净跨)-50×2]/板筋间距+1						
1	C～C′	5号负	8	一级	长度计算公式	850+70+30×8+6.25×8	1210		4.302	1210		4.302
					长度公式描述	板内净尺寸+弯折长度+锚固长度+弯钩						
					根数计算公式	[(1500-150-125)-50×2]/150(向上取整)+1		9			9	
					根数公式描述	[(净跨)-50×2]/板筋间距+1						
1	C′～D	5号负	8	一级	长度计算公式	850+70+30×8+6.25×8	1210		19	1210		19
					长度公式描述	板内净尺寸+弯折长度+锚固长度+弯钩						
					根数计算公式	[(4500-125)-50×2]/150(向上取整)+1		30			30	
					根数公式描述	[(净跨)-50×2]/板筋间距+1						

续表

手工答案										软件答案		
轴号	分段	筋名称	直径	级别	公式		长度(mm)	根数	重量	长度(mm)	根数	重量
1	C′～D	5号分	8	一级	长度计算公式	4500－(850＋1000)＋150×2	2950		19	2950		19
					长度公式描述	轴线长度－(负筋标注长度)＋参差长度×2						
					根数计算公式	(850－100)/200＋1		5			4	
					根数公式描述	(负筋板内净长－起步距离)/分布筋间距＋1						
1′	C′～D	8号负	8	一级	长度计算公式	1000＋1000＋70×2	2140		37.012	2140		37.012
					长度公式描述	左标注长度＋右标注长度＋弯折×2						
					根数计算公式	[(4500－125)－50×2]/150(向上取整)＋1		30			30	
					根数公式描述	[(净跨)－50×2]/板筋间距＋1						
		8号分	8	一级	长度计算公式	4500－(850＋1000)＋150×2	2950			2950		
					长度公式描述	轴线长度－(负筋标注长度)＋参差长度×2						
					根数计算公式	{[(1000－125)－100]/200(向下取整)＋1}×2		10			10	
					根数公式描述	{[(负筋板内净长)－起步距离]/分布筋间距＋1}×2						

(2) 2轴线首层板负筋答案手工和软件对比

2轴线首层板负筋答案手工和软件对比，见表1.5.22。

表1.5.22　2轴线首层板负筋答案手工和软件对比

手工答案										软件答案		
轴号	分段	筋名称	直径	级别	公式		长度(mm)	根数	重量	长度(mm)	根数	重量
2	A～B	6号负	10	一级	长度计算公式	1500＋1500＋120×2	3240		137.024	3240		137.024
					长度公式描述	左标注长度＋右标注长度＋弯折×2						
					根数计算公式	[(6000－150)－50×2]/100(向上取整)＋1		59			59	
					根数公式描述	[(净跨)－50×2]/板筋间距＋1						

续表

轴号	分段	筋名称	直径	级别	手工答案 公式		长度(mm)	根数	重量	软件答案 长度(mm)	软件答案 根数	软件答案 重量
2	A~B	6号分	8	一级	长度计算公式	6000-(1500+1350)+150×2	3450		137.024	3450		137.024
					长度公式描述	轴线长度-(负筋长度)+参差长度×2						
					根数计算公式	[(1350-50)/200)(向下取整)+1]×2		14			14	
					根数公式描述	[(负筋板内净长-起步距离)/分布筋间距+1]×2						
2	B~C	6号负	10	一级	长度计算公式	1500+1500+70×2	3140		52.309	3140		52.309
					长度公式描述	左标注长度+右标注长度+弯折×2						
					根数计算公式	[(3000-150-150)-50×2]/100+1		27			27	
					根数公式描述	[(净跨)-50×2]/板筋间距+1						
2	C~C′	6号负1	10	一级	长度计算公式	1500+1500+70+120	3190		26.798	3190		26.798
					长度公式描述	左标注长度+右标注长度+弯折+弯折						
					根数计算公式	[(1500-150-125)-50×2]/100(向上取整)+1		13			13	
					根数公式描述	[(净跨)-50×2]/板筋间距+1						
		6号负2	10	一级	长度计算公式	1350+120+300-20+15×10+6.25×10	1963			1963		
					长度公式描述	板内净尺寸+弯折+支座宽-保护层厚度+弯折+弯钩						
					根数计算公式	125/100(四舍五入)		1			1	
					根数公式描述	净长/间距						
2	C′~D	7号负1	10	一级	长度计算公式	1000+1500+70+120	2690		76.407	2690		76.407
					长度公式描述	左标注长度+右标注长度+弯折+弯折						
					根数计算公式	[(4500-125)-50×2]/120(向上取整)+1		37			37	
					根数公式描述	[(净跨)-50×2]/板筋间距+1						
		7号负2	10	一级	长度计算公式	1350+120+300-20+15×10+6.25×10	1963			1963		
					长度公式描述	板内净尺寸+弯折+支座宽-保护层厚度+弯折+弯钩						
					根数计算公式	净长/间距		1			1	
					根数公式描述	125/120(四舍五入)						

续表

手工答案										软件答案		
轴号	分段	筋名称	直径	级别	公式		长度（mm）	根数	重量	长度（mm）	根数	重量
2	C′~D	7号分1	8	一级	长度计算公式	6000 -（1350 + 1500）+ 150	3300	7	76.407	3250	7	76.268
					长度公式描述	轴线长度 -（负筋长度）+ 参差长度						
					根数计算公式	（1350 - 100）/200（向下取整）+ 1						
					根数公式描述	（7负筋右板内净长 - 起步距离）/分布筋间距 + 1						
		7号分2	8	一级	长度计算公式	4500 -（1000 + 850）+ 150 × 2	2950	5		2950	5	
					长度公式描述	轴线长度 - 负筋长度 + 参差长度 × 2						
					根数计算公式	（850 - 100）/200 + 1						
					根数公式描述	（7负筋左板内净长 - 起步距离）/分布筋间距 + 1						

（3）3轴线首层板负筋答案手工和软件对比

3轴线首层板负筋答案手工和软件对比，见表1.5.23。

表1.5.23　3轴线首层板负筋答案手工和软件对比

手工答案										软件答案		
轴号	分段	筋名称	直径	级别	公式		长度（mm）	根数	重量	长度（mm）	根数	重量
3	A~B	6号负	10	一级	长度计算公式	1500 + 1500 + 120 × 2	3240	59	137.024	3240	59	137.024
					长度公式描述	左标注长度 + 右标注长度 + 弯折 × 2						
					根数计算公式	[（6000 - 150）- 50 × 2]/100（向上取整）+ 1						
					根数公式描述	[（净跨）- 50 × 2]/板筋间距 + 1						
		6号分	8	一级	长度计算公式	6000 -（1500 + 1350）+ 150 × 2	3450	14		3450	14	
					长度公式描述	轴线长度 -（负筋长度）+ 参差长度 × 2						
					根数计算公式	[（1350 - 100）/200（向下取整）+ 1] × 2						
					根数公式描述	[（负筋板内净长 - 起步距离）/分布筋间距 + 1] × 2						

续表

手工答案										软件答案		
轴号	分段	筋名称	直径	级别	公式		长度（mm）	根数	重量	长度（mm）	根数	重量
3	B ~ C	6 号负	10	一级	长度计算公式	1500 + 1500 + 70 × 2	3140		52.309	3140		52.309
					长度公式描述	左标注长度 + 右标注长度 + 弯折 × 2						
					根数计算公式	[(3000 - 150 - 150) - 50 × 2]/100 + 1		27			27	
					根数公式描述	[(净跨) - 50 × 2]/板筋间距 + 1						
3	C ~ D	6 号负	10	一级	长度计算公式	1500 + 1500 + 120 × 2	3240		137.024	3240		137.024
					长度公式描述	左标注长度 + 右标注长度 + 弯折 × 2						
					根数计算公式	[(6000 - 150) - 50 × 2]/100 + 1		59			59	
					根数公式描述	[(净跨) - 50 × 2]/板筋间距 + 1						
		6 号分	8	一级	长度计算公式	6000 - (1500 + 1350) + 150 × 2	3450			3450		
					长度公式描述	轴线长度 - (负筋长度) + 参差长度 × 2						
					根数计算公式	[(1350 - 100)/200(向下取整) + 1] × 2		14			14	
					根数公式描述	[(负筋板内净长 - 起步距离)/分布筋间距 + 1] × 2						

(4) 4 轴线首层板负筋答案手工和软件对比

4 轴线首层板负筋答案手工和软件对比，见表 1.5.24。

表 1.5.24　4 轴线首层板负筋答案手工和软件对比

手工答案										软件答案		
轴号	分段	筋名称	直径	级别	公式		长度（mm）	根数	重量	长度（mm）	根数	重量
4	A ~ B	4 号负	10	一级	长度计算公式	1350 + 120 + 300 - 20 + 15 × 10 + 6.25 × 10	1963		57.986	1963		57.986
					长度公式描述	板内净尺寸 + 弯折 + 支座宽 - 保护层厚度 + 弯折 + 弯钩						
					根数计算公式	[(6000 - 150) - 50 × 2]/150(向上取整) + 1		40			40	
					根数公式描述	[(净跨) - 50 × 2]/板筋间距 + 1						

续表

手工答案										软件答案		
轴号	分段	筋名称	直径	级别	公式		长度（mm）	根数	重量	长度（mm）	根数	重量
4	A～B	4 号分	8	一级	长度计算公式	6000 -（1500 +1350）+150 ×2	3450		57.986	3450		57.986
					长度公式描述	轴线长度 -（负筋长度）+参差长度 ×2						
					根数计算公式	（1350 -100）/200（向下取整）+1		7			7	
					根数公式描述	（负筋板内净长 -起步距离）/分布筋间距 +1						
4	B～C	9 号负	10	一级	长度计算公式	1500 +1000 +70 ×2	2640		37.464	2640		37.464
					长度公式描述	左标注长度 +右标注长度 +弯折 ×2						
					根数计算公式	[（3000 -150 -150）-50 ×2]/120（向上取整）+1		23			23	
					根数公式描述	[（净跨）-50 ×2]/板筋间距 +1						
4	C～D	9 号负	10	一级	长度计算公式	1500 +1000 +120 +70	2690		99.655	2690		97.897
					长度公式描述	左标注长度 +右标注长度 +弯折 +弯折						
					根数计算公式	[（6000 -150）-50 ×2]/120（向上取整）+1		49			49	
					根数公式描述	[（净跨）-50 ×2]/板筋间距 +1						
		9 号分 1	8	一级	长度计算公式	6000 -（1000 +850）+150 ×2	4450			4450		
					长度公式描述	轴线长度 -（负筋长度）+参差长度 ×2						
					根数计算公式	（850 -100）/200 +1		5			4	
					根数公式描述	（负筋板内净长 -起步距离）/分布筋间距 +1						
		9 号分 2	8	一级	长度计算公式	6000 -（1500 +1350）+150 ×2	3450			3450		
					长度公式描述	轴线长度 -（负筋长度）+参差长度 ×2						
					根数计算公式	（1350 -100）/200（向下取整）+1		7			7	
					根数公式描述	（负筋板内净长 -起步距离）/分布筋间距 +1						

（5）5 轴线首层板负筋答案手工和软件对比

5 轴线首层板负筋答案手工和软件对比，见表 1.5.25。

表 1.5.25　5 轴线首层板负筋答案手工和软件对比

<table>
<tr><th colspan="10">手　工　答　案</th><th colspan="3">软件答案</th></tr>
<tr><th>轴号</th><th>分段</th><th>筋名称</th><th>直径</th><th>级别</th><th colspan="2">公　　式</th><th>长度(mm)</th><th>根数</th><th>重量</th><th>长度(mm)</th><th>根数</th><th>重量</th></tr>
<tr><td rowspan="8">5</td><td rowspan="8">A ~ B</td><td rowspan="4">5 号负</td><td rowspan="4">8</td><td rowspan="4">一级</td><td>长度计算公式</td><td>850 +70 +30 ×8 +6.25 ×8</td><td rowspan="2">1210</td><td rowspan="4">41</td><td rowspan="8">27.101</td><td rowspan="2">1210</td><td rowspan="4">41</td><td rowspan="8">27.101</td></tr>
<tr><td>长度公式描述</td><td>板内净尺寸 + 弯折 + 锚固长度 + 弯钩</td></tr>
<tr><td>根数计算公式</td><td>[6000 -50 ×2]/150(向上取整) +1</td></tr>
<tr><td>根数公式描述</td><td>[(净跨) -50 ×2]/板筋间距 +1</td></tr>
<tr><td rowspan="4">5 号分</td><td rowspan="4">8</td><td rowspan="4">一级</td><td>长度计算公式</td><td>6000 -1350 +150</td><td rowspan="2">4800</td><td rowspan="4">5</td><td rowspan="2">4750</td><td rowspan="4">5</td></tr>
<tr><td>长度公式描述</td><td>轴线长度 - 负筋长度 + 参差长度</td></tr>
<tr><td>根数计算公式</td><td>(850 -100)/200 +1</td></tr>
<tr><td>根数公式描述</td><td>(负筋板内净长 - 起步距离)/分布筋间距 +1</td></tr>
<tr><td rowspan="12">5</td><td rowspan="12">B ~ C</td><td rowspan="4">8 号负 1</td><td rowspan="4">8</td><td rowspan="4">一级</td><td>长度计算公式</td><td>1000 +1000 +70 ×2</td><td rowspan="2">2140</td><td rowspan="4">19</td><td rowspan="12">19.067</td><td rowspan="2">2140</td><td rowspan="4">19</td><td rowspan="12">19.205</td></tr>
<tr><td>长度公式描述</td><td>左标注长度 + 右标注长度 + 弯折 ×2</td></tr>
<tr><td>根数计算公式</td><td>[(3000 -150 -150) -50 ×2]/150 +1</td></tr>
<tr><td>根数公式描述</td><td>[(净跨) -50 ×2]/板筋间距 +1</td></tr>
<tr><td rowspan="4">8 号负 2</td><td rowspan="4">8</td><td rowspan="4">一级</td><td>长度计算公式</td><td>850 +70 +30 ×8 +6.25 ×8</td><td rowspan="2">1210</td><td rowspan="4">1</td><td rowspan="2">1560</td><td rowspan="4">1</td></tr>
<tr><td>长度公式描述</td><td>板内净尺寸 + 弯折 + 锚固 + 弯钩</td></tr>
<tr><td>根数计算公式</td><td>150/150(四舍五入)</td></tr>
<tr><td>根数公式描述</td><td>净长/间距</td></tr>
<tr><td rowspan="4">8 号分 1</td><td rowspan="4">8</td><td rowspan="4">一级</td><td>长度计算公式</td><td>3000 -1500 +150</td><td rowspan="2">1650</td><td rowspan="4">5</td><td rowspan="2">1600</td><td rowspan="4">4</td></tr>
<tr><td>长度公式描述</td><td>轴线长度 - 负筋长度 + 参差长度</td></tr>
<tr><td>根数计算公式</td><td>(850 -100)/200 +1</td></tr>
<tr><td>根数公式描述</td><td>(负筋板内净长 - 起步距离)/分布筋间距 +1</td></tr>
</table>

续表

手工答案										软件答案		
轴号	分段	筋名称	直径	级别	公式		长度（mm）	根数	重量	长度（mm）	根数	重量
5	C～D	8号负1	8	一级	长度计算公式	1000+1000+70×2	2140		50.402	2140		47.084
					长度公式描述	左标注长度+右标注长度+弯折×2						
					根数计算公式	[(6000－150)－50×2]/150(向上取整)+1		40			40	
					根数公式描述	[(净跨)－50×2]/板筋间距+1						
		8号分1	8	一级	长度计算公式	6000－(1000+850)+150×2	4450			4450		
					长度公式描述	轴线长度－(负筋长度)+参差长度×2						
					根数计算公式	(850－100)/200+1		5			4	
					根数公式描述	(负筋板内净长－起步距离)/分布筋间距+1						
		8号分2	8	一级	长度计算公式	6000－(1500+850)+150×2	3950			3950		
					长度公式描述	轴线长度－(负筋长度)+参差长度×2						
					根数计算公式	(850－100)/200+1		5			4	
					根数公式描述	(负筋板内净长－起步距离)/分布筋间距+1						

（6）6轴线首层板负筋答案手工和软件对比

6轴线首层板负筋答案手工和软件对比，见表1.5.26。

表1.5.26　6轴线首层板负筋答案手工和软件对比

手工答案										软件答案		
轴号	分段	筋名称	直径	级别	公式		长度（mm）	根数	重量	长度（mm）	根数	重量
6	A～C	7号负	10	一级	长度计算公式	1500+1000+70+120	2690		153.393	2690		150.845
					长度公式描述	左标注长度+右标注长度+弯折+弯折						
					根数计算公式	[(9000－150)－50×2]/120(向上取整)+1		74			74	
					根数公式描述	[(净跨)－50×2]/板筋间距+1						
		7号分	8	一级	长度计算公式	9000－(1350+1500)+150×2	6450			6450		
					长度公式描述	轴线长度－(负筋长度)+参差长度×2						
					根数计算公式	(850－100)/200+1+(1350－100)/200(向下取整)+1		12			11	
					根数公式描述	(负筋板内净长－起步距离)/分布筋间距+1 +(负筋板内净长－起步距离)/分布筋间距+1						

续表

轴号	分段	筋名称	直径	级别	手工答案 公式		长度(mm)	根数	重量	软件答案 长度(mm)	根数	重量
6	C～D	7号负	10	一级	长度计算公式	1500+1000+70+120	2690		98.067	2690		97.107
					长度公式描述	左标注长度+右标注长度+弯折+弯折						
					根数计算公式	[(6000-150)-50×2]/120(向上取整)+1		49			49	
					根数公式描述	[(净跨)-50×2]/板筋间距+1						
		7号分1	8	一级	长度计算公式	6000-(1500+1350)+150×2	3450			3450		
					长度公式描述	轴线长度-(负筋长度)+参差长度×2						
					根数计算公式	(1350-100)/200(向下取整)+1		7			7	
					根数公式描述	(负筋板内净长-起步距离)/分布筋间距+1						
		7号分2	8	一级	长度计算公式	6000-(1500+850)+150×2	3950			3950		
					长度公式描述	轴线长度-(负筋长度)+参差长度×2						
					根数计算公式	(850-100)/200+1		5			4	
					根数公式描述	(负筋板内净长-起步距离)/分布筋间距+1						

(7) 7轴线首层板负筋答案手工和软件对比

7轴线首层板负筋答案手工和软件对比，见表1.5.27。

表1.5.27 7轴线首层板负筋答案手工和软件对比

轴号	分段	筋名称	直径	级别	手工答案 公式		长度(mm)	根数	重量	软件答案 长度(mm)	根数	重量
7	C～D	4号负	10	一级	长度计算公式	1350+120+300-15+15×10+6.25×10	1968		58.109	1968		58.109
					长度公式描述	板内净尺寸+弯折+支座宽-保护层厚度+弯折+弯钩						
					根数计算公式	[(6000-150)-50×2]/150(向上取整)+1		40			40	
					根数公式描述	[(净跨)-50×2]/板筋间距+1						
		4号分	8	一级	长度计算公式	6000-(1500+1350)+150×2	3450			3450		
					长度公式描述	轴线长度-(负筋长度)+参差长度×2						
					根数计算公式	(1350-100)/200(向下取整)+1		7			7	
					根数公式描述	(负筋板内净长-起步距离)/分布筋间距+1						

续表

手工答案										软件答案		
轴号	分段	筋名称	直径	级别	公式		长度(mm)	根数	重量	长度(mm)	根数	重量
7	A~C	4号负	10	一级	长度计算公式	1350 + 120 + 300 - 15 + 15 × 10 + 6.25 × 10	1968	60	90.69	1968	60	90.69
					长度公式描述	板内净尺寸 + 弯折 + 支座宽 - 保护层厚度 + 弯折 + 弯钩						
					根数计算公式	[(9000 - 150) - 50 × 2]/150(向上取整) + 1						
					根数公式描述	[(净跨) - 50 × 2]/板筋间距 + 1						
		4号分	8	一级	长度计算公式	9000 - (1350 + 1500) + 150 × 2	6450	7		6450	7	
					长度公式描述	轴线长度 - (负筋长度) + 参差长度 × 2						
					根数计算公式	(1350 - 100)/200(向下取整) + 1						
					根数公式描述	(负筋板内净长 - 起步距离)/分布筋间距 + 1						

(8) A轴线首层板负筋答案手工和软件对比

A轴线首层板负筋答案手工和软件对比，见表1.5.28。

表1.5.28 A轴线首层板负筋答案手工和软件对比

手工答案										软件答案		
轴号	分段	筋名称	直径	级别	公式		长度(mm)	根数	重量	长度(mm)	根数	重量
A	1~2	4号负	10	一级	长度计算公式	1350 + 120 + 300 - 15 + 15 × 10 + 6.25 × 10	1963	40	58.124	1963	40	58.124
					长度公式描述	板内净尺寸 + 弯折 + 支座宽 - 保护层厚度 + 弯折 + 弯钩						
					根数计算公式	[(6000 + 50 - 150) - 50 × 2]/150(向上取整) + 1						
					根数公式描述	[(净跨) - 50 × 2]/板筋间距 + 1						
		4号分	8	一级	长度计算公式	6000 + 50 - (1350 + 1500) + 150 × 2	3500	7		3500	7	
					长度公式描述	轴线长度 + 1轴线到梁内边长度 - (负筋长度) + 参差长度 × 2						
					根数计算公式	(1350 - 100)/200(向下取整) + 1						
					根数公式描述	(负筋板内净长 - 起步距离)/分布筋间距 + 1						

续表

手工答案										软件答案		
轴号	分段	筋名称	直径	级别	公式		长度（mm）	根数	重量	长度（mm）	根数	重量
A	2~3	4号负	10	一级	长度计算公式	1350+120+300−20+15×10+6.25×10	1963		56.36	1963		56.36
					长度公式描述	板内净尺寸+弯折+支座宽−保护层厚度+弯折+弯钩						
					根数计算公式	[(6000−150−150)−50×2]/150(向上取整)+1		39			39	
					根数公式描述	[(净跨)−50×2]/板筋间距+1						
		4号分	8	一级	长度计算公式	6000−(1500+1500)+150×2	3300			3300		
					长度公式描述	轴线长度−(负筋长度)+参差长度×2						
					根数计算公式	(1350−100)/200(向下取整)+1		7			7	
					根数公式描述	(负筋板内净长−起步距离)/分布筋间距+1						
A	3~4	4号负	10	一级	长度计算公式	1350+120+300−20+15×10+6.25×10	1963		66.116	1963		66.116
					长度公式描述	板内净尺寸+弯折+支座宽−保护层厚度+弯折+弯钩						
					根数计算公式	[(6900−150−150)−50×2]/150(向上取整)+1		45			45	
					根数公式描述	[(净跨)−50×2]/板筋间距+1						
		4号分	8	一级	长度计算公式	6900−(1500+1500)+150×2	4200			4200		
					长度公式描述	轴线长度−(负筋长度)+参差长度×2						
					根数计算公式	(1350−100)/200(向下取整)+1		7			7	
					根数公式描述	(负筋板内净长−起步距离)/分布筋间距+1						
A	5~6	4号负	10	一级	长度计算公式	1350+70+300−20+15×10+6.25×10	1913		23.107	1913		23.107
					长度公式描述	板内净尺寸+弯折+支座宽−保护层厚度+弯折+弯钩						
					根数计算公式	[(3000−350−150)−50×2]/150+1		17			17	
					根数公式描述	[(净跨)−50×2]/板筋间距+1						
		4号分	8	一级	长度计算公式	3000−350−(850+1000)+150×2	1100			1100		
					长度公式描述	轴线长度−5轴线到梁右边距离−(负筋长度)+参差长度×2						
					根数计算公式	(1350−100)/200(向下取整)+1		7			7	
					根数公式描述	(负筋板内净长−起步距离)/分布筋间距+1						

续表

手工答案										软件答案		
轴号	分段	筋名称	直径	级别	公式		长度（mm）	根数	重量	长度（mm）	根数	重量
A	6～7	4号负	10	一级	长度计算公式	1350＋120＋300－15＋15×10＋6.25×10	1968		56.416	1968		56.416
					长度公式描述	板内净尺寸＋弯折＋支座宽－保护层厚度＋弯折＋弯钩						
					根数计算公式	[(6000－150－150)－50×2]/150(向上取整)＋1		39			39	
					根数公式描述	[(净跨)－50×2]/板筋间距＋1						
		4号分	8	一级	长度计算公式	6000－(1500＋1500)＋150×2	3300			3300		
					长度公式描述	轴线长度－(负筋长度)＋参差长度×2						
					根数计算公式	(1350－100)/200(向下取整)＋1		7			7	
					根数公式描述	(负筋板内净长－起步距离)/分布筋间距＋1						

（9）D轴线首层板负筋答案手工和软件对比

D轴线首层板负筋答案手工和软件对比，见表1.5.29。

表1.5.29　D轴线首层板负筋答案手工和软件对比

手工答案										软件答案		
轴号	分段	筋名称	直径	级别	公式		长度（mm）	根数	重量	长度（mm）	根数	重量
D	1～1′	5号负	8	一级	长度计算公式	850＋70＋30×8＋6.25×8	1210		12.522	1210		11.929
					长度公式描述	板内净尺寸＋弯折＋锚固长度＋弯钩						
					根数计算公式	[(3000＋50－125)－50×2]/150(向上取整)＋1		20			20	
					根数公式描述	[(净跨)－50×2]/板筋间距＋1						
		5号分	8	一级	长度计算公式	3000＋50－(850＋1000)＋150×2	1500			1500		
					长度公式描述	轴线长度＋1轴线到梁内边的距离－(负筋长度)＋参差长度×2						
					根数计算公式	(850－100)/200＋1		5			4	
					根数公式描述	(负筋板内净长－起步距离)/分布筋间距＋1						

续表

手工答案										软件答案		
轴号	分段	筋名称	直径	级别	公式		长度(mm)	根数	重量	长度(mm)	根数	重量
D	1′~2	5号负	8	一级	长度计算公式	850+70+30×8+6.25×8	1210	19	11.649	1210	19	11.135
					长度公式描述	板内净尺寸+弯折+锚固+弯钩						
					根数计算公式	[(3000−125−150)−50×2]/150(向上取整)+1						
					根数公式描述	[(净跨)−50×2]/板筋间距+1						
		5号分	8	一级	长度计算公式	3000−(1000+1000)+150×2	1300	5		1300	4	
					长度公式描述	轴线长度−(负筋长度)+参差长度×2						
					根数计算公式	(850−100)/200(向上取整)+1						
					根数公式描述	(负筋板内净长−起步距离)/分布筋间距+1						
D	2~3	4号负	10	一级	长度计算公式	1350+120+300−20+15×10+6.25×10	1963	39	56.36	1963	39	56.36
					长度公式描述	板内净尺寸+弯折+支座宽−保护层厚度+弯折+弯钩						
					根数计算公式	[(6000−150−150)−50×2]/150(向上取整)+1						
					根数公式描述	[(净跨)−50×2]/板筋间距+1						
		4号分	8	一级	长度计算公式	6000−(1500+1500)+150×2	3300	7		3300	7	
					长度公式描述	轴线长度−(负筋长度)+参差长度×2						
					根数计算公式	(1350−100)/200(向下取整)+1						
					根数公式描述	(负筋板内净长−起步距离)/分布筋间距+1						
D	3~4	4号负	10	一级	长度计算公式	1350+120+300−20+15×10+6.25×10	1963	45	61.116	1963	45	61.116
					长度公式描述	板内净尺寸+弯折+支座宽−保护层厚度+弯折+弯钩						
					根数计算公式	[(6900−150−150)−50×2]/150(向上取整)+1						
					根数公式描述	[(净跨)−50×2]/板筋间距+1						
		4号分	8	一级	长度计算公式	6900−(1500+1500)+150×2	4200	7		4200	7	
					长度公式描述	轴线长度−(负筋长度)+参差长度×2						
					根数计算公式	(1350−100)/200(向下取整)+1						
					根数公式描述	(负筋板内净长−起步距离)/分布筋间距+1						

					手工答案					软件答案		
轴号	分段	筋名称	直径	级别	公式		长度(mm)	根数	重量	长度(mm)	根数	重量
D	4～5	5号负	8	一级	长度计算公式	850+70+30×8+6.25×8	1210		14.07	1210		13.359
					长度公式描述	板内净尺寸+弯折+锚固+弯钩						
					根数计算公式	[(3300－150+50)－50×2]/150(向上取整)+1		22			22	
					根数公式描述	[(净跨)－50×2]/板筋间距+1						
		5号分	8	一级	长度计算公式	3300－(1000+800)+150×2	1800			1800		
					长度公式描述	轴线长度－(负筋长度)+参差长度×2						
					根数计算公式	(850－100)/200(向上取整)+1		5			4	
					根数公式描述	(负筋板内净长－起步距离)/分布筋间距+1						
D	5～6	5号负	8	一级	长度计算公式	850+70+30×8+6.25×8	1210		10.298	1210		9.683
					长度公式描述	板内净尺寸+弯折+锚固+弯钩						
					根数计算公式	[(3000－350－150)－50×2]/150+1		17			17	
					根数公式描述	[(净跨)－50×2]/板筋间距+1						
		5号分	8	一级	长度计算公式	3000－(1200+1000)+150×2	1100			1100		
					长度公式描述	轴线长度－(负筋长度)+参差长度×2						
					根数计算公式	(850－100)/200(向上取整)+1		5			5	
					根数公式描述	(负筋板内净长－起步距离)/分布筋间距+1						
D	6～7	4号负	10	一级	长度计算公式	1350+120+300－15+15×10+6.25×10	1968		54.416	1968		54.416
					长度公式描述	板内净尺寸+弯折+支座宽－保护层厚度+弯折+弯钩						
					根数计算公式	[(6000－150－150)－50×2]/150(向上取整)+1		39			39	
					根数公式描述	[(净跨)－50×2]/板筋间距+1						
		4号分	8	一级	长度计算公式	6000－(1500+1500)+150×2	3300			3300		
					长度公式描述	轴线长度－(负筋长度)+参差长度×2						
					根数计算公式	(1350－100)/200(向下取整)+1		7			7	
					根数公式描述	(负筋板内净长－起步距离)/分布筋间距+1						

（10）B～C 范围首层板负筋答案手工和软件对比

B～C 范围首层板负筋答案手工和软件对比，见表 1.5.30。

表 1.5.30　B～C 范围首层板负筋答案手工和软件对比

手工答案										软件答案		
轴号	分段	筋名称	直径	级别	公式		长度（mm）	根数	重量	长度（mm）	根数	重量
C	5～6	6 号负	10	一级	长度计算公式	1500＋1500＋70×2	3140		54.518	3140		54.518
					长度公式描述	左标注长度＋右标注长度＋弯折×2						
					根数计算公式	[（3000－350－150）－50×2]/100＋1		25			25	
					根数公式描述	[（净跨）－50×2]/板筋间距＋1						
		6 号分	8	一级	长度计算公式	3000－（1200＋1000）＋150×2	1100			1100		
					长度公式描述	轴线长度－（负筋长度）＋参差长度×2						
					根数计算公式	[（1350－100）/200（向下取整）＋1]×2		14			14	
					根数公式描述	[（负筋板内净长－起步距离）/分布筋间距＋1]×2						
C	6～7	6 号负	10	一级	长度计算公式	1500＋1500＋120×2	3240		132.197	3240		132.197
					长度公式描述	左标注长度＋右标注长度＋弯折×2						
					根数计算公式	[（6000－150－150）－50×2]/100＋1		57			57	
					根数公式描述	[（净跨）－50×2]/板筋间距＋1						
		6 号分	8	一级	长度计算公式	6000－（1500＋1500）＋150×2	3300			3300		
					长度公式描述	轴线长度－（负筋长度）＋参差长度×2						
					根数计算公式	[（1350－100）/200）（向下取整）＋1]×2		14			14	
					根数公式描述	[（负筋板内净长－起步距离）/分布筋间距＋1]×2						
B～C	1～2	1 号负 1	8	一级	长度计算公式	4500＋1500＋1000＋120＋70	7190		213.428	7190		213.428
					长度公式描述	净长＋左标注长度＋右标注长度＋弯折＋弯折						
					根数计算公式	[（3000＋50－125）－100×2]/100（向上取整）＋1＋[（3000－125－150）－100×2]/100（向上取整）＋1		56			56	
					根数公式描述	[（净跨）－起步距离×2]/板筋间距＋1＋[（净跨）－起步距离×2]/板筋间距＋1						

手工答案										软件答案		
轴号	分段	筋名称	直径	级别	公式		长度（mm）	根数	重量	长度（mm）	根数	重量
B～C	1～2	1号负2	8	一级	长度计算公式	4500－125＋1500＋120＋250－20＋15×8＋6.25×8	6395		213.428	6395		213.428
					长度公式描述	轴线长度－$\frac{1}{2}L_{1宽}$＋左标注长度＋弯折＋支座宽－保护层厚度＋弯折＋弯钩						
					根数计算公式	250/100（向上取整）		3			3	
					根数公式描述	梁宽/板筋间距						
		1号分1	8	一级	长度计算公式	3000＋50－（850＋1000）＋150×2	1500			1500		
					长度公式描述	轴线长度＋1轴线到梁边的距离－（负筋长度）＋参差长度×2						
					根数计算公式	[（1000－125）－100]/200＋1		5			5	
					根数公式描述	[（负筋板内净长）－起步距离]/分布筋间距＋1						
		1号分2	8	一级	长度计算公式	3000－（1000＋1000）＋150×2	1300			1300		
					长度公式描述	轴线长度－（负筋长度）＋参差长度×2						
					根数计算公式	[（1000－125）－100]/200（向上取整）＋1		5			5	
					根数公式描述	[（负筋板内净长）－起步距离]/分布筋间距＋1						
		1号分3	8	一级	长度计算公式	6000＋50－（850＋1500）＋150×2	4000			4000		
					长度公式描述	轴线长度＋1轴线到梁边的距离－（负筋长度）＋参差长度×2						
					根数计算公式	（1225－100×2）/200（向下取整）＋1＋（2700－100×2）/200＋1		20			20	
					根数公式描述	（负筋板内净长－起步距离×2）/分布筋间距＋1＋（负筋板内净长－起步距离×2）/分布筋间距						
		1号分4	8	一级	长度计算公式	6000＋50－（1350＋1500）＋150×2	3500			3500		
					长度公式描述	轴线长度＋1轴线到梁边的距离－（负筋长度）＋参差长度×2						
					根数计算公式	（1350－100）/200（向下取整）＋1		7			7	
					根数公式描述	（负筋板内净长－起步距离）/分布筋间距＋1						
B～C	2～3	2号负	10	一级	长度计算公式	3000＋1500＋1500＋120×2	6240		255.953	6240		255.953
					长度公式描述	净长＋左标注长度＋右标注长度＋弯折×2						
					根数计算公式	[（6000－150－150）－50×2]/100（向上取整）＋1		57			57	
					根数公式描述	[（净跨）－50×2]/板筋间距＋1						

续表

手工答案										软件答案		
轴号	分段	筋名称	直径	级别	公式		长度(mm)	根数	重量	长度(mm)	根数	重量
B~C	2~3	2号分	8	一级	长度计算公式	6000-(1500+1500)+150×2	3300		255.953	3300		255.953
					长度公式描述	轴线长度-(负筋长度)+参差长度×2						
					根数计算公式	(2700-100×2)/200+1 +[(1500-150-100)/200(向下取整)+1]×2		28			28	
					根数公式描述	(负筋板内净长-起步距离×2)/分步筋间距+1 +[(负筋板内净长-起步距离)/分步筋间距+1]×2						
B~C	3~4	2号负	10	一级	长度计算公式	3000+1500+1500+120×2	6240		300.557	6240		300.557
					长度公式描述	净长+左标注长度+右标注长度+弯折×2						
					根数计算公式	[(6900-150-150)-50×2]/100(向上取整)+1		66			66	
					根数公式描述	[(净跨)-50×2]/板筋间距+1						
		2号分	8	一级	长度计算公式	6900-(1500+1500)+150×2	4200			4200		
					长度公式描述	轴线长度-(负筋长度)+参差长度×2						
					根数计算公式	(2700-100×2)/200+1 +[(1500-150-100)/200(向下取整)+1]×2		28			28	
					根数公式描述	(负筋板内净长-起步距离×2)/分步筋间距+1 +[(负筋板内净长-起步距离)/分步筋间距+1]×2						
B~C	4~5	3号负	8	一级	长度计算公式	2850+1000+30×8+70+6.25×8	4210		66.012	4210		66.012
					长度公式描述	净长+右标注长度+锚固+弯折+弯钩						
					根数计算公式	[(3300-150+50)-50×2]/100(向上取整)+1		32			32	
					根数公式描述	[(净跨)-50×2]/板筋间距+1						
		3号分	8	一级	长度计算公式	3300-(1000+800)+150×2	1800			1800		
					长度公式描述	轴线长度-(负筋长度)+参差长度×2						
					根数计算公式	(2700-100×2)/200+1+(850-100)/200+1		19			19	
					根数公式描述	(负筋板内净长-起步距离×2)/分步筋间距+1 +[(负筋板内净长-起步距离)/分步筋间距+1]×2						

(11) 首层板马凳答案手工和软件对比

首层马凳数量根据首层马凳布置图计算，如图 1.5.25 所示。

首层板马凳答案手工和软件对比，见表 1.5.31。

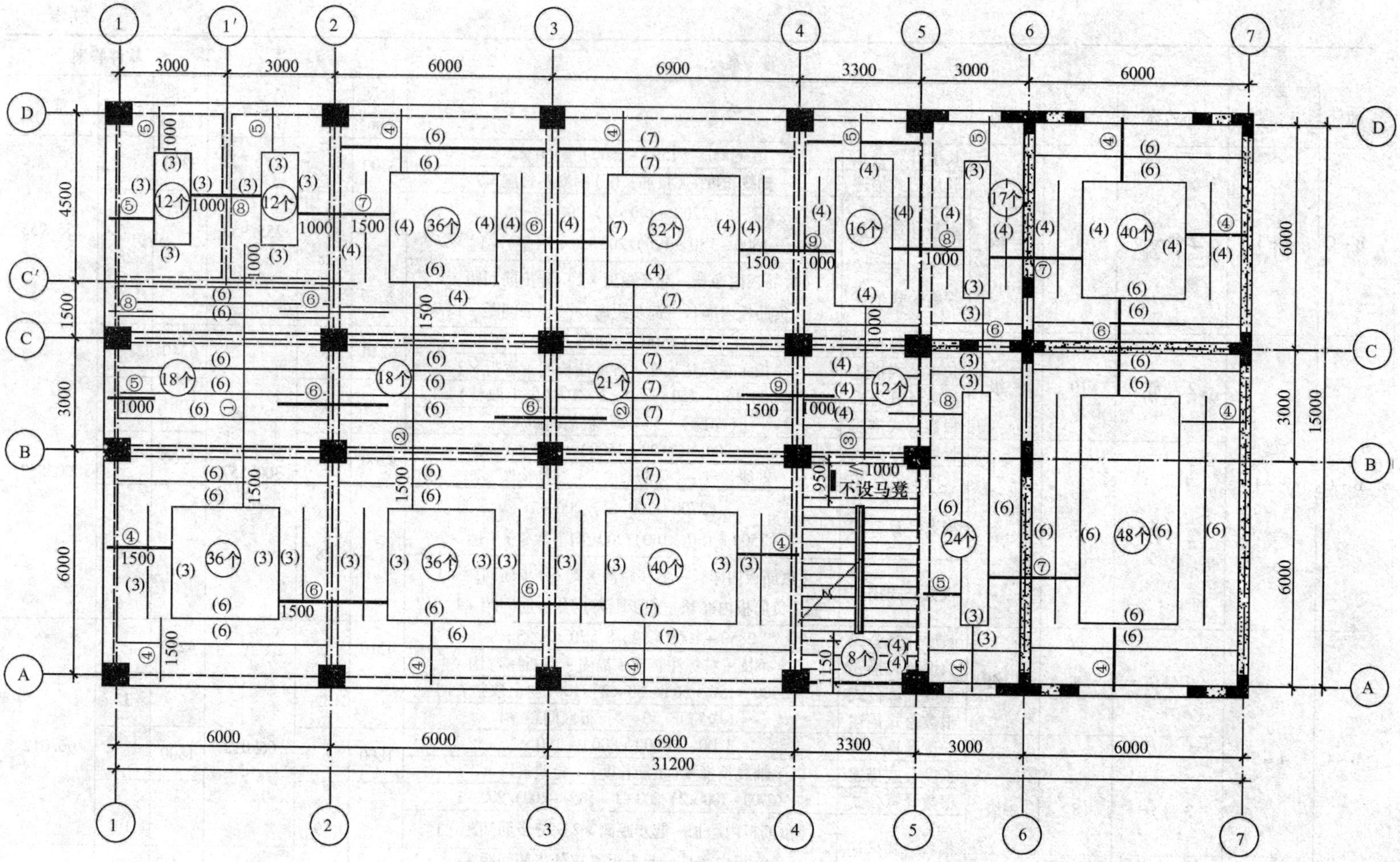

图 1.5.25　3.55、7.15 楼面板Ⅱ型马凳布置图

表 1.5.31　首层板马凳答案手工和软件对比

手工答案									软件答案		
马凳位置	名称	直径	级别	公式		长度(mm)	根数	重量	长度(mm)	根数	重量
1～2/A～B	Ⅱ型马凳	12	一级	长度计算公式	1000 +2 ×100 +2 ×200	1600		51.149	1600		34.099
				长度公式描述	$L_1+2\times L_2+2\times L_3$						
	Ⅱ型马凳	12	一级	根数计算公式	6 ×4 +3 ×4		36			24	
				根数公式描述	x 方向每排根数 ×x 方向排数 +y 方向每排根数 ×y 方向排数						
2～3/A～B	Ⅱ型马凳	12	一级	长度计算公式	1000 +2 ×100 +2 ×200	1600		51.149	1600		39.782
				长度公式描述	$L_1+2\times L_2+2\times L_3$						
	Ⅱ型马凳	12	一级	根数计算公式	6 ×4 +3 ×4		36			28	
				根数公式描述	x 方向每排根数 ×x 方向排数 +y 方向每排根数 ×y 方向排数						
3～4/A～B	Ⅱ型马凳	12	一级	长度计算公式	1000 +2 ×100 +2 ×200	1600		56.832	1600		45.466
				长度公式描述	$L_1+2\times L_2+2\times L_3$						
	Ⅱ型马凳	12	一级	根数计算公式	7 ×4 +3 ×4		40			32	
				根数公式描述	x 方向每排根数 ×x 方向排数 +y 方向每排根数 ×y 方向排数						
5～6/A～C	Ⅱ型马凳	12	一级	长度计算公式	1000 +2 ×50 +2 ×200	1500		31.968	1500		33.33
				长度公式描述	$L_1+2\times L_2+2\times L_3$						
	Ⅱ型马凳	12	一级	根数计算公式	3 ×4 +6 ×2		24			25	
				根数公式描述	x 方向每排根数 ×x 方向排数 +y 方向每排根数 ×y 方向排数						
6～7/A～C	Ⅱ型马凳	12	一级	长度计算公式	1000 +2 ×100 +2 ×200	1600		68.198	1600		46.886
				长度公式描述	$L_1+2\times L_2+2\times L_3$						
	Ⅱ型马凳	12	一级	根数计算公式	6 ×4 +6 ×4		48			33	
				根数公式描述	x 方向每排根数 ×x 方向排数 +y 方向每排根数 ×y 方向排数						
1～2/B～C	Ⅱ型马凳	12	一级	长度计算公式	1000 +2 ×50 +2 ×200	1500		23.976	1500		15.984
				长度公式描述	$L_1+2\times L_2+2\times L_3$						
	Ⅱ型马凳	12	一级	根数计算公式	6 ×3		18			12	
				根数公式描述	x 方向每排根数 ×x 方向排数						

续表

手工答案									软件答案		
马凳位置	名称	直径	级别	公式		长度(mm)	根数	重量	长度(mm)	根数	重量
2～3/B～C	Ⅱ型马凳	12	一级	长度计算公式	1000+2×50+2×200	1500		23.976	1500		15.984
				长度公式描述	$L_1+2\times L_2+2\times L_3$						
	Ⅱ型马凳	12	一级	根数计算公式	6×3		18			12	
				根数公式描述	x方向每排根数×x方向排数						
3～4/B～C	Ⅱ型马凳	12	一级	长度计算公式	1000+2×50+2×200	1500		27.972	1500		18.648
				长度公式描述	$L_1+2\times L_2+2\times L_3$						
	Ⅱ型马凳	12	一级	根数计算公式	7×3		21			14	
				根数公式描述	x方向每排根数×x方向排数						
4～5/B～C	Ⅱ型马凳	12	一级	长度计算公式	1000+2×50+2×200	1500		15.984	1500		10.656
				长度公式描述	$L_1+2\times L_2+2\times L_3$						
	Ⅱ型马凳	12	一级	根数计算公式	4×3		12			8	
				根数公式描述	x方向每排根数×x方向排数						
1～2/C～C′	Ⅱ型马凳	12	一级	长度计算公式	1000+2×50+2×200	1500		15.984	1500		7.992
				长度公式描述	$L_1+2\times L_2+2\times L_3$						
	Ⅱ型马凳	12	一级	根数计算公式	6×2		12			6	
				根数公式描述	x方向每排根数×x方向排数						
1～1′/C′～D	Ⅱ型马凳	12	一级	长度计算公式	1000+2×50+2×200	1500		15.984	1500		13.32
				长度公式描述	$L_1+2\times L_2+2\times L_3$						
	Ⅱ型马凳	12	一级	根数计算公式	3×2+3×2		12			10	
				根数公式描述	x方向每排根数×x方向排数+y方向每排根数×y方向排数						
1′～2/C′～D	Ⅱ型马凳	12	一级	长度计算公式	1000+2×50+2×200	1500		15.984	1500		14.652
				长度公式描述	$L_1+2\times L_2+2\times L_3$						
	Ⅱ型马凳	12	一级	根数计算公式	3×2+3×2		12			11	
				根数公式描述	x方向每排根数×x方向排数+y方向每排根数×y方向排数						

续表

手工答案									软件答案		
马凳位置	名称	直径	级别	公式		长度（mm）	根数	重量	长度（mm）	根数	重量
2～3/C～D	Ⅱ型马凳	12	一级	长度计算公式	1000＋2×100＋2×200	1600		51.149	1600		34.079
				长度公式描述	$L_1+2\times L_2+2\times L_3$						
	Ⅱ型马凳	12	一级	根数计算公式	6×4＋3×4		36			24	
				根数公式描述	x方向每排根数×x方向排数＋y方向每排根数×y方向排数						
3～4/C～D	Ⅱ型马凳	12	一级	长度计算公式	1000＋2×100＋2×200	1600		56.832	1600		39.782
				长度公式描述	$L_1+2\times L_2+2\times L_3$						
	Ⅱ型马凳	12	一级	根数计算公式	7×4＋3×4		40			28	
				根数公式描述	x方向每排根数×x方向排数＋y方向每排根数×y方向排数						
4～5/C～D	Ⅱ型马凳	12	一级	长度计算公式	1000＋2×50＋2×200	1500		21.312	1500		25.308
				长度公式描述	$L_1+2\times L_2+2\times L_3$						
	Ⅱ型马凳	12	一级	根数计算公式	4×2＋4×2		16			19	
				根数公式描述	x方向每排根数×x方向排数＋y方向每排根数×y方向排数						
5～6/C～D	Ⅱ型马凳	12	一级	长度计算公式	1000＋2×50＋2×200	1500		22.644	1500		14.652
				长度公式描述	$L_1+2\times L_2+2\times L_3$						
	Ⅱ型马凳	12	一级	根数计算公式	3×3＋4×2		17			11	
				根数公式描述	x方向每排根数×x方向排数＋y方向每排根数×y方向排数						
6～7/C～D	Ⅱ型马凳	12	一级	长度计算公式	1000＋2×100＋2×200	1600		56.832	1600		39.782
				长度公式描述	$L_1+2\times L_2+2\times L_3$						
	Ⅱ型马凳	12	一级	根数计算公式	6×4＋4×4		40			28	
				根数公式描述	x方向每排根数×x方向排数＋y方向每排根数×y方向排数						
4～5/楼梯休息平台	Ⅱ型马凳	12	一级	长度计算公式	1000＋2×50＋2×200	1500		12.077	1500		6.038
				长度公式描述	$L_1+2\times L_2+2\times L_3$						
	Ⅱ型马凳	12	一级	根数计算公式	4×2		8			4	
				根数公式描述	x方向每排根数×x方向排数						

注：手工和软件对不上是因为此版本软件未考虑横向负筋和纵向负筋相交区域的马凳。

（二）二层

二层同一层。

（三）三层

1. 板底筋、温度筋

(1) 三层板 A ~ B 段底筋、温度筋答案手工和软件对比

三层板 A ~ B 段底筋、温度筋答案手工和软件对比，见表 1. 5. 32。

表 1. 5. 32　三层板 A ~ B 段底筋、温度筋答案手工和软件对比

手工答案									软件答案		
轴号	方向和名称	直径	等级	公式对比		长度（mm）	根数	重量	长度（mm）	根数	重量
1 ~ 2/A ~ B	X 方向受力筋	10	一级	长度计算公式	(6000 + 50 − 150) + max(0. 5 × 300, 5 × 10) × 2 + 6. 25 × 10 × 2	6325		230. 249	6325		230. 249
				长度公式描述	(跨净长) + 最大值(伸进支座内长度) × 2 + 弯钩 × 2						
				根数计算公式	[(6000 − 150) − 50 × 2]/100(向上取整) + 1		59			59	
				根数公式描述	[(净长) − 两个起始间距]/间距 + 1						
	Y 方向受力筋	10	一级	长度计算公式	(6000 − 150) + max(0. 5 × 300, 5 × 10) × 2 + 6. 25 × 10 × 2	6275		228. 429	6275		228. 429
				长度公式描述	(跨净长) + 最大值(伸进支座内长度) × 2 + 弯钩 × 2						
				根数计算公式	[(6000 + 50 − 150) − 50 × 2]/100 + 1		59			59	
				根数公式描述	[(净长) − 起始间距 × 2]/间距 + 1						
1 ~ 2/A ~ B	X 方向温度筋	8	一级	长度计算公式	(6000 + 50 − 1650 − 1800) + 42 × 8 × 2	3272		15. 509	3272		15. 509
				长度公式描述	(净长) + 左、右两边搭接						
				根数计算公式	(6000 − 1650 − 1800)/200(向上取整) − 1		12			13	
				根数公式描述	净长/间距 − 1						
	Y 方向温度筋	8	一级	长度计算公式	(6000 − 1650 − 1800) + 42 × 8 × 2	3222		13. 983	3222		15. 132
				长度公式描述	(净长) + 左、右两边搭接						
				根数计算公式	(6000 + 50 − 1650 − 1800)/200 − 1		12			13	
				根数公式描述	(净长)/间距 − 1						

轴号	方向和名称	直径	等级	手工答案 公式对比		手工答案 长度(mm)	手工答案 根数	手工答案 重量	软件答案 长度(mm)	软件答案 根数	软件答案 重量
2~3/A~B	X方向受力筋	10	一级	长度计算公式	(6000-150-150)+max(0.5×300,5×10)×2+6.25×10×2	6125	59	222.968	6125	59	222.968
				长度公式描述	(跨净长)+最大值(伸进支座内长度)×2+弯钩×2						
				根数计算公式	[(6000-150)-50×2]/100(向上取整)+1						
				根数公式描述	[(净长)-起始间距×2]/间距+1						
	Y方向受力筋	10	一级	长度计算公式	(6000-150)+max(0.5×300,5×10)×2+6.25×10×2	6275	57	220.685	6275	57	220.685
				长度公式描述	(跨净长)+最大值(伸进支座内长度)×2+弯钩×2						
				根数计算公式	[(6000-150-150)-50×2]/100+1						
				根数公式描述	[(跨净长)-起始间距×2]/间距+1						
2~3/A~B	X方向温度筋	8	一级	长度计算公式	(6000-1800-1800)+42×8×2	3072	12	14.561	3072	12	14.561
				长度公式描述	(净长)+(左、右两边搭接)						
				根数计算公式	(6000-1800-1650)/200(向上取整)-1						
				根数公式描述	(净长)/间距-1						
	Y方向温度筋	8	一级	长度计算公式	(6000-1650-1800)+42×8×2	3222	11	14	3222	11	14
				长度公式描述	(净长)+(左、右两边搭接)						
				根数计算公式	(6000-1800-1800)/200-1						
				根数公式描述	(净长)/间距-1						
3~4/A~B	X方向受力筋	10	一级	长度计算公式	(6900-150-150)+max(0.5×300,5×10)×2+6.25×10×2	7025	49	212.38	7025	49	212.38
				长度公式描述	(跨净长)+最大值(伸进支座内长度)×2+弯钩×2						
				根数计算公式	[(6000-150)-50×2]/120(向上取整)+1						
				根数公式描述	[(净长)-起始间距×2]/间距+1						
	Y方向受力筋	12	一级	长度计算公式	(6000-150)+max(0.5×300,5×12)×2+6.25×12×2	6300	66	369.23	6300	66	369.23
				长度公式描述	(跨净长)+最大值(伸进支座内长度)×2+弯钩×2						
				根数计算公式	[(6900-150-150)-50×2]/100+1						
				根数公式描述	[(净长)-起始间距×2]/间距+1						

续表

轴号	方向和名称	直径	等级	手工答案 公式对比		长度(mm)	根数	重量	软件答案 长度(mm)	根数	重量
3~4/A~B	X方向温度筋	8	一级	长度计算公式	(6900-1800-1800)+42×8×2	3972	12	18.827	3972	12	18.827
				长度公式描述	(净长)+(左、右两边搭接)						
				根数计算公式	(6000-1800-1650)/200(向上取整)-1						
				根数公式描述	(净长)/间距-1						
	Y方向温度筋	8	一级	长度计算公式	(6000-1650-1800)+42×8×2	3222	16	20.363	3222	16	20.363
				长度公式描述	(净长)+(左、右两边搭接)						
				根数计算公式	(6900-1800-1800)/200(向上取整)-1						
				根数公式描述	(净长)/间距-1						
4~5/A~B	X方向受力筋	8	一级	长度计算公式	(3300+50-150)+max(0.5×300,5×8)×2+6.25×8×2	3600	59	83.898	3600	59	83.898
				长度公式描述	(跨净长)+最大值(伸进支座长度)×2+弯钩×2						
				根数计算公式	[(6000-150)-50×2]/100(向上取整)+1						
				根数公式描述	[(跨净长)-起始间距×2]/间距+1						
	Y方向受力筋	8	一级	长度计算公式	(6000-150)+max(0.5×300,5×8)×2+6.25×8×2	6250	22	54.313	6250	22	54.313
				长度公式描述	跨净长+最大值(伸进支座长度)×2+弯钩×2						
				根数计算公式	[(3300-150+50)-50×2]/150(向上取整)+1						
				根数公式描述	[(跨净长)-两个起始间距]/间距+1						
4~5/A~B	X方向温度筋	8	一级	长度计算公式	(3300+50+150-1000-1000)+42×8×2	2172	20	17.159	2172	20	17.159
				长度公式描述	(净长)+(左、右两边搭接)						
				根数计算公式	(6000-850-1000)/200(向上取整)-1						
				根数公式描述	(净长)/间距-1						
	Y方向温度筋	8	一级	长度计算公式	(6000-850-1000)+42×8×2	4822	7	13.333	4822	7	13.333
				长度公式描述	(净长)+(左、右两边搭接)						
				根数计算公式	(3300-1000+50-850)/200(向上取整)-1						
				根数公式描述	(净长)/间距-1						

(2) 三层板 A ~ C 段底筋、温度筋答案手工和软件对比

三层板 A ~ C 段底筋、温度筋答案手工和软件对比，见表 1.5.33。

表 1.5.33　三层板 A ~ C 段底筋、温度筋答案手工和软件对比

手工答案									软件答案		
轴号	方向和名称	直径	等级	公式对比		长度（mm）	根数	重量(kg)	长度（mm）	根数	重量(kg)
5 ~ 6/A ~ C	X 方向受力筋	8	一级	长度计算公式	(3000 - 50 - 300 - 150) + max(0.5 × 300, 5 × 8) × 2 + 6.25 × 8 × 2	2900		101.95	2900		101.95
				长度公式描述	(跨净长) + 最大值(伸进支座长度) × 2 + 弯钩 × 2						
				根数计算公式	[(9000 - 150) - 50 × 2]/100(向上取整) + 1		89			89	
				根数公式描述	[(净长) - 起始间距 × 2]/间距 + 1						
	Y 方向受力筋	8	一级	长度计算公式	(9000 - 150) + max(0.5 × 300, 5 × 8) × 2 + 6.25 × 8 × 2	9250		64.37	9250		64.37
				长度公式描述	(跨净长) + 最大值(伸进支座长度) × 2 + 弯钩 × 2						
				根数计算公式	[(3000 - 50 - 300 - 150) - 50 × 2]/150(向上取整) + 1		17			17	
				根数公式描述	[(净长) - 起始间距 × 2]/间距 + 1						
5 ~ 6/A ~ C	X 方向温度筋	8	一级	长度计算公式	(3000 - 50 - 150 - 1000 - 1000) + 42 × 8 × 2	1472		19.188	1472		19.188
				长度公式描述	(净长) + (左、右两边搭接)						
				根数计算公式	(9000 - 1500 - 850)/200(向上取整) - 1		33			33	
				根数公式描述	(净长)/间距 - 1						
	Y 方向温度筋	8	一级	长度计算公式	(9000 - 1500 - 850) + 42 × 8 × 2	7322		8.677	7322		8.677
				长度公式描述	(净长) + (左、右两边搭接)						
				根数计算公式	(3000 - 50 - 150 - 1000 - 1000)/200 - 1		3			3	
				根数公式描述	(净长)/间距 - 1						
6 ~ 7/A ~ C	X 方向受力筋	10	一级	长度计算公式	(6000 - 150 - 150) + max(0.5 × 300, 5 × 10) × 2 + 6.25 × 10 × 2	6125		336.342	6125		336.342
				长度公式描述	跨净长 + 最大值(伸进支座长度) × 2 + 弯钩 × 2						
				根数计算公式	[(9000 - 150) - 50 × 2]/100(向上取整) + 1		89			89	
				根数公式描述	[(跨净长) - 起始间距 × 2]/间距 + 1						
	Y 方向受力筋	10	一级	长度计算公式	(9000 - 150) + max(0.5 × 300, 5 × 10) × 2 + 6.25 × 10 × 2	9275		340.963	9275		340.963
				长度公式描述	(跨净长) + 最大值(伸进支座长度) × 2 + 弯钩 × 2						
				根数计算公式	[(6000 - 150 - 150) - 50 × 2]/100 + 1		57			57	
				根数公式描述	[(跨净长) - 起始间距 × 2]/间距 + 1						

续表

轴号	方向和名称	直径	等级	手工答案 公式对比		手工答案 长度(mm)	手工答案 根数	手工答案 重量(kg)	软件答案 长度(mm)	软件答案 根数	软件答案 重量(kg)
6～7/A～C	*X*方向温度筋	8	一级	长度计算公式	(6000－1500－150－1650)＋42×8×2	3372	29	38.626	3372	29	38.626
				长度公式描述	(净长)＋(左、右两边搭接)						
				根数计算公式	(9000－1500－1650)/200(向上取整)－1						
				根数公式描述	(净长)/间距－1						
	*Y*方向温度筋	8	一级	长度计算公式	(9000－1650－1500)＋42×8×2	6522	13	33.49	6522	13	33.49
				长度公式描述	(净长)＋(左、右两边搭接)						
				根数计算公式	(6000－150－1500－1650)/200(向上取整)－1						
				根数公式描述	(净长)/间距－1						

(3）三层板B～C段底筋、温度筋答案手工和软件对比

三层板B～C段底筋、温度筋答案手工和软件对比，见表1.5.34。

表1.5.34 三层板B～C段底筋、温度筋答案手工和软件对比

轴号	方向和名称	直径	等级	手工答案 公式		手工答案 长度(mm)	手工答案 根数	手工答案 重量	软件答案 长度(mm)	软件答案 根数	软件答案 重量
1～2/B～C	*X*方向受力筋	8	一级	长度计算公式	(6000＋50－150)＋max(0.5×300,5×8)×2＋6.25×8×2	6300	19	47.282	6300	19	47.282
				长度公式描述	(跨净长)＋最大值(伸进支座长度)×2＋弯钩×2						
				根数计算公式	[(3000－150－150)－50×2]/150(向上取整)＋1						
				根数公式描述	[(跨净长)－起始间距×2]/间距＋1						
	*Y*方向受力筋	8	一级	长度计算公式	(3000－150－150)＋max(300/2,5×*d*)×2＋6.25×8×2	3100	59	72.245	3100	59	72.245
				长度公式描述	(跨净长)＋最大值(伸进支座长度)×2＋弯钩×2						
				根数计算公式	[(6000＋50－150)－50×2]/100＋1						
				根数公式描述	[(跨净长)－起始间距×2]/间距＋1						

续表

	手工答案								软件答案		
轴号	方向和名称	直径	等级	公式		长度（mm）	根数	重量	长度（mm）	根数	重量
2～3/B～C	X方向受力筋	8	一级	长度计算公式	(6000－150－150)＋max(0.5×300,5×8)×2＋6.25×8×2	6100		45.78	6100		45.78
				长度公式描述	(跨净长)＋最大值(伸进支座长度)×2＋弯钩×2						
				根数计算公式	[(3000－150－150)－50×2]/150(向上取整)＋1		19			19	
				根数公式描述	[(净长)－起始间距×2]/间距＋1						
	Y方向受力筋	8	一级	长度计算公式	(3000－150－150)＋max(300/2,5×8)×2＋6.25×8×2	3100		69.797	3100		69.797
				长度公式描述	(跨净长)＋最大值(伸进支座长度)×2＋弯钩×2						
				根数计算公式	[(6000－150－150)－50×2]/100＋1		57			57	
				根数公式描述	[(跨净长)－起始间距×2]/间距＋1						
3～4/B～C	X方向受力筋	8	一级	长度计算公式	(6900－300/2×2)＋max(0.5×300,5×8)×2＋6.25×8×2	7000		52.535	7000		52.535
				长度公式描述	(跨净长)＋最大值(伸进支座长度)×2＋弯钩×2						
				根数计算公式	[(3000－150－150)－50×2]/150(向上取整)＋1		19			19	
				根数公式描述	[(跨净长)－起始间距×2]/间距＋1						
	Y方向受力筋	8	一级	长度计算公式	(3000－150－150)＋max(300/2,5×8)×2＋6.25×8×2	3100		80.817	3100		80.817
				长度公式描述	(跨净长)＋最大值(伸进支座长度)×2＋弯钩×2						
				根数计算公式	[(6900－150－150)－50×2]/100＋1		66			66	
				根数公式描述	[(跨净长)－起始间距×2]/间距＋1						
4～5/B～C	X方向受力筋	8	一级	长度计算公式	(3300－300/2＋50)＋max(0.5×300,5×8)×2＋6.25×8×2	3600		27.018	3600		27.018
				长度公式描述	(跨净长)＋最大值(伸进支座长度)×2＋弯钩×2						
				根数计算公式	[(3000－150－150)－50×2]/150(向上取整)＋1		19			19	
				根数公式描述	[(跨净长)－起始间距×2]/间距＋1						
	Y方向受力筋	8	一级	长度计算公式	(3000－150－150)＋max(0.5×300,5×8)×2＋6.25×8×2	3100		39.184	3100		39.184
				长度公式描述	(跨净长)＋最大值(伸进支座长度)×2＋弯钩×2						
				根数计算公式	[(3300＋50－150－150)－50×2]/100(向上取整)＋1		31			32	
				根数公式描述	[(跨净长)－起始间距×2]/间距＋1						

(4) 三层板 C ~ D 段底筋、温度筋答案手工和软件对比

三层板 C ~ D 段底筋、温度筋答案手工和软件对比，见表 1.5.35。

表 1.5.35 三层板 C ~ D 段底筋、温度筋答案手工和软件对比

手工答案									软件答案		
轴号	方向和名称	直径	等级	公式		长度(mm)	根数	重量	长度(mm)	根数	重量
1 ~ 2/C ~ D	X 方向受力筋	10	一级	长度计算公式	(6000 + 50 − 150) + max(0.5 × 300, 5 × 10) × 2 + 6.25 × 10 × 2	6325		230.249	6325		230.249
				长度公式描述	(跨净长) + 最大值(伸进支座长度) × 2 + 弯钩 × 2						
				根数计算公式	[(6000 − 150) − 50 × 2]/100(向上取整) + 1		59			59	
				根数公式描述	[(净长) − 起始间距 × 2]/间距 + 1						
	Y 方向受力筋	10	一级	长度计算公式	(6000 − 150) + max(0.5 × 300, 5 × 10) × 2 + 6.25 × 10 × 2	6275		228.429	6275		228.429
				长度公式描述	(跨净长) + 最大值(伸进支座长度) × 2 + 弯钩 × 2						
				根数计算公式	[(6000 + 50 − 150) − 50 × 2]/100 + 1		59			59	
				根数公式描述	[(跨净长) − 起始间距 × 2]/间距 + 1						
1 ~ 2/C ~ D	X 方向温度筋	8	一级	长度计算公式	(6000 + 50 − 1650 − 1800) + (42 × 8 × 2)	3272		15.509	3272		15.509
				长度公式描述	(净长) + (左、右两边搭接)						
				根数计算公式	(6000 − 1650 − 1800)/200(向上取整) − 1		12			12	
				根数公式描述	(净长)/间距 − 1						
	Y 方向温度筋	8	一级	长度计算公式	(6000 − 1650 − 1800) + (42 × 8 × 2)	3222		15.272	3222		15.272
				长度公式描述	(净长) + (左、右两边搭接)						
				根数计算公式	(6000 + 50 − 1650 − 1800)/200 − 1		12			12	
				根数公式描述	(净长)/间距 − 1						
2 ~ 3/C ~ D	X 方向受力筋	10	一级	长度计算公式	(6000 − 150 − 150) + max(0.5 × 300, 5 × 10) × 2 + 6.25 × 10 × 2	6125		222.968	6125		222.968
				长度公式描述	(跨净长) + 最大值(伸进支座长度) × 2 + 弯钩 × 2						
				根数计算公式	[(6000 − 150) − 50 × 2]/100(向上取整) + 1		59			59	
				根数公式描述	[(净长) − 起始间距 × 2]/间距 + 1						
	Y 方向受力筋	10	一级	长度计算公式	(6000 − 150) + max(0.5 × 300, 5 × 10) × 2 + 6.25 × 10 × 2	6275		210.685	6275		210.685
				长度公式描述	(跨净长) + 最大值(伸进支座长度) × 2 + 弯钩 × 2						
				根数计算公式	[(6000 − 150 − 150) − 50 × 2]/100 + 1		57			57	
				根数公式描述	[(跨净长) − 起始间距 × 2]/间距 + 1						

续表

				手工答案					软件答案		
轴号	方向和名称	直径	等级	公式		长度(mm)	根数	重量	长度(mm)	根数	重量
2~3/C~D	X方向温度筋	8	一级	长度计算公式	(6000-1800-1800)+(42×8×2)	3072		14.561	3072		14.561
				长度公式描述	(净长)+(左、右两边搭接)						
				根数计算公式	(6000-1800-1650)/200(向上取整)-1		12			12	
				根数公式描述	(净长)/间距-1						
	Y方向温度筋	8	一级	长度计算公式	(6000-1650-1800)+(42×8×2)	3222		14	3222		14
				长度公式描述	(净长)+(左、右两边搭接)						
				根数计算公式	(6000-1800-1800)/200-1		11			11	
				根数公式描述	(净长)/间距-1						
3~4/C~D	X方向受力筋	10	一级	长度计算公式	(6900-150-150)+max(0.5×300,5×10)×2+6.25×10×2	7025		212.387	7025		212.387
				长度公式描述	(跨净长)+最大值(伸进支座长度)×2+弯钩×2						
				根数计算公式	[(6000-150)-50×2]/120(向上取整)+1		49			49	
				根数公式描述	[(跨净长)-起始间距×2]/间距+1						
	Y方向受力筋	12	一级	长度计算公式	(6000-150)+max(0.5×300,5×12)×2+6.25×12×2	6300		369.923	6300		369.923
				长度公式描述	(跨净长)+最大值(伸进支座长度)×2+弯钩×2						
				根数计算公式	[(6900-150-150)-50×2]/100+1		66			66	
				根数公式描述	[(跨净长)-起始间距×2]/间距+1						
3~4/C~D	X方向温度筋	8	一级	长度计算公式	(6900-1800-1800)+(42×8×2)	3972		18.827	3972		18.827
				长度公式描述	(净长)+(左、右两边搭接)						
				根数计算公式	(6000-1800-1650)/200(向上取整)-1		12			12	
				根数公式描述	(净长)/间距-1						
	Y方向温度筋	8	一级	长度计算公式	(6000-1650-1800)+(42×8×2)	3222		20.363	3222		20.363
				长度公式描述	(净长)+(左、右两边搭接)						
				根数计算公式	(6900-1800-1800)/200(向上取整)-1		16			16	
				根数公式描述	(净长)/间距-1						

续表

轴号	方向和名称	直径	等级	手工答案					软件答案		
				公式		长度(mm)	根数	重量	长度(mm)	根数	重量
4～5/C～D	X方向受力筋	8	一级	长度计算公式	(3300 +50 - 150) + max(0.5 ×300,5 ×8) ×2 +6.25 ×8 ×2	3600	59	83.898	3600	59	83.898
				长度公式描述	(跨净长) + 最大值(伸进支座长度) ×2 + 弯钩 ×2						
				根数计算公式	[(6000 - 150) - 50 ×2]/100(向上取整) +1						
				根数公式描述	[(跨净长) - 起始间距 ×2]/间距 +1						
	Y方向受力筋	8	一级	长度计算公式	(6000 - 150) + max(0.5 ×300,5 ×8) ×2 +6.25 ×8 ×2	6250	22	54.313	6250	22	54.313
				长度公式描述	(跨净长) + 最大值(伸进支座长度) ×2 + 弯钩 ×2						
				根数计算公式	[(3300 - 150 +50) - 50 ×2]/150(向上取整) +1						
				根数公式描述	[(跨净长) - 两个起始间距]/间距 +1						
4～5/C～D	X方向温度筋	8	一级	长度计算公式	[(3300 +50 +150 - 1000 - 1000) + (42 ×8 ×2)	2172	20	17.159	2172	20	17.159
				长度公式描述	(净长) + (左、右两边搭接)						
				根数计算公式	(6000 - 850 - 1000)/200(向上取整) - 1						
				根数公式描述	(净长)/间距 - 1						
	Y方向温度筋	8	一级	长度计算公式	(6000 - 850 - 1000) + (42 ×8 ×2)	4822	7	13.333	4822	7	13.333
				长度公式描述	(净长) + (左、右两边搭接)						
				根数计算公式	(3300 - 1000 +50 - 850)/200(向上取整) - 1						
				根数公式描述	(净长)/间距 - 1						
5～6/C～D	X方向受力筋	8	一级	长度计算公式	(3000 - 50 - 300 - 150) + max(0.5 ×300,5 ×8) ×2 +6.25 ×8 ×2	2900	59	67.584	2900	59	67.584
				长度公式描述	(跨净长) + 最大值(伸进支座长度) ×2 + 弯钩 ×2						
				根数计算公式	[(6000 - 150) - 50 ×2]/100(向上取整) +1						
				根数公式描述	[(跨净长) - 起始间距 ×2]/间距 +1						
	Y方向受力筋	8	一级	长度计算公式	(6000 - 150) + max(0.5 ×300,5 ×8) ×2 +6.25 ×8 ×2	6250	17	41.969	6250	17	41.969
				长度公式描述	(跨净长) + 最大值(伸进支座长度) ×2 + 弯钩 ×2						
				根数计算公式	[(3000 - 50 - 300 - 150) - 50 ×2]/150 +1						
				根数公式描述	[(跨净长) - 起始间距 ×2]/间距 +1						

续表

手工答案									软件答案		
轴号	方向和名称	直径	等级	公式		长度(mm)	根数	重量	长度(mm)	根数	重量
5~6/C~D	X方向温度筋	8	一级	长度计算公式	(3000-50-150-1000-1000)+(42×8×2)	1472	18	10.466	1472	18	10.466
				长度公式描述	(净长)+(左、右两边搭接)						
				根数计算公式	(6000-850-1500)/200(向上取整)-1						
				根数公式描述	(净长)/间距-1						
	Y方向温度筋	8	一级	长度计算公式	(6000-850-1500)+(42×8×2)	4322	3	5.122	4322	3	5.122
				长度公式描述	(净长)+(左、右两边搭接)						
				根数计算公式	(3000-50-150-1000-1000)/200-1						
				根数公式描述	(净长)/间距-1						
6~7/C~D	X方向受力筋	8	一级	长度计算公式	(6000-150-150)+max(0.5×300,5×10)×2+6.25×10×2	6125	59	222.968	6125	59	222.968
				长度公式描述	(跨净长)+最大值(伸进支座长度)×2+弯钩×2						
				根数计算公式	[(6000-150)-50×2]/100(向上取整)+1						
				根数公式描述	[(跨净长)-起始间距×2]/间距+1						
	Y方向受力筋	8	一级	长度计算公式	(6000-150)+max(0.5×300,5×10)×2+6.25×10×2	6275	57	220.685	6275	57	220.685
				长度公式描述	(跨净长)+最大值(伸进支座长度)×2+弯钩×2						
				根数计算公式	[(6000-150-150)-50×2]/100+1						
				根数公式描述	[(跨净长)-起始间距×2]/间距+1						
6~7/C~D	X方向温度筋	8	一级	长度计算公式	(6000-1650-1500)+(42×8×2)	3522	14	18.647	3522	14	18.647
				长度公式描述	(净长)+(左、右两边搭接)						
				根数计算公式	(6000-1650-1500)/200(向上取整)-1						
				根数公式描述	(净长)/间距-1						
	Y方向温度筋	8	一级	长度计算公式	(6000-1650-1500)+(42×8×2)	3522	14	18.085	3522	14	18.085
				长度公式描述	(净长)+(左、右两边搭接)						
				根数计算公式	(6000-1500-150)/200(向上取整)-1						
				根数公式描述	(净长)/间距-1						

2. 板负筋

(1) 三层板 1 轴线负筋答案手工和软件对比

三层板 1 轴线负筋答案手工和软件对比，见表 1.5.36。

表 1.5.36　三层板 1 轴线负筋答案手工和软件对比

手工答案										软件答案		
轴号	分段	筋名称	直径	等级	公式		长度(mm)	根数	重量	长度(mm)	根数	重量
1	A～B	3号负筋	10	一级	长度计算公式	(300－20＋15×10)＋6.25×10＋1650＋150－15×2	2263	40	64.857	2263	40	64.857
					长度公式描述	(支座宽－保护层厚度＋弯折)＋弯钩＋伸入板内净长＋板厚－保护层厚度×2						
					根数计算公式	[(6000－150)－50×2]/150(向上取整)＋1						
					根数公式描述	[(跨净长)－起始间距×2]/间距＋1						
		分布筋	8	一级	长度计算公式	(6000－1800－1650)＋150×2	2850	8		2850	8	
					长度公式描述	(跨净长)＋搭接×2						
					根数计算公式	(1650－100)/200						
					根数公式描述	(伸入板内净长－起步距离)/间距						
1	B～C	3号负筋	10	一级	长度计算公式	(300－20＋15×10)＋6.25×10＋1650＋100－15×2	2213	19	25.943	2213	19	25.943
					长度公式描述	(支座宽－保护层厚度＋弯折)＋弯钩＋伸入板内净长＋板厚－保护层厚度×2						
					根数计算公式	[(3000－150×2)－50×2]/150(向上取整)＋1						
					根数公式描述	[(跨净长)－起始间距×2]/间距＋1						
1	C～D	3号负筋	10	一级	长度计算公式	(300－20＋15×10)＋6.25×10＋1650＋150－15×2	2263	40	64.857	2263	40	64.857
					长度公式描述	(支座宽－保护层厚度＋弯折)＋弯钩＋伸入板内净长＋板厚－保护层厚度×2						
					根数计算公式	[(6000－150)－50×2]/150(向上取整)＋1						
					根数公式描述	[(跨净长)－起始间距×2]/间距＋1						
		分布筋	8	一级	长度计算公式	(6000－1800－1650)＋150×2	2850	8		2850	8	
					长度公式描述	(跨净长)＋搭接长度×2						
					根数计算公式	(1650－100)/200						
					根数公式描述	(伸入板内净长－起步距离)/间距						

(2) 三层板2轴线负筋答案手工和软件对比

三层板2轴线负筋答案手工和软件对比，见表1.5.37。

表1.5.37　三层板2轴线负筋答案手工和软件对比

手工答案										软件答案		
轴号	分段	筋名称	直径	等级	公式		长度(mm)	根数	重量	长度(mm)	根数	重量
2	A~B	5号负筋	10	一级	长度计算公式	1800+1800+(150-15×2)×2	3840		160.051	3840		160.051
					长度公式描述	伸入左板内净长+伸入右板内净长+(板厚-保护层厚度×2)×2						
					根数计算公式	[(6000-150)-50×2]/100(向上取整)+1		59			59	
					根数公式描述	[(跨净长)-起始间距×2]/间距+1						
		分布筋	8	一级	长度计算公式	(6000-1800-1650)+150×2	2850			2850		
					长度公式描述	(跨净长)+搭接×2						
					根数计算公式	[(1650-100)/200]×2		16			16	
					根数公式描述	[(伸入板内净长-起步距离)/间距]×2						
2	B~C	5号负筋	10	一级	长度计算公式	1800+1800+(100-15×2)×2	3740		62.305	3740		62.305
					长度公式描述	伸入左板内净长+伸入右板内净长+(板厚-保护层厚度×2)×2						
					根数计算公式	[(3000-150-150)-50×2]/100+1		27			27	
					根数公式描述	[(跨净长)-起始间距×2]/间距+1						
2	C~D	5号负筋	10	一级	长度计算公式	1800+1800+(150-15×2)×2	3840		157.8	3840		159.926
					长度公式描述	伸入左板内净长+伸入右板内净长+(板厚-保护层厚度×2)×2						
					根数计算公式	[(6000-150)-50×2]/100(向上取整)+1		59			59	
					根数公式描述	[(跨净长)-起始间距×2]/间距+1						
		分布筋	8	一级	长度计算公式	(6000-1800-1650)+150×2	2850			2850		
					长度公式描述	跨净长+搭接长度×2						
					根数计算公式	[(1650-100)/200]×2		16			16	
					根数公式描述	[(伸入板内净长-起步距离)/间距]×2						

(3) 三层板3轴线负筋答案手工和软件对比

三层板3轴线负筋答案手工和软件对比，见表1.5.38。

表1.5.38　三层板3轴线负筋答案手工和软件对比

手工答案										软件答案		
轴号	分段	筋名称	直径	等级	公式		长度(mm)	根数	重量	长度(mm)	根数	重量
3	A～B	5号负筋	10	一级	长度计算公式	1800+1800+(150-15×2)×2	3840		159.926	3840		159.926
					长度公式描述	伸入左板内净长+伸入右板内净长+(板厚-保护层厚度×2)×2						
					根数计算公式	[(6000-150)-50×2]/100(向上取整)+1		59			59	
					根数公式描述	[(跨净长)-起始间距×2]/间距+1						
		分布筋	8	一级	长度计算公式	(6000-1800-1650)+150×2	2850			2850		
					长度公式描述	(跨净长)+搭接×2						
					根数计算公式	[(1650-100)/200]×2		16			16	
					根数公式描述	[(伸入板内净长-起步距离)/间距+1]×2						
3	B～C	5号负筋	10	一级	长度计算公式	1800+1800+(100-15×2)×2	3740		62.305	3740		62.305
					长度公式描述	伸入左板内净长+伸入右板内净长+(板厚-保护层厚度×2)×2						
					根数计算公式	[(3000-150-150)-50×2]/100+1		27			27	
					根数公式描述	[(跨净长)-起始间距×2]/间距+1						
3	C～D	5号负筋	10	一级	长度计算公式	1800+1800+(150-15×2)×2	3840		157.8	3840		157.8
					长度公式描述	伸入左板内净长+伸入右板内净长+(板厚-保护层厚度×2)×2						
					根数计算公式	[(6000-150)-50×2]/100(向上取整)+1		59			59	
					根数公式描述	[(跨净长)-起始间距×2]/间距+1						
		分布筋	8	一级	长度计算公式	(6000-1800-1650)+150×2	2850			2850		
					长度公式描述	(净长)+搭接长度×2						
					根数计算公式	[(1650-100)/200]×2		16			16	
					根数公式描述	[(伸入板内净长-起步距离)/间距+1]×2						

(4) 三层板4轴线负筋答案手工和软件对比

三层板4轴线负筋答案手工和软件对比，见表1.5.39。

表1.5.39　三层板4轴线负筋答案手工和软件对比

手 工 答 案										软件答案		
轴号	分段	筋名称	直径	等级	公 式		长度（mm）	根数	重量	长度（mm）	根数	重量
4	A~B	6号负筋	10	一级	长度计算公式	1800+1000+150-15×2+100-15×2	2990		106.434	2990		106.434
					长度公式描述	伸入左板内净长+伸入右板内净长+板厚-保护层厚度×2+板厚-保护层厚度×2						
					根数计算公式	[(6000-150)-50×2]/120(向上取整)+1		49			49	
					根数公式描述	[(跨净长)-起始间距×2]/间距+1						
		分布筋1	8	一级	长度计算公式	(6000-1800-1650)+150×2	2850			2850		
					长度公式描述	跨净长+搭接长度×2						
					根数计算公式	(1650-100)/200		8			8	
					根数公式描述	(伸入左板内净长-起步距离)/间距						
		分布筋2	10	一级	长度计算公式	(6000-1000-850)+150×2	4450			4450		
					长度公式描述	(跨净长)+搭接长度×2						
					根数计算公式	(850-100)/200		4			4	
					根数公式描述	(伸入右板内净长-起步距离)/间距						
4	B~C	6号负筋	10	一级	长度计算公式	1800+1000+(100-15×2)×2	2940		41.722	2940		41.722
					长度公式描述	伸入左板内净长+伸入右板内净长+(板厚-保护层厚度×2)×2						
					根数计算公式	[(3000-150-150)-50×2]/120(向上取整)+1		23			23	
					根数公式描述	[(跨净长)-起始间距×2]/间距+1						
4	C~D	6号负筋	10	一级	长度计算公式	1800+1000+150-15×2+100-15×2	2990		106.434	2990		106.434
					长度公式描述	伸入左板内净长+伸入右板内净长+板厚-保护层厚度×2+板厚-保护层厚度×2						
					根数计算公式	[(6000-150)-50×2]/120(向上取整)+1		49			49	
					根数公式描述	[(跨净长)-起始间距×2]/间距+1						

续表

手工答案										软件答案		
轴号	分段	筋名称	直径	等级	公式		长度(mm)	根数	重量	长度(mm)	根数	重量
4	C~D	分布筋1	8	一级	长度计算公式	(6000-1800-1650)+150×2	2850		106.434	2850		109.23
					长度公式描述	(跨净长)+搭接长度×2						
					根数计算公式	(1650-100)/200		8			8	
					根数公式描述	(伸入左板内净长-起步距离)/间距						
		分布筋2	8	一级	长度计算公式	(6000-1000-850)+150×2	4450			4450		
					长度公式描述	(跨净长)+搭接长度×2						
					根数计算公式	(850-100)/200		4			4	
					根数公式描述	(伸入右板内净长-起步距离)/间距						

(5) 三层板5轴线负筋答案手工和软件对比

三层板5轴线负筋答案手工和软件对比，见表1.5.40。

表1.5.40 三层板5轴线负筋答案手工和软件对比

手工答案										软件答案		
轴号	分段	筋名称	直径	等级	公式		长度(mm)	根数	重量	长度(mm)	根数	重量
5	A~C	7号负筋1	8	一级	长度计算公式	1000+1000+(100-15×2)×2	2140		67.995	2140		67.995
					长度公式描述	伸入左板内净长+伸入右板内净长+(板厚-保护层厚度×2)×2						
					根数计算公式	[(9000-150-300)-50×2]/150(向上取整)+1		58			58	
					根数公式描述	[(跨净长)-起始间距×2]/间距+1						
		7号负筋2	8	一级	长度计算公式	30×8+6.25×8+850+100-15×2	1210			1210		
					长度公式描述	判断值+弯钩+伸入板内净长+板厚-保护层厚度×2						
					根数计算公式	(300-50×2)/200+1		2			2	
					根数公式描述	(跨净长-起始间距×2)/间距+1						

手工答案										软件答案		
轴号	分段	筋名称	直径	等级	公式		长度(mm)	根数	重量	长度(mm)	根数	重量
5	A~C	7号分1	8	一级	长度计算公式	(6000-1000-850)+150×2	4450		67.995	4450		67.995
					长度公式描述	(跨净长)+搭接长度×2						
					根数计算公式	(850-100)/200		4			4	
					根数公式描述	(伸入右板内净长-起步距离)/间距						
		7号分2	8	一级	长度计算公式	(9000-1500-850)+150×2	6950			6950		
					长度公式描述	(跨净长)+搭接长度×2						
					根数计算公式	(850-100)/200		4			4	
					根数公式描述	(伸入右板内净长-起步距离)/间距						
5	C~D	7号负筋	8	一级	长度计算公式	1000+1000+(100-15×2)×2	2140		47.084	2140		47.084
					长度公式描述	伸入左板内净长+伸入右板内净长+(板厚-保护层厚度×2)×2						
					根数计算公式	[(6000-150)-50×2]/150+1		40			40	
					根数公式描述	[(跨净长)-起始间距×2]/间距+1						
		分布筋1	8	一级	长度计算公式	(6000-850-1000)+150×2	4450			4450		
					长度公式描述	(跨净长)+搭接长度×2						
					根数计算公式	(850-100)/200		4			4	
					根数公式描述	(伸入左板内净长-起步距离)/间距						
		分布筋2	8	一级	长度计算公式	(6000-850-1500)+150×2	3950			3950		
					长度公式描述	(跨净长)+搭接长度×2						
					根数计算公式	(850-100)/200		4			4	
					根数公式描述	(伸入右板内净长-起步距离)/间距						

(6) 三层板6轴线负筋答案手工和软件对比

三层板6轴线负筋答案手工和软件对比，见表1.5.41。

表 1.5.41　三层板 6 轴线负筋答案手工和软件对比

手工答案										软件答案		
轴号	分段	筋名称	直径	等级	公式		长度(mm)	根数	重量	长度(mm)	根数	重量
6	A ~ C	8 号负筋	10	一级	长度计算公式	1000 + 1500 + (100 - 15 × 2) + (150 - 15 × 2)	2690		91.739	2690		91.739
					长度公式描述	伸入左板内净长 + 伸入右板内净长 + (板厚 - 保护层厚度 × 2) + (板厚 - 保护层厚度 × 2)						
					根数计算公式	[(9000 - 150) - 50 × 2]/150(向上取整) + 1		60			60	
					根数公式描述	[(跨净长) - 起始间距 × 2]/间距 + 1						
		分布筋 1	8	一级	长度计算公式	(9000 + 150 - 1500 - 1000) + 150 × 2	6950			6950		
					长度公式描述	(跨净长) + 搭接长度 × 2						
					根数计算公式	(850 - 100)/200 + 1		4			4	
					根数公式描述	(伸入左板内净长 - 起步距离)/间距 + 1						
		分布筋 2	8	一级	长度计算公式	(9000 - 1500 - 1650) + 150 × 2	6150			6150		
					长度公式描述	(跨净长) + 搭接长度 × 2						
					根数计算公式	(1350 - 100)/200(向下取整) + 1		7			7	
					根数公式描述	(伸入右板内净长 - 起步距离)/间距 + 1						
6	C ~ D	8 号负筋	10	一级	长度计算公式	1000 + 1500 + (100 - 15 × 2) + (150 - 15 × 2)	2690		57.453	2690		57.453
					长度公式描述	伸入左板内净长 + 伸入右板内净长 + (板厚 - 保护层厚度 × 2) + (板厚 - 保护层厚度 × 2)						
					根数计算公式	[(6000 - 150) - 50 × 2]/150(向上取整) + 1		40			40	
					根数公式描述	[(跨净长) - 起始间距 × 2]/间距 + 1						
		分布筋 1	8	一级	长度计算公式	(6000 + 150 - 1500 - 1000) + 150 × 2	3950			3950		
					长度公式描述	(跨净长) + 搭接长度 × 2						
					根数计算公式	(850 - 50)/200		4			4	
					根数公式描述	(伸入左板内净长 - 起步距离)/间距						
		分布筋 2	8	一级	长度计算公式	(6000 - 1500 - 1650) + 150 × 2	3150			3150		
					长度公式描述	(跨净长) + 搭接长度 × 2						
					根数计算公式	(1350 - 50)/200(向下取整) + 1		7			7	
					根数公式描述	(伸入右板内净长 - 起步距离)/间距 + 1						

（7）三层板7轴线负筋答案手工和软件对比

三层板7轴线负筋答案手工和软件对比，见表1.5.42。

表1.5.42　三层板7轴线负筋答案手工和软件对比

<table>
<tr><th colspan="10">手 工 答 案</th><th colspan="3">软件答案</th></tr>
<tr><th>轴号</th><th>分段</th><th>筋名称</th><th>直径</th><th>等级</th><th colspan="2">公　　式</th><th>长度(mm)</th><th>根数</th><th>重量</th><th>长度(mm)</th><th>根数</th><th>重量</th></tr>
<tr><td rowspan="8">7</td><td rowspan="8">A～C</td><td rowspan="4">3号负筋</td><td rowspan="4">10</td><td rowspan="4">一级</td><td>长度计算公式</td><td>(300－15＋15×10)＋6.25×10＋1650＋150－15×2</td><td rowspan="2">2268</td><td rowspan="4">60</td><td rowspan="8">105.823</td><td rowspan="2">2268</td><td rowspan="4">60</td><td rowspan="8">103.395</td></tr>
<tr><td>长度公式描述</td><td>(支座宽－保护层厚度＋弯折)＋弯钩＋伸入板内净长＋板厚－保护层厚度×2</td></tr>
<tr><td>根数计算公式</td><td>(9000－150－50×2)/150(向上取整)＋1</td><td rowspan="2"></td><td rowspan="2"></td></tr>
<tr><td>根数公式描述</td><td>(跨净长－起始间距×2)/间距＋1</td></tr>
<tr><td rowspan="4">分布筋</td><td rowspan="4">8</td><td rowspan="4">一级</td><td>长度计算公式</td><td>(9000－1650－1500)＋150×2</td><td rowspan="2">6150</td><td rowspan="4">9</td><td rowspan="2">6150</td><td rowspan="4">9</td></tr>
<tr><td>长度公式描述</td><td>(跨净长)＋搭接长度×2</td></tr>
<tr><td>根数计算公式</td><td>(1650－100)/200＋1</td><td rowspan="2"></td><td rowspan="2"></td></tr>
<tr><td>根数公式描述</td><td>(伸入左板内净长－起步距离)/间距＋1</td></tr>
<tr><td rowspan="8">7</td><td rowspan="8">C～D</td><td rowspan="4">3号负筋</td><td rowspan="4">10</td><td rowspan="4">一级</td><td>长度计算公式</td><td>(300－15＋15×10)＋6.25×10＋1650＋150－15×2</td><td rowspan="2">2268</td><td rowspan="4">40</td><td rowspan="8">67.172</td><td rowspan="2">2268</td><td rowspan="4">40</td><td rowspan="8">65.928</td></tr>
<tr><td>长度公式描述</td><td>(支座宽－保护层厚度＋弯折)＋弯钩＋伸入板内净长＋板厚－保护层厚度×2</td></tr>
<tr><td>根数计算公式</td><td>[(6000－150)－50×2]/150(向上取整)＋1</td><td rowspan="2"></td><td rowspan="2"></td></tr>
<tr><td>根数公式描述</td><td>[(跨净长－起始间距×2)]/间距＋1</td></tr>
<tr><td rowspan="4">分布筋</td><td rowspan="4">8</td><td rowspan="4">一级</td><td>长度计算公式</td><td>(6000－1500－1650)＋150×2</td><td rowspan="2">3150</td><td rowspan="4">8</td><td rowspan="2">3150</td><td rowspan="4">8</td></tr>
<tr><td>长度公式描述</td><td>(跨净长)＋搭接长度×2</td></tr>
<tr><td>根数计算公式</td><td>(1650－50)/200</td><td rowspan="2"></td><td rowspan="2"></td></tr>
<tr><td>根数公式描述</td><td>(伸入板内净长－起步距离)/间距</td></tr>
</table>

（8）三层板A轴线负筋答案手工和软件对比

三层板A轴线负筋答案手工和软件对比，见表1.5.43。

表 1.5.43　三层板 A 轴线负筋答案手工和软件对比

<table>
<tr><th colspan="10">手 工 答 案</th><th colspan="3">软件答案</th></tr>
<tr><th>轴号</th><th>分段</th><th>筋名称</th><th>直径</th><th>等级</th><th colspan="2">公　式</th><th>长度(mm)</th><th>根数</th><th>重量</th><th>长度(mm)</th><th>根数</th><th>重量</th></tr>
<tr><td rowspan="8">A</td><td rowspan="8">1～2</td><td rowspan="4">3 号负筋</td><td rowspan="4">10</td><td rowspan="4">一级</td><td>长度计算公式</td><td>(300－15＋15×10)＋6.25×10＋1650＋150－15×2</td><td rowspan="2">2263</td><td rowspan="4">40</td><td rowspan="8">66.16</td><td rowspan="2">2263</td><td rowspan="4">40</td><td rowspan="8">65.015</td></tr>
<tr><td>长度公式描述</td><td>(支座宽－保护层厚度＋弯折)＋弯钩＋伸入板内净长＋板厚－保护层厚度×2</td></tr>
<tr><td>根数计算公式</td><td>[(6000＋50－150)－50×2]/150(向上取整)＋1</td></tr>
<tr><td>根数公式描述</td><td>[(跨净长)－起始间距×2]/间距＋1</td></tr>
<tr><td rowspan="4">分布筋</td><td rowspan="4">8</td><td rowspan="4">一级</td><td>长度计算公式</td><td>(6000＋50－1650－1800)＋150×2</td><td rowspan="2">2900</td><td rowspan="2">2900</td></tr>
<tr><td>长度公式描述</td><td>(跨净长)＋搭接长度×2</td></tr>
<tr><td>根数计算公式</td><td>(1650－100)/200</td><td rowspan="2"></td><td rowspan="2">8</td><td rowspan="2"></td><td rowspan="2">8</td></tr>
<tr><td>根数公式描述</td><td>(伸入板内净长－起步距离)/间距</td></tr>
<tr><td rowspan="8">A</td><td rowspan="8">2～3</td><td rowspan="4">3 号负筋</td><td rowspan="4">10</td><td rowspan="4">一级</td><td>长度计算公式</td><td>(300－15＋15×10)＋6.25×10＋1650＋150－15×2</td><td rowspan="2">2263</td><td rowspan="4">39</td><td rowspan="8">64.053</td><td rowspan="2">2263</td><td rowspan="4">39</td><td rowspan="8">62.987</td></tr>
<tr><td>长度公式描述</td><td>(支座宽－保护层厚度＋弯折)＋弯钩＋伸入板内净长＋板厚－保护层厚度×2</td></tr>
<tr><td>根数计算公式</td><td>[(6000－150×2)－50×2]/150(向上取整)＋1</td></tr>
<tr><td>根数公式描述</td><td>[(跨净长)－起始间距×2]/间距＋1</td></tr>
<tr><td rowspan="4">分布筋</td><td rowspan="4">8</td><td rowspan="4">一级</td><td>长度计算公式</td><td>(6000－1800－1800)＋150×2</td><td rowspan="2">2700</td><td rowspan="2">2700</td></tr>
<tr><td>长度公式描述</td><td>(跨净长)＋搭接长度×2</td></tr>
<tr><td>根数计算公式</td><td>(1650－100)/200</td><td rowspan="2"></td><td rowspan="2">8</td><td rowspan="2"></td><td rowspan="2">8</td></tr>
<tr><td>根数公式描述</td><td>(伸入板内净长－起步距离)/间距</td></tr>
<tr><td rowspan="8">A</td><td rowspan="8">3～4</td><td rowspan="4">3 号负筋</td><td rowspan="4">10</td><td rowspan="4">一级</td><td>长度计算公式</td><td>(300－15＋15×10)＋6.25×10＋1650＋150－15×2</td><td rowspan="2">2263</td><td rowspan="4">45</td><td rowspan="8">75.63</td><td rowspan="2">2263</td><td rowspan="4">45</td><td rowspan="8">74.208</td></tr>
<tr><td>长度公式描述</td><td>(支座宽－保护层厚度＋弯折)＋弯钩＋伸入板内净长＋板厚－保护层厚度×2</td></tr>
<tr><td>根数计算公式</td><td>[(6900－150×2)－50×2]/150(向上取整)＋1</td></tr>
<tr><td>根数公式描述</td><td>[(跨净长)－起始间距×2]/间距＋1</td></tr>
<tr><td rowspan="4">分布筋</td><td rowspan="4">8</td><td rowspan="4">一级</td><td>长度计算公式</td><td>(6900－1800－1800)＋150×2</td><td rowspan="2">3600</td><td rowspan="2">3600</td></tr>
<tr><td>长度公式描述</td><td>跨净长＋搭接长度×2</td></tr>
<tr><td>根数计算公式</td><td>(1650－100)/200</td><td rowspan="2"></td><td rowspan="2">8</td><td rowspan="2"></td><td rowspan="2">8</td></tr>
<tr><td>根数公式描述</td><td>(伸入板内净长－起步距离)/间距</td></tr>
</table>

续表

轴号	分段	筋名称	直径	等级	手工答案 公式		长度(mm)	根数	重量	软件答案 长度(mm)	根数	重量
A	4~5	4号负筋	8	一级	长度计算公式	30×8+6.25×8+1000-150+100-15×2	1210	22	13.359	1210	22	13.359
					长度公式描述	锚固长度+弯钩+伸入板内净长+板厚-保护层厚度×2						
					根数计算公式	[(3300+50-150)-50×2]/150(向上取整)+1						
					根数公式描述	[(跨净长)-起始间距×2]/间距+1						
		分布筋	8	一级	长度计算公式	(3300+50+150-1000-1000)+150×2	1800	4		1800	4	
					长度公式描述	(跨净长)+搭接长度×2						
					根数计算公式	(850-100)/200						
					根数公式描述	(伸入板内净长-起步距离)/间距						
A	5~6	4号负筋	8	一级	长度计算公式	30×8+6.25×8+1000-150+100-15×2	1210	17	9.863	1210	17	9.863
					长度公式描述	锚固长度+弯钩+伸入板内净长+板厚-保护层厚度×2						
					根数计算公式	[(3000-50-300-150)-50×2]/150+1						
					根数公式描述	[(跨净长)-起始间距×2]/间距+1						
		分布筋	8	一级	长度计算公式	(3000-50-150-1000-1000)+150×2	1100	4		1100	4	
					长度公式描述	(跨净长)+搭接长度×2						
					根数计算公式	(850-50)/200						
					根数公式描述	(伸入板内净长-起步距离)/间距						
A	6~7	3号负筋	10	一级	长度计算公式	(300-20+15×10)+6.25×10+1650+150-15×2	2268	39	65.24	2268	39	64.055
					长度公式描述	(支座宽-保护层厚度+弯折)+弯钩+伸入板内净长+板厚-保护层厚度×2						
					根数计算公式	[(6000-150×2)-50×2]/150+1(向上取整)						
					根数公式描述	[(跨净长)-起始间距×2]/间距+1						
		分布筋	8	一级	长度计算公式	(6000-150-1500-1650)+150×2	3000	8		3000	8	
					长度公式描述	(跨净长)+搭接长度×2						
					根数计算公式	(1650-100)/200						
					根数公式描述	(伸入板内净长-起步距离)/间距						

(9) 三层板 D 轴线负筋答案手工和软件对比

三层板 D 轴线负筋答案手工和软件对比，见表 1.5.44。

表 1.5.44　三层板 D 轴线负筋答案手工和软件对比

手工答案										软件答案		
轴号	分段	筋名称	直径	等级	公式		长度(mm)	根数	重量	长度(mm)	根数	重量
D	1~2	3 号负筋	10	一级	长度计算公式	(300 - 20 + 15 × 10) + 6.25 × 10 + 1650 + 150 - 15 × 2	2263		66.16	2263		65.015
					长度公式描述	(支座宽 - 保护层厚度 + 弯折) + 弯钩 + 伸入板内净长 + 板厚 - 保护层厚度 × 2						
					根数计算公式	[(6000 + 50 - 150) - 50 × 2]/150(向上取整) + 1		40			40	
					根数公式描述	[(跨净长) - 起始间距 × 2]/间距 + 1						
		分布筋	8	一级	长度计算公式	(6000 + 50 - 1650 - 1800) + 150 × 2	2900			2900		
					长度公式描述	(跨净长) + 搭接长度 × 2						
					根数计算公式	(1650 - 100)/200(向上取整)		8			8	
					根数公式描述	(伸入板内净长 - 起步距离)/间距						
D	2~3	3 号负筋	10	一级	长度计算公式	(300 - 20 + 15 × 10) + 6.25 × 10 + 1650 + 150 - 15 × 2	2263		64.053	2263		62.987
					长度公式描述	(支座宽 - 保护层厚度 + 弯折) + 弯钩 + 伸入板内净长 + 板厚 - 保护层厚度 × 2						
					根数计算公式	[(6000 - 150 × 2) - 50 × 2]/150(向上取整) + 1		39			39	
					根数公式描述	[(跨净长) - 起始间距 × 2]/间距 + 1						
		分布筋	8	一级	长度计算公式	(6000 - 1800 - 1800) + 150 × 2	2700			2700		
					长度公式描述	(跨净长) + 搭接长度 × 2						
					根数计算公式	(1650 - 100)/200(向上取整)		8			8	
					根数公式描述	(伸入板内净长 - 起步距离)/间距						
D	3~4	3 号负筋	10	一级	长度计算公式	(300 - 20 + 15 × 10) + 6.25 × 10 + 1650 + 150 - 15 × 2	2263		75.63	2263		74.208
					长度公式描述	(支座宽 - 保护层厚度 + 弯折) + 弯钩 + 伸入板内净长 + 板厚 - 保护层厚度 × 2						
					根数计算公式	[(6900 - 150 × 2) - 50 × 2]/150(向上取整) + 1		45			45	
					根数公式描述	[(跨净长) - 起始间距 × 2]/间距 + 1						
		分布筋	8	一级	长度计算公式	(6900 - 1800 - 1800) + 150 × 2	3600			3600		
					长度公式描述	(跨净长) + 搭接长度 × 2						
					根数计算公式	(1650 - 100)/200(向上取整)		8			8	
					根数公式描述	(伸入板内净长 - 起步距离)/间距						

续表

轴号	分段	筋名称	直径	等级	公式		手工答案 长度(mm)	手工答案 根数	手工答案 重量	软件答案 长度(mm)	软件答案 根数	软件答案 重量
D	4~5	4号负筋	8	一级	长度计算公式	30×8+6.25×8+1000−150+100−15×2	1210		13.359	1210		13.359
					长度公式描述	锚固长度+弯钩+伸入板内净长+板厚−保护层厚度×2						
					根数计算公式	[(3300+50−150)−50×2]/150(向上取整)+1		22			22	
					根数公式描述	[(跨净长)−起始间距×2]/间距+1						
		分布筋	8	一级	长度计算公式	(3300+50+150−1000−1000)+150×2	1800			1800		
					长度公式描述	(跨净长)+搭接长度×2						
					根数计算公式	(850−100)/200(向上取整)		4			4	
					根数公式描述	(伸入板内净长−起步距离)/间距						
D	5~6	4号负筋	8	一级	长度计算公式	30×8+6.25×8+1000−150+100−15×2	1210		9.863	1210		9.863
					长度公式描述	锚固长度+弯钩+伸入板内净长+板厚−保护层厚度×2						
					根数计算公式	[(3000−50−300−150)−50×2]/150+1		17			17	
					根数公式描述	[(跨净长)−起始间距×2]/间距+1						
		分布筋	8	一级	长度计算公式	(3000−50−150−1000−1000)+150×2	1100			1100		
					长度公式描述	(跨净长)+搭接长度×2						
					根数计算公式	(850−100)/200(向上取整)		4			4	
					根数公式描述	(伸入板内净长−起步距离)/间距						
D	6~7	3号负筋	10	一级	长度计算公式	(300−15+15×10)+6.25×10+1650+150−15×2	2268		65.24	2268		64.055
					长度公式描述	(支座宽−保护层厚度+弯折)+弯钩+伸入板内净长+板厚−保护层厚度×2						
					根数计算公式	[(6000−150×2)−50×2]/150(向上取整)+1		39			39	
					根数公式描述	[(跨净长)−起始间距×2]/间距+1						
		分布筋	8	一级	长度计算公式	(6000−150−1500−1650)+150×2	3000			3000		
					长度公式描述	(跨净长)+搭接长度×2						
					根数计算公式	(1650−100)/200(向上取整)+1		8			8	
					根数公式描述	(伸入板内净长−起步距离)/间距+1						

(10) 三层板 B ~ C 轴线负筋答案手工和软件对比

三层板 B ~ C 轴线负筋答案手工和软件对比，见表 1.5.45。

表 1.5.45　三层板 B ~ C 轴线负筋答案手工和软件对比

手工答案										软件答案		
轴号	分段	筋名称	直径	等级	公式		长度(mm)	根数	重量	长度(mm)	根数	重量
C	5 ~ 6	9 号负筋	10	一级	长度计算公式	1500 + 1500 + (100 − 15 × 2) × 2	3140	25	54.518	3140	25	54.518
					长度公式描述	伸入左板内净长 + 伸入右板内净长 + (板厚 − 保护层厚度 × 2) × 2						
					根数计算公式	[(3000 − 50 − 300 − 150) − 50 × 2]/100 + 1						
					根数公式描述	[(跨净长) − 起始间距 × 2]/间距 + 1						
		分布筋	8	一级	长度计算公式	(3000 − 50 − 150 − 1000 − 1000) + 150 × 2	1100	14		1100	14	
					长度公式描述	(跨净长) + 搭接长度 × 2						
					根数计算公式	[(1350 − 100)/200 + 1](向下取整) × 2						
					根数公式描述	[(伸入板内净长 − 起步距离)/间距 + 1] × 2						
C	6 ~ 7	9 号负筋	10	一级	长度计算公式	1500 + 1500 + (150 − 15 × 2) × 2	3240	57	130.538	3240	57	130.538
					长度公式描述	伸入左板内净长 + 伸入右板内净长 + (板厚 − 保护层厚度 × 2) × 2						
					根数计算公式	[(6000 − 150 − 150) − 50 × 2]/100 + 1						
					根数公式描述	[(跨净长) − 起始间距 × 2]/间距 + 1						
		分布筋	8	一级	长度计算公式	(6000 − 150 − 1650 − 1500) + 150 × 2	3000	14		3000	14	
					长度公式描述	(跨净长) + 搭接长度 × 2						
					根数计算公式	[(1350 − 100)/200 + 1](向下取整) × 2						
					根数公式描述	[(伸入左右板内净长 − 起步距离)/间距 + 1] × 2						
B ~ C	1 ~ 2	1 号负筋	10	一级	长度计算公式	3000 + 1800 + 1800 + (150 − 15 × 2) × 2	6840	59	283.362	6840	59	283.362
					长度公式描述	中间跨净长 + 伸入左右板内净长 + (板厚 − 保护层厚度 × 2) × 2						
					根数计算公式	[(6000 − 150) − 50 × 2]/100(向上取整) + 1						
					根数公式描述	[(跨净长) − 起始间距 × 2]/间距 + 1						
	1 ~ 2	分布筋	8	一级	长度计算公式	(6000 + 50 − 1650 − 1800) + 150 × 2	2900	30		2900	30	
					长度公式描述	(跨净长) + 搭接长度 × 2						
					根数计算公式	[(1650 − 100)/200(向下取整) + 1] × 2 + (2700 − 100 × 2)/200(向上取整) + 1						
					根数公式描述	[(伸入板内净长 − 起步距离)/间距 + 1] × 2 + (伸入板内净长 − 起步距离 × 2)/间距 + 1						

续表

轴号	分段	筋名称	直径	等级	公式		长度（mm）	根数	重量	软件答案 长度（mm）	软件答案 根数	软件答案 重量
B～C	2～3	1号负筋	10	一级	长度计算公式	3000＋1800＋1800＋（150－15×2）×2	6840	57	272.551	6840	57	272.551
					长度公式描述	中间跨净长＋伸入左右板内净长＋（板厚－保护层厚度×2）×2						
					根数计算公式	［（6000－150－150）－50×2］/100＋1						
					根数公式描述	［（跨净长）－起始间距×2］/间距＋1						
		分布筋	8	一级	长度计算公式	（6000－1800－1800）＋150×2	2700	30		2700	30	
					长度公式描述	（跨净长）＋搭接长度×2						
					根数计算公式	［（1650－100）/200（向上取整）＋1］×2＋（2700－100×2）/200（向上取整）＋1						
					根数公式描述	［（伸入板内净长－起步距离）/间距＋1］×2＋（伸入板内净长－起步距离）/间距＋1						
B～C	3～4	1号负筋	10	一级	长度计算公式	3000＋1800＋1800＋（150－15×2）×2	6840	66	321.198	6840	66	321.198
					长度公式描述	中间跨净长＋伸入左、右板内净长＋（板厚－保护层厚度×2）×2						
					根数计算公式	［（6900－150－150）－50×2］/100＋1						
					根数公式描述	［（跨净长）－起始间距×2］/间距＋1						
		分布筋	8	一级	长度计算公式	（6900－1800－1800）＋150×2	3600	30		3600	30	
					长度公式描述	（跨净长）＋搭接长度×2						
					根数计算公式	［（1650－100）/200（向下取整）＋1］×2＋（2700－100×2）/200（向上取整）＋1						
					根数公式描述	［（伸入板内净长－起步距离）/间距＋1］×2＋（伸入板内净长－起步距离）/间距＋1						
B～C	4～5	2号负筋	8	一级	长度计算公式	3000＋（1000＋1000）＋（100－15×2）×2	5140	32	80.612	5140	32	80.612
					长度公式描述	中间跨轴线长＋（伸入左、右板内净长）＋（板厚－保护层厚度×2）×2						
					根数计算公式	［（3300＋50－150）－50×2］/100＋1						
					根数公式描述	［（跨净长）－起始间距×2］/间距＋1						
	4～5	分布筋	8	一级	长度计算公式	（3300＋50＋150－1000－1000）＋150×2	1800	22		1800	22	
					长度公式描述	（跨净长）＋搭接长度×2						
					根数计算公式	［（850－100）/200（向下取整）＋1］×2＋（2700－100×2）/200（向上取整）＋1						
					根数公式描述	［（净长）/间距＋1］×2＋（净跨）/间距＋1						

（11）三层板马凳答案手工和软件对比

三层马凳数量根据三层马凳布置图计算，如图 1. 5. 26 所示。

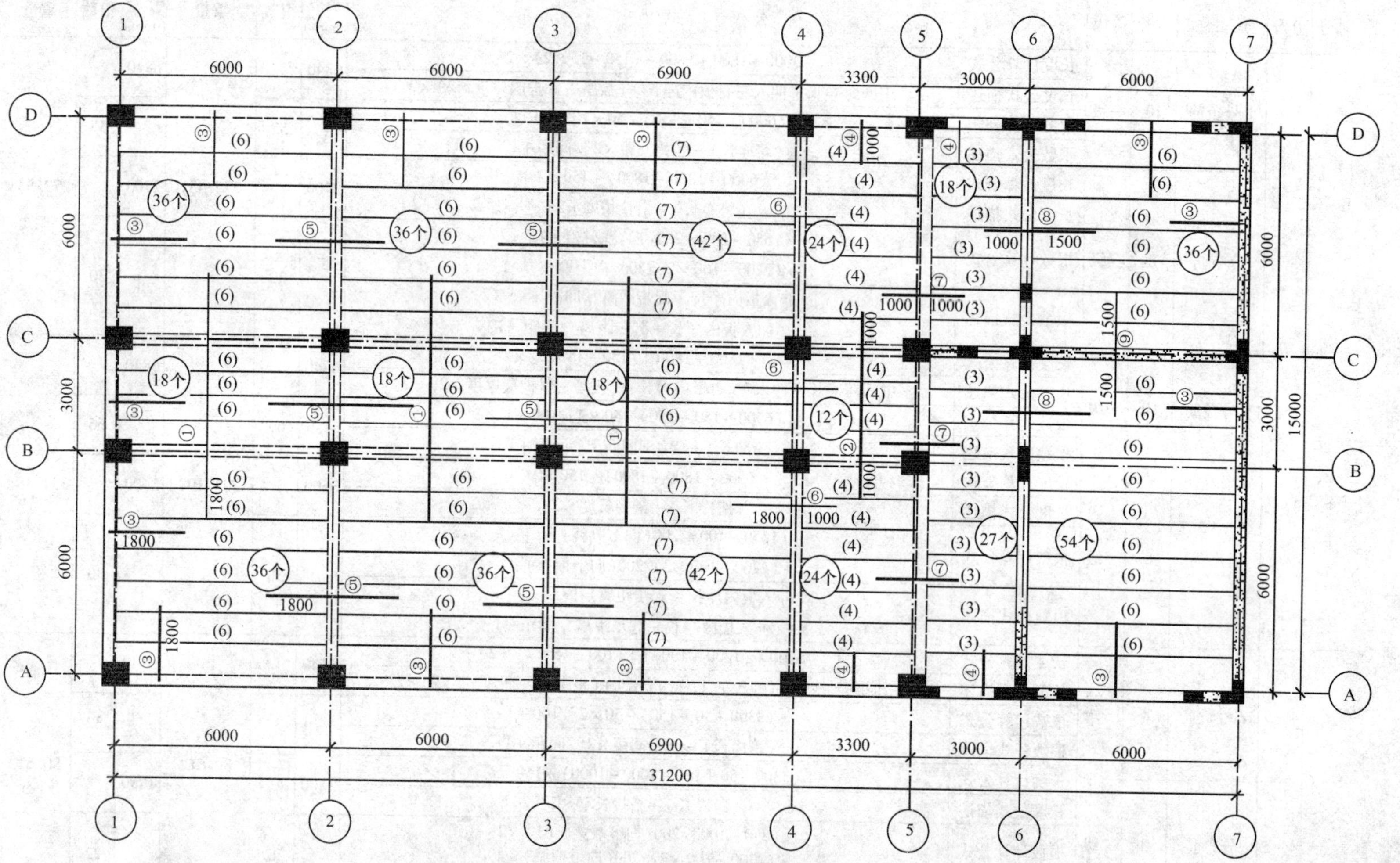

图 1. 5. 26　10. 75 屋面板Ⅱ型马凳布置图

三层板马凳答案手工和软件对比，见表 1.5.46。

表 1.5.46 三层板马凳答案手工和软件对比

手工答案									软件答案		
马凳位置	名称	直径	级别	公式		长度（mm）	个数	重量	长度（mm）	个数	重量
1~2/A~B	Ⅱ型马凳	12	一级	长度计算公式	1000+2×100+2×200	1600		51.149	1600		42.624
				长度公式描述	$L_1+2\times L_2+2\times L_3$						
	Ⅱ型马凳	12	一级	个数计算公式	6×6		36			30	
				个数公式描述	x 方向个数×x 方向排数						
2~3/A~B	Ⅱ型马凳	12	一级	长度计算公式	1000+2×100+2×200	1600		51.149	1600		42.624
				长度公式描述	$L_1+2\times L_2+2\times L_3$						
	Ⅱ型马凳	12	一级	个数计算公式	6×6		36			30	
				个数公式描述	x 方向个数×x 方向排数						
3~4/A~B	Ⅱ型马凳	12	一级	长度计算公式	1000+2×100+2×200	1600		59.674	1600		49.728
				长度公式描述	$L_1+2\times L_2+2\times L_3$						
	Ⅱ型马凳	12	一级	个数计算公式	7×6		42			35	
				个数公式描述	x 方向个数×x 方向排数						
4~5/A~B	Ⅱ型马凳	12	一级	长度计算公式	1000+2×50+2×200	1500		36.23	1500		30.192
				长度公式描述	$L_1+2\times L_2+2\times L_3$						
	Ⅱ型马凳	12	一级	个数计算公式	4×6		24			20	
				个数公式描述	x 方向个数×x 方向排数						
5~6/A~C	Ⅱ型马凳	12	一级	长度计算公式	1000+2×50+2×200	1500		35.964	1500		31.968
				长度公式描述	$L_1+2\times L_2+2\times L_3$						
	Ⅱ型马凳	12	一级	个数计算公式	3×9		27			24	
				个数公式描述	x 方向个数×x 方向排数						
6~7/A~C	Ⅱ型马凳	12	一级	长度计算公式	1000+2×100+2×200	1600		76.723	1600		68.198
				长度公式描述	$L_1+2\times L_2+2\times L_3$						

马凳位置	名称	直径	级别	手工答案 公式		长度（mm）	个数	重量	软件答案 长度（mm）	个数	重量
6～7/A～C	Ⅱ型马凳	12	一级	个数计算公式	6×9		54			48	
				个数公式描述	x方向个数×x方向排数						
1～2/B～C	Ⅱ型马凳	12	一级	长度计算公式	1000+2×50+2×200	1500		23.976	1500		15.984
				长度公式描述	$L_1+2\times L_2+2\times L_3$						
	Ⅱ型马凳	12	一级	个数计算公式	6×3		18			12	
				个数公式描述	x方向个数×x方向排数						
2～3/B～C	Ⅱ型马凳	12	一级	长度计算公式	1000+2×50+2×200	1500		23.976	1500		15.984
				长度公式描述	$L_1+2\times L_2+2\times L_3$						
	Ⅱ型马凳	12	一级	个数计算公式	6×3		18			15	
				个数公式描述	x方向个数×x方向排数						
3～4/B～C	Ⅱ型马凳	12	一级	长度计算公式	1000+2×50+2×200	1500		27.972	1500		18.648
				长度公式描述	$L_1+2\times L_2+2\times L_3$						
	Ⅱ型马凳	12	一级	个数计算公式	7×3		21			14	
				个数公式描述	x方向个数×x方向排数						
4～5/B～C	Ⅱ型马凳	12	一级	长度计算公式	1000+2×50+2×200	1500		15.984	1500		10.656
				长度公式描述	$L_1+2\times L_2+2\times L_3$						
	Ⅱ型马凳	12	一级	个数计算公式	4×3		12			8	
				个数公式描述	x方向个数×x方向排数						
1～2/C～D	Ⅱ型马凳	12	一级	长度计算公式	1000+2×100+2×200	1600		51.149	1600		42.624
				长度公式描述	$L_1+2\times L_2+2\times L_3$						
	Ⅱ型马凳	12	一级	个数计算公式	6×6		36			30	
				个数公式描述	x方向个数×x方向排数						
2～3/C～D	Ⅱ型马凳	12	一级	长度计算公式	1000+2×100+2×200	1600		51.149	1600		42.624
				长度公式描述	$L_1+2\times L_2+2\times L_3$						

续表

手工答案									软件答案		
马凳位置	名称	直径	级别	公式		长度(mm)	个数	重量	长度(mm)	个数	重量
2~3/C~D	Ⅱ型马凳	12	一级	个数计算公式	6×6		36			30	
				个数公式描述	x方向个数×x方向排数						
3~4/C~D	Ⅱ型马凳	12	一级	长度计算公式	1000+2×100+2×200	1600		59.674	1600		49.728
				长度公式描述	$L_1+2\times L_2+2\times L_3$						
	Ⅱ型马凳	12	一级	个数计算公式	7×6		42			35	
				个数公式描述	x方向个数×x方向排数						
4~5/C~D	Ⅱ型马凳	12	一级	长度计算公式	1000+2×50+2×200	1500		31.968	1500		26.64
				长度公式描述	$L_1+2\times L_2+2\times L_3$						
	Ⅱ型马凳	12	一级	个数计算公式	4×6		24			20	
				个数公式描述	x方向个数×x方向排数						
5~6/C~D	Ⅱ型马凳	12	一级	长度计算公式	1000+2×50+2×200	1500		23.976	1500		19.98
				长度公式描述	$L_1+2\times L_2+2\times L_3$						
	Ⅱ型马凳	12	一级	个数计算公式	3×6		18			15	
				个数公式描述	x方向个数×x方向排数						
6~7/C~D	Ⅱ型马凳	12	一级	长度计算公式	1000+2×100+2×200	1600		51.149	1600		42.624
				长度公式描述	$L_1+2\times L_2+2\times L_3$						
	Ⅱ型马凳	12	一级	个数计算公式	6×6		36			30	
				个数公式描述	x方向个数×x方向排数						

注：手工和软件对不上是因为软件未考虑横向负筋和纵向负筋相交区域的马凳。

第六节　楼　　梯

一、楼梯要计算的钢筋

在实际工程中楼梯有很多种，本节只讲最简单的AT型楼梯。AT型楼梯要计算的钢筋量，如图1.6.1所示。

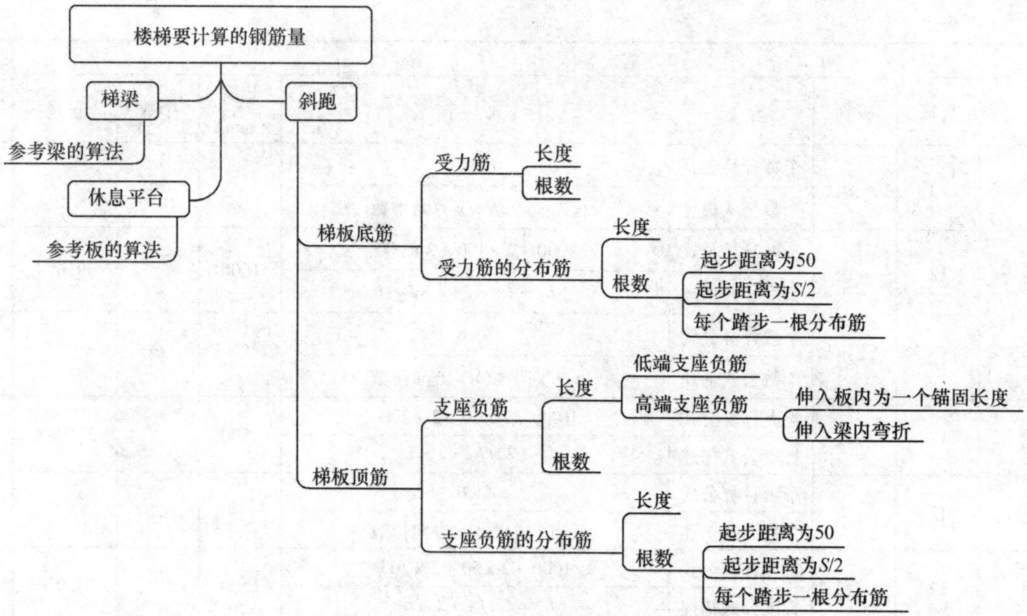

图 1.6.1　AT 型楼梯要计算的钢筋量

二、楼梯钢筋的计算原理

楼梯的休息平台和楼梯梁可参考板和梁的算法，这里只讲解楼梯斜跑的算法。楼梯斜跑包含梯板底筋和梯板顶筋，下面分别详解。

（一）梯板底筋

1. 受力筋

（1）长度计算

平法图集 11G101－2 讲了多种类型楼梯的算法，这里只讲和实例工程有关的 AT 型楼梯的算法。AT 型楼梯第一斜跑受力筋长度按图 1.6.2～图 1.6.4 进行计算。

根据图 1.6.2～图 1.6.4，推导出受力筋的长度计算，见表 1.6.1。

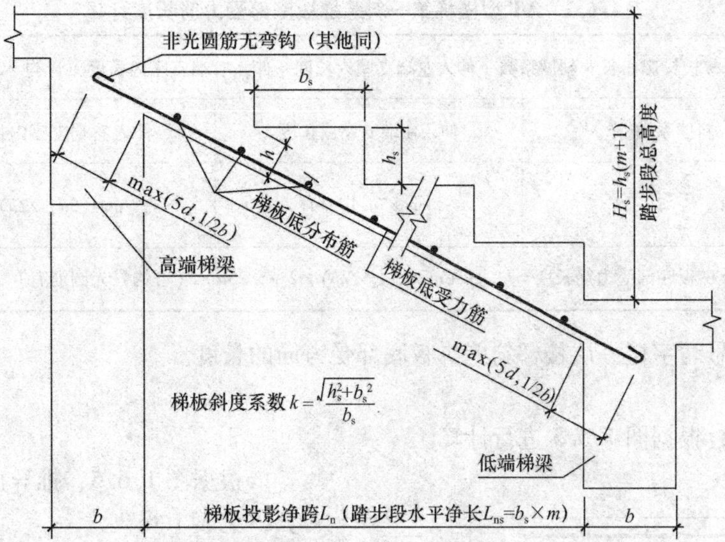

图 1.6.2　AT 型楼梯第一斜跑受力筋长度计算图

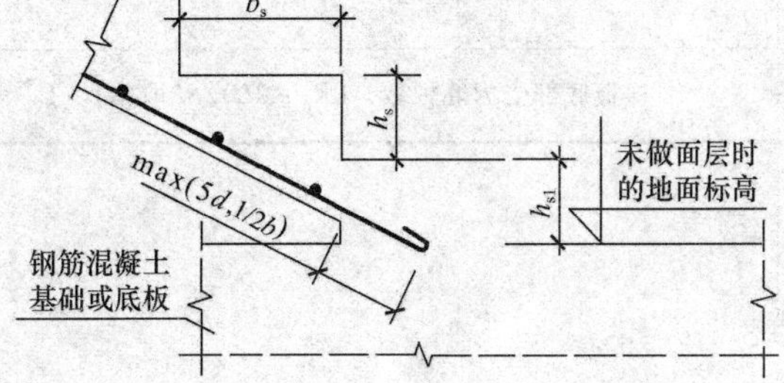

图 1.6.3　第一斜跑与钢筋混凝土基础或底板连接图

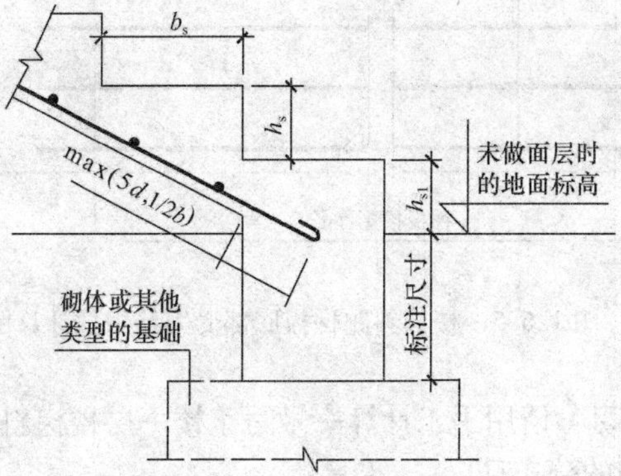

图 1.6.4　第一斜跑与砌体或其他类型的基础连接图

表 1.6.1　AT 型楼梯第一斜跑梯板底部受力筋长度计算

梯板底受力筋长度 = 梯板投影净长 × 斜度系数 + 伸入左端支座内长度 + 伸入右端支座内长度 + 弯钩 ×2（弯钩只光圆筋有）				
梯板投影净长	斜度系数	伸入左端支座内长度	伸入右端支座内长度	弯　钩
L_n	$k=\sqrt{b_s^2+h_s^2}/b_s$	$\max(5d, 1/2b)$	$\max(5d, 1/2b)$	$6.25d$
梯板底部受力筋长度 = $L_n \times k + \max(5d, 1/2b) \times 2 + 6.25d \times 2$（弯钩只光圆筋有）				

思考与练习　请用手工计算一号写字楼一层楼梯斜跑梯板底部受力筋的长度。

（2）根数计算

楼梯斜跑梯板底部受力筋根数，根据图 1.6.5 进行计算。

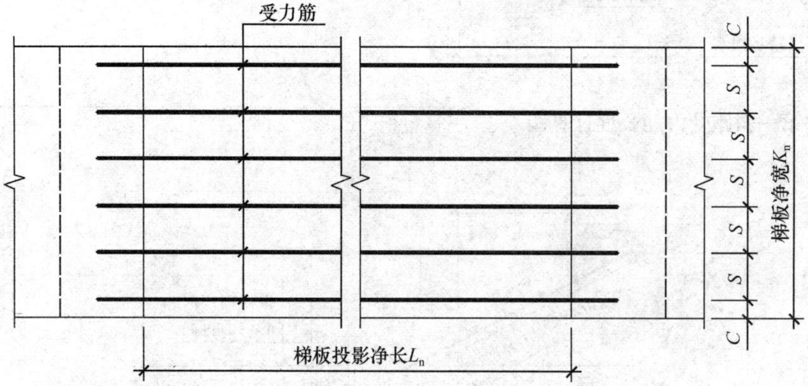

图 1.6.5　楼梯斜跑梯板底部受力筋根数计算图

根据图 1.6.5，推导出楼梯斜跑梯板底部受力筋根数计算，见表 1.6.2。

表 1.6.2　楼梯斜跑梯板底部受力筋根数计算

梯板底部受力筋根数 =（梯板净宽 − 保护层厚度 ×2）/受力筋间距 +1		
梯板净宽	保护层厚度	受力筋间距
K_n	C	S
梯板底部受力筋根数 = $(K_n - 2C)/S$（取整）+1		

思考与练习　请用手工计算一号写字楼一层楼梯斜跑梯板底部受力筋根数。

2. 受力筋的分布筋

（1）长度计算

楼梯斜跑梯板分布筋长度，根据图 1.6.6 进行计算。

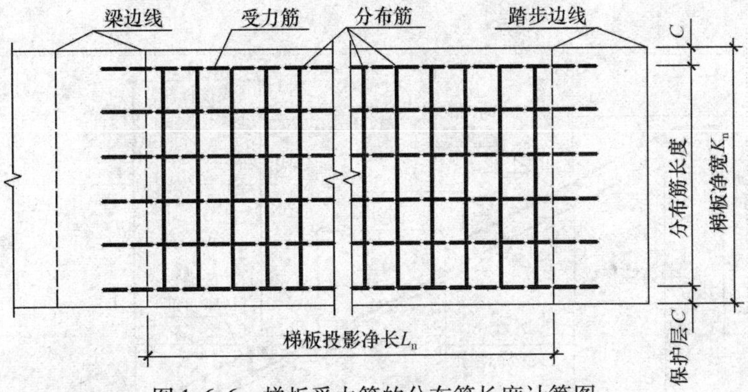

图 1.6.6　梯板受力筋的分布筋长度计算图

根据图 1.6.6，推导出楼梯斜跑梯板底部受力筋的分布筋长度计算，见表 1.6.3。

表 1.6.3　楼梯斜跑梯板底部受力筋的分布筋长度计算

楼梯底部分布筋长度 = 梯板净宽 − 保护层厚度 ×2 + 弯钩 ×2		
梯板净宽	保护层厚度	弯钩
K_n	C	$6.25d$
楼梯底部分布筋长度 = $K_n - 2C + 6.25d \times 2$		

思考与练习　请用手工计算一号写字楼一层楼梯斜跑的底部分布筋的长度。

(2) 根数计算

楼梯斜跑梯板底部分布筋根数根据图 1.6.7 进行计算。

根据图 1.6.7，推导出楼梯斜跑梯板底部分布筋根数计算，见表 1.6.4。

表 1.6.4　楼梯斜跑梯板底部分布筋根数计算

起步距离判断	梯板底部分布筋根数 = (梯板投影净跨 × 斜度系数 − 起步距离 ×2) / 分布筋间距 +1			
	梯板投影净跨	斜度系数	起步距离	分布筋间距
当起步距离为 50mm 时	L_n	k	50mm	S
	梯板分布筋根数 = $(L_n \times k - 50 \times 2)/S$(取整) +1			
当起步距离为 $S/2$ 时	L_n	k	$S/2$	S
	梯板分布筋根数 = $(L_n \times k - S)/S$(取整) +1			
每个踏步一根分布筋	L_n	k	$b_s \times k/2$	S
	梯板分布筋根数 = $(L_n \times k - b_s \times k)/S$(取整) +1			

思考与练习　请用手工计算一号写字楼一层楼梯斜跑的底部分布筋的根数。

(二) 梯板顶筋

1. 支座负筋

(1) 长度计算

楼梯斜跑支座负筋长度，按图 1.6.8 ~ 图 1.6.10 进行计算。

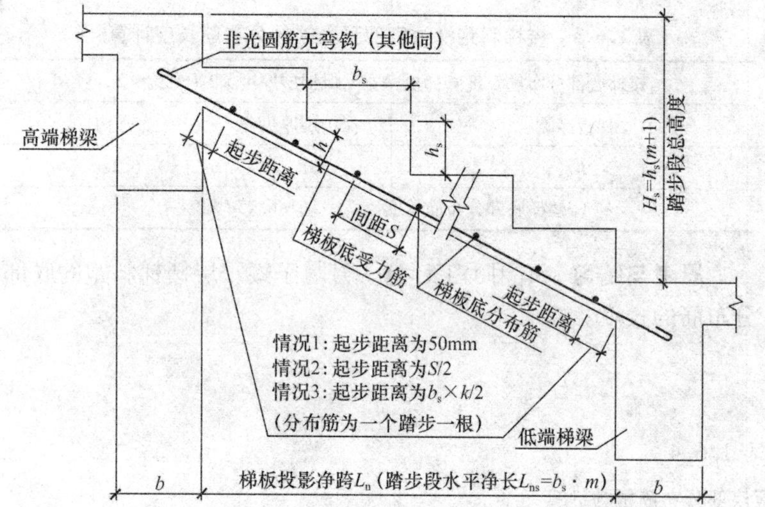

图 1.6.7　梯板受力筋的分布筋根数计算图

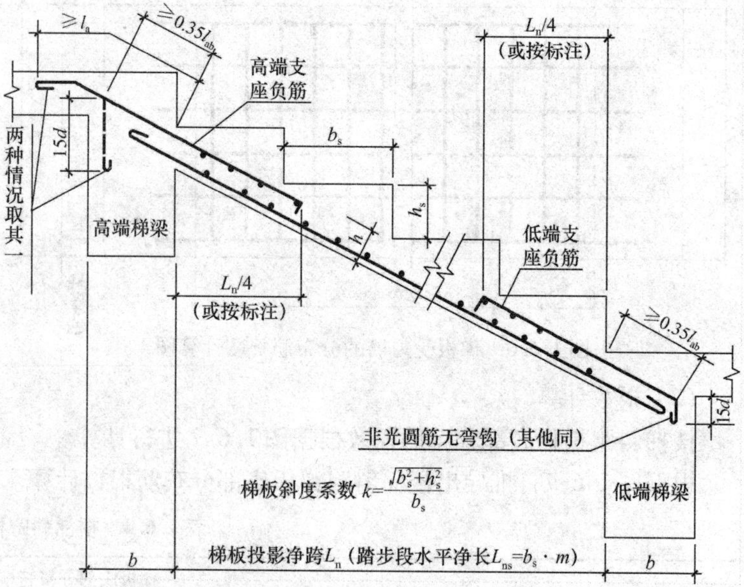

图 1.6.8　AT 型楼梯第一斜跑支座负筋长度计算图

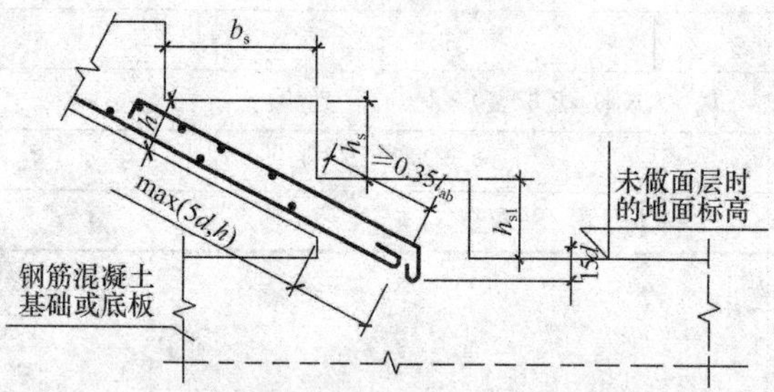

图 1.6.9　第一斜跑与钢筋混凝土基础或底板连接图

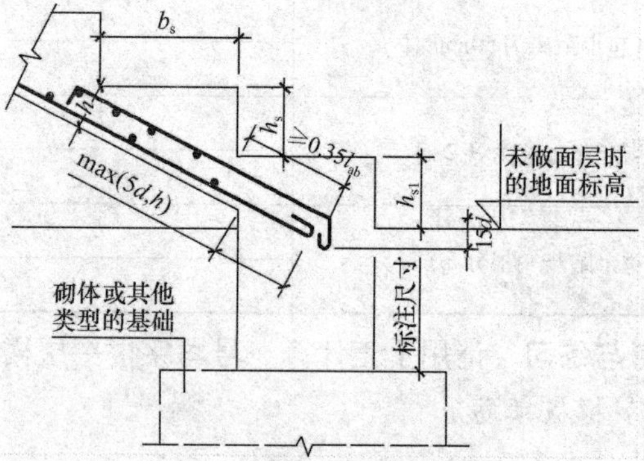

图 1.6.10　第一斜跑与楼梯砌体或其他类型的基础连接图

根据图 1.6. 8 ~ 图 1.6.10，推导出 AT 型楼梯梯板底部支座负筋长度计算，见表 1.6.5。

表 1.6.5　AT 型楼梯梯板底支座负筋长度计算

支座位置	钢筋级别	弯折判断	低端支座负筋长度 = 伸入梯板内长度 + 伸入支座内长度			
			伸入梯板内长度 = 伸入梯板内直段长度 + 弯折		伸入支座内长度	
低端支座负筋	光圆筋	弯折长度 = $h-2C$	伸入梯板内直段长度	弯折	锚固长度	弯钩
			$L_n/4\times k$(或按标注尺寸 $\times k$)	$h-2C$	l_a	$6.25d$
			低端支座负筋长度 = $L_n/4\times k$(或按标注尺寸 $\times k$) $+h-2C+l_a+6.25d$			
		弯折长度 = $h-C$	伸入梯板内直段长度	弯折	锚固长度	弯钩
			$L_n/4\times k$(或按标注尺寸 $\times k$)	$h-C$	l_a	$6.25d$
			低端支座负筋长度 = $L_n/4\times k$(或按标注尺寸 $\times k$) $+h-C+l_a+6.25d$			
	非光圆筋	弯折长度 = $h-2C$	伸入梯板内直段长度	弯折	锚固长度	弯钩
			$L_n/4\times k$(或按标注尺寸 $\times k$)	$h-2C$	l_a	0
			低端支座负筋长度 = $L_n/4\times k$(或按标注尺寸 $\times k$) $+h-2C+L_a$			
		弯折长度 = $h-C$	伸入梯板内直段长度	弯折	锚固长度	弯钩
			$L_n/4\times k$(或按标注尺寸 $\times k$)	$h-C$	l_a	0
			低端支座负筋长度 = $L_n/4\times k$(或按标注尺寸 $\times k$) $+h-C+l_a$			
高端支座负筋（伸入板内为一个锚箍长度）	钢筋级别	弯折判断	高端支座负筋长度 = 伸入梯板内长度 + 伸入支座内长度			
			伸入梯板内长度 = 伸入梯板内直段长度 + 弯折		伸入支座内长度	
	光圆筋	弯折长度 = $h-2C$	伸入梯板内直段长度	弯折	伸入支座内长度	弯钩
			$L_n/4\times k$(或按标注尺寸 $\times k$)	$h-2C$	l_a	$6.25d$
			高端支座负筋长度 = $L_n/4\times k$(或按标注尺寸 $\times k$) $+h-2C+l_a+6.25d$			
		弯折长度 = $h-C$	伸入梯板内直段长度	弯折	伸入支座内长度	弯钩
			$L_n/4\times k$(或按标注尺寸 $\times k$)	$h-C$	l_a	$6.25d$
			高端支座负筋长度 = $L_n/4\times k$(或按标注尺寸 $\times k$) $+h-C+l_a+6.25d$			
	非光圆筋	弯折长度 = $h-2C$	伸入梯板内直段长度	弯折	伸入支座内长度	弯钩
			$L_n/4\times k$(或按标注尺寸 $\times k$)	$h-2C$	l_a	0
			高端支座负筋长度 = $L_n/4\times k$(或按标注尺寸 $\times k$) $+h-2C+l_a$			

续表

<table>
<tr><td rowspan="3">高端支座负筋（伸入板内为一个锚箍长度）</td><td rowspan="3">非光圆筋</td><td rowspan="3">弯折长度 $=h-C$</td><td>伸入梯板内直段长度</td><td>弯折</td><td colspan="2">伸入支座内长度</td><td>弯钩</td></tr>
<tr><td>$L_n/4\times k$（或按标注尺寸 $\times k$）</td><td>$h-C$</td><td colspan="2">l_a</td><td>0</td></tr>
<tr><td colspan="5">高端支座负筋长度 $=L_n/4\times k$（或按标注尺寸 $\times k$）$+h-C+l_a$</td></tr>
<tr><td rowspan="2">位置</td><td rowspan="2">钢筋级别</td><td rowspan="2">弯折判断</td><td colspan="5">高端支座负筋长度 = 伸入梯板内长度 + 伸入支座内长度</td></tr>
<tr><td colspan="2">伸入梯板内长度 = 伸入梯板内直段长度 + 弯折</td><td colspan="3">伸入支座内长度</td></tr>
<tr><td rowspan="12">高端支座负筋（伸入梯梁内弯折）</td><td rowspan="6">光圆筋</td><td rowspan="3">弯折长度 $=h-2C$</td><td>伸入梯板内直段长度</td><td>弯折</td><td>伸入支座直段长度 L_z</td><td>伸入支座弯折长度</td><td>弯钩</td></tr>
<tr><td>$L_n/4\times k$（或按标注尺寸 $\times k$）</td><td>$h-2C$</td><td>$0.4l_a\leqslant L_z\leqslant(b-C)\times k$</td><td>$15d$</td><td>$6.25d$</td></tr>
<tr><td colspan="5">高端支座负筋长度 $=L_n/4\times k$（或按标注尺寸 $\times k$）$+h-2C+[0.4l_a\leqslant L_z\leqslant(b-C)\times k]+15d+6.25d$</td></tr>
<tr><td rowspan="3">弯折长度 $=h-C$</td><td>伸入梯板内直段长度</td><td>弯折</td><td>伸入梯支座直段长度</td><td>伸入支座弯折长度</td><td>弯钩</td></tr>
<tr><td>$L_n/4\times k$（或按标注尺寸 $\times k$）</td><td>$h-C$</td><td>$0.4l_a\leqslant L_z\leqslant(b-C)\times k$</td><td>$15d$</td><td>$6.25d$</td></tr>
<tr><td colspan="5">高端支座负筋长度 $=L_n/4\times k$（或按标注尺寸 $\times k$）$+h-C+[0.4l_a\leqslant L_z\leqslant(b-C)\times k]+15d+6.25d$</td></tr>
<tr><td rowspan="6">非光圆筋</td><td rowspan="3">弯折长度 $=h-2C$</td><td>伸入梯板内直段长度</td><td>弯折</td><td>伸入梯支座直段长度</td><td>伸入支座弯折长度</td><td>弯钩</td></tr>
<tr><td>$L_n/4\times k$（或按标注尺寸 $\times k$）</td><td>$h-2C$</td><td>$0.4l_a\leqslant L_z\leqslant(b-C)\times k$</td><td>$15d$</td><td>0</td></tr>
<tr><td colspan="5">高端支座负筋长度 $=L_n/4\times k$（或按标注尺寸 $\times k$）$+h-2C+[0.4l_a\leqslant L_z\leqslant(b-C)\times k]+15d$</td></tr>
<tr><td rowspan="3">弯折长度 $=h-C$</td><td>伸入梯板内直段长度</td><td>弯折</td><td>伸入梯支座直段长度</td><td>伸入支座弯折长度</td><td>弯钩</td></tr>
<tr><td>$L_n/4\times k$（或按标注尺寸 $\times k$）</td><td>$h-C$</td><td>$0.4l_a\leqslant L_z\leqslant(b-C)\times k$</td><td>$15d$</td><td>0</td></tr>
<tr><td colspan="5">高端支座负筋长度 $=L_n/4\times k$（或按标注尺寸 $\times k$）$+h-C+[0.4l_a\leqslant L_z\leqslant(b-C)\times k]+15d$</td></tr>
</table>

思考与练习 请用手工计算一号写字楼一层楼梯梯板底部支座负筋的长度。

(2) 根数计算

楼梯斜跑梯板支座负筋按根数，按图 1.6.11 进行计算。

根据图 1.6.11，可以推导出楼梯斜跑梯板支座筋根数的计算，见表 1.6.6。

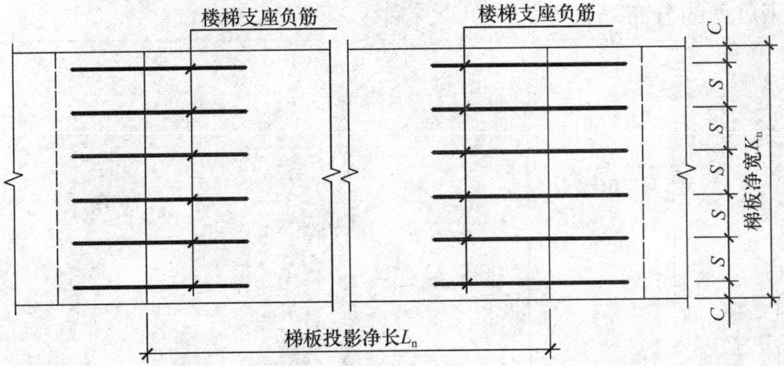

图 1.6.11　楼梯斜跑梯板支座负筋根数计算图

表 1.6.6　楼梯斜跑梯板支座负筋根数计算

梯板支座负筋根数 =（梯板净宽 - 保护层厚度 ×2）/ 支座负筋间距 +1		
梯板净宽	保护层厚度	受力筋间距
K_n	C	S
梯板支座筋根数 = $(K_n - 2C)/S$（取整）+1		

思考与练习　请用手工计算一号写字楼一层楼梯斜跑梯板支座负筋的根数。

2. 支座负筋的分布筋

(1) 长度计算

楼梯斜跑梯板支座负筋的分布筋长度按图 1.6.12 进行计算。根据图 1.6.12，推导出楼梯斜跑梯板分布筋长度计算，见表 1.6.7。

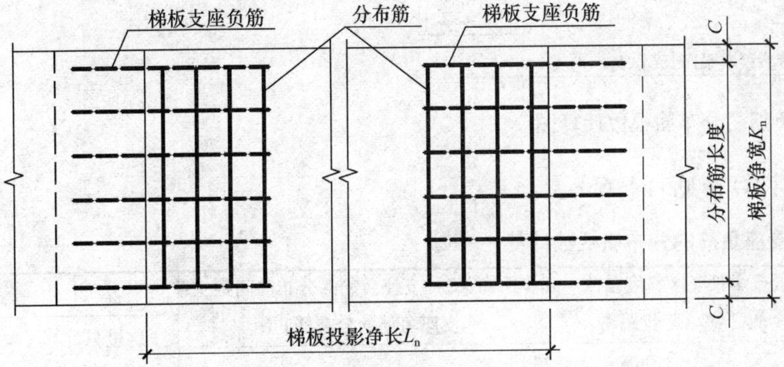

图 1.6.12　梯板支座负筋的分布筋长度计算图

表 1.6.7　楼梯斜跑梯板分布筋长度计算

分布筋长度 = 梯板净宽 - 保护层厚度 ×2 + 弯钩 ×2		
梯板净宽	保护层厚度	弯钩
K_n	C	$6.25d$
分布筋长度 = $K_n - 2C + 6.25d \times 2$		

思考与练习 请用手工计算一号写字楼一层楼梯斜跑梯板支座负筋的分布筋长度。

(2) 根数计算

楼梯斜跑梯板分布筋根数，按图 1.6.13 进行计算。

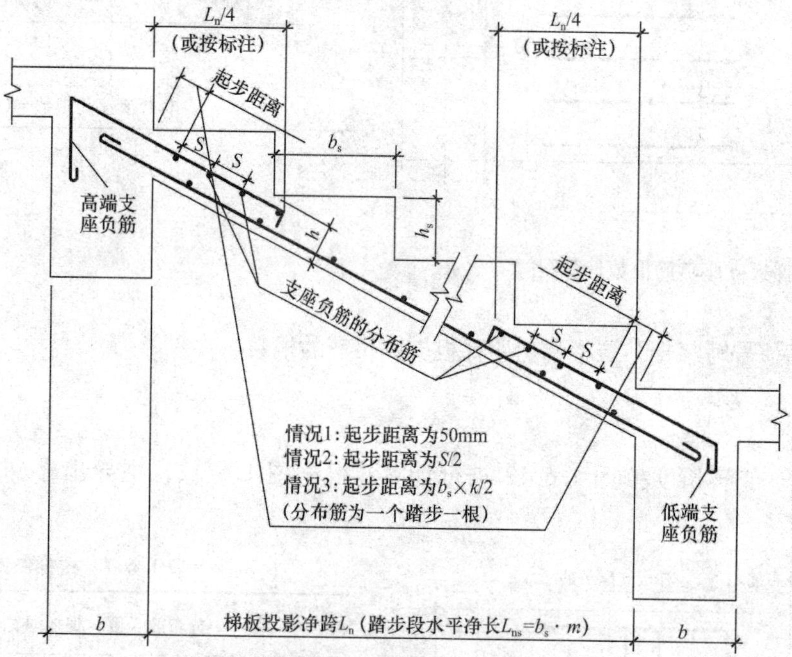

图 1.6.13 梯板支座负筋的分布筋根数计算图

根据图 1.6.13，推导出楼梯斜跑梯板支座负筋的分布筋根数计算，见表 1.6.8。

表 1.6.8 楼梯斜跑梯板支座负筋的分布筋根数计算

起步距离判断	梯板单个支座负筋的分布筋根数 =（支座负筋伸入梯板内直线投影长度 × 斜度系数 − 起步距离 ×2）/ 支座负筋的分布筋间距 +1				备 注
	支座负筋伸入梯板内直线投影长度	斜度系数	起步距离	支座负筋的分布筋间距	
当起步距离为 50mm 时	L_n/4（或按标注长度）	k	50mm	S	这里只计算了一个支座负筋的分布筋根数
	梯板支座负筋分布筋根数 =［L_n/4（或按标注长度）× k − 50 ×2］/ S（取整）+1				

起步距离判断	梯板单个支座负筋的分布筋根数 =（支座负筋伸入梯板内直线投影长度 × 斜度系数 - 起步距离 ×2）/支座负筋的分布筋间距 +1				备　注
	支座负筋伸入梯板内直线投影长度	斜度系数	起步距离	支座负筋的分布筋间距	这里只计算了一个支座负筋的分布筋根数
当起步距离为 $S/2$ 时	$L_n/4$（或按标注长度）	k	$S/2$	S	
	梯板支座负筋分布筋根数 =［$L_n/4$（或按标注长度）$\times k - S$］/S（取整）+1				
起步距离为 $b_s \times k/2$	$L_n/4$（或按标注长度）	k	$b_s \times k/2$	S	
	梯板支座负筋分布筋根数 =［$L_n/4$（或按标注长度）$\times k - b_s \times k$］/S（取整）+1				

思考与练习　请用手工计算一号写字楼一层楼梯斜跑支座负筋的分布筋根数。

三、1 号写字楼楼梯钢筋答案手工和软件对比

（一）楼层平台楼梯梁答案手工和软件对比

楼层平台楼梯梁答案手工和软件对比，见表 1.6.9。

表 1.6.9　楼层平台楼梯梁答案手工和软件对比

构件名称：楼梯楼层平台梁，单构件重量：66.522kg，整楼构件数量：2 根											
手　工　答　案									软件答案		
序号	筋号	直径	级别	公　　式		长度（mm）	根数	搭接	长度（mm）	根数	搭接
1	上部纵筋	20	二级	长度计算公式	250 - 20 + 15 × 20 + 3275 + 250 - 20 + 15 × 20	4335	2		4335	2	
				长度公式描述	左支座宽 - 保护层厚度 + 15d + 净长 + 右支座宽 - 保护层厚度 + 15d（d 为纵筋直径）						
2	下部纵筋	20	二级	长度计算公式	12 × 20 + 3200 + 12 × 20	3680	4		3680	4	
				长度公式描述	12d + 净长 + 12d（d 为纵筋直径）						
3	箍筋	8	一级	长度计算公式	（250 + 400）× 2 - 8 × 20 + max（10 × 8，75）× 2 + 1.9 × 8 × 2	1330			1330		
				长度公式描述	（梁宽 + 梁高）× 2 - 8 × 保护层厚度 + 最大值（10d，75）× 2 + 1.9d × 2（d 为箍筋直径）						
				根数计算公式	［（3500 - 150 - 150）- 50 × 2）］/200（向上取整）+1		17			17	
				根数公式描述	［（梁净长）- 起步距离 × 2］/箍筋间距 +1						

（二）休息平台楼梯梁答案手工和软件对比

休息平台楼梯梁答案手工和软件对比，见表 1.6.10。

表 1.6.10　休息平台楼梯梁答案手工和软件对比

构件名称:楼梯休息平台梁,单构件重量:67.139kg,整楼构件数量:2 根											
手工答案									软件答案		
序号	筋号	直径	级别	公式		长度（mm）	根数	搭接	长度（mm）	根数	搭接
1	上部纵筋	20	二级	长度计算公式	250 − 20 + 15 × 20 + 3275 + 250 − 20 + 15 × 20	4335	2		4335	2	
				长度公式描述	左支座宽 − 保护层厚度 + 15*d* + 净长 + 右支座宽 − 保护层厚度 + 15*d*（*d* 为纵筋直径）						
2	下部纵筋	20	二级	长度计算公式	12 × 20 + 3275 + 12 × 20	3755	4		3755	4	
				长度公式描述	12*d* + 净长 + 12*d*（*d* 为纵筋直径）						
3	箍筋	8	一级	长度计算公式	（250 + 400）× 2 − 8 × 20 + max（10 × 8，75）× 2 + 1.9 × 8 × 2	1330			1330		
				长度公式描述	（梁宽 + 梁高）× 2 − 8 × 保护层厚度 + 最大值（10*d*，75）× 2 + 1.9*d* × 2（*d* 为箍筋直径）						
				根数计算公式	[（3525 − 125 − 125）− 50 × 2]/200（向上取整）+ 1		17			17	
				根数公式描述	[（梁净长）− 起步距离 × 2]/箍筋间距 + 1						

（三）休息平台钢筋答案手工和软件对比

休息平台钢筋答案手工和软件对比，见表 1.6.11。

表 1.6.11　休息平台钢筋答案手工和软件对比

手工答案									软件答案		
筋方向	筋名称	直径	级别	公式		长度（mm）	根数	重量	长度（mm）	根数	重量
x 方向	9 号筋	8	一级	长度计算公式	3200 + max（300/2，5 × 8）+ max（300/2，5 × 8）+ 12.5 × 8	3370		9.954	3370		9.954
				长度公式描述	板净长 + 左锚固 + 右锚固 + 两倍弯钩						
				根数计算公式	[（1275 − 125）− 50 × 2]/200（向上取整）+ 1		7			7	
				根数公式描述	[（板净宽）− 起步距离 × 2]/9 号筋间距 + 1						

续表

手工答案									软件答案		
筋方向	筋名称	直径	级别	公式		长度(mm)	根数	重量	长度(mm)	根数	重量
y方向	8号筋	12	一级	长度计算公式	1225 - 15 + 100 - 2 × 15 + 300 - 20 + 15 × 12 + 6.25 × 12	1815		51.525	1815		51.525
				长度公式描述	挑板净长 + (设定锚固) + (设定弯折) + 弯钩						
				根数计算公式	(3200 - 50 × 2)/100 + 1		32			32	
				根数公式描述	(净长 - 起步距离 × 2)/8号筋间距 + 1						

(四) 楼层平台钢筋答案手工和软件对比

楼层平台钢筋答案手工和软件对比，见表1.6.12。

表1.6.12　楼层平台钢筋答案手工和软件对比

手工答案									软件答案		
筋方向	筋名称	直径	级别	公式		长度(mm)	根数	重量	长度(mm)	根数	重量
x方向底筋	11号筋	8	一级	长度计算公式	3200 + max(300/2, 5 × 8) × 2 + 6.25 × 8 × 2	3600		9.954	3600		9.954
				长度公式描述	板净长 + 最大值(伸进长度) × 2 + 弯钩 × 2						
				根数计算公式	[(1225 - 150 - 125) - 50 × 2]/150(向上取整) + 1		7			7	
				根数公式描述	[(板净宽) - 起步距离 × 2]/11号筋间距 + 1						
y方向底筋	10号筋	8	一级	长度计算公式	950 + max(250/2, 5 × 8) + max(300/2, 5 × 8) + 6.25 × 8 × 2	1325		16.748	3370		16.748
				长度公式描述	板净宽 + 最大值(左伸进长度) + 最大值(右伸进长度) + 弯钩 × 2						
				根数计算公式	[(3500 - 150 - 150) - 50 × 2]/100(向上取整) + 1		32			32	
				根数公式描述	[(板净长) - 起步距离 × 2]/10号筋间距 + 1						
x方向面筋	13号筋	8	一级	长度计算公式	3200 + 30 × 8 + 250 + 6.25 × 8 × 2	3790		10.479	3790		10.479
				长度公式描述	板净长 + 锚固长度 + 判断值 + 弯钩 × 2						
				根数计算公式	[(1225 - 150 - 125) - 50 × 2]/150(向上取整) + 1		7			7	
				根数公式描述	[(板净宽 - 起步距离 × 2)]/13号筋间距 + 1						

续表

手工答案									软件答案		
筋方向	筋名称	直径	级别	公式		长度(mm)	根数	重量	长度(mm)	根数	重量
y 方向面筋	12 号筋	8	一级	长度计算公式	950 + (30 ×8) + (250 - 20 + 15 ×8) + 6.25 ×8 ×2	1640	32	19.466	1640	32	19.466
				长度公式描述	板净宽 + (锚固长度) + (支座宽 - 保护层厚度 + 弯折) + 弯钩 ×2						
				根数计算公式	[(3500 - 150 - 150) - 50 ×2]/100(向上取整) + 1						
				根数公式描述	[(板净长) - 起步距离 ×2]/12 号筋间距 + 1						

(五) 一层第 1 斜跑钢筋答案手工和软件对比

一层第 1 斜跑钢筋答案手工和软件对比，见表 1.6.13。

表 1.6.13 一层第 1 斜跑钢筋答案手工和软件对比

手工答案									软件答案		
序号	筋号	直径	级别	公式		长度(mm)	根数	重量	长度(mm)	根数	重量
1	1 号底筋	12	一级	长度计算公式	3000 ×1.118 + max(5 ×12, 300/2) + max(5 ×12, 250/2) + 6.25 ×12 ×2	3779	9	30.202	3779	9	30.202
				长度公式描述	梯板投影净长 × 斜度系数 + 最大值(伸入左端支座内长度) + 最大值(伸入右端支座内长度) + 弯钩 ×2						
				根数计算公式	(1600 - 15 ×2)/200(向上取整) + 1						
				根数公式描述	(梯板净宽 - 保护层厚度 ×2)/1 号底筋间距 + 1						
2	2 号负筋	12	一级	长度计算公式	750 ×1.118 + 27 ×12 + 6.25 ×12 + 100 - 2 ×15	1307	9	11.261	1307	9	10.446
				长度公式描述	标注尺寸 × 斜度系数 + 锚固长度 + 弯钩 + 板厚 - 2 × 保护层厚度						
				根数计算公式	(1600 - 15 ×2)/200(向上取整) + 1						
				根数公式描述	(梯板净宽 - 保护层厚度 ×2)/3 号负筋间距 + 1						
3	3 号负筋	12	一级	长度计算公式	750 ×1.118 + 100 - 2 ×15 + (250 - 15 ×2) ×1.118 + 15 ×12 + 6.25 ×12	1410	9	10.446	1307	9	10.446
				长度公式描述	标注尺寸 × 斜度系数 + 板厚 - 2 × 保护层厚度 + (支座宽 - 保护层厚度 ×2) × 斜度系数 + 弯折 + 弯钩						
				根数计算公式	(1600 - 15 ×2)/200(向上取整) + 1						
				根数公式描述	(梯板净宽 - 保护层厚度 ×2)/2 号负筋间距 + 1						

续表

手工答案									软件答案		
序号	筋 号	直径	级别	公 式		长度(mm)	根数	重量	长度(mm)	根数	重量
4	4 号筋(1 号筋的分布筋)	8	一级	长度计算公式	1600 - 15 × 2 + 6.25 × 8 × 2	1670	17	11.214	1670	28	18.47
				长度公式描述	梯板净宽 - 保护层厚度 × 2 + 弯钩 × 2						
				根数计算公式	(3000 × 1.118 - 200/2 × 2)/200(向上取整) + 1						
				根数公式描述	(梯板投影净长 × 斜度系数 - 4 号筋间距/2 × 2)/4 号筋间距 + 1						
5	4 号筋(2 号筋的分布筋)	8	一级	长度计算公式	1600 - 15 × 2 + 6.25 × 8 × 2	1670	5	3.398			
				长度公式描述	梯板净宽 - 保护层厚度 × 2 + 弯钩 × 2						
				根数计算公式	(750 × 1.118 - 200/2 × 2)/200(向上取整) + 1						
				根数公式描述	(梯板投影净长 × 斜度系数 - 4 号筋间距/2 × 2)/4 号筋间距 + 1						
6	4 号筋(3 号筋的分布筋)	8	一级	长度计算公式	1600 - 15 × 2 + 6.25 × 8 × 2	1670	5				
				长度公式描述	梯板净宽 - 保护层厚度 × 2 + 弯钩 × 2						
				根数计算公式	(750 × 1.118 - 200/2 × 2)/200(向上取整) + 1						
				根数公式描述	(梯板投影净长 × 斜度系数 - 4 号筋间距/2 × 2)/4 号筋间距 + 1						

(六)一层第 2 斜跑及二层第 1、2 斜跑钢筋答案手工和软件对比

一层第 2 斜跑及二层第 1、2 斜跑钢筋答案手工和软件对比，见表 1.6.14。

表 1.6.14 一层第 2 斜跑及二层第 1、2 斜跑钢筋答案手工和软件对比

手工答案									软件答案		
序号	筋 号	直径	级别	公 式		长度(mm)	根数	重量	长度(mm)	根数	重量
1	5 号底筋	12	一级	长度计算公式	3300 × 1.118 + max(5 × 12,250/2) + max(5 × 12,250/2) + 6.25 × 12 × 2	4089	9	32.679	4089	9	32.679
				长度公式描述	梯板投影净长 × 斜度系数 + 最大值(伸入左端支座内长度) + 最大值(伸入右端支座内长度) + 弯钩 × 2						
				根数计算公式	(1600 - 15 × 2)/200(向上取整) + 1						
				根数公式描述	(梯板净宽 - 保护层厚度 × 2)/5 号底筋间距 + 1						

续表

序号	筋号	直径	级别	手工答案：公式		长度(mm)	根数	重量	软件答案：长度(mm)	根数	重量
2	6号负筋	12	一级	长度计算公式	825×1.118+27×12+6.25×12+100-2×15	1391		11.932	1391		11.117
				长度公式描述	标注尺寸×斜度系数+锚固长度+6.25d+板厚-2×保护层厚度						
				根数计算公式	(1600-15×2)/200(向上取整)+1		9			9	
				根数公式描述	(梯板净宽-保护层厚度×2)/7号负筋间距+1						
3	7号负筋	12	一级	长度计算公式	825×1.118+100-2×15+(250-30)×1.118+15×12+6.25×12	1493		11.117	1391		11.117
				长度公式描述	标注尺寸×斜度系数+板厚-2×保护层厚度+(支座宽-保护层厚度)×斜度系数+弯折+弯钩						
				根数计算公式	(1600-15×2)/200(向上取整)+1		9			9	
				根数公式描述	(梯板净宽-保护层厚度×2)/6号负筋间距+1						
4	4号筋(6号筋的分布筋)	8	一级	长度计算公式	1600-15×2+6.25×8×2	1670		3.298			
				长度公式描述	梯板净宽-保护层厚度×2+弯钩×2						
				根数计算公式	(825×1.118-200/2×2)/200(向上取整)+1		5				
				根数公式描述	(梯板投影净长×斜度系数-4号筋间距/2×2)/4号筋间距+1						
5	4号筋(5号筋的分布筋)	8	一级	长度计算公式	1600-15×2+6.25×8×2	1670		12.533	1670	31	20.449
				长度公式描述	梯板净宽-保护层厚度×2+弯钩×2						
				根数计算公式	(3300×1.118-200/2×2)/200(向上取整)+1		19				
				根数公式描述	(梯板投影净长×斜度系数-4号筋间距/2×2)/4号筋间距+1						
6	4号筋(7号筋的分布筋)	8	一级	长度计算公式	1600-15×2+6.25×8×2	1670		3.298			
				长度公式描述	梯板净宽-保护层厚度×2+弯钩×2						
				根数计算公式	(825×1.118-200/2×2)/200(向上取整)+1		5				
				根数公式描述	(梯板投影净长×斜度系数-4号筋间距/2×2)/4号筋间距+1						

第七节　二次结构

一、二次结构通常要计算的钢筋

二次结构通常要计算构造柱、圈梁（含现浇带）、过梁、砌体加筋等构件的钢筋量，如图1.7.1所示。

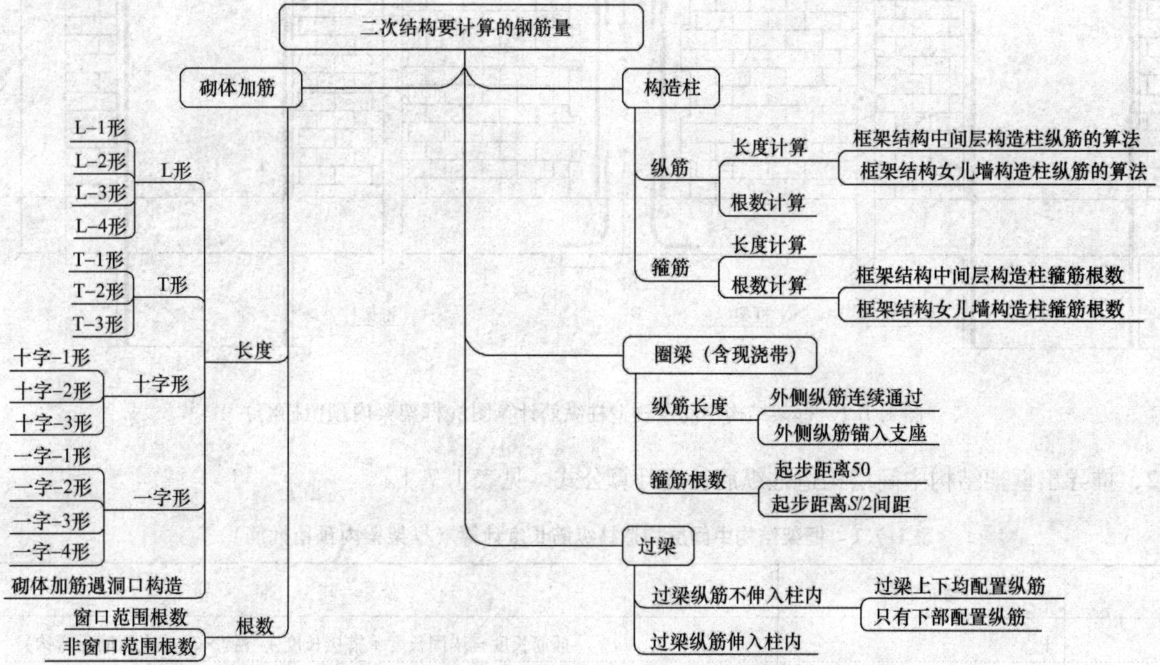

图1.7.1　二次结构要计算的钢筋量

二、二次结构钢筋的计算原理和实例答案

（一）构造柱钢筋计算原理和实例答案

1. 纵筋

1）长度计算

(1) 框架结构中间层构造柱纵筋长度算法

框架结构中间层构造柱纵筋长度按照图 1.7.2 进行计算。

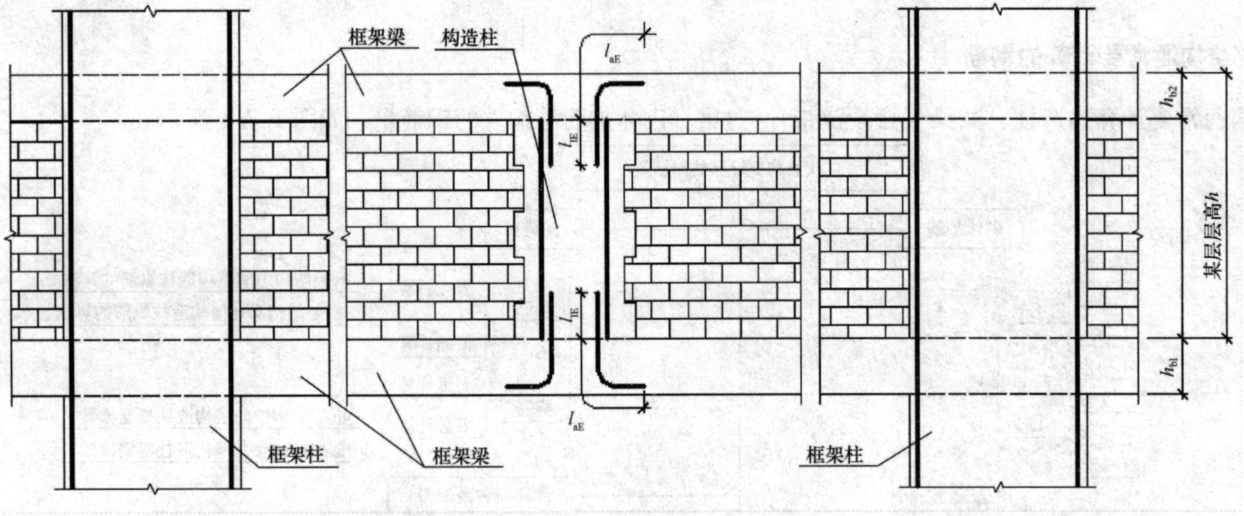

图 1.7.2　框架结构中间层构造柱纵筋计算图（框架梁内预留插筋）

根据图 1.7.2，推导出框架结构中间层构造柱纵筋长度计算公式，见表 1.7.1。

表 1.7.1　框架结构中间层构造柱纵筋长度计算（框架梁内预留插筋）

钢筋位置	钢筋级别	公　式　推　导		
上下插筋		插筋长度 = 锚固长度 + 搭接长度 + 弯钩 ×2（非光圆筋无弯钩）		
		锚固长度	搭接长度	弯钩
		l_{aE}	l_{lE}	$6.25d$
	光圆筋	插筋长度 = $l_{aE} + l_{lE} + 6.25d \times 2$		
	非光圆筋	插筋长度 = $l_{aE} + l_{lE}$		

续表

钢筋位置	钢筋级别	公　式　推　导		
柱身钢筋		柱身钢筋长度＝层高－上部梁高＋弯钩×2（非光圆筋无弯钩）		
		层高	上部梁高	弯钩
		h	h_{b2}	$6.25d$
	光圆筋	柱身钢筋长度 $=h-h_{b2}+6.25d\times2$		
	非光圆筋	柱身钢筋长度 $=h-h_{b2}$		

在实际施工中由于采用图1.7.2施工不太方便（需要在模板上打孔位置找不准），因此往往采用图1.7.3的形式进行施工。

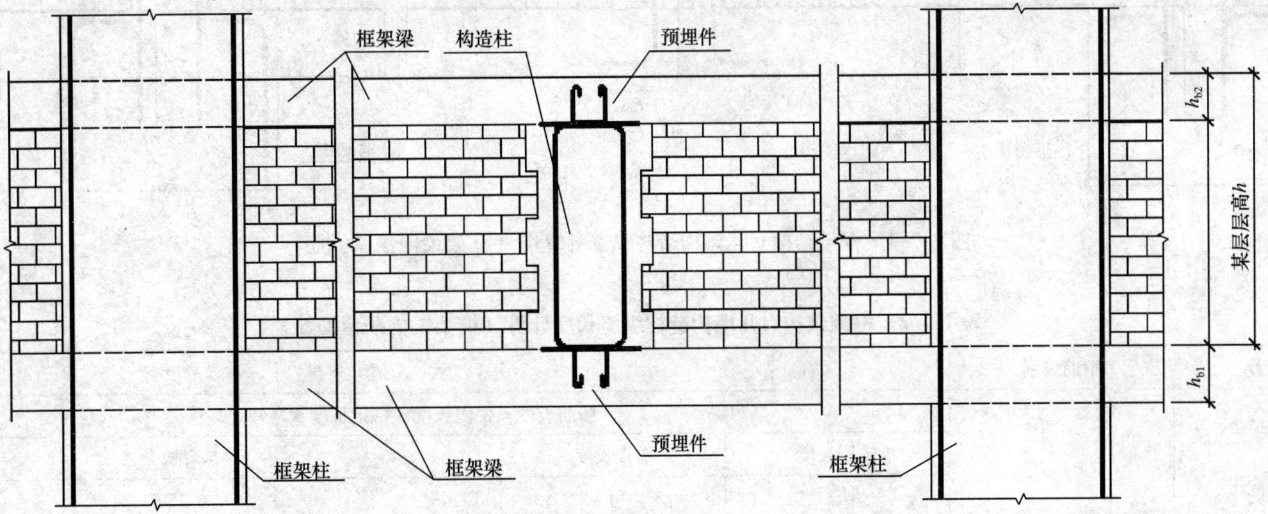

图1.7.3　框架结构中间层构造柱纵筋计算图（框架梁内预留埋件）

(2) 框架结构女儿墙构造柱纵筋的算法

框架结构女儿墙构造柱纵筋长度按照图1.7.4进行计算。

根据图1.7.4，推导出框架结构女儿墙构造柱纵筋长度计算公式，见表1.7.2。

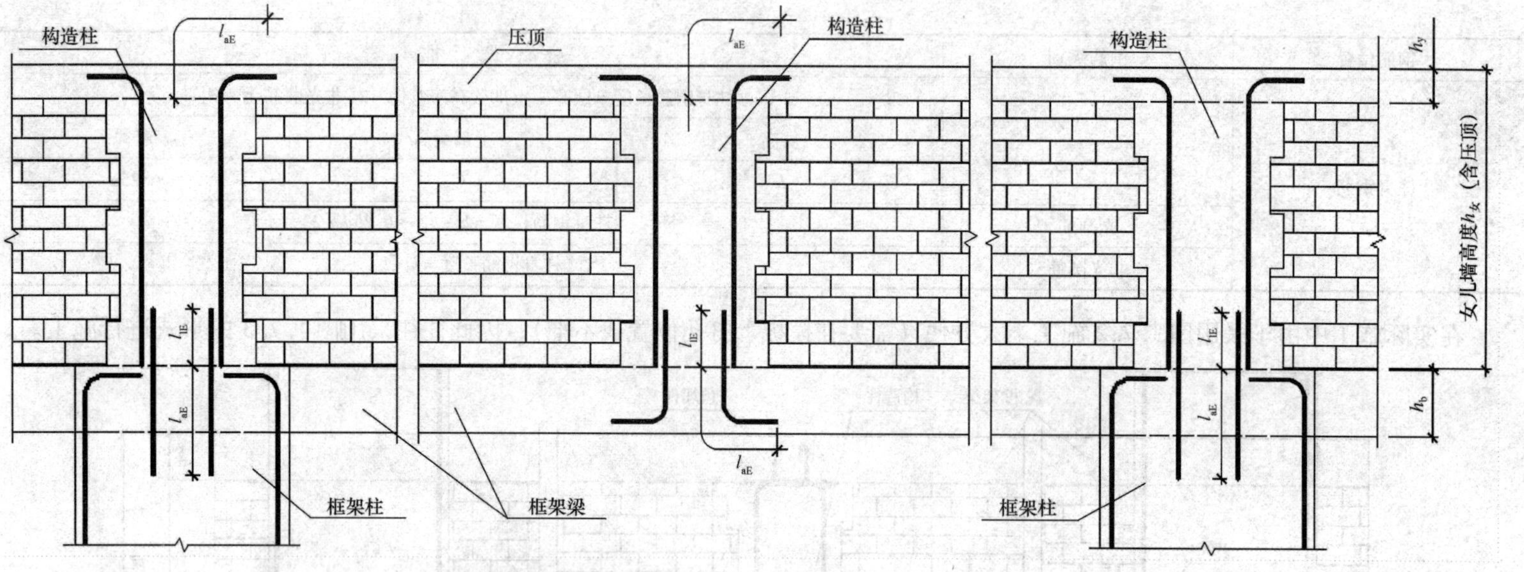

图 1.7.4　框架结构女儿墙构造柱纵筋计算图（框架梁内预留插筋）

表 1.7.2　框架结构女儿墙构造柱纵筋长度计算（框架梁内预留插筋）

<table>
<tr><th>钢筋位置</th><th>钢筋级别</th><th colspan="4">公　式　推　导</th></tr>
<tr><td rowspan="5">下部插筋</td><td rowspan="3"></td><td colspan="4">插筋长度 = 锚固长度 + 搭接长度 + 弯钩 ×2</td></tr>
<tr><td>锚固长度</td><td>搭接长度</td><td colspan="2">弯钩</td></tr>
<tr><td>l_{aE}</td><td>l_{lE}</td><td colspan="2">6.25d</td></tr>
<tr><td>光圆筋</td><td colspan="4">插筋长度 = l_{aE} + l_{lE} + 6.25d × 2</td></tr>
<tr><td>非光圆筋</td><td colspan="4">插筋长度 = l_{aE} + l_{lE}</td></tr>
<tr><td rowspan="3">女儿墙内柱身钢筋</td><td rowspan="3"></td><td colspan="4">柱身钢筋长度 = 层高 − 压顶高度 + 锚固长度 + 弯钩 ×2</td></tr>
<tr><td>层高</td><td>压顶高度</td><td>锚固长度</td><td>弯钩</td></tr>
<tr><td>h</td><td>h_y</td><td>l_{aE}</td><td>6.25d</td></tr>
</table>

钢筋位置	钢筋级别	公 式 推 导
女儿墙内柱身钢筋	光圆筋	柱身钢筋长度 $= h - h_y + l_{aE} + 6.25d \times 2$
	非光圆筋	柱身钢筋长度 $= h - h_y + l_{aE}$

同样的道理，在实际施工中由于采用图 1.7.4 施工不太方便，因此往往采用图 1.7.5 的形式进行施工。

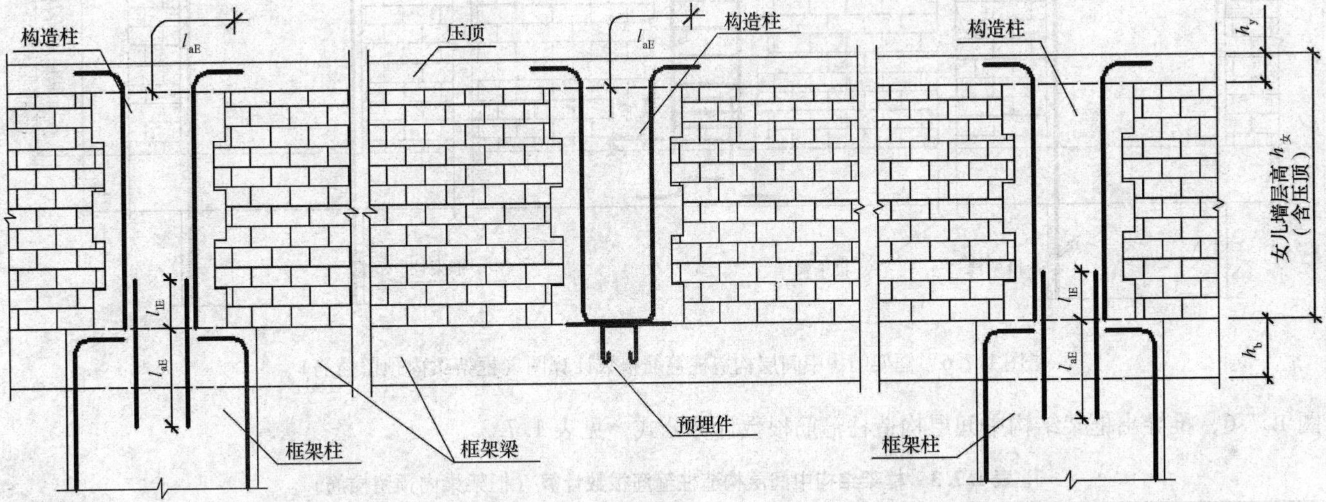

图 1.7.5 框架结构女儿墙构造柱纵筋计算图（框架梁内预留埋件）

思考与练习 请用手工计算 1 号写字楼女儿墙构造柱纵筋的长度。

2. 箍筋

1）长度计算

构造柱箍筋的长度计算方法和框架柱一样，这里只讲构造柱箍筋根数的算法。

2）根数计算

(1) 框架结构中间层构造柱箍筋根数计算

① 框架梁内预留插筋情况

框架结构中间层构造柱箍筋根数，按照根据图 1.7.6 进行计算。

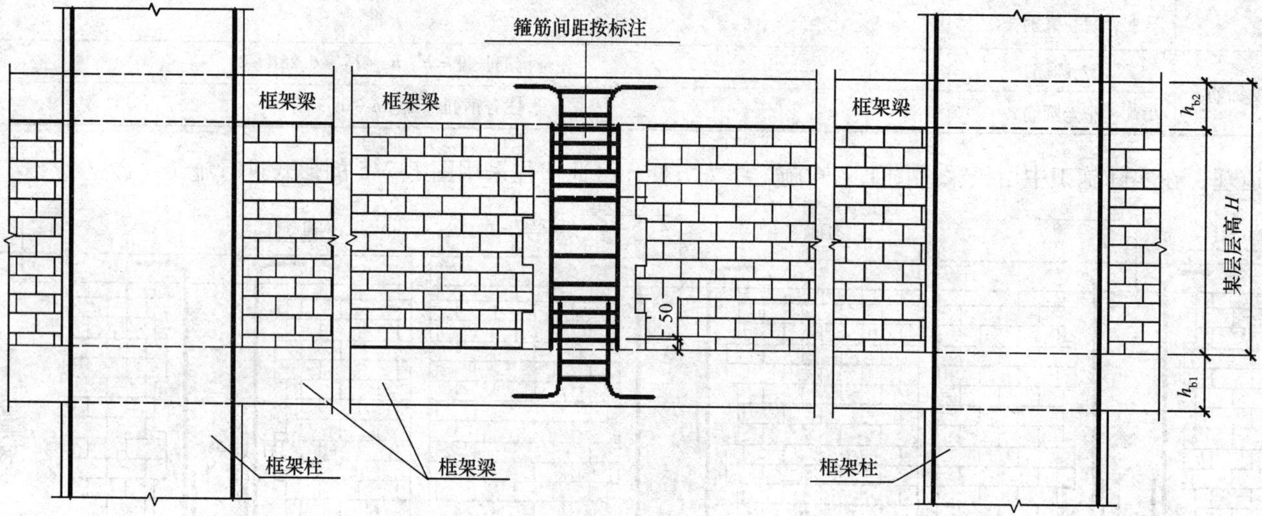

图 1.7.6　框架结构中间层构造柱箍筋根数计算图（框架梁内预留插筋）

根据图 1.7.6，推导出框架结构中间层构造柱箍筋根数计算公式，见表 1.7.3。

表 1.7.3　框架结构中间层构造柱箍筋根数计算（框架梁内预留插筋）

部　　位	箍筋布置范围	是否加密	计算公式	根数合计	备　　注
上下框架梁内	h_{b1}、h_{b2}	间距≤500 且不少于两道	箍筋根数 1 = max[2, (h_{b1} − 2C)/500 + 1(或 −1 或 +0)]	四者相加	如果图纸有规定按图纸计算
下部加密区	max(450, 1/6H, l_{lE}) = A	加密	箍筋根数 2 = (A − 50)/加密间距(取整) + 1		
上部梁下	max(450, 1/6H, l_{lE}) = B	加密	箍筋根数 3 = B/加密间距(取整) + 1		
非加密范围	$H - A - B - h_{b2} = D$	非加密	箍筋根数 4 = D/非加密间距(取整) − 1		

② 框架梁内预留埋件情况

如果采用框架梁内预留埋件情况，箍筋根数按照图 1.7.7 进行计算。

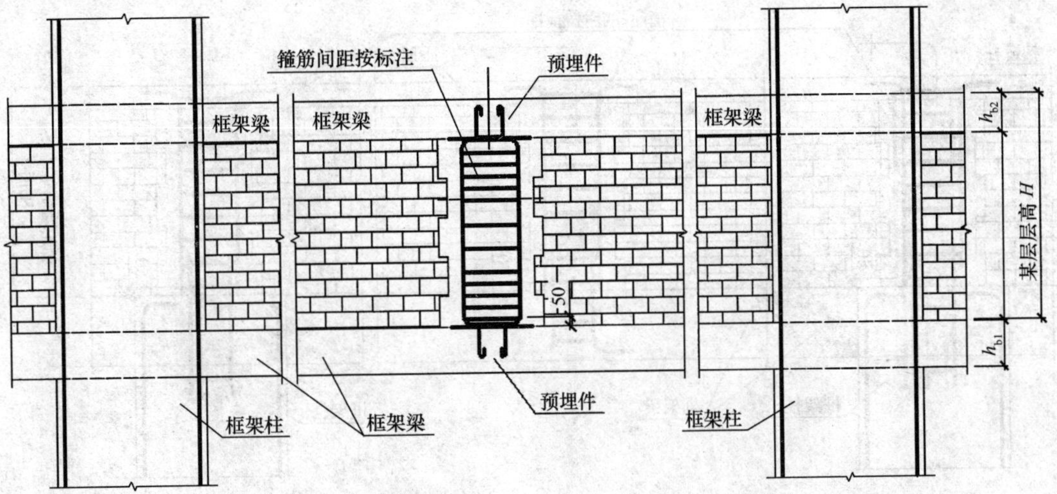

图 1.7.7　框架结构中间层构造柱箍筋根数计算图（框架梁内预留埋件）

根据图 1.7.7，推导出框架结构中间层构造柱箍筋根数计算公式，见表 1.7.4。

表 1.7.4　框架结构中间层构造柱箍筋根数计算（框架梁内预留埋件）

部　位	箍筋布置范围	是否加密	计 算 公 式	根数合计	备　注
下部加密区	$\max(450,\frac{1}{6}H,l_{lE})=A$	加密	箍筋根数 2 = (A − 50)/加密间距（取整）+ 1	三者相加	如果图纸有规定按图纸计算
上部梁下	$\max(450,\frac{1}{6}H,l_{lE})=B$	加密	箍筋根数 3 = B/加密间距（取整）+ 1		
非加密范围	$H-A-B-h_{b2}=D$	非加密	箍筋根数 4 = D/非加密间距（取整）− 1		

(2) 框架结构女儿墙构造柱箍筋根数计算

① 框架梁内预留插筋情况

框架结构女儿墙构造柱箍筋根数按照图 1.7.8 进行计算。

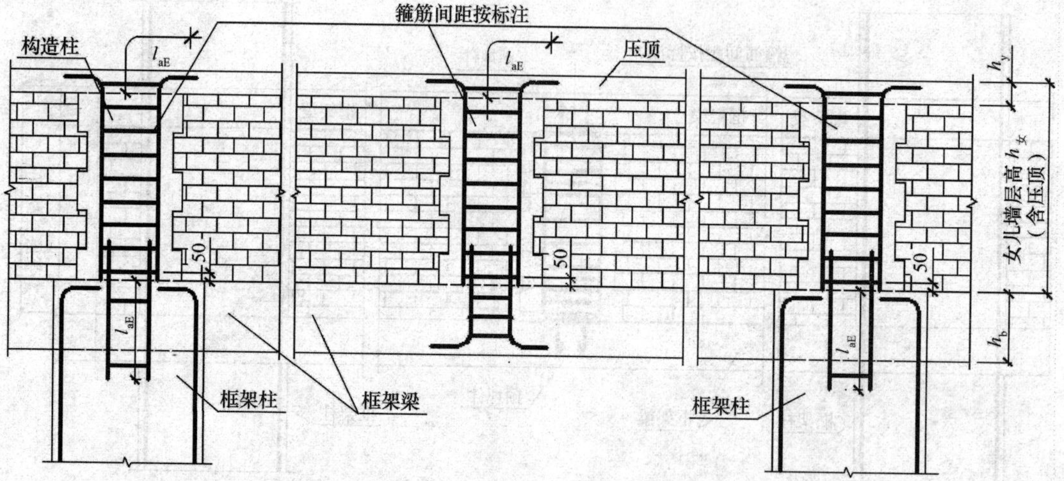

图 1.7.8　框架结构女儿墙构造柱箍筋根数计算图（框架梁内预留插筋）

根据图 1.7.8，推导出框架结构女儿墙构造柱箍筋根数计算公式，见表 1.7.5。

表 1.7.5　框架结构女儿墙构造柱箍筋根数计算（框架梁内预留插筋）

构造柱位置	部　位	箍筋布置范围	是否加密	计算公式	根数合计
框架梁上构造柱	下部框架梁内	h_b	间距≤500 且不少于 2 道	箍筋根数 1 = max[2,(h_b − 2C)/500 + 1(或 −1 或 +0)]	两者相加
	压顶高和女儿墙身	女儿墙层高 $h_女$（含压顶）	按标注	箍筋根数 2 = ($h_女$ − 50 − C)/图纸标注间距 + 1(取整)	
框架柱上构造柱	下部框架柱内	插筋锚固长度	间距≤500 且不少于 2 道	箍筋根数 1 = max[2,l_{aE}/500 + 1(或 −1 或 +0)]	两者相加
	压顶高和女儿墙身	女儿墙层高 $h_女$（含压顶）	按标注	箍筋根数 2 = ($h_女$ − 50 − C)/图纸标注间距 + 1(取整)	

②框架梁内预留埋件情况

框架梁内预留埋件情况按图 1.7.9 进行计算。

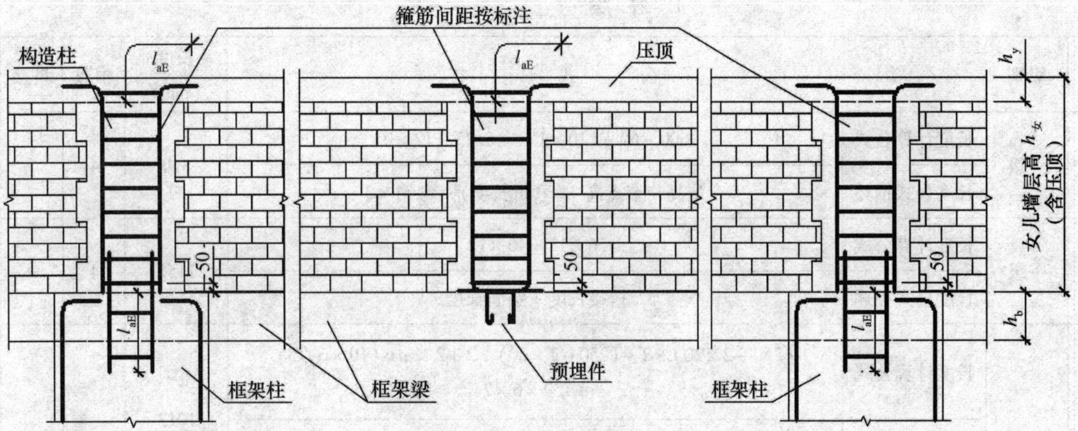

图 1.7.9 框架结构女儿墙构造柱箍筋根数计算图（框架梁内预留埋件）

根据图 1.7.9，推导出框架结构女儿墙构造柱箍筋根数计算公式，见表 1.7.6。

表 1.7.6 框架结构女儿墙构造柱箍筋根数计算（框架梁内预留埋件）

构造柱位置	部位	箍筋布置范围	是否加密	计算公式
框架梁上构造柱	压顶高和女儿墙身	女儿墙层高 $h_女$（含压顶）	按标注	箍筋根数 2 = ($h_女$ − 50 − C)/图纸标注间距（取整）+1
框架柱上构造柱	压顶高和女儿墙身	女儿墙层高 $h_女$（含压顶）	按标注	箍筋根数 2 = ($h_女$ − 50 − C)/图纸标注间距（取整）+1

思考与练习 请用手工计算 1 号写字楼女儿墙构造柱箍筋的根数。

3. 1 号写字楼构造柱钢筋答案手工和软件对比

构造柱钢筋答案手工和软件对比，见表 1.7.7。

表 1.7.7　构造柱钢筋答案手工和软件对比

<table>
<tr><td colspan="12">构件名称:构造柱,软件计算单根重量 7.869kg,屋面层根数:30 根</td></tr>
<tr><td colspan="9">手　工　答　案</td><td colspan="3">软件答案</td></tr>
<tr><td>序号</td><td>筋号</td><td>直径</td><td>级别</td><td colspan="2">公　　式</td><td>长度(mm)</td><td>根数</td><td>搭接</td><td>长度(mm)</td><td>根数</td><td>搭接</td></tr>
<tr><td rowspan="2">1</td><td rowspan="2">角筋 1</td><td rowspan="2">12</td><td rowspan="2">一级</td><td>长度计算公式</td><td>600 - 60 + (10 × 12) + 6.25 × 12 × 2</td><td rowspan="2">810</td><td rowspan="2">4</td><td rowspan="2"></td><td rowspan="2">810</td><td rowspan="2">4</td><td rowspan="2"></td></tr>
<tr><td>长度公式描述</td><td>层高 - 节点高 + (弯折长度) + 弯钩 × 2</td></tr>
<tr><td rowspan="2">2</td><td rowspan="2">插筋 1</td><td rowspan="2">12</td><td rowspan="2">一级</td><td>长度计算公式</td><td>56 × 12 + 40 × 12</td><td rowspan="2">1152</td><td rowspan="2">4</td><td rowspan="2"></td><td rowspan="2">1152</td><td rowspan="2">4</td><td rowspan="2"></td></tr>
<tr><td>长度公式描述</td><td>搭接长度 + 锚固长度</td></tr>
<tr><td rowspan="4">3</td><td rowspan="4">箍筋 1</td><td rowspan="4">6</td><td rowspan="4">一级</td><td>长度计算公式</td><td>(250 - 2 × 20) × 2 + (250 - 2 × 20) × 2 + 2 × max(10 × 6,75)
+ 1.9 × 6 × 2</td><td rowspan="2">1013</td><td rowspan="2"></td><td rowspan="2"></td><td rowspan="2">1013</td><td rowspan="2"></td><td rowspan="2"></td></tr>
<tr><td>长度公式描述</td><td>(构柱截面宽 - 2 × 保护层厚度) × 2 + (构柱截面高 - 2 × 保护层厚度)
× 2 + 2 × 最大值(10d,75) + 1.9d × 2(d 为箍筋直径)</td></tr>
<tr><td>根数计算公式</td><td>[(600 - 50)/200](向上取整) + 1</td><td rowspan="2"></td><td rowspan="2">4</td><td rowspan="2"></td><td rowspan="2"></td><td rowspan="2">4</td><td rowspan="2"></td></tr>
<tr><td>根数公式描述</td><td>[(层高 - 起步距离)/箍筋间距)] + 1</td></tr>
</table>

(二) 圈梁 (含现浇带) 钢筋计算原理和实例答案

1. 纵筋长度

图集 12G329 对圈梁锚入支座内长度做了具体规定，因锚入长度都是具体数值，在实际预算中很不方便，这里讲述常用的两种算法。但这两种算法并没有找到规范依据，仅供大家在工作中参考。

(1) 圈梁外侧纵筋连续通过情况

圈梁外侧纵筋连续通过情况按图 1.7.10 进行计算。

根据图 1.7.10，推导出圈梁纵筋长度计算公式，见表 1.7.8。

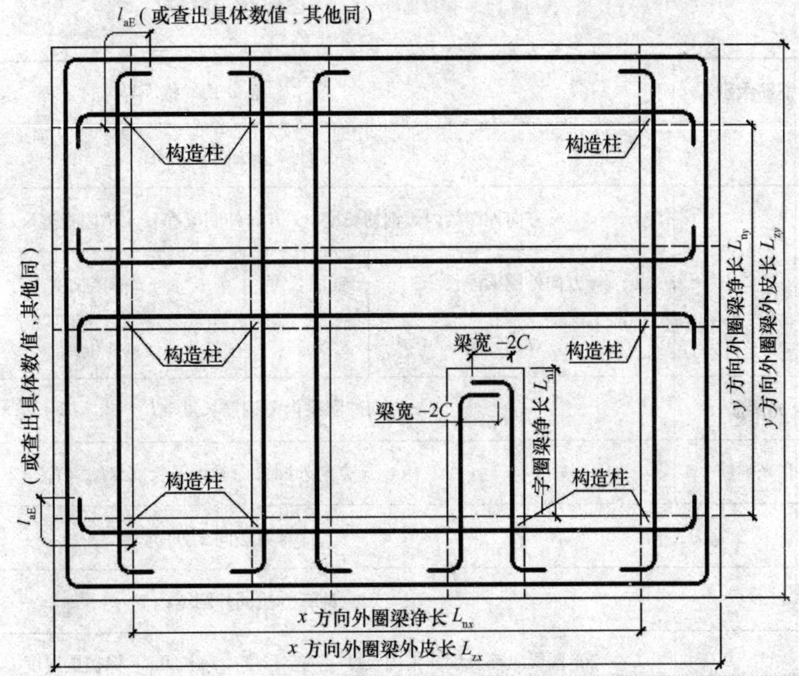

图 1.7.10　圈梁纵筋长度计算图（外侧纵筋连续通过）

表 1.7.8　圈梁纵筋长度计算（外侧纵筋连续通过，内侧钢筋伸入构造柱内一个锚固）

圈梁位置	钢筋位置	钢筋级别	公式推导过程				
外墙圈梁	x 方向外侧钢筋		x 方向外圈梁外侧钢筋长度 = x 方向外墙外皮长 − 保护层厚度 ×2 + 搭接长度 × 搭接个数 + 弯钩				
			x 方向外墙外皮长	保护层厚度	搭接长度	搭接个数	弯钩
			L_{zx}	C	l_{lE}（取值参考表 1.1.1）	n	$6.25d$
		光圆筋	x 方向外侧钢筋长度 $= L_{zx} - 2C + l_{lE} \times n + 6.25d \times 2n$				
		非光圆筋	x 方向外侧钢筋长度 $= L_{zx} - 2C + l_{lE} \times n$				

续表

<table>
<tr><th>圈梁位置</th><th>钢筋位置</th><th>钢筋级别</th><th colspan="7">公 式 推 导 过 程</th></tr>
<tr><td rowspan="7">外墙圈梁</td><td>y 方向外侧钢筋</td><td colspan="8">计算方法同 x 方向</td></tr>
<tr><td rowspan="5">x 方向内侧钢筋</td><td rowspan="3"></td><td colspan="7">x 方向外圈梁内侧钢筋长度 = x 方向外圈梁净长 + 锚固长度 ×2 + 搭接长度 × 搭接个数 + 弯钩</td></tr>
<tr><td colspan="2">x 方向外圈梁净长</td><td>锚固长度</td><td colspan="2">搭接长度</td><td>搭接个数</td><td>弯钩</td></tr>
<tr><td colspan="2">L_{nx}</td><td>l_{aE}</td><td colspan="2">l_{lE}</td><td>n</td><td>$6.25d$</td></tr>
<tr><td>光圆筋</td><td colspan="7">x 方向外圈梁内侧钢筋长度 = $L_{nx} + l_{aE} \times 2 + l_{lE} \times n + 6.25d \times 2$</td></tr>
<tr><td>非光圆筋</td><td colspan="7">x 方向外圈梁内侧钢筋长度 = $L_{nx} + l_{aE} \times 2 + l_{lE} \times n$</td></tr>
<tr><td>y 方向内侧钢筋</td><td colspan="8">计算方法同 x 方向</td></tr>
<tr><td>内墙圈梁</td><td>x、y 方向钢筋</td><td colspan="8">计算方法同外圈梁内侧</td></tr>
<tr><td rowspan="5">一字形圈梁</td><td rowspan="5"></td><td rowspan="3"></td><td colspan="7">一字形圈梁纵筋长度 = 锚固长度 + 一字形圈梁净长 L_{n1} − 保护层厚度 C + 弯折 + 搭接长度 × 搭接个数 + 弯钩</td></tr>
<tr><td>锚固长度</td><td>一字形圈梁净长</td><td>保护层厚度</td><td>弯折</td><td>搭接长度</td><td>搭接个数</td><td>弯钩</td></tr>
<tr><td>l_{aE}</td><td>L_{n1}</td><td>C</td><td>圈梁宽 $-2C$</td><td>l_{lE}</td><td>n</td><td>$6.25d$</td></tr>
<tr><td>光圆筋</td><td colspan="7">一字形圈梁纵筋长度 = $l_{aE} + L_{n1} - 3C$ + 梁宽 + $l_{lE} \times n + 6.25d \times 2$</td></tr>
<tr><td>非光圆筋</td><td colspan="7">一字形圈梁纵筋长度 = $l_{aE} + L_{n1} - 3C$ + 梁宽 + $l_{lE} \times n$</td></tr>
</table>

(2) 圈梁内外侧纵筋均伸入构造柱内一个锚固

圈梁内外侧纵筋均伸入构造柱内一个锚固按照图 1.7.11 进行计算。

根据图 1.7.11，推导出圈梁纵筋长度计算公式，见表 1.7.9。

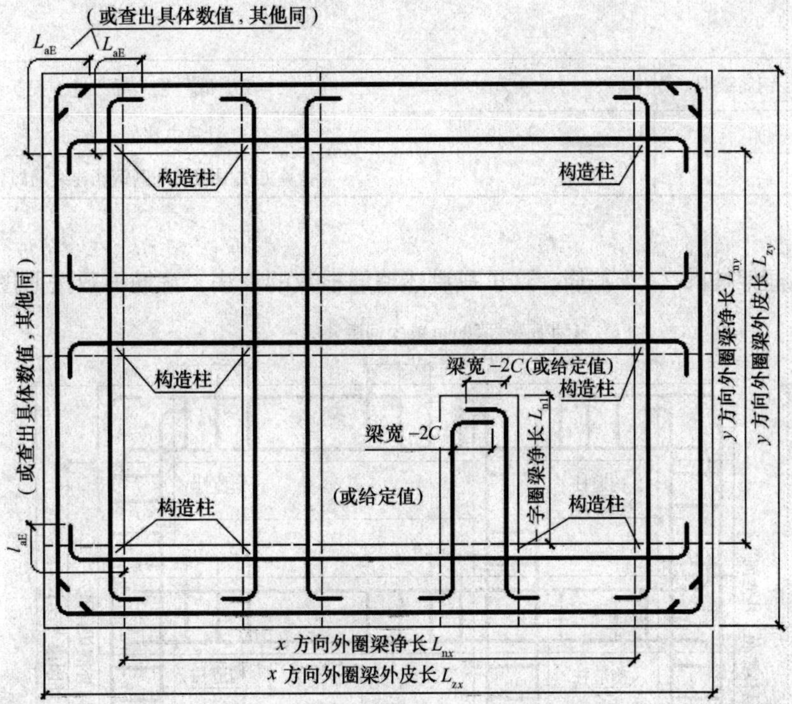

图 1.7.11　圈梁纵筋长度计算图（外侧纵筋锚入支座）

表 1.7.9　圈梁纵筋长度计算（内外侧纵筋均伸入构造柱内一个锚固）

圈梁位置	钢筋位置	钢筋级别	公式推导过程				
内外圈梁	x 方向内外侧钢筋		x 方向圈梁内外侧钢筋长度 = x 方向外圈梁净长 + 锚固长度 ×2 + 搭接长度 × 搭接个数 + 弯钩				
			x 方向外圈梁净长	锚固长度	搭接长度	搭接个数	弯钩
			L_{nx}	l_{aE}	l_{lE}	n	$6.25d$
		光圆筋	x 方向外圈梁内侧钢筋长度 $= L_{nx} + l_{aE} \times 2 + l_{lE} \times n + 6.25d \times 2n$				
		非光圆筋	x 方向外圈梁内侧钢筋长度 $= L_{nx} + l_{aE} \times 2 + L_{lE} \times n$				

续表

圈梁位置	钢筋位置	钢筋级别	公 式 推 导 过 程
内外圈梁	y 方向内外侧钢筋		计算方法同 x 方向
一字形圈梁			计算方法同圈梁外侧钢筋连续通过情况

2. 箍筋根数

圈梁的箍筋长度计算方法同框架柱的 2×2 箍筋。这里只讲述箍筋根数的算法，箍筋根数按照图 1.7.12 进行计算。

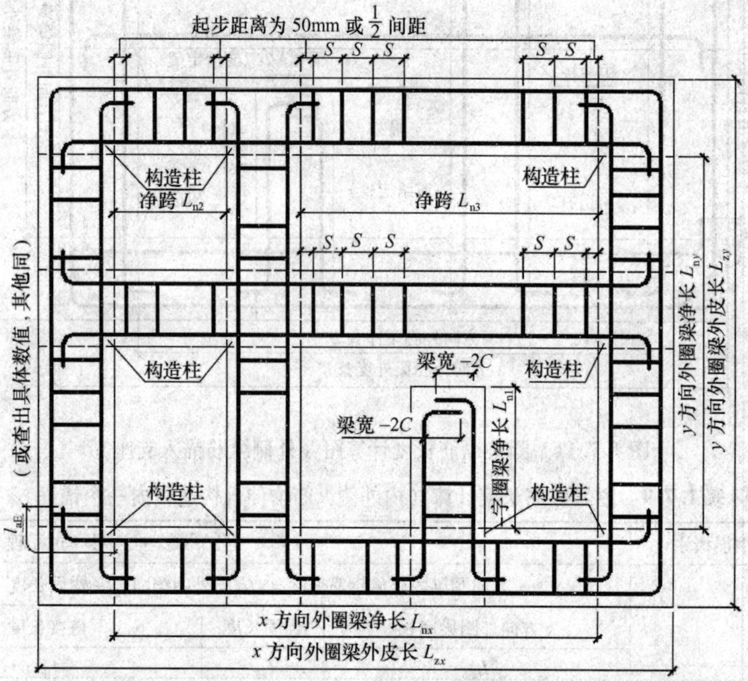

图 1.7.12　圈梁箍筋根数计算图

根据图 1.7.12，推导出圈梁箍筋根数计算公式，见表 1.7.10。

表 1.7.10 圈梁箍筋根数计算

圈梁位置	公式推导过程				
一字形圈梁	起步距离	圈梁箍筋根数=(净跨-起步距离-保护层厚度)/S(取整)+1			
		净跨	起步距离	保护层厚度	间距
	为50mm	L_{n1}	50	C	S
		圈梁箍筋根数=$(L_{n3}-50-C)/S$(取整)+1			
	为1/2S	L_{n1}	1/2S	C	S
		圈梁箍筋根数=$(L_{n3}-\frac{1}{2}S-C)/S$(取整)+1			
以L_{n2}段为例	起步距离	圈梁箍筋根数=(净跨-起步距离×2)/间距+1			
		净跨	起步距离		间距
	为50mm	L_{n2}	50		S
		圈梁箍筋根数=$(L_{n2}-50\times2)/S$(取整)+1			
	为1/2S	L_{n2}	1/2S		S
		圈梁箍筋根数=$(L_{n2}-S)/S$(取整)+1			
以L_{n3}段为例	起步距离	圈梁箍筋根数=(净跨-起步距离×2)/间距+1			
		净跨	起步距离		间距
	为50mm	L_{n3}	50		S
		圈梁箍筋根数=$(L_{n3}-50\times2)/S$(取整)+1			
	为1/2S	L_{n3}	1/2S		S
		圈梁箍筋根数=$(L_{n3}-S)/S$(取整)+1			

3. 1号写字楼压顶钢筋答案手工和软件对比

(1) A、D轴线压顶钢筋答案手工和软件对比

A、D轴线压顶钢筋答案手工和软件对比，见表1.7.11。

表 1.7.11　A、D 轴线压顶钢筋答案手工和软件对比

构件名称：A 轴线压顶，屋面层根数：1 根，D 轴线压顶同 A 轴线											
手　工　答　案									软件答案		
序号	筋号	直径	级别	公　式		长度（mm）	根数	搭接	长度（mm）	根数	搭接
1	外侧纵筋	12	一级	长度计算公式	31750 - 25 - 25	31700	1	1344	31700	1	1584
				长度公式描述	A、D 轴外皮长度 - 保护层厚度 - 保护层厚度						
2	中部纵筋	12	一级	长度计算公式	31150 + 40 × 12 + 40 × 12 + 6.25 × 12 × 2	32260	1	1344	32260	1	1344
				长度公式描述	A、D 轴线净长 + 锚固长度 + 锚固长度 + 弯钩 × 2						
3	内侧纵筋	12	一级	长度计算公式	31150 + 40 × 12 + 40 × 12 + 6.25 × 12 × 2	32260	1	1344	31600	1	1344
				长度公式描述	A、D 轴线净长 + 锚固长度 + 锚固长度 + 弯钩 × 2						
4	其他箍筋 1	6	一级	长度计算公式	(300 - 20 × 2) + 2 × max(10 × 6, 75) + 1.9 × 6 × 2	433			403		
				长度公式描述	(压顶宽 - 保护层厚度 × 2) + 2 × 最大值(10*d*, 75) + 1.9*d* × 2 (*d* 为箍筋直径)						
				根数计算公式	(2750 - 50 × 2)/200(向上取整) + 1 + (2750 - 50 × 2)/200(向上取整) + 1 + (2750 - 50 × 2)/200(向上取整) + 1 + (3050 - 50 × 2)/200(向上取整) + 1 + (3200 - 50 × 2)/200(向上取整) + 1 + (3200 - 50 × 2)/200(向上取整) + 1 + (2750 - 50 × 2)/200(向上取整) + 1 + (2750 - 50 × 2)/200(向上取整) + 1 + (2750 - 50 × 2)/200(向上取整) + 1 + (2950 - 50 × 2)/200(向上取整) + 1		156			156	
				根数公式描述	(各构造柱子间净长 - 起步距离 × 2)/箍筋间距 + 1						

（2）1、7 轴线压顶钢筋答案手工和软件对比

1、7 轴线压顶钢筋答案手工和软件对比，见表 1.7.12。

表 1.7.12　1、7 轴线压顶钢筋答案手工和软件对比

构件名称:1 轴线压顶,屋面层根数:1 根,7 轴线压顶同											
手工答案									软件答案		
序号	筋号	直径	级别	公式		长度(mm)	根数	搭接	长度(mm)	根数	搭接
1	外侧纵筋	12	一级	长度计算公式	15650 - 20 - 20	15610	1	672	16160	1	672
				长度公式描述	1、7 轴线外皮长度 - 保护层厚度 - 保护层厚度 + 弯钩 ×2						
2	中部纵筋	12	一级	长度计算公式	15050 + 40 × 12 + 40 × 12 + 6.25 × 12 × 2	16160	1	672	16160	1	672
				长度公式描述	1、7 轴线净长 + 锚固 + 锚固 + 弯钩 ×2						
3	内侧纵筋	12	一级	长度计算公式	15050 + 40 × 12 + 40 × 12 + 6.25 × 12 × 2	16160	1	672	16160	1	672
				长度公式描述	1、7 轴线净长 + 锚固 + 锚固 + 弯钩 ×2						
4	其他箍筋 1	6	一级	长度计算公式	(300 - 20 × 2) + 2 × max(10 × 6,75) + 1.9 × 6 × 2	433			403		
				长度公式描述	(压顶宽 - 保护层厚度 ×2) + 2 × 最大值(10*d*,75) + 1.9*d* ×2 (*d* 为箍筋直径)						
				根数计算公式	[(2925 - 50 × 2)/200](向上取整) + 1 + [(2750 - 50 × 2)/200](向上取整) + 1 + [(2750 - 50 × 2)/200](向上取整) + 1 + [(2750 - 50 × 2)/200](向上取整) + 1 + [(2925 - 50 × 2)/200)](向上取整) + 1		77			75	
				根数公式描述	(各构造柱子间净长 - 起步距离 ×2)/箍筋间距 + 1						

(三) 过梁钢筋计算原理和实例答案

在实际工程中过梁往往采用查套过梁图集的方式计算钢筋，但是有时候手边缺少图集，下面讲述过梁钢筋的近似算法。

1. 过梁纵筋不伸入柱内

根据受力要求，分为过梁上下均配置纵筋和过梁只有下部配置纵筋两种情况，下面分别讲解。

(1) 过梁上下均配置纵筋

过梁上下均配置纵筋按图 1.7.13 进行计算。

根据图 1.7.13，推导出过梁钢筋计算公式，见表 1.7.13。

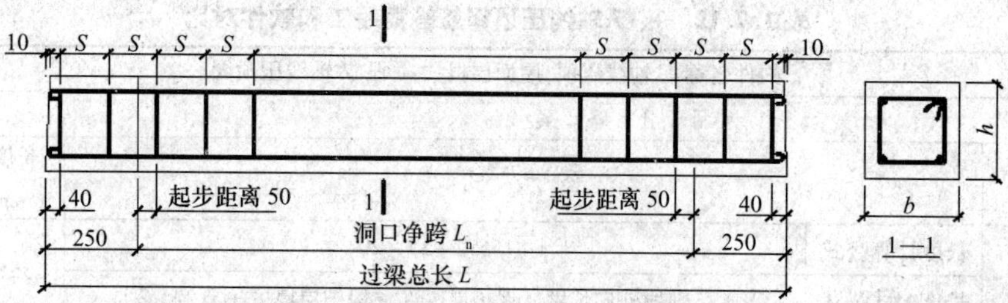

图 1.7.13 矩形过梁（上下均配纵筋）

表 1.7.13 过梁钢筋计算（上下均配置纵筋）

纵筋长度		过梁纵筋长度＝洞口净跨＋支座宽×2－保护层厚度×2＋弯钩×2			
		洞口净跨	支座宽	保护层厚度	弯钩
		L_n	250	C	$6.25d$
	光圆筋	过梁纵筋长度＝$L_n+250\times2-2C+6.25d\times2$			
	非光圆筋	过梁纵筋长度＝$L_n+250\times2-2C$			
箍筋根数	算法一	箍筋根数＝（洞口净跨－起步距离×2）/箍筋间距＋1（取整）＋（支座宽＋起步距离－40）/箍筋间距（取整）×2			
		洞口净跨	起步距离	支座宽	箍筋间距
		L_n	50	250	S
		箍筋根数＝$(L_n-50\times2)/S+1$（取整）＋$(250+50-40)/S$（取整）×2			
	算法二（近似算法）	箍筋根数＝（洞口净跨＋支座宽×2－保护层厚度×2）/箍筋间距（取整）＋1			
		洞口净跨	支座宽	保护层厚度	箍筋间距
		L_n	250	C	S
		箍筋根数＝$(L_n+250\times2-2C)/S$（取整）＋1			

（2）过梁只有下部配置纵筋

过梁只有下部配置纵筋按图 1.7.14 进行计算。

根据图 1.7.14，推导出过梁钢筋计算公式，见表 1.7.14。

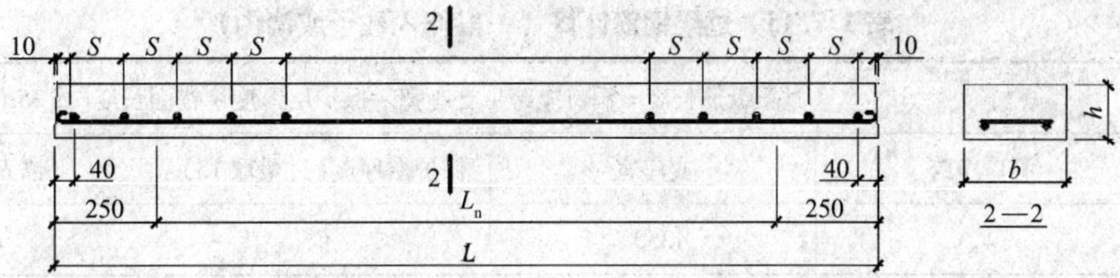

图 1.7.14　矩形过梁（只有下部配纵筋）

表 1.7.14　过梁钢筋计算（过梁只有下部配置纵筋）

纵筋长度	算法同过梁上下均配置纵筋
箍筋长度	箍筋长度 = $b-2C+$（弯钩）$6.25d\times2$（弯钩只有光圆筋有，b 为过梁宽，C 为过梁保护层厚度，d 为箍筋直径）
箍筋根数	根数算法同过梁上下均配置纵筋

2. 过梁纵筋伸入柱内

在很多情况下过梁纵筋伸入支座的长度不够 250 需要伸入柱子内，如图 1.7.15 所示。

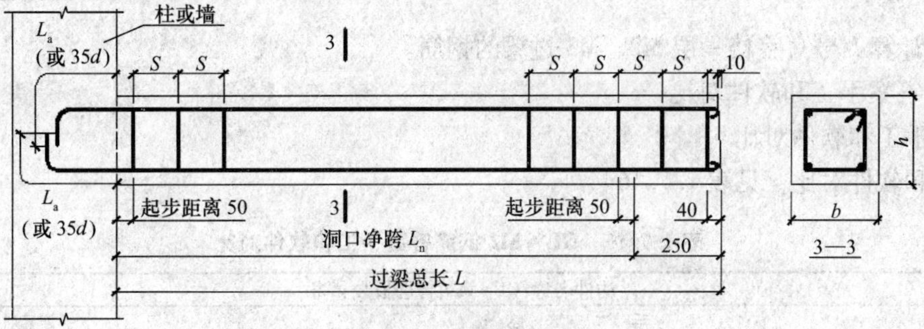

图 1.7.15　过梁一边靠柱子（或剪力墙）

根据图 1.7.15，推导出过梁钢筋计算公式，见表 1.7.15。

表 1.7.15　过梁钢筋计算（一段伸入柱子或墙内）

纵筋长度		过梁纵筋长度 = 洞口净跨 + 支座宽 - 保护层厚度 + 锚固长度(或 $35d$) + 弯钩 ×2				
		洞口净跨	支座宽	保护层厚度(过梁取 15)	锚固长度	弯钩
		L_n	250	C	l_a	$6.25d$
	光圆筋	过梁纵筋长度 = $L_n + 250 - C + L_a$(或 $35d$) $+ 6.25d \times 2$				
	非光圆筋	过梁纵筋长度 = $L_n + 250 - C + l_a$				
箍筋根数	算法一	箍筋根数 = (洞口净跨 - 起步距离 ×2)/箍筋间距 + 1(取整) + (支座宽 + 起步距离 - 40)/箍筋间距(取整)				
		洞口净跨	起步距离	箍筋间距	支座宽	
		L_n	50	S	250	
		箍筋根数 = $(L_n - 50 \times 2)/S$(取整) + 1 + $(250 + 50 - 40)/S$(取整)				
	算法二（近似算法）	箍筋根数 = (洞口净跨 + 支座宽 - 起步距离 - 保护层厚度)/箍筋间距(取整) + 1				
		洞口净跨	支座宽	起步距离	保护层厚度	箍筋间距
		L_n	250	50	C	S
		箍筋根数 = $(L_n + 250 - 50 - C)/S$(取整) + 1				

思考与练习　请用手工计算 1 号写字楼一层 M2、M3 过梁的钢筋。

3. 1 号写字楼过梁钢筋答案手工和软件对比

(1) GL - M2 钢筋答案手工和软件对比

GL - M2 钢筋答案手工和软件对比，见表 1.7.16。

表 1.7.16　GL - M2 钢筋答案手工和软件对比

构件名称:GL - M2,首层根数:6 根										
手 工 答 案									软件答案	
序号	筋号	直径	级别	公式		长度(mm)	根数		长度(mm)	根数
1	过梁纵筋	12	一级	长度计算公式	900 + 250 - 20 + 10 × 12 + 6.25 × 12 × 2	1400	3		1400	3
				长度公式描述	净长 + 支座宽 - 保护层厚度 + 锚固长度 + 弯钩 ×2					

续表

手工答案								软件答案	
序号	筋号	直径	级别	公式		长度（mm）	根数	长度（mm）	根数
2	过梁箍筋	6	一级	长度计算公式	(200－2×20)＋max(75,10×6)×2＋1.9×6×2	333		333	
				长度公式描述	(墙宽－2×保护层厚度)＋最大值(75,10d)×2＋1.9d×2（d为箍筋直径）				
				根数计算公式	(900＋250－25－50)/200(向上取整)＋1		7		7
				根数公式描述	(净跨＋支座宽－保护层厚度－起步距离)/箍筋间距＋1				

（2）GL－M3钢筋答案手工和软件对比

GL－M3钢筋答案手工和软件对比，见表1.7.17。

表1.7.17　GL－M3钢筋答案手工和软件对比

构件名称:GL－M3,首层根数:2根									
手工答案								软件答案	
序号	筋号	直径	级别	公式		长度（mm）	根数	长度（mm）	根数
1	过梁纵筋	12	一级	长度计算公式	750＋470－20×2＋6.25×12×2	1330	3	1330	3
				长度公式描述	净长＋两边伸入墙内长度－保护层厚度×2＋弯钩×2				
2	过梁箍筋	6	一级	长度计算公式	(200－2×20)＋max(75,10×6)×2＋1.9×6×2	333		333	
				长度公式描述	(墙宽－2×保护层厚度)＋最大值(75,10d)×2＋1.9d×2（d为箍筋直径）				
				根数计算公式	(750＋250＋220－25×2)/200(向上取整)＋1		7		7
				根数公式描述	(净跨＋左支座宽＋右支座宽－保护层厚度×2)/箍筋间距＋1				

（四）砌体加筋计算原理和实例答案

1. 长度计算

砌体加筋长度根据墙体的情况一般分L型、T型、十字型和一字型，下面分别讲解。

1）L型墙体加筋

（1）L－1型（构造柱和墙平齐）

L－1 型构造柱和墙平齐情况，如图 1. 7. 16 所示。

根据图 1. 7. 16，推导出 L－1 型砌体加筋长度计算公式，见表 1. 7. 18。

表 1. 7. 18　L－1 型砌体加筋长度计算

<table>
<tr><td rowspan="4">1 号钢筋</td><td colspan="5">1 号筋长度＝墙宽－保护层厚度×2＋（伸入墙内长度＋伸入柱子内长度＋弯折）×2</td><td>备　注</td></tr>
<tr><td>墙宽</td><td>保护层厚度</td><td>伸入墙内长度</td><td>伸入柱子内长度</td><td>弯折</td><td rowspan="7">这里保护层厚度 C 一般取 60，L_{s1} 一般取 1000，L_{s2} 根据实际情况取值，L_m 一般取 200</td></tr>
<tr><td>b_1</td><td>C</td><td>L_{s1}</td><td>L_m</td><td>60</td></tr>
<tr><td colspan="5">1 号筋长度＝$b_1-2C+(L_{s1}+L_m+60)\times 2$</td></tr>
<tr><td rowspan="4">2 号钢筋</td><td colspan="5">2 号筋长度＝墙宽－保护层厚度×2＋（伸入墙内长度＋伸入柱子内长度＋弯折）×2</td></tr>
<tr><td>墙宽</td><td>保护层厚度</td><td>伸入墙内长度</td><td>伸入柱子内长度</td><td>弯折</td></tr>
<tr><td>b_2</td><td>C</td><td>L_{s2}</td><td>L_m</td><td>60</td></tr>
<tr><td colspan="5">2 号筋长度＝$b_2-2C+(L_{s2}+L_m+60)\times 2$</td></tr>
</table>

（2）L－2 型（构造柱截面小于墙厚）

L－2 型构造柱截面小于墙厚情况，如图 1. 7. 17 所示。

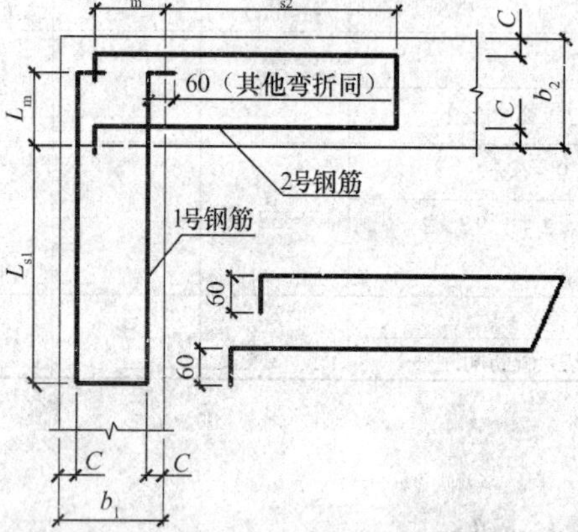

图 1. 7. 16　L－1 型砌体加筋计算图

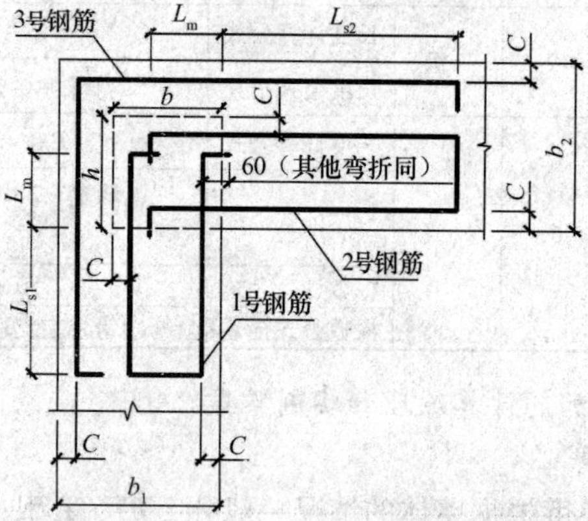

图 1. 7. 17　L－2 型砌体加筋计算图

根据图 1.7.17，推导出 L−2 型砌体加筋长度计算公式，见表 1.7.19。

表 1.7.19　L−2 型砌体加筋长度计算

1 号钢筋	1 号筋长度 = 构造柱截面宽 − 保护层厚度 ×2 +（伸入墙内长度 + 伸入柱内长度 + 弯折）×2					备　注
	构造柱截面宽	保护层厚度	伸入墙内长度	伸入柱子内长度	弯折	这里保护层厚度 C 一般取 60，L_{s1} 一般取 1000，L_{s2} 根据实际情况取值，L_m 一般取 200
	b	C	L_{s1}	L_m	60	
	2 号筋长度 $= b - 2C + (L_{s1} + L_m + 60) \times 2$					
2 号钢筋	2 号筋长度 = 构造柱截面高 − 保护层厚度 ×2 +（伸入墙内长度 + 伸入柱内长度 + 弯折）×2					
	构造柱截面高	保护层厚度	伸入墙内长度	伸入柱子内长度	弯折	
	h	C	L_{s2}	L_m	60	
	2 号筋长度 $= h - 2C + (L_{s2} + L_m + 60) \times 2$					
3 号钢筋	3 号筋长度 $= (L_{s1} + b_2 - C) + (L_{s2} + b_1 - C) + 60 \times 2$					

（3）L−3 型（砌体加筋焊接在框架柱预埋件上）

L−3 型砌体加筋焊接在框架柱预埋件上，如图 1.7.18 所示。

根据图 1.7.18，推导出 L−3 型砌体加筋长度计算公式，见表 1.7.20。

表 1.7.20　L−3 型砌体加筋长度计算

筋　号	计 算 公 式	备　注
1 号钢筋	1 号筋长度 $= b_1 - 2C + (L_{s1} + 60) \times 2$	这里保护层厚度 C 一般取 60，L_s 各值一般取 1000
2 号钢筋	2 号筋长度 $= b_2 - 2C + (L_{s2} + 60) \times 2$	

（4）L−4 型（砌体加筋串入框架柱内）

L−4 型砌体加筋串入框架柱内，如图 1.7.19 所示。

根据图 1.7.19，推导出 L−4 型砌体加筋长度计算公式，见表 1.7.21。

表 1.7.21　L−4 型砌体加筋长度计算

筋　号	计 算 公 式	备　注
1 号钢筋	1 号筋长度 $= (L_{s1} + C + 60) + (L_{s2} + C + 60)$	这里保护层厚度 C 一般取 60，L_s 各值一般取 1000
2 号钢筋	2 号筋长度 $= (L_{s1} + b_2 - C + 60) + (L_{s2} + b_1 - C + 60)$	

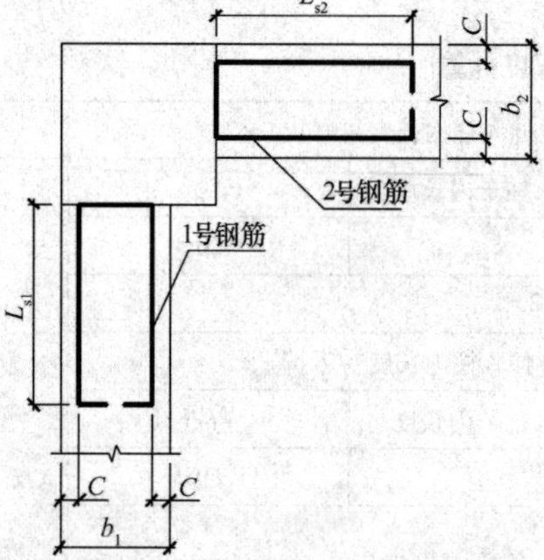

图 1.7.18　L－3 型砌体加筋计算图

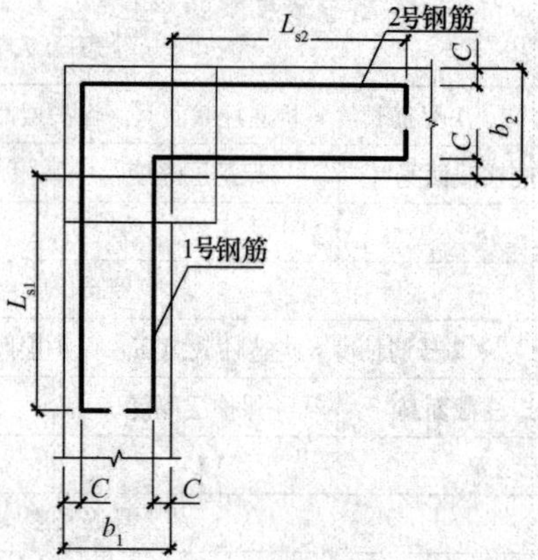

图 1.7.19　L－4 型砌体加筋计算图

2）T 型砌体加筋

（1）T－1 型（构造柱和墙平齐）

T－1 型构造柱和墙平齐情况，如图 1.7.20 所示。

根据图 1.7.20，推导出 T－1 型砌体加筋长度计算公式，见表 1.7.22。

（2）T－2 型（砌体加筋焊接在框架柱预埋件上）

T－2 型砌体加筋焊接在框架柱预埋件上，如图 1.7.21 所示。

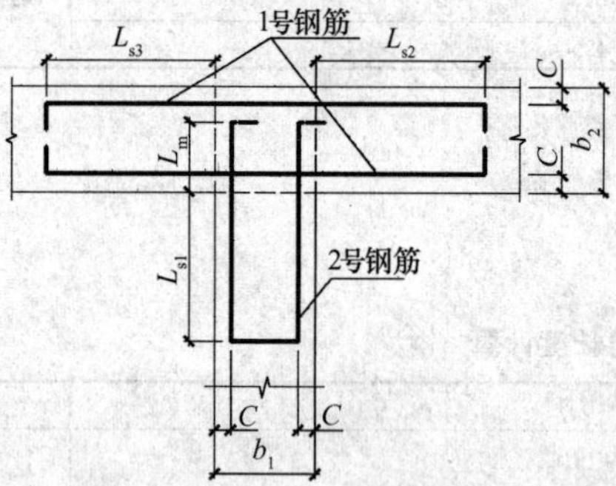

图 1.7.20　T－1 型砌体加筋计算图

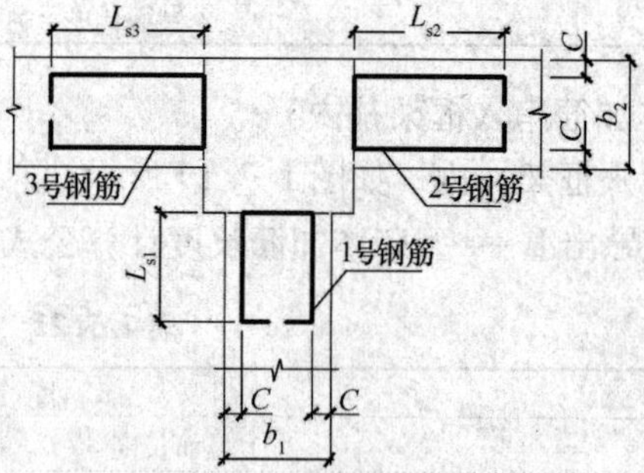

图 1.7.21　T－2 型砌体加筋计算图

表 1.7.22 T－1 型砌体加筋长度计算

筋　　号	计 算 公 式	备　　注
1 号钢筋	1 号筋长度 $=L_{s3}+b_1+L_{s2}+60\times2$	这里保护层厚度 C 一般取 60，L_s 各值一般取 1000
2 号钢筋	2 号筋长度 $=b_1-2C+(L_{s1}+L_m+60)\times2$	

根据图 1.7.21，推导出 T－2 型砌体加筋长度计算公式，见表 1.7.23。

表 1.7.23 T－2 型砌体加筋长度计算

筋　　号	计 算 公 式	备　　注
1 号钢筋	1 号筋长度 $=b_1-2C+(L_{s1}+$ 弯折 $60)\times2$	这里保护层厚度 C 一般取 60，L_s 各值一般取 1000
2 号钢筋	2 号筋长度 $=b_2-2C+(L_{s2}+$ 弯折 $60)\times2$	
3 号钢筋	3 号筋长度 $=b_2-2C+(L_{s3}+$ 弯折 $60)\times2$	

(3) T－3 型（砌体加筋串入框架柱内）

T－3 型砌体加筋串入框架柱内，如图 1.7.22 所示。

根据图 1.7.22，推导出 T－3 型砌体加筋长度计算公式，见表 1.7.24。

3）十字型砌体加筋

(1) 十字－1 型（构造柱和墙平齐）

十字－1 型构造柱和墙平齐情况，如图 1.7.23 所示。

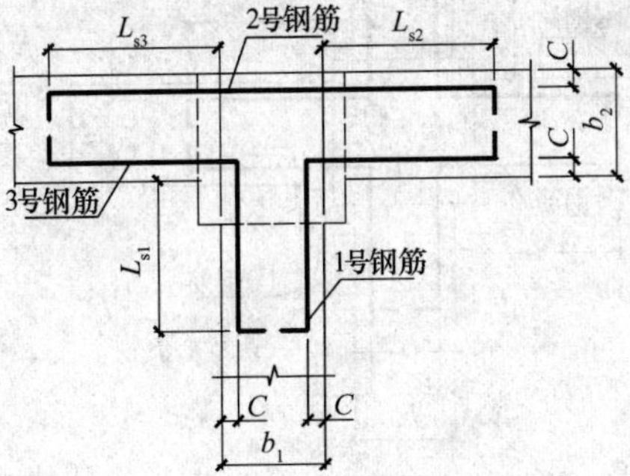

图 1.7.22 T－3 型砌体加筋计算图

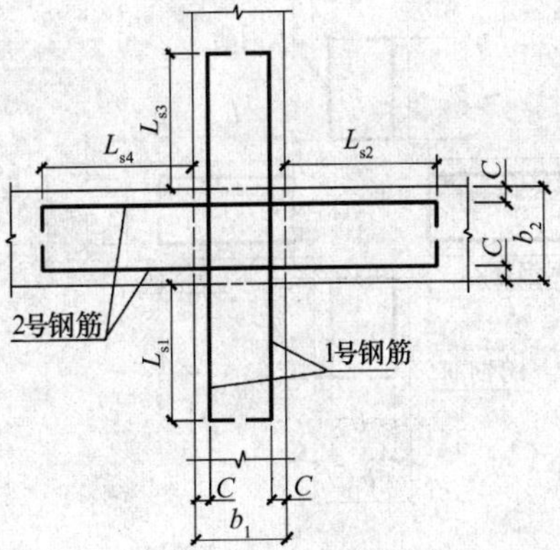

图 1.7.23 十字－1 型砌体加筋计算图

表 1.7.24　T－3 型砌体加筋长度计算

筋　　号	计　算　公　式	备　　注
1 号钢筋	1 号筋长度 = $(L_{s1}+C+60)+(L_{s2}+C+60)$	这里保护层厚度 C 一般取 60，L_s 各值一般取 1000
2 号钢筋	2 号筋长度 = $L_{s3}+b_1+L_{s2}+60\times2$	
3 号钢筋	3 号筋长度 = $(L_{s1}+C+60)+(L_{s3}+C+60)$	

根据图 1.7.23，推导出十字－1 型砌体加筋长度计算公式，见表 1.7.25。

表 1.7.25　十字－1 型砌体加筋长度计算

筋　　号	计　算　公　式	备　　注
1 号钢筋	1 号筋长度 = $L_{s1}+b_2+L_{s3}+60\times2$	这里保护层厚度 C 一般取 60，L_s 各值一般取 1000
2 号钢筋	2 号筋长度 = $L_{s2}+b_1+L_{s4}+60\times2$	

（2）十字－2 型（砌体加筋焊接在框架柱预埋件上）

十字－2 型砌体加筋焊接在框架柱预埋件上，如图 1.7.24 所示。

根据图 1.7.24，推导出十字－2 型砌体加筋长度计算公式，见表 1.7.26。

（3）十字－3 型（砌体加筋串入框架柱内）

十字－3 型砌体加筋串入框架柱内，如图 1.7.25 所示。

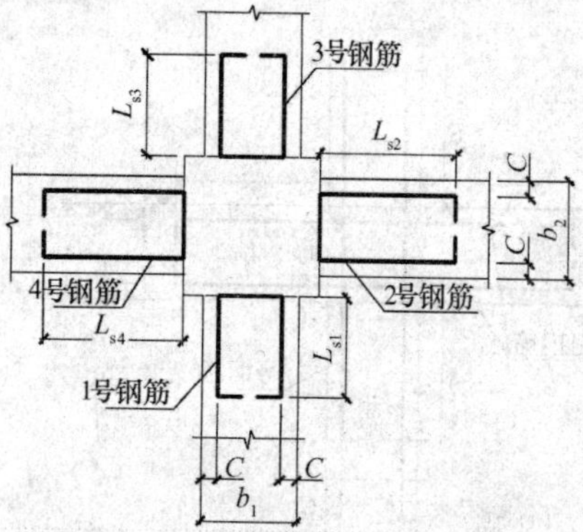

图 1.7.24　十字－2 型砌体加筋计算图

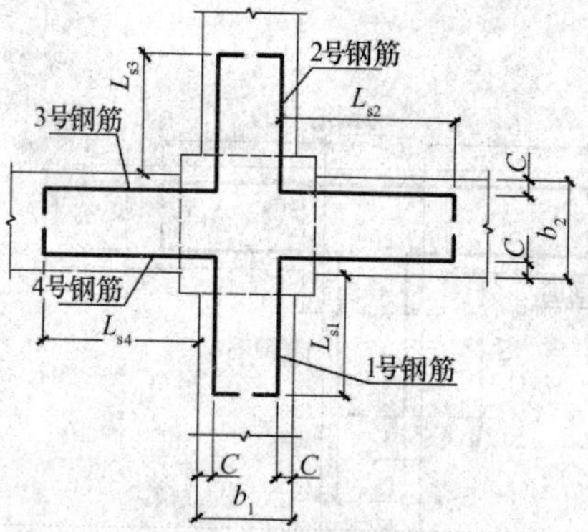

图 1.7.25　十字－3 型砌体加筋计算图

表 1.7.26　十字－2 型砌体加筋长度计算

筋　　号	计 算 公 式	备　　注
1 号钢筋	1 号筋长度 $=b_1-2C+(L_{s1}+60)\times2$	这里保护层厚度 C 一般取 60，L_s 各值一般取 1000
2 号钢筋	2 号筋长度 $=b_2-2C+(L_{s2}+60)\times2$	
3 号钢筋	3 号筋长度 $=b_1-2C+(L_{s3}+60)\times2$	
4 号钢筋	4 号筋长度 $=b_2-2C+(L_{s4}+60)\times2$	

根据图 1.7.25，推导出十字－3 型砌体加筋长度计算公式，见表 1.7.27。

表 1.7.27　十字－3 型砌体加筋长度计算

筋　　号	计 算 公 式	备　　注
1 号钢筋	1 号筋长度 $=(L_{s1}+C+60)+(L_{s2}+C+60)$	这里保护层厚度 C 一般取 60，L_s 各值一般取 1000
2 号钢筋	2 号筋长度 $=(L_{s2}+C+60)+(L_{s3}+C+60)$	
3 号钢筋	3 号筋长度 $=(L_{s3}+C+60)+(L_{s4}+C+60)$	
4 号钢筋	4 号筋长度 $=(L_{s4}+C+60)+(L_{s1}+C+60)$	

4）一字型砌体加筋

（1）一字－1 型（构造柱和墙平齐）

一字－1 型构造柱和墙平齐情况，如图 1.7.26 所示。

根据图 1.7.26，推导出一字－1 型砌体加筋长度计算公式，见表 1.7.28。

表 1.7.28　一字－1 型砌体加筋长度计算

筋　　号	计 算 公 式	备　　注
1 号钢筋	1 号筋长度 $=L_{s1}+b_1+L_{s2}+60\times2$	这里保护层厚度 C 一般取 60，L_s 各值一般取 1000

（2）一字－2 型（砌体加筋焊接在框架柱预埋件上）

一字－2 型砌体加筋焊接在框架柱预埋件上，如图 1.7.27 所示。

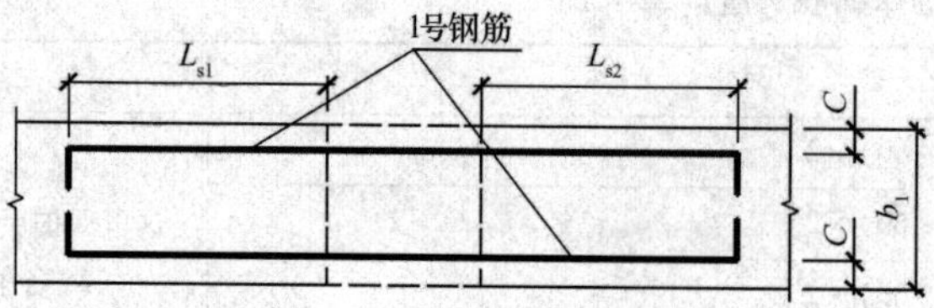

图 1.7.26　一字 -1 型砌体加筋计算图

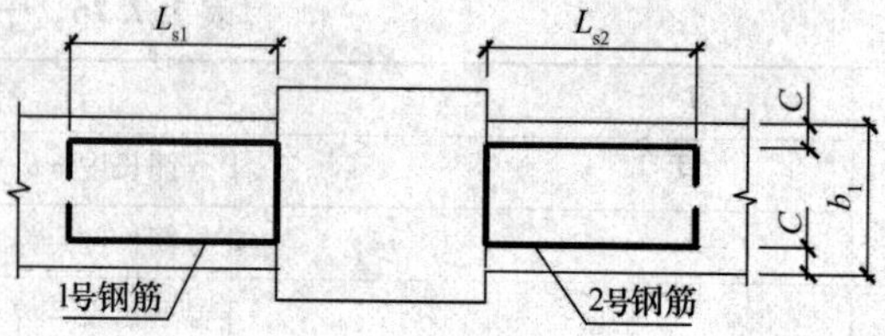

图 1.7.27　一字 -2 型砌体加筋计算图

根据图 1.7.27，推导出一字 -2 型砌体加筋长度计算公式，见表 1.7.29。

表 1.7.29　一字 -2 型砌体加筋长度计算

筋　号	计 算 公 式	备　注
1 号钢筋	1 号筋长度 $= b_1 - 2C + (L_{s1} + 60) \times 2$	这里保护层厚度 C 一般取 60，L_s 各值一般取 1000
2 号钢筋	2 号筋长度 $= b_1 - 2C + (L_{s2} + 60) \times 2$	

(3) 一字 -3 型（砌体加筋串入框架柱内）

一字 -3 型砌体加筋串入框架柱内，如图 1.7.28 所示。

根据图 1.7.28，推导出一字 -3 型砌体加筋长度计算公式，见表 1.7.30。

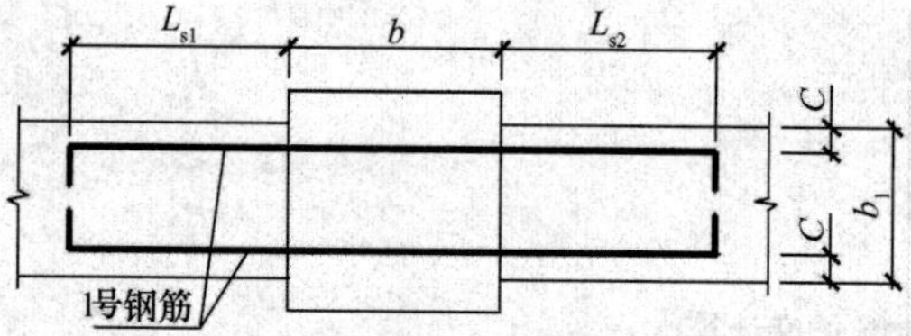

图 1.7.28　一字 -3 型砌体加筋计算图

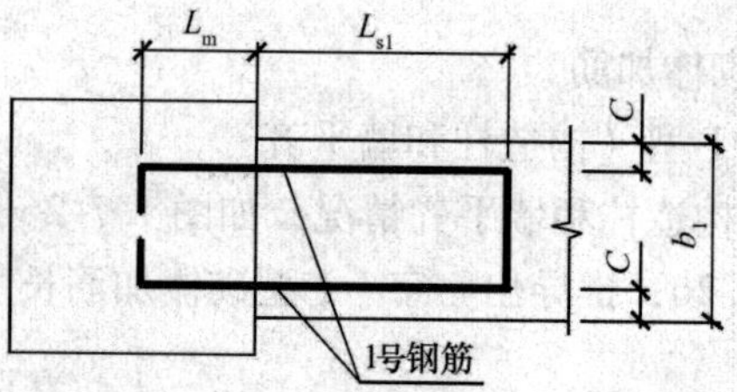

图 1.7.29　一字 -4 型砌体加筋计算图

表 1.7.30　一字 -3 型砌体加筋长度计算

筋　号	计 算 公 式	备　注
1 号钢筋	1 号筋长度 $= L_{s1} + b + L_{s2} + 60 \times 2$	这里保护层厚度 C 一般取 60，L_s 各值一般取 1000

(4）一字 -4 型（砌体加筋串入框架柱内）

一字 -4 型砌体加筋串入框架柱内，如图 1.7.29 所示。

根据图 1.7.29，推导出一字 -4 型砌体加筋长度计算公式，见表 1.7.31。

表 1.7.31　一字 -4 型砌体加筋长度计算

筋　号	计 算 公 式	备　注
1 号钢筋	1 号筋长度 $= b_1 - 2C + (L_{s1} + L_m + 60) \times 2$	这里保护层厚度 C 一般取 60，L_{s1} 值一般取 1000

5）砌体加筋遇门窗洞口

砌体加筋遇到洞口钢筋自然缩回，距洞口边墙 50mm 弯折，如图 1.7.30 所示。

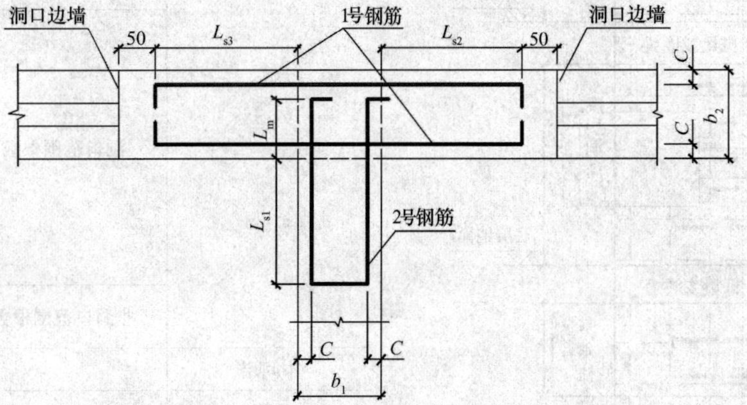

图 1.7.30　砌体加筋遇洞口示意图

2. 根数计算

砌体加筋的根数按照图 1.7.30 和图 1.7.31 进行计算。

从图 1.7.30 和图 1.7.31，可以推导出砌体加筋根数计算公式，见表 1.7.32。

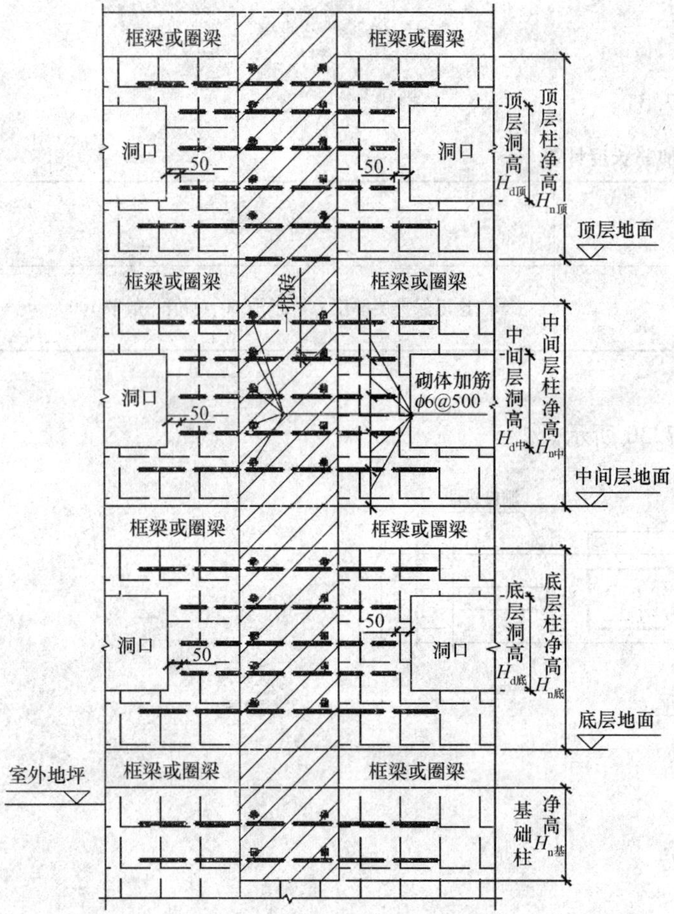

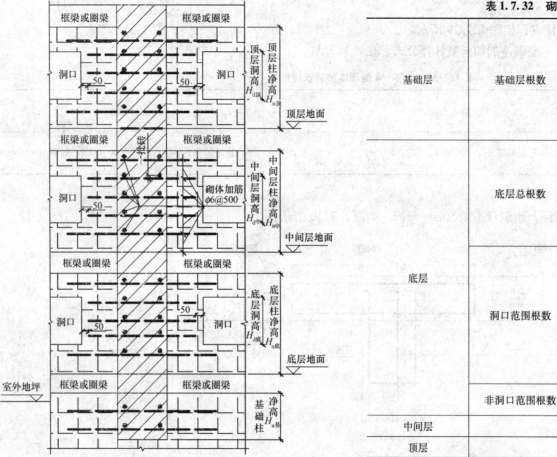

图 1.7.31　砌体加筋根数计算图

表 1.7.32　砌体加筋根数计算

基础层	基础层根数	基础层砌体加根数＝基础柱净高/砌体加筋间距－1	
		基础柱净高	砌体加筋间距
		$H_{n基}$	S
		基础层砌体加根数＝$L_{n基}/S-1$（取整）	
底层	底层总根数	总根数＝底层净高/砌体加筋间距－1	
		底层净高	砌体加筋间距
		$H_{n底}$	S
		总根数＝$H_{n底}/S-1$（取整）＝n	
	洞口范围根数	洞口高范围内砌体加筋根数＝底层洞口高/砌体加筋间距－1	
		底层洞口高	砌体加筋间距
		$H_{d底}$	S
		洞口高范围内砌体加筋根数＝$H_{d底}/S-1$（取整）＝n_1	
	非洞口范围根数	非洞口范围内砌体加筋根数＝$n-n_1$	
中间层	计算方法同底层		
顶层	计算方法同底层		

思考与练习　①请用手工计算 1 号写字楼一层（1/D）交点、（2/D）交点砌体加筋的长度和根数。②请用手工计算 1 号写字楼女儿墙（1/D）交点、（2/D）交点砌体加筋的长度和根数。

三、1号写字楼砌体加筋答案手工和软件对比

1. 首层

(1) 1轴线砌体加筋答案手工和软件对比

1轴线砌体加筋答案手工和软件对比，见表1.7.33。

表1.7.33 1轴线砌体加筋答案手工和软件对比

手工答案										软件答案		
加筋位置	型号名称	筋号	直径	级别	公式		长度(mm)	根数	重量	长度(mm)	根数	重量
1/A	L-3型-1	砌体加筋1	6	一级	长度计算公式	250-2×60+(1000+60)×2	2250	16	7.992	2250	16	7.992
					长度公式描述	墙厚-2×保护层厚度+(伸进墙里长度+弯折)×2						
					根数计算公式	(4550-700)/500(向上取整)×2						
					根数公式描述	(层高-梁高)/间距×2						
1/B	T-2型-1	砌体加筋1	6	一级	长度计算公式	200-2×60+(1000+60)×2	2200	8	10.825	2200	8	10.814
					长度公式描述	墙厚-2×保护层厚度+(伸进墙里长度+弯折)×2						
					根数计算公式	(4550-700)/500(向上取整)						
					根数公式描述	(层高-梁高)/间距						
		砌体加筋2	6	一级	长度计算公式	250-2×60+(1000+60)×2	2250	12		2250	12	
					长度公式描述	墙厚-2×保护层厚度+(伸进墙里长度+弯折)×2						
					根数计算公式	(4550-700)/500(向上取整)+(4550-700-2000)/500(向上取整)						
					根数公式描述	(层高-梁高)/间距+(层高-梁高-窗高)/间距						
		砌体加筋3	6	一级	长度计算公式	250-2×60+(450-60+60)×2	1030	4		1030	4	
					长度公式描述	墙厚-2×保护层厚度+(伸进墙里长度-保护层厚度+弯折)×2						
					根数计算公式	2000/500						
					根数公式描述	窗高/间距						

续表

手工答案										软件答案		
加筋位置	型号名称	筋号	直径	级别	公式		长度(mm)	根数	重量	长度(mm)	根数	重量
1/C	T-2型-1	砌体加筋1	6	一级	长度计算公式	200-2×60+(1000+60)×2	2200		8.328	2200		8.328
					长度公式描述	墙厚-2×保护层厚度+(伸进墙里长度+弯折)×2						
					根数计算公式	(4550-700)/500(向上取整)		8			8	
					根数公式描述	(层高-梁高)/间距						
		砌体加筋2	6	一级	长度计算公式	250-2×60+(300+60)×2	850			850		
					长度公式描述	墙厚-2×保护层厚度+(伸进墙里长度+弯折)×2						
					根数计算公式	(4550-700)/500(向上取整)		8			8	
					根数公式描述	(层高-梁高)/间距						
		砌体加筋3	6	一级	长度计算公式	250-2×60+(1000+60)×2	2250			2250		
					长度公式描述	墙厚-2×保护层厚度+(伸进墙里长度+弯折)×2						
					根数计算公式	(4550-700-2000)/500(向上取整)		4			4	
					根数公式描述	(层高-梁高-窗高)/间距						
		砌体加筋4	6	一级	长度计算公式	250-2×60+(450-60+60)×2	1030			1030		
					长度公式描述	墙厚-2×保护层厚度+(伸进墙里长度-保护层厚度+弯折)×2						
					根数计算公式	2000/500		4			4	
					根数公式描述	窗高/间距						
1/C′	T-1型-3	砌体加筋1	6	一级	长度计算公式	(100+1000+60)×2	2320		12.858	2320		12.858
					长度公式描述	(延伸长度+伸进墙里长度+弯折)×2						
					根数计算公式	(4550-700)/500(向上取整)×2		16			16	
					根数公式描述	(层高-梁高)/间距×2						

续表

手工答案										软件答案		
加筋位置	型号名称	筋号	直径	级别	公式		长度(mm)	根数	重量	长度(mm)	根数	重量
1/C′	T－1型－3	砌体加筋2	6	一级	长度计算公式	200－2×60＋(1000＋200＋60)×2	2600		12.858	2600		12.858
					长度公式描述	墙厚－2×保护层厚度＋(伸进墙里长度＋锚固长度＋弯折)×2						
					根数计算公式	(4550－700)/500(向上取整)		8			8	
					根数公式描述	(层高－梁高)/间距						
1/D	L－3型－1	砌体加筋1	6	一级	长度计算公式	250－2×60＋(1000＋60)×2	2250		6.82	2250		6.82
					长度公式描述	墙厚－2×保护层厚度＋(伸进墙里长度＋弯折)×2						
					根数计算公式	(4550－700)/500(取整)＋(4550－700－2000)/500(向上取整)		12			12	
					根数公式描述	(层高－梁高)/间距＋(层高－梁高－窗高)/间距						
		砌体加筋2	6	一级	长度计算公式	250－2×60＋(400－60＋60)×2	930			930		
					长度公式描述	墙厚－2×保护层厚度＋(伸进墙里长度－保护层厚度＋弯折)×2						
					根数计算公式	2000/500		4			4	
					根数公式描述	窗高/间距						
1′/C′	T－1型－4	砌体加筋1	6	一级	长度计算公式	(100＋120－60＋60)×2	440		11.127	440		11.127
					长度公式描述	(延伸长度＋伸进墙里长度－保护层厚度＋弯折)×2						
					根数计算公式	2100/500(向下取整)×2		8			8	
					根数公式描述	门洞高度/间距×2						
		砌体加筋2	6	一级	长度计算公式	(100＋1000＋60)×2	2320			2320		
					长度公式描述	(延伸长度＋伸进墙里长度＋弯折)×2						
					根数计算公式	(4550－500－2100)/500(向上取整)×2		8			10	
					根数公式描述	(层高－梁高－门洞高)/间距×2						
		砌体加筋3	6	一级	长度计算公式	200－2×60＋(1000＋200＋60)×2	2600			2600		
					长度公式描述	墙厚－2×保护层厚度＋(伸进墙里长度＋锚固长度＋弯折)×2						
					根数计算公式	(4550－450)/500(向上取整)		9			9	
					根数公式描述	(层高－梁高)/间距						

续表

手工答案										软件答案		
加筋位置	型号名称	筋号	直径	级别	公式		长度(mm)	根数	重量	长度(mm)	根数	重量
1′/D	T-1型-3	砌体加筋1	6	一级	长度计算公式	(100+1000+60)×2	2320		11.402	2320		11.402
					长度公式描述	(延伸长度+伸进墙里长度+弯折)×2						
					根数计算公式	(4550-700-2000)/500×2		8			8	
					根数公式描述	(层高-梁高-窗高)/间距×2						
		砌体加筋2	6	一级	长度计算公式	(100+650-60+60)×2	1500			1500		
					长度公式描述	(延伸长度+伸进墙里长度-保护层厚度+弯折)×2						
					根数计算公式	2000/500×2		8			8	
					根数公式描述	窗高/间距×2						
		砌体加筋3	6	一级	长度计算公式	200-2×60+(1000+200+60)×2	2600			2600		
					长度公式描述	墙厚-2×保护层厚度+(伸进墙里长度+锚固长度+弯折)×2						
					根数计算公式	(4550-700)/500(向上取整)		8			8	
					根数公式描述	(层高-梁高)/间距						

(2) 2轴线砌体加筋答案手工和软件对比

2轴线砌体加筋答案手工和软件对比，见表1.7.34。

表1.7.34　2轴线砌体加筋答案手工和软件对比

手工答案										软件答案		
加筋位置	型号名称	筋号	直径	级别	公式		长度(mm)	根数	重量	长度(mm)	根数	重量
2/A	T-2型-1	砌体加筋1	6	一级	长度计算公式	200-2×60+(1000+60)×2	2200		11.899	2200		11.899
					长度公式描述	墙厚-2×保护层厚度+(伸进墙里长度+弯折)×2						
					根数计算公式	(4550-700)/500(向上取整)		8			8	
					根数公式描述	(层高-梁高)/间距						

续表

加筋位置	型号名称	筋号	直径	级别	手工答案：公式		手工答案：长度（mm）	手工答案：根数	手工答案：重量	软件答案：长度（mm）	软件答案：根数	软件答案：重量
2/A	T－2型－1	砌体加筋2	6	一级	长度计算公式	250－2×60＋（1000＋60）×2	2250		11.899	2250		11.899
					长度公式描述	墙厚－2×保护层厚度＋（伸进墙里长度＋弯折）×2						
					根数计算公式	（4550－700）/500（向上取整）×2		16			16	
					根数公式描述	（层高－梁高）/间距×2						
2/B	T－2型－2	砌体加筋1	6	一级	长度计算公式	200－2×60＋（1000＋60）×2	2200		9.28	2200		9.28
					长度公式描述	墙厚－2×保护层厚度＋（伸进墙里长度＋弯折）×2						
					根数计算公式	（4550－700）/500（向上取整）×2＋（4550－700－2400）/500（向上取整）		19			19	
					根数公式描述	（层高－梁高）/间距×2＋（层高－梁高－门高）/间距						
2/C	T－2型－2	砌体加筋1	6	一级	长度计算公式	200－2×60＋（300＋60）×2	800		6.793	800		6.793
					长度公式描述	墙厚－2×保护层厚度＋（伸进墙里长度＋弯折）×2						
					根数计算公式	（4550－700）/500（向上取整）		8			8	
					根数公式描述	（层高－梁高）/间距						
		砌体加筋2	6	一级	长度计算公式	200－2×60＋（1000＋60）×2	2200			2200		
					长度公式描述	墙厚－2×保护层厚度＋（伸进墙里长度＋弯折）×2						
					根数计算公式	（4550－700）/500（向上取整）＋（4550－700－2400）/500（向上取整）		11			11	
					根数公式描述	（层高－梁高）/间距＋（层高－梁高－门高）/间距						
2/C′	T－1型－4	砌体加筋1	6	一级	长度计算公式	（100＋1000＋60）×2	2320		12.858	2320		12.858
					长度公式描述	（延伸长度＋伸进墙里长度＋弯折）×2						
					根数计算公式	（4550－700）/500（向上取整）×2		16			16	
					根数公式描述	（层高－梁高）/间距（向上取整）×2						
		砌体加筋2	6	一级	长度计算公式	200－2×60＋（1000＋200＋60）×2	2600			2600		
					长度公式描述	墙厚－2×保护层厚度＋（伸进墙里长度＋锚固长度＋弯折）×2						
					根数计算公式	（4550－700）/500（向上取整）		8			8	
					根数公式描述	（层高－梁高）/间距						

续表

手工答案										软件答案		
加筋位置	型号名称	筋号	直径	级别	公式		长度(mm)	根数	重量	长度(mm)	根数	重量
2/D	T-2型-1	砌体加筋1	6	一级	长度计算公式	200-2×60+(1000+60)×2	2200	8	10.727	2200	8	10.727
					长度公式描述	墙厚-2×保护层厚度+(伸进墙里长度+弯折)×2						
					根数计算公式	(4550-700)/500(向上取整)						
					根数公式描述	(层高-梁高)/间距						
		砌体加筋2	6	一级	长度计算公式	250-2×60+(1000+60)×2	2250	12		2250	12	
					长度公式描述	墙厚-2×保护层厚度+(伸进墙里长度+弯折)×2						
					根数计算公式	(4550-700)/500(向上取整)+(4550-700-2000)/500(向上取整)						
					根数公式描述	(层高-梁高)/间距+(层高-梁高-窗高)/间距						
		砌体加筋3	6	一级	长度计算公式	250-2×60+(400-60+60)×2	930	4		930	4	
					长度公式描述	墙厚-2×保护层厚度+(伸进墙里长度-保护层厚度+弯折)×2						
					根数计算公式	2000/500						
					根数公式描述	窗高/间距						

(3) 3轴线砌体加筋答案手工和软件对比

3轴线砌体加筋答案手工和软件对比，见表1.7.35。

表1.7.35　3轴线砌体加筋答案手工和软件对比

手工答案										软件答案		
加筋位置	型号名称	筋号	直径	级别	公式		长度(mm)	根数	重量	长度(mm)	根数	重量
3/A	T-2型-1	砌体加筋1	6	一级	长度计算公式	200-2×60+(1000+60)×2	2200	8	11.899	2200	8	11.899
					长度公式描述	墙厚-2×保护层厚度+(伸进墙里长度+弯折)×2						
					根数计算公式	(4550-700)/500(向上取整)						
					根数公式描述	(层高-梁高)/间距						

续表

手工答案										软件答案		
加筋位置	型号名称	筋号	直径	级别	公式		长度(mm)	根数	重量	长度(mm)	根数	重量
3/A	T-2型-1	砌体加筋2	6	一级	长度计算公式	250-2×60+(1000+60)×2	2250		11.899	2250		11.899
					长度公式描述	墙厚-2×保护层厚度+(伸进墙里长度+弯折)×2						
					根数计算公式	(4550-700)/500(向上取整)×2		16			16	
					根数公式描述	(层高-梁高)/间距×2						
3/B	L-3型-3	砌体加筋1	6	一级	长度计算公式	200-2×60+(1000+60)×2	2200		5.372	2200		5.372
					长度公式描述	墙厚-2×保护层厚度+(伸进墙里长度+弯折)×2						
					根数计算公式	(4550-700)/500(向上取整)+(4550-700-2400)/500(向上取整)		11			11	
					根数公式描述	(层高-梁高)/间距+(层高-梁高-门高)/间距						
3/C	C/3	砌体加筋1	6	一级	长度计算公式	200-2×60+(1000+60)×2	2200		9.28	2200		9.28
					长度公式描述	墙厚-2×保护层厚度+(伸进墙里长度+弯折)×2						
					根数计算公式	(4550-700)/500(向上取整)×2+(4550-700-2400)/500(向上取整)		19			19	
					根数公式描述	(层高-梁高)/间距×2+(层高-梁高-门高)/间距						
3/D	T-2型-2	砌体加筋1	6	一级	长度计算公式	200-2×60+(1000+60)×2	2200		17.899	2200		17.899
					长度公式描述	墙厚-2×保护层厚度+(伸进墙里长度+弯折)×2						
					根数计算公式	(4550-700)/500(向上取整)		8			8	
					根数公式描述	(层高-梁高)/间距						
		砌体加筋2	6	一级	长度计算公式	250-2×60+(1000+60)×2	2250			2250		
					长度公式描述	墙厚-2×保护层厚度+(伸进墙里长度+弯折)×2						
					根数计算公式	(4550-700)/500(向上取整)×2		16			16	
					根数公式描述	(层高-梁高)/间距×2						

(4) 4轴线砌体加筋答案手工和软件对比

4轴线砌体加筋答案手工和软件对比，见表1.7.36。

表 1.7.36　4 轴线砌体加筋答案手工和软件对比

手工答案										软件答案		
加筋位置	型号名称	筋　号	直径	级别	公　式		长度(mm)	根数	重量	长度(mm)	根数	重量
4/A	T-2 型-1	砌体加筋 1	6	一级	长度计算公式	200-2×60+(1000+60)×2	2200		10.993	2200		10.993
					长度公式描述	墙厚-2×保护层厚度+(伸进墙里长度+弯折)×2						
					根数计算公式	(4550-700)/500(向上取整)		8			8	
					根数公式描述	(层高-梁高)/间距						
		砌体加筋 2	6	一级	长度计算公式	250-2×60+(1000+60)×2	2250			2250		
					长度公式描述	墙厚-2×保护层厚度+(伸进墙里长度+弯折)×2						
					根数计算公式	(4550-700)/500(向上取整)+(4550-700-2000)/500(向上取整)		12			12	
					根数公式描述	(层高-梁高)/间距+(层高-梁高-窗高)/间距						
		砌体加筋 3	6	一级	长度计算公式	250-2×60+(550-60+60)×2	1230			1230		
					长度公式描述	墙厚-2×保护层厚度+(伸进墙里长度-保护层厚度+弯折)×2						
					根数计算公式	2000/500		4			4	
					根数公式描述	窗高/间距						
4/Z1	一字-2 型-3	砌体加筋 1	6	一级	长度计算公式	200-2×60+(1000+60)×2	2200		5.239	2200		5.239
					长度公式描述	墙厚-2×保护层厚度+(伸进墙里长度+弯折)×2						
					根数计算公式	(4550-700)/500(向上取整)		8			8	
					根数公式描述	(层高-梁高)/间距						
		砌体加筋 2	6	一级	长度计算公式	200-2×60+(275+60)×2	750			750		
					长度公式描述	墙厚-2×保护层厚度+(伸进墙里长度+弯折)×2						
					根数计算公式	(4550-700)/500(向上取整)		8			8	
					根数公式描述	(层高-梁高)/间距						

续表

手工答案										软件答案		
加筋位置	型号名称	筋号	直径	级别	公式		长度(mm)	根数	重量	长度(mm)	根数	重量
4/B	一字-4型-2	砌体加筋1	6	一级	长度计算公式	200-2×60+(1000+200+60)×2	2600	8	4.618	2600	8	4.618
					长度公式描述	墙厚-2×保护层厚度+(伸进墙里长度+锚固长度+弯折)×2						
					根数计算公式	(4550-700)/500(向上取整)						
					根数公式描述	(层高-梁高)/间距						
4/C	T-2型-2	砌体加筋1	6	一级	长度计算公式	200-2×60+(1000+60)×2	2200	14	6.838	2200	14	6.838
					长度公式描述	墙厚-2×保护层厚度+(伸进墙里长度+弯折)×2						
					根数计算公式	(4550-700)/500(向上取整)+(4550-700-2400)/500×2(向上取整)						
					根数公式描述	(层高-梁高)/间距+(层高-梁高-门高)/间距×2						
4/D	T-2型-1	砌体加筋1	6	一级	长度计算公式	200-2×60+(1000+60)×2	2200	8	10.993	2200	8	10.993
					长度公式描述	墙厚-2×保护层厚度+(伸进墙里长度+弯折)×2						
					根数计算公式	(4550-700)/500(向上取整)						
					根数公式描述	(层高-梁高)/间距						
		砌体加筋2	6	一级	长度计算公式	250-2×60+(1000+60)×2	2250	12		2250	12	
					长度公式描述	墙厚-2×保护层厚度+(伸进墙里长度+弯折)×2						
					根数计算公式	(4550-700)/500(向上取整)+(4550-700-2000)/500(向上取整)						
					根数公式描述	(层高-梁高)/间距+(层高-梁高-窗高)/间距						
		砌体加筋3	6	一级	长度计算公式	250-2×60+(550-60+60)×2	1230	4		1230	4	
					长度公式描述	墙厚-2×保护层厚度+(伸进墙里长度-保护层厚度+弯折)×2						
					根数计算公式	2000/500						
					根数公式描述	窗高/间距						

(5) 5轴线砌体加筋答案手工和软件对比

5轴线砌体加筋答案手工和软件对比，见表1.7.37。

表 1.7.37　5 轴线砌体加筋答案手工和软件对比

手工答案										软件答案		
加筋位置	型号名称	筋号	直径	级别	公式		长度(mm)	根数	重量	长度(mm)	根数	重量
5/A	L-3型-1	砌体加筋1	6	一级	长度计算公式	250-2×60+(1000+60)×2	2250		7.086	2250		7.086
					长度公式描述	墙厚-2×保护层厚度+(伸进墙里长度+弯折)×2						
					根数计算公式	(4550-700)/500(向上取整)+(4550-700-2000)/500(向上取整)		12			12	
					根数公式描述	(层高-梁高)/间距+(层高-梁高-窗高)/间距						
		砌体加筋2	6	一级	长度计算公式	250-2×60+(550-60+60)×2	1230			1230		
					长度公式描述	墙厚-2×保护层厚度+(伸进墙里长度-保护层厚度+弯折)×2						
					根数计算公式	2000/500		4			4	
					根数公式描述	窗高/间距						
5/Z1	一字-2型-4	砌体加筋1	6	一级	长度计算公式	250-2×60+(1000+60)×2	2250		5.417	2250		5.417
					长度公式描述	墙厚-2×保护层厚度+(伸进墙里长度+弯折)×2						
					根数计算公式	(4550-700)/500(向上取整)		8			8	
					根数公式描述	(层高-梁高)/间距						
		砌体加筋2	6	一级	长度计算公式	250-2×60+(275+60)×2	800			800		
					长度公式描述	墙厚-2×保护层厚度+(伸进墙里长度+弯折)×2						
					根数计算公式	(4550-700)/500(向上取整)		8			8	
					根数公式描述	(层高-梁高)/间距						
5/B	一字-4型-1	砌体加筋1	6	一级	长度计算公式	250-2×60+(1000+200+60)×2	2650		4.706	2650		4.706
					长度公式描述	墙厚-2×保护层厚度+(伸进墙里长度+锚固长度+弯折)×2						
					根数计算公式	(4550-700)/500(向上取整)		8			8	
					根数公式描述	(层高-梁高)/间距						
5/C	L-3型-2	砌体加筋1	6	一级	长度计算公式	250-2×60+(1000+60)×2	2250		7.903	2250		7.903
					长度公式描述	墙厚-2×保护层厚度+(伸进墙里长度+弯折)×2						
					根数计算公式	(4550-700)/500(向上取整)		8			8	
					根数公式描述	(层高-梁高)/间距						

续表

					手工答案					软件答案		
加筋位置	加筋位置	筋号	直径	级别	公式		长度(mm)	根数	重量	长度(mm)	根数	重量
5/C	L-3型-2	砌体加筋2	6	一级	长度计算公式	200-2×60+(1000+60)×2	2200	8	7.903	2200	8	7.903
					长度公式描述	墙厚-2×保护层厚度+(伸进墙里长度+弯折)×2						
					根数计算公式	(4550-700)/500(向上取整)						
					根数公式描述	(层高-梁高)/间距						
5/D	L-3型-1	砌体加筋1	6	一级	长度计算公式	250-2×60+(1000+60)×2	2250	12	7.086	2250	12	7.086
					长度公式描述	墙厚-2×保护层厚度+(伸进墙里长度+弯折)×2						
					根数计算公式	(4550-700)/500(向上取整)+(4550-700-2000)/500(向上取整)						
					根数公式描述	(层高-梁高)/间距+(层高-梁高-窗高)/间距						
		砌体加筋2	6	一级	长度计算公式	250-2×60+(550-60+60)×2	1230	4		1230	4	
					长度公式描述	墙厚-2×保护层厚度+(伸进墙里长度-保护层厚度+弯折)×2						
					根数计算公式	2000/500						
					根数公式描述	窗高/间距						

2. 二层

二层只有（3/B）、（4/B）交点的砌体加筋和一层不同，其他墙交点的砌体加筋和一层相同，这里只列出（3/B）、（4/B）交点的砌体加筋。

（1）二层砌体加筋（3/B）、（4/B）交点答案手工和软件对比

二层砌体加筋（3/B）、（4/B）交点答案手工和软件对比，见表1.7.38。

表 1.7.38　二层砌体加筋（3/B）、（4/B）交点答案手工和软件对比

手工答案										软件答案		
加筋位置	型号名称	筋　号	直径	级别	公　式		长度(mm)	根数	重量	长度(mm)	根数	重量
3/B	T－2 型－2	砌体加筋 1	6	一级	长度计算公式	200－2×60＋(1000＋60)×2	2200		6.349	2200		6.349
					长度公式描述	墙厚－2×保护层厚度＋(伸进墙里长度＋弯折)×2						
					根数计算公式	(4550－700)/500(向上取整)×2＋(4550－700－2400)/500(向上取整)		11			13	
					根数公式描述	(层高－梁高)/间距×2＋(层高－梁高－门高)/间距						
4/B	L－3 型－3	砌体加筋 1	6	一级	长度计算公式	200－2×60＋(1000＋60)×2	2200		3.419	2200		3.419
					长度公式描述	墙厚－2×保护层厚度＋(伸进墙里长度＋弯折)×2						
					根数计算公式	(4550－700)/500(向上取整)＋(4550－700－2400)/500(向上取整)		11			7	
					根数公式描述	(层高－梁高)/间距＋(层高－梁高－门高)/间距						

（2）三层

同二层。

（3）屋面层

屋面层砌体加筋答案手工和软件对比，见表 1.7.39。

表 1.7.39　屋面层砌体加筋答案手工和软件对比

构件名称：转角处砌体加筋，软件计算单根重量：2.353kg，数量：4 个

手工答案								软件答案	
加筋位置	型号名称	直径	级别	公　式		长度(mm)	根数	长度(mm)	根数
转角处	L－1 型－1	6	一级	长度计算公式	250－2×60＋(1000＋200＋60)×2	2650		2650	
				长度公式描述	墙厚－2×保护层厚度＋(伸进墙里长度＋锚固长度＋弯折)×2				
				根数计算公式	600/500(向上取整)×2		4		4
				根数公式描述	层高/间距×2				

构件名称:非转角处砌体加筋,软件计算单根重量:2.105kg,数量:26 个										
手 工 答 案									软件答案	
加筋位置	型号名称	直径	级别	公 式		长度(mm)	根数	长度(mm)	根数
非转角处	一字 -1 型 -1	6	一级	长度计算公式	(125 + 1000 + 60) ×2	2370		2370	
				长度公式描述	(延伸长度 + 伸进墙里长度 + 弯折) ×2				
				根数计算公式	600/500(向上取整) ×2		4		4
				根数公式描述	层高/间距 ×2				